U0180457

岩土爆破振动

李萍丰　张小军　著

北　京
冶　金　工　业　出　版　社
2022

内 容 提 要

本书基于国内外学者开展的大量爆破振动理论研究、现场测试和模拟分析等研究工作，在总结岩土爆破振动理论及其发展基础上，重点论述了岩土爆破理论、爆破振动效应和爆破振动传播规律，并全面分析和研究爆破振动高程效应理论基础及传播规律，探讨爆破振动测试原理和技术、爆破数据分析技术，论述爆破振动预测及应用、控制与防护技术等。

本书可供从事爆破工程、采矿、土木水利等相关现场工程技术人员、大专院校师生和科研院所的科技工作者阅读和参考。

图书在版编目（CIP）数据

岩土爆破振动/李萍丰，张小军著. —北京：冶金工业出版社，2022.5
ISBN 978-7-5024-9063-8

Ⅰ. ①岩… Ⅱ. ①李… ②张… Ⅲ. ①岩土工程—爆破振动
Ⅳ. ①TU4

中国版本图书馆 CIP 数据核字（2022）第 027279 号

岩土爆破振动

出版发行	冶金工业出版社	**电 话**	（010）64027926	
地 址	北京市东城区嵩祝院北巷 39 号	**邮 编**	100009	
网 址	www. mip1953. com	**电子信箱**	service@ mip1953. com	

责任编辑 程志宏 郭雅欣 美术编辑 彭子赫 版式设计 郑小利
责任校对 郑 娟 责任印制 禹 蕊
北京捷迅佳彩印刷有限公司印刷
2022 年 5 月第 1 版，2022 年 5 月第 1 次印刷
787mm×1092mm 1/16；30.25 印张；733 千字；468 页
定价 168.00 元

投稿电话 （010）64027932 投稿信箱 tougao@cnmip.com.cn
营销中心电话 （010）64044283
冶金工业出版社天猫旗舰店 yjgycbs.tmall.com
（本书如有印装质量问题，本社营销中心负责退换）

序　言

2021 年，我国取得了全面建成小康社会的伟大历史性成就，开启了全面建设社会主义现代化国家的新征程。在未来发展新阶段，工程爆破仍将广泛应用于国民经济建设的各个领域，尤其是在基础设施建设领域，为国家现代化建设发挥更加重要的作用，并带来巨大的经济效益和社会效益。为确保爆破工程的安全实施，避免爆破作业事故的发生，有效控制爆破振动危害就成为一个十分重要的课题。

长期以来，国内外学者开展了大量爆破振动理论研究、现场测试和模拟分析，发表了很多关于爆破振动传播规律、衰减特性以及测试技术、测试方法、数据处理等方面的论文，对爆破振动的理论、衰减规律和危害程度取得了一定程度的认识，提出了一些有效的爆破振动控制方法。岩土作为工程爆破最主要的对象，其物理力学性质的不确定性等影响因数众多，导致爆破振动波在岩土介质中的传播过程复杂，研究难度大，仍然有许多未知领域需深入探索。

作者在总结爆破振动理论研究和测试技术的基础上，结合多年来爆破工程施工的实践以及对爆破振动高程效应的研究撰写了《岩土爆破振动》一书。本书内容丰富、全面系统、理论结合实际，是一本专业性、针对性和实用性都较强的专著，非常适合从事爆破振动研究与测试工作的技术人员阅读，也可供从事工程爆破相关教学、科研的技术人员参考。

我期待并相信《岩土爆破振动》的出版，这对工程爆破技术人员振动理论研究、实际操作与数据分析能力的提高发挥重要作用。我真诚地希望广大从事爆破振动理论与测试技术研究和现场操作的技术人员不断加强理论学习、勇于探索和创新，把新知识、新技术应用到爆破施工实践中去，为推动我国爆破理论和工程爆破新技术的研究做出更大的贡献。

中国工程院院士

2021 年 6 月 18 日

前　言

工程爆破广泛用于矿山工程、市政工程、水利工程、交通工程、核电工程、石油天然气工程以及海洋工程等资源开采和工程建设活动中，成为经济建设不可或缺的重要施工手段之一，产生了巨大的经济效益和社会效益。但是，工程爆破中也产生一些有害效应，如爆破振动、爆破冲击波、爆破飞散物、有害气体、爆破噪声和爆破烟尘等，其中爆破振动效应被认为是公害之首。在城区人口密集区、地铁附近、古建筑区和铁路复线隧道、核电厂、水电站、军事设施等敏感区域，因爆破振动引起的纠纷和安全问题更加突出。当前为贯彻习近平主席的新发展理念，以科技创新驱动高质量发展，对爆破振动进行理论研究、规律分析、精确监测和有效控制，确保爆破作业安全具有十分重要的现实意义。

本书围绕岩土爆破振动，详细、全面、系统地叙述了爆破振动产生机理、传播特性、衰减规律、精确监测、振速预测、振动控制等方面内容。全书共分12章。第1章概述工程爆破的发展历程、爆破振动的研究现状。第2章阐述岩土爆破理论及其发展。第3章叙述爆破振动效应，揭示了爆破振动的产生与传播过程。第4章介绍爆破振动传播规律，包括露天、地下和特殊岩土爆破，阐释了爆破振动的本质特性和传播规律。第5章分别叙述了台阶爆破振动高程效应的定义、分类、现状，从弹性波动力学角度探讨了爆破振动在台阶地形上传播机理，推导出适合预测台阶地形爆破振动的公式。第6章采用相似模型试验、数值模拟、现场实测的方法，系统分析爆破振动高程效应的传播规律。第7章分别从爆破振动测试系统、传感器、数据采集仪、放大器等方面叙述爆破振动测试的原理。第8章讲述爆破振动现场测试的方法以及步骤。第9章介绍了爆破振动数据的分析方法。第10章采用概率正态分布原理，实现对爆破振动爆前预测评价以及安全药量计算。同时结合工程案例进行验证。第 11 章叙述了爆破振动危害以及振动控制技术和措施。第 12 章介绍了爆破振动控制的发展方向，便于未来进一步探索爆破振动控制技术，实现和谐爆破作业。

　　本书在撰写过程中引用了大量相关文献资料，希望为需要进一步了解和深入研究某些问题的读者提供有益的线索。在此，作者特别感谢文献的作者，正是他们的深入工作和研究成果，使我们获益匪浅！

　　由于作者的学识所限，书中不妥之处敬请专家和读者批评指正。

李萍丰　张小军

2021 年 6 月 18 日于北京

目　　录

1 绪 论

1.1 工程爆破的历史与现状

1.1.1 工业炸药的历史与现状

人类对爆炸的研究与应用最早源于我国黑火药的发明。早在公元 808 年之前，我国炼丹家就发明了以硫黄、硝石和木炭 3 种组合配制的黑火药。在 11~12 世纪时，黑火药开始传入阿拉伯国家，后传入欧洲。阿拉伯人称硝石为"中国雪"或"中国盐"。黑火药作为独一无二的炸药，延续了数百年之久。一直到 1865 年瑞典化学家阿尔弗雷德·诺贝尔（Alfred Nobel）发明了以硝化甘油为主要组分的达纳迈特（Dynamite）炸药之后，工业炸药才步入了多品种的时代。差不多就在诺贝尔发明达纳迈特的时候，奥尔森（Olsson）和诺宾（Norrbein）于 1867 年发明了硝酸铵和各种燃料制成的混合炸药，奠定了硝铵类炸药与硝甘类炸药相互竞争发展的基础。

20 世纪 50 年代我国建立了生产硝铵炸药和硝甘炸药的工厂，产品包括 1 号、2 号岩石铵梯炸药，1 号、2 号、3 号煤矿许用铵梯炸药；2 号抗水岩石铵梯炸药；1 号、2 号、3 号露天铵梯炸药；1 号、2 号、3 号普通胶质炸药和耐冻胶质炸药。

1957 年前后我国对粉状铵油炸药进行了较深入的研究，1963 年之后，铵油炸药在我国开始得到了全面推广；20 世纪 70 年代中期冶金矿山铵油炸药使用量已占炸药总消耗量的 70%左右。在推广使用铵油炸药过程中，科技工作者不仅根据流化造粒技术研制生产了吸油率较高的多孔粒状硝酸铵，而且还制造和应用了多种气动装药设备，如 YC-2 型铵油炸药装药车和 FZY-1 型风动装药器。其后又研制了铵沥蜡炸药和铵松蜡炸药。此外，我国还研制了多种酸基液体炸药，如硝酸-苯、硝酸-邻位硝基乙苯、硝酸-硝基苯等液体炸药。

1959 年开始研制浆状炸药，20 世纪 60 年代中期在矿山爆破作业中获得应用，其代表性品种是 4 号浆状炸药。20 世纪 70 年代初期，我国浆状炸药发展十分迅速，首先是胶凝剂（田菁胶、槐豆胶）和交联技术获得重要突破，继而品种不断增加，其典型代表有田菁 10 号浆状炸药、槐 1 号无梯浆状炸药、5 号浆状炸药和聚 1 号浆状炸药等。浆状炸药装药车与可泵送浆状炸药的出现，更好地满足了露天爆破作业的需要。

20 世纪 70 年代后期开始研制乳化炸药，政府、企业和科研单位都非常重视发展乳化炸药，不仅有了连续化自动生产工艺技术、设备和岩石型、煤矿许用型乳化炸药，而且独创了国外没有的粉状乳化炸药；不仅有了露天型乳化炸药混装车，而且利用水环减阻技术，发展了地下小直径乳化炸药装药车；乳化炸药生产技术和装药车不仅满足了国内的需要，而且出口到瑞典、蒙古、俄罗斯、越南、赞比亚、刚果金、缅甸、纳米比亚等国。

20 世纪 80 年代中期我国引进了美国杜邦公司水胶炸药生产技术与设备。

新中国成立初期，我国只能生产导火索、火雷管和瞬发电雷管，经过科技人员的努力，很快能生产和应用了毫秒、秒延时电雷管。20 世纪 70 年代初生产、销售了导爆索-继爆管毫秒延时起爆系统。20 世纪 70 年代末期我国自行研制、生产了塑料导爆管及其配套的非电毫秒雷管，并在工程爆破作业中获得广泛的应用。20 世纪 80 年代中期我国根据电磁感应原理研制、生产了磁电雷管，这种雷管在油、气井爆破作业中获得应用。近年来，数码电子雷管得到广泛应用，数码电子雷管是一种可以任意设定并准确实现延时的新型电雷管，其本质是采用一个微电子芯片取代普通电雷管中的化学延期药与电点火元件，不仅大大提高了延时精度，而且控制了通往引火头的电源，从而最大限度地减少了因引火头能量需求所引起的延时误差。

经过 70 多年的努力，我国已建立了比较完整的爆破器材生产、流通和使用体系，据不完全统计，截至 2020 年年底全国共有爆破器材生产企业 399 家。

2020 年我国工业炸药、工业雷管和索类火工品的生产量示于表 1-1。

表 1-1 2020 年我国各类爆破器材产量

序号	产品名称	单位	产量	销量	期末库存
1	工业炸药	万吨	448.18	448.08	5.49
1.1	胶状乳化炸药	万吨	276.20	276.01	3.21
	其中：乳化炸药（胶状）	万吨	221.43	221.27	3.18
	现场混装乳化炸药	万吨	54.77	54.75	0.03
1.2	多孔粒状铵油炸药	万吨	82.90	82.59	0.31
	其中：现场混装粒状铵油炸药	万吨	67.85	67.57	0.25
	现场混装乳化铵油炸药	万吨	5.42	5.41	0.01
1.3	膨化硝铵炸药	万吨	36.63	36.70	0.62
1.4	粉状乳化炸药	万吨	27.91	28.33	0.58
1.5	改性铵油炸药	万吨	15.52	15.49	0.34
1.6	水胶炸药	万吨	3.03	3.00	0.17
1.7	震源药柱（普通型）	万吨	3.21	3.18	0.23
1.8	其他工业炸药	万吨	2.78	2.78	0.04
2	工业雷管	亿发	9.56	9.72	1.02
2.1	导爆管雷管	亿发	6.18	6.20	0.57
	其中：普通型导爆管雷管	亿发	5.90	5.95	0.52
	高强度导爆管雷管	亿发	0.28	0.24	0.05
2.2	工业电雷管	亿发	1.95	2.11	0.33
2.3	电子雷管	亿发	1.17	1.14	0.10
2.4	磁电雷管	亿发	0.03	0.03	0.00
2.5	其他雷管	亿发	0.23	0.24	0.01
3	工业导爆索	万米	10722	10497	802
4	聚能射孔弹	万发	682	671	110
5	中继起爆具	吨	4071	3799	689

序号	产品名称	单位	产量	销量	期末库存
6	点火器材	万发	5298	5180	286
7	船用救生烟火信号	万发	51	51.4	4.8
8	防雹增雨火箭	万发	13	12.8	1.7

1.1.2 爆破技术的历史与现状

新中国成立初期，我国工程爆破技术力量十分薄弱，施工设备简陋，爆破器材相当匮乏，只有抚顺、阜新、鞍山等几座矿山有从事爆破作业的技术人员，炸药和起爆器材的品种和产量都很低，远不能满足经济建设的需要。从第一个五年计划开始，由于矿山、铁道、水利水电工程等基础设施建设的迫切需要，党和政府十分重视培养工程爆破技术人才并大力发展壮大工程爆破施工力量和爆破装备，使我国逐步具备了独立从事大规模爆破设计与施工的水平。

1956 年我国甘肃省白银露天矿建设的剥离硐室爆破，其炸药用量达 15640t，爆破方量为 $907.7 \times 10^4 m^3$，这次大爆破是我国首次万吨级硐室大爆破，它的成功实施标志着我国在硐室爆破等大规模爆破领域里有了较高的水平。从那时起硐室爆破在我国矿山、铁道、水利水电、公路等建设工程中获得了广泛应用，炸药用量小到几百公斤，大到几百吨，条形药室的容量可大到几千吨，甚至超过万吨。表 1-2 列出了我国部分典型的硐室爆破。

表 1-2 国内典型硐室大爆破

序号	时间	地点	爆破类型	爆破量/$\times 10^4 m^3$	炸药量/t	单耗/kg·m^{-3}
1	1956 年	甘肃白银厂露天矿	加强松动和抛掷爆破	908	15640	1.46
2	1971 年	攀枝花狮子山铁矿	分层加强松动	1144	10162	0.817
3	1992 年	珠海炮台山	加强松动和抛掷	1085.2	12000	0.817
4	1994 年	贵阳龙洞堡机场	松动爆破	225	3010	1.18
5	1997 年	福建上杭紫金山金矿	抛掷爆破	125	1036	0.829
6	2002 年	首钢大石河铁矿	抛掷爆破	181	1301	0.728
7	2005 年	陕西大西沟铁矿	抛掷爆破	122	926	0.89
8	2007 年	宁夏大峰煤矿	抛掷爆破	623.9	5500	0.88
9	2012 年	湖北龙背湾水电站料场	抛掷爆破	101	376	0.44
10	2018 年	河南汝阳东沟钼矿北沟尾矿库	抛掷爆破	116	513	0.58

当前，中深孔爆破技术已非常广泛应用于我国露天与地下矿山、铁道、公路、水利水电建设的基坑路堑开挖工程、采石场、工业场地平整和大型长隧道的掘进等爆破作业中。1999 年 4 月 29 日南芬露天铁矿一次毫秒爆破段数达 100 余段，炮孔超过 500 个，预装药量达 300t，矿岩爆破量超过 81 万吨，该矿还实现了 18m 高台阶深孔爆破技术的应用性试验，使我国矿山深孔爆破技术提到一个新水平。表 1-3 列举了我国近年来露天矿山一次爆破超过 30 万吨的部分实例。

表 1-3 国内百吨级炸药的露天深孔台阶爆破（不完全统计）

序号	地点	爆破矿岩量/万吨	孔径/mm	装药量/t	单耗/kg·m^{-3}	延米爆破量/t·m^{-1}
1	南芬露天铁矿	81.1	250	276	0.9	108.5
2	安太堡露天煤矿	312	310	450	0.384	64
3	舞阳经山寺铁矿	45	310	189	0.84	66
4	太钢袁家村铁矿	30	310	101	0.67	52
5	江铜德兴铜矿	32	310	156	1.21	61
6	黑岱沟露天煤矿	50	310	203	0.85	62
7	包头巴润矿	140	310	321	0.65	78
8	司家营铁矿	62.8	250	240	0.84	56

在建筑物、构筑物拆除爆破以及城镇复杂环境中深孔爆破，控制爆破技术得到了空前发展与应用。毋庸置疑，在城镇进行工程爆破，技术上的要求与野外的爆破作业有着很大的差别。首先，要求保证周围的人和建（构）筑物及各种设备、设施的完好无损；其次，装药量不能过多，而装药的炮孔数量却远远超过野外的土石方爆破。改革开放 40 多年来，我国城镇拆除爆破和复杂环境深孔爆破技术发展非常迅速，它不仅将过去危险性大的爆破作业由野外安全可靠地移植到人口密集的城镇，尤为重要的是创造了许多新技术、新工艺和新经验。在建筑物爆破拆除的楼高达到了 18m，据不完全统计 2020 年年底爆破拆除 20 层以上楼房达 20 余座，表 1-4 列举了我国完成的 20 层以上楼房拆除爆破部分实例。在爆破拆除烟囱高度达到了 240m，据不完全统计 2021 年 5 月 28 日爆破拆除 200m 以上烟囱达24 座，表 1-5 列举了我国完成的高 200m 以上烟囱的拆除爆破部分实例。这些案例都为城市的发展做出了巨大贡献。

表 1-4 国内 20 层以上建筑物拆除爆破工程（不完全统计）

序号	时间	地点	工程名称	层数	高度/m	爆破孔数/个	药量/kg
1	2001 年 9 月 16 日	北京	北京东直门 16 号楼	20	62.18	11007	362
2	2003 年 9 月 20 日	哈尔滨	框架式楼房	26	89.5	1438	211.7
3	2004 年 5 月 18 日	温州	温州中国银行大厦	22	93.05	4000	300
4	2006 年 6 月 22 日	浙江	东阳吴宁镇政府大楼	21	70.3	1720	115
5	2007 年 12 月 6 日	重庆	米兰大厦 A 座	25	75	680	76
6	2009 年 8 月 13 日	中山	中山市石岐山顶花园（烂尾楼）	34	104.1	14500	1464
7	2011 年 1 月 9 日	大连	金马大厦	28	94.6	1800	900
8	2015 年 11 月 15 日	西安	西安环球中心金花大楼	26	118	12000	1400
9	2016 年 8 月 8 日	大同	宇金大厦	26	96		
10	2017 年 9 月 15 日	南昌	南昌裕丰大厦	26	108		
11	2018 年 5 月 26 日	青岛	烟台维亚湾	30	96	30518	1384

续表 1-4

序号	时间	地点	工程名称	层数	高度/m	爆破孔数/个	药量/kg
12	2018 年 8 月 30 日	广州	增城区新塘承爱汇商住项目	26	106.5	7242	1248
13	2018 年 10 月 19 日	哈尔滨	哈尔滨粮油批发市场	23	87	1552	240
14	2020 年 4 月 20 日	上海	上海中环中心 T1、T2、T3 楼及兴力达 B 区公寓楼等 4 幢烂尾楼	T1 楼、T2 楼 25 层；T3 楼 20 层；公寓楼 31 层	T1 楼、T2 楼 106m；T3 楼 91.4m；公寓 96.1m	43493	7416
15	2020 年 7 月 26 日	河源	河源市龙川县远东花园	22	71.2		
16	2020 年 7 月 30 日	昆明	丽阳新城二期	20	60		

表 1-5 国内 200m 以上烟囱拆除爆破工程（不完全统计）

序号	时间	地点	高度/m
1	2007 年 12 月 26 日	国电成都热电厂	210
2	2008 年 7 月 25 日	成都华能热电厂	210
3	2008 年 11 月 11 日	徐州北郊国华徐州发电厂	210
4	2008 年 11 月 19 日	徐州茅村发电厂	210
5	2011 年 8 月 10 日	成都嘉陵电厂	210
6	2011 年 12 月 13 日	国电太原第一发电厂	210
7	2012 年 2 月 12 日	江西南昌发电厂	210
8	2012 年 9 月 24 日	温州发电有限公司一期工程	210
9	2013 年 7 月 21 日	华电扬州发电公司	210
10	2013 年 12 月 31 日	国电贵州电力有限公司贵阳发电厂	240
11	2014 年 3 月 30 日	华润（锦州）电力有限公司	210
12	2014 年 4 月 10 日	国电长源电力股份有限公司荆门热电厂	210
13	2014 年 10 月 16 日	河南省鹤壁市万和发电有限责任公司	210
14	2014 年 10 月 24 日	台州发电厂	210
15	2015 年 12 月 2 日	贵州遵义火电厂	218
16	2017 年 6 月 23 日	天津陈塘热电厂三期	210
17	2019 年 1 月 18 日	国电太原第一热电厂	210
18	2019 年 7 月 1 日	唐山市西郊热电厂	240
19	2019 年 7 月 19 日	唐山市西郊热电厂	210
20	2020 年 3 月 31 日	四川宜宾市黄桷庄电厂	210
21	2020 年 10 月 31 日	四川内江发电厂	210（2 座）
22	2020 年 11 月 19 日	国华徐州发电有限公司	210
23	2021 年 5 月 28 日	镇江市谏壁电厂	210（2 座）

水下工程爆破技术主要应用于水库水下岩塞爆破、挡水围堰或岩坎拆除爆破、港湾航道疏浚炸礁以及淤泥与饱和砂土地基爆炸加固处理等，发展非常迅速，应用领域不断扩大，工程实例颇多。例如，20 世纪 70 年代初广州黄埔港大濠州 21km 航道 50 万立方米水下炸礁成功，创造了当时水下爆破作业的国际先进水平的施工方法。

油气田开发是一项复杂的系统工程，涉及许多科学领域。实践表明，工程爆破在地震勘探、测井、射孔、完井、压裂增产改造、油气井整形修复等工程中具有不可替代、举足轻重的作用，特别是油气井射孔技术是关系到油气井产油、气多少的关键技术。1959 年发现大庆油田以后，油气井燃烧爆破技术也随着众多油田的开发获得了迅速发展，规划建设了 8 个射孔弹生产厂和 8 个震源药柱生产厂，可以生产、供应品种比较齐全的油气井燃烧爆破起爆器材、爆破器材和燃烧器材，我国科技人员已能很好地根据油田开发的需要，独立设计、自主实施聚能射孔技术、高能气体压裂技术、爆炸切割技术、套管爆炸整形、焊接技术、井壁取芯技术和桥塞药包施放技术等，较好地满足了陆地和海洋油田开发的需要。

众所周知，利用炸药爆炸的能量可以将金属冲压成型，将两种金属焊接在一起，将金属表面硬化和切割金属或者人工合成金刚石、高温超导材料、非晶和微晶材料等，如今我国已建立和发展一支爆炸加工技术专业人才队伍和大批装备，其应用的领域越来越广泛。此外，利用高温爆破技术还可以消除高炉、平炉和炼焦炉中的炉瘤或爆破金属炽热物等。

1.1.3　工程爆破的基本特点

工程爆破涉及的领域广阔、内容丰富、方法手段各异、爆破目的不同，且作业环境条件复杂，其基本特点可以归纳概括为以下几个方面。

（1）工程爆破是一种高风险的涉及爆炸物品的特种行业。炸药和雷管等爆破器材是工程爆破作业中必不可少的物质保证，购买、运输、贮存、使用炸药等爆炸物品是爆破工作者必然经常涉及的事情。再者，尽管工程爆破的设计、钻孔、装药与网络连接等施工环节较多，准备工作比较复杂，但由于炸药爆炸是瞬时完成的，因此一项工程爆破的效果通常是在几秒钟内体现出来的且是不可挽回的，故工程爆破是一种高风险的涉及爆炸物品的特种行业。

（2）工程爆破外部环境特定且复杂。一般地说，工程爆破都是在特定的条件下进行的，其外部环境复杂且要求严格。例如，油、气井燃烧爆破通常是在套管内指定井深处（如油层）进行射孔、压裂、整形、切割等工程内容。其油井内空间有限，深度不一，而且井内还充满了压井液，在这样特定的条件下进行爆破，就要求爆破器材设计制造非常精细、结构严密、施工技术十分严格。又如，城市楼房拆除爆破通常是在闹市区和交通要道地区内进行的，且与保留建筑物毗邻或结构相互连接，又有市政铺设的各种管道和线路等。在这样复杂的环境条件下进行拆除爆破，就会对爆破设计、防护、环保、施工扰民等环节提出了更高更难的要求。

（3）工程爆破对爆破器材有特定的严格要求。尽管不同工程爆破使用的炸药等爆破器材品种会有所不同，但是对爆破器材的质量、性能的严格要求却是一致的。例如，矿山大区毫秒爆破时对雷管的准爆率和延时精度及炸药的爆炸性能的可靠性和均匀性有着很高要求。又如，油、气井特别是超深井的燃烧爆破要求爆破器材必须耐受 260℃ 高温、耐受

140MPa 泥浆压力、密封绝缘不漏水。

（4）工程爆破施工环节多而复杂。一般地说，爆破工作者应首先熟悉被爆对象的工程地质宏观结构以及爆破要求，搜集有关资料，然后再着手设计（包括可行性研究、技术设计、施工图设计和设计审查与安全评估）、钻孔（包括布孔、钻孔、测量与验收）、装药（包括炸药和雷管等起爆器材的选择、合理位置的确定、合理装填）、爆破网路的连接、起爆、警戒、振动监测等诸多环节，每一个环节都必须慎之又慎，以获得良好的爆破与安全效果。

（5）工程爆破对象（岩体）复杂多变。岩体是由包含软弱结构面的各类岩石所组成的具有不连续性、非均质性和各向异性的地质体。岩体在其形成过程中经受了构造变动、风化作用和卸荷作用等各种内外力地质作用的破坏和改造，岩体经常被各种结构面（如层面、节理、断层、片理等）所切割，使岩体成为一种多裂隙的不连续介质。同时受地下水的影响，岩体的物理、力学特性也会发生改变，因此工程爆破对象（岩体）是复杂多变的，对工程爆破提出了更高的要求。

（6）工程爆破从业人员实行持证上岗。工程爆破从业人员必须经过严格的培训考核，熟悉并严格遵守国务院关于爆炸物品的管理规定和国家标准《爆破安全规程》（GB 6722—2014），然后持证上岗。

（7）工程爆破目的众多各异。工程爆破广泛用于矿山工程、市政工程、水利工程、交通工程、核电工程、石油天然气工程以及海洋工程等资源开采和工程建设活动中，根据爆破目的的不同，其目的可分为场地平整、矿石破碎、隧（巷）道掘进、光面成型、建筑（构）物拆除、石油开采等。

1.2 爆破振动效应研究现状

20 世纪 40 年代以后，振动测试仪器开始用于爆破振动波的现场测试，并获得了大量的测试结果，爆破振动效应的研究开始步入定量分析阶段。天然地震的研究成果和核爆炸技术的发展，也为爆破振动波的理论分析和实验研究注入了新的活力。由于爆炸过程涉及复杂的物理和化学现象，因此长期以来研究者都未能获得爆炸中心附近冲击作用的细节。虽然以 Lamb 弹性半空间解为基础的理论方法及其发展，已经为振动波传播规律的分析和研究提供了可能的途径，但爆炸的真实冲击加载模型并没有取得突破，建立在弹性动力学方法基础上的理论分析也一直未能在爆破振动波研究方面取得进展。但是，对爆炸近区和中区物理过程的研究还是获得了一定成果。在 Cook，Leet，Kisslinger，Langefors，Kihlstrom 等人的著作中对此均有具体论述。

20 世纪 70～80 年代，随着观测设备和实验技术的迅速发展，对炸药在岩土介质中爆炸产生的振动波频谱及效应的研究与早期相比有了较大进步，爆破振动测试仪器的广泛应用，使研究者获得了大量的实测数据；理论分析和数据处理手段的迅速发展也为振动波传播规律的研究提供了良好的条件。20 世纪 90 年代以后，各种新型测试仪器的研制、实验手段的提高以及各种处理方法的应用，进一步提升了爆破振动效应的研究水平。但大多研究仅限于从工程安全性出发，对振动波的传播、衰减规律以及爆破振动效应的预防和控制等具体问题进行探讨，而对爆破振动仍缺乏系统性的研究。

1.2.1　爆破振动预测研究现状

对爆破振动强度的预测一直是各国爆破振动研究者致力于解决的问题。对此国内外广大科技工作者做了大量的研究工作，取得了理论与工程应用上的成果。如国内张雪亮、孟吉复等人较早就系统地研究了爆破振动效应与监测、测试技术。国外则侧重对爆破振动波的衰减规律及建筑物安全许可振动强度进行研究，如 Amitava G.，Anderson D. A.，Siskind D. E.，Deodatis G.。目前，国内外用于评价和衡量爆破振动强度的物理量主要为单一参数如爆破引起的质点振动速度、加速度、位移中的某一个参量。随着对爆破振动特征及其破坏机制研究的深入，研究者发现爆破振动对建（构）筑物的破坏除了与振动强度最大幅值有关外，还与振动频率和振动持续时间有关。

在工程实践中，各国广泛采用岩土质点振动速度作为建（构）筑物、岩石边坡与隧道稳定性的判据，这是因为在某一振动速度范围内，建（构）筑物与岩石隧道、岩石边坡的破坏程度比较一致，同时岩土质点振动速度可以直接与材料应力发生关系。这种关系可由式（1-1）表示：

$$\sigma = \rho c v \tag{1-1}$$

式中，σ 是材料受振动产生的动态应力，MPa；ρ 是材料的密度，kg/cm^3；c 表示材料弹性纵波速度，m/s；v 是材料振动质点速度，cm/s。

当 $\sigma \geqslant \sigma_t$ 时（σ_t 为材料或结构的极限抗拉应力），材料或结构会产生拉应力损伤破坏。

在实践中，将爆破质点振动峰值速度 PPV 作为衡量材料受到爆破振动危害的一个主要参量，并以此来量化其程度。许多国家，如美国、瑞典、芬兰及中国均将其纳入爆破安全规程中，并作为评价爆破振动安全的主要参数。因此，对 PPV 值的有效预测，对于评价建（构）筑物所受爆破振动危害的影响十分重要。其一般表达式为：

$$v = KQ^m R^n \tag{1-2}$$

式中，v 是质点峰值速度，m/s；Q 是最大段药量，kg；R 表示爆源到测点的距离，m；K，m，n 是与爆破方式、岩石介质和场地条件等因素有关的系数。

我国主要采用萨道夫斯基公式对 PPV 进行预测，其数学模型为：

$$v = K\rho^\alpha = K\left(\frac{\sqrt[3]{Q}}{R}\right)^\alpha \tag{1-3}$$

式中，ρ 是药量比例距离；α 是衰减指数，一般介于 1~2 之间；其余符号意义同前。

获取质点振动速度衰减预测方程的基本方法，一般是利用回归最小二乘法，分析实测质点峰值振速 v、最大段发药量 Q 和测点与爆源距离 R 的相关关系，从而确定与爆破地形、地质条件、爆破规模、药包结构等特征有关的系数 K 和衰减系数 α，由此得到爆破振动波衰减预测方程。该模型被广泛应用于对爆破振动速度的预测和研究。此外也有采用萨氏公式的变形，考虑其他影响因素进行回归预测的，如陈寿如等提出的考虑高差影响的预测模型，张志呈提出的考虑振动主频影响的折合速度预测模型。

随着对爆破振动危害认识的不断深入，对爆破振动预测精度的要求也越来越高，对振动范围的控制也越来越严，因而考虑的因素就应更多，仅根据几个主要参数来决定爆破振动危害的整个过程已越来越不能满足工程的需要，但分析因素的增多无疑又增加了对爆破振动预测的难度和问题的复杂性。通过对爆破振动波形的预测来有效认识爆破振动对建（构）筑物的危害性，是近年来爆破振动预测研究发展上的较新方法。爆破振动波形预测是一种较为全面的质点振动过程预测，可以直接了解并预测振动幅值、振动主频和振动持续时间。其中采用最为广泛的是 Scanlan 和 Sachs 提出的利用三角级数叠加来模拟振动加速度波形。其基本思想是用一组三角级数之和构造一个近似的平稳高斯过程，然后乘以强度包络线，从而得到非平稳的地面运动加速度波形。

Wheeler 在 1988 年分析不同延时爆破时间间隔减少和增大时的爆破振动效应时，根据 FFT 变换原理在信号处理中的应用，采用不同单一频率波形的叠加合成波形作为爆破振动单孔模拟波形，在此基础上得到具有微差延时的多孔爆破模拟预测波形。吴从师等人在确定合理延时间隔时，将单孔爆破实际记录波形作为源函数通过线性叠加来实现多孔爆破振动波形的模拟预测。

宋光明运用小波包分析技术，基于对爆破振动信号小波包的变换，依据单段波形主振频带细节信号的不同时频特征及传播特性，建立了单段波形预测模型，进而按照振动叠加原理建立了多段微差波形的预测模型，并将其应用于矿山延时爆破间隔分析。

1.2.2　爆破振动安全判据研究现状

长期以来，人们采用质点振动速度作为建（构）筑物、岩石边坡与隧道等稳定的判据，这是因为振动速度在一定范围内与建（构）筑物、岩石边坡以及隧道等的破坏程度比较一致，同时质点振动速度与材料的应力也会发生如式（1-1）所示关系，因此普遍采用质点垂直振动速度作为危害评价及控制参数。对于安全判据，由于式（1-1）中动态应力与质点振动速度的关系同岩土等材料的损伤和破坏程度密切相关，所以爆破质点振动峰值速度一直在爆破安全判据中占有重要地位。

由于振动频率对建（构）筑物破坏作用增强的实例越来越多，因此在安全标准中也逐渐将频率纳入危害控制与评价的重要参数。在世界许多国家的爆破安全规程中，均考虑爆破振动质点振动峰值速度和振动频率的共同作用，我国新颁布的《爆破安全规程》（GB 6722—2014）也明确将振动频率纳入了安全标准。

动态抗拉应力判据，即将质点振动速度、振动主频和振动持续时间等 3 个参量同时纳入综合评价爆破振动强度标准，仍然是一种间接衡量岩土结构设施受到损伤、破坏的方法。动态抗拉应力判据是从岩土损伤、破坏的直接原因出发，建立的岩土结构损伤破坏判据，该判据结合了爆破振动水平、岩石等级特征、场地条件和岩石支护系统等因素，利用爆破振动产生的动态拉应力与岩土结构的动态抗拉强度的接近程度来评价爆破振动对相应结构的危害。

1.2.3　爆破振动控制方法研究现状

爆破振动危害控制一直是国内外爆破安全技术的重要研究课题，其行业领域涉及矿业、铁道、公路、水电、建筑和国防等国民经济重要部门。

随着对爆破振动波研究的深入，描述振动波的振动频率和振动持续时间在振动波分析中的地位也越来越重要。人们知道爆破振动是由埋置在地下的炸药爆炸而引起的，从爆源开始分析，影响爆破振动的因素有：炸药量、爆心距、岩土介质性质及场地条件等。

国内外爆破工作者对露天台阶爆破振动效应的控制也做了大量研究，研究的思路基本上是针对影响爆破振动效应的诸多因素开展的。研究主要从以下几个方面开展：（1）控制一次起爆的最大药量。通过采用延时分段，减小最大段起爆药量，控制振动强度。（2）从传播路径上隔振、减振。在主炮孔与被保护建（构）筑物或者边坡之间形成一条预裂面、预裂破碎带或减振沟等，从传播途径上减振和消振。（3）采用缓冲爆破、光面爆破等技术措施进行减振。（4）根据振动波的物理特征，对不同段的振动波进行分离，利用相位差进行振动波间的相互叠加干扰降振。

作为减振爆破技术，延时爆破、预裂爆破、光面爆破、缓冲爆破也是矿山应用极为广泛且十分成熟的爆破技术，在矿山生产中取得了良好的爆破效果。国内露天矿山大多采用的是预裂爆破、少数矿山采用光面爆破、缓冲爆破。预裂爆破装药大多采用的是径向不耦合装药，也有采用耦合或轴向间隔装药结构的，间隔介质为钻孔的岩粉碎屑或间隔气囊。

目前，在露天矿山爆破振动效应的控制措施上仍存在一定的局限性，总体上是处于被动式的防护和控制，因此提出从系统能量的观点研究和控制爆破振动危害，即在爆破工艺的各个环节上，在保证爆破效果的前提下，降低和控制爆破振动效应；在控制爆破振动的前提下，保障良好的爆破效果；在炸药能量利用率上，提高炸药能量的利用率降低振动波能量的转化率，将被动降振变为主动降振。许多研究人员对炸药能量利用率进行了大量研究，其中大部分是针对岩石爆破破碎效果而进行的。这方面的研究资料也十分丰富，且很大一部分是针对不耦合装药的。通过不耦合装药调整爆破能量的分布，提高炸药能量的利用率以获得良好的岩石破碎效果。

参 考 文 献

[1] 汪旭光，郑炳旭，宋锦泉，等. 中国爆破技术现状与发展 [C] //中国爆破新技术Ⅲ，2012.

[2] 汪旭光，沈立晋. 俄罗斯爆破器材的发展历程与现状 [J]. 工程爆破，2004，10 (1)：67-72.

[3] 汪旭光. 国外工程爆破的现状与发展 [C] //全国工程爆破学术会议，1997.

[4] 汪旭光. 我国工程爆破技术的现状与发展 [J]. 北京矿冶研究总院学报，1992 (2)：1-8.

[5] 汪旭光. 中国典型爆破工程与技术 [M]. 北京：冶金工业出版社，2006.

[6] 汪旭光，王国利. 国际工程爆破技术发展现状——第24届炸药与爆破技术年会和第14届炸药与爆破研究研讨会 [J]. 工程爆破，1998，4 (4)：66-70.

[7] 汪旭光. 工程爆破新进展：英文 [M]. 北京：冶金工业出版社，2011.

[8] 汪旭光. 中国工程爆破协会成立20周年学术会议：中国爆破新进展 [M]. 北京：冶金工业出版社，2014.

[9] 赵福兴. 控制爆破工程学 [M]. 西安：西安交通大学出版社，1988.

[10] 刘殿中，杨仕春. 工程爆破实用手册 [M]. 北京：冶金工业出版社，2003.

[11] 王鸿渠. 多边界石方爆破工程 [M]. 北京：人民交通出版社，1994.

[12] 冯叔瑜，马乃耀. 爆破工程（上册）[M]. 北京：中国铁道出版社，1980.

[13] 中国工程爆破协会. 爆破工程施工与安全 [M]. 北京：冶金工业出版社，2004.

[14] 张萌. 露天矿爆破工程 [M]. 徐州：中国矿业学院出版社，1986.

[15] 刘贵清. 爆破工程技术应用实例 [M]. 沈阳：辽宁科学技术出版社，2012.

[16] 石连松，宋衍昊，陈斌. 聚能爆破技术的发展及研究现状 [J]. 山西建筑，2010 (5)：155，156.

[17] 王小林，徐书雷，吴枫. 国内外拆除爆破技术发展现状 [J]. 西安科技大学学报，2003，23 (3)：

270-273.

[18] 蒲传金，郭学彬，肖正学，等．岩土控制爆破的历史与发展现状［J］．爆破，2008（3）：42-46.

[19] 陈士海．工程爆破现状与发展［J］．煤矿爆破，2008（2）：23-27.

[20] 边克信．我国工程爆破现状与展望［J］．爆破，1984（1）：5-8.

[21] 田维银，李祖玮，代连朋．工程爆破技术的发展现状及发展趋势［J］．科技致富向导，2013（23）：361.

[22] 张波．我国工程爆破技术存在的问题及发展展望［J］．城市建设理论研究：电子版，2012（9）：1-4.

[23] 庙延钢．我国工程爆破技术研究及应用进展——全国第七届工程爆破学术会议综述［J］．云南冶金，2002（3）：3-8.

[24] 王继峰．工程爆破技术发展与展望［J］．煤炭科学技术，2007（9）：11-14.

[25] 李秦．国内工程爆破现状及发展前景的探讨［J］．工程爆破，1999，5（3）：82.

[26] 龙兴华．岩石爆破技术的现状与发展［J］．科技创新与应用，2013（33）：285.

[27] 齐世福．工程爆破发展现状综述［J］．工程兵工程学院学报，1995（4）：19-23.

[28] 王毅刚，岳宗洪．工程爆破的发展现状与新进展［J］．有色金属（矿山部分），2009（5）：40-43.

[29] 宋锦泉，汪旭光，段宝福．中国工程爆破发展现状与展望［J］．铜业工程，2002（3）：6-9.

[30] 张勇，李晓杰，张越举．爆炸加工的历史、现状及其未来发展［C］//全国工程爆破学术会议．2008.

[31] 高荫桐，刘殿中．试论中国工程爆破行业的发展趋势［J］．工程爆破，2010，16（4）：1-4.

[32] 孙建鼎．我国爆破工程的现状［J］．露天采矿技术，1989（1）：31-35.

[33] Zeng Yongqing, Li Haibo, Xia Xiang, et al. Research on blasting vibration effect and time-frequency characteristics of vibration signals in a road corridor at xianning nuclear power station［J］. Journal of Vibroengineering, 2021, 23（4）：823-846.

[34] Yang Zhaowei, Hu Yinguo, Liu Meishan, et al. Study of S wave identification based on measured blasting vibration signals and its application under engineering scale［J］. Arabian Journal of Geosciences, 2021, 14（12）：1-11.

[35] Chen Shihai, Hu Shuaiwei, Zhang Zihua, et al. Propagation characteristics of vibration waves induced in surrounding rock by tunneling blasting［J］. Journal of Mountain Science, 2017, 14（12）：2620-2630.

[36] Son Ji Ho, Kim Byung Ryeol, Lee Seung Joong, et al. A Numerical Study on the Reduction Effect of Blasting Vibration with Cut Method［J］. Explosives and Blasting, 2019, 37（1）：1-13.

[37] Xu Shida , Li Yuanhui, Liu Jianpo, et al. Optimization of blasting parameters for an underground mine through prediction of blasting vibration［J］. Journal of Vibration and Control, 2019, 25（9）：1585-1595.

[38] Jiang Nan, Gao Tan, Zhou Chuanbo, et al. Safety assessment of upper buried gas pipeline under blasting vibration of subway tunnel：a case study in Beijing subway line［J］. Journal of Vibroengineering, 2019, 21（4）：888-900.

2 岩土爆破理论

2.1 岩土爆破理论的发展

爆破理论作为研究炸药爆炸与爆破对象关系的理论，在时间上是很难清楚地划分出各个发展阶段的，但就其发展过程来说，又必然存在着不同的发展阶段。即爆破理论产生阶段、确立阶段和最新发展阶段（岩石的损伤断裂理论）。

2.1.1 岩土爆破理论的产生阶段

匈牙利人和奥地利人于1613年和1627年分别将黑火药用于矿山爆破，开创了采矿爆破的历史。应该说从炸药用于爆破作业起，人们就有了计算炸药量的方法，也就出现了早期爆破理论。直到20世纪60年代日野熊雄的冲击波拉伸破坏理论的出现，标志着早期爆破理论发展阶段的结束。这一阶段比较著名的理论有以下几种：炸药量与岩石破碎体积成比例理论、C. W. 利文斯顿爆破漏斗理论和流体动力学理论。

2.1.1.1 炸药量与岩石破碎体积成比例理论

该理论首先给出了集中药包标准抛掷爆破的装药量计算公式：

$$Q = q \cdot w^3 \tag{2-1}$$

式中　Q ——标准抛掷爆破的装药量，kg；

　　　q ——破碎单位体积岩石的炸药消耗量，kg/m^3；

　　　w ——最小抵抗线，m。

当装药深度不变，改变装药量的大小，其破碎半径及破碎顶角的数值也要变化。因此，根据几何相似原理得出非标准抛掷漏斗的装药量计算公式：

$$Q = f(n) \cdot q \cdot w^3 \tag{2-2}$$

式中　n ——爆破作用指数。

关于 $f(n)$ 的具体计算有许多经验公式，应用较多的是：

$$f(n) = 0.4 + 0.6n^3 \tag{2-3}$$

该假说只是通过装药量与岩石破碎体积成比例的关系计算爆破时的参数（装药量）的，对爆破作用的各种物理现象以及岩石是受到何种作用力而破坏的爆破过程并未作出实质性的说明。在计算中没有考虑岩石的物理力学性质，但是由于计算公式比较简单，并且应用效果良好，所以该式仍作为工程爆破时计算装药量的基本公式。

2.1.1.2 C. W. 利文斯顿爆破漏斗理论

C. W. 利文斯顿爆破漏斗理论是建立在大量的爆破漏斗试验和能量平衡准则基础上形成的。在不同的岩性、不同炸药量、不同埋深条件下进行的大量试验表明：炸药在岩体内爆炸时，传递给岩石的能量取决于岩石性质、炸药性质、炸药质量和炸药埋深等因素。当岩石性质一定时，爆破能量的多少取决于炸药质量和炸药埋深。在地下深处埋藏的药包，爆炸后其能量几乎全部被岩石所吸收。

当岩石吸收的能量达到饱和状态时，岩石表面开始产生位移、隆起、破坏以及抛掷。在此基础上，C. W. 利文斯顿建立了爆破漏斗的最佳药量和最佳埋深公式：

$$L_j = \Delta_0 E Q_0^{1/3} \tag{2-4}$$

式中　　L_j——最佳埋深，m；

　　　　E——弹性变形系数；

　　　　Q_0——最佳药包质量，kg；

　　　　Δ_0——最佳深度比。

C. W. 利文斯顿爆破漏斗理论仅对爆破结果进行了定量的描述，而没有涉及岩石的爆破过程和爆破机理，因而仍属于实用爆破学范畴。它已广泛地应用于地下和露天矿山。

2.1.1.3　流体动力学理论

流体动力学理论是假设在坚硬介质中，爆破作用具有瞬时性以及爆炸介质具有不可压缩性，把介质视为理想流体。因此，爆炸作用可视为爆炸气体以动能形式将爆炸能量瞬间传给岩石介质。

由于爆炸能量以动能的形式瞬间传递给岩石，那么该瞬间中被爆介质各点位移为零，即应力分布特性可认为与不可压缩的理想流体中应力分布特性等同，并可由不可压缩的理想流体方程式求出，即炸药爆炸在岩石介质中产生的速度势分布与电解液电位分布都遵守着相同的数学规律——拉普拉斯方程：

$$\frac{\partial^2 \phi}{\partial x^2} + \frac{\partial^2 \phi}{\partial y^2} + \frac{\partial^2 \phi}{\partial z^2} = C \tag{2-5}$$

求解的结果可获得反映爆炸能量分布规律以及应力分布特性的势速度的分布特点及其大小，通过水电动态相似模拟法可以方便地求出岩石破碎块度分布。

综上所述，三种具有代表性的早期爆破理论各有不同，但其共同点是均未涉及爆破过程的物理实质，仅仅是一些经验计算公式而已。

2.1.2　岩土爆破理论的确立阶段

这一阶段从20世纪60年代初日本的日野熊雄（Kunao Nino）和美国矿业局戴威尔（W. L. Duvall）提出冲击波拉伸破坏理论和日本的村田勉提出爆炸气体膨胀压破坏理论开始，直到70年代L. C. 朗（L. C. Long）明确提出爆破作用三个阶段为止，历时十余年，这一时期的特征是：

（1）冲击波拉伸破坏理论、爆炸气体膨胀压破坏理论、冲击波和爆炸气体综合作用理论已经确立。

（2）爆炸破坏主因是冲击波压力还是爆炸气体膨胀压破坏产生激烈的争论，在争论中各派都在不断完善和发展自己的观点。

（3）争论的结果得到冲击波和爆炸气体综合作用理论，爆破过程的三个阶段逐步得到多数人的承认。

（4）这一阶段各派理论的研究都脱离了经验的总结，力图从力学角度探讨爆破岩石的力学性质，研究岩石对其周围物理环境中力场的反应。但是，上述各派的研究均把岩石看成固体力学的一种材料，忽略了它的复杂地质结构和赋存条件。现代爆破理论的确立阶段实质是爆破岩石力学理论的形成和发展阶段。

2.1.3　岩土爆破理论的新发展阶段

爆破理论的最新发展阶段起始于 20 世纪 80 年代，标志之一是裂隙介质爆破机理的产生。随着实验技术和相关学科的发展，爆破理论和爆破技术的研究一派蓬勃发展的新景象。

纵观国内外研究现状可以看出：这一阶段各学派虽然仍在不断完善自己的观点，但这已不是研究的主流，代表该阶段的主要特征是：

（1）裂隙岩体爆破理论的深入研究和岩体结构面对岩石爆破的影响和控制。

（2）断裂力学和损伤力学的引入，形成了岩石的损伤断裂理论。

（3）计算机模拟和再现爆破过程，用以研究裂纹的产生、扩展；预测爆破块度的组成和爆堆形态；供计算机模拟用的爆破模型不断涌现。

（4）一些新的思想和新的研究方法开始进入爆破理论的研究。20 世纪 60 年代出现的信息论、控制论。70 年代发展起来的突变论、协同学理论，耗散结构论，分形理论和非线性理论。80 年代以后发展起来的混沌学和分叉理论，使得爆破理论的研究出现了一个崭新的局面。

2.2　岩土爆破力学理论

2.2.1　岩石爆破破碎的主要原因

破碎岩石时炸药能量以两种形式释放出来，一种是冲击波，另一种是爆炸气体。但是，岩石破碎的主要原因是冲击波作用，还是爆炸气体作用的结果，因人认识和掌握资料的不同，会得出不同的结果。

2.2.1.1　冲击波拉伸破坏理论

该理论的代表人物包括：日野熊雄和美国矿业局的戴威尔（W. L Duvall）。

A　基本观点

当炸药在岩石中爆轰时，生成的高温、高压和高速的冲击波猛烈冲击周围的岩石，在岩石中引起强烈的应力波，它的强度大大超过了岩石的动抗压强度，因此引起周围岩石的过度破碎。当压缩应力波通过粉碎圈以后，继续往外传播，其强度大大下降已不能直接引起岩石的破碎。当它达到自由面时，压缩应力波从自由面反射成拉伸应力波，虽然此时波的强度已很低，但是岩石的抗拉强度大大低于抗压强度，所以仍足以将岩石拉断。这种破裂方式也称"片落"。随着反射波继续往里传播，"片落"继续发生，一直将漏斗范围内的岩石完全拉裂为止。因此岩石破碎的主要部分是入射波和反射波作用的结果，爆炸气体的作用只限于岩石的辅助破碎和破裂岩石的抛掷。

B 观点依据

(1) 固体应力波的研究成果提供了可贵的借鉴。

1) 玻璃板内的爆炸冲击波。1947 年，K. M. 贝尔特（K. M. Baird）用高速摄影机实测了冲击波的速度。用电力引爆直径 0.25mm 的铜丝在玻璃板中爆炸，产生的冲击波速度为 5600~11900m/s、破坏的顺序是：爆源附近→边界端→玻璃板中部。这个结果与日野熊雄提出的"粉碎圈""从自由面反射波拉断岩片"的论述相同。

2) 日野熊雄等人吸收了 H. 考尔斯基（kolsky）对固体应力波研究最主要的成果，例如：炸药爆轰在固体内激发的冲击波；冲击波在自由面反射形成介质的拉伸破坏；多自由面反射波的重复作用等观点。

(2) 脆性固体抗拉强度。

1) 抗拉强度的重要性。岩石的抗压强度决定着爆源附近粉碎圈的半径。由于岩石的抗压强度很高，通常粉碎圈半径很小。一般岩石可视为脆性固体，即抗压强度远远大于抗拉强度的固体，很容易在拉应力作用下破坏，抗拉强度和抗压强度一样都是岩石的主要物理力学性质，是影响岩石破碎程度的重要因素。

2) 破裂论提供了裂隙发展的原理和计算方法。1921 年，A. A. 格里菲斯（Grtiffith）研究脆性物体破坏时指出，脆性物体的破坏是由物体内部存在的裂隙引起的。由于固体内微小裂隙的存在，在裂隙尖端产生应力集中，从而使裂隙沿着尖端继续扩张。

日野熊雄接受了脆性固体抗拉强度的观点，无论在基本理论的建立，还是冲击波拉伸理论的应用，拉断层数量和厚度的计算上，都有明显的痕迹。

C 对冲击波拉伸破坏理论的评述

(1) 冲击波拉伸破坏理论的重要意义。日野熊雄吸收了当时其他学科的研究成果，首次系统地提出了冲击波拉伸破坏理论，给爆破理论的研究注入了新的血液，使爆破理论的研究进入了新阶段。

尽管这种理论还有许多不尽如人意的地方，但仍不失为岩石爆破理论的重要组成部分。在自由面附近岩石是被拉伸破坏的这一点已被世人所公认。

(2) 冲击波拉伸破坏理论的不足。限于当时的技术条件，许多问题冲击波拉伸破坏理论还不能完全解释，例如：

1) 对烈性炸药来说，冲击波所携带的能量只占理论估算的炸药总能量的 5%~15%，而真正用于破碎岩石的能量比该值更小。根据 D. E. 福吉尔逊（Fogelson）等人测量炮孔附近的冲击波强度，推算出的冲击波的能量，只占炸药总能量的 9%。如果冲击波围绕炮孔均匀分布的话，至少有三分之二的能量没有作用在破裂角小于 120°的单炮孔的岩石破碎上。这就意味着在破裂角内冲击波分配的能量只占炸药总能量的 3%。这样小的比例要将岩石完全破碎是令人难以置信的。

2) 根据日野熊雄的爆破漏斗试验证明，单位炸药消耗量达到 5kg/m³时，才会有反射的应力波引起岩石的片落破碎。而 J. 弗尔特（Field）的研究也证明了这一点。根据计算：只有炮孔的装药量为 5kg/m³的量级或更大，才能在花岗岩中产生足以产生片落的拉伸应力。而在一般的台阶爆破中，装药量都较小，在这种情况下片落是不会发生的，或者发生了也是微不足道。

3) 在破碎大块时，外部装药（裸露药包）与内部装药（炮孔内装药）作比较，单位炸药消耗量要高 3~7 倍，这充分说明爆炸气体膨胀压对破碎岩石的重要作用。

4）根据日野熊雄的试验，在压碎带与片落带之间，存在一个非破碎带，这部分岩石是由什么原因引起破碎的，冲击波理论无法解释。

2.2.1.2　爆炸气体膨胀压理论

该理论的代表人物是村田勉。

A　基本观点

1953 年以前，这派观点在爆破界极为流行。从静力学观点出发，认为药包爆炸后，产生大量高温、高压气体，这种气体膨胀时所产生的推力作用在药包周围的岩壁上，引起岩石质点的径向位移，由于作用力不等引起的不同径向位移，导致在岩石中形成剪切应力。当这种剪切应力超过岩石的极限抗剪强度时就会引起岩石的破裂。当爆炸气体的膨胀推力足够大时，还会引起自由面附近的岩石隆起、鼓开并沿径向方向推出。它在很大程度上忽视了冲击波的作用。

后来经过村田勉等人的努力，采用近代观点重新做了解释，形成了一个完整的体系。但是各个学者在机理解释上又有不同。

B　观点依据

（1）岩石发生破碎的时间是在爆炸气体作用的时间内。

（2）炸药中的冲击波能量（动能）仅占炸药总能量的 5%~15%。这样少的能量不足以破碎整体岩石。

C　对爆炸气体膨胀压理论的评述

（1）该理论全面地阐述了爆炸气体在岩石破碎中的作用，这是可取之处。

（2）该理论的不足之处：

1）从用裸露药包破碎大块来看，岩石破碎主要依靠冲击波的动压作用。因为在这种条件下，爆炸的膨胀气体都扩散到大气中去了并没有对大块破碎起到应用的作用，这样就充分说明了岩石破碎不能单独由爆炸气体来完成。

2）爆炸膨胀气体的准静态压力只有冲击波波阵面压力的 1/2~1/4。单独由这样低的准静态压力能否在岩石中引起初始破裂是令人怀疑的。

2.2.1.3　冲击波和爆炸气体综合作用理论

冲击波拉伸破坏理论和爆炸气体膨胀压破坏理论是基于对破碎岩石的两种能量——冲击波能和爆炸气体膨胀能的不同认识而提出来的，各有一定的理论基础和试验依据，但又都有一定的不足之处。这一方面是由于爆炸过程的"三性"（瞬发性、复杂性和模糊性）造成的，另一方面也受当时的技术水平和测试手段的限制。在这种条件下综合两派的论点吸收所长，结合各人的研究成果，便提出了冲击波和爆炸气体综合作用理论。

倡导和支持这种观点的学者有 C. W. 利文斯顿、Φ. A. 鲍姆、伊藤一郎、P. A. 帕尔逊、H. K. 卡特尔、L. C. 朗和 T. N. 哈根等。

持这种观点的学者认为：岩石的破碎是由冲击波和爆炸气体膨胀压力综合作用的结果。即两种作用形式在爆破的不同阶段和针对不同岩石所起的作用不同。爆炸冲击波

（应力波）使岩石产生裂隙，并将原始损伤裂隙进一步扩展；随后爆炸气体使这些裂隙贯通、扩大形成岩块，脱离母岩。此外，爆炸冲击波对高阻抗的致密、坚硬岩石的作用更大，而爆炸气体膨胀压力对低阻抗的软弱岩石的破碎效果更佳。

但是，岩石破碎的主要原因是爆炸冲击波还是爆炸气体至今仍有不同的观点。这种争论一直贯穿着爆破理论发展的整个阶段，今后也还会持续相当长的一段时间。

2.2.2 炸药在岩石中的爆破作用范围

2.2.2.1 炸药的内部作用

假设岩石为均匀介质，当炸药置于无限均质岩石中爆炸时，在岩石中将形成以炸药为中心的由近及远的不同破坏区域，分别称为压碎区、裂隙区及弹性振动区。图 2-1 为炸药在有机玻璃中爆炸时所产生的裂纹状态图。透明的甲基丙烯酸玻璃板厚 2cm。图 2-2 则表示在无限介质中球状或柱状药包的爆炸断面图。这些区域表明炸药爆炸后，岩石破坏状态的空间分布。

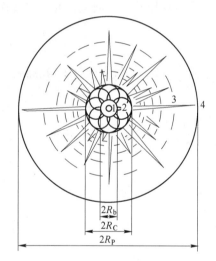

图 2-1　有机玻璃板爆炸裂纹状况
（根据 U. 兰格福斯的研究）

图 2-2　爆破内部作用示意图
1—装药空腔；2—压碎区；3—裂隙区；4—振动区

A 压碎区

炸药爆炸后，爆轰波和高温、高压爆炸气体迅速膨胀形成的冲击波作用在孔壁上，都将在岩石中激起冲击波或应力波，其压力高达几万兆帕、温度达 3000℃ 以上，远远超过岩石的动态抗压强度，致使炮孔周围岩石呈塑性状态，在数毫米至数十毫米的范围内岩石熔融。然后随着温度的急剧下降，将岩石粉碎成微细的颗粒，把原来的炮孔扩大成空腔，称为粉碎区。如果所处岩石为塑性岩石（黏土质岩石、凝灰岩、绿泥岩等），则近区岩石被压缩成致密的、坚固的硬壳空腔，称为压缩区。也有人将粉碎区和压缩区统称为压碎区。由于压碎区是处于坚固岩石的约束条件下，大多数岩石的动态抗压强度都很大，冲击波的大部分能量已消耗于岩石的塑性变形、粉碎和加热等方面，致使冲击波的能量急剧下降，其波阵面的压力很快就下降到不足以粉碎岩石，所以压碎区半径很小，只为药包直径的几倍距离。

a 根据冲击波理论计算压碎区半径

在岩体中传播的冲击波,其峰值压力随距离而衰减:

$$p_s = \frac{p_1}{\bar{r}^3} \tag{2-6}$$

式中　　p_1——冲击波作用在岩体上的最大初始冲击压力;

　　　　$\bar{r}$——比例距离,$\bar{r} = \dfrac{r}{r_b}$,其中 r_b 为炮孔半径。

在压碎区界面上,冲击波衰减为应力波,其峰值应力为:

$$\sigma_{rc} = \rho_m c_p v_{rc} \tag{2-7}$$

式中　　v_{rc}——压碎区界面上的质点速度。

已知岩石内冲击波波速 D_2 与质点速度 u_2 之间存在下列关系:

$$D_2 = a + b u_2 \tag{2-8}$$

假定在压碎区界面上,冲击波波速衰减为弹性波波速,此时的质点速度应为:

$$u_2 = v_{rc} = \frac{c_p - a}{b} \tag{2-9}$$

将式(2-9)代入式(2-7),得:

$$\sigma_{rc} = \rho_m c_p \frac{c_p - a}{b} \tag{2-10}$$

以 σ_{rc} 代替式(2-6)中的 p_s,解出 r 即冲击波的作用范围或压碎区半径

$$\rho_m c_p \frac{c_p - a}{b} = \frac{p_1}{\bar{r}^3} \tag{2-11}$$

$$\bar{r} = \left[\frac{b p_1}{\rho_m c_p (c_p - a)}\right]^{\frac{1}{3}} \tag{2-12}$$

或

$$r = r_c = \left[\frac{b p_1}{\rho_m c_p (c_p - a)}\right]^{\frac{1}{3}} r_b \tag{2-13}$$

只要通过实验求得两个常数 a 和 b。即可根据式(2-10)求出压碎区半径。某些岩石的 a 和 b 值如表 2-1 所示。

表 2-1　某些岩石的 a 和 b 值

岩石名称	$\rho_m / \text{g} \cdot \text{cm}^{-3}$	$a / \text{mm} \cdot \text{μs}^{-1}$	b
花岗岩	2.63	2.1	1.63
	2.67	3.6	1.00
玄武岩	2.67	2.6	1.60
辉长岩	2.98	3.5	1.32
钙钠斜长石	2.75	3.0	1.47

岩石名称	$\rho_m/g \cdot cm^{-3}$	$a/mm \cdot \mu s^{-1}$	b
纯橄榄岩	3.30	6.3	0.65
橄榄岩	3.00	5.0	1.44
大理岩	2.70	4.0	1.32
石灰岩	2.60	3.5	1.43
	2.50	3.4	1.27
页岩	2.00	3.6	1.34
盐岩	2.16	3.5	1.33

b 根据公式估算压碎区半径

根据公式估算的压碎区半径：

$$R_c = \left(\frac{\rho_m c_p^2}{5\sigma_c}\right)^{\frac{1}{2}} R_k \tag{2-14}$$

式中　　R_c ——压碎区半径；

R_k ——空腔半径的极限值；

σ_c ——岩石的单轴抗压强度；

ρ_m ——岩石密度；

c_p ——岩石纵波传播速度。

虽然压碎区的半径不大，但由于岩石遭受到强烈粉碎，消耗大量的能量，故应尽量减小碎区的范围。

B 裂隙区

当冲击波通过粉碎区以后，继续向外层岩石中传播。随着冲击波传播范围的扩大，岩石单位面积的能流密度降低，冲击波衰减为压缩应力波。其强度已低于岩石的动抗压强度，不能直接压碎岩石。但是，它可使压碎区外层的岩石遭到强烈的径向压缩，使岩石的质点产生径向位移，因而导致外围岩石层中产生径向扩张和切向拉伸应变，如图 2-3 所示。假定在岩石层的单元体上有两点 A 和 B，他们的距离最初为 $x(mm)$，受到径向压缩后推移到 C 和 D，他们彼此的距离变为 $x+dx(mm)$。这样就产生了切向拉伸应变 $\dfrac{dx}{x}$。如果这种切向拉伸应变超过了岩石的动抗拉强度的话，那么在外围的岩石层中就会产生径向裂隙。这种裂隙以 0.15~0.4 倍压缩应力波的传播速度向前延伸。当切向拉伸应力小到低于岩石的动抗拉强度时，裂隙便停止向前发展。此时，便会产生与压缩应力波作用方向相反的向心拉伸应力。使岩石质点产生反向的径向移动，当径向拉伸应力超过岩石的动抗拉强度时，在岩石中便会出现环向的裂隙。图 2-3 是径向裂隙和环向裂隙的形成原理示意图。径向裂隙和环向裂隙的相互交错，将该区中的岩石割裂成块，如图 2-4 所示。此区域叫作裂隙区。

一般来说，岩体内最初形成的裂隙是由应力波造成的，随后爆炸气体渗入裂隙起着气楔作用。并在静压作用下，使应力波形成的裂隙进一步扩大。

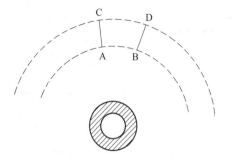

图 2-3　径向压缩引起的切向拉伸

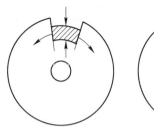
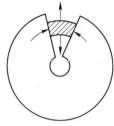

图 2-4　径向裂隙和环向裂隙的形成原理

衡量矿山爆破，特别是矿山台阶爆破的质量，爆破块度的分布极为重要，而块度分布与裂隙区的范围密切相关。水利水电工程爆破开挖更关注裂隙区的范围，因此确定裂隙区的范围对于实际工程具有重要意义。

裂隙区的计算方法：

（1）假设炸药爆炸的爆轰波与孔壁作弹性碰撞。孔壁上的初始应力可按弹性波理论近似计算（声学近似）。在耦合装药情况下，应力波初始径向峰值应力为：

$$p_2 = \frac{\rho_0 D_1^2}{4} \times \frac{2}{1 + \dfrac{\rho_0 D}{\rho_m c_p}} \tag{2-15}$$

已知，应力波应力随距离衰减式为：

$$\sigma_r = \frac{p_2}{\bar{r}^{\,\alpha}} \tag{2-16}$$

在此距离 r 处，切向方向产生的拉应力，可按下式计算：

$$\sigma_\theta = b\sigma_r = \frac{bp_2}{\bar{r}^{\,\alpha}} \tag{2-17}$$

若以岩石抗拉强度 S_T 代替 σ_θ，由式（2-17）解出裂隙区半径：

$$r = R_p = \left(\frac{bp_2}{S_T}\right)^{\frac{1}{\alpha}} r_b \tag{2-18}$$

式中　r_b——装药半径，m；

　　　p_2——孔壁初始压力，MPa；

　　　α——压缩波衰减系数。

此式在岩土爆破中获得广泛地应用。

（2）武汉岩土力学研究所根据现场实验得到压缩波衰减系数与介质波阻抗的关系，用此衰减指数计算裂隙区半径

$$r = \left(\frac{bp_2}{S_T}\right)^{\frac{1}{\beta}} r_b \tag{2-19}$$

式中，β 为 $-4.11 \times 10^{-8}\rho_m c_p + 2.92$，其中：岩石密度、纵波速度的单位和拟合系数未作

换算，ρ_m 的单位为 kg/m³，c_p 的单位为 m/s。

（3）南京工程兵工程学院根据裂隙区的体积大小正比于集团装药能量的假定，通过大量不同介质中的耦合装药封闭爆炸试验结果引入比例系数，得出下列经验公式：

$$r = 1.65K_p \sqrt[3]{C} \tag{2-20}$$

式中　r——裂隙区半径，m；

　　K_p——介质材料的破坏系数（岩石材料的破坏系数按表 2-2 选取）；

　　C——等效 TNT 装药量，kg。

表 2-2　岩石材料的破坏系数

岩石单轴抗压强度 R_c/MPa	破坏系数 K_p
100	0.51
80	0.53
40~60	0.56
30	0.57
20	0.58

此式为防护工程常用的公式，一般计算值偏小。

C　弹性振动区

裂隙区以外的岩体中，由于应力波引起的应力状态和爆轰气体压力建立起的准静应力场均不足以使岩石破坏，只能引起岩石质点作弹性振动，直到弹性振动波的能量被岩石完全吸收为止，这个区域叫弹性振动区。

通常认为装药量与振动波的传播距离成正比，振动区半径 R_s 可按下式计算：

$$R_s = (1.5 - 2.8) \sqrt[3]{Q} \tag{2-21}$$

式中　Q——装药量，kg。

2.2.2.2　炸药的外部作用

当集中药包埋置在靠近地表的岩石中时，药包爆破后除产生内部的破坏作用以外，还会在地表产生破坏作用。在地表附近产生破坏作用的现象称为外部作用。

更加应力波反射原理，当药包爆炸以后，压缩应力波到达自由面时，便从自由面反射回来，变为性质和反向完全相反的拉伸应力波，这种反射拉伸应力波可以引起岩石"片落"和引起径向裂隙的扩展。

A　反射拉伸波引起自由面附近岩石的"片落"

当压缩应力波到达自由面时，产生了反射拉伸应力波，并由自由面向爆源传播。由于岩石抗拉强度很低，当拉伸应力波的峰值压力大于岩石的抗拉强度时，岩石被拉断，与母岩分离。随着反射拉伸波的传播，岩石将从自由面向药包方向形成"片落"破坏，其破坏过程如图 2-5 所示。这一点还可由霍金逊效应引起的破坏进一步说明，图 2-6 表示应力波的合成过程。而图 2-7 表示霍金逊效应对岩石的破坏过程。图 2-6 中的（a）表明压缩应力波刚好达到自由面的瞬间。这时，波阵面的波峰压力为 p_a。图 2-6 中的（b）表示经过一定的时间后，如果前面没有自由面，则应力波的波阵面必然到达 $H_1'F_1'$ 的位置。但是，由于前面存在有自由面，压缩应力波经过反射后变成拉伸应力波，反射回到 $H_1'F_1'$ 的位置，在 $H_1'H_2$ 平面上，在受到 $H_1'F_1'$ 拉伸应力作用的同时，又受到 H_2F_1'' 的压缩应力的作用。合成的结果，在这个面上受到合力为 $H_1''F_1''$ 的拉伸应力的作用，这种拉伸应力引起岩石沿着 $H_1''H_2$ 平面成片状拉开。片裂的过程如图 2-7 所示。

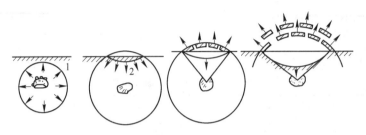

图 2-5　反射拉伸应力波破坏过程示意图
1—入射压力波波前；2—反射拉应力波波前

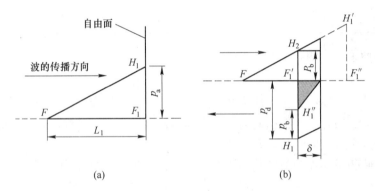

图 2-6　应力波合成的过程（霍金逊效应破碎机理）
（a）应力波到达自由面前；（b）应力波到达自由面后

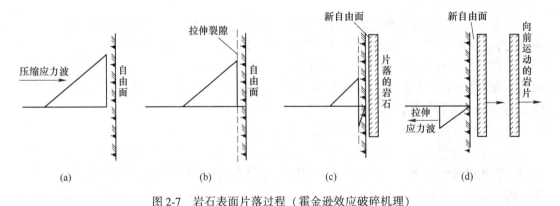

图 2-7　岩石表面片落过程（霍金逊效应破碎机理）
（a）未达到自由面；（b）达到自由面；（c）岩石片落；（d）片落岩石向前

应该指出的是"片落"现象的产生主要与药包的几何形状，药包的大小和入射波的波长有关。对装药量较大的硐室爆破易于产生片落，而对于装药量小的深孔和浅孔爆破来说，产生"片落"现象则较困难。入射波的波长对"片落"过程的影响主要表现在随着波长的增大，其拉伸应力就急剧下降。当入射应力波的波长为1.5倍最小抵抗线时，则在自由面与最小抵抗线交点附近的岩体，由于霍金逊效应的影响，可能产生片裂破坏。当波长增到4倍最小抵抗线时，则在自由面与最小抵抗线交点附近的霍金逊效应将完全消失。

B　反射拉伸波引起径向裂隙的延伸

从自由面反射回岩体中的拉伸波，即使它的强度不足以产生"片落"，但是反射拉伸波同径向裂隙梢处的应力场相互叠加，可使径向裂隙大大地向前延伸。裂隙延伸的情况与反射应力波传播的方向和裂隙方向的交角θ有关。如图2-8所示，当θ为90°时，反射拉伸波将最有效地促使裂隙扩展和延伸；当θ小于90°时，反射拉伸波以一个垂直于裂隙方向的拉伸分力促使径向裂隙扩张和延伸，或者在径向裂隙末端造成一条分支裂隙；当径向裂隙垂直于自由面即θ为0°时，反射拉伸波再也不会对裂隙产生任何拉力，故不会促使裂隙继续延伸发展，相反地，反射波在其切向上是压缩应力状态，使已经张开的裂隙重新闭合。

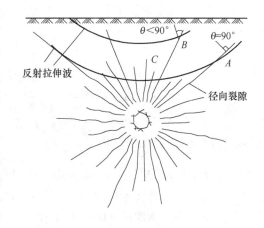

图 2-8　反射拉伸波对径向裂隙的影响

2.2.3　岩石爆破破坏过程

从时间上来说，将岩石爆破破坏过程分为三个阶段。

第一阶段为炸药爆炸后冲击波径向压缩阶段。炸药起爆后，产生的高压粉碎了炮孔周围的岩石，冲击波以3000~5000m/s的速度在岩石中引起切向拉应力，由此产生的径向裂隙向自由面方向发展，冲击波由炮孔向外扩展到径向裂隙的出现需1~2ms，如图2-9（a）所示。

第二阶段为冲击波反射引起自由面处的岩石"片落"。第一阶段冲击波压力为正值，当冲击波到自由面后发生反射时，波的压力变为负值。即由压缩应力波变为拉伸应力波。在反射拉伸应力的作用下，岩石被拉断，发生"片落"，如图2-9（b）所示。此阶段发生在起爆后10~20ms。

第三阶段为爆炸气体的膨胀，岩石受爆炸气体超高压力的影响，在拉伸应力和气楔的双重作用下，径向初始裂隙迅速扩大，如图2-9（c）所示。

当炮孔前方的岩石被分离、推出时，岩石内产生的高应力卸载如同被压缩的弹簧突然松开一样。这种高应力的卸载作用，在岩体内引起极大的拉伸应力，继续了第二阶段开始的破坏过程。第二阶段形成的细小裂隙构成了薄弱带，为破碎的主要过程创造了条件。

应该指出的是：第一阶段除产生径向裂隙外，还有环状裂隙的产生；如果从能量观点出发，第一阶段、第二阶段均是由冲击波的作用而产生的，而第三阶段原生裂隙的扩大和碎石的抛出均是爆炸气体作用的结果。

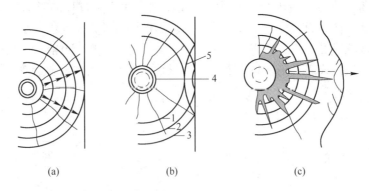

图 2-9　爆破破坏过程的三阶段

（a）径向压缩阶段；（b）冲击波反射阶段；（c）爆炸气体膨胀阶段

2.2.4　岩土爆破应力波传播

在介质中传播的扰动称为波。由于任何有界或无界介质的质点是相互联系着的，其中任何一处的质点受到外界作用而产生变形和扰动时，就要向其他部分传播，这种在应力状态下介质质点的运动或扰动的传播称为应力波。炸药在岩石和其他固体介质中爆炸所激起的应力扰动（或应变扰动）的传播称为爆炸应力波。

2.2.4.1　应力波分类

A　按传播速度分类

按传播途径不同，应力波分为两类：在介质内部传播的应力波称为体积波；沿着介质内、外表面传播的应力波称为表面波。体积波按波的传播方向和在传播途径中介质质点扰动方向的关系又分为纵波和横波。

纵波也称 P 波，其特点是波的传播方向与介质质点运动方向相一致，由于纵波传播垂直应力，在传播过程中引起压缩和拉伸变形。因此，纵波又可分为压缩波和稀疏波。

横波也称 S 波，特点是波的传播方向与介质质点运动方向垂直，在传播过程中会引起介质产生剪切变形。

图 2-10 所示为 P 波和 S 波在传播过程中质点运动示意图。固体、液体、气体介质均能传播 P 波。但是，液体、气体介质不能传播 S 波，只有固体介质才能传播 S 波。

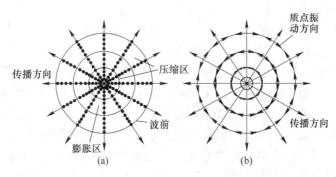

图 2-10　纵波（a）和横波（b）传播过程中质点振动示意图

表面波可以分为瑞利波和勒夫波。瑞利波简称 R 波，勒夫波简称 Q 波。在瑞利波传播的过程中受扰动的质点将遵循椭圆轨迹做后退运动，但不产生剪切变形，在这一点上它与 P 波相似。Q 波与 S 波相似。波中被扰动的质点与波传播方向呈横向的振动。

体积波特别是纵波由于能使岩石产生压缩和拉伸变形，它是爆破时造成岩石破裂的重要原因。表面波特别是瑞利波，携带较大的能量，是造成振动破坏的主要原因。若爆源辐射出的能量为 100，则纵波和横波所占能量比分别为 7% 和 26%；而表面波为 67%。图 2-11 表示了应力波传播过程中介质变形示意图。

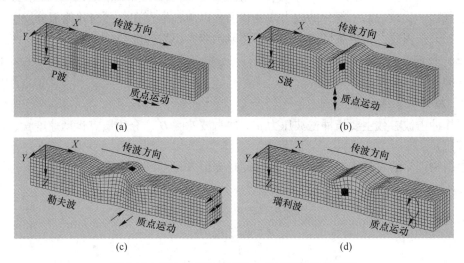

图 2-11 应力波传播引起的介质变形立体示意图
(a) 纵波；(b) 横波；(c) 勒夫波；(d) 瑞利波

B 按波阵面形状分类

应力波在传播过程中，由于所形成的波阵面形状不同，将应力波分为球面波、柱面波和平面波。球状药包激起的是球面波，柱状药包沿着全长同时起爆时激发的是柱面波，平面药包激起的是平面波。

C 按传播介质变形性质不同分类

由于固体介质变形性质不同，在固体中传播的应力波可分为以下几种：

（1）弹性波。在弹性介质中传播的波，此弹性介质在应力-应变关系中服从虎克定律。

（2）黏弹性波。在非线性弹性体中传播的波。这种波除弹性变形产生的弹性应力外，还产生摩擦应力或黏滞应力。

（3）塑性波。应力超过弹性极限的波。在能够传播塑性波的介质中，应力在未超过弹性极限前仍然是弹性的。当应力超过弹性极限后，出现屈服应力，其传播速度比弹性应力传播速度小得多。

（4）冲击波。如果介质的变形性质能使大扰动的传播速度远远小于小扰动的传播速度，在介质中就会形成波阵面陡峭的，以超声速传播的冲击波。

炸药爆炸后，在岩石中传播的主要是弹性波，特别是在爆炸远区。塑性波和冲击波只能在爆源处才能观察到，而且不是所有岩石都能产生这样的波。

2.2.4.2 冲击载荷的特征及爆炸冲击波参数

A 冲击载荷的特征

（1）冲击载荷作用下所产生力的大小、作用的持续时间和力的分布状态等，主要取决于加载体和受载体之间的相互作用。例如：在炸约载荷的作用下，由于炸药威力不同，对被冲击物体（岩石）的破坏力是不同的。

（2）在冲击载荷作用下，在承载体中诱发出的应力是局部性的，即在冲击载荷作用下，承载物体受载的某一部分的应力应变状态可以单独地存在，并与其他部分发生的应力或应变无关。因此，在承载体内部产生了明显的应力不均匀性。

（3）在冲击载荷的作用下，承载体的反应是动态的。冲击载荷使物体发生运动，物体出现的各种现象均呈运动状态。

B 爆炸冲击波参数

爆炸冲击波参数主要指冲击波压力 p、冲击波速度 D、介质质点运动速度 μ、内能 E 和压缩比 $\bar{\rho}$。

根据物理学的质量守恒、动量守恒和能量守恒方程可以得出下列 3 个冲击波的基本方程式：

$$\rho_0 D = \rho(D - \mu) \tag{2-22}$$

$$p - p_0 = \rho_0 D \mu \tag{2-23}$$

$$\Delta E = E_2 - E_1 = \frac{1}{2}(p + p_0)(V_0 - V) \tag{2-24}$$

式中 E_1，E_2——介质扰动前后的内能；

　　　　p_0，p——介质扰动前后的压力；

　　　　V_0，V——介质扰动前后的体积。

另外，在爆炸载荷的作用下，作用在岩石上的压力 p（冲击波压力或应力波压力）、温度 T、密度 ρ 存在下列关系，称为岩石的状态方程。

$$p = p(\rho \cdot T) \tag{2-25}$$

对于硬岩，在爆炸冲击载荷作用下的本构方程可以写成以下形式：

$$p - p_0 = B_n\left[\left(\frac{\rho}{\rho_0}\right)^4 - 1\right] \tag{2-26}$$

式中 ρ_0，ρ——介质扰动前后的密度；相对于介质扰动后的爆炸冲击波压力 p，扰动前的介质压力 p_0 可近似为零。

则式（2-26）可改写为：

$$p = B_n(\bar{\rho}^4 - 1) \tag{2-27}$$

式中，$\bar{\rho} = \dfrac{\rho}{\rho_0}$，称为压缩比。

一般认为，当冲击波波速达每秒数千米时，系数 B_n 为定值：

$$B_n = \frac{\rho_0 C_p^2}{4} \tag{2-28}$$

上述 6 个方程：式（2-22）~式（2-27），有 5 个未知量（p、μ、$\bar{\rho}$、D 和 ΔE）。因此，如

果用实验方法测得其中一个参数，便可解出其他未知量。

对于大多数硬岩，爆炸冲击波波速 D 和岩石质点运动速度 μ 存在下列关系：

$$D = a + b\mu \tag{2-29}$$

式中　a，b——实验常数，如表 2-3 所示，其中 b 为切向应力和径向应力的比例系数。

表 2-3　某些岩石的 a、b 值

岩石名称	密度/kg·m⁻³	a/m·s⁻¹	b
花岗岩 1	2630	2100	1.63
花岗岩 2	2670	3600	1.00
玄武岩	2670	2600	1.60
辉长岩	2980	3500	1.32
钙钠斜长岩	2750	3000	1.47
纯橄榄石	3300	6300	0.65
橄榄岩	3000	5000	1.44
大理石	2700	4000	1.32
石灰岩	2600	3500	1.43
泥质细砂岩（60%砂，40%黏土）		520	1.78
页岩	2000	360	1.34
岩盐	2160	3500	1.33

B. I. I. 别廖茨基等人采用泰安炸药在 3 种岩石中进行了实验，实测了质点运动速度 μ，并且计算了冲击波速度 D、冲击波压力 p、冲击波内能 E 等参数，如表 2-4 所示。

表 2-4　岩石中冲击波的初始参数

岩石名称	密度/kg·m⁻³	波速/m·s⁻¹	炸药密度/g·cm⁻³	装药直径/mm	质点速度/m·s⁻¹	冲击波速/m·s⁻¹	波头压力/GPa	冲击波能量/kJ	比能/kJ·m⁻²	能量传播系数
页岩	1340	1800	0.9	5	675	2670	2.36	2.67	28.5	0.42
石灰岩	2420	3480	0.9	5	410	3550	3.78	3.51	37.5	0.55
大理岩	2840	6275	0.9	5	370	6500	6.54	3.84	41.1	0.66
页岩	1240	1800	1.7	8	1100	3220	4.62	23.3	154	0.73
石灰岩	2420	3480	1.7	8	890	4620	10.58	24.2	160	0.76
大理岩	2840	6275	1.7	8	650	6850	12.00	25.2	175	0.83

由表 2-4 看出：（1）岩石波阻抗越小，初始冲击波参数越小，冲击波传递给岩石的能量就越小，而且大部分能量消耗在爆炸近区的塑性变形上，波的衰减很快；（2）对于不同岩石，若增加装药密度，以提高炸药威力，则冲击波所有参数都相应增大。

C　冲击波压力的衰减

尽管冲击波作用范围很小，一般不超过药径的 3~7 倍。但是，在传播过程中其压力仍呈衰减趋势。岩石中冲击波峰值压力衰减与炸药类型、药包形状和岩石特性有关，数学表达式为：

$$p = \frac{p_2}{\bar{r}^{\,a}} \qquad\qquad (2\text{-}30)$$

式中　　p ——岩石中冲击波峰值压力；

　　　　p_2 ——炸药爆炸后岩石界面上的初始冲击波压力；

　　　　$\bar{r}$ ——比例距离，$\bar{r} = \dfrac{r}{r_e}$；

　　　　r ——与冲击波压力 p 对应点处至爆源的距离；

　　　　r_e ——药包半径；

　　　　a ——压力衰减系数，$a \approx 1 \sim 3$；在塑性变形区内取 3，应力波衰减系数低于冲击波的数值。

2.2.4.3　爆炸应力波的分类与传播

A　冲击波、应力波和地震波

冲击波在岩体内传播时，它的强度随传播距离的增加而减小。波的性质和形状也产生相应的变化。根据波的性质、形状和作用性质的不同，可将冲击波的传播过程分为 3 个作用区，如图 2-12 所示。在离爆源 3~7 倍药包半径的近距离内，冲击波的强度极大，波峰压力一般都大大超过岩石的动抗压强度，故使岩石产生塑性变形或粉碎。因而消耗了大部分的能量，冲击波的参数也发生急剧的衰减。这个距离的范围叫作冲击波作用区。冲击波通过该区以后，由于能量大量消耗，冲击波衰减成不具陡峭波峰的应力波，波阵面上的状态参数变化得比较平缓，波速接近或等于岩石中的声速，岩石的状态变化所需时间大大小于恢复到静止状态所需时间。由于应力波的作用，岩石处于非弹性状态，在岩石中产生变形，可导致岩石的破坏或残余变形。该区称为应力波作用区或压缩应力波作用区。其范围可达 120~150 倍药包半径的距离。应力波传过该区后，波的强度进一步衰减，变为弹性波或地震波，波的传播速度等于岩石中的声速，它的作用只能引起岩石质点做弹性振动，而不能使岩石产生破坏，岩石质点离开静止状态的时间等于它恢复到静止状态的时间。故此区称为弹性振动区。

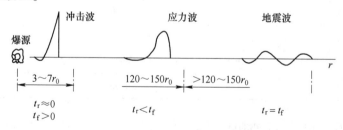

图 2-12　爆炸应力波及其作用范围

t_r —应力增至峰值的上升时间；t_f —由峰值应力降至零时的下降时间；r_0 —装药半径

B 爆炸应力波的传播

随着传播距离的增加，爆炸冲击波衰减为爆炸应力，在研究爆炸应力波传播过程时，必须研究应力波传播时所引起的应力以及应力波本身的传播速度和应力波传播过程中所引起的质点振动速度，这两种速度在数量上存在着一定的关系。

弹性介质中的应力波传播速度取决于介质密度、弹性模量等。在无限介质的三维传播情况下，其纵波和横波的传播速度为：

$$C_{\mathrm{p}} = \left[\frac{E(1-\mu)}{\rho(1+\mu)(1-\mu)} \right]^{\frac{1}{2}} \tag{2-31}$$

$$C_{\mathrm{s}} = \left[\frac{E}{2\rho(1+\mu)} \right]^{\frac{1}{2}} = \left[\frac{G}{\rho} \right]^{\frac{1}{2}} \tag{2-32}$$

式中　E ——介质的弹性模量，kPa；

　　　μ ——介质的泊松比；

　　　G ——介质的剪切模量，kPa。

岩石中的应力波速度除与岩石密度、弹性模量有关外，尚与岩石结构、构造特性有关。工程上一般通过实测得出岩石的纵波和横波传播速度。

C 应力波的反射

应力波在传播过程中，遇到自由面或节理、裂隙、断层等薄弱面时都要发生波的反射和透射。当波遇到界面时，一部分波改变方向，但不透过界面，仍在入射介质中传播的现象称为反射。当波从一个介质穿过界面进入另一介质，入射线由于波速的改变，而改变传播方向的现象称为透射。

a 应力波在自由面上的反射

应力波传播到自由面时均要发生反射，无论是纵波还是横波经过自由面反射后都要再度生成反射纵波和反射横波。

自由面上部为空气。与岩石密度相比，空气的密度可以认为是零。因此，应力波在自由面引起的位移不受限制，自由面上的应力也等于零。当应力波到达自由面时，将全部发生反射。

纵波在自由面上的反射

当入射波为纵波时，纵波的入射角和反射纵波的反射角均等于 a ，而反射横波生成的反射角为 β ，如图 2-13 所示。同时，由反射横波的反射角 β 与纵波的入射角 a 之间，根据光学的斯涅尔（Snell）法则存在下列关系式：

$$\frac{\sin\alpha}{\sin\beta} = \frac{C_{\mathrm{p}}}{C_{\mathrm{s}}} = \frac{2(1-\mu)}{1-2\mu} \tag{2-33}$$

当纵波、横波在介质内部传播时，在介质中均要产生应力和应变。设通过自由面某点倾斜入射的纵波及其反射的纵波和横波引起的应力分别为 σ_{i} 、σ_{r} 和 τ_{r} ，则三者存在下列关系式：

$$\sigma_{\mathrm{r}} = R_0 \sigma_{\mathrm{i}} \tag{2-34}$$

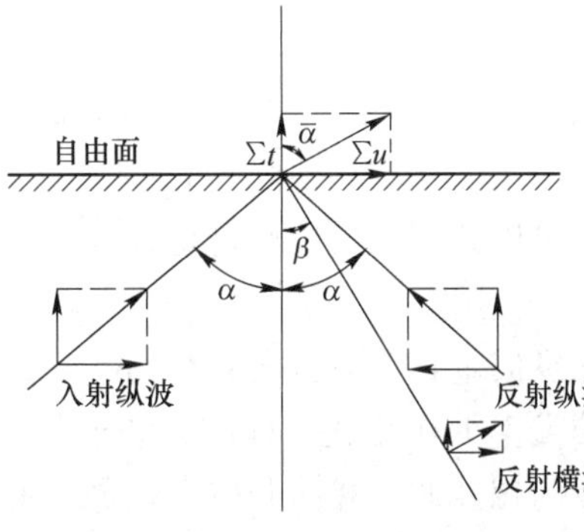

图 2-13　倾斜入射的纵波在自由面的反射

$$\tau_r = \left[(R_0 + 1) \cot 2\beta \right] \sigma_i \tag{2-35}$$

$$R_0 = \frac{\tan\beta \tan^2 2\beta - \tan\alpha}{\tan\beta \tan^2 2\beta - \tan\alpha} \tag{2-36}$$

式中　　R_0——应力波的反射系数。

纵波的入射角 α 与反射系数 R_0 的关系如图 2-14 所示。

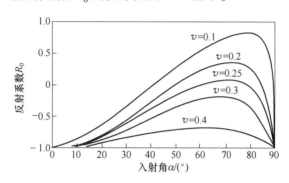

图 2-14　纵波入射角 α 与反射系数 R_0 的关系

R_0 为负值，表示纵向应力波方向发生反向变化，压缩波变为拉伸波，拉伸波变为压缩波。

当纵波倾斜入射时，自由面上质点的运动方向取决于 3 个波引起质点位移的合成方向，如图 2-15 所示。

$$\bar{a} = \arctan\left(\frac{\sum \mu}{\sum t}\right) \tag{2-37}$$

式中　　$\sum \mu$——3 个波引起的平行于自由面的质点位移合成值；

　　　　$\sum t$——3 个波引起的垂直于自由面的质点位移合成值。

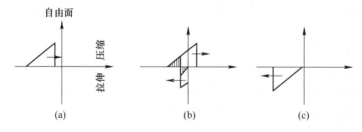

图 2-15　三角波从自由面反射时的应力

可以证明：横波反射角 β 与纵波反射角 α 之间存在下列关系：

$$\bar{\alpha} = 2\beta \tag{2-38}$$

纵波垂直入射自由面时，$\alpha_i = 0$，此时与自由面成垂直方向的应力合力必然为零。其相位发生 180°变化。即应力波若是以压缩波的形式传播，到达自由面时发生反射，压缩波变为拉伸波，并向介质中返回。此时，自由面附近的应力状态如图 2-15 所示，设入射的三角波形为压缩波，从左向右传播，如图 2-15（a）所示，波在到达自由面之前，随着波的前进，介质承受压缩应力作用，当波到达自由面时立即发生反射。图 2-15（b）表示三角波正在反射过程中，图 2-15（c）表示波的反射过程已经结束。反射前后的波峰应力值和波形完全一样，但极性相反，由反射前的压缩波变为反射后的拉伸波，从原介质中返回。随着反射波的前进，介质从原来的压缩应力下被解除的同时，而承受拉伸应力。

横波在自由面上的反射

当入射波为横波时，在自由面上由入射波和反射波所引起的应力有下列关系：

$$\tau_r = R_0 \tau_i \tag{2-39}$$

$$\sigma_r = \left[(R_0 - 1)\tan 2\beta \right] \tau_i \tag{2-40}$$

b　应力波在不同介质分界面上的反射和透射

当应力波传到不同介质的分界面时，均要发生反射和透射，假设入射波为纵波 P 时，一般要激发 4 种波，即反射纵波 P_r，反射横波 S_r，透射纵波 P_t 和透射横波 S_t（见图 2-16）。

波的反射部分和透射部分的应力波的形状变化取决于不同介质的边界条件。根据界面连续条件和牛顿第三定律，分界面两边质点运动速度相等，应力也相等。

$$\sigma_i + \sigma_r = \sigma_t \tag{2-41}$$

$$v_i + v_r = v_t \tag{2-42}$$

式中，σ 和 v 分别代表应力和质点运动速度，小角标的字母 i、r 和 t 分别代表入射、反射和透射波。

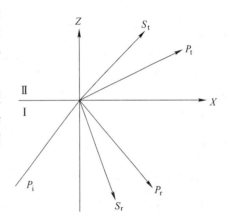

图 2-16　P 波由介质 I 入射到介质 II 中的示意图

假设传播的应力波为纵波，则：

$$v_i = \frac{\sigma_i}{\rho_1 C_{p1}}, \ v_r = -\frac{\sigma_r}{\rho_1 C_{p1}}, \ v_t = \frac{\sigma_t}{\rho_2 C_{p2}} \tag{2-43}$$

将式（2-43）代入式（2-42）得：

$$\frac{\sigma_i}{\rho_1 C_{p1}} - \frac{\sigma_r}{\rho_1 C_{p1}} = \frac{\sigma_t}{\rho_2 C_{p2}} \tag{2-44}$$

将式（2-41）与式（2-44）联立可得：

$$\sigma_r = \sigma_i \left(\frac{\rho_2 C_{p2} - \rho_1 C_{p1}}{\rho_2 C_{p2} + \rho_1 C_{p1}} \right) \tag{2-45}$$

$$\sigma_t = \sigma_i \left(\frac{2\rho_2 C_{p2}}{\rho_2 C_{p2} + \rho_1 C_{p1}} \right) \tag{2-46}$$

式中　ρ_1，ρ_2——分别表示两种不同介质的密度，kg/m^3；

C_{p1}，C_{p2}——分别表示两种不同介质的纵波传播速度，m/s。

设：F 称为反射系数，$F = \dfrac{\rho_2 C_{p2} - \rho_1 C_{p1}}{\rho_2 C_{p2} + \rho_1 C_{p1}}$；

T 称为透射系数，$T = \dfrac{2\rho_2 C_{p2}}{\rho_2 C_{p2} + \rho_1 C_{p1}}$。显然

$$1 + F = T \tag{2-47}$$

由式（2-47）可以看出，T 总为正，故透射波与入射波总是同号，F 的正负则取决于两种介质波阻抗的相对大小（见图 2-17）。

（1）若 $\rho_2 C_{p2} > \rho_1 C_{p1}$，$F > 0$，反射波和入射波同号，压缩波反射仍为压缩波，反向加载。

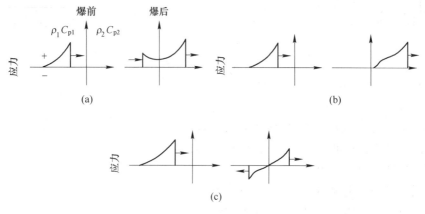

图 2-17　应力波反射类型图

（a）$\rho_2 C_{p2} > \rho_1 C_{p1}$；（b）$\rho_2 C_{p2} = \rho_1 C_{p1}$；（c）$\rho_2 C_{p2} < \rho_1 C_{p1}$

（+代表压应力；−代表拉应力）

（2）若 $\rho_2 C_{p2} = \rho_1 C_{p1}$，$F = 0$，$T = 1$，此时入射的应力波在通过交界面时没有发生波的反射，入射的应力波全部透射入第二介质中，就说明分界面两边的介质材料完全相同，无能量的损失。

（3）若 $\rho_2 C_{p2} < \rho_1 C_{p1}$，$F < 0$，反射波和入射波异号，只要分界面能保持接触，不产生滑移，既会出现透射的压缩波，也会出现反射的拉伸波。

（4）若 $\rho_2 C_{p2} = 0$，类似于入射应力波到达自由面时，则 $\sigma_t = 0$，$\sigma_r = -\sigma_i$，在这种情况下入射波全部反射成拉伸波。

由于岩石的抗拉强度大大低于岩石的抗压强度，因此图 2-17（c）和（d）两种情况都可能引起岩石破坏，尤其是后者，这充分说明自由面在提高爆破效果方面的重要作用。

2.2.4.4　岩石中的动应力场

爆炸载荷为动载荷，在爆炸载荷作用下，岩石中引起的应力状态表现为动的应力状态。它不仅随时间而变化，而且随距离远近而变化。

在爆炸应力波作用的大部分范围内，它是以压缩应力波的方式传播的，其引起的岩石应力状态可以近似地采用弹性理论来研究和解析。近代动应力的分析方法，就是按应力波的传播、衰减、反射和透射等一系列规律，计算应力场中各点在不同时刻的应力分布情况，以求得任何时刻的应力场及任意小单元的应力状态随时间变化的规律。

当爆炸应力波从爆源向自由面倾斜入射时，在自由面附近某点岩石中产生的应力状态是直达纵波、直达横波，纵波反射产生的反射纵波和反射横波、横波反射生成反射纵波和反射横波的动应力状态叠加而成。为简化计算，下面仅考虑入射波是纵波的情况。如图 2-18所示，设自由面方向为横轴，最小抵抗线方向为竖轴，O 点为炸药中心（即爆源），

岩体中任一点 A 的应力状态可做如下的分析：该点由入射直达纵波产生的应力为 σ_{ip}，由反射纵波产生的应力为 σ_{rp}，由反射横波产生的应力为 σ_{rs}，则 A 点的应力为三者的合成，由合成应力引起的 3 个主应力为 σ_1、σ_2、σ_3。

当拉伸主应力 σ_2 出现极大值时，自由面附近岩体中各点的主应力 σ_1 和 σ_2 的方向如图 2-19 所示。这种应力分布方向对于解释爆破时岩体中发生的裂隙方向，具有重要的意义。如果爆源附近有自由面时，自由面对应力极大值的变化产生很大的影响，一般来说在自由面附近所产生的压缩主应力极大值比无

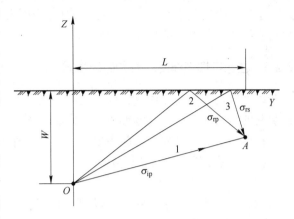

图 2-18　波到达 A 点的应力分析
1—入射纵波；2—反射纵波；3—反射横波

自由面时所产生的要大，爆源离自由面越近，拉伸主应力的增长越显著，这意味着自由面附近的岩石是处于拉伸应力状态下易于被破坏。

A. H. 哈努卡耶夫也得出类似的结果。图 2-20 表示了入射波倾斜入射时，反射纵波 P_r 和反射横波 S_r 分别产生的主应力。其包括拉应力、压应力和剪切应力。

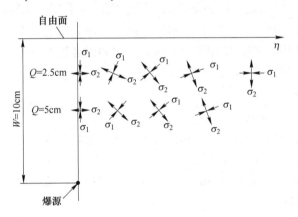

图 2-19　当 σ 达到最大值时 r_1 和 r_2 的作用方向

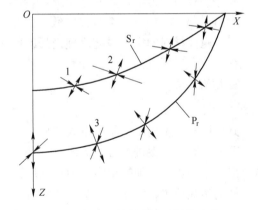

图 2-20　在反射纵波和反射横波波阵面上的主应力大小和方向
1—拉应力；2—压应力；3—剪应力

由图 2-20 看出：（1）在反射纵波波阵面 P_r 上，主应力方向为垂直波阵面的方向和与波阵面相切的方向；在反射横波的波阵面上，主应力方向和波阵面成 45°夹角。（2）在反射纵波的波阵面上，最小抵抗线处的应力值最大，距离最小抵抗线越远，应力值越小。在反射横波的波阵面上，最小抵抗线处的应力等于零。（3）地表附近岩层的"片落"主要靠反射纵波引起的拉应力作用。边缘地区的少部分岩石的断裂是由于剪切应力作用造成的，该剪切应力作用方向和纵波波阵面成 45°夹角，局部地方岩石的破坏是由于和反射横波波阵面平行的剪切应力造成的。

上述两个实例说明：（1）自由面对应力极大值的变化有很大影响。（2）自由面附近岩石主要靠反射纵波的拉伸应力破坏。

2.2.5　岩石中爆破作用的五种破坏模式

综上所述，炸药爆炸时，周围岩石受到多种载荷的综合作用，包括：冲击波产生和传播引起的动载荷，爆炸气体形成的准静载荷和岩石移动及瞬间应力张弛导致的载荷释放。

在爆破的整个过程中，起主要作用的是 5 种破坏模式：

（1）炮孔周围岩石的压碎作用；

（2）径向裂隙作用；

（3）卸载引起的岩石内部环状裂隙作用；

（4）反射拉伸引起的"片落"和引起径向裂隙的延伸；

（5）爆炸气体扩展应变波所产生的裂隙。

无论是冲击波拉伸破坏理论，还是爆炸气体膨胀压破坏理论，就其岩石破坏的力学作用而言，主要的仍是拉伸破坏。

2.3　岩石的损伤断裂理论

2.3.1　岩石断裂力学和损伤力学的发展

岩石断裂力学是研究含裂隙纹岩体的强度和裂纹扩展规律的科学。它萌芽于 20 世纪 20 年代 A. A. 格里菲斯对玻璃低应力脆断的研究。当时 A. A. 格里菲斯为了研究玻璃、陶瓷等脆性材料的实际强度比理论强度低的原因，提出了固体材料中或在材料的运行过程中存在或产生裂纹的设想，计算了当裂纹存在时，板状构件中应变能变化进而得出一个十分重要的结果：

$$\delta_c \sqrt{a} \equiv 常数$$

其后国际上发生了一系列重大的低应力脆断灾难性事故，即构件在远低于屈服应力的条件下发生脆断，促进这方面的研究，并于 20 世纪 50 年代开始形成断裂力学。其中，欧文做出了重大贡献：他提出的应力场强度因子概念、断裂韧性的概念和建立的测量材料断裂韧性的实验技术，为断裂力学的建立打下了基础。

断裂力学是从研究脆性材料开始的，而岩石几乎都含有裂纹或者具有缺陷，可视为脆性材料，岩石断裂力学是研究岩石断裂韧性和断裂力学在岩体中应用的科学。

断裂强度理论根据裂尖应力场的奇异性以及裂纹扩展的能量平衡关系，采用断裂韧性作为判据法去解释岩石的强度特性。但由于应力强度因子 k 或裂纹能量释放率 G 计算上存在困难，而且断裂力学理论对于裂纹群的耦合作用并没有很好地解决，从而导致了岩石强度评价计算上的不准确性。随着对岩石本质认识的不断深入，20 世纪 60 年代损伤力学开始出现、1958 年苏联学者 Kachanov 在研究蠕变断裂时首先提出了"连续性因子"与"有效应力"概念。1963 年苏联学者 Robotnov 又在此基础上提出"损伤因子"的概念，此时的工作多限于蠕变断裂。20 世纪 70 年代后期，法国 Lemaitre 和 Chaboche、瑞典 Hult、英国 Hayburst 和 Leckie 等人利用连续介质力学的方法，根据不可逆过程热力学原理，把损伤因子进一步推广为一种场变量，逐步建立起"连续介质损伤力学"这一门新的学科。

1976 年第一个提出岩石损伤力学的是 Dougill。

断裂力学研究的对象是已有宏观裂纹的材料，没有涉及宏观裂纹形成以前的微细观缺陷的力学效应，并忽略了裂纹扩展过程中材料性能的劣化及应力的最新分布。损伤力学研究的是材料内部微缺陷产生、扩展和汇合所产生的力学效应，通过引入一个损伤变量 D 来描述材料性能的劣化，当损伤值达到其临界值时，宏观裂纹就会形成。与断裂力学相比，损伤力学更关注缺陷的群体效应。因此，损伤力学和断裂力学既有联系又有区别，材料的损伤和断裂反映了材料变形破坏的物理全过程。

岩石断裂力学和损伤力学的出现，使强度理论的研究进入了新阶段。

2.3.2 岩石强度理论的分类

强度理论是判断材料在复杂应力状态下是否破坏的理论。强度理论是一个总称，它包括：屈服准则、破坏准则、多轴疲劳准则、多轴蠕变条件以及计算力学和计算程序中的材料模型。岩石强度理论分为 3 大类：经典强度理论、断裂强度理论、损伤强度理论。

2.3.2.1 经典强度理论

材料在外力的作用下有两种不同的破坏形式：一是在不发生显著塑性变形时的突然断裂，称之为脆性破坏；二是因发生显著塑性变形而不能继续承载的破坏，称之为塑性破坏。

常用的强度理论有 4 种：

第一强度理论，即最大拉应力理论，仅适用于脆性材料受拉的情况；

第二强度理论，即最大伸长线应变理论，主要适用于脆性材料在单向和双向以压缩为主的情况；

第三强度理论，即最大切应力理论，主要适用于塑性材料在单向和二向应力的情况，形式简单，应用广泛；

第四强度理论，即畸变能密度理论，主要适用于脆性材料在单向和双向受力情况，适用于大多数塑性材料，计算精度比第三强度理论准确。

总之，第一和第二强度理论适用于：石料、混凝土、玻璃等，通常以断裂形式失效的脆性材料。第三和第四强度理论适用于：碳钢、铜、铝等，通常以屈服形式失效的塑性材料。

2.3.2.2 断裂强度理论

由于岩石受地质构造的影响，组织机构极不均匀，孔隙、节理、裂隙大量缺陷充斥其中，因此，均匀连续假设与岩石的实际情况并不相符，建立在连续介质统一力学基础上的岩石强度理论受到了严重挑战。随着对岩石本质认识的不断深入，岩石强度理论的研究逐渐由经典强度理论向断裂强度理论、损伤强度理论发展。

断裂强度理论从宏观的连续介质力学角度出发，研究含缺陷或裂纹的物体在外界作用下宏观裂纹的扩展、失稳开裂、传播和止裂规律。断裂强度理论根据裂尖应力场的奇异性以及裂纹扩展的能量平衡关系，采用断裂韧性作为判据法去解释岩石的强度特性。但由于应力强度因子 K 或裂纹能量释放率 G 计算存在困难，而且断裂力学理论对于裂纹群的耦合作用并没有很好地解决，从而导致了岩石强度评价计算上的不准确性。

2.3.2.3　损伤强度理论

断裂力学是以实际固体中不可避免地存在裂纹这一客观事实为前提的。它的任务是通过对裂纹周围的应力、应变分析，着重解决材料的失稳问题。但是大多数材料与结构，在宏观裂纹出现之前，已经产生了微观裂纹与微观空洞，将材料与结构中的这些微观缺陷的出现与扩展称为损伤。

损伤强度理论从某种程度上弥补了断裂力学的不足，它主要是在连续介质力学和热力学的基础上，采用固体力学的方法，研究材料宏观力学性能的演化直至破坏的全过程。

2.3.2.4　岩石强度理论特点

在物体的破坏过程中，往往同时存在损伤（分布缺陷）和裂纹（奇异缺陷），而且在裂纹尖端附近的材料必然具有更严重的分布缺陷，其力学性质必然与距裂纹尖端稍远处不同。因此，为了更切合实际，就必须把损伤力学与断裂力学结合起来研究物体的破坏过程。以便建立宏-细-微多层次耦合的岩石强度理论。

岩石强度理论的特点如表 2-5 所示。

表 2-5　岩石强度理论的特点

岩石的描述与特点	经典强度理论	断裂韧性强度理论	损伤强度理论
岩石描述	不含缺陷的均匀连续介质	包含有限裂纹的均匀介质	包含大量损伤的非均匀介质
研究内容	在复杂应力条件下，材料能否破坏的条件	1. 裂纹的起裂条件； 2. 裂纹在外部载荷作用下的扩展过程； 3. 裂纹扩展到什么程度物体会发生断裂	建立损伤变量和损伤扩展本构关系，这就涉及岩石材料的损伤监测和识别问题
理论方法	弹塑性理论	断裂理论	损伤理论
破坏机理	宏观拉、剪模式	裂纹扩展机理	损伤演化机理
强度准则	$\sigma_r \leq [\sigma]$	$\sigma_e = \dfrac{\sigma}{1 - D_c} = \sigma_u$, D_c 为临界损伤	

2.3.3　岩石爆炸损伤断裂过程

岩石损伤断裂过程实质上是岩石内部微裂纹成核、扩展、连通的过程，包括两个阶段。

（1）爆炸应力波作用下的裂纹形成与扩展。炸药爆炸以后，爆炸应力波的作用：1）在压碎区产生宏观裂纹；2）在裂隙区产生新的裂纹或使微裂纹被扩激活和扩展，致使岩石产生损伤，其损伤值的大小可由 K-G 爆破损伤模型求得；3）在振动区应力波衰减为弹性波，致使岩石质点在其平衡位置产生振动。

（2）爆生气体作用下的裂纹扩展。在爆炸应力波造成损伤场的基础上，爆生气体的作用有二：1）使压碎区的裂纹扩展，气体可以渗入岩石内部的裂纹中，裂纹的扩展以气体驱动下的模式扩展，裂纹扩展的解可由经典的断裂力学求得；2）在爆生气体压力作用下，使裂隙区的微裂纹进一步扩展。在裂隙区微裂纹的扩展是以气体膨胀的压力场和原岩应力作用下发生的。

2.3.4 岩石的爆炸损伤断裂机理

炸药爆炸后，炸药的能量以两种形式释放出来，一种是爆炸冲击波，一种是爆炸气体。从时间上来看，爆炸冲击波在前，爆炸气体在后。从空间来看，在爆破区域岩体中形成了压碎区、裂隙区和弹性振动区。在不同的爆破作业范围内，爆炸冲击波（应力波）和爆炸气体所起的作用是不同的。

2.3.4.1 压碎区

药包爆炸后，炮孔周围的爆炸冲击波的峰值压力远远超过了岩石的动态抗压强度，随之后而到的高温、高压爆炸气体又对岩石产生强烈的压缩破坏，岩石产生了塑性变形或粉碎。在爆炸冲击波的作用下，岩石质点获得速度沿径向位移，形成一个爆破空腔。爆炸冲击波衰减很快，压碎区的范围很小，由于计算方法和所取参数的不同，其计算结果差异也很大，有人认为是孔径的 2~3 倍，或 3~7 倍；也有人认为对于球形装药压碎区半径约为药包半径的 1.28~1.75 倍；对于柱状装药压碎区半径为药包半径的 1.65~3.05 倍。

压缩区的破碎过程可用经典的流体动力学方法来求解，不必考虑损伤问题。冲击波的峰值压力可用下式计算：

$$p_r = \frac{2\rho_r c_r}{\rho_e D + \rho_r c_r} p_e \tag{2-48}$$

式中　p_r——岩体中冲击波的峰值压力，kPa；

　　　ρ_r——岩石密度，kg/m^3；

　　　c_r——岩体中的纵波传播速度，m/s；

　　　ρ_e——炸药密度，kg/m^3；

　　　D——炸药的爆速，m/s；

　　　p_e——炸药的爆轰压力，kPa。

由式（2-48）可以看出，同一种炸药在不同的岩石中爆轰时，激发出冲击波的峰值压力是不同的。波阻抗越大的岩石，在炮孔壁上产生的压力也越大。给予岩石的峰值压力越大，岩石的变形也越大。

爆炸冲击波过后，爆生气体将楔入由爆炸应力波产生的宏观裂纹中，裂纹在气体压力的驱动下与数扩展，裂纹扩展的解可由经典的断裂力学获得。

2.3.4.2 裂隙区

爆炸冲击波在压碎区使岩体压碎。当爆炸冲击波随着距离的传播而急剧衰减，到达裂隙区时已衰减为应力波。在裂隙区岩体受到爆炸应力波和爆生气体的综合作用。

　A　岩石在爆炸应力波作用下的损伤破坏

研究损伤问题或建立损伤模型首先要定义一个合适的损伤变量，其次要根据外载情况，确定研究对象在外载作用下的损伤演化方程和考虑损伤的本构关系。

a　损伤变量的确定

微观裂纹被激活和扩展的结果使岩石产生损伤，其损伤值的大小可由 K-G 爆破损伤模型求得。K-G 爆破损伤模型是由美国学者 Kipp 和 Grady 提出的，该模型认为岩石中含有大量的随机分布的原生裂纹，在外载作用下，其中一些裂纹被激活并扩展。裂纹一旦被激活就影响了周围的岩石，并使周围岩石释放拉应力。同时假定：在一定应变波的作用下，被激活的裂纹数 N 服从双参数的 Weibull 分布。并引用损伤变量 D 表示岩石的劣化状态：当 $D = 0$ 时，岩石无损伤；当 $D = 1$ 时，岩石完全破坏。

$$C_{\mathrm{d}} = \beta N a^3 \text{，} N = k \varepsilon^m \tag{2-49}$$

式中　　C_{d} ——裂纹密度；

　　　　N ——被激活的裂纹数；

　　　　ε ——体积拉伸应变；

　　k，m ——分布系数；

　　　　β ——系数，可近似取 1；

　　　　a ——在爆炸应力波作用下的微裂纹平均半径，其式可由 Crady 表达式确定：

$$a = \frac{1}{2} \left(\frac{\sqrt{20} K_{\mathrm{IC}}}{\rho c \dot{\varepsilon}_{\max}} \right)^{\frac{2}{3}} \tag{2-50}$$

其中　　K_{IC} ——断裂韧性；

　　　　ρ ——密度；

　　　　c ——纵波速度；

　　　　$\dot{\varepsilon}_{\max}$ ——最大体积拉伸应变率。

根据 Budiansky 和 O'Connell 的研究，损伤变量 D 由开裂引起的岩石强度降低所致，可用介质的体积模量 K_{v} 定义：

$$D = \frac{K_{\mathrm{ev}}}{k_{\mathrm{v}}} \tag{2-51}$$

并给出一个有裂纹固体的有效体积模量表达式：

$$\frac{K_{\mathrm{ev}}}{k_{\mathrm{v}}} = 1 - \frac{16}{9} \frac{1 - \mu_{\mathrm{e}}^2}{1 - 2\mu_{\mathrm{e}}^2} C_{\mathrm{d}} \tag{2-52}$$

式中　　K_{ev} ——岩石的有效体积模量；

　　　　k_{v} ——岩石的原始体积模量；

　　　　μ_{e} ——岩石的有效泊松比。

将式（2-51）和式（2-52）联立，把损伤变量 D 与裂纹密度 C_{d} 联系起来，定义损伤变量为：

$$D = \frac{16}{9} f(\mu_{\mathrm{e}}) C_{\mathrm{d}} \tag{2-53}$$

Throne 等人采用了 Englman 和 Jaeger 的有效体积模量关系式，得到的损伤变量表达式为：

$$D = f(\mu_e)\left[1 - \exp\left(-\frac{16}{9}C_d\right)\right] \tag{2-54}$$

b 岩石动态损伤的本构关系

将以上定义的损伤变量耦合到线弹性应力应变关系中去，可得到拉伸状态下的岩石动态本构关系：

$$p = 3K(1 - D)\varepsilon \tag{2-55}$$
$$S_{ij} = 2G(1 - D)e_{ij}$$

式中　p——体应力；

　　　ε——体应变；

　　　S_{ij}——偏应变；

　　　e_{ij}——应变偏量；

　　　G——剪切模量。

c 裂纹平均间距的确定。根据 Weibull 分布

$$N = k\varepsilon^m \tag{2-56}$$

式中　N——被激活的裂纹数；

　　　ε——体积应变；

　k, m——介质的 Weibull 常数。

裂纹的激活是式（2-56）的导数乘以系数（$1-D$），D 为损伤变量，表示已发送的开裂引起的岩石强度的降低。以便计入那些被掩盖的已开裂的裂纹，即激活率应考虑 D 所引起的减小：

$$N = n(\varepsilon)\dot{\varepsilon}(1 - D) \tag{2-57}$$

式中　$n(\varepsilon)$——被激活的裂纹数。

设裂纹扩展速度 c_g 为常数，则单条裂纹所影响的球形体积 $V(t)$ 为：

$$V(t) = \frac{4}{3}\pi (c_g t)^3 \tag{2-58}$$

损伤变量 $D(t)$ 是激活的裂纹数 N 和影响体积 $V(t)$ 的乘积：

$$D(t) = \int_0^t \dot{N}(\tau)V(t - \tau)\mathrm{d}\tau \tag{2-59}$$

由此可得

$$D(t) = \frac{4}{3}\pi c_g^3 km \int_0^t \dot{\varepsilon}(1 - D)(t - \tau)^3 \mathrm{d}\tau \tag{2-60}$$

同理，设每条裂纹的影响面积 $a(t)$ 为：

$$a(t) = 2\pi (c_g t)^2 \tag{2-61}$$

则总破坏面积

$$A(t) = \int_0^t \dot{N}(\tau)(t - \tau)\mathrm{d}\tau$$

或　　　　$$A(t) = 2\pi c_g^2 km \int_0^t \varepsilon^{m-1}\dot{\varepsilon}(1 - D)(t - \tau)^2 \mathrm{d}\tau \tag{2-62}$$

设 $a(t)$ 和 $V(t)$ 的中值分别为 $\bar{a}(t)$，$\bar{V}(t)$，则有：

$$A(t) = \int_0^t \dot{N}(\tau)\,\bar{a}(t)\,\mathrm{d}\tau = \bar{a}(t)N(t) \tag{2-63}$$

$$d(t) = \int_0^t \dot{N}(t)\,\bar{V}(\tau)\,\mathrm{d}\tau = \bar{V}(t)N(t) \tag{2-64}$$

设 $\bar{R}$ 为裂纹平均半径，并近似认为：

$$\bar{a}(t) = 2\pi\bar{R}^2, \quad \bar{V}(t) = \frac{4}{3}\pi\bar{R}^3 \tag{2-65}$$

则有：

$$1/N^{1/3} = (9\pi/2)^{1/3}(D^{2/3}/A) \tag{2-66}$$

式中　$1/N^{1/3}$ ——裂纹的平均间距。亦可认为平均破坏块度尺寸与之相等。

d　损伤断裂准则

岩石在爆炸荷载作用下、其脆性随加载速率的增加而增大，岩石的损伤可视为脆性损伤。在此区域的岩石损伤断裂准则采用纯脆性损伤断裂准则。其中比较著名的是 Lemaitre J 损伤断裂准则，它从等效应力的概念出发，当等效应力 σ_e 达到岩石的动态断裂应力时，损伤达临界值，岩石发生断裂，从而得到损伤断裂准则的表达式：

$$\sigma_e = \frac{\sigma}{1 - D_c} = \sigma_u \tag{2-67}$$

式中　σ_u ——岩石的极限应力。

通常情况下，临界损伤 $D_c = 0.2 - 0.5$，对于纯脆性损伤 $D_c = 0$，$\sigma_e = \sigma = \sigma_u$。

B　爆炸气体作用下的微裂纹的二次扩展

由于爆炸应力波的作用在裂隙区产生了大量的随机分布的微裂纹，这些微裂纹在爆生气体膨胀压力作用下产生二次扩展，使岩石进一步损伤。

在裂隙区，爆生气体渗入岩石内部的宏观裂纹中，产生气楔作用，裂纹在气体的驱动下扩展，这个过程可用经典的断裂力学进行解答。出现微裂纹二次扩展的主要原因是爆生气体的存在。岩石中的微裂隙在爆炸应力波的作用下发生扩展至一定范围后，停止扩展。在滞后一段时间后，爆生气体再次对微裂纹加载，在扩展范围内，微裂纹发生损伤局部化，并使微裂纹发生二次扩展。

炮孔间准静态爆生气体驱动的裂纹控制模型如图 2-21 所示。图 2-21 中的 $L(t)$ 为爆生气体的裂纹总长度。$L_1(t)$ 为爆生气体在裂纹中的贯入长度，L_0 为应力波作用下产生的径向裂纹初始长度。则裂纹在爆生气体驱动下尖端的应力强度因子为：

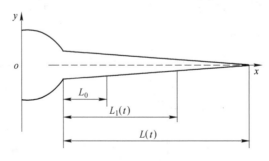

图 2-21　爆生气体驱动裂纹扩展模型

$$K_1 = 2 \left[\frac{L(t) + R}{\pi} \right]^{\frac{1}{2}} \int_0^{L(t)+R} \frac{p(x, t) - \sigma}{\{ [L(t) + R]^2 \}^{\frac{1}{2}}} \mathrm{d}x \tag{2-68}$$

式中　$p(x, t)$——沿裂纹长度方向的气体压力分布；

　　　　σ——无限远处的岩石应力。

爆破的实际工程要求必须反映出动作用的影响，因此采用有效应力强度因子来描述裂纹的扩展更符合实际。

岩石受损后，有效应力 $\sigma_e^* = \dfrac{\sigma_e}{1 - D}$，有效应力强度因子 $k_1^* = \dfrac{k_1}{1 - D}$。其中，$\sigma_e$ 为岩石应力，k_1 为未受损时的应力强度因子。$k_1^* = \dfrac{k_1}{1 - D} > k_1$ 表明，爆生裂纹可以在比以往理论预测值更低的气体压力作用下起裂和稳定传爆，从而使气体的作用表现得更有效。

从物理机制上看，损伤力学和断裂力学是有本质联系的，介质材料的损伤和断裂反映了材料变形破坏的物理全过程。但是，用损伤力学研究岩石的爆破损伤问题的关键是如何定义材料损伤变量、损伤演化规律，以及如何正确地给出损伤变量和演化规律的材料动态本构关系。

2.4 裂隙岩体的爆破理论

2.4.1 裂隙岩体概述

2.4.1.1 裂隙岩体的分类

岩石是在漫长的地质历史发展过程中，在相应的各种地质作用下形成的固体产物。不同岩石在其形成过程中经历了不同的成因特点，在形成之后的漫长地质年代中又遭受了不同的地质作用。使得各种岩石的受荷历史、成分和结构特征都各有差异，从而使岩石具有明显的非线性、不连续性和各向异性。为了研究的方便，人们根据节理、裂隙、断层等几何不连续缺陷的尺度不同，将裂纹分为宏观裂纹、细观裂纹和微观裂纹。

（1）宏观裂纹是指在野外岩体中普遍发育的、直接影响岩体力学性质的、大于毫米级别的裂纹；

（2）细观裂纹是指发育在岩石结构中，直接影响岩石性质的、毫米至微米级别的裂纹；

（3）微观裂纹是指发育在岩石中矿物晶体内部，一般对岩石的宏观力学性质没有直接影响的微裂纹、位错等。

法国学者 Lamaitre 根据裂纹或缺陷的大小，将材料分为损失体和断裂体。裂纹宽度小于 1mm 的材料介质称为损失体，属于损伤力学的范畴；而裂纹宽度大于 1mm 的材料介质称为断裂体，属于断裂力学研究范畴。由此可见，岩体既是断裂体，又是损伤体。

2.4.1.2 裂隙岩体与均质岩体的差别

爆破的对象是岩体，岩体是地质体。它经过多次地质作用，经受过变形、破坏，形成一定的要素成分、一定的结构、赋存于一定的地质环境中，保留着各种各样的构造形迹。

岩体内有众多被称为结构面的贯通的和非贯通的节理、裂隙、层理等薄弱面。被薄弱面切割的岩块称为结构体。

结构面的存在构成了裂隙岩体与均质岩体的本质差别。

2.4.1.3　研究内容和研究方法

（1）研究内容。裂隙岩体爆破理论研究的内容，包括：岩体宏观裂纹的形成与发展，裂隙岩体结构面对应力波传播的影响，节理对爆破块度的控制等。

（2）研究方法。研究方法局限于室内，多为层状模型。系统性、规模性不够。进入20世纪80年代以后，由于广泛采用高速摄影机、动光弹、超动态应变测量等现代测试手段，才使岩体结构面对爆破影响的研究进入一个新阶段。

在判断岩体在复杂应力状态下是否破坏的判据上，仍然采用经典的岩石强度理论，经典强度理论属于传统固体力学范畴。它只说明了宏观裂隙的形成和发展，并未揭示细观裂纹的产生和发展的全过程。

2.4.2　裂隙岩体爆破破碎规律

概括裂隙岩体爆破破碎规律有以下几项：

（1）裂隙岩体的破碎主要是应力波作用的结果。在应力波到达自由面的同时，初始的岩块尺寸已被划定。应力波不仅使岩石在自由面产生片落，而且通过岩体原生裂隙激发出新的裂隙，或者促使原生裂隙进一步扩大。上述作用，在气体膨胀压作用之前即已完成。

（2）与均匀介质爆破相比，裂隙岩体的爆炸气体膨胀压对岩石破碎作用很小，只是当应力波将岩石破碎成块以后，起到促使岩石碎块分离的作用。

（3）应力波在裂隙岩体的传播过程中，在裂隙之间传播的扰动将会产生新的破裂。在应力波作用阶段的破碎过程包括：

1）原有裂隙的触发；

2）裂隙生长；

3）裂隙贯通；

4）破裂（破碎）。

（4）由于裂隙的发展速度有限，载荷的速率对裂隙的成长有很大的作用。缓慢的作用载荷，有利于裂隙的贯通和形成较长的裂隙，而高应变率载荷容易产生较多的裂隙，却抑制了裂隙的贯通，只产生短裂隙。

（5）在裂隙岩体的破碎过程中，应力波的作用是非常重要的。但是，也不能低估爆炸气体的膨胀作用。若没有爆炸气体的膨胀作用，岩体可能只破裂而不破碎、分离。

应该说，这一阶段裂隙岩体爆破理论的研究与爆破岩石力学理论的研究相比，只是在研究的对象上有所不同，由均匀岩石变为裂隙岩体向工程实际迈进了一大步。但是从研究方法和岩石强度理论上并没有什么变化。

参 考 文 献

[1] 汪旭光. 中国工程爆破与爆破器材的现状及展望 [J]. 工程爆破，2007，13（4）：1-8.

[2] 汪旭光，郑炳旭. 工程爆破名词术语 [M]. 北京：冶金工业出版社，2005.

[3] 汪旭光，于亚伦. 岩石爆破理论研究的若干进展 [C]//第七届全国工程爆破学术会议，2001.

[4] 汪旭光. 中国典型爆破工程与技术 [M]. 北京：冶金工业出版社，2006.

[5] 汪旭光. 工程爆破新进展 [M]. 北京：冶金工业出版社，2011.

[6] 程康，徐学勇，谢冰. 工程爆破理论基础 [M]. 武汉：武汉理工大学出版社，2014.

[7] 熊代余，顾毅成. 岩石爆破理论与技术新进展 [M]. 北京：冶金工业出版社，2002.

[8] 齐金铎. 现代爆破理论 [M]. 北京：冶金工业出版社，1996.

[9] 高文学，邓洪亮. 公路工程爆破理论与技术 [M]. 北京：科学出版社，2013.

[10] 高金石，张奇. 爆破理论与爆破优化 [M]. 西安：西安地图出版社，1993.

[11] 吕淑然. 露天台阶爆破地震效应 [M]. 北京：首都经济贸易大学出版社，2006.

[12] 中国工程爆破协会. 工程爆破理论与技术 [M]. 北京：冶金工业出版社，2004.

[13] 陈俊桦，张家生，李新平. 基于岩石爆破损伤理论的预裂爆破参数研究及应用 [J]. 岩土力学，2016，37（5）：1441-1450.

[14] 罗勇. 聚能效应在岩土工程爆破中的应用研究 [D]. 中国科学技术大学，2006.

[15] 程康，朱瑞赓，祝文化. 超长综放工作面顶板破断规律研究 [J]. 岩土工程学报，1994，16（5）：73-78.

[16] 杨小林. 地下工程爆破 [M]. 武汉：武汉理工大学出版社，2009.

[17] 刘贵清. 爆破工程技术应用实例 [M]. 沈阳：辽宁科学技术出版社，2012.

[18] 肖伟. 爆破开挖飞石抛掷距离研究 [D]. 江西理工大学，2017.

[19] 李新平，朱瑞赓，夏元友. 中深孔双螺旋掏槽爆破的破碎机理与设计应用 [J]. 岩土工程学报，1997（2）：87-91.

[20] 杨立云，丁晨曦，郑立双，等. 初始静态压应力场中爆生裂纹的扩展行为 [J]. 岩土工程学报，2018，40（7）：1322-1327.

[21] 陈俊桦，张家生，李新平. 考虑岩体完整程度的岩石爆破损伤模型及应用 [J]. 岩土工程学报，2016，38（5）：857-866.

[22] 朱正国，孙明路，朱永全，等. 超小净距隧道爆破振动现场监测及动力响应分析研究 [J]. 岩土力学，2012，33（12）：3747-3759.

[23] 孟凡兵. 隧道2扩4扩挖爆破振动效应及安全判据研究 [D]. 华侨大学，2012.

[24] 黄杰安，林杭. 岩土介质爆破地震波的传播特性分析 [J]. 中国科技信息，2008（24）：39-39.

[25] 王涛. 黄麦岭露天矿台阶爆破参数优化及爆破振动效应研究 [D]. 武汉理工大学，2013.

[26] 王先义，何学秋，邵军. 岩土开挖爆破振动效应安全判据的探讨 [J]. 煤炭科学技术，2003（7）：54-56.

[27] 丁银贵，孙钰杰. 大规模岩土爆破工程施工技术 [J]. 工程爆破，2020，26（1）：43-47.

[28] 胡峰. 基于断裂力学和损伤理论的裂隙岩体损伤机理研究 [D]. 重庆大学，2015.

[29] 李树茂，齐伟，刘红帅. 岩体损伤力学理论进展 [J]. 世界地质，2001（1）：72-78.

[30] 肖勤学. 岩石的弹塑性损伤本构理论及其应用 [D]. 重庆建筑工程学院，1990.

[31] 赖勇. 岩石（体）宏细观复合损伤理论与应用研究 [D]. 重庆大学，2008.

[32] 黄志辉. 台阶爆破块度分布测定及其优化研究 [D]. 华侨大学，2005.

[33] 张世琛. 露天深孔台阶爆破的安全技术研究 [D]. 中北大学，2016.

[34] 雷卫东，李宏军，柳纯. 爆破荷载应力波在无限弹性介质中传播的特征线法解 [J]. 岩土力学，2016（10）：2979-2983，3002.

[35] 黄理兴. 应力波对裂隙的作用 [J]. 岩土力学，1985（2）：91-99.

[36] Duan Baofu, Li Lei, Li Hongchun, et al. Technical measures on decreasing harm to slope stability in

chamber blasting [J]. Applied Mechanics and Materials, 2012, 2034: 2619-2622.

[37] Anonymous. Pyatigorsk blast theories include gang war, election rivalry-Investigative Committee [J]. Interfax : Russia & amp, CIS Military Newswire, 2010.

[38] Li Chunrui, Kang Lijun, Qi Qingxing, et al. The numerical analysis of borehole blasting and application in coal mine roof-weaken [J] Procedia Earth and Planetary Science, 2009, 1 (1): 451-459.

[39] Aslanov S K. On point blast theory [J]. Fluid Dynamics, 2006, 41 (1): 147-151.

[40] Rachel Clarke. Reigning territorial plains—blast theory's 'desert rain'[J]. Performance Research, 2001, 6 (2): 43-50.

3 爆破振动效应

3.1 振动

3.1.1 振动的基本概念

振动的定义有狭义和广义之分。广义的振动，是指任何一个物理量在某一量值附近发生周期性的变化，狭义的振动，是指物体在一定位置附近的往返运动，也叫机械振动。

3.1.1.1 描述振动的基本运动学量

（1）位移：做机械振动的物体，在不同时刻处在平衡位置附近的不同位置上。运用位移这个物理量可以对振动物体空间位置的变化进行描述。所谓运动物体的位移是相对平衡位置而言的，把振动物体离开平衡位置的距离定义为振动物体的位移。位移的方向总是由平衡位置指向物体某时刻所在的位置。做机械振动的物体可以做直线运动，也可以做曲线运动。做直线运动的振动物体其位移一般用符合 X（或 Y）来表示，如弹簧振子；做曲线运动的振动物体其位移可以用角位移 θ 来表示，如单摆。

（2）速度：反映振动物体在某一时刻振动快慢及其振动方向的物理量。通常用 v 来表示，一般来说，机械振动是变速运动。

（3）加速度：反映振动物体速度变化快慢及其变化方向的物理量。通常用 a 来表示，一般来说，机械振动是变加速运动。

3.1.1.2 描述振动的基本特征量

振动最突出的特征是运动的周期性，为此引入振幅、周期、频率等物理量来描述它们周期性运动的特征。

（1）振幅 A：反映物体振动的强弱程度，其大小由初始条件决定，数值上等于物体偏离平衡位置最大位移的绝对值。

（2）周期、频率和角频率：

1）周期 T：振动物体完成一次全振动所需要的时间，单位为 s；

2）频率 f：单位时间内物体作全振动的次数，单位为 Hz；

3）圆频率 ω：在 $2\pi f$ 内，物体作全振动的次数；

4）周期、频率和角频率的关系：$f = \dfrac{1}{T}$；$\omega = \dfrac{2\pi}{T} = 2\pi f$。

3.1.1.3 相位、初相位

（1）相位（$\omega t + \varphi$）：反映谐振状态特征的物理量。

（2）初相位 φ : 决定初始时刻振动状态的物理量。

3.1.2　弹性变形、应力与应变

弹性体有四种形变：拉伸压缩、剪切、扭转和弯曲。其实，最基本的形变只有两种：拉伸压缩和剪切形变；扭转和弯曲可以看作是由两种基本形变的复合。

在单向应力状态下，理想的弹塑性材料的应力-应变关系极其简单，并满足胡克定律，即

$$\sigma_x = E\varepsilon_x \qquad (3\text{-}1)$$

弹性变形时应力-应变关系的特点：

（1）应力与应变完全呈线性关系，即应力主轴与全量应变主轴重合；

（2）弹性变形是可逆的，与应变历史（加载过程）无关，即某瞬时的物体形状、尺寸只与该瞬时的外部载荷有关，而与该瞬时之前各瞬间的载荷情况无关。

弹性条件下金属单向拉伸应力与应变的关系如图 3-1 所示。

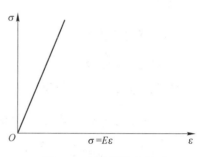

图 3-1　理想弹性条件下
应力-应变关系曲线

3.1.3　简谐振动

简谐振动是最简单也是最基本的振动形式，但包含了振动的基本特征。一切复杂的振动根据傅里叶分析都可看成是由许多不同频率的简谐振动所组成。因此，简谐振动是振动的基础。

3.1.3.1　动力学特征

根据弹簧振子模型，物体在运动过程中受到的合外力就等于弹力。设平衡位置 O 为坐标原点，以向右为 x 轴正向。当物体相对平衡位置的位移为 x 时，则有：

$$F = -kx \quad \text{或} \quad ma = -kx = m\frac{\mathrm{d}^2 x}{\mathrm{d}t^2} \qquad (3\text{-}2)$$

$$m\frac{\mathrm{d}^2 x}{\mathrm{d}t^2} = -kx \Rightarrow \frac{\mathrm{d}^2 x}{\mathrm{d}t^2} + \frac{k}{m}x = 0 \qquad (3\text{-}3)$$

如果一个振动系统的运动微分方程具有这种形式，就认为该系统是作简谐振动。其中：$\omega = \sqrt{\dfrac{k}{m}}$ 是由振动系统本身性质决定的，代表了振动系统的特征，称为振动系统的固有角频率，也叫圆频率。即物体受到回复力的大小与物体离开平衡位置位移的大小成正比且方向相反。

简谐振动的位移可以表示为：$x = A\cos(\omega t + \varphi)$，式中 A 为振幅；$(\omega t + \varphi)$ 为相位；φ 为初相位。对位移 x 微分可以获得振动速度 v，对振动速度 v 微分又可以获得振动加速度 a。

3.1.3.2　能量特征

振动动能：

$$E_k = \frac{1}{2}mv^2 = \frac{1}{2}m\omega^2 A^2 \sin^2(\omega t + \varphi) \tag{3-4}$$

振动势能：

$$E_p = \frac{1}{2}kx^2 = \frac{1}{2}kA^2 \cos^2(\omega t + \varphi) \tag{3-5}$$

振动系统总的机械能：

$$E = E_k + E_p = \frac{1}{2}m\omega^2 A^2 = \frac{1}{2}kA^2 \tag{3-6}$$

由此可以看出，简谐振动系统的机械能是守恒的。简谐振动的 3 个能量特征彼此相同，相互联系。

3.1.4　单自由度阻尼自由振动和强迫振动

前述无阻尼的简谐振动只是一种理想情况，在这种情况下，机械能守恒，系统保持持续的周期性的等幅振动。但实际系统振动时不可避免地要受到各种阻尼的影响，由于阻尼的方向始终与振动体的运动方向相反，因此对系统作负功，不断消耗系统的能量，使自由振动不断衰减直至最终停止。

阻尼有各种来源，情况比较复杂，主要有下列 3 种形式。

（1）干摩擦阻尼。两个干燥表面互相压紧并相对运动时所产生的阻尼称为干摩擦阻尼。阻尼大致与两个摩擦面之间的法向压力 N 成正比，即符合摩擦定律 $F = fN$，式中 f 为摩擦系数。

（2）黏性阻尼。物体以中、低速度在流体中运动时所受到的阻力称为黏性阻尼。有润滑油的滑动面之间产生的阻尼就是这种阻尼。黏性阻尼与速度的一次方成正比，即 $F = c\dot{x}$，式中 c 为黏性阻尼系数，它取决于运动物体的形状、尺寸及润滑介质的黏性，单位为 $N \cdot s/cm$。物体以较大速度在流体中运动时（如速度在 3m/s 以上时），阻尼将与速度的平方成正比，即 $F = b\dot{x}^2$，式中 b 为常数，此种阻尼为非黏性阻尼。

（3）结构阻尼。材料在变形过程中，由内部晶体之间的摩擦所产生的阻尼，称为结构阻尼。其性质比较复杂，阻尼的大小取决于材料的性质。

由于黏性阻尼在数学处理时可使求解大为简化，所以本节先以黏性阻尼为基本模型来分析有阻尼的振动。在遇到非黏性阻尼时，可用等效黏性的办法作近似计算。下面分别对单自由度阻尼自由振动和单自由度黏性阻尼系统强迫振动两种情况进行讨论。

A　单自由度阻尼自由振动

单自由度阻尼振动的力学模型如图 3-2 所示，包括弹簧、质量块及阻尼器。

以物体的平衡位置 O 为原点，建立图示坐标轴 x。则物体运动微分方程为：

$$m\ddot{x} = -c\dot{x} - kx \tag{3-7}$$

式中　$-c\dot{x}$——阻尼力，负号表示阻尼力方向与速度方向相反。

将式（3-7）写成标准形式：

$$m\ddot{x} + c\dot{x} + kx = 0 \qquad (3\text{-}8)$$

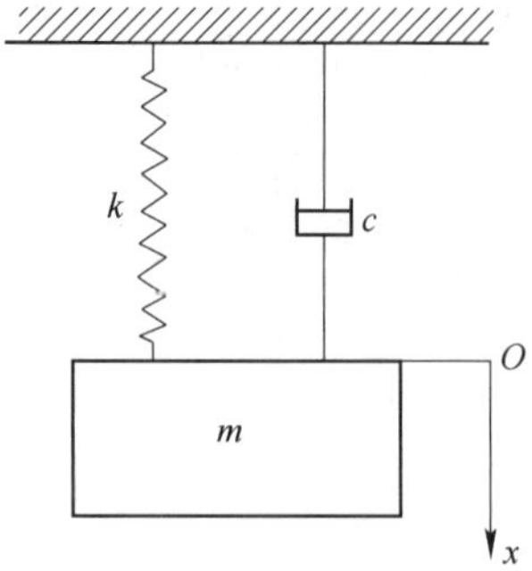

令 $p_2 = \dfrac{k}{m}$，$2n = \dfrac{c}{m}$，则式（3-8）可简化为：

$$\ddot{x} + 2n\dot{x} + p^2 = 0 \qquad (3\text{-}9)$$

这就是有阻尼自由振动微分方程。它的解可取 $x = \mathrm{e}^{st}$，其中 s 为待定常数。

将 $x = \mathrm{e}^{st}$ 代入式（3-9）得：$(s^2 + 2ns + p^2)\mathrm{e}^{st} = 0$；要使所有时间内上式都能成立，必须 $s^2 + 2ns + p^2 = 0$，此即微分方程的特征方程，其解为：

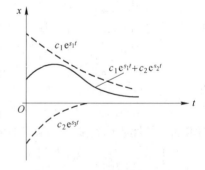

图 3-2 单自由度阻尼
振动力学模型

$$s_{1,2} = -n \pm \sqrt{n^2 - p^2} \qquad (3\text{-}10)$$

于是微分方程式（3-9）的通解为：

$$x = c_1\mathrm{e}^{s_1 t} + c_2\mathrm{e}^{s_2 t} = \mathrm{e}^{-nt}(c_1\mathrm{e}^{\sqrt{n^2-p^2}\,t} + c_2\mathrm{e}^{-\sqrt{n^2-p^2}\,t}) \qquad (3\text{-}11)$$

式中，待定常数 c_1 与 c_2 取决于振动的初始条件。振动系统的性质取决于根式 $\sqrt{n^2 - p^2}$ 是实数、零还是虚数。对应的根 s_1 与 s_2 可以是不相等的负实根、相等的负实根或复根。若 s_1 与 s_2 为等根时，此时的阻尼系数值称之为临界阻尼系数，记为 c_c，即 $c_\mathrm{c} = 2mp$。引进一个无量纲的量 ξ，称为相对阻尼系数或阻尼比：

$$\xi = \frac{n}{p} = \frac{c}{2mp} = \frac{c}{c_\mathrm{c}} \qquad (3\text{-}12)$$

当 $n > p$ 或 $\xi > 1$，根式 $\sqrt{n^2 - p^2}$ 是实数，称为过阻尼状态；当 $n < p$ 或 $\xi < 1$，根式 $\sqrt{n^2 - p^2}$ 是虚数，称为弱阻尼状态；当 $n = p$，即 $\xi = 1$，称为临界阻尼状态。现分别讨论 3 种状态下的运动特性。

（1）过阻尼状态。此时 $\xi > 1$，即 $\sqrt{n^2 - p^2} < n$，式（3-10）中 s_1 及 s_2 均为负值，则 $\mathrm{e}^{s_1 t}$ 及 $\mathrm{e}^{s_2 t}$ 是两条下降的指数曲线，故式（3-10）所表示的是两条指数曲线之和，仍按指数规律衰减，不是振动。图 3-3 所示为 $c_1 > c_2$，$c_1 < 0$ 时的情况。

（2）临界阻尼状态。此时 $\xi = 1$，式中 $s_1 = s_2 = -n = -p$，特征方程的根是重根，方程（3-9）的另一解将为 $t\mathrm{e}^{-pt}$，故微分方程（3-9）的通解为：

$$x = c_1\mathrm{e}^{-pt} + c_2 t\mathrm{e}^{-pt} \qquad (3\text{-}13)$$

图 3-3 过阻尼状态振动曲线

式（3-13）中等号右边第一项 $c_1\mathrm{e}^{-pt}$ 是一条下降的指数曲线，第二项则可应用麦克劳林级数展开成以下形式：

$$c_2 t\mathrm{e}^{-pt} = \frac{c_2}{\mathrm{e}^{pt/t}} = \frac{c_2}{1/t + p + p^2 t/2! + p^3 t^2/3! + \cdots + p^n t^{n-1}/n!} \qquad (3\text{-}14)$$

从式（3-14）看出，当时间 t 增长时，第二项 $c_2 t\mathrm{e}^{-pt}$ 也趋近于零。因此式（3-13）表示的运动也不是振动，而是一个逐渐回到平衡位置的非周期运动。

（3）弱阻尼状态。此时 $p > n$ 或 $\xi < 1$。利用欧拉公式：

$$e^{\pm\sqrt{n^2 - p^2}t} = e^{\pm\sqrt{p^2 - n^2}t} = \cos\sqrt{p^2 - n^2}\,t \pm i\sin\sqrt{p^2 - n^2}\,t$$

可将式（3-11）改写为：

$$x = e^{-nt}(C_1 e^{i\sqrt{p^2 - n^2}t} + C_2 e^{-i\sqrt{p^2 - n^2}t})$$
$$= e^{-nt}(D_1\cos\sqrt{p^2 - n^2}\,t + D_2\sin\sqrt{p^2 - n^2}\,t)$$

或

$$x = Ae^{-nt}\sin(\sqrt{p^2 - n^2}\,t + \varphi) \qquad (3\text{-}15)$$

令 $P_d = \sqrt{p^2 - n^2}$，则：

$$x = Ae^{-nt}\sin(P_d t + \varphi) \qquad (3\text{-}16)$$

式中，A 与 φ 为待定常数，取决于初始条件。设 $t = 0$ 时，$x = x_0$，$\dot{x} = \ddot{x}_0$，则可求得：

$$A = \sqrt{x_0^2 + \left(\frac{\dot{x}_0 + nx_0}{P_d}\right)^2}，\quad \varphi = \arctan\frac{x_0 P_d}{\dot{x}_0 + nx_0} \qquad (3\text{-}17)$$

将 A 与 φ 代入式（3-16），即可求得系统对初始条件的响应。由式（3-16）可知，系统振动已不再是等幅的简谐振动，而是振幅被限制在曲线 $\pm Ae^{-nt}$ 之内随时间不断衰减的衰减振动，如图 3-4 所示。

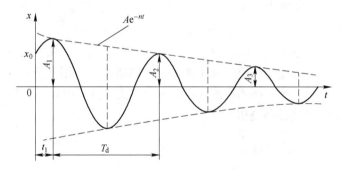

图 3-4　弱阻尼状态振动曲线

这种衰减振动的固有圆频率、固有频率和周期分别为：

$$P_d = \sqrt{p^2 - n^2} = p\sqrt{1 - \xi^2}$$

$$f_d = \frac{\sqrt{p^2 - n^2}}{2\pi} = \frac{p}{2\pi}\sqrt{1 - \xi^2} = f\sqrt{1 - \xi^2}$$

$$T_d = \frac{2\pi}{\sqrt{p^2 - n^2}} = \frac{2\pi}{p}\frac{1}{\sqrt{1 - \xi^2}} = T\frac{1}{\sqrt{1 - \xi^2}}$$

式中，p、f、T 分别为无阻尼自由振动的固有圆频率、固有频率和周期。

由上式可见，阻尼对自由振动的影响是阻尼使自由振动的周期增大、频率减小，但在一般工程问题中 n 都比 p 小得多，属于小阻尼的情况。

B　单自由度黏性阻尼系统强迫振动

单自由度黏性阻尼系统强迫振动的力学模型如图 3-5 所示。

设系统中除了有弹性恢复力及阻尼力作用外，还始终作用着一个简谐扰力 $F(t) = F_0\sin\omega t$，式中 ω 为激扰频率。由牛顿运动定律，直接写出系统的运动微分方程为：

$$m\ddot{x} + c\dot{x} + kx = F_0\sin\omega t \qquad (3\text{-}18)$$

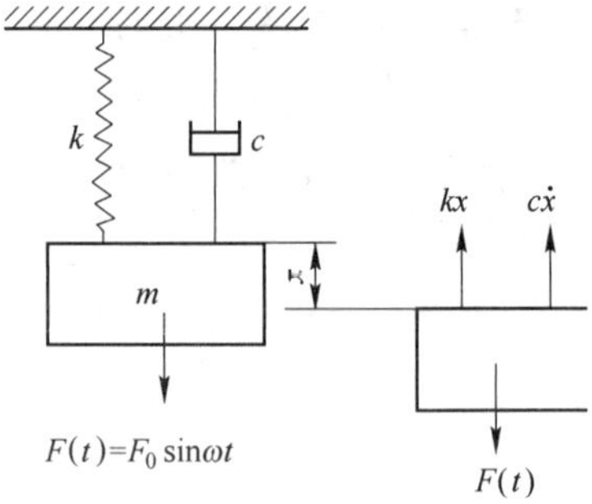

令 $p^2 = \dfrac{k}{m}$，$2n = \dfrac{c}{m}$，$q = \dfrac{F_0}{m}$，则式（3-18）可改写为：

$$\ddot{x} + 2n\dot{x} + p^2 x = q\sin\omega t \qquad (3\text{-}19)$$

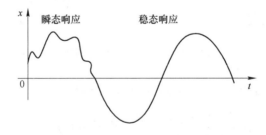

图 3-5　单自由度黏性阻尼系统强迫振动的力学模型

上述方程的通解由两部分组成，即：

$$x(t) = x_1(t) + x_2(t)$$

式中，$x_1(t)$ 为齐次方程的通解，$x_2(t)$ 为方程（3-19）的特解。

在弱阻尼情况下，通解为：

$$x_1(t) = Ae^{-nt}\sin(\sqrt{p^2 - n^2}\,t + \varphi) \qquad (3\text{-}20)$$

由于方程（3-20）的非齐次项为正弦函数，故其特解为简谐函数，且其频率与非齐次项的正弦函数的频率一致。令其形式为：

$$x_2(t) = B\sin(\omega t - \varphi) \qquad (3\text{-}21)$$

则方程（3-19）的通解为：

$$x = Ae^{-nt}\sin(\sqrt{p^2 - n^2}\,t + \varphi) + B\sin(\omega t - \varphi) \qquad (3\text{-}22)$$

式（3-22）等号右边第一项已讨论过，是一个衰减振动，只在振动开始后的一段时间内才有意义，称其为瞬态振动；第二项是系统在简谐激扰力作用下产生的强迫振动，是一种持续等幅振动，称其为稳态振动。图 3-6 所示为在初始阶段由式（3-22）表示的由两种不同频率不同振幅的简谐运动叠加的结果。

图 3-6　不同振幅不同频率简谐运动的叠加

图 3-6 中细实线表示等幅振动，粗实线表示某种情况下两种运动的叠加。通过一段时间后，粗实线逐渐与细实线相重合而成为单纯的稳态振动。因此在一般情况下，可以不考虑瞬态振动而仅研究强迫振动中持续的等幅振动。下面分析由式（3-21）所表示的稳态振动。

在式（3-21）中，B 为强迫振动振幅，φ 为相位差，现求这两个待定常数。将式（3-21）代入式（3-19），有：

$$(p^2 - \omega^2)B\sin(\omega t - \varphi) + 2n\omega B\cos(\omega t - \varphi) = q\sin\omega t$$

将上式右侧改写成：

$$qsin[(\omega t - \varphi) + \varphi] = qcos\varphi sin(\omega t - \varphi) + qsin\varphi cos(\omega t - \varphi)$$

比较方程左右侧中 $sin(\omega t - \varphi)$ 及 $cos(\omega t - \varphi)$ 的系数，可得：

$$B(p^2 - \omega^2) = qcos\varphi, \ 2n\omega B = qsin\varphi$$

解上列联立方程式，得：

$$B = \frac{q}{\sqrt{(p^2 - \omega^2)^2 + 4n^2\omega^2}}, \ tan\varphi = \frac{2n\omega}{p^2 - \omega^2}$$

仍用记号 $p^2 = \dfrac{k}{m}$，$\xi = \dfrac{c}{2mp} = \dfrac{n}{p} = \dfrac{c}{c_c}$，$\lambda = \dfrac{\omega}{p}$，并令 $B_0 = \dfrac{q}{p^2} = \dfrac{F_0}{k}$，即常力 F_0 作用下的静扰度。则上式可改写成：

$$B = \frac{B_0}{\sqrt{(1 - \lambda^2)^2 + (2\xi\lambda)^2}} \tag{3-23}$$

$$\varphi = \arctan\left(\frac{2\xi\lambda}{1 - \lambda^2}\right) \tag{3-24}$$

从式（3-21）、式（3-23）、式（3-24）可以看出，具有黏性阻尼的系统受到简谐激扰力作用时，强迫振动也是一种简谐振动，其频率与激扰力频率相同，振幅 B、相位差 φ 都只取决于系统本身的物理性质（质量 m、弹簧刚度 k、黏性阻尼系数 c），与激扰力的大小、频率及初始条件无关。强迫振动的振幅大小在工程实际问题中有重要意义。

3.2 爆破振动

3.2.1 爆破振动的产生

爆破振动波是由炸药在岩土介质中爆炸产生的冲击波，经过一定距离的传播衰减形成弹性振动波，它一般不会造成岩石破裂，但仍有可能使岩体内节理、裂隙发生变形，位移甚至失效。炸药在土岩介质中爆炸时，瞬间形成冲击波，冲击波向外传播的强度随距离的增加而衰减，波的性质和波形也产生相应的变化。根据波的性质、波形和对介质作用的不同，可将冲击波的传播过程分为 3 个作用区，压碎区、裂隙区和弹性振动区。

因此，当炸药在土岩介质中爆炸后，只有 2%~20% 能量转换为振动波，其范围在大于 150 倍药包半径以外。爆破振动波作为一种弹性波，其传播过程是一种行进的扰动，也是能量从土岩介质的一点传递给另一点的反映。因为施加在土岩弹性体中的爆破振动力不能立刻传到爆区范围内土岩的各部分，而是通过爆破振动力所引起的形变，以弹性波的形式由近及远渐渐向外传播。

爆破振动波在形成和传播过程中，主要受到下列因素的影响：

（1）爆源的影响。包括爆破方法、药量大小、炸药性能、爆破作用指数 n 值的大小，药包与装药孔的不耦合情况、单药包或群药包、集中药包或延长药包，临空面数目、瞬时起爆或分段延时起爆、有无预裂爆破药包等。

（2）离爆源的距离。距爆源越远，爆破振动波的幅值越小、频率越低。

（3）爆破振动波传播区的地质，地形条件。包括传播介质的物理力学性质、地质构造、岩土完整性、风化程度等；地形高差、沟壑、地表水体、地下水埋深等都有显著影响。

3.2.2 波动方程的基本形式

根据波动理论，爆破振动波可合理假设由不同振幅和不同振动频率的简谐波叠加而成，见下式：

$$
\begin{cases}
\text{位移：} X = \sum_i A_i \sin(\omega_i t) \\
\text{速度：} v = \sum_i \omega_i A_i \cos(\omega_i t + \varphi_{i1}) \\
\text{加速度：} a = \sum_i \omega_i^2 A_i \sin(\omega_i t + \varphi_{i2})
\end{cases}
\tag{3-25}
$$

式中 A_i ——幅值系数；

$\quad\quad \omega_i$ ——圆频率（ $\omega_i = 2\pi f$ 为频率）；

$\quad\quad t$ ——时间，s；

$\quad \varphi_{i1}$，φ_{i2} ——相位差。

对于单自由度结构体系，爆破作用下的位移、速度和加速度的振动反应值分别为：

$$
\begin{cases}
\text{相对位移：} x(i,\ t) = \sum_j \eta_j X_j(i) \delta_j(t) \\
\text{相对速度：} \dot{x}(i,\ t) = \sum_j \eta_j X_j(i) V_j(t) \\
\text{绝对加速度：} \ddot{x}_0(i,\ t) + \ddot{x}(i,\ t) = \sum_j \eta_j X_j(i) a_j(t)
\end{cases}
\tag{3-26}
$$

式中 i ——第 i 质点体系；

$\quad\quad j$ ——第 j 振型；

$\quad\quad \eta_j$ ——第 j 个主振型参与系数，$\eta_j = \dfrac{\sum\limits_j m_j X_j(i)}{\sum\limits_j m_j X_j^2(i)}$ ；

$\quad X_j(i)$ ——第 j 质点无阻尼时的主振型函数；

$\quad \delta_j(t)$ ——位移反应函数，$\delta_j(\tau) = -(1/\omega_j') \displaystyle\int_0^\tau x_0(\tau) e_j^{-\varepsilon(t-\tau)} \sin\omega_j'(t-\tau) \mathrm{d}\tau$ ；

$\quad V_j(t)$ ——速度反应函数，$V_j(t) = -\displaystyle\int_0^t x_0(\tau) e_j^{-\varepsilon(t-\tau)} [\cos w_j'(t-\tau) - (\varepsilon_j/\omega_j') \sin\omega_j'(t-\tau)] \mathrm{d}\tau$ ；

$\quad a_j(t)$ ——加速度反应函数，

$$
a_j(t) = n_j' \int_0^t x_0(\tau) e_j^{-\varepsilon(t-\tau)} [(1 - \varepsilon_j/w_j'^2) \sin w_j'(t-\tau) + 2\varepsilon_j/w_j' \cos w_j'(t-\tau)] \mathrm{d}\tau
$$

其中 m_j ——第 j 质点质量；

$\quad\quad w_j'$ ——有阻尼时的圆频率；

$\quad\quad \varepsilon_j$ ——阻尼系数。

结构体爆破振动力

$$
P_{ij} = m_i \sum_j w_j X_j(i) a_j(t)
\tag{3-27}
$$

式中 w_j ——无阻尼时的圆频率。

在单自由度体系的相对坐标系下，爆破振动作用的动力方程可表示为：

$$m\ddot{x} + c\dot{x} + f(x) = -m\ddot{x}_g \tag{3-28}$$

式中　m——体系质量（kg）；

　　　c——体系的黏滞阻尼系数；

　$f(x)$——体系恢复力；

　　　$\ddot{x}_g$——振动地面加速度，m/s^2；

x，$\dot{x}$，$\ddot{x}$——体系相对于地面的位移，m、速度，m/s、加速度，m/s^2。

如果对上式两边同时乘以相对速度 $\dot{x}$，并在爆破振动持续时间 $[0, t]$ 求积分，就可得到能量反应方程式：

$$\int_0^t m\ddot{x}\dot{x}\mathrm{d}t + \int_0^t c\dot{x}\dot{x}\mathrm{d}t + \int_0^t f(x)\dot{x}\mathrm{d}t = -\int_0^t m\ddot{x}_g\dot{x}\mathrm{d}t \tag{3-29}$$

记为：

$$E_k + E_d + E_h = E_i \tag{3-30}$$

式中　E_k——体系相对动能，$E_k = \int_0^t m\ddot{x}\dot{x}\mathrm{d}t$；

　　　E_d——体系阻尼耗能，$E_d = \int_0^t m\dot{x}\dot{x}\mathrm{d}t$；

　　　E_h——体系变形能，$E_h = \int_0^t f(x)\dot{x}\mathrm{d}t$。

从能量反应方程式可看出，体系变形能即是体系弹性变形能与滞回耗能之和，阻尼耗能和滞回耗能随时间增加而增加，当地振动结束、建（构）筑物静止时，动能和弹性变形能亦趋于零，那么地振动对结构的总输入能量全部由阻尼耗能和滞回耗能所平衡。

对于爆破振动作用下的多自由度剪切模型，可采用相对能量方程计算：

$$\sum_{i=1}^n \left[\frac{1}{2}m\dot{x}_i^2(t)\right] + \sum_{i=1}^n \int_0^t c\dot{x}_i^2\mathrm{d}t + \sum_{i=1}^n \int_0^t f_i\dot{x}_i\mathrm{d}t = \sum_{i=1}^n \int_0^t (-m\ddot{x}_g x_i)\mathrm{d}t \tag{3-31}$$

$$\sum_{i=1}^n E_{ki} + \sum_{i=1}^n E_{di} + \sum_{i=1}^n E_{hi} = \sum_{i=1}^n E_i \tag{3-32}$$

式中　E_{ki}，E_{di}，E_{hi}——第 i 层的动能、阻尼能和滞回能；

　　　$\sum_{i=1}^n E_i$——爆破地振动输入到结构对象的总输入能量。

而在绝对坐标系中，结构物的绝对位移 $x_t = x + x_g$，其中，x、x_g 各自表示结构物相对地面的位移和地面运动的位移。若将 $x = x_t - x_g$ 代入，可得到体系的绝对能量反应方程为：

$$\frac{1}{2}m\dot{x}_t^2 + \int_0^t c\dot{x}\dot{x}\mathrm{d}t + \int_0^t f(x)\dot{x}\mathrm{d}t = -\int_0^t m\ddot{x}_g\dot{x}\mathrm{d}t \tag{3-33}$$

计算式中涉及地面质点运动速度和加速度，可由测振仪获得。

地振动的不同以及结构性能差异，使得结构主要表现为"最大位移首次超越"和"塑性累积损伤"两种破坏形式。最大瞬时输入能量是地振动作用在结构上的最大能量脉冲，相应会引起较大的结构位移增量。研究表明，对于大部分短时脉冲型的地振动，单自由度结构瞬时输入能量与位移呈现一种对应关系，最大瞬时输入能量对应结构最大位移，如果超越结构最大允许位移，就会破坏；如果最大瞬时输入能量未能达到首次超越型破坏极限值，但它使结构在爆破振动作用下进入非线性阶段，发生塑性变形，也可能导致累积破坏，通常将结构的滞回耗能作为结构的累积破坏能量。结构是通过变形与阻尼两个途径来耗散能量的，研究最大瞬时输入能量对结构抗震能量分析方法的研究具有重要意义。

波动理论和结构响应分析表明，爆破振动各强度描述因子（位移、速度和加速度）均是频率和时间的函数，而且各物理参数间相互联系。因此，强度和结构动力特性不但取决于质点振动幅值（速度或加速度），还与振动波的时间和频率（周期）密切相关。如果只是简单地用其中某一两个独立的物理参数来建立爆破振动安全判据，就会忽视其他爆破振动强度影响因素，以及土岩介质体与爆破振动波之间的相互作用。

3.3 爆破振动波的传播特性

3.3.1 爆破振动波传播的基本原理

基于对波动理论的研究，爆破振动波在介质中传播依照以下原理。

3.3.1.1 惠更斯原理

惠更斯原理表明：在弹性介质中，可以把 t 时刻的同一波阵面上的各点看作从该时刻产生子波的新的点振源，经过 Δt 时刻后，这些子波的包络面就是 $t + \Delta t$ 时刻新的波阵面。由波阵面上各点所产生的子波，在观测点上相互干涉叠加，其叠加结果就是在该点观测到的总振动。惠更斯-菲涅尔原理如图 3-7 所示。

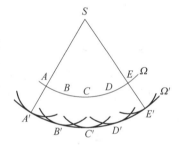

图 3-7　惠更斯-菲涅尔原理

3.3.1.2 费马原理（射线原理）

费马原理又叫射线原理或最小时间原理，认为波从空间一点到另一点的传播的最小路径称为射线。费马原理讲述的是波沿射线传播的时间比沿其他任何路径传播的时间都小，即波沿旅行时最小的路径（不等于距离）传播。在任一点上，射线总是垂直于波前。

根据波的传播理论，目前波阵面上每一点都是下一时刻波传播的波阵面的子波源，而当前波阵面又是上一时刻所有子波源共同作用的结果。此波的传播过程中出现了反射、衍射、干涉等现象。爆源和观测点穿越复杂的岩土介质，爆破振动波的体波可以直线传播到观测点，但由于岩土介质中节理裂隙较多，各种界面密集体波在介质内部发生复杂的反射、衍射、干涉，使体波的振动强度衰减较快；地面传播的面波需要绕过沟沟坎坎、坡顶坡脚才能传播到观测点。也就是说面波所传播的实际距离要大于爆源和观测点之间的平面距离。

3.3.1.3 斯涅尔（Snell）法则

爆破振动波传到自由面时均要发生反射，无论是纵波还是横波，经过自由面反射后都要再度生成反射纵波和反射横波。自由面上部为空气，与岩土介质密度相比，可认为空气的密度为零，当振动波到达自由面时将发生全反射。假设入射波为纵波，纵波的入射角和反射角均等于 α，而反射波生成的横波反射角为 β，根据光学斯涅尔（Snell）法则反射角存在下列关系：

$$\frac{\sin\alpha}{\sin\beta} = \frac{C_p}{C_s} \tag{3-34}$$

由于入射 P 波在自由面产生反射 P 波和 SV 波（在一定的入射角情况下），所以在地表所观测到的质点运动已经发生变化，它不是单一的 P 波质点运动，而是入反射 P 波和反射 SV 波的运动组合。故自由面上质点的振动速度远大于岩体内部仅有入射波的质点振动速度。梁向前等人在研究爆破振动波对地下管线的影响时，专门观测了远处爆破在不同深度点的质点振动速度变化。如图 3-8 所示。充分说明了爆破振动波在自由面浅层受表面波、反射波的叠加组合影响，地表质点振动最大，随深度增加质点振动速度呈负指数规律衰减。

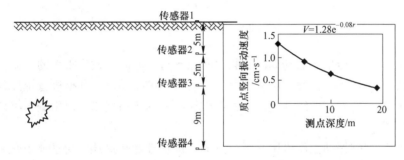

图 3-8　爆破在不同深度点的质点振动速度变化

3.3.2　爆破振动波的基本特征

爆破振动波的传播过程非常复杂，爆破振动波形的幅值、频率及相位不仅随时间发生变化，而且没有确定的规律性，其振动变化过程不能用明确的数学关系式来描述，具有很大的随机性，即使同次爆破的相同距离点测得的振动波形也存在一定的差异。测试结果表明任意质点的爆破振动波是一个随机波，图 3-9 为实测的典型爆破振动波波形，分别是同一测点的 x、y、z 三个方向的振动分量。图中 a 所示区为单一炮孔爆破振动波，图中 b 所示区为多个药包延时爆破时产生的振动波。

对于爆破振动波的研究，需要弄清楚波速和质点振动速度两个不同概念，波速是指扰动在介质中的传播速度，即波阵面的传播速度；质点振动速度是指当介质受到波能量扰动，其质点围绕平衡位置往复运动的速度。任一质点处的振动状态必须综合考虑振动速度峰值、主振频率和持续时间 3 个要素。

3.3.3　爆破振动波的能量或振幅传递特征

爆破振动波的传播过程是能量通过介质质点的扰动向爆源四周扩展传递的过程。由于炸药爆炸释放的能量只有很小一部分转换成爆破振动波的能量，而且爆破振动波从爆源传播到地面的过程中，随着传播距离的增大，由于波阵面不断扩大和介质的内阻尼吸收作用，使爆破振动波的能量和振动幅值不断衰减。在爆破振动波的传播过程中，受炸药的性能、药量大小、爆源位置、装药结构、起爆方式、传播介质的性质及地形条件等各种因素

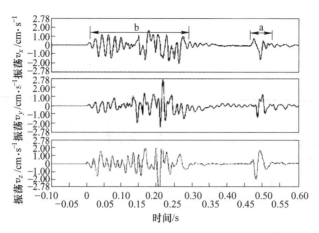

图 3-9　典型爆破振动波

的影响，使振动波的能量、振动幅值、频率和振动持续时间等发生很大的变化，爆破振动波具有很大的复杂性和随机性。尽管如此，对大量爆破振动观测数据进行统计分析，证明爆破振动波仍然具有一定的统计规律性，爆破振动波的传播规律可以用概率统计的方法来进行描述和研究。

众所周知，爆破振动强度可用介质质点的运动物理量来描述，包括质点位移 u、速度 v 和加速度 a。根据兰格福斯等许多爆破专家的研究，认为用质点振动速度描述爆破振动强度具有很好的代表性，因为岩体介质中的质点振动速度与岩体损伤破坏或建（构）筑物失稳破坏相关性最好。在实际应用中，采用线性回归的分析方法对质点振动速度峰值的衰减规律进行预测研究最为常见，若按照单药包爆破的振动波峰值进行统计分析，其规律性十分明显，相关性系数在 0.9 以上。对于爆破振动幅值随传播距离的变化规律，公认的数学表达式为：

$$A = k(Q^n/R)^a \tag{3-35}$$

式中　A——振动强度；

　　　Q——同时起爆药量（kg）；

　　　R——爆源到测点距离（m）；

　k、a——与地质条件有关的系数；

　　　n——炸药量影响系数。

以质点振动速度峰值 v 为振动强度，则有 $v = k(\sqrt[3]{Q}/R)^a$；它是有广泛共识、应用最多的爆破振动衰减计算公式。对于深孔爆破近距离范围振动波按柱面扩散，可近似为 $v = k(\sqrt{Q}/R)^a$。近年有学者基于柱面波理论、长柱状装药中的子波理论以及短柱状药包激发的应力波场，提出了单孔爆破的振动峰值计算公式为：

$$v = \frac{p_0}{\rho C_p}\left(\frac{b}{R}\right)^\alpha \tag{3-36}$$

式中　b——炮孔半径，m；

　　　p_0——炮孔内爆生气体的初始压力，MPa；

　　　ρ——岩石密度，kg/m³；

C_p——岩石纵波速度，m/s；

α——爆破振动衰减指数。

该计算式较全面地反映了炸药种类、装药结构、钻孔孔径及岩性参数等因素对质点峰值振动速度的影响。

按照爆破振动波在传播过程中的能量损失原因不同，振动波的衰减有波前扩散（球面扩散）、介质对振动波的吸收和透射损失等几种情况。根据地矿部门使用爆破振动勘探方法所得到的研究结果，在黏弹性介质中球面波传播的波函数中振幅函数为：

$$A = \frac{A(R)}{R}A_0 = \frac{1}{R}e^{-\frac{\pi \cdot f \cdot r}{Q_{PD} \cdot c}}A_0 \tag{3-37}$$

式中 A——观测地点的振动波幅值；

R——观测点到爆破振动波源的距离，m；

$A(R)$——振动波的黏性衰减因子；

A_0——波源的初始振幅；

Q_{PD}——振动波传播过程中所经过介质的品质因子；

f——振动波的频率，公式是在简谐波的条件下推导得出的，Hz；

C——振动波在介质中的传播速度，m/s。

从式（3-37）看出振动波振幅的衰减由两部分组成：一部分是以 r^{-1} 表示"球面扩散因子"；另一部分是以指数项表示的"黏性衰减因子"。这两部分的衰减机理完全不同，一个是由波传播的"几何因素"引起的，一个是由"介质的黏性因素"引起的。

3.3.4 爆破振动波频率变化特征

爆破振动信号有很大随机性，它是一种复杂的振动信号，包括很多频率成分，其中有一个或几个频率段为主要成分。不同频率成分的信号对结构或设备的振动影响是很不相同的，有时差别非常显著。如在实际爆破工程中，同一条件下，相邻建筑物的反应可能极不相同，有的建筑物振动强烈（发生共振），而有的反应不大。其中一个重要原因是爆破振动波中包含很多频率成分，当其主要振动频率等于或接近某一建筑物的固有频率时，该建筑物就振动反应强烈，否则振动影响较弱。因此，在爆破振动分析中，获知爆破振动信号的主要频率成分以及建筑物结构的固有频率特性是十分必要的。频谱分析可求得爆破振动信号的各种频率成分和它们的幅值（或能量）及相位的关系，这对研究爆破振动波的频率特性及结构的动力反应很有意义。

爆破振动波与天然地震波最大的区别之一就是频域特性的差异，天然地震频率低，一般振动主频在 0.5~5Hz；而爆破振动频率较高，一般振动主频在 10~200Hz，爆破振动频率受多种因素影响，大多数幅值达到有破坏效果的振动，其主振频率在（40±20）Hz。根据美国矿业局的研究资料及结构动力学分析，大多数一至二层结构的民用建筑物的固有振动频率在 4~12Hz，高层建筑物的固有振动频率更低（1~5Hz）。因此，天然地震的主频更接近建筑物的固有频率，天然地震引起结构共振的可能性更大，其破坏性更强，而爆破振动的频率较高，破坏性相对较弱。

如前文所述，爆破振动波随着传播距离的增加，一方面波阵面不断扩大，另一方面因介质的内阻尼吸收作用，使爆破振动波的能量和幅值不断衰减。这种衰减作用与振动波的频率有关，对高频振动成分岩土介质的阻尼作用较大，即高频振动波更容易被吸收，衰减较快。表现出在较远距离上爆破振动波高频成分显著衰减，低频成分起主要作用，因此有主振频率随传播距离而降低的特性。由于建筑物的自振频率一般都比较低（2~15Hz），当远区爆破振动的主频率与建筑物的自振频率接近甚至一致，且爆破振动仍具有一定的幅值强度时，由于共振作用，建筑物将产生剧烈的振动，并很有可能造成建筑物的破坏。因此，在爆破远区，偶见爆破振动波的低频振动破坏现象。

影响爆破振动频率的因素极为复杂，但总体来说可以分为 3 个主要方面：

（1）爆源特性。包括炸药性能、药量大小，装药结构、爆破类型、起爆方式等。

（2）传播介质特性。包括地质构造，地形条件，传播介质的物理力学性质和测点的位置、距离等。

（3）局部场地条件。测点处的地形和地质条件，爆源的相对方向等。

在爆破振动的主要频率特征研究中，要想综合考虑各种因素的影响具有很大的难度。目前主要采用爆破试验和现场监测的手段，通过测试数据的回归分析，对爆破振动频率的变化规律及其特性进行研究。而在这些诸多的影响因素中，研究最多的是炸药量、距离、介质性质和起爆方式对爆破振动频率的影响。受地形地质条件和爆破振动波复杂性和随机性影响，目前尚未得到主振频率的理想计算公式，但是如下的一些定性的认识被广泛接受。

（1）亨利奇介绍了平坦地形和均匀地质条件下爆破振动的主振相周期随传播距离变化的经验计算公式为：

$$\begin{cases} T = \tau \lg R \\ f = 1/T \end{cases} \tag{3-38}$$

式中 T——主振周期，s；

   f——主振频率，Hz；

   R——爆源振中至计算点水平距离，m；

   τ——经验常数。

（2）爆破振动波主频也受爆破类型影响。一般爆破规模越大，爆破振动频率越低。如隧道内小直径浅眼爆破在邻近隧道或本隧道内产生的振动主频一般在 100Hz 以上，其影响范围通常在数十米远；而规模稍大的台阶深孔爆破主振频率在 30Hz 左右（深圳安托山的测振数据为 15~70Hz），影响范围一般在数百米内；大规模的洞室爆破的主振频率在 10Hz 以下（天生桥洞室爆破主频 7.4Hz、尖山铁矿洞室爆破主频为 7.5Hz、宜昌南站洞室爆破主频为 8Hz），其有害影响范围一般在千米以内。

（3）爆破振动波主频与传播介质特性有关，越是坚硬的岩石中高频振波成分越丰富，而在软弱风化岩或土层中传播的振动波高频成分衰减更快，例如在秦岭高地应力特硬完整花岗岩中测得的爆破振动波主频达 380Hz，而在深圳某采石场风化花岗岩中测得的爆破振动波主频仅 15Hz。

（4）根据相似准则所得到的爆破振动波主频率随比例药量的变化关系，可表示为：

$$f \cdot R = k\varphi(\sqrt[3]{Q}/R) \tag{3-39}$$

式中 f——爆破振动波主频率，Hz；

   R——观测点到爆破振动波源的距离，m；

k——与地质条件有关的系数；

Q——同时起爆的药量，kg；

$\varphi(\sqrt[3]{Q}/R)$ —— φ 为比例药量 $\sqrt[3]{Q}/R$ 的函数。

（5）通过现场爆破振动测试波形的主频分析，由统计回归法获得爆破振动主频的变化规律，爆破振动波的频谱一般为不对称钟形，其外包络线可以用 λ 曲线进行近似（图3-10），其公式为：

$$A_{x=R}(f) = a \cdot f^3 e^{-b \cdot f} \tag{3-40}$$

式中　$A_{x=R}(f)$ ——爆破振动波在距离 R 处的频率幅值；

　　　a，b——与药量、药包直径等参数有关的系数，参照萨道夫斯基公式可表示为如下形式：

$$a = k \left(\frac{\sqrt[3]{Q}}{R} \right)^{\alpha} \tag{3-41}$$

$$b = b_1 \sqrt[3]{Q} \tag{3-42}$$

　　　Q——同时起爆的药量，kg；

　　　k，α——对应萨道夫斯基公式中的地质系数。

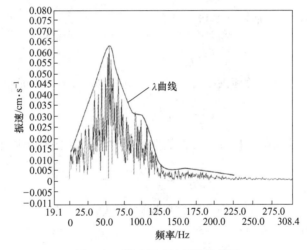

图3-10　爆破振动波频谱示意图

为了研究爆破振动波的主频率随距离的变化曲线，将爆破振动波看成由一系列简谐波组成——通过傅里叶变换就可实现。

$$A(f, R) = \int A(t, R) \cdot e^{-i2\pi f} dt \tag{3-43}$$

综合考察式（3-40）和式（3-41），则爆破振动波在任意点的爆破振动中每个频率对应的幅值可以表示为：

$$A(f, R) = a \cdot f^3 e^{-b \cdot f} \cdot \frac{1}{R} e^{-\frac{\pi \cdot f \cdot R}{Q_{PD} \cdot c}} A_0$$

$$= \frac{a \cdot A_0 \cdot f^3}{R} e^{-f\left(b + \frac{\pi \cdot R}{Q_{PD} \cdot c}\right)} \tag{3-44}$$

式中，a、b、A_0、π、Q_{PD}、C 均为与爆破条件有关的常数。为了求出主振频率，对式（3-44）的频率 f 求偏导数，并令其等于零，得：

$$\frac{\partial A(f, R)}{\partial f} = \frac{3 \cdot a \cdot A_0 \cdot f^2}{R} e^{-f\left(b+\frac{\pi \cdot R}{Q_{PD} \cdot C}\right)} - \frac{a \cdot A_0 \cdot f^3}{R}\left(b + \frac{\pi \cdot R}{Q_{PD} \cdot C}\right) e^{-f\left(b+\frac{\pi \cdot R}{Q_{PD} \cdot C}\right)}$$

$$= -\frac{a \cdot A_0 \cdot f^2}{R}\left[3 - \left(b + \frac{\pi \cdot R}{Q_{PD} \cdot C}\right) \cdot f\right] e^{-f\left(b+\frac{\pi \cdot R}{Q_{PD} \cdot C}\right)} = 0$$

由于在考察的范围（$f = 2 \sim 200\text{Hz}$）内，$\dfrac{a \cdot A_0 \cdot f^2}{R} e^{-f\left(b+\frac{\pi \cdot R}{Q_{PD} \cdot C}\right)} \neq 0$。只能是

$$3 - \left(b + \frac{\pi \cdot R}{Q_{PD} \cdot C}\right) \cdot f = 0$$

即

$$f = \frac{3 \cdot Q_{PD} \cdot C}{b \cdot Q_{PD} C + \pi \cdot R} \tag{3-45}$$

时取极大值。由于式（3-45）中的 b、Q_{PD}、C 均为待定参量，为使用方便，再令：

$$b_1 = \frac{1}{3} b^3 \cdot \sqrt{Q}, \quad b_2 = \frac{\pi}{3 Q_{PD} \cdot C}$$

同时参照式（3-42），则式（3-45）变成：

$$f = \frac{1}{b_1 \cdot \sqrt[3]{Q} + b_2 \cdot r} \tag{3-46}$$

在数据处理时，先对常数项进行合并整理，将式（3-46）改写成如下形式：

$$\frac{1}{f} = b_1 \sqrt[3]{Q} + b_2 R \tag{3-47}$$

为了利用一次线性回归分析方法，在数据处理过程中将上式转化为：

$$\frac{1}{f \cdot R} = b_1\left(\frac{\sqrt[3]{Q}}{R}\right) + b_2 \tag{3-48}$$

通过试验数据采用线性拟合的方法就可以方便地求出参数 b_1，和 b_2。式（3-48）的表现形式和量纲分析的结果与式（3-39）一致。

3.3.5　爆破振动波的振动持续时间

爆破振动与天然地震的另一重要区别在于时域特征，天然地震振动时间较长，一次振动能持续几秒至 50s，而爆破振动持续时间很短，一次振动只有几百毫秒，1 ~ 15 段雷管的延期时差约在 880ms 以内，超过一秒的振动时域比较少。所以天然地震的破坏能量比爆破振动大很多倍。

从振动次数上来看，天然地震常伴有多次余震，有些建筑物虽然在主振时尚未破坏，但已受损伤，后来的余震导致建筑物毁坏的例子屡见不鲜，说明振动次数对振动安全问题也十分重要。很多情况下爆破振动一次完成，如拆除或洞室爆破等，虽然复杂条件爆破过程可达 10s 以上，但整个爆破过程是分段完成。也有采石场或某些石方开挖爆破或地下爆破工程中，需要长期爆破，当爆破振动强度超过建筑物弹性变形限值，振动波作用造成的危害才会不断累加，一般情况下，小于弹性阶段的爆破振动可忽略振动疲劳损伤。

3.4 爆破振动与天然地震

3.4.1 地震震级

地震震级是用来划分震源释放能量大小的等级，震源释放能量越大，地震震级越大。在实际测量中，震级是根据地震仪记录的振动波振幅计算出来的，震级每差一级，通过地震被释放的能量约差 32 倍。图 3-11 是汶川地震卧龙台实测的振动波形。分别代表东西方向、南北方向和垂直方向的振动加速度。

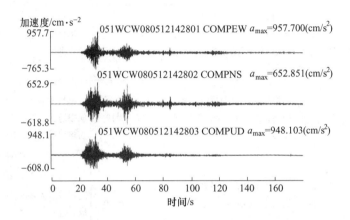

图 3-11 四川汶川卧龙台校正前加速度时程曲线

3.4.2 地震烈度

地震烈度是指地震时某一地区的地面和各类建筑物遭受到地震影响的强弱程度。地震发生后，根据建筑物破坏的程度和地表面变化的状况，评定距震中不同地区的地震烈度。因此，地震烈度主要是说明已经发生的地震影响的程度。一个地区的烈度，不仅与这次地震的释放能量（即震级）、震源深度、距离震中的远近有关，还与振动波传播途径中的工程地质条件和工程建筑物的特性有关。地震的烈度在不同方向有所不同，如在覆盖土层浅的山区衰减快，而覆盖土层厚的平原地区衰减慢。烈度还用于地震区划，表示将来一定期限内可能发生在某一区域内的最大烈度，估计一个建设地区可能发生的地震影响大小。对新建工程来说，工程设计采用的烈度则是一种设计指标。据此进行结构的抗震计算和采取不同的抗震措施。中国地震烈度见表 3-1。

表 3-1 中国地震烈度表

烈度	在地面上的感觉	房屋震害程度		其他震害现象
		震害现象	平均震害指数	
I	无感			
II	室内个别静止的人有感觉			

烈度	在地面上的感觉	房屋震害程度		其他震害现象
		震害现象	平均震害指数	
Ⅲ	室内少数静止的人有感觉	门、窗轻微作响		悬挂物微动
Ⅳ	室内多数人、室外少数人有感觉，少数人梦中惊醒	门、窗作响		悬挂物明显摆动，器皿作响
Ⅴ	室内普遍、室外多数人有感觉，多数人梦中惊醒	门窗、屋顶，屋架颤动作响，灰土掉落，抹灰出现微细裂缝，有檐瓦掉落，个别屋顶烟囱掉砖		悬挂物大幅度晃动，不稳定器物摇动或翻倒
Ⅵ	多数人站立不稳，少数人惊逃户外	损坏墙体出现裂缝，檐瓦掉落，少数屋顶烟囱裂缝，掉砖	0～0.10	家具和物品移动；河岸和松软土出现裂缝，饱和沙层出现喷沙冒水；有的独立砖烟囱轻度裂缝
Ⅶ	大多数人惊逃户外，骑自行车的人有感觉，行驶中的驾乘人员有感觉	轻度破坏～局部破坏，开裂，小修或不需要修理可继续使用	0.11～0.30	物体从架子上掉落；河岸出现塌方；饱和沙层常见喷沙冒水；松软土地上地裂缝较多；大多数独立砖烟囱中等破坏

注：Ⅷ度及以上（略）：房屋损坏、路基塌方、地下管道破坏等。

3.4.3 爆破振动波与天然地震波的区别

地震是因地层内或地面某种动力作用而产生相对大范围的地表或地下结构物的振动。当这种动力来自地球断层大规模错动时便形成天然地震。天然地震发生时，地壳内某处岩石的破裂和错位会产生强烈的振动，同时以振动波形式将能量传播出去，在地面各处引起强烈振动。若这种动力来自工程目的的炸药爆炸，则产生爆破振动，由于被爆介质不同，炸药爆炸后有 2%～20% 的能量转化为振动波。爆破振动波在介质内传播，可以引起爆源附近地基及地面层建筑物或构筑物产生颠簸和摇晃，即通常所说的地震，这种地振动的强度，随着爆心距的增加而减弱。当采用爆破方法拆除高耸建（构）筑物时，因高大建（构）筑物倒塌触地引起的振动称为塌落振动。近年来，随着城市待拆建（构）筑物高度和体积的不断增加、拆除环境的日益复杂及延时爆破等降低爆破振动措施的采取，高耸建（构）筑物拆除爆破引起的塌落振动往往超过爆破振动，成为对周围建（构）筑物的主要威胁。塌落振动也因此日益引起人们的关注。

天然地震，爆破振动及塌落振动三种地震形式发生时，能量均以弹性波的形式在地壳中传播，引起地表振动，从而危及周围建（构）筑物的安全。三者既有联系又有区别。

A　天然地震、爆破振动与塌落振动的联系

天然地震、爆破振动和塌落振动引起建（构）筑物的破坏机理相似，都是由于能量释放，并以振动波形式向外传播，引起地表振动而产生破坏效应。它们造成的破坏程度又都受地形、地质等因素的影响。塌落振动、爆破振动和天然地震效应的研究均属于地震工程学的研究范畴。

三者在数学描述上具有简单相似性。在距离震源较远时，天然地震、爆破振动与塌落振动都近似为一维地震弹性波在阻尼介质中逐渐衰减的过程，其波动方程为：

$$\frac{\mathrm{d}^2 x}{\mathrm{d} t^2} = -\omega_0^2 x - 2\beta_0 \frac{\mathrm{d} x}{\mathrm{d} t} \tag{3-49}$$

式中　ω_0——波圆周频率，rad/s；

　　　β_0——阻尼系数，$\beta_0 = \gamma/2$，m；

　　　γ——阻尼常数。

根据大量工程实践总结得出的地震烈度与天然地震、爆破振动相应物理量的关系见表3-2。目前国内多数地区城市建（构）筑物的抗震标准为7度天然地震烈度，这相当于爆破振动振动速度6.0~12.0cm/s，说明该爆破振动强度下可不发生明显灾难性破坏，但具体的保护物应考虑正常无损运营的振动强度作标准。

表 3-2　地震烈度对应地表质点振动的物理量关系

烈度	天然地震			爆破振动
	加速度/cm·s^{-2}	速度/cm·s^{-1}	位移/mm	最大速度/cm·s^{-1}
1				<0.2
2				0.2~0.4
3				0.4~0.8
4				0.8~1.5
5	12~25	1.0~2.0	0.5~1.0	1.5~3.0
6	25~50	2.1~4.0	1.1~2.0	3.0~6.0
7	500~100	4.1~8.0	2.1~4.0	6.0~12.0
8	100~200	8.1~16.0	4.1~8.0	12.0~24.0
9	200~400	16.1~32.0	8.1~16.0	24.0~48.0
10	400~800	32.1~64.0	16.1~32.0	>48

B　天然地震、爆破振动与塌落振动的区别

（1）频率不同。爆破振动振动频率较高，通常为15~100Hz，大大超过普通建筑物的自振频率（框架厂房1~3Hz）；天然地震频率一般为1~5Hz，接近普通建筑物的自振频率；塌落振动频率一般高于天然地震频率，而又低于爆破振动频率，振动主频一般为2~22Hz。因此检测天然地震所用的传感器仪器与爆破振动有所不同，天然地震检测采用低频段拾振器，而爆破振动检测需要包含低频段的拾振器。

（2）持续时间不同。爆破振动持续时间短，通常振动时间在 1s 内；天然地震持续时间较长，一般为 10~50s；而塌落振动的持续时间介于爆破振动和天然地震之间，一般为 0.5~3.0s。因此，振动烈度相同时，爆破振动对建筑物的破坏比天然地震轻得多。

（3）时频域能量分布特征不同。在对三者进行频谱分析时发现，天然地震的时频域能量分布较为发散，而爆破振动和塌落振动的相对较为集中。这主要是因为天然地震的震源深度比爆破和塌落振动的要深得多，振动波所通过的路径也要复杂得多，天然地震震源深度多数大于 5km；人工爆破是在地表岩层进行的，大多为几米至几百米，其震源密度很低，爆破的振源体积也相对小得多；塌落振动更是发生在地表面。另一方面从震源机制看，地震的震源机制比爆破和塌落振动要复杂得多，爆破源是作用时间很短的点源瞬时膨胀力，塌落振动源是作用时间很短的瞬间冲击力，而地震振源，至少对于浅源地震来说，多数人认为是断层黏滑过程，振源是面积很大的破裂面，振源的作用时间随着震级的增大而变长。因为人工爆破和塌落振动的作用时间比天然地震的短，因此天然振动波频率成分丰富，频带宽度也较人工爆破要宽很多。

（4）波及范围不同。天然地震的传播可达百公里，爆破振动只有几十米到几百米或上千米，而塌落振动更短，仅有几十米到上百米。

（5）携带能量不同。天然地震能量大，可以探测到地幔和地核的整个地球范围；炸药爆破和塌落振动激发的能量低，其能量无法与天然地震相比，探测距离是有限的。爆破振动传播的能量仅为炸药爆破能量的 2%~20%，而中等强度的天然地震传播的能量可达 6.3×10^{14}J，相当 2 万吨 TNT 炸药爆炸释放的能量。塌落振动能量依塌落体的质量、重心高度、地面介质的性质等而定。

（6）振动强度不同。振动强度参数包括质点运动的最大振幅 A、质点位移 U、质点振动速度 V、加速度 a。理论上可通过下式得到：

$$\begin{cases} U = x = A_0\,\mathrm{e}^{-\beta_0 t}\cos(\omega_0 t + t_0) \\ V = x' = A_0\,\omega_0\,\beta_0 \mathrm{e}^{-\beta_0 t}\sin(\omega_0 t + t_0) \\ a = x'' = A_0\,\omega_0^2\,\beta_0^2 \mathrm{e}^{-\beta_0 t}\cos(\omega_0 t + t_0) \end{cases} \tag{3-50}$$

式中，β_0、ω_0 意义同前。

因此，质点位移 U、质点振动速度 V、质点振动加速度 a 三者的振幅均随振动波传播时间或距振源距离增加而衰减。虽然爆破振动源附近质点加速度（可达 25g）往往比测得的天然地震质点加速度（约 1g）大很多，但衰减迅速，则天然地震衰减缓慢。塌落振动介于二者之间。

总之，天然地震更易引起建（构）筑物破坏，爆破振动和塌落振动次之，在城市高层建构（筑）物拆除爆破中塌落振动又往往大于爆破振动，不能简单地用天然地震烈度来评价爆破振动和塌落振动的破坏情况，需要分别对其进行深入的研究。

塌落振动与爆破振动及天然地震一样，都是由于能量释放，并以振动波形式向外传播，引起地表振动而产生破坏效应的。它们的对比关系见表 3-3。由于人们对天然地振动的特征以及建筑物的抗震能力的研究已有较长的历史，也积累了不少经验和方法，这些经验和方法作适当的修正，是可以应用于爆破振动和塌落振动效应的防控。另外，人们对爆破振动的研究也比塌落振动深入得多，爆破振动和塌落振动尽管振源机制不一样，但转化为振动波后的传播与衰减规律极为相似，因此爆破振动的一些经验和研究方法经过适当修正也可用于塌落振动的研究。

表 3-3 爆破振动、塌落振动与天然地震的比较

项目 类别	震源深度	释放能量	振动频率	持续时间	影响范围
爆破振动	地表（浅）	小	高	短	小
塌落振动	地表（浅）	小	低	短	小
天然地震	地壳深处	大	低	长	大

3.5 影响爆破振动特性的因素

爆破振动破坏的强弱程度称为振动强度或振动烈度。振动强度可用地面运动的各种物理量来表示，如质点振动位移、速度、加速度等。大量爆破振动测试数据研究表明，用质点振动速度来衡量爆破振动强度更为合理。其理由是：

（1）质点振速与应力成正比，而应力又与爆源能量成正比，因此振速可反映爆源能量的大小。

（2）以质点振速衡量振动强度的规律性较强，且不受频率变化的影响。美国矿务局用回归分析法对美国、加拿大和瑞典三个国家在不同施工条件下建成的住宅中使用不同的测量仪器测试所得的三组实测数据进行了处理，结果得出一条质点振速不随频率变化的等值直线。这充分说明，以质点振速作为安全判据，可适用于不同的测量仪器、不同的测量方法和不同的爆破条件。

（3）质点振动速度与地面运动密切相关。大量实测数据分析表明，结构的破坏与质点振动速度的相关性比位移或加速度的相关性更为密切。

（4）质点振动速度不受地面覆盖层类型和厚度的影响，而地面运动的多数参数都会受到他们影响。例如，在低弹性模量的土壤中应力波传播速度低；随覆盖层厚度增加，振动频率明显下降，地面质点位移就会增大。在不同类型和不同厚度与覆盖层中进行试验的结果表明，虽然地面运动的多数参数会随着覆盖层厚度的变化而变化，但对于引起结构破坏的质点振动速度却未受到明显影响；因此，将质点振动速度作为衡量爆破振动安全判据是比较合理。

工程上一般用质点振动速度来表示爆破振动强度，质点振动速度与装药量及爆心距的关系。在萨道夫斯基公式中，k 和 a 两个参数的取值直接关系到爆破规模的控制和爆破施工工艺的优化，显然 k 和 a 值不同会对最终计算出质点振动速度大小产生显著的影响，因此需结合类似工程经验，并基于具体爆破项目实施过程中进行振动监测取得的数据回归分析来确定。

影响爆破振动的因素很多，如地形、地质条件、地质构造、传播路径、爆破参数的选择、减振措施等。

3.5.1 场地条件的影响

3.5.1.1 地质构造的影响

地质构造是指地质历史时期的各种内外动力作用在地壳上所留下的构造形迹，这些构造形迹对于工程建设有着很大的影响，为了保证施工的效率和安全，所以要对地质构造进行详细的调查研究。研究与爆破工程有密切关系的地质构造条件，主要是研究有关组成地壳岩体的各种构造形体及他们之间的接触面的类型和空间分布特征，包括岩层层理、褶皱、断层、节理裂隙及相互之间的空间关系。

A 结构面对应力波的反射增强作用

由于软弱带的密度、弹性模量和纵波速度均比两侧岩石的值小，当波传至两者的界面处时，便发生反射，反射回去的波与随后继续传来的波相叠加，当其同相位时，应力波便会增强，使软弱带迎波一侧岩石的破坏加剧，对于张开的软弱面，这种作用亦较明显，例如图 3-12 中有一张开裂隙，其迎波一侧破坏加剧，产生如虚线所示的裂隙。

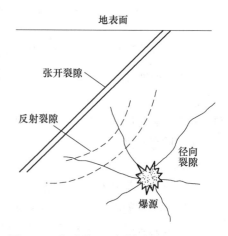

图 3-12 张开裂面两侧爆破破坏的差异性

B 层理对爆破振动传播规律的影响

岩体作为一种地质体，往往是非均匀各向异性介质，其中或多或少地存在层理、节理、裂隙甚至断层。这些结构面的存在往往增大了爆破振动在岩体传播过程中的衰减，从而使爆破振动衰减规律因方向的不同而有所差异。

炮孔内炸药爆炸后，先在岩体内传播冲击波，它在炮孔壁周围形成密集的径向裂纹网。冲击波很快衰减成应力波，它将远远超前于爆生裂纹的发展。再远处的应力波可视为平面波。应力波穿越岩石节理时会产生波幅衰减。应力波衰减取决于裂隙的数量、宽度以及充填物的波阻抗。

当弹性波入射到结构面时，会发生反射、透射，弹性纵波垂直入射单个节理面的透射系数：

$$|T_1| = \sqrt{\frac{4\left[k_n/(zw)\right]^2}{1 + 4\left[k_n/(zw)\right]^2}} = \sqrt{\frac{4K_n^2}{1 + 4K_n^2}} \qquad (3\text{-}51)$$

式中 $|T_1|$ ——纵波垂直入射单个节理面的透射系数；

$\quad\quad k_n$ ——入射节理面的法向刚度；

$\quad\quad z$ ——岩石密度 ρ 与入射纵波的波速 C_p 的乘积，即 $z = \rho C_p$；

$\quad\quad w$ ——入射纵波的圆频率；

$\quad\quad K_n$ ——为节理的标准强度，$K_n = k_n/(zw)$。

由式（3-51）可知，当 $K_n \to \infty$ 时，透射系数 $|T_1| \to 1$。

通过测试爆区后方测爆连续与层理走向不同夹角方向的一系列测点的振动速度值，发现在不考虑其他因素影响的条件下，顺着岩层走向的爆破振动衰减明显比垂直于岩层走向的衰减小，倾斜于岩层走向的衰减则介于两者之间。多层平行层理的存在不仅使得应力波在幅值上衰减加大，而且在经过层理的透反射之后，应力波能量向着高频段移动。层理对各方向（水平径向、水平切向、垂直向）衰减指数的影响趋势基本一致。

C 地质断层对振动传播规律的影响

地质断层对振动波的衰减作用是工程防护领域较为重要的课题。研究表明，在断层垂直方向存在着明显的分带现象，基本上所有的断层都可以简化成透镜体带、节理带和断层泥带三部分。断层对振动波的衰减是通过这三部分的作用实现的。

运用库伦摩擦边界条件，给出了摩擦滑移条件下爆破振动波通过节理带的透反射关系，定量地分析了节理带对振动波的衰减作用。分析结果表明，对于陡倾角断层（倾角大于 45°），节理带裂纹条数越多，节理带越密集，断层倾角越大，节理带对振动波的衰减作用就越大。

研究表明，断层透镜体带对振动波的衰减作用取决于其破碎程度，透镜体带颗粒越破碎，颗粒之间的挤压摩擦耗能就越大，其对振动波的衰减作用就越强。

断层泥带对振动波的衰减作用主要是通过自身产生不可恢复的塑性变形实现的，其对振动波的衰减作用取决于断层泥带的特征波阻抗，特征波阻抗越大，其对振动波的衰减作用就越强。

D 凹形地貌对振动波的衰减作用

凹形地貌构造可视为广义上的沟槽形式，沟槽对振动波的衰减作用广泛地应用在机器基础的隔振设计中。

运用有限差分方法模拟二维空间振动波与介质间断的相互作用。计算结果表明，在槽的右侧（背对波源的一侧）的地面运动由于槽的存在较槽的左侧明显减弱。

其后的大量研究也表明，沟槽对振动波的衰减作用取决于沟深 H 与波长 λ 之比，沟宽对振动波的衰减也有一定的作用。波长一定时，随着沟深 H 的增加，H/λ 值越大，衰减作用就越强。沟深 H 一定时，λ 越小，振动波的频率越高，H/λ 值越大，衰减作用就越强；反之，λ 越大，振动波的频率越低，H/λ 值越小，衰减作用就越弱。沟槽对振动波的衰减作用表现出一种阻高频通低频的特性。

沟槽对振动波的衰减作用特性可用振动波的绕射理论得到解释。振动波的波长反映了其绕过障碍物的能力。振动波的频率越低，波长越大，就越容易绕过障碍物，其能量损失就越小，沟槽的衰减作用就越小。反之，振动波频率越高，波长越小，就越不容易绕过障碍物，其能量损失就越大，沟槽的衰减作用就越大。

E 凸形地貌对振动波的放大效应

凸形地貌对振动波的放大效应是全面分析爆破振动影响的重要因素。用台阶型裂隙模拟了凸形地貌对振动波的效应，分析结果表明，由于台阶的存在，振动波在台阶处发生强烈的反射，使得正对波源的台阶上部区域振动大大加强。

三峡工程升船机承船厢室控制爆破振动测试中，在升船机和临时船闸之间中隔墩右边缘的点 B 和相应的壁面坡角下点 A 布置测点，其相对位置如图 3-13 所示。表 3-4 列出点 A 和点 B 的监测结果。

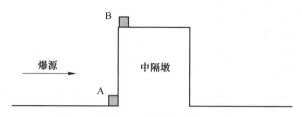

图 3-13 测点 A 和测点 B 位置示意图

表 3-4 点 A 和点 B 测试结果

测试顺序		1	2	3	4	5	6
点 B	振动速度/cm·s⁻¹	6.85	4.05	5.95	2.90	6.51	3.88
	爆源距/m	48.4	60.4	37.7	28.7	29.4	31.7
点 A	振动速度/cm·s⁻¹	4.23	0.82	3.36	0.77	0.73	0.51
	爆源距/m	51.5	62.7	42.1	28.3	26.0	28.1
单段最大药量/kg		72	80	102	37	51	70
放大倍数 $V_a \cdot V_b^{-1}$		1.62	4.92	1.77	3.75	8.89	7.62

监测结果表明,凸形地貌对振动波的放大作用是比较明显的,点 B 和点 A 的爆源距相差不大,但点 B 的振动速度为点 A 的 1.62~8.89 倍,放大效应是比较明显的。

3.5.1.2 地形条件的影响

地形条件对爆破振动响应有明显影响,主要表现在以下几个个方面:

(1)建筑物位于比爆源高的地方时,其对振动的响应较大。

(2)在水平区域内,沿水平方向,如土壤类型发生变化,则只在该土壤范围内对建筑物爆破振动响应有局部影响;若建筑物是跨在两种类型的土壤上,则将加大建筑物的爆破振动响应。

(3)位于山脊上的建筑物的爆破振动响应大。振动波传播经过深沟时,常能降低振动效应,但沟底高于爆破点的浅沟则作用不明显。突出的山包、陡坡甚至斜坡或阶梯处则能增强振动效应。地势比装药高的地方较地势比装药低的地方破坏严重些。振动波传播经过断层一般能降低振动效应。爆区的断裂带愈宽,延伸愈长,深度愈大,距离愈远,对振动波强度的影响也愈大。

3.5.1.3 场地条件的影响

场地条件对爆破振动特性的影响主要分为两个方面。

(1)爆源场地条件的影响。不同爆源场地条件对爆破振动的影响不同,比如露天开挖时场地比较开阔,而硐室开挖时场地相对狭窄、封闭,它们的振动衰减规律存在较大差别。硐室开挖相对露天开挖 a 值要小,振动衰减较明挖要慢。

(2)建筑物基础下面的场地对爆破振动的影响主要有以下几个方面:

1)场地覆盖土层厚度对爆破振动幅值的影响。同等爆破条件下,基础位于覆盖土层上的建筑物比基础位于基岩上的建筑物受到的爆破振动幅值大，而且随着土层厚度增大，建筑物受到的爆破振动幅值也增高。

2）场地覆盖层对爆破振动波持续时间的影响。爆破振动的持续时间通常极为短暂，一般仅用加速度或速度的最大值便可确定地面特征。但是，当爆炸作用时间较长时，加速度或速度并不能全面反映地面振动强度。在这种情况下，时间持续长度也是一个非常重要的参数。事实上，在延时爆破和多点爆破情况下，地面振幅值的持续时间与结构破坏具有密切的联系，一次爆破过程的持时特性分析是解决这类问题的基础。对于脉冲式的振动波而言，当基岩表面有一疏松覆盖层时，瑞利波将以字节特有的速度传播。经过一定的传播时间，各瑞利波有着不同的传播距离；即传播相同的距离，各瑞利波到达的时间不同。这样，随着传播距离的增加，爆破振动波的振动持续时间将增加。大量的爆破振动监测表面，沿地表距离爆源越远，爆破振动波持续时间越长。

3）场地的卓越周期或卓越频率对建筑物爆破振动响应的影响。从震源发出的地震波在土层中传播时，经过不同性质地质界面的多次反射，将出现不同周期的地震波。若某一周期的地震波与地基土层固有周期相近，由于共振的作用，这种地震波的振幅将得到放大，此周期称为场地的卓越周期，对应的频率称为卓越频率。不同场地对爆破振动响应的影响不同，主要原因是不同场地条件在爆破振动波的作用下，其动力特性不同，而场地土层动力特性的一个重要指标是场地卓越周期或卓越频率。场地土层的卓越周期或卓越频率与覆盖层的厚度有良好的相关性，土层的卓越周期随覆盖层厚度的增加而增大，也就是卓越频率随随覆盖层的厚度增加而减小。硬夹层的存在使多层土卓越周期略微减小，而且随着夹层愈靠近基底，减小愈明显；软夹层的存在使多层土卓越周期加大，夹层愈靠近基底，卓越周期增加得愈大。如果建筑物的自振周期与场地的卓越周期相等或接近时，建筑物就容易遭到破坏或破坏更严重。这是由于建筑物发生类共振现象所致。因此，应使建筑物的自振周期避开场地的卓越周期，以避免发生类共振现象，或在进行爆破时以该建筑物作为重点保护对象，调整爆破参数，以避免损坏建筑物。

3.5.2 爆破参数的影响

3.5.2.1 爆心距及传播途径

在爆破振动波传播的不同距离上，振动衰减规律是不同的。在爆源近区，爆破振动波中含有较多的体波成分，萨道夫斯基衰减公式中 k、a 的值均比较大；而在中、远区，振动波以表面波为主，衰减公式中的 k、a 值相对较小。但在工程实践中，习惯的做法是通过对实测爆破振动数据运用回归计算方法求出实际的衰减规律（求 k、a 值），用来指导后续的爆破作业。这在一定程度上会使爆源近区的振动预测值偏大，而爆源远区的预测值偏小。

3.5.2.2 爆源特性与参数

爆源特性对振动波的振动强度和传播规律有显著影响。试验表明，低威力、低爆速炸药可显著降低爆破振动效应。不同爆破参数影响爆破振动强度的大小分布或空间分布。

A 爆破规模

从影响爆破振动的角度，用一次起爆总药量来衡量爆破规模。爆破规模越大，一次起爆总药量就越大，炸药爆炸释放出来的能量就越大，转变为爆破振动波的能量也就越大。即爆破规模与爆破振动强度成正比，这是对爆破振动效应影响较大的因素之一。

不同类型的爆破工程，其爆破规模是不一样的，因此，对爆破振动影响的程度也不一样。一般情况下，硐室爆破、深孔爆破的规模较大；浅孔爆破、地下掘进爆破、拆除爆破的规模较小。

B　爆破类型

对于岩土爆破，根据爆破作用指数，可把爆破分成 6 种类型：裸露爆破、强抛掷爆破、标准抛掷爆破、减弱抛掷爆破、松动爆破和压缩爆破。标准爆破漏斗如图 3-14 所示。

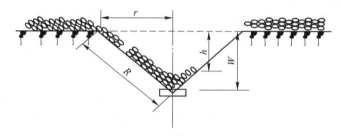

图 3-14　标准爆破漏斗示意图

R—爆破漏斗半径；r—爆破作用半径；W—最小抵抗线；h—漏斗可见深度

爆破作用指数计算公式为：

$$n = \frac{r}{w} \tag{3-52}$$

前述的 6 种爆破类型的爆破作用指数值 n 如下：

(1) 裸露爆破（最小抵抗线视为零）：$n \gg 1$；

(2) 强抛掷爆破：$n > 1$；

(3) 标准抛掷爆破：$n = 1$；

(4) 减弱抛掷爆破：$0.75 < n < 1$；

(5) 松动爆破：$0.33 < n \leqslant 0.75$；

(6) 压缩爆破（最小抵抗线视为无穷大）：$n \ll 0.33$。

对于同样药量的药包，当采用裸露爆破和抛掷爆破时，爆破介质产生可见深部的漏斗，部分介质被抛掷飞散。爆炸能量中较大部分能量形成空气冲击波，导致转化为爆破振动波的能量相对减小，爆破振动强度随之减小。

当采用松动爆破时，爆破介质的临界面产生鼓包，爆破介质并未飞散，形成空气冲击波而释放的能量较少，转化为振动波的能量就较多，导致爆破振动强度增大。

当采用压缩爆破时，爆炸能量中除直接压缩、破碎爆破介质的能量外，其余能量几乎全部转化为振动波的能量，因而产生的爆破振动强度最大。

对于建筑物拆除爆破，炸药是分散安放在建筑物的立柱、梁、墙体中的，炸药爆炸后，大部分能量用于破碎建筑物的结构，部分能量逸散到空气中形成空气冲击波，部分能量通过立柱等结构物传入地下，成为爆破振动波向四周传播，其产生的振动强度比同样药量条件下装药安放在地下爆破时产生的振动强度要低得多。

C 爆破参数

a 炮孔孔径和孔深的影响

不同的炮孔孔径和孔深决定了不同的爆破规模，同时产生不同的爆破振动效应。一般而言，在露天深孔爆破中，过大的孔径、过大的超深必然增大单孔装药量，这必然会提高爆破振动强度。

b 装药长度与填塞长度的影响

在相同尺寸的炮孔中，装药长度越长，单孔装药量就越大，产生的爆破振动强度就越大。

在单孔装药量、装药埋深固定的情况下，填塞长度越长，越不利于岩土飞散，越接近于压缩爆破的类型，因而会增强爆破振动强度。

c 单位耗药量的影响

单位耗药量简称单耗，是一个经验参数，代表破碎单位尺寸的介质所需要使用的装药量，通常用 q 表示。不同的爆破方式可以有不同的定义，如破碎细而长的梁柱等构件时可使用单位长度耗药量（kg/m）、破碎宽厚的建筑基础及岩土爆破时可使用单位体积耗药量（kg/m^3）。一般情况下，均可使用单位体积耗药量。

在爆破作用指数 $n \leqslant 1$ 的情况下，单位耗药量越大，爆破一定体积所用的装药量越大，所产生的爆破振动强度就越大。如果继续加大单位耗药量而使爆破作用指数 $n > 1$，形成了强抛掷作用，这时的单位耗药量越大，反而起到减弱爆破振动强度的作用。

D 装药结构

装药结构是调节炸药能量分布和控制爆破效果的一个重要因素。不同的爆破技术要求有不同的装药结构，各种新装药结构的不断出现又进一步促进了爆破技术的发展。另外，新炸药品种的问世，促使各种装药结构不断更新。随着爆破理论的不断充实和完善及爆破技术的日益进步，各种各样新的装药结构将不断产生。

a 药孔爆破装药结构分类

装药结构是指炸药装入炮孔内的集中程度、炸药与孔壁的耦合情况以及药包相对炮孔位置的几何分布，即装药在炮孔内的安置方式称为装药结构。装药结构一般可分为两大类：一类是根据耦合情况分为耦合装药和不耦合装药；另一类是按装药集中程度分为连续装药和间隔装药。

b 分段间隔装药结构对爆破作用的影响

传统的柱状药包爆破多是采用连续装药结构，即先装药后填塞。自从 1940 年苏联 H. R. 缅里尼柯夫教授提出采用空气间隔装药结构以来，国内外在露天、地下爆破中都有采用。

关于分段间隔装药结构的爆破效果，国内外一致的看法是：由于空气间隔的气垫作用使初始爆破压力降低，减少了对药室邻近区域岩石的粉碎作用，增加了爆压作用时间，使爆破冲量比密集装药的冲量增大。爆破实践证明，采用空气间隔装药后，岩石破碎的平均块度减小，大块率降低。

多年来，在爆破实践中，人们一直试图采用柱状连续装药或尽量增大装药系数的方法来提高爆破效果。事实证明，增大或过分减小装药系数都不能达到合理破碎或使大块减少的效果，反而当空气间隔为一合理值或在理想装药系数值时可得到最佳的破碎效果。因此，空气间隔装药结构不仅开辟了提高爆破能量有效利用率的新途径，而且产生了一种新的爆破机理。

c　空气间隔装药爆破作用原理

在药包之间设置空气间隔，在爆炸初始瞬间，爆轰气流首先向该空气间隔流动，并使其在极短的时间内积蓄很大的能量。此时，空气间隔可以视为一个"再生药包"，由于存在间隔，爆炸冲击波初始压力降低，作用于岩石的时间增长；在爆炸初期，爆轰气流向空气间隔充填时，药包与岩石的接触带已经受到压力波的作用，介质颗粒开始位移，当空气间隔被爆炸气体填满并开始向岩石介质运动时，由于药包与"再生药包"的速度场不同以及起爆药包的延时作用，使爆炸应力波在岩石介质中的干扰作用得到加强；又因为空气间隔提高了装药高度，扩大了爆炸应力波的分布范围，使台阶上部的岩体获得了较大的破碎能量，特别是可以使上部药包距孔口的距离与该药包至坡面的垂直距离基本相同。这样，可以认为，上部药包具有两个爆破自由面。因此，当空气间隙存在时，爆炸能量可得到有效利用，能够提高爆破质量。

d　分段间隔装药结构的运用

根据以上分析，分段间隔装药结构具有三个作用：一是降低了作用在炮孔孔壁上的冲击波压力峰值；二是增加了应力波作用时间；三是增大了应力波传给介质的冲量。试验证明，在介质和炸药一定的条件下，采用分段间隔装药结构可以增加用于破碎或抛掷介质的爆炸能量，提高炸药能量的有效利用率，降低炸药消耗量。

e　底部空气垫层装药结构对爆破作用的影响

底部空气垫层装药结构，在于空气柱（层）不是位于两个分段药柱的间隔处，而是在药柱下端与孔底之间。这样，在药柱下端存在一空气垫层，而在其上面则是一个连续药柱。这种装药结构的优点：（1）可以发挥空气层调节爆炸气体压力的作用，延长爆炸气体作用时间；（2）有利于实现机械化装药，简化装药工艺；（3）使药柱重心上移，改善炸药能量分布状态，达到均匀破碎岩石的效果。

底部空气垫层装药结构爆破作用原理是：当药柱起爆后，爆轰波传播到与空气垫层相邻的药柱表面时，高压爆轰气体将强烈压缩其前方相邻的空气，在空气垫层中形成一个向孔底传播的冲击波。根据冲击波理论，当波阵面压力为 p_b 的冲击波到达孔底坚硬岩石表面时，则产生反射冲击波，设其波阵面压力为 p_c，那么，p_c 与 p_b 之间有以下关系：

$$\frac{p_c}{p_b} = \frac{3K-1}{K-1} \quad 或 \quad p_c = \frac{3K-1}{K-1}p_b \tag{3-53}$$

式中，K 为绝热指数，对于空气一般可取为 $1.2 \sim 1.4$；$p_c = (8-13)p_b$。

式（3-53）表面，空气垫层中传播的冲击波在到达岩石表面（孔底）并形成反射冲击波时，波阵面压力显著增强。这一压力对孔底岩石将产生强烈的压缩作用，并使岩石破碎。

当药柱爆炸后，在填塞材料开始移动之前，爆炸气体已充满空气垫层的空间。这相当于加大药柱长度，相应地爆炸气体初始压力将降低，起到调节爆炸气体压力的作用。随着填塞材料向孔口移动，炮孔中爆炸气体压力下降较慢，保持孔内均衡压力，延长其作用时间，有利于增强破碎效果，减弱抛掷作用，从而有效地提高炸药能量利用率。

应该根据现场技术条件来确定合理的空气垫层高度。如某矿山台阶高 12m，超深平均

2.0~3.0m，炮孔直径 250mm，炸药单耗 0.2~0.25kg/m³，底部空气垫层高度为 1.4~1.5m。在试验矿岩总量 200 万吨、爆破深孔共 1130 个的条件，均未出现"根底"现象，爆堆宽度平均缩小 43.2%，后冲距离减小，大块率下降 43%，单位炸药消耗量下降 21%，取得了良好的经济效益。

f 不耦合装药结构对爆破作用效果的影响

所谓不耦合装药结构，是指装药直径 d_c 小于炮孔直径 d_b 的一种装药方式。d_b 与 d_c 的比值称为装药的不耦合系数（$\eta = d_b/d_c \geq 1$）。

不耦合装药结构与分段间隔装药结构一样，同样能起到后者所具有的三个作用，只是在保护孔壁方面，前者比后者更好一些。

E 毫秒延时间隔时间

毫秒延时爆破与同排各孔齐爆相比，可明显降低爆破振动效应。毫秒延时爆破显著地减少了单响药量，使原来同排齐爆药量在时间上得以分散。例如有 5 排炮孔，每排有 10 个孔，按过去的办法只能分 5 段起爆，每段一排 10 个药孔；而改用毫秒延时爆破后，可做到单孔起爆，于是将全部炮孔分为 50 段起爆，从而使爆破振动效应明显降低。

有种理论认为，相邻两段爆破引起的振动，若时间间隔等于爆破振动周期 T 的一半或 $T/2$ 的奇数倍，即两次爆破引起的振动相位差为 180° 或 180° 的奇数倍，这时两次爆破振动波的波峰与波谷相互抵消，使振动明显降低（见图 3-15）。按此理论，毫秒延时爆破引起的振动比单段药量爆破引起的振动还要小。

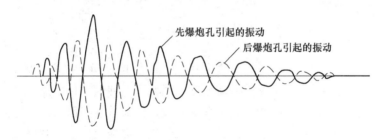

图 3-15 两段爆破振动相互抵消示意图

事实上，上述理论是难以成立的。首先，爆破振动是随机的瞬态振动，是多种频率振动的组合，不可能两次相邻的爆破振动恰好在任何时刻相位都差 180°。其次，岩石中毫秒延时爆破在距离大约 100m 处，其振动主频率一般在 50~100Hz 范围，即振动周期 $T=$ 20~10ms。这时，$T/2=10~5ms$，要让毫秒延期雷管的延时间隔恰好是 $(2n-1)T/2$（其中 $n=1，2，3，\cdots$），这对毫秒雷管来说，其延时精度是不可能做到的，何况周期 T 还不是一个确定的数。现在使用电子雷管为此理论的实现提供了可能。

毫秒延时间隔时间对爆破效果的影响主要有以下 3 个方面。

a 应力叠加作用

高速摄影资料表明，在硬岩露天深孔爆破中，当底盘抵抗线小于 10m 时，从起爆到台阶坡面出现裂缝，历时 10~25ms；台阶顶部鼓起，历时 80~150ms；此后，爆生高压气体逸出，鼓包破裂岩块抛出。

在深孔毫秒延时起爆中，后爆药包较先爆药包延迟十至数十毫秒起爆。这样，后爆药包是在相邻先爆药包的应力和振动作用下处于预应力状态中起爆的，从而强化了后爆药包对周围岩石的爆破作用。如果间隔时间再长些，就会出现新的临空面，即使间隔时间在100ms以上，先爆药包在岩体中所产生的应力与振动仍不能完全解除，这些药包的联合作用就会使岩石块度减小，破碎质量得到改善。在挤压爆破中，前后排爆破又能进一步使岩石挤压碰撞破碎，其优越性更大。

b 增加自由面

在分排依次起爆中，每个炮孔的自由面只有一个，而在孔间毫秒延时爆破中，后续起爆的药包就增加了自由面。当前段炮孔爆破后，除在岩石中产生径向和环向裂隙外，还使自由面一侧爆破漏斗内的岩石从原岩体上分离，使后续起爆的炮孔除原有自由面外，又增加了新的自由面，最小抵抗线的方向也会发生改变。于是，后爆炮孔产生的应力波在自由面处的反射作用增强，岩体的夹制作用减小，从而使爆破效果得到增强。

c 提高能量利用率

对于不同目的的爆破，其能量利用率有不同的概念。对于抛掷堆积爆破，漏斗内岩块获得的动能就是"有效能量"；对于一般矿岩开挖爆破，用于矿岩破碎的能量才是"有效能量"。如果矿岩获得较大动能，使爆堆体抛掷分散，反而会带来不利影响。从前述几种作用看，毫秒延时爆破能增加用于破碎岩石的有效能量，使岩块运动动能减小。由于爆破破碎质量的改善从而降低爆破振动强度。从能量守恒角度来看，也是有道理的。

3.5.3 爆破器材的影响

3.5.3.1 雷管延时精度

前面讨论了毫秒延时爆破通过应力叠加作用、增加自由面、提高破碎岩石有效能量，既增强了爆破破碎效果又降低了爆破振动强度。因此，要使这些作用能够真正发生，就必须保证毫秒雷管的延时有相应的精度，符合爆破设计的需求。然而目前广泛使用的导爆管雷管由于精度较低、误差较大，按照雷管本身延时进行爆破设计，控制爆破振动强度往往达不到理想效果，因此在爆破施工过程中对孔网参数进行优化的同时，应选取延时精度高、起爆可靠的数码电子雷管对爆破振动效应进行有效控制。最近几年的研究和工程实践证明，使用高精度的数码电子雷管确实可以大幅度降低爆破振动强度。

3.5.3.2 炸药性能的影响

在炸药的各种性能（包括物理性能、化学性能和爆炸性能）中，直接影响爆破作用及其效果的主要是炸药密度、爆热和爆速，这是源于它们决定了介质内激起爆炸应力波的峰值压力、应力波作用时间、热压力、传给岩石的比冲量和比能。

无论是破碎还是抛掷介质，都是靠炸药爆炸释放出的能量来做功的。增大炸药的爆热和密度，可以提高单位体积炸药的能量密度，同时也提高了爆速，猛度也相应提高。对工业炸药来说，爆热低又将导致能量密度减小，相应地增加了钻孔的工作量及其成本。工业炸药的密度也有其极限值，超过该值后，炸药不能稳定爆轰。因此，改善爆破效果的有效途径，是提高炸药能量的有效利用率。

爆速是炸药本身影响其能量有效利用率的一个重要性能。由于不同爆速的炸药在介质内激起的应力波参数不同，因而对介质爆破作用及其效果有着明显的影响。

若炸药密度和爆热相同，提高爆速可以增大应力波的峰值，但相应地减小了它们的作用时间。爆破岩土介质时，岩土介质内裂隙的发展不仅取决于应力波的峰值，而且与应力波的波形和应力作用时间有关。

从能量观点来看，为提高炸药能量的传递效率，炸药的阻抗应尽可能与岩土介质的阻抗相匹配（相等）。因此，岩土介质波阻抗愈高，炸药密度和爆速应愈大。

若无合适性能的炸药可供选择时，可改变装药结构（如不耦合装药等）来控制应力波参数。

参 考 文 献

[1] 汪旭光. 爆破手册 [M]. 北京：冶金工业出版社，2010.

[2] 汪旭光. 爆破器材品种的更新与爆破技术的发展 [C] //全国工程爆破学术会议. 1989.

[3] 汪旭光，熊代余. 第六届国际岩石爆破破碎（Fragblast 6）学术会议综述 [C] //中国水利电力工程爆破学术会议. 中国水利学会，1999.

[4] 汪旭光，于亚伦. 岩石爆破理论研究的若干进展 [C] //第七届全国工程爆破学术会议论文集. 2001.

[5] 张雪亮，黄树棠. 爆破地震效应 [M]. 北京：地震出版社，1981.

[6] 杨年华. 爆破振动理论与测控技术 [M]. 北京：中国铁道出版社，2014.

[7] 林秀英，张志呈. 爆破振动波的相干函数的数学模型 [J]. 世界采矿快报，1999，15（5）：34-37.

[8] 尼格姆. 随机振动概念 [M]. 上海：上海交通大学出版社，1985.

[9] 胡兆同. 结构振动与稳定 [M]. 北京：人民交通出版社，2008.

[10] 李德葆，陆秋海. 工程振动试验分析 [M]. 北京：清华大学出版社，2004.

[11] 盛美萍，杨宏晖. 振动信号处理 [M]. 北京：电子工业出版社，2017.

[12] 徐平，郝旺身. 振动信号处理与数据分析 [M]. 北京：科学出版社，2016.

[13] 李洪涛，卢文波，舒大强. 不同类型钻孔爆破的地震反应谱特征研究 [C] //全国爆炸与安全技术学术会议. 中国兵工学会，2006.

[14] 郭彦省. 连续弹性介质质元振动分析 [J]. 北京工业职业技术学院学报，2018（4）：50-53.

[15] 金旭浩. 爆破地震波的产生及衰减机制 [D]. 武汉大学，2018.

[16] 杨桂桐. 岩体中爆破振动波的传播特征 [C] //第三届全国岩石动力学学术会议论文选集. 1992.

[17] 苏金娣. 爆破振动波传播特性与盲源分离技术研究 [D]. 山东科技大学，2018.

[18] 孟小晖，庞林祥. 爆破振动波传播特性及其影响因素分析研究 [J]. 中国科技信息，2012（22）：42.

[19] 黄杰安，林杭. 岩土介质爆破地震波的传播特性分析 [J]. 中国科技信息，2008（24）：39.

[20] 武旭. 台阶地形爆破地震波传播规律研究 [D]. 华北理工大学，2015.

[21] 郭学彬，肖正学，张继春，等. 论爆破地震波在传播过程中的衰减特性 [J]. 中国矿业，2006，15（3）：51-53，57.

[22] 李洪涛，卢文波，舒大强，等. 爆破地震波的能量衰减规律研究 [C] //第十一次全国岩石力学与工程学术大会. 2010.

[23] 高富强，张光雄，杨军. 露天煤矿爆破地震波衰减规律的频谱特性 [J]. 煤矿安全，2017，48（2）：76-78.

[24] 李孝林，王少雄，高怀树. 爆破振动频率影响因素分析 [J]. 辽宁工程技术大学学报，2006（2）：204-206.

[25] 吴建. 考虑爆源因素的爆破振动特性及数值模拟研究 [D]. 华侨大学, 2016.

[26] 陈明, 卢文波, 李鹏, 等. 岩质边坡爆破振动速度的高程放大效应研究 [J]. 岩石力学与工程学报, 2011, 30 (11): 2189-2195.

[27] 陈士海, 燕永峰, 戚桂峰, 等. 微差爆破降震效果影响因素分析 [C] //第十二届全国岩石动力学学术会议暨国际岩石动力学专题研讨会. 2011.

[28] 罗晓碧, 赵明生, 池恩安, 等. 爆破振动特性对滞回耗能谱的影响研究 [J]. 爆破, 2012 (4): 32-35, 41.

[29] 李海波, 李廷芥. 地质地貌构造对爆破振动波的影响分析 [C] //中国土木工程学会防护工程学会学术年会. 中国土木工程学会, 1998.

[30] 马建兴. 爆破振动的研究 [C] //第六届中国矿业科技大会. 中国冶金矿山企业协会技术委员会, 2015.

[31] 马建兴, 马强. 爆破振动技术的研究 [C] //2012 中国矿业科技大会. 中国金属学会, 中国有色金属学会, 中国冶金矿山企业协会, 2012.

[32] 高魁, 刘泽功, 刘健, 等. 爆破应力波在构造带煤岩的传播规律及破坏特征 [J]. 煤炭学报, 2018, 43 (S1): 79-86.

[33] 唐海. 地形地貌对爆破振动波影响的实验和理论研究 [D]. 中国科学院研究生院 (武汉岩土力学研究所), 2007.

[34] 唐海, 李海波, 蒋鹏灿, 等. 地形地貌对爆破振动波传播的影响实验研究 [J]. 岩石力学与工程学报, 2007, 26 (9): 1817-1823.

[35] 陈庆凯, 孙运峰, 李桂臣, 等. 何家采区爆破振动波传播规律的研究 [J]. 金属矿山, 2014, 32 (10): 18-21.

[36] 段军彪. 基于损伤累积的爆破振动波能量传播与衰减规律研究 [D]. 河南理工大学, 2018.

[37] 郑炳旭, 魏晓林. 爆破振动频率预测研究 [C] //中国工程爆破协会四届二次常务理事会暨中国力学学会工程爆破专业委员会学术会议. 2007.

[38] Huang Dan, Cui Shuo, Li Xiaoqing. Wavelet packet analysis of blasting vibration signal of mountain tunnel [J]. Soil Dynamics and Earthquake Engineering, 2019, 117: 72-80.

[39] Zhou Junru, Lu Wenbo, Yan Peng, et al.. Frequency-dependent attenuation of blasting vibration waves [J]. Rock Mechanics and Rock Engineering, 2016, 49 (10): 1-12.

[40] Chen Shihai, Hu Shuaiwei, Zhang Zihua, et al.. Propagation characteristics of vibration waves induced in surrounding rock by tunneling blasting [J]. Journal of Mountain Science, 2017, 14 (12): 2620-2630.

[41] Wang Tungcheng, Lee Chinyu. Analysis of blasting vibration wave propagation based on finite element numerical calculation and experimental investigations [J]. Journal of Vibroengineering, 2017, 19 (4) 2703-2712.

[42] Shock Research; Recent Findings from S. J. Li and Co-Authors Provide New Insights into Shock Research (Experimental Investigation of the Propagation and Attenuation Rule of Blasting Vibration Wave Parameters Based on the Damage Accumulation Effect) [J]. Journal of Technology & amp; Science, 2019.

4 爆破振动传播规律

4.1 岩土爆破方法与技术

在工程爆破中岩土爆破是发展最为成熟的，其方法与技术是其他各类爆破技术的基础并产生了深刻的影响。

爆破方法的分类通常按药包形状和装药方式与装药空间形式的不同分为两大类。

4.1.1 岩土爆破方法

4.1.1.1 按药包形状分类

岩土爆破方法按药包形状分类，即按炸药包的爆炸作用及其特性进行分类可分为 4 种。

(1) 集中药包法。从理论上讲，药包的形状应是球形体，起爆点从球体的中心开始，爆轰波按辐射状以球面形式向外扩张，即爆炸作用以均匀地分布状态作用到周围的介质上。然而在工程实际中几乎不可能将药包加工成这种形状，因此习惯上是把药包做成正方体或长方体形状，长方体的最长边不超过最短边的 8 倍。通常把集中药包的爆破叫作药室法和药壶法。

(2) 延长药包法。此法也称柱状药包法，即把炸药包做成长条形，可以是圆柱状也可以是方柱状，应根据施工条件来决定。从爆炸作用来看，延长药包的爆轰波是柱状形式，即以柱面波向四周传播并作用到周围介质上。习惯上把药包长度大于最短边或直径 8 倍的药包叫作延长药包。但是实践表明，真正起延长药包爆破作用的药包，其长度要大于 17~18 倍药包直径。在实际应用中，深孔法、炮眼法和药室法爆破中的条形药包爆破法都属于延长药包法。

(3) 平面药包法。这种药包的爆破不同于前述两种方法，它不需钻孔也不需掏挖硐室，而是直接将炸药敷设在介质表面，因此爆炸作用只是介质接触药包的表面上，大多数能量都散失到空气中去了，所产生的爆轰波应看作是平面波。例如：在加工机械零部件时采用圆饼状药包，爆破时包覆在介质表面，对其进行爆炸加工。但是，在硐室爆破中的平面药包法，则与此不同，它是以等效作用的集中或条形药包按一定间距布成一个装药平面。爆破时所产生的爆轰波也近似于平面波。

(4) 形状药包法。这是将炸药做成特定形状的药包，用以达到某种特定的爆破作用。应用最广的是聚能爆破法，把药包外壳的一端加工成圆锥形或抛物线形的凹穴，使爆轰波按圆锥或抛物线凹穴的表面聚集在它的焦点或轴线上，形成高能射流，击穿与它接触的介质某一特定部位。这种药包在军事上用作穿甲弹以穿透坦克的甲板或其他军事目标。在工程上用来切割金属板材、大块的二次破碎以及在冻土中穿孔等。

4.1.1.2　按装药方式与装药空间形状的不同分类

按装药方式与装药空间形状的不同，岩土爆破方法又可分为 4 种爆破方法。

(1) 药室法。这是大量土石方挖掘工程中常用的爆破方法。它的优点是，需要的施工机具比较简单，不受地理和气候条件的限制，工程数量越大越能显示出高工效。一般来说，药室法爆破根据在岩体内开挖药室体积的大小，还可分为大型药室法、小型药室法和条形药室法 3 种，每个药室装入的炸药的容量，小到几百公斤，大到几百吨，条形药室的容量可大到几千吨，我国曾进行过多次千吨和万吨级的大爆破。

(2) 药壶法。这是在普通炮孔的底部，装入小量炸药进行不堵塞的爆破，使孔底逐步扩大成圆壶形，以求达到装入较多药量的爆破方法。药壶法属于集中药包类，适用于中等硬度的岩石爆破，能在工程数量不大、钻孔机具不足的施工条件下，以较少的炮孔爆破，获得较多的土石方量。随着现代机械化施工水平的提高，药壶爆破的运用面有所缩小，但仍为某些特殊条件的工程所采用。

(3) 炮孔法。通常根据钻孔孔径和深度的不同，把孔深大于 5m、孔径大于 75mm 的炮孔叫作深孔爆破，反之称为浅孔爆破或炮眼法爆破。从装药结构看，这是属于延长药包一类，是工程爆破中应用最广、数量最大的一种爆破方法。

(4) 裸露药包法。这是一种最简单、最方便的爆破施工方法。进行裸露药包法爆破作业不需钻孔，直接将炸药敷设在被爆破物体表面并加简单覆盖即可。这样的爆破方法对于清除危险物、交通障碍物以及破碎大块石的二次爆破是简便而有效的。

4.1.2　台阶爆破技术

4.1.2.1　台阶爆破的定义及分类

A　台阶爆破的定义

台阶爆破 (bench blasting) 是工作面自上而下或自下而上，以台阶形式推进的爆破方法。即无论是露天采场爆破、地下采场爆破还是其他岩土爆破，被开采的矿岩都要划分为一定高度的分层逐层开采，在开采过程中上下分层之间保持一定的超前关系，构成了阶梯状，每个阶梯就是一个台阶或梯段，在台阶或梯段上进行的爆破作业就称为台阶爆破，或称梯段爆破。但是在井下采矿或大断面隧道掘进爆破中，由于受作业空间的限制，上下分层之间难以总是保持一定的超前关系，这时台阶爆破就演变为分层爆破、分段爆破或阶段爆破。水下台阶爆破也有类似情况。即便如此，他们在爆破工艺和爆破参数的选取上仍然有着许多共同之处。

台阶爆破广泛地用于矿山、铁路、公路和水利水电等工程，并且几乎涵盖了露天爆破、地下爆破和水下爆破的所有领域，是这些领域的主要爆破方式。

B　台阶爆破的分类

a　按台阶高度分类

台阶是采场，特别是露天采场的主要构成要素，其高度的确定与矿岩性质、开采强度、钻机和装岩设备性能、矿体品位分布、生产管理水平等密切相关，是影响采矿效率和经济成本的重要因素。因此，用台阶高度作为划分台阶爆破类别的标准具有广泛的实用性。

（1）低台阶爆破：台阶高度 2~5m，一般使用直径小于 50mm 的钻机凿岩，孔深不大于 5m，亦称浅孔台阶爆破。

（2）中台阶爆破：台阶高度 6~16m，一般使用直径小于 180mm 的浅孔钻机或直径 250mm 和 310mm 的牙轮钻机凿岩。通常，将孔径大于 75mm、孔深大于 5m 的台阶爆破称为深孔台阶爆破。

（3）高台阶爆破：台阶高度 16m 以上。采用高台阶爆破的起始高度确定根据是：目前大型露天矿开采的铲装作业多采用机械电铲，其最大挖掘高度不大于 15m。而露天矿的台阶爆破要求：

爆堆高度：
$$H_m = (1.2 \sim 1.3)h_m \qquad (4-1)$$

台阶高度：
$$H = (1.05 \sim 1.15)h_m \qquad (4-2)$$

式中　h_m——挖掘机的最大挖掘高度，m。

因此
$$H_m = (1.2 \sim 1.3) \times 15 = 18 \sim 20m \qquad (4-3)$$
$$H = (1.05 \sim 1.15) \times 15 = 16 \sim 18m$$

显然，当台阶高度 H 大于 18m 时，现有的采掘设备难以适应。我国神华集团准格尔能源有限公司黑岱沟露天煤矿台阶高度为 40~55m，采用吊斗铲倒堆剥离抛掷爆破技术为高台阶爆破在我国推广应用提供了成功的范例。

b　按爆破作业地点、开采方式分类

按爆破作业地点分为露天台阶爆破、地下台阶爆破和水下台阶爆破。在其中每一类爆破中，在根据开采方式的不同进行细分。

（1）露天台阶爆破：作业地点在地表以上，包括：金属矿山露天台阶爆破、煤矿露天台阶爆破、高台阶爆破、特殊条件下的露天台阶爆破（高温爆破、动土爆破）、水利水电工程面板堆石料深孔台阶爆破、铁路公路台阶爆破等。

（2）地下台阶爆破：作业地点在地表以下，包括金属矿山地下台阶爆破、煤矿井下台阶爆破、隧道掘进台阶爆破等。

（3）水下台阶爆破：作业地点在水中、水底或水下固体介质内进行的爆破作业，统称为水下爆破。

水下爆破按照工程目的、药室形状和位置的不同，主要有如下几种类型：水下裸露爆破、水下钻孔爆破、水下硐室爆破、水下软基处理爆破、水下岩塞爆破等（图 4-1）。由于水下钻孔施工比较困难，一般采用一次性的整体爆破，但是，当岩层厚度较大，方量集中，且开挖深度超过 10m 时，也可采用中深孔台阶爆破或分层爆破。

4.1.2.2　现代化露天台阶爆破技术

目前，国内外一些大型矿山采用大孔径钻机，实现大区、多排延时深孔爆破，对孔网参数、装药结构、填塞方法、起爆顺序、延时间隔时间都进行了比较深入地研究，爆破技术的改进大大提高了矿山生产的综合生产效率。另外，随着钻孔机具设备的更新、工业炸药和雷管质量的不断提高，新品种炸药和高精度、多段位毫秒电雷管、非电雷管及数码电子雷管的使用，深孔（台阶）爆破技术的应用得到了进一步的发展。

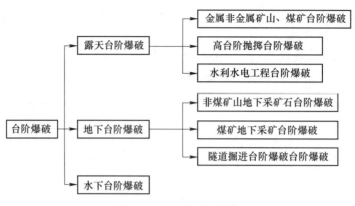

图 4-1 台阶爆破的分类

A 高台阶抛掷爆破技术

抛掷爆破是指按工程要求将岩石脱落原地、抛掷到比常规爆破块石位移量大得多的一种爆破技术。具体到露天矿的抛掷爆破是指利用爆破将剥离物直接排到排土堆上而不再需要往返搬运的爆破技术，高台阶抛掷爆破与大型机械铲和吊斗铲相结合，组成无运输倒堆工艺系统。

20 世纪 60—70 年代苏联采矿科学家 MF 诺沃日洛夫提出了露天煤矿的高台阶开采，60—70 年代初期，工程师们将深孔抛掷爆破剥离技术在美国的 McCoy Coal 矿进行尝试，该矿覆盖物厚度为 18.3~24.3m（60~80 英尺），抛掷爆破能把 40% 的覆盖物抛到采空区。此后的十年里，苏联、澳大利亚等国也在露天矿采矿时应用的抛掷爆破技术，但并未广泛推广此项技术。到了 80 年代，美国、澳大利亚等国露天煤矿的剥采比增加、剥离费用升高，导致露天煤矿的经济效益下滑。为了降低露天煤矿的开采成本，澳大利亚、美国、加拿大等国的采矿研究人员将抛掷爆破剥离技术应用到了露天采矿行业，利用廉价的炸药进行抛掷爆破剥离，能够将 30%~65% 的覆盖岩体直接抛掷到采空区，而不用再进行二次处理。不但降低了生产成本，而且提高了露天煤矿的产量，取得了良好的效益。此后的二十多年里，世界各国的采矿科技工作者围绕露天煤矿抛掷爆破剥离技术进行了许多有益的探索和研究，逐步形成了多种有效、实用的开采工艺，目前美国、加拿大、澳大利亚、印度、中国等许多国家的露天矿都已采用了抛掷爆破剥离技术，并取得了良好的效果。

神华集团准能公司黑岱沟露天煤矿由于其上覆岩层厚度大，岩体的裂隙、层理发育情况较好，并且煤层倾角较小接近水平，具备实施高台阶抛掷爆破的自然条件。所以黑岱沟露天煤矿在改建、扩建过程中，大胆引用高台阶抛掷爆破技术，并结合当地的实际条件成功应用了高台阶抛掷爆破——吊斗铲联合剥离煤层上覆岩层技术，取得了良好的经济效益。高台阶抛掷爆破先进技术在黑岱沟露天煤矿的成功应用为我国露天煤矿提高经济效益提供了新的技术途径和经验。

B 智能台阶爆破

智能爆破是采用 5G、人工智能、大数据、云计算等新一代信息技术，将爆破的设计、施工、管理、服务等各环节生产活动相联结与融合，建立具有信息深度自感知、智慧优化自决策、精准控制自执行等功能特性的综合集成爆破技术，解决人类专家才能处理的爆破问题，达到安全、环保、优质、高效的工程目的。

随着爆破器材新品种新技术的应用以及起爆控制精度的不断提高，国外工业发达国家露天深孔台阶爆破技术的应用越来越广泛。在设计、钻孔、装药及装载等工序广泛运用计算机监控系统，利用钻孔采集的地质资料，调整露天台阶爆破设计参数和装药结构，预测爆破块度和爆破危害效应的影响，从而使得深孔台阶爆破日益完善，爆破规模呈现越来越大的趋势。同时，随着钻孔、装载等机械的高度发展和现代化，国外技术较发达国家其钻孔、装药、填塞各工序不仅机械化程度高，而且配套完善，比较全面地推广了预装药爆破技术。目前，建立全自动露天矿开采所需的基本技术条件已经具备，国内外正大力开发智能监督管理系统，以求实现露天开采的完全自动化。我国现有大中型露天矿的深孔台阶爆破的钻孔、装药、填塞工序的机械化水平较高，但仍需要配套推广，提高自动化程度。要学习推广国外大型矿山爆破生产的先进技术设备，加强矿山机械设备运行的数据采集、计算机处理、优化爆破方案设计，改进爆破效果。同时我们要加强爆破作业机械的技术更新改造，研究并发展国产机械设备。可以预料，随着国产机具占有率的提高，我国爆破行业的技术进步一定会大大加速，安全技术管理水平也会进一步提高。

C 黑岱沟露天煤矿台阶松动爆破案例

a 矿山地质

黑岱沟露天煤矿年产原煤 $2 \times 10^7 t$，年剥离量 $1 \times 10^8 m^3$。煤层上部覆盖岩层主要有：细砂岩、中砂岩、粗砂岩、砂页岩、泥页岩以及少量高岭土，岩石分类如表 4-1 所示。

上述沉积岩基本呈缓倾斜分布。岩体构造比较复杂，在矿坑下位于中东部（1185m 距东端帮 600m 处）有一条因断层形成的几十米宽的断裂碎石带，部分岩石台阶部位岩体的裂隙较为发育。

表 4-1 黑岱沟露天煤矿岩石种类

岩性描述	坚固性系数 f	造成不良后果
灰白（黄）色，致密、坚硬	4~7	位于台阶上部，产生大块；位于台阶下部，出现根底
灰白（褐）色，泥质胶结	4~6	位于台阶上部，有时产生大块；位于台阶下部，有时出现根底
灰白（黑），泥质胶结	4~5	基本不出大块和根底
褐色、致密、块状	3~4	基本不出大块和根底
灰褐色、致密、块状	2~4	基本不出大块和根底
灰褐（白）色、松散状	1.5~2	不爆破，采掘设备能挖动

由表 4-1 看出，剥离岩石属于从较坚硬到软岩范围，岩石坚固性系数 f 为 1~8，其中 f=3~5 居多数。

b 开采方式

开采方式为煤层上部平均厚度 40m 的覆盖岩层，采用高台阶抛掷爆破配合拉斗铲倒堆工艺的方式进行剥离，抛掷爆破台阶上部还有 20~30m 的岩层采用 15m 高度的水平台阶松动爆破由单斗电铲-卡车间断工艺进行剥离。开采的 6 号煤层平均厚度 28m，采用一次松动爆破，分 6 中上和 6 中下两个台阶分层用单斗电铲-卡车间断工艺采煤。爆区示意图如图 4-2 所示。

　　c　爆破参数设计

（1）孔径 D。黑岱沟露天煤矿用于松动爆破台阶穿孔的钻机为钻孔直径 D 为 250mm 的 DH-H 型牙轮钻机。

（2）孔距 a 和排距 b。根据计算和炮区岩石结构及其性质，孔距 $a=9\text{m}$，排距 $b=8\text{m}$，采用梅花形布孔方式。

（3）孔深 L 与超深 h。黑岱沟露天煤矿为水平开采，分台阶推进，设计正常台阶高度为 15m，但由于受采掘等工程质量的影响，台阶高度经常出现一些误差。根据"黑岱沟露天煤矿工程位置平面图"的等高线与台阶划分的要求计算出台阶高度为 13m。国内矿山的超深值一般为 0.5~3.6m，根据炮区的岩石性质，确定炮孔的超深值 $h=3\text{m}$。钻机的钻孔方式为：垂直钻孔。其孔深 $L=16\text{m}$。

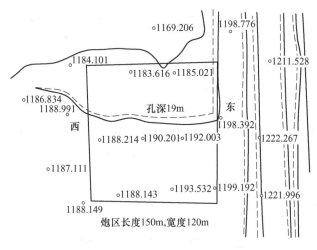

图 4-2　爆区示意图

（4）底盘抵抗线 W。根据计算和炮区岩石结构及其性质，底盘抵抗线 W 取值为 8m。

（5）填塞长度 l。根据计算和炮区岩石结构及其性质，炮孔填塞长度 l 取值为 6m。

（6）炸药单耗 q。根据炮区泥页岩的岩石坚固性系数为 2~3 和砂页岩的岩石坚固性系数为 3~5 以及以往的爆破经验，岩石的炸药单耗 q 取值为 0.4kg/m³。

（7）单孔装药量计算。选用铵油炸药，根据以往的爆破经验，单孔装药量取值为 375kg。总装药量

$$Q = 375 \times 285 = 106875\text{kg} = 106.9\text{t}$$

（8）装药结构采用连续柱状装药。

　　d　起爆网路

起爆方式为普通导爆管对角线顺序起爆，主控排和雁形列孔与孔之间均为 50ms 的延时雷管，孔内为普通塑料导爆管，共有炮孔 285 个，爆破量 $2.67 \times 10^5 \text{m}^3$。

4.1.3　控制爆破技术

4.1.3.1　定向爆破

爆破后土石方碎块按预定的方向飞散、抛掷和堆积或被爆破的建筑物按设计方向倒塌

和堆积的，都属于定向爆破范畴。土石方的定向抛掷要求药包的最小抵抗线或经过改造后的临空面而形成的最小抵抗线的方向要指向所要抛掷、堆积的方向；建筑物的定向倒塌则需利用力学原理布置药包，以求达到定向设计目的。

定向爆破的技术关键是要准确地控制爆破时所要破坏的范围以及抛掷和堆积的方向与位置，有时还要求堆积成待建构筑物的雏形（如定向爆破筑坝），以便大大减少工程费用和加快建设进度。对大量土石方的定向爆破通常采用药室法或条形药室法；对于建筑物拆除的定向倒塌爆破，除了合理布置炮孔位置外，还须从力学原理上考虑爆破时各部位的起爆时差、受力状态以及对旁侧建筑物的危害程度等一系列复杂的问题。

4.1.3.2 预裂爆破、光面爆破

人们常常把预裂爆破和光面爆破两种技术并提，这是由于两者的爆破作用机理极其相似的缘故，光面、预裂爆破的目的在于爆破后获得光洁的岩面，以保护围岩不受到破坏。二者的不同在于，预裂爆破是要在完整的岩体内，在爆破开挖前施行预先的爆破，使沿着开挖部分和不需要开挖的保留部分的分界线裂开一道缝隙，用以隔断爆破作用对保留岩石的破坏，并在工程完毕后出现新的光滑面。光面爆破则是当爆破接近开挖边界线时，预留一圈保护层（又叫光面层），然后对此保护层进行密集钻孔和弱装药的爆破，以求得光滑平整的坡面和轮廓面。

4.1.3.3 毫秒爆破

毫秒爆破是一种巧妙地安排各炮孔起爆次序及合理时差的爆破技术，正确地应用毫秒爆破技术能减少爆破后出现的大块率，减小振动波、空气冲击波的强度和碎块的飞散距离，得到良好的便于清挖的堆积体。

掌握毫秒爆破技术的关键是时间间隔的选择，合理的时差能保证良好的爆破效果，反之就会造成不良后果，达不到设计目的，甚至出现拒爆、增大振动波的危害等事故。非电毫秒雷管，结合非电导爆管起爆网路的创新，可以在通常出厂的 15 段或 20 段毫秒系列非电雷管的基础上组合成更多段的毫秒起爆网路，1986 年葛洲坝围堰爆破，创造了将 3000 多炮孔分为 300 段起爆的成功经验。数码电子雷管和磁电雷管的应用，为这种爆破技术的发展提供了极好的条件。

毫秒爆破技术目前在露天及地下开挖和城市控制爆破中已普遍采用，大型药室法爆破的定向爆破筑坝也开始应用了。着眼未来，这种技术还有更为广阔的发展前途。

4.1.3.4 控制爆破

毋庸置疑，城市拆除爆破只是控制爆破领域内的一个组成部分。严格地说，凡属工程爆破都是有控制的爆破，但是这里所指的控制爆破范围要狭小得多，甚至比国外习惯把光面、预裂爆破归入这类的范围还小。国内认为，控制爆破的含义只要求它满足控制爆破的方向、倒塌范围、破坏范围、碎块飞散距离和振动波、空气冲击波等条件。当然它的应用就不应该只是城市和工厂企业等人口稠密地区这样的工程范围了。

实现控制爆破的关键在于控制爆破规模和药包重量的计算与炮孔位置的安排以及有效的安全防护手段。进行控制爆破不一定只用炸药作为唯一的手段，因此，燃烧剂、静态膨

胀破碎剂以及水压爆破，都可以归纳为控制爆破之内，使用时可以根据爆破的规模、安全要求和被爆破对象的具体条件选择合理有效的爆破方法。

4.1.3.5 聚能爆破

最开始炸药爆炸的聚能原理和它所产生的效应，只是用于做穿甲弹的军事目的，近年来才逐渐转为民用，从而可以列入工程爆破的范畴之内。例如利用聚能效应在冻土内穿孔，为炼钢平炉的出钢口射孔，为石油井内射孔或排除钻孔故障以及切割钢板，等等。

聚能爆破与一般的爆破有所不同，它只能将炸药爆破的能量的一部分按照物理学的聚焦原理聚集在某一点或线上，从而在局部产生超过常规爆破的能量，击穿或切断需要加工的工作对象，完成工程任务。由于这种原因，聚能爆破不能提高炸药的能量利用率，而且需要高能的炸药才能更显示聚能效应。

聚能爆破技术的使用要比一般的工程爆破要求严格，必须按一定的几何形状设计和加工聚能穴的外壳，并且要使用高威力的炸药。

4.1.3.6 其他特殊条件下的爆破技术

爆破工作者有时会遇到某种不常见的特殊问题，用常规施工方法难以解决，或因时间紧迫以及工作条件恶劣而不能进行正常施工，这时需要我们根据自己所掌握的爆破作用原理与工程爆破的基础知识，大胆设想采用新的爆破方案，仔细地进行设计计算，有条件时还可以进行必要的试验研究，按照精心设计、精心施工、精心组织工程实施，解决当前的工程难题。之所以提出这样的要求，是因为爆破工程与其他工程有所不同，效果的表露在 $1\sim 2s$ 之内就能显现，然而不恰当的爆破，后果却会造成严重的影响，甚至难以采取补救措施。

不少特殊爆破的记载和资料，其中较多的是抢险救灾，如森林灭火、油井灭火、抢堵洪水和泥石流等；其次为疏通被冰凌或木材堵塞的河道，水底炸礁或清除沉积的障碍物，处理软土地基或液化地基，切除桩头、水下压缩淤泥地基，排除悬石以及排除烧结块或炉瘤等，都曾有过成功的先例。

总之，现代爆破技术的发展，完全有可能利用炸药的爆炸能量去代替大量机械或人力难以完成的工作，甚至超越人工所能去为经济建设服务。

4.2 露天爆破振动传播规律

露天爆破就是在露天条件下，对被爆体按设计的方式、以一定尺寸布置，采用钻孔设备钻凿炮孔，将炸药放置在炮孔中的恰当位置，然后按照一定的起爆顺序进行爆破，实现破碎、抛掷等目标。随着钻孔设备和装载设备的不断改进以及爆破技术的不断完善和爆破器材的日益发展，露天爆破的应用越来越广泛，是未来爆破的发展方向。

4.2.1 露天深孔爆破

4.2.1.1 基本概念

深孔爆破一般指炮孔直径 75mm 以上、孔深 5m 以上的较大规模石方爆破，一次爆破总药量根据现场条件不同可达 1~100t。露天深孔爆破又称露天深孔台阶爆破，是露天台阶爆破的一种。露天深孔爆破是指在露天条件下，采用钻孔设备，对被爆体布置孔径大于50mm，孔深大于 5m 的炮孔，选择合理的装药结构和起爆顺序，以台阶形式推进的石方爆破方法。深孔爆破一般是在台阶上或事先平整的场地上进行钻孔作业，并在炮孔中装入柱状药包进行爆破，采用深孔爆破作业时，孔深一般不宜超过 20m。

深孔爆破法在石方爆破工程中占有重要地位，它在露天开采工程（如露天矿山的剥离和采矿）、场地平整、港口建设、铁路和公路路堑开挖、水电闸坝基础开挖和地下开采工程（如地下深孔采矿、大型硐室开挖、深孔成井）中得到广泛应用。

4.2.1.2 深孔爆破特点

深孔爆破的特点有：

（1）机械化程度高，作业人员操作方便，劳动强度低。

（2）爆破规模大，作业效率高。

（3）产生的爆破有害效应可得到控制，爆破块度均匀，大块率低。

深孔爆破的优点有：

（1）破碎质量好，破碎块度符合工程要求，不合格大块较少，爆堆较为集中，且具有一定的松散性，能满足铲装设备高效率装载的要求。

（2）爆破有害效应得到有效控制，减少后冲、后裂、侧裂，爆破振动作用较小。

（3）由于改善了岩石破碎质量，钻孔、装载、运输和机械破碎等后续工序发挥效率高，工程综合成本较低。

（4）对于最终岩石边坡、最终底板，既能保证平整又不破坏原始地质条件，既能保证稳定又不产生地质危害。

4.2.1.3 深孔爆破振动效应特征

深孔爆破引起的地表振动主要特征是：单孔装药量越大，振动峰值越大，主振频率越低，同时起爆网路和延时时差对爆破振动幅值及频率都有较大影响。深孔爆破通常用于矿山开采或其他大量石方爆破中，深孔爆破振动的主要特征如下：

（1）深孔爆破的振动峰值较大，通常 100m 范围内的最大爆破振动速度可达 5~10cm/s，爆破振动影响范围可达 1km。通过短延时接力逐孔起爆将大量炸药分解为无数时间段的持续引爆，达到单位时间内小药量起爆的效果，从而大幅降低爆破振动峰值。但由于某些药包爆破间隔时差很小，产生振动波交错叠加，不能够明显看出分段起爆的特征。振动峰值与单响爆破药量成一定的对应关系，但是深孔爆破振动波表现为持续振动特征，没有分段间隙，如图 4-3 所示。

通常只能根据各炮孔的起爆延时时间分析单位时段内的起爆药量，进而预测或校核爆破振动速度。有人建议用 9ms 时段内的起爆药量代表单响药量，以此作为萨道夫斯基经验公式的回归分析变量。具体单响药量的核算，应根据爆破振动波的频率（即周期）确定峰值叠加发生的时段，以 1/4 周期时段内到达的振波作为峰值增长的叠加，视 1/4 周期时段内起爆药量为组合最大单响药量。如果爆破振动波形中能分辨出各段爆破振动的峰值，也可直接依据起爆网路的时差分析核定单响爆破药量。

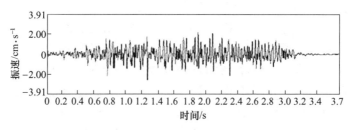

图 4-3　逐孔接力毫秒延时多排爆破中爆区后侧 60m 处测得垂直爆破振动波形

（2）多排炮孔爆破时，如果前排炮孔临空面条件较好，爆破夹制作用小，与后排炮孔相比，相同药量爆炸对应的爆破振动偏小 5%～15%。前 1～4 排炮孔有明显的夹制作用递增效应，第 4 排以后夹制作用都一样大，对爆破振动的影响基本无区别。

（3）深孔爆破装药以铵油炸药或钝感乳化炸药为主，其特点是爆速低、爆生气体压力大，引发的爆破振动频率偏低，特别随传播距离增大，高频成分逐渐被吸收。爆破振动波形中 P 波、S 波和各种表面波在传播过程中的分离，致使中远距离仍然有较大振动峰值，但振动波频率逐渐降低，对远处建构筑物的影响应有足够重视。图 4-4 是单孔爆破振动波形随传播距离渐远的变化形式，有力地证明了上述特性规律。图 4-4 反映了随传播距离增大，爆破振动波形中 P 波、S 波和表面波逐渐分离，高频 P 波成分的能量比例逐渐减小，中远距离低频振动波能量逐渐占主要。

（4）采用压渣爆破时，前排炮孔临空面条件不好，炸药单耗增大，渣堆大块率降低的同时，爆破振动有所加强，特别是第一排炮孔的爆破振动与后排炮孔的爆破振动基本相同。经验证明，压渣爆破的振动强度比普通深孔爆破增大 10%～20%。

4.2.1.4　深孔爆破振动测试案例分析

黑岱沟煤矿深孔剥离爆破要求将煤层以上砂岩尽量抛掷填入采坑内。抛掷爆破的炮孔直径 310mm，孔深 40～50m，单孔装药量 2～4t，单次爆破炮孔数达 500～800 孔，总爆破药量 1200～1800t。爆破区地质条件为水平产状厚层砂岩，砂岩层厚度 40m，下覆 30m 厚煤层。为降低主爆破区爆破振动并保护边坡稳定，周边预先设一排 70m 深的预裂爆破孔。

在黑岱沟煤矿抛掷爆破中应用了典型的导爆管雷管接力逐孔起爆网路，其方法为：炮孔内全部装 600ms 的高段位雷管，同排间孔外用 9ms 时差的高精度导爆管雷管逐孔接力，如图 4-5 所示，前后排炮孔用 100ms、150ms 时差的导爆管雷管逐排接力，这种起爆网路理论上实现了单孔逐段起爆。但从爆破振动波形看，完全不能区分出各起爆时段对应的单响爆破药量，因为炮孔之间起爆时差很小，从第一起爆孔开始至最后引爆孔结束几乎每一时刻都有炮孔起爆，各炮孔爆破振动波会相互叠加所以如何确定爆破振动峰值所对应爆破药量是值得探讨的问题，按照单孔药量计为最大单响药量显然不合适。

根据雷管延时误差分析，提出按 9ms 时段内起爆的炮孔数及相应累计药量作为单响药量，将引爆时刻相差 9ms 以内的药量计为单位时间段起爆药量，即单响药量如图 4-6 所示。依此分析计算一次爆破药量达 1200t 的爆破，单孔装药量达 2.5t，总计约 600 个炮孔采用逐孔起爆的条件下，单段最大药量相当于 10t 炸药。爆破振动监测的图如 4-6 所示。

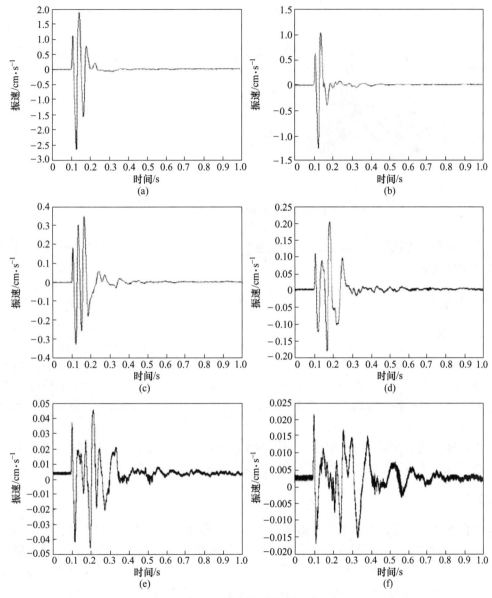

图 4-4　单孔爆破振动记录

（a）47m；（b）99m；（c）182m；（d）265m；（e）493m；（f）730m

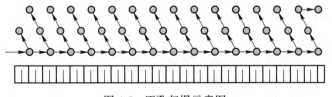

图 4-5　逐孔起爆示意图

从图 4-6 中可以看出，单段最大药量的起爆时间与振动速度最大值出现的时间基本是

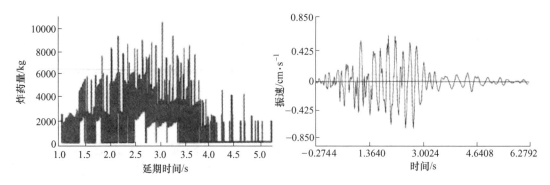

图 4-6　单位时间段起爆药量及对应的爆破振动波形

吻合的。说明在逐孔起爆爆破方案中，确定单段最大药量的过程中仅仅依靠单孔的药量来计算是不合理的。

4.2.2　浅孔爆破

4.2.2.1　基本概念

浅孔爆破是指炮孔直径小于或等于 50mm、深度小于或等于 5m 的爆破作业。露天浅孔爆破原理与露天深孔爆破原理基本相同，其爆破作业通常是在一个台阶上进行（亦有在边坡上钻水平孔进行爆破的），爆破时岩石朝着倾斜自由面方向崩落，然后形成新的倾斜自由面。

浅孔爆破是工程爆破中较早发展应用的爆破方法。在现代爆破技术中，它依然有着广泛用途。无论是露天爆破还是地下开挖中，浅孔爆破仍占有较大比例。

4.2.2.2　浅孔爆破特点

浅孔爆破法之所以能在工程中得到长期广泛应用，是因为其具有以下特点：

（1）所使用的钻孔机械主要是手持式或气腿式凿岩机，这些机械操作简单，使用方便灵活。在没有凿岩机的条件下，还可用人工打钎凿岩，增加了施工的灵活性和适应性。

（2）对于不同的爆破目的和工程需要，易于通过调整炮孔位置及装药量的方法，控制爆破岩石块度和破坏范围。

（3）每次爆破规模较小，装药量较少，对周围环境产生的危害效应小。特定条件下还可以采用覆盖措施等控制爆破飞散物。

浅孔爆破法也有明显缺点，如机械化程度不高，作业人员劳动强度大，生产率较低，爆破作业频繁等，大大增加了爆破安全管理工作量。对于大块、孤石、根底、沟槽和城市拆除爆破中的浅孔爆破参数，都是通过爆破对象的性质、形状、大小和周围环境条件确定的。

4.2.2.3　浅孔爆破振动效应的特点

浅孔爆破通常用于基坑或道路开挖工程或其他少量石方爆破中，浅孔爆破引起的爆破振动容易控制，振动峰值较小、主振频率偏高，特点如下：

（1）一次爆破药量较小；

（2）单孔药量小，每孔装药量小于 1kg 或至多 5kg 炸药；

（3）一般利用导爆管雷管原有分段数爆破，若采用孔外接力，因雷管用量增多导致成本明显加大。

浅孔爆破的地表振动特点与深孔爆破有明显不同，其爆破振动的主要特征如下。

（1）爆破振动段位可明显区分。一般浅孔爆破利用雷管原有分段数延时起爆，一次起爆炮孔数量不大，不会产生很多药包小间段持续引爆，而是根据雷管延时段别间隔爆破，产生的爆破振动波也表现出间隔性。又因为浅孔爆破药量小，爆破振动影响范围有限，远距离处的振动已衰减到安全允许值以下，近距离处的爆破振动波形基本没有因为各类波的分离导致变异和延长振动时间。为获得浅孔爆破振动衰减规律，振动测试点的距离范围达到百米范围即可，测点间距仍按照距离对数值等间隔排列，近距离测振点应做好防护，避免被飞石砸坏，而且在波形分析中还应区分出飞石落地产生的振动。一条测线上最好不少于 5 个测点，否则将多次测试数据进行回归分析，其相关系数必然降低。

（2）爆破振动频率较高。浅孔爆破基本为耦合装药，爆破振动频率较高，一般在50~100Hz 频段。振幅应根据单响药量和测点距离，预估振动峰值超过 5cm/s 的不多。安装测试仪前需根据预估值调试仪器的各项参数。

（3）近距离浅孔爆破振动波，由于高频子波衰减比低频子波快得多，因此振幅衰减总是与主频变小、波形伸长而后趋于简单相关联。计算表明，基岩层内浅孔爆破振动波随传播距离增长，振幅快速衰减，主频逐渐或急速降低、波形伸长，而后由复杂趋于简单，与振动波在岩土层中传播的一般规律是一致的。

（4）可根据炮孔间起爆时差调整其拍振频率，从而人为提高爆破振动主频，降低其振动危害。

由于浅孔爆破药量小，爆破振动峰值衰减快，影响范围基本在百米以内，所以各炮孔爆破产生的振动波形不会发生较大变异。当群炮孔以很小时差连续不断引爆，相当于附加以较高基频的爆破作强迫振动源，通过频谱分析发现爆破近区振动波主振频率趋于振动源基频。实践证明，若各个炮孔的爆炸延时均为 d，那么毫秒延时爆破的振动频谱中 $1/d$ 频率对应有明显的突峰。例如，群炮孔以 10ms 时差持续引爆、振动源基频为 100Hz，在爆源近区振动波高频成分尚未被岩土介质吸收滤波，导致爆破振动时段的主振频率趋于振动源基频。100Hz 的振动频率对建（构）筑保护物发生共振的可能性相当小，爆破振动危害大幅降低。说明利用电子雷管按设计理论改变延时间隔，可以在一定范围调整爆破振动的主频，进而避开建（构）筑物的自振频带。

但这一方法不适合单响药量较大的爆破，因单响药量较大的爆破在远距离处仍产生较大幅度的地振动，而远距离处的爆破振动主频取决于地形地质条件，高频的振动波在传播途中被吸收滤波，无论如何，远距离处的振动频率偏低，基本接近大地的自振频率，无法通过改变爆源拍振基频来调整主振频率。

4.2.2.4 浅孔爆破振动测试案例分析

A 在 G7 高速公路隧道进口路基浅孔爆破

G7 高速公路某隧道进口路基采用浅孔爆破明挖，爆破山体顶部为松散土，采用挖掘机直接挖除，下部 1m 左右为强风化白云岩，必须采取一次爆破松动。路基底部 1m 深度范围岩体爆破总方量约 1500m³，需要炸药约 675kg。爆破采用浅孔毫秒短延时起爆，浅孔爆破钻孔直径 40mm，爆破孔数 672 个，孔深 1.0~1.5m，按 25ms 分段逐组（每组 15~18 个炮孔）起爆，最大单响药量 20kg，要求在爆破实施过程中，保证附近建筑与环境的安全，严格控制爆破飞石和爆破振动。详细环境地形及测点布置如图 4-7 所示。

图 4-7 爆破周边环境示意图及测点布置图

本次爆破振动监测的测振点布置：

（1）测振点位置 5 个，距离分别为 21m（1 号测点）、41m（2 号测点）、80m（3 号测点）、160m（4 号测点）、301m（5 号测点）；

（2）为确保测振设备的安全性和数据的准确性，测振点尽量布置在保护建筑物后侧，防止飞石砸坏仪器；

（3）测点布置在原状土地表层；

（4）每个测点布置了 3 个拾振器，其中水平向 2 个（径向和环向），垂直向 1 个；

（5）所有传感器用石膏粉牢固黏结在地表，传感器至记录仪的传输信号线长度小于 2m，避免长距离的信号衰减；

（6）测点距离采用手持 GPS 仪测量，定位精度误差小于 5%。

1~2 号测点仪器参数设置。量程为 10cm/s 挡，采样频率为 10kHz，负延时长度为 -1k，数据采集长度为 64k，触发电平为 0.08 倍量程。

3~4 号测点仪器参数设置。量程为 4cm/s 挡，采样频率为 10kHz，负延时长度为 1k，数据采集长度为 64k，触发电平为 0.08 倍量程。

5 号测点仪器参数设置。量程为 1cm/s 挡，采样频率为 5kHz，负延时长度为 -1k，数据采集长度为 32k，触发电平为 0.08 倍量程。

1号测点与爆破源最近，其典型爆破振动波形能全面反映本次爆破振动的特点，如图4-8所示。5号测点距离太远没能触发仪器采集数据。

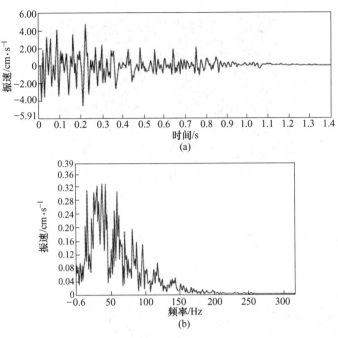

图 4-8 浅孔爆破典型爆破振动波形和频谱分析图
(a) 振动波形；(b) 频谱分析

从爆破振动波形分析，爆破振动峰值主要受爆炸药量和距离影响，后起爆的炮孔距离测点渐远，所以峰值明显减小。频谱分析得到主振频率为43Hz，基本与振动源起爆基频相近。而且从波形特征上看，具有持续基频拍振的波峰与波谷。因此，浅孔爆破振动主振频率除了与炮孔直径、炸药性质、地质条件等因素有关，还可通过调整振动源基频适当控制近距离范围的爆破振动主频。

B 昆明市某基坑浅孔爆破开挖

昆明市某深基坑爆破开挖工程，设计开挖石方总量20万立方米，场地以侏罗系上统安宁组（J_3a）中等风化钙质泥岩为主。由于爆区周围环境复杂，离基坑最近的砖混结构房屋只有12m，故选择采用浅孔逐孔毫秒延时松动爆破，延时时间采用35ms。为防止振动波的叠加和振动对周围环境的影响，必须严格控制最大单孔药量、一次起爆总药量和孔间延时，爆破参数见表4-2。

表 4-2 爆破参数

底盘抵抗线/m	孔径/mm	台阶高度/m	孔距/m	排距/m	孔深/m	炸药单耗/kg·m^{-3}	最大单孔药量/kg	一次起爆总药量/kg
1.0	40	2.5	1.50	1.40	2.75	0.30	1.20	32

从爆破现场来看，爆后岩体破碎效果较好，爆堆比较集中，没有产生飞石，达到了较

好的松动爆破效果。爆破效果如图 4-9 所示，在距爆源 25m 处进行振动监测，其结果见图 4-10。

图 4-9　爆破效果图

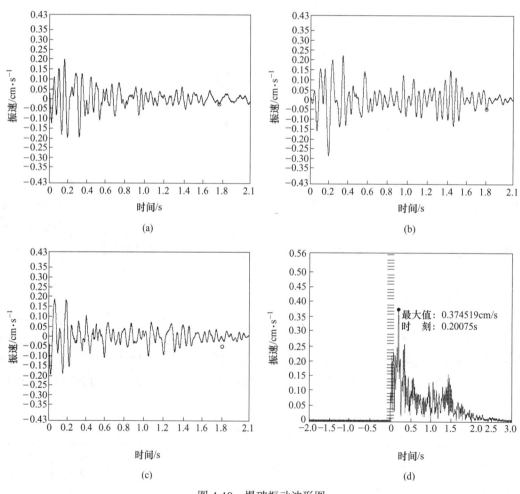

(a)

(b)

(c)

(d)

图 4-10　爆破振动波形图

从爆破振动的波形中可以看出，浅孔爆破振动合速度峰值最大值为 0.37cm/s。

4.2.3　毫秒爆破

4.2.3.1　基本概念

毫秒爆破是延时爆破的一种,是将群药包以毫秒级的时间间隔分成若干组,按一定顺序起爆的一种爆破方法。毫秒爆破又叫延时爆破。

4.2.3.2　毫秒爆破特点

毫秒爆破与普通爆破比较有以下特点:

(1) 通过药包间不同时起爆,使爆炸应力波相互叠加,加强破碎效果。

(2) 创造动态自由面,减小岩石的夹制作用,提高岩石的破碎程度和均匀性,减小炮孔的前冲和后冲作用。

(3) 实现爆后岩块之间的相互碰撞,产生补充破碎,提高爆堆的集中程度。

(4) 可以在地下有瓦斯的工作面内使用,实现全断面一次爆破,缩短爆破作业时间,提高掘进速度,并有利于工人健康。

(5) 由于相邻炮孔先后以毫秒间隔起爆,爆破产生的振动波的能量在时间和空间上分散,使振动波强度大大降低。在采矿和石方爆破中,常用的间隔时间为 $25\sim80ms$。毫秒爆破的起爆顺序多种多样,可根据工程所需的爆破效果及工程技术条件选用。主要的起爆顺序有孔间顺序起爆、排间顺序起爆、波浪式起爆、V 形起爆、梯形起爆和对角线(或称斜线)起爆等。

4.2.3.3　毫秒爆破振动效应

采用毫秒爆破技术,达到分散药包、减少最大一段齐爆药量、产生较小振动波的目的。在总药量相同的条件下,毫秒爆破比齐发爆破的振速可降低 $30\%\sim60\%$,降低程度视间隔时间、延时段数、爆破类型和爆破条件的不同而有差异。

建筑工程、采石场、露天煤矿三种不同类型爆破的频率是不一样的。建筑工程爆破因使用的药量少而采用短炮孔和短监测距离,获得的频率较高。采石场爆破则采用中长炮孔、延时爆破和中等监测距离,就获得中等的频率。露天煤矿爆破则使用长炮孔,每段延时爆破的药量常达数吨,因而观测距离相当远,结果获得的频率就很低。

确定合理的起爆延时时间应使相邻段别的爆破振动波发生反向叠加或保证相邻段别的爆破振动波形不重叠。但要使相邻段别的爆破振动波形反向叠加,不仅需要精确控制起爆延时时间,同时还要考虑爆破振动波初始相位角和工程地质条件等多种因素,实际应用比较复杂。

4.2.3.4　毫秒爆破案例分析

A　工程概况

南水北调某标段,与天然气管道斜向交叉长度约 328m,根据《石油天然气管道保护条例》,管道两侧 50m 内禁止爆破施工,此区段内总干渠的开挖必须在管道停气后进行,开挖深度达 50m。

根据现场实际情况，需先行开挖管道两侧 30m 之外的石渠，两侧 30~50m 范围内需用机械进行开挖，50~500m 范围内的石方计划采用毫秒爆破开挖。

B　爆破参数

爆破参数请参看表 4-3。

表 4-3　爆破参数表

爆破类型	孔径 D/mm	炮孔倾斜度 /(°)	超深 h/m	孔深 L/m	孔距 a/m	排距 b/m	单孔装药量 Q/kg	单耗 q/kg/m³	填塞长度 L_2/m
深孔爆破	100	85	1.05	6~12	3~3.5	3	40	0.3~0.35	2.61~4.0
浅孔爆破	≤75		0.6	1.5~5	0.7~2.4	0.6~2.16	2.46	0.35	0.6~2.0
预裂爆破	≤75	33~45	0.6		0.8		0.104kg/m		1
光面爆破	≤75	33~45	0.6		0.74		0.31kg/m		1

注：在单孔装药量一栏中，预裂爆破和光面爆破对应的数值为线装药量。

C　爆破网路

根据现场条件，炮孔呈梅花形布置。采用毫秒延期导爆管雷管，使用多种连接法，实现孔内、孔外毫秒延时爆破。

D　爆破效果

爆破后，经技术人员现场勘查，天然气管道占压段开挖期间未出现安全事故，确保了国家重点设施安全，并确保了南水北调工程的顺利建设，填补了国内在天然气管道附近进行大型爆破施工的技术空白。

4.2.4　预裂（光面）爆破

为保证保留岩体按设计轮廓面成型并防止围岩破坏，须采用轮廓控制爆破技术。常用的轮廓控制爆破技术包括预裂爆破和光面爆破。所谓预裂爆破，就是首先起爆布置在设计轮廓线上的预裂爆破孔药包，形成一条沿设计轮廓线贯穿的裂缝，再在该人工裂缝的屏蔽下进行主体开挖部位的爆破，保证保留岩体免遭破坏；光面爆破是先爆除主体开挖部位的岩体，然后再起爆布置在设计轮廓线上的周边孔药包，将光爆层炸除，形成一个平整的开挖面。

预裂爆破和光面爆破在坝基、边坡和地下洞室岩体开挖中获得了广泛应用。

4.2.4.1　成缝机理

预裂爆破和光面爆破都要求沿设计轮廓产生规整的爆生裂缝面，两者成缝机理基本一致。现以预裂缝为例论述它们的成缝机理。

预裂爆破采用不耦合装药结构，其特征是药包和孔壁间有环状空气间隔层，该空气间隔层的存在削减了作用在孔壁上的爆炸压力峰值。因为岩石动抗压强度远大于抗拉强度，因此可以控制削减后的爆压不致使孔壁产生明显的压缩破坏，但切向拉应力能使炮孔四周产生径向裂纹。加之孔与孔间彼此的聚能作用，使孔间连线产生应力集中，孔壁连线上的初始裂纹进一步发展，而滞后的高压气体的准静态作用，使沿缝产生气刃劈裂作用，使周边孔间连线上的裂纹全部贯通成缝。

4.2.4.2 质量控制标准

（1）开挖壁面岩石的完整性用岩壁上炮孔痕迹率来衡量，炮孔痕迹率也称半孔率，为开挖壁面上的炮孔痕迹总长与炮孔总长的百分比率。在水电部门，对节理裂隙极发育的岩体，一般应使炮孔痕迹率达到 10% ~ 50%；节理裂隙中等发育者应达 50% ~ 80%；节理裂隙不发育者应达 80% 以上。围岩壁面不应有明显的爆生裂隙。

（2）围岩壁面不平整度（又称起伏差）的允许值为 ±15cm。

（3）在临空面上，预裂缝宽度一般不宜小于 1cm。实践表明，对软岩（如葛洲坝工程的粉砂岩），预裂缝宽度可达 2cm 以上，而且只有达到 2cm 以上时，才能起到有效的隔震作用；但对坚硬岩石，预裂缝宽度难以达到 1cm。东江工程的花岗岩预裂缝宽仅 6mm，仍可起到有效隔震作用。地下工程预裂缝宽度比露天工程小得多，一般仅达 0.3 ~ 0.5cm。因此，预裂缝的宽度标准与岩性及工程部位有关，应通过现场试验最终确定。

影响轮廓爆破质量的因素，除爆破参数外，主要依赖于地质条件和钻孔精度。这是因为爆生裂缝极易沿岩体原生裂隙、节理发展，而钻孔精度则是保证周边控爆质量的先决条件。

4.2.4.3 参数设计

预裂爆破和光面爆破的参数设计一般采用工程类比法，并通过现场试验最终确定。

A 预裂爆破参数

（1）孔径：明挖工程为 70 ~ 165mm；隧洞开挖为 40 ~ 90mm；大型地下厂房为 50 ~ 110mm。

（2）孔距：与岩石特性、炸药性质、装药情况、开挖壁面平整度要求和孔径大小有关。孔距一般为孔径的 7 ~ 12 倍。爆破质量要求高、岩质软弱、裂隙发育者取小值。

（3）装药不耦合系数：不偶合系数指炮孔半径与药卷半径的比值，为防止炮孔壁的破坏，该值一般取 2 ~ 5。

（4）线装药密度：线装药密度是单位长度炮孔的平均装药量。影响预裂爆破参数的因素复杂，很难从理论上推导出严格的计算公式，以经验公式为主，目前国内较常用公式的基本形式为：

$$Q_x = K(\sigma_c)^\alpha (a)^\beta (d)^\gamma \tag{4-4}$$

式中　　Q_x——预裂爆破的线装药密度，kg/m；

σ_c——岩石的极限抗压强度，MPa；

a——炮孔间距，m；

d——钻孔直径，mm；

K, α, β, γ——经验系数。

随岩性不同，预裂爆破的线装药密度一般为 200 ~ 500g/m。为克服岩石对孔底的夹制作用，孔底段应加大线装药密度到 2 ~ 5 倍。

B 光面爆破参数

（1）光面爆破层厚度即最小抵抗线的大小，一般为炮孔直径的 10 ~ 20 倍，岩质软弱、裂隙发育者取小值。

（2）孔距一般为光面爆破层厚度的 0.75~0.90 倍，岩质软弱、裂隙发育者取小值。

（3）钻孔直径及装药不耦合系数参照预裂爆破选用。

（4）线装药密度 Q_x 一般按照松动爆破药量计算公式确定：

$$Q_x = qaW \tag{4-5}$$

式中　q——松动爆破单耗，kg/m^3；

　　　a——光面爆破孔间距，m；

　　　W——光面爆破层厚度，m。

4.2.4.4　装药结构与起爆

A　装药结构

（1）堵塞段。堵塞段的作用是延长爆生气体的作用时间，且保证孔口段只产生裂缝而不出现爆破漏斗，对深孔爆破该段长一般取 0.5~1.5m。

（2）孔底加强段。段长大体等于堵塞段。由于孔底受岩石夹持作用，故需用较大的线装药密度。

（3）均匀装药段。该段一般为轴向间隔不偶合装药，并要求沿孔轴线方向均匀分布。轴向间隔装药须用导爆索串联各药卷起爆。为保证孔壁不被粉碎，药卷应尽量置于孔的中心。国外一般用炮孔中心定位器定位，国内一般是将药卷及导爆索绑于竹片进行药卷定位。

B　起爆

为保证同时起爆，预裂爆破和光面爆破一般都用导爆索起爆，并通常采用分段并联法。

由于光面爆破孔是最后起爆，导爆索有可能遭受超前破坏。为保证周边孔准爆，对光面爆破孔可采用高段延期雷管与导爆索的双重起爆法。预裂孔若与主爆区炮孔组成同一网路起爆，则预裂孔应超前第一排主爆孔 75~100ms 起爆。

4.2.4.5　光面爆破和预裂爆破优缺点

光面爆破优点：能有效地控制周边孔炸药的爆破作用，从而减少对围岩的扰动，保持围岩的稳定，确保施工安全，同时，又能减少超、欠挖，提高工程质量和进度。采取光面爆破技术通常可在新形成的岩壁上残留清晰可见的孔迹，使超挖量减少到 4%~6%，从而节省了装运、回填、支护等工程量和费用。光面爆破有效地保护了开挖面岩体的稳定性，由于爆破产生的裂隙很少所以岩体承载能力不会下降。由光面爆破掘进的巷道通风阻力小，还可减少岩爆发生的危害。采用该法爆破围岩稳定性爆破扰动而下降的程度较低，从而提高爆破的质量。在壁面平整效果相同的条件下，光面爆破的经济效果更好，因为不仅单位坡面面积上的爆破成本低于预裂爆破，而且还破碎光爆层岩体。

光面爆破缺点：炮孔数比一般爆破法要多一些，钻眼的准确性要求较高，钻爆作业的单项工序时间要多一些。需要一些特殊器材，如专用炸药、毫秒雷管、导爆索（传爆线）等。

预裂爆破优点：由于采用小药卷不耦合装药，在该孔连线方向形成平整的预裂缝，裂缝宽度可达 1~2cm。然后再起爆主爆炮孔组，就可降低主爆炮孔组的爆破振动效应，提高保留区岩石壁面的稳定性。使保留区岩石沿预定的轮廓线留下的光滑平整的岩壁，减少超、欠挖。

预裂爆破缺点：爆破的经济效果要差些，成本不划算。

4.2.4.6 预裂爆破和光面爆破振动测试案例分析

渝涪二线 1 标 ZDK19+800~ZDK24+008 段工程，线路全长 4.2 公里。线路始于重庆北站，与既有渝怀线并行，穿越五童路，线位出重庆北站后，继续沿既有线左侧经机务段工区，爆破区域紧邻工区油库存储罐（爆破距离 15 米左右），经新建高笋沟大桥（中心里程 ZD1K21+189），沿既有线左侧至金渝大道段，穿金渝大道渝怀铁路跨线桥，止于寸滩特大桥头。

该段工程中路基土石方需开挖 100 余万立方米，需要爆破的石方量大，选用台阶法钻爆施工。钻爆法开挖隧道中为了弄清光面预裂爆破对围岩扰动的影响和传播规律，通过现场试验所得的振动数据来论证光面和预裂爆破对围岩所产生振动的效果，以求得反映两种爆破方法的合理性。

A 光面爆破振动分析

为分析爆破振动波的传播规律，在试验区共布置了 5 个数据测试点，分 11 次，共采集到 53 幅振速波形图。图 4-11 给出了爆破时光面爆破的振速波形，爆破按照第一层孔→第二层孔→第三层孔→辅助孔→周边、底板孔顺序分为 5 段起爆（雷管段别依次为 Ms5，Ms7，Ms9，Ms11，Ms15）。总的装药量为 24~30.675kg，周边光面爆破单响药量为 9.45~12.375kg。

从图 4-11 的波形可看出，各段爆破的振速波形都被完整地记录下来，没有出现削波和相互叠加的现象，各段间的延迟时间与其雷管段别相吻合。

鉴于爆破过程中要求控制围岩的最大质点振速，由图 4-11 可知该点的最大振速出现在最大单段药量爆破时的段位上，本次爆破的其他测点的振速波形均与此类似，具有相同规律。为便于正确分析爆破振动波传播特征，只统计分析周边光面爆破相对应的质点振速、距离和爆破装药，图 4-12 回归了有关的振动数据。

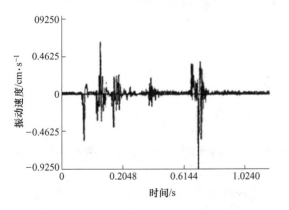

图 4-11 光面爆破的振动波形

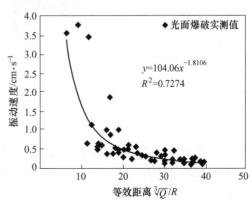

图 4-12 光面爆破衰减回归曲线

由于测点与炮孔之间的高差在 0.5~1.5m 范围内，忽略高差位置的影响，爆破振动波的衰减规律可用萨道夫斯基公式描述：

$$V = K\rho^{\alpha} = K\left(\frac{\sqrt[3]{Q}}{R}\right)^{\alpha} \tag{4-6}$$

式中，V 为质点峰值速度，m/s；Q 为最大段药量，kg；R 为爆源到测点的距离，m；K，α 为与爆破方式、岩石介质和场地条件等因素有关的系数。

由图 4-11 数据对式（4-6）进行回归分析，$K = 104.06$，$\alpha = 1.81$。

B　预裂爆破振动分析

预裂爆破 4 个测点位置分别布置在 6m、11m、16m、21m 处，设计总的装药量为 33.6kg，最大振速出现在，两边孔爆破时，装药量为 2.4kg。表 4-4 为隧道实时监测质点振动速度值。

表 4-4　预裂爆破振速实测结果

测点序号	爆源距/m	药量/kg	实测振速/cm·s⁻¹
1	6	2.4	7.48
2	11	2.4	2.42
3	16	2.4	1.21
4	21	2.4	0.73

根据光面爆破测试数据和预裂爆破实测数据对比，可以看到预裂爆破振动所有实测数据都大于光面爆破的振动量。

为了比较预裂和光面爆破产生振动量的大小，也统计分析了预裂爆破的振动衰减规律。预裂爆破统计计算结果如下：

$K = 121.83$，$\alpha = 1.86$，采集到的预裂爆破振动波形如图 4-13 所示。

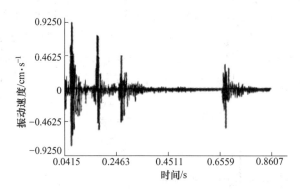

图 4-13　预裂爆破振动波形

鉴于方便指导工程实践的需要，准确地确定光面爆破和预裂爆破的数量关系，现将预裂爆破和光面爆破所得结果进行对比，得到振动比值系数 B 为：

$$B = v'/v = 1.27\left(\frac{\sqrt[3]{Q}}{R}\right)^{0.05} \tag{4-7}$$

从式（4-7）可知，预裂爆破和光面爆破值 α 相差很小，说明两种爆破方式对地质条件的影响区别不大，由于两种爆破方式起爆顺序的不同，造成了与爆破场地条件有关的参数 K 值较大变化，引起预裂爆破振动量比光面爆破振动量大 1.3 倍左右的结果。

上面的分析证明了，在半无限介质中预裂爆破受到较大的约束力作用时，不如光面爆破有利，也充分说明了光面爆破两个临空面的优点。

4.2.5 硐室爆破

4.2.5.1 基本概念

硐室爆破是指将大量炸药集中装填于设计开挖成的药室内，达成一次起爆大量炸药、完成大量土石方开挖或抛填任务的爆破技术。由于一次爆破的装药量和爆破方量较大，故常称为"大爆破"。硐室爆破的药包有集中药包和条形药包之分，按其爆破目的的不同，可分为松动爆破、抛掷爆破两大类。

4.2.5.2 硐室爆破的特点

硐室爆破有以下特点：

（1）可以在短期内完成大量土石方的爆破与挖运工程，有利于加快工程施工进度；

（2）与其他爆破方法比较，其凿岩工作量少，相应的设备、工具、材料和动力消耗也少；

（3）所需的施工机具简单、轻便、工效高，可以节省大量劳动力，适用于在交通不便的山区施工；

（4）工作条件较艰苦，劳动强度高；

（5）与其他爆破方法相比，大块率较高，二次爆破破碎量大；

（6）一次爆破用药量较多，安全控制难度较大，在工业区、居民区、重要设施、文物古迹附近进行硐室爆破需要十分慎重；

（7）大型硐室爆破工程施工组织工作比较复杂，需要有熟练的、经验丰富的技术力量才能在保证安全的前提下顺利完成工程任务。

4.2.5.3 影响硐室爆破的主要因素

影响硐室爆破的主要因素主要包括下述三种。

（1）药包结构。条形药包硐室爆破，其振动波在近距离范围分布不对称，研究表明；条形药包端部方向爆破振动衰减较快，振动幅值偏低；条形药包的径向爆破振动衰减缓慢，振动幅值偏高。硐室爆破的不耦合装药结构，即设计合理空腔比可以降低爆破振动幅值，大孔径炮孔的不耦合装药结构也可以降低爆破振动幅值，但不耦合装药爆破使爆破振动频率降低，这对减轻保护物的振害不利。

（2）毫秒延时起爆。条形硐室药包采用分集装药毫秒延时爆破，各分集药包逐段接力起爆，但相邻药包的起爆时差应合理选取，时差过大（比如大于等于 75ms）相邻药包的分隔堵塞段可能被冲毁，导致分集药包装药结构破坏，拒爆发生的概率增加；时差过小（比如小于 25ms），不能使各段爆破振动峰值错开，相邻段别的爆破振动仍然叠加在一起，达不到分段延时的爆破减振效果。根据实践经验和相关监测数据，若设计相邻分集药包段别时差为 25ms，由于普通导爆管雷管的延时误差，相邻段别药包爆破振动波大部分会发生叠加。因此考虑到普通导爆管雷管分段时差间隔和延时精度，宜设相邻分集药包起爆时差为 50ms。条形药包硐室爆破若采用电子雷管起爆各分集药包，为了既能确保起爆网路的安全，又能最大限度地错开各段爆破振动叠加，相邻分集药包的合理起爆时差为 25～50ms。

（3）地形地质条件。现场地形地质条件对硐室爆破或大规模爆破振动效应的影响与其他爆破相同。这里需要强调地形地质条件对爆破振动的影响相当重要。爆破设计前首先应考虑现场地形地质条件的特点，如何兴利除弊。

4.2.5.4 硐室爆破振动效应

硐室爆破或大规模深孔爆破通常用于矿山剥离或其他空旷条件下的石方爆破，一次爆破药量很大（数十至上万吨炸药），同时段爆炸药量远超常规爆破（单响药量达数吨至数十吨），并且单个药室大，常采用不耦合装药结构。一般利用导爆管雷管接力延时实现无限间隔分段爆破。硐室爆破振动的主要特征有：

（1）单响药量大，代表爆源能量高，导致振动峰值大、影响范围广。通常 100m 范围内的最大爆破的速度达 10～20cm/s，爆破振动影响范围达 1～3km；

（2）大药室对应大抵抗线，结合大药室内不耦合装药结构以及铵油炸药为主的低爆速、高爆生气体的炸药。根据其爆轰波对岩体的作用分析，岩体内产生的爆炸应力波正压时间长、峰值压力小而平缓，由此引发的爆破振动频率低，低频振动波在浅层岩土介质中衰减较慢；

（3）一次大规模药量爆破必然要采用分段延时起爆网路，使所有药量变成连续不断地间隔延时小爆破，从而增长了爆炸作用时间，也导致爆破振动持续时间相应延长。一般硐室爆破或大规模深孔爆破的爆炸延时达 1～3s，爆破振动持续时间也达 1～3s。

4.2.5.5 硐室爆破振动案例分析

A 案例一

（1）工程概况。宁夏某煤矿，由于受煤层自燃引起的火区、私营小窑开采及开采条件的影响，整个采区只能再开采 3～4 年，采区报废后仍有 1440 万 t 的"太西煤"被丢弃，资源严重浪费。为了延长整个矿井的服务年限，大峰矿决定将井下开采转为露天开采，其回采率可达 95%以上，延长服务年限 14 年。为加快基建剥离进度，减少初期剥离费用，大峰矿决定将羊齿采区对应的地面上体采用硐室爆破进行剥离。此次硐室大爆破一次起爆药量达 5.5kt，硐室掘进总长 8.9km，修盘山道路 7.5km，为我国近 15 年来最大的一次硐室爆破工程。由于前期的井下开采存在火区及采空区，使得此次硐室爆破的被爆山体大部分区域存在高温、塌陷破碎带、断层裂隙区和毒气区，其特殊的地质条件和施工特点在国内外硐室爆破中实属罕见。

（2）测点布置。测点仪器布置如图 4-14 所示，测试边坡剖面如图 4-15 所示。

（3）测试结果。测试结果如表 4-5 和表 4-6 所示。

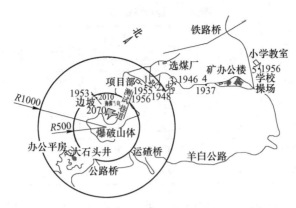

图 4-14 振动测点总体布置图

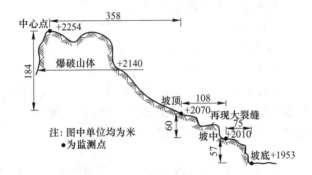

图 4-15 测试边坡剖面图

表 4-5 水平线测试结果

测试项目	测点及记录仪	距离中心点/m	特性	最大值/cm·s⁻¹	时刻/s	主频/Hz	振动历时/s
水平线 k、a	1-322	869	垂直速度	1.00	0.51	7.32	1.86
			水平速度	1.29	0.29	3.91	1.63
	2-346	1050	垂直速度	0.97	0.50	3.66	1.80
			水平速度	0.92	0.75	7.08	1.25
	3-272	1240	垂直速度	1.15	0.71	3.66	2.66
			水平速度	2.01	1.03	5.49	2.13
	4-315	1630	垂直速度	0.75	1.11	5.37	1.65
			水平速度	1.08	1.14	6.35	1.96
	5-342	2430	垂直速度	0.51	0.57	5.43	2.88
			水平速度	0.38	1.26	1.71	6.29
	6-344	3960	垂直速度	0.10	0.54	2.44	4.97
			水平速度	0.07	2.01	2.26	10.72

表 4-6　边坡测试结果

测试项目	测点及记录仪		距离 中心点/m	特性	最大值 /cm·s⁻¹	时刻/s	主频/Hz	振动历时/s
边坡	293	坡中	464	垂直速度	1.99	0.32	9.52	2.60
		坡顶	358	垂直速度	3.22	0.84	3.17	1.97
		坡底	577	垂直速度	0.69	0.54	1.22	2.42
	345	坡中	464	水平速度	3.22	0.42	3.17	2.80
		坡顶	358	水平速度	2.96	0.66	4.64	2.38

（4）结果分析。本次爆破总装药量达 5.5kt，实际由于分段分区起爆，最大单响药量只有 250t，所以，本次爆破的振动速度远远小于总装药量所产生的振动速度。本次爆破振动的主频率在 2~8Hz 之间，振动持续时间达 17s，地质参数 K 为 120~140，a 为 1.5~1.8，1km 以内近区振动衰减规律稍微不理想，主要与爆破区域相对到测点之间的距离不能简化为点爆源有关，这种简化方式过于简单，为了弄清楚整个区域的振动衰减规律，还需结合起爆网路一起做更深入的研究。

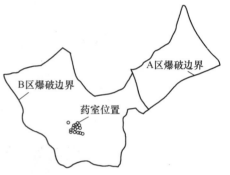

图 4-16　第 24 响装药位置图

以第 24 响装药中心位置计算，最大单响装药 250t，位置如图 4-16 所示。以萨氏公式按 k 取 150，a 取 1.8 计算。计算值与实测值对比如表 4-7 所示。

表 4-7　振动速度预计值与实测值对比表　　　　　　　（cm/s）

参数/cm	测点位置					
	坡顶	公路桥	运渣桥	大石头井	巷道	选煤厂
距离/m	4.31	517	603	655	776	1327
预计值	8.38	6.38	5.07	4.47	3.47	1.55
实测值	3.22	1.09	1.06	1.10	1.54	0.58

爆破振动速度测试结果显示，所有测试结果普遍小于预测值，据当地居民反映，本次硐室大爆破的振动还没有平时 10t 炸药的震感强烈。据分析主要有以下 3 种原因。

（1）运用了分段延时干扰减振的爆破设计技术

本次爆破将总药量分散布置在整个爆破山体中，使得最大单响装药只有 250t；采用延时起爆，分 25 段起爆，总延时 750ms，有的虽然同一段起爆，但药室相距 400~500m，起到了相互干扰减振的爆破作用。

（2）采空区的减振缓冲作用

爆破山体 150m 以下为大面积的井下开采采空区，采空区对爆破振动传播起到缓冲的作用，实测显示同等距离条件下，南边振动速度大于北边爆破振动速度。

（3）山体地形、地貌的影响

整个爆破山体位于 2.1km 以上，是个孤立的山头，垂直距离测点 150m 以上，爆炸能量在山顶释放，传递到山底的能量很少。

B　案例二

晋焦高速公路某段的硐室加预裂爆破，先进行预裂爆破形成预裂缝隔振，然后进行硐室爆破或大规模深孔爆破。该爆破工程中的振动监测表明其预裂缝使后侧爆破振动速度峰值降低 30%~50%。

晋焦高速公路某段的硐室加预裂爆破，地形坡度较陡，岩层水平产状，为坚硬石灰岩，岩石节理裂隙不太发育，硐室及炮孔内无地下水，预裂爆破在硐室爆破装药前完成，预裂成缝条件较好，从已经挖好的台阶坡面来看，预裂面的开挖是成功的。爆破开挖地带纵剖面图如图 4-17 所示。爆破振动监测点布置在爆源附近 45m 的引水洞口，以及各边坡的台阶前缘。

本次硐室爆破总药量为 15t，单段最大药量 3000kg，其余药室药量在 960~2300kg，药室之间微差间隔时间设计为 25~50ms，每个药室的起爆体内用 13 段导爆管雷管引爆，由 2~3 段导爆管雷管接力传爆。前排药室先于后排起爆，为后排创造自由面，药室布置和起爆时差设计如图 4-18 所示，爆源附近的引水洞口处测点振动波形如图 4-19 所示。

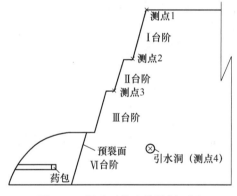

图 4-17　爆破开挖地带纵剖面图

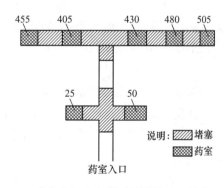

图 4-18　药包布置和起爆时差设计图（单位：ms）

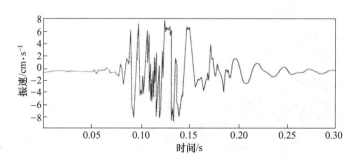

图 4-19　爆源附近的饮水洞口处测点振动波形

距爆源 45m 的引水洞口垂直方向的爆破振动为 9.8cm/s，比预估的爆破振动峰值降低 30%。

C 案例三

某大型钼业集团决定开发南露天矿区，首先对矿体上部大量的覆盖岩层进行爆破剥离，在剥离区 1368m 标高以上采用硐室爆破，1368m 标高以下采用中深孔爆破，硐室爆破区域包括 4 座山峰和 5 个山谷，爆区山脊为东北走向。在硐室爆破范围内，地形最高点为小梁山，其标高 1439.6m，爆区沿山体走向约 660m，垂直走向的宽度 97~260m。剥离最大厚度 71.6m，爆区面积约 $1 \times 10^5 m^2$，1368m 标高以上剥离总立方量为 $2.439 \times 10^6 m^3$，爆破剥离采用分区分次爆破，整个剥离区分为 3 个爆区，分 3 次爆破。在硐室爆破区域内 210m 正下方，有一条输水隧洞经过。隧洞高 6m，宽 5m，它是金堆镇东川河的出口，隧洞的状况关系到金堆镇、露天矿以及上游的安全。因此，为保证上部爆破对隧洞的安全，必须对隧洞进行振动监测。首先在一区爆破时，通过隧洞内的振动监测，评估 400t 炸药条件下硐室爆破对隧洞的损伤影响，然后再考虑二爆区 700t 炸药条件下硐室爆破对隧洞的损伤影响，这将为二区爆破乃至今后台阶爆破提供重要参考。为此，在爆区 210m 下方、距隧洞入口 500m 处布置振动监测 A—A 断面。距隧洞入口 700m 处布置振动监测 B—B 断面监测爆破振动速度。另外，在距爆破中心 400~1600m 之间，布置 4 个测点 C_1~C_4（其中 C_1 位于办公楼前水泥篮球场上；C_2 位于村中水泥道路边；C_3 位于机械加工厂门口；C_4 位于文化宫前广场中），以研究爆破振动在该区域的传播规律洞外测点布置如图 4-20 所示，洞内测点布置分别如图 4-21~图 4-23 所示。

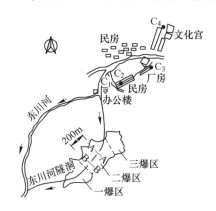

图 4-20 爆破区域平面示意图

图 4-21 东川河隧洞下游洞口

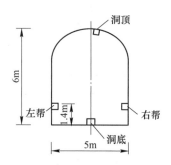

图 4-22 洞内监测断面测点布置示意图

图 4-23 洞内测试仪器布置

（a）洞底；（b）洞顶；（c）右帮；（d）左帮

一区和二区代表性爆破振动波形图如图 4-24～图 4-27 所示。

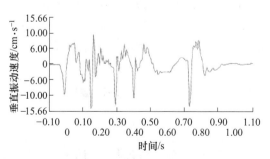

图 4-24 一区爆破 B—B 断面
洞顶垂直振动波形图

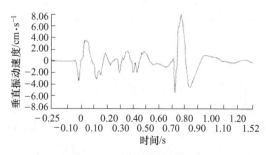

图 4-25 一区爆破 A—A 断面
洞顶垂直振动波形图

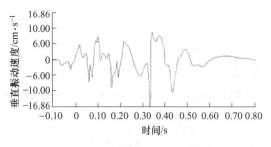

图 4-26　二区爆破 A—A 断面
洞顶垂直振动波形图

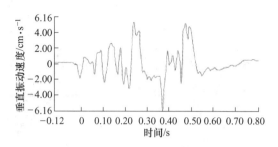

图 4-27　二区爆破 B—B 断面
洞顶垂直振动波形图

4.3　地下爆破振动传播规律

4.3.1　井巷掘进爆破

井巷工程是指为进行采矿和建设其他工程，在地下开凿的各类通道和硐室的总称。井巷掘进爆破包括平（斜）巷掘进爆破、井筒掘进爆破和硐库开挖爆破。它们广泛应用于矿山、水利水电、大型油库等工程。平（斜）巷掘进爆破是指开凿在岩体或矿层中不直通地表的水平（倾斜）通道，其中最典型的是隧道爆破；井筒掘进爆破是开凿的直通地面的竖直巷道，其中最典型的是竖井爆破。

井巷掘进爆破作业的最大特点是只有一个自由面，这就决定了在井巷掘进爆破中很难加深炮孔的深度。

4.3.1.1　平（斜）巷掘进爆破——以隧道爆破为例

A　基本概念

隧道是公路、铁路等建设的重点和关键工程。随着铁路建设的发展和科技的进步，隧道开挖方法得到了迅猛发展。比较常用的开挖方法有钻爆法、盾构法和掘进机法。由于钻爆法对地质条件适应性强，开挖成本低，特别适用于坚硬岩石隧道、破碎岩石隧道及大量短隧道的施工，因此钻爆法仍是当前国内外常用的隧道开挖方法。

隧道爆破开挖时，获取的各段别爆破振动波形是相对独立的，基本上没有发生叠加现象。因此可找出不同作用炮孔的最大段药量所对应最大振动速度，能够更加精细地分析爆破振动的特点。这是因为隧道爆破的振动监测点都距离爆破震源较近，类似浅孔爆破，振动波形尚未因地层的滤波产生过多的变异，根据波形分析能够详细解读爆破作用规律。

B　隧道特点

隧道爆破常用于铁路、公路建设和地下工程中，与矿山水平巷道掘进爆破相比，通常有以下特点：

（1）隧道断面一般较大，即高度和跨度大；

（2）在隧道位置处于复杂多变的地质条件下，尤其遇到浅埋地段时，岩体风化破碎，渗水、滴水严重，给凿岩爆破作业增加了很多困难；

（3）铁路、公路隧道服务年限长，质量要求高，因此，需大量采用光面爆破技术以

减少对围岩的损坏,确保围岩完整。有时要在爆破作业后及时进行锚喷、支撑、衬砌,使爆破作业面受到限制,爆破施工难度较大;

(4) 为了确保隧道开挖的成功和支护方式的可靠,根据岩性及地层条件,隧道开挖可采用全断面法、台阶法、导坑法、分布法等;隧道支护方式可采用锚杆支撑、喷射混凝土支撑、钢支撑、钢筋网支撑和构件支撑等。

C 隧道爆破振动特征分析

影响隧道爆破振动的主要因素包括炸药量、装药结构、炸药性能和爆破介质临空面的夹制条件等。而在这些因素中,除单段最大爆破药量在比例距离中已作考虑外,爆破的夹制条件是影响爆破振动强度的另一重要因素。从典型的爆破振动记录波形图(图4-28)可知;爆破振动的最大峰值振速普遍出现在掏槽爆破或底板眼爆破段。

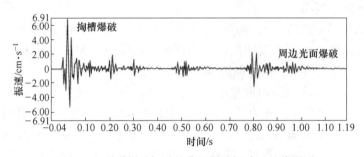

图 4-28 隧道爆破掘进的典型爆破振动记录波形图

根据隧道爆破全段振动波形分析,隧道爆破最大振速主要发生在掏槽眼爆破中,掏槽眼爆破时,由于掏槽爆破的临空面条件最差,只有一个临空面(掌子面),因此掏槽爆破是在较大夹制作用下的强抛掷爆破。夹制爆破导致更多的爆炸冲击波能向岩体内部传播,造成较强振动,所以最大振速不一定是在最大药量段产生的,因此装药量虽然是影响振动的重要因素,但临空面条件也是影响振动的重要因素。

周边眼爆破引起的隧道内壁振动幅值最小,与以下几方面因素有关:

(1) 周边眼实施光面爆破装药量较少、装药结构为不耦合装药;

(2) 前段炮孔爆破已给周边眼创造了较好临空面条件,爆破夹制作用最小;

(3) 周边眼由高段位雷管引爆,虽然同段炮孔数较多,但高段位雷管延时误差大。各炮孔引爆时差较分散,所以同段药量对应的最大振动相对较小,回归分析的相关性也较差。

其他炮孔(如扩槽眼、辅助眼)引起的振动速度,介于掏槽爆破和周边眼爆破之间,基本上还是与药量大小有关。因此,在分析隧道掘进爆破引起的振动时,必须要考虑最大段药量、自由面条件和爆破方式。

大量测试结果证明隧道爆破振动有以下特征。

(1) 萨道夫斯基公式回归分析爆破振动衰减规律,指导施工作业。不同围岩类别以及不同作用炮孔的振动速度衰减规律有明显的差异,但对不同地质段和不同作用炮孔的振动幅值分别用萨道夫斯基经验公式回归分析,可以得到较好的相关性。根据不同作用炮孔的振动衰减规律优化爆破设计方案,可较好地指导施工作业。

(2) 炮孔夹制作用大,爆破振动值较大。通过分析不同作用炮孔的振动衰减规律证明：夹制作用大，则值较大；同一隧道地质条件变化不大时，α 值变化较小。若爆破所处的地质条件基本相同时，α 值变化不大，随着爆破炮孔夹制作用的逐渐减小，隧道围岩产生的爆破振动减小。具体表现在振动速度衰减公式中从掏槽→扩槽→辅助圈→底板周边，k 值逐渐减小；相同地质条件下 α 值变化很小。

（3）掏槽爆破振动最强。由于掏槽爆破振动最强，因此降低掏槽爆破的振动对控制爆破振动最有意义，也是降振的技术重点。为此爆破设计时，首先可以减少掏槽爆破单响药量，或分段错开掏槽爆破振动峰值，而不是简单地限制循环进尺，扩槽眼、辅助眼和周边眼的单段装药量完全可以大于掏槽眼，究竟大多少则由掏槽眼的单段装药量、雷管延时段别、岩体性质和这些炮孔的自由面条件、装药集中度确定。在改进掏槽方式调整爆破网路分段后仍然不能保证爆破振动安全时，才考虑缩短钻爆循环进尺，或者利用切槽、预裂等辅助方法降低爆破振动。

（4）向地表传播振动有一定的方向性。由于隧道开挖掘进有方向性，向地表传播振动也有一定的方向性。实际工程中振动监测证明：从爆源出发，向隧道掘进前方振动最强，隧道掘进后方振动最弱，隧道掘进侧向振动介于中间。

（5）隧道爆破振动应关注拍振频率对主振频率的影响。爆破振动主频除了与炮孔直径、炸药性质、地质条件等因素有关，还与群炮孔的起爆时差有关。当群炮孔以很小时差连续不断引爆，相当于附加以较高基频的爆炸作强迫振动源，从而导致爆破近区振动主振频率趋于振动源基频，大幅提高了主振频率，使建（构）筑保护物发生共振的可能性减少，爆破振动危害降低。通过缩短逐孔起爆的孔间时差、提高振动源拍振基频，一定程度可实现提升振动频率、降低爆破振动有害效应。上述方法主要适用于爆破近区，对于较大规模爆破远距离的目标点，其振动主频主要由地质条件决定，因振动波通过远距离传输受岩土介质的滤波作用，振动波振动频率基本接近岩土介质的固有频率，采用调整爆破振动源拍振基频也难以改变其主振频率。当然随距离增大振动速度峰值也迅速衰减，因此对于小规模爆破的振动危害，重点是降低近距离的爆破振动峰值和提高其主振频率。对于爆源附近的保护目标，通过提高拍振基频调整振动主频，防止共振危害，这是有效的降振措施。

（6）隧道下台阶爆破对地表的振动影响明显降低。隧道下台阶爆破对地表的振动影响明显降低，其主要原因有二：1）下台阶爆破临空面条件很好，爆破夹制力减弱，振动效应较小；2）由于上台阶已挖空，阻隔了振动波的向上传播，且下台阶距离地表更远，所以下台阶爆破产生的振动效应明显减弱。

D　爆破对邻近隧道的振动影响

爆破振动对相邻隧道的稳定性影响是爆破工程中常见的问题，当两条隧道平行穿山，且间距较小时，会造成邻近既有隧道的爆破振动安全问题，轻则引起防水层开裂，导致漏水加重；重则引起支护结构开裂，甚至塌方，影响隧道安全性，给钻爆施工带来困难。

a　相同高程的平行隧道爆破振动特点

（1）临近爆源的隧道直墙上部周边振动速度最大，出现多个振动峰值，因此上部直墙面为最危险的破坏发生区，此区也正是爆炸波正入射作用点。

（2）起拱线以上为次峰值振动区，底角虽然应力水平很高，但由于该部位夹制作用较大，与直墙的其他部位相比振动相对较小，故底角不是最危险的振动破坏区。

（3）迎爆侧拱顶的最大振速为底板的 1.4 倍左右，它的振动破坏危险性很大，背爆源直墙的峰值振动速度比迎爆源一侧小 25 倍，所以背爆源侧的安全性大大提高，可不设防护措施。

b 隧道上方爆破时振动速度特点

当隧道上方进行爆破开挖时，隧道的振动安全性验证也非常重要。其振动特点如下：

（1）临近爆源的隧道周边迎爆侧拱脚附近振动速度最大；

（2）拱顶为次峰值振动区，隧道底角虽然应力水平很高，与直墙的其他部位相比振动相对较小；

（3）迎爆侧直墙的起拱点振动破坏危险性很大，背爆侧振动很小，可不采取振动安全防护措施。

E 隧道爆破案例

a 工程概况

北京延崇高速公路（北京段）工程是北京市和张家口市联合举办 2022 年冬奥会的重点配套项目，工程起点为北京市延庆区大浮坨村西侧，与正在施工的兴延高速公路相接，终点在市界处与延崇高速公路河北段相接，全长约 32.2km。隧道单线总长 10252m（含斜井 440m），桥梁单线总长 341m。爆破振动现场实验依托于延崇高速公路（北京段）工程第七合同段，上阪泉浅埋隧道爆破施工工程，上阪泉隧道出京线 1050m、进京线 1030m，延崇高速公路（北京段）工程第七合同段卫星图如图 4-29 所示，上阪泉隧道终点位置如图 4-30 所示。

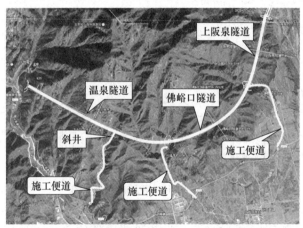

图 4-29 延崇高速公路（北京段）第七合同段卫星图

b 爆破方案设计

隧道采用上、下台阶毫秒延期爆破法，上台阶为楔形掏槽，循环进尺取 2m，辅助孔、周边孔炮孔长度为 2.2m，掏槽孔长度为 3m，采用光面爆破；周边孔设计孔间距为 40～50cm，光爆层厚度设计 60～80cm；底孔孔间距为 80cm，辅助孔间距为 70～90cm。炮孔布孔及起爆顺序参见图 4-31。

c 爆破实验测点布置

为了研究爆破振动波的传播衰减规律，实验在隧道内共布设 5 个监测点，测点与爆源间的距离根据现场条件灵活布置，测点布置示意图如图 4-32 所示。

图 4-30 上阪泉隧道终点位置图

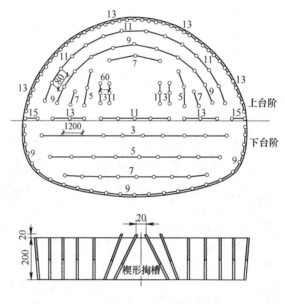

图 4-31 炮孔布置及起爆顺序图

根据现场情况，测点距离掌子面一定距离处沿隧道侧壁在地面上布置，呈一字排列。在实验中每个传感器能够拾取到径向、切向、垂向三个方向的振动信号，现场布点时传感器 X 方向对准爆源，Z 方向垂直向上，仪器现场布置情况如图 4-32 所示。爆破作业时，会产生大量飞石，将图中既有排水管线覆盖在仪器上，防止测振仪器被飞石损毁，起到一定的防护作用。

d 现场监测结果

以延崇高速上阪泉隧道Ⅳ级围岩爆破工程为背景，对隧道内的振动情况实施了监测，经筛选后得到四组典型爆破振动信号，共 20 个测点的爆破振动数据，监测得到的峰值振速、主频率以及每个测点与爆源间的距离等实验数据见表 4-8。以第二组实验数据为例，1 号~5 号测点测得的爆破振速时程曲线如图 4-33 所示。

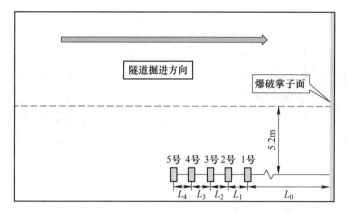

图 4-32 现场测点布置示意图

表 4-8 爆破振动监测结果

组别	日期	单段最大药量/kg	测点与爆源距离 R/m	测点编号	振动峰值速度/cm·s⁻¹				主频率/Hz		
					X	Y	Z	矢量和	X	Y	Z
一	2018.11.07	10.8	45	1号	0.57	0.60	1.22	1.27	50.00	42.55	48.78
			55	2号	0.31	0.58	0.94	1.15	42.25	153.85	47.12
			60	3号	0.69	0.96	0.88	1.18	39.22	74.07	46.51
			65	4号	0.56	0.58	0.71	0.82	40.82	43.48	46.51
			70	5号	0.56	0.51	0.64	0.78	38.46	58.43	45.45
二	2018.11.08	9.3	60	1号	0.34	0.31	0.64	0.68	47.62	74.07	50.00
			65	2号	0.51	0.33	0.65	0.69	54.05	42.55	45.46
			100	3号	0.58	0.34	0.33	0.62	47.62	48.78	44.44
			120	4号	0.43	0.14	0.24	0.44	43.48	55.56	52.63
			200	5号	0.16	0.20	0.09	0.22	40.82	28.99	64.52
三	2018.11.09	13.8	100	1号	0.29	0.25	0.27	0.47	68.97	69.56	68.88
			120	2号	0.32	0.64	0.57	0.89	68.97	68.97	66.67
			130	3号	0.12	0.28	0.25	0.33	55.56	58.82	58.82
			150	4号	0.19	0.28	0.24	0.35	55.56	51.28	45.45
			180	5号	0.13	0.13	0.13	0.16	55.56	55.56	44.44
四	2018.11.11	9.5	45	1号	1.09	0.91	1.11	1.19	68.97	68.97	100.00
			50	2号	0.88	0.88	0.79	0.99	76.92	90.91	86.96
			55	3号	0.76	0.65	0.56	0.79	80.00	90.91	117.65
			60	4号	0.63	0.42	0.41	0.69	71.43	29.85	90.91
			65	5号	0.55	0.21	0.50	0.67	74.07	52.63	76.92

e 实验数据振速分析

根据萨道夫斯基经验公式，采用最小二乘法对表 4-8 中的峰值振速进行曲线拟合求得

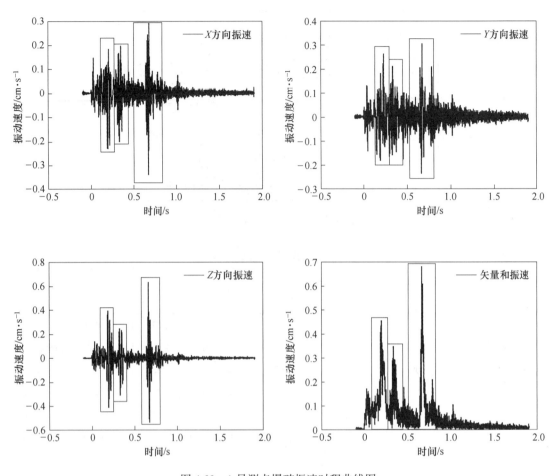

图 4-33　1 号测点爆破振速时程曲线图

K、α 值，萨道夫斯基公式的具体形式为：

$$v = K \left(\frac{\sqrt[3]{Q}}{R} \right)^{\alpha} \tag{4-8}$$

式中　v——爆破振速峰值，cm/s；

　　　　Q——单段最大药量，kg；

　　　　R——测点与爆源的距离，m；

　　　K，α——爆破振动衰减系数、爆破
振动衰减指数。K 主要与
地形和地质条件等因素有
关；α 主要与爆破性质和
传播路径等因素有关。

　　根据现场统计，得到 5 组爆破振
动采集试验分别对应的最大单段药量，
在此基础上进行曲线拟合，如图 4-34
所示。

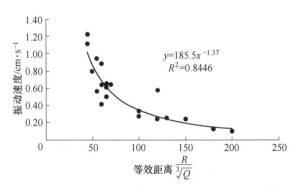

图 4-34　爆破振速拟合曲线图

根据图 4-34 分析可知，爆破振动衰减系数 K 和爆破振动衰减指数 α 值分别为 185.5、1.37，则得到上阪泉隧道爆破振动的传播衰减规律为：$v = 185.5 \left(\dfrac{\sqrt[3]{Q}}{R} \right)^{1.37}$。根据拟合结果可以对上阪泉隧道后续的爆破施工的振动速度进行预测，为优化爆破网路设计，控制雷管段别药量，减小爆破振动提供参考。

对表 4-8 中数据进行分析可知，随着传播距离的增加，爆破振动强度随之衰减，并且爆破振动的主频率同样也随着距离的增加而降低，虽然在个别测点上数值出现上下浮动，但并不改变随距离增加而衰减的整体趋势，出现这一情况的原因推测是由于岩脉分布、岩石裂隙等地质因素造成的。

结合图 4-34 分析，从测试结果看，爆破振动峰值振速分别与掏槽孔、辅助孔和周边孔的雷管段别相对应，即三个振速峰值分别对应的雷管段为 1~3 段、5~11 段和 13 段。掏槽孔爆破时，由于仅有一个临空面，岩石受到较大的夹制作用而产生剧烈振动，炸药爆炸产生的能量很大一部分以波的形式传播，产生较大振动，即形成爆破振动信号第一个峰值振速；辅助孔爆破振速峰值相对掏槽孔爆破略小，掏槽孔爆破时虽然形成了新的临空面，但是不够大，而且辅助孔爆破段位分布较多，这样即使药量大，但引起的振动却逐渐减小，对隧道的影响也较小。13 段雷管对应周边孔爆破，装药量最多，从波形图可以看出周边孔爆破对应的峰值振速最大，这表明爆破临空面的扩大并没有抵消由于装药量的增加而形成的剧烈振动，对隧道安全不利，爆破网路设计有待优化。

针对以上分析，在隧道掌子面爆破过程中，岩石对掏槽孔爆破形成的夹制作用、雷管段位的单段最大药量是造成隧道爆破振动过大的重要原因。所以，在达到岩石破碎效果的同时也要从安全角度考虑，根据岩性及地质结构，在进行爆破方案设计时应避免药量过于集中，协调好总药量、单段药量与雷管段位、数量的比例关系，避免产生过大振动峰值，达到安全施工的目的。

4.3.1.2　井筒掘进爆破——以竖井掘进爆破为例

A　基本概念

竖井掘进凿岩爆破是竖井基岩掘进的主要工序，对井筒掘进速度和规格质量影响较大，其工时占掘进循环的 20%~30%。凿岩分类分为手持式凿岩机凿岩和机械凿岩两种。爆破常用的炸药有铵梯炸药、水胶炸药、乳化炸药等。硝化甘油炸药应用较少。药卷直径一般为 32mm、35mm、45mm，雷管多用毫秒延时电雷管或导爆管。为保证爆破效果，一般先确定炸药消耗量，再根据岩石的坚固性、凿岩机类型、井筒断面、岩层涌水量、掘进循环时间和施工的技术水平，确定炮眼深度、数目及其布置等。

B　竖井工作面和炮孔布置

在圆形断面竖井内，炮孔多呈同心圆排列布置圈数取决于井筒直径和岩石坚固程度，一般为 3 圈 4 圈或 5 圈。炮孔布置应尽量做到布置最少的炮孔达到最佳的爆破效果。根据爆破作用不同井筒炮孔种类有掏槽孔、周边孔和崩落孔三类。靠近开挖中心的 1~2 圈为掏槽孔，最外一圈为周边孔，其余为辅助孔。

掏槽孔的作用在于向深部掘进岩石，并为其他炮孔的爆破提供第二个自由面，是决定爆破有效进尺的关键。掏槽孔多布置在井筒工作面的中心，掏槽孔圈径当采用直孔掏槽时可取 1.2~1.6m，孔数为 5~7 个当采用机械化钻架钻孔时可取 1.6~2.0m；当采用锥形掏槽时可取 1.8~2.0m。掏槽孔应较崩落孔和周边孔加深 200mm。

立井工作面炮孔参数选择和布置基本上与平巷相同。在圆形井筒中，最常采用的是圆锥掏槽和筒形掏槽。前者的炮孔利用率高，但岩石的抛掷高度也高，容易损坏井内设备而且对打孔要求较高，要求各炮孔的倾斜角度相同且对称；后者是应用最广泛的掏槽形式。采用筒形掏槽形式有利于多台凿岩机同时操作且便于操作，爆破效率高，岩石块度均匀，岩石抛掷高度小，不易崩坏吊盘和井下凿井设备。当炮孔深度较大时，可采用二级或三级筒形掏槽，每级逐渐加深通常后级深度为前级深度的 1.5~1.6 倍。

辅助孔介于掏槽孔和周边孔之间可布置多圈，其最大一圈与周边孔的距离应满足光爆层要求，以 0.5~0.7m 为宜。其余辅助孔的圈距取 0.6~1.0m，按同心圆布置，孔距 0.8~1.2m。

C　案例分析

厦门火车站城市轨道交通预留工程是厦门火车站综合交通枢纽的重要组成部分，在完善城市综合交通体系、提升旅客服务水平等方面具有重要意义。预留工程折返线隧道位于厦门火车站旅客地道正下方，轨道交通轴线与旅客地道轴线投影重合；全长 350m，采用双线单洞断面，线间距 5m，埋置深度 15.4~15.7m。折返线隧道端头 2 个竖井，其中北竖井位于火车站广场，南竖井位于金榜山北侧火车站南广场施工工地附近，金榜山和既有道路中间，且既有道路靠火车站侧有深基坑正在施工，施工场地狭窄。

爆破施工过程中对爆破分别进行了测试。测试采用拓普 UBOX20016 便携式数据采集设备和该仪器配套的垂直传感器和水平传感器。测点位于竖井四周，距离井壁水平边缘分别为 5m、10m、20m、40m。爆破中按照最大振速 2.5cm/s 进行控制。测试得到的最大振速为 1.45cm/s。表 4-9 为竖井开挖深度分别为 5m、10m、20m、30m 时的不同测点的振动速度测试结果。

表 4-9　不同测点的振动速度测试结果

编号试验	开挖深度/m	距井壁水平距离/m	炸药量/kg	水平方向最大振速/cm·s⁻¹	水平振动持续时间/s	最大振速竖向方向/cm·s⁻¹	竖向振动持续时间/s
1	5	10	14	1.12	0.656	1.56	0.651
2	5	20	14	0.89	0.689	1.38	0.692
3	5	40	14	0.75	0.712	1.22	0.724
4	10	10	15	1.24	0.745	1.89	0.749
5	10	20	15	1.04	0.791	1.76	0.785
6	10	40	15	0.84	0.512	1.58	0.821
7	20	10	16	1.45	0.858	2.02	0.851
8	20	20	16	1.31	0.912	1.85	0.924
9	20	40	16	1.21	0.958	1.66	0.996
10	30	10	15	1.05	0.885	1.41	0.892
11	30	20	15	0.74	0.958	1.24	0.962
12	30	40	15	0.54	1.003	1.01	0.995

通过分析可以得出以下结论：竖井爆破振动速度存在一定的高程放大效应。相对高程越大，放大系数越大，高程对爆破振动波的放大效应明显。岩石爆破的振动持续时间较短，一般在 1s 以内，水平向和竖向的持续时间比较接近，且随距离的增加振动持续时间有所增长；振动速度随水平距离增加而迅速地衰减，而且振动速度的衰减呈非线性，初始衰减速率较大，随后衰减速率变小。

4.3.1.3 硐库开挖爆破——以地下水封洞库开挖爆破为例

硐库开挖爆破是指在地下开挖大型洞库，其中最典型的是大型地下水封洞库，地下水封洞库工程的建设在我国刚刚起步，关于其爆破方案及施工技术的相关研究还比较少。而目前水利水电、交通等工程的大型地下洞库系统及隧道开挖的爆破技术的研究成果较多，可供之借鉴。

A　地下水封洞库开挖爆破特点

这些大型地下洞室采用分层开挖，对顶拱层的开挖通常采用小孔径水平浅孔爆破的方式；而对顶拱层以下各层的开挖，为了加快施工进度，一般采用深孔台阶爆破和光面爆破或预裂爆破相结合的方式。

与其他行业大型地下洞室相比，大型地下水封洞库工程具有不衬砌、洞室密度大、对围岩完整性要求高等特点。其主体工程的施工都在水幕系统注水环境下进行。因此，地下水封洞库爆破施工的轮廓面成形效果要求非常高，爆破振动控制也非常严格，除需要控制爆破对本洞、邻洞的动力稳定性影响外，还需要控制爆破对洞室水封性的影响。因此需要根据地下水封洞库这些独有的特性及其工程地质条件，并结合爆破试验确定合适的开挖程序和爆破方式。

B　案例分析

某地下水封洞库工程主要由主洞室群竖井、水幕系统及施工巷道等组成。主洞室群分成 3 组罐体，每组罐体 3 个洞室，共 9 个洞室，每组洞室之间由施工巷道连通。洞室为直立边墙圆拱洞，跨度为 20m，高度 30m，长度在 484~717m 之间。两个相邻主洞室之间设计净间距为 30m，主洞室壁与相邻施工巷道壁之间设计净间距为 25.25m。洞室群顶部设水幕系统，由注水巷道和水幕孔组成，覆盖整个洞库上方注水巷道底板宽 5.0m 高 4.5m。洞室区以相对较完整的花岗片麻岩为主，主要为Ⅱ、Ⅲ类岩。

主洞室根据不同的爆破方案分 4 层或 5 层开挖。顶拱层高 8.5m，采用中导洞先进，两侧扩挖跟进的方式开挖。根据该工程的特点及其他工程的经验，顶拱层以下各层（除底板保护层）的爆破开挖方式为：两侧直墙轮廓面预裂爆破，中间深孔台阶爆破的开挖方式（简称深孔台阶爆破+预裂爆破方案）。

深孔台阶爆破+预裂爆破方案的台阶开挖高度 9.5m，每个开挖循环进尺 10m。主爆孔孔径为 90mm，孔距为 2.5~3.0m，排距 2.0~2.5m，预裂孔径 76mm，孔距 0.7m。采用孔外接力起爆网路。典型的炮孔布置及起爆网路如图 4-35 所示。

深孔台阶爆破+预裂爆破方案下典型爆破振动波形图及其频谱如图 4-36 和图 4-37 所示。

从波形图可以看出，由于距离爆源太近，所以爆破振动偏大，但总体在安全范围内，不会造成围岩损伤，而且预裂爆破的爆破振动明显高于深孔台阶爆破振动，且主频集中在

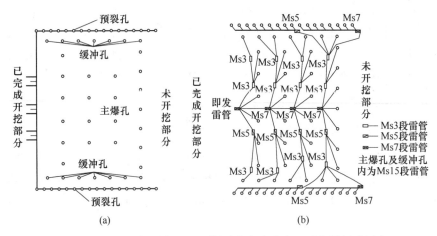

图 4-35   深孔台阶爆破+预裂爆破方案炮孔布置及起爆网路图
(a) 炮孔布置；(b) 起爆网路

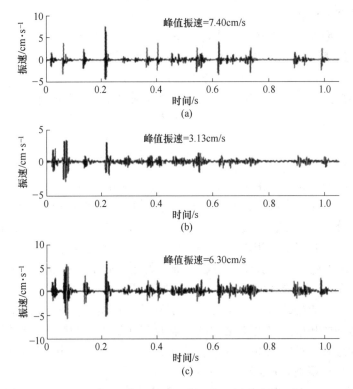

图 4-36   深孔台阶爆破+预裂爆破方案下典型振动波形（爆心距 30m）
（a）水平平行洞轴线方向；（b）水平垂直洞轴线方向；（c）竖直向

100Hz 左右，但岩石的主振频率多集中在低频，所以对硐室群的影响不大。

　　对于深孔台阶爆破+预裂爆破方案，在岩体条件较好且选择合理的爆破参数及起爆网路的情况下，也能满足振动及损伤控制和开挖成型的需要，故可以应用于大型地下水封洞库的爆破开挖。该方案在施工质量控制方面较优，在施工组织方面工序控制及协调难度

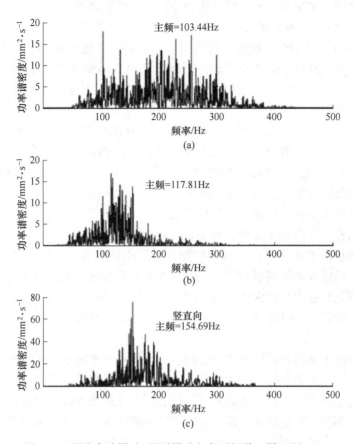

图 4-37 深孔台阶爆破+预裂爆破方案下频谱（爆心距 30m）

（a）水平平行洞轴线方向；（b）水平垂直洞轴线方向；（c）竖直向

小，利于机械化施工，适用于在岩体条件较好的情况下的高强度大规模施工。

4.3.2 地下空间开挖爆破

随着人口的膨胀和经济的发展，城市化的进程提速，都市人口聚集，城市化使得土地资源的利用越来越紧张。在保证 18 亿亩耕地红线的基础上，人们为了提升自己生活环境和经济发展速度，在不可再生的土地资源上进行了地下空间的扩展。地下空间的开发和利用是城市化大势所趋，地下空间的开发和利用在一定程度上解决人口增加，交通压力等城市地面空间容纳能力有限的矛盾。

大型地下矿井、地铁站、储油库、机库及大型水电站地下厂房等地下工程都是地下空间开发的典型案例。这些案例中，大多通过爆破进行地下空间开挖，地下空间开挖爆破中，以大型水电站、地下厂房的建设最为复杂，接下来以地下厂房为例，介绍地下空间爆破关键技术及爆破振动规律。

在水电站地下厂房系统中，除地下厂房外，还包含有主变硐、交通硐、调压井、尾水硐等大型硐室。随着一些干流水力资源的相继开发，水电工程中地下厂房及相关硐室等在向大型化或超大型的方向发展，特别是伴随着装机容量的增大，地下厂房规模越来越大，以大跨度、高边墙、多交叉以及结构复杂为特征。在很多地下厂房系统中，大大小小的隧洞和地下空间交织在一块，形成庞大、复杂的地下硐室群。例如龙滩水电站在不到 $0.5km^2$ 的山体内布置了 113 条硐室，这些硐室以平斜、竖的形式相贯，形成庞大而复杂的地下硐室群，石方开挖量达 356 万米^3；小湾水电站在不到 $0.3km^2$ 的区域里布置近百条硐室，总长度近 17km，构成一个超大型的地下工程系统。对于大型地下硐室的施工，最常采用的手段仍是钻孔爆破法。

当前水电站地下厂房一般采用"平面多工序，立体多层次"的开挖方法，对于属于超大断面的地下厂房，一般采用台阶法分层开挖，分层的高度一般为 8~10m。首先在充分利用施工通道的基础上，考虑厂房的结构特点、施工机械性能以及相邻空间的施工需要，确定合理的分层方案，然后大体上遵循自上而下的顺序逐级开挖。同时可考虑在厂房上层开挖的同时由下部施工通道进入厂房施工，实现立体交叉施工。厂房上部顶拱的开挖利用凿岩台车钻孔，周边光面爆破，因为厂房跨度大，所以施工中采用导硐（中导硐或者两侧导硐）超前的方式；厂房中部开挖则利用液压钻或潜孔钻凿大孔径竖直孔，梯段爆破开挖，这样可以大大提高爆破效率，同时为了减轻爆破振动对岩锚梁及边墙的影响。一般会采取边墙预裂或者预留保护层等措施，即厂房下部则主要利用引水隧洞和尾水洞作为施工通道，开挖仍以台阶爆破为主，但由于厂房下部基坑结构复杂，所以可能会采用不同的钻爆方式。

可供使用的施工通道有排风洞、交通洞、引水隧洞下平段及尾水支洞，根据施工通道控制范围可将厂房从上至下分为三大部分：上部，主要利用排风洞作为施工通道；中部以交通洞为施工通道；下部，以引水隧洞下平段和尾水支洞作为施工通道。

首先确定上部顶拱开挖高度，顶拱层从排风洞进入施工，其下部高程必须与排风洞持平并且考虑凿岩台车的控制范围，高度上不能太大，分层高度不宜大于 10m，在顶拱开挖时，下部要留有适当的厚度，以保证岩锚部分岩体不受扰动，一般顶拱层开挖下部轮廓线距岩锚梁顶部 2~3m。

下边以溪洛渡水电站地下厂房开挖为例说明地下空间开挖爆破技术关键和爆破振动规律。

A　工程概况

溪洛渡水电站采用全地下式厂房电站共装机 18 台（两岸各布置 9 台），单机容量 700MW。机组间距为 34m，主厂房最大跨度为 31.9m。主厂房布置在拱坝上游山体中，与电站进水口靠近，采用单机单管供水，不设上游调压井，仅设尾水调压室。地下厂房由进水口、引水洞、主副厂房、母线洞、主变室、电缆出入井、通风洞、尾水管及连接洞、尾水调压室、尾水洞以及地面开关站等组成。主厂房尺寸（长×宽×高）为 430.26m×31.90m×75.10m，主变室尺寸（长×宽×高）为 336.02m×19.80m×26.5m，尾水调压室尺寸（长×宽×高）为 3000m×26.5m×95.0m。主厂房、主变室和尾水调压室的跨度大、边墙高、规模大，构成厂房的三大硐室群。尾水调压室顶拱中心线与厂房机组中心线间距为 149m，主变室顶拱中心线与厂房机组中心线间距为 76m。

B　开挖方法

在三大主硐室中主厂房跨度大、边墙高、技术复杂，是控制总工期的关键，施工工期非常紧张。实际开挖过程中实施了"立体多层次、平面多工序"的施工方法，结合施工期安全监测采取合理的开挖方法和适时有效的支护措施，确保了顶拱层、岩锚梁、高边墙和高边墙穿洞等关键部位的围岩稳定。

主厂房开挖高度为 75.6m，共分 10 层施工，除顶拱层为 12.1m 厚外，其余层厚均为 6~9m，其中最重要的是第 1 层和第 3 层。第 1 层为顶拱层，采用先进行中导硐开挖与顶拱支护、两侧扩挖和系统支护及时跟进的施工方案，即先进行顶拱层两半幅光面爆破，掘进 60~80m 后，下层两半幅开挖跟进，采用先预裂爆破后梯段爆破的方法（侧墙端预留 3m 保护层），最后进行保护层光面爆破。支护严格按照稳定性要求实施，以确保下层施工的安全。图 4-38 为溪洛渡地下厂房硐室分层开挖示意图。

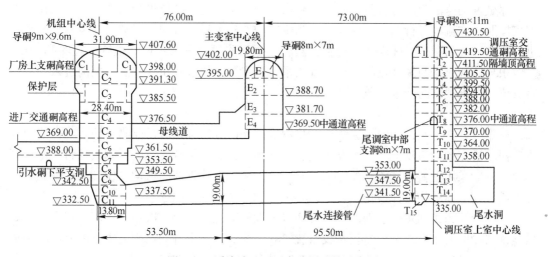

图 4-38 溪洛渡地下厂房分层开挖示意图

（1）顶拱层开挖。主厂房顶拱层分导硐和两侧扩挖两部分顺序施工，导硐宽 9.00m 高 9.60m。顶拱层施工采取先中导硐支护和永久安全监测仪器埋设，再两侧扩挖成型、钻孔采用简易钻爆台车配气腿钻，根据围岩条件，钻孔深度为 2.5~3.5m。由于扩挖断面较大，分两个区域一次爆破开挖。为了确保周边成型好、光爆残痕率高、岩面平整，周边光爆孔孔距均采用 35cm，光爆孔分段爆破，并与相邻主爆孔间隔时间尽量短（不大于 25ms）。

（2）中下部开挖。厂房 II、IV 层的开挖，由于位于厂房岩锚梁层附近，为了有效地及时支护，控制和减小变形，采取了分层高度在 4~5m 的浅层梯段爆破，层高 8~10m 的分为两个小层开挖。具体为边（端）墙预留 4m 厚保护层预裂爆破成型中部施工预裂拉槽，然后梯段爆破开挖，最后进行保护层开挖。边（端）墙预裂采用 100B 型贴边钻机钻孔，梯段孔采用液压钻钻孔，保护层采用手风钻水平爆破挖除。IV 层以下的分层开挖采取边墙永久预裂爆破成型，中部梯段爆破全幅或半幅开挖，分层高度为 6m 左右。中下层分层开挖利用母线洞、压力管道和尾水支洞作为施工通道，其中第 IX 层（锥管段）采用中部打溜渣井，分两小层三区开挖溜渣的方法，分层高度约 4m。第 X 层（肘管段）开挖上游侧预留厚 3m 左右的保护层，然后再用手风钻水平光面爆破挖除。

（3）主厂房岩锚梁层开挖方法。主厂房第三层为岩锚梁层，要通过严密控制使开挖按照设计边线成型同时保护好岩体不受爆破振动影响而产生损伤破坏。为保证岩台成型，开挖时采用控制爆破技术，开挖前精心进行爆破设计与试验，确定爆破参数，严格控制钻爆的单响药量。岩锚梁部位的开挖采用预留保护层的开挖方式，保护层与中部槽挖采取预裂爆破分开，保护层厚度为4.5m。钻孔精度是保证爆破效果最重要的因素之一，采用红外线激光定位技术，精确测放轮廓线。进一步的设计优化和调整，使得岩锚梁开挖爆破半孔率达到了98.9%，岩面不平整度为5.1cm，平均超挖为4.6cm；上直立墙、斜面、下直立墙光爆孔3个孔在一条直线上，达到优良样板工程标准，满足设计要求。同时，这些地下硐室开挖施工的关键技术减小了围岩的爆破损伤，保障了围岩稳定。

C　爆破振动监测及分析

爆破振动监测为实时监测，故在爆破前应根据实地调查结果进行细致的准备工作，并严格按照工作流程进行工作。为确保监测资料的准确可靠，首先对爆破点附近的作业环境进行详细准确的调查，确定监测对象，然后在爆破前对监测系统进行检查、检测和标定，同时根据监测对象与爆破点的相对位置关系，确定测点位置及布置方法，提前进入现场进行安置，根据爆破时间进行监测。

a　测点布置

根据设计文件及现场的实际情况，将爆破振动测点布置在所需监测的地表或需要测定爆破振动质点的构筑物上。传感器的安装必须稳固，否则质点的速度监测数据将产生失真现象，一般采用石膏固定传感器效果较好。还应注意对传感器的保护，使其避免受到爆破碎石或其他物体的物理性损伤。另外，必须注意传感器的方向性。

按照上述原则和爆破振动的传播规律以及以往的经验，第一次在主厂房第二层进行爆破振动监测时，从厂右至厂左呈直线布置了6个测点，其中各测点距离爆破中心的距离依次为7.7m、11.8m、21.2m、30.2m、45.2m和64.4m；第二次在主厂房第三层进行爆破振动监测时，分别在厂房上游和下游岩锚梁上各布置了两个测点，各测点距离爆破中心的距离依次为13.1m、29.1m、14.3m和29.7m；第三次在主厂房第三层进行爆破振动监测时，分别在厂房上游和下游岩锚梁上各布置了两个测点，各测点距离爆破中心的距离均为14.1m，第四次在主变运输洞进行爆破振动监测时，分别在厂房下游侧岩锚梁上布置了两个测点，各测点距离爆破中心的距离依次为10.2m和15.8m；第五次在主厂房第四层进行爆破振动监测时，分别在厂房上、下游侧的岩锚梁上布置了四个点，各测点距离爆破中心的距离依次为22.2m、24.7m、17.4m和13.5m；第六次在排烟竖井进行爆破振动监测时，在安装间底板布置了两个测点。每个测点布置垂直方向、水平方向和水平切向的传感器。

b　爆破振动分析

第一次爆破振动监测位置布置在厂房第二层，采用乳化炸药，总装药量为15kg，总炮孔数为1个，单段最大药量15kg，爆破监测点距离爆源的铅直距离分别为77m、118m、21.2m、30.2m、45.2m和64.4m。监测结果显示的最大振速依次为28.92cm/s、11.052cm/s、7.022cm/s、3.521cm/s、2.804cm/s和1.441cm/s。根据萨道夫经验公式采用最小二乘法对爆破试验进行拟合回归计算，K值为100，a值为1.35。

初步确定主厂房第二层爆破振动参数K值为100，a值为1.35。第二次爆破振动监测位置布置在厂房第三层，采用乳化炸药，总爆破孔数为6个，单孔药量为18kg，总装药量为108kg，分4个段位，单段最大药量为36kg。爆破振动测点共4个，分别布置在上下游岩锚梁上。监测成果表明：JC1 三分量和 JC2 水平切向的最大振速超出控制标准 7cm/s，其中 JC1 三分量的最大振速分别为 9.986cm/s、9.913cm/s 和 11.645cm/s；JC2 水平切向的最大振速为 8.226cm/s，振动主频范围为 74.8~320Hz。两个超出控制标准的监测点 JC1 和 JC2 均位于上游侧岩锚梁，一方面由于上游侧岩锚梁监测点距离爆区相对较近；另一方面由于交通洞过道靠近下游侧岩锚梁其减振作用致能量衰减较快，所以两侧监测振动速度相差较大。

第三次爆破振动监测布置在主副厂房第三层，采用乳化炸药，总炮孔数共 28 个，单孔药量 18kg 总装药量 504kg，共分 28 段单孔单段，单段最大药量为 18kg。爆破振动测点共 4 个，分别布置在上下游岩锚梁上。监测成果表明：各监测点的水平径向最大振速范围为 3.652~5.541cm/s，水平切向最大振速范围为 2.484~6.213cm/s，铅直向最大振速范围为 4.082~6.933cm/s，振动主频范围为 54.8~210.5Hz，各测点均在控制标准之内。临空面侧的监测点最大振动速度相对较小。

第四次爆破振动监测布置在主变运输洞，采用乳化炸药，总装药量为 36.4kg，单段最大药量为 8.4kg。本次主变运输洞开挖爆破振动监测在爆区正上方和端墙拐角处岩锚梁上各布置了 1 个监测点，其编号依次为 JC1 和 JC2。监测成果表明：各监测点的水平径向最大振速范围为 2.244~4.528cm/s，水平切向最大振速范围为 1.898~4.88cm/s，铅直向最大振速范围为 3.074~4.184cm/s，振动主频范围为 86~190.5Hz。本次各监测点的测值均未超出控制标准。施工方严格控制了单段最大药量，合理布置了爆破网路并采取了相应的减振措施。

第五次爆破振动监测布置在厂房第四层，采用乳化炸药，总炮孔数为 6 个，单孔药量为 18kg，总装药量为 108kg，孔深 7.25m，段数 4 段，单段最大药量 36kg。本次地下厂房第四层开挖爆破振动监测在距爆区边缘最近的岩锚梁上布了 4 个监测点，监测成果表明第四点的水平径向最大振速超出控制标准 7cm/s，其值为 8.707cm/s；其他监测点的测值均在控制标准之内，各监测点振动主频范围为 25.2~500Hz。由此判定：靠近上游侧岩锚梁监测点的振动速度明显大于下游侧岩锚梁，故应合理布置爆破区域，对于距爆破区域较近侧应采取减振措施（预裂或开挖减振沟）。

4.3.3 地下采矿爆破

根据矿体赋存情况和设备能力条件，地下采矿爆破按孔径和孔深的不同可分为浅孔爆破和深孔爆破。地下采矿爆破与露天爆破相比，具有明显的特点：

（1）工作空间比较狭小，爆破规模小，爆破频繁；

（2）地质条件对地下工程影响更大在施工过程中岩体的性质和构造是选择开挖方式、开挖程序爆破方式与支护手段的基本依据；

（3）由于受作业空间的限制，地下采矿爆破所采用的凿岩、采掘机械与露天矿山相比，其生产能力弱，自动化程度较低。

地下采矿爆破与井巷掘进爆破相比具有以下特点：有两个以上的自由面；炮孔数量多，崩矿面积和爆破量都比较大，爆破方案的选择和起爆网路的设计比较复杂。所以，爆破时的组织工作显得更为重要。

4.3.3.1 地下采矿浅孔爆破

地下采矿浅孔爆破主要采用留矿法、分层充填法、分层崩落法以及某些房柱法采矿。

A 炮孔布置

地下采矿浅孔爆破中的炮孔，按方向不同可分为上向炮孔和水平炮孔两种，其中上向炮孔应用较多。矿石比较稳固时采用上向炮孔布孔，如图 4-39 所示。矿石稳固性较差时，一般采用水平炮孔布孔，如图 4-40 所示。工作面可以是水平单层，也可以是梯段形，梯段长 3~5m，高 1.5~3.0m。

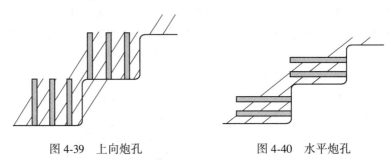

图 4-39　上向炮孔　　　　　　　　图 4-40　水平炮孔

爆破工作面以台阶形式向前推进，炮孔在工作面上的排列形式有方形或矩形排列和三角形排列，如图 4-41 所示。方形或矩形排列一般用于矿石比较坚硬、矿岩不易分离以及采幅较宽的矿体。采用三角形排列时，炸药在矿体中的分布比较均匀，一般破碎程度较好，不需要进行二次破碎，故采用较多。

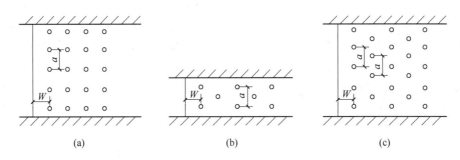

　　　　(a)　　　　　　　　　　(b)　　　　　　　　　　(c)

图 4-41　浅孔爆破时炮孔的排列形式
（a）方形或矩形排列；（b）窄幅三角形排列；（c）宽幅三角形排列

B 爆破参数

a 炮孔直径

采场崩矿的炮孔直径和矿床赋存条件有关，并对回采工作有重要影响。我国矿山浅孔爆破崩矿广泛采用直径为 32mm 的药卷，其相应的炮孔直径为 38~42mm。

国内一些有色金属矿山使用了 25~28mm 的小直径药卷进行爆破，其相应的炮孔直径为 30~40mm，在控制采幅宽度和降低贫化损失等方面取得了比较显著的效果。开采薄矿脉、稀有金属矿脉或贵重金属矿脉时，特别适宜使用小直径炮孔爆破。

b 炮孔深度

炮孔深度与矿体围岩性质、矿体厚度及边界形状等因素有关。它不仅决定着采矿每循环的进尺和采高回采强度，而且影响着爆破效果和材料消耗。采用浅孔爆破留矿采矿法时，当矿体厚度大于15m矿岩稳固时孔深常为2m左右，个别矿山开采厚矿体时的孔深可达到3~4m；当矿体厚度小于1.5m时，根据矿体厚度的不同孔深为10~15m。当矿体较小且不规则、矿岩不稳固时，应选用较小孔深值以便控制采幅降低矿石的损失和贫化。

c 最小抵抗线和炮孔间距

通常最小抵抗线 W 和炮孔间距 a 按下列经验公式选取：

$$W = (25 \sim 30)d \tag{4-9}$$
$$a = (1.0 \sim 1.5)W \tag{4-10}$$

式中 d——炮孔直径，mm；

式中的系数依岩石坚固程度而定，即岩石坚硬取小值；反之，取大值。

d 单位炸药消耗量

地下采矿浅孔爆破的单位炸药消耗量与矿石性质、炸药性能、孔径、孔深以及采幅宽度等因素有关。一般采幅愈窄，孔深愈大，岩石坚固性系数愈大，则其单位炸药消耗量愈大。通常只根据单位炸药消耗量和欲崩落矿石的体积进行计算，即

$$Q = qmlL \tag{4-11}$$

式中 Q——单次爆破装药量，kg；

q——单位炸药消耗量，kg/m；

m——采幅宽度，m；

l——一次崩矿总长度，m；

L——平均炮孔深度，m。

4.3.3.2 地下采矿深孔爆破

地下采矿深孔爆破可分为两种：中深孔爆破和深孔爆破。国内通常把钎头直径为51~75mm的接杆凿岩炮孔称为中深孔，而把应用钎头直径为95~110mm的潜孔钻机钻凿的炮孔称为深孔。实际上，随着凿岩设备凿岩工具的改进，二者的界限有时并不显著。所以，孔径为75~120mm孔深大于5m的炮孔统称为深孔。深孔崩落矿石的特点是效率高、速度快、作业条件安全，被广泛应用于厚矿床的崩矿。在冶金矿山中深孔爆破常用于阶段崩矿法、分段崩矿法、阶段矿房法、深孔留矿法等采矿方法和矿柱同采。

深孔爆破与浅孔爆破相比，具有每米炮孔崩矿量大、一次爆破规模大、劳动生产率高、矿块回采速度快、开采强度高作业条件和爆破工作安全成本低等优点，但是大块较多深孔爆破在冶金矿山中广泛用于地下矿的中厚矿床回采矿、柱回采和空区处理等工作。

炮孔布置方式有两种，分别是平行布孔和扇形布孔。平行布孔是指在同一排面内深孔互相平行，深孔间距在孔的全长上均相等的布孔方式，如图4-42（a）所示。扇形布孔是指在同一排面内深孔成放射状布置，深孔间距自孔口到孔底逐渐增大的布孔方式如图4-42（b）所示。

平行布孔与扇形布孔相比，其优点是：

（1）炸药分布合理，爆落矿石块度比较均匀；

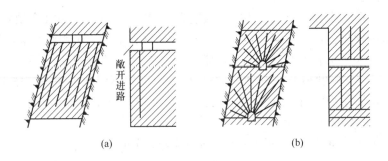

图 4-42　炮孔布置

（a）平行布孔；（b）扇形布孔

（2）每米深孔崩矿量大。

平行布孔的缺点是：

（1）凿岩巷道掘进工作量大；

（2）每钻凿一个炮孔就需移动一次钻机，辅助时间长；

（3）在不规则矿体中布置深孔比较困难；

（4）作业安全性差。

从比较中可以看出，平行布孔虽然相比于扇形布孔有一些优点，但其缺点比较严重，凿岩巷道掘进工作量大是其致命的弱点。因此，其只有在开采坚硬的矿体时才被采用。水平扇形深孔的排列方式很多。

4.3.3.3　地下采矿大直径深孔爆破

地下深孔采矿技术是以大孔径深孔爆破为特征开采强度大，生产能力高，是在大型地下矿山中广泛应用的一种大规模高效采矿技术。

A　VCR 爆破

垂直深孔球状药包后退式崩矿方法 VCR（Vertical Crater Retreat Mining）是在利文斯顿爆破漏斗理论基础上研究创造的，以球状药包爆破方式为特征的新的采矿方法。它的实质和特点是：在上切割巷道内按一定孔距和排距钻凿大直径深孔到下部切割巷道，崩矿时自顶部平台装入长度不大于直径 6 倍的药包，然后沿采场全长和全宽按分层自下而上崩落一定厚度的矿石，逐层将整个采高采完下部切割巷道成为出矿巷道，其典型矿块回采如图 4-43 所示。

VCR 爆破中炮孔两端是敞开的，要求采用堵孔使药包停留在预定的位置上，所以装药是这种爆破方法非常关键的作业。将球状药包埋置在采场顶底板之间向下部自由空间爆破，即倒置漏斗爆破，是 VCR 爆破的主要特点。

VCR 爆破主要用于中厚以上的垂直矿体，倾角大于 60° 的急倾斜矿体和倾角大于 60° 的小矿块等的回采。VCR 爆破中的深孔采用平行排列，一般垂直向下，如图 4-44 所示，也可钻大于 60° 的倾斜孔，但是在同一排面内的深孔应互相平行，深孔间距应在孔的全长上相等。

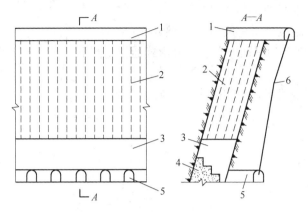

图 4-43　VCR 爆破采矿示意图

1—凿岩巷道路；2—大直径深孔；3—拉底空间；

4—充填台阶；5—装岩巷道；6—运输巷道

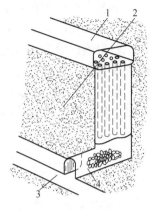

图 4-44　VCR 爆破崩矿示意图

1—顶部平台；2—矿柱；

3—运输；4—出矿巷道

B　阶段深孔台阶爆破

阶段深孔台阶爆破采矿法是大直径深孔采矿技术另一具有代表性的技术。阶段深孔台阶分次爆破崩矿如图 4-45 所示，采场装药结构如图 4-46 所示。

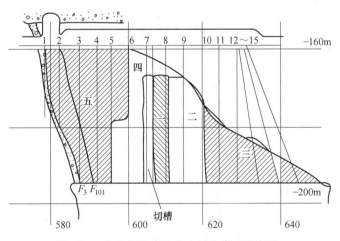

图 4-45　阶段深孔台阶分次爆破崩矿示意图

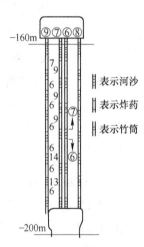

图 4-46　装药结构示意图

这一采矿技术方案的实质是露天矿台阶崩矿技术在地下开采中的应用，即采用大直径阶段深孔装药对采场中事先形成的竖向切割槽实行全段高或台阶状崩矿，崩落的矿石由采场下部的出矿系统运出。

C　束状深孔爆破

束状深孔爆破是一种新颖的崩矿技术。实践证明，大直径束状深孔爆破技术具有作业效率高、改善作业环境、采场结构简单便于地压控制等显著优点，是开采稳固性较差地下厚大矿体的有效落矿技术，在挤压爆破条件下可以获得更好的爆破效果。

束状深孔是一组相互平行的密集炮孔，其特点是：

（1）炮孔在空间位置上是相互平行的；

（2）束状深孔内各炮孔的孔间距较小，一般为 4~6 倍孔径；

（3）每束炮孔数为 2~10 个，炮孔的平面布置有多种形式通常是圆形、半圆形、平行直线形及其组合；

（4）进行布孔和爆破设计时，一般将每束炮孔作为一个等效单孔考虑。

束状深孔爆破布孔如图 4-47 所示。

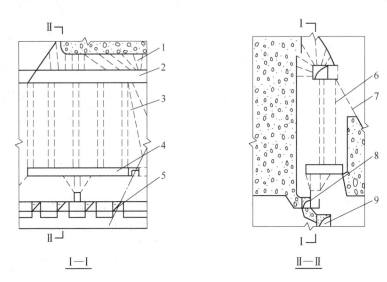

图 4-47　束状深孔爆破布孔

1—向上落顶深孔；2—凿岩硐室；3—束状深孔；4—拉地层；5—振动出矿孔；
6—双孔；7—斜孔；8—二次破碎巷道；9—皮带运输巷

4.3.3.4　案例分析

A　工程概况

司家营铁矿地下矿采用无底柱分段崩落法对该矿区进行采矿，并采用竖井与斜坡道联合的开拓方式。阶段高度为 60m，分段高度 12m，矿体 Ⅰ 进路间距 10.5m，回采进路沿矿体走向分布，矿块长度为 100m。矿体 Ⅱ 进路间距 12.5m，回采进路垂直矿体走向分布，回采巷道规格均为矩形巷道，采用由上向下分层回采。

B　爆破参数

司家营地下矿中深孔爆破采用秒延时导爆管雷管起爆的逐孔起爆技术爆破参数：

开采深度 $H=-156m$，炮孔直径 $D=65mm$，装药结构为条形连续装药，孔深 $L=6.7~15m$，最小抵抗线 $W=1.37~1.93m$，炸药类型为乳化炸药，起爆方法采用孔内微差爆破。

起爆循序：起爆器→塑料导爆管→半秒雷管→起爆弹→岩石粉状乳化炸药或乳化炸药。

在采场局部矿石硬度 $f<12$，氧化矿节理裂隙位置进路采用中深孔崩矿，步距为 1.7m，其他矿石硬度 $f>12$，取中深孔崩矿步距 1.5m。深孔爆破示意图如图 4-48 所示。

C 现场测点布置情况

现场爆破振动监测有一个非常重要的环节，就是合理地安排振动监测点的具体位置。因为监测点的位置是否符合爆破振动监测理论要求，将对振动监测结果的可行性及实测数据的应用价值有非常重要的影响。振动监测点的数量以及所处位置通常都是根据爆破设计及测试的目的进行选取的。测点的数量既不能太多，也不能太少，过多则会加大消耗人力、财力等，同时难度也有所增加；测点太少，则无法保证实测结果分析的准确性。

对司家营地下矿实际开采环境进行考察，并参考现实环境条件情况，综合在测试阶段实际的爆破生产作业的生产计划，由于现场环境中，部分进路的顶板有冒落的危险，综合考虑现场实际生产进度及测试环境条件，选择相对来说爆破生产较频繁的地段进行振动波测试。

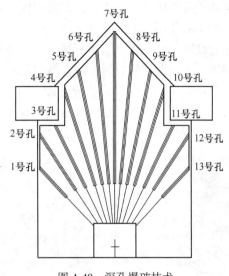

图 4-48 深孔爆破技术

在 8 月 20 日—9 月 18 日期间对司家营地下矿 -156m 水平阶段采场进行了爆破振动监测。根据爆破方案设计，测试主要分成两个部分，第一部分根据开采的实际情况以及客观条件等方面的因素，最后将测振仪器安装点主要布置在 23 号到 29 号水平进路，由于每次放炮地点的不同，会对测振仪的安放地点做调整，如图 4-49 所示。

第二部分按照方案设计，在 -156m 水平监测点设置好以后，在设置点竖直上方 144m、-132m 两个水平面的附近点同样放置两个 TC-4850 测振仪，两个测点同样随着 -156m 水平的测点移动，进行监测，如图 4-50 所示。

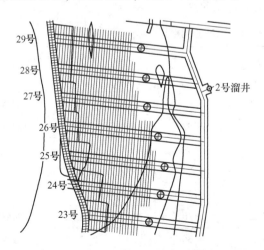

图 4-49 水平方向布点示意图

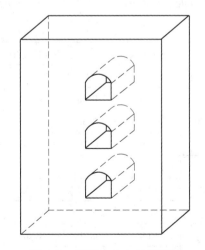

图 4-50 竖直方向布点示意图

由于测振工作主要在司家营地下矿 -156m 水平阶段采场进行开展，应对测振仪及传感器进行相应的防护工作，在测振仪及传感器上套防水的塑料袋，以便于对二者起到防潮和防尘的作用。测试前的准备工作就是，开机进行参数的调试，以及对每一台仪器的时间进行校准。现场仪器安装测试时，分别将测试系统的各个部分用连接线连接好，并及时地调试，一切调整好以后，将仪器安放在先前选定好的位置，如图4-51所示，按下仪器上的采集按钮，观察仪器是否正确，若没有问题，则推出放炮进路，等待放炮。放炮结束后，等待炮烟散去，取回测振仪。现场监测时，传感器安装等相关细则必须保证准确的前提下进行。

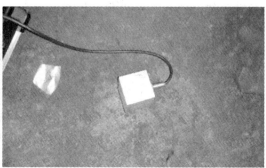

图4-51　监测点布置示意图

D　爆破振动监测结果

在8月20日—9月18日地下矿放炮监测期间，由于地下实际环境及客观条件等诸多因素的限制，现场爆破振动一共进行了9次，每次监测共安放5台仪器且放置仪器的范围在23号到29号进路，共两种方案进行实施。方案一是在-156m水平不同地点放置3台仪器，观测不同水平距离振动波的传播规律。

方案一的爆破振动监测的爆破参数详见表4-10。其中，T表示水平切向方向；v表示垂直方向；L表示水平径向方向；$v_合$是振动的合成速度。

表4-10　方案一爆破振动监测数据

日期	水平高度 /m	质点振动速度/cm·s⁻¹			$v_合$ /cm·s⁻¹	振动主频/Hz		
		L	T	v		L	T	v
0820	-132	0.68	1.38	0.49	1.61	33.21	28.12	27.50
	-144	2.32	3.99	1.85	4.97	44.94	55.56	26.85
	-156	13.32	17.30	5.46	22.51	20.25	20.73	86.05
0822	-132	1.25	1.10	0.86	1.87	36.66	52.13	58.33
	-144	3.32	3.76	1.92	5.37	45.20	51.61	25.15
	-156	5.36	1.32	7.23	9.10	28.57	55.26	84.21
0908	-132	0.70	0.87	0.58	1.36	22.60	21.33	47.90
	-144	1.86	0.01	2.02	2.75	25.32	55.17	38.84
	-156	6.02	10.07	3.96	12.38	29.09	40.00	32.00

续表 4-10

日期	水平高度 /m	质点振动速度/cm·s⁻¹			$v_合$ /cm·s⁻¹	振动主频/Hz		
		L	T	v		L	T	v
0909	-132	1.47	1.01	0.46	1.84	38.46	48.19	28.78
	-144	0.94	2.18	1.13	2.63	36.36	27.03	63.48
	-156	3.07	4.05	1.24	5.24	22.35	23.60	66.86
0811	-132	2.58	1.91	1.07	3.38	32.13	49.08	57.55
	-144	1.14	2.02	2.37	3.31	35.56	47.90	24.47
	-156	5.51	4.93	5.94	9.48	35.09	25.48	77.67
0914	-132	0.36	0.61	0.55	0.89	34.63	43.48	46.00
	-144	2.22	2.28	1.10	3.37	38.28	34.63	30.42
	-156	11.95	6.36	2.54	13.77	13.27	30.30	27.78
0915	-132	1.12	1.38	0.85	1.97	22.73	25.00	57.35
	-144	1.18	4.52	2.42	5.26	19.37	34.48	27.78
	-156	3.82	4.69	4.87	7.76	13.94	11.02	49.08
0916	-132	0.53	0.58	0.31	0.84	37.56	25.46	45.98
	-144	2.60	5.05	1.48	5.87	70.80	65.57	24.77
	-156	11.69	12.20	4.79	17.56	41.24	36.70	18.96

方案二的爆破振动监测的具体参数见表 4-11。

表 4-11　方案二爆破振动监测数据

日期	起爆药量 /kg	爆心距 /m	质点振速峰值/cm·s⁻¹			$v_合$/cm·s⁻¹	振动主频/Hz		
			L	T	v		L	T	v
0820	410	12.50	13.32	17.30	5.46	22.51	20.25	20.73	93.05
		37.50	2.96	0.01	1.75	3.44	35.24	33.33	55.50
		50.20	1.35	1.40	1.31	2.34	37.15	27.30	18.33
0822	420	25.30	5.36	1.32	7.23	9.10	28.57	15.26	84.21
		38.50	2.15	2.98	1.71	4.32	28.88	33.47	56.96
		52.60	1.98	2.68	1.16	3.62	35.21	50.00	34.43
0908	410	36.00	5.16	11.12	5.41	13.40	33.20	33.06	64.00
		49.30	6.02	10.07	3.96	12.38	29.09	40.00	32.00
		61.20	1.02	1.40	1.40	2.23	72.07	24.77	57.55
0909	400	18.30	3.17	4.88	4.55	7.39	18.69	21.98	53.85
		31.50	3.07	4.05	1.24	5.23	22.35	23.60	56.86
		44.30	2.28	0.01	0.77	2.41	26.49	27.49	18.52

续表 4-11

日期	起爆药量/kg	爆心距/m	质点振速峰值/cm·s⁻¹			$v_合$/cm·s⁻¹	振动主频/Hz		
			L	T	v		L	T	v
0911	410	15.60	5.51	4.93	5.94	9.48	35.09	25.48	77.67
		27.20	2.32	3.99	1.85	4.97	44.94	55.56	26.85
		39.50	2.67	1.49	1.15	3.27	39.41	43.02	28.69
0914	390	15.50	11.95	6.36	2.54	13.77	13.27	30.30	27.78
		40.30	2.76	2.49	1.27	3.93	34.12	37.01	28.53
		52.00	3.39	1.08	0.67	3.62	29.49	31.05	17.51
0915	420	12.50	12.96	13.11	7.62	19.95	19.28	17.20	17.28
		24.20	3.82	4.96	4.86	7.76	13.94	11.02	49.08
		36.30	1.11	2.46	1.36	3.02	33.06	39.41	30.08
0916	400	17.70	11.69	12.20	4.79	17.56	41.24	36.70	18.96
		30.50	3.32	3.76	1.92	5.37	45.20	51.61	15.15
		42.20	1.51	1.92	0.86	2.58	47.01	57.22	39.26

测试前，将仪器调整好，测试后，首先，分别将每台振动波记录仪器与电脑链接，通过 BVA 软件将数据进行导出，然后将数据进行分类整理。仪器所能测到的数据有速度、频率等，再通过现场爆破设计收集每次的炸药量和测点到爆心的距离，整理后形成结果。

根据对表 4-10 和表 4-11 中振动数据的分析得到司家营地下采场采空区两个方向爆破振动的特征。

（1）不同竖直高度（-156m、-144m、-132m）的测点振动数据，水平径向方向的爆破振动速度范围是 0.68~16.43cm/s，主振频率为 13.27~70.80Hz；水平切向方向爆破振动速度范围为 0.58~2.77cm/s，主振频率为 11.02~65.57Hz；垂直方向爆破振速范围为 0.31~7.65cm/s，主振频率为 15.15~86.05Hz；合速度为 0.89~27.56cm/s。

（2）-156m 水平测点振动数据，水平径向方向爆破振动振速范围为 1.02~16.43cm/s，主振频率为 13.27~72.07Hz；水平切向方向爆破振动振速范围为 1.08~24.77cm/s，主振频率为 11.02~57.22Hz；垂直方向爆破振速范围为 0.67~7.65cm/s，主振频率为 15.15~93.05Hz；合速度为 1.81~29.87cm/s。

如图 4-52 所示，以 0915 监测数据为例，在水平方向上监测点的振动波峰值振速大于竖直方向上的监测点，但是在衰减趋势上水平要大于竖直方向。爆破振动波传播速度随振动时间和传播距离的加大而衰减，水平和竖直方向上衰减的程度不

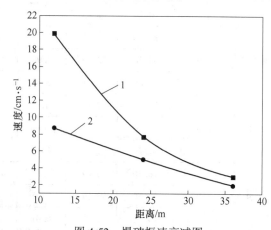

图 4-52 爆破振速衰减图

1—水平方向速度；2—竖直方向速度

同，原因可能是测点所在的位置岩体节理发育存在裂隙致使爆破振动衰减。

4.4 特殊岩土爆破振动传播规律

4.4.1 冻土爆破

4.4.1.1 基本概念

冻土是指零摄氏度以下，并含有冰的各种岩石和土壤。一般可分为短时冻土（数小时/数日以至半月）/季节冻土（半月至数月）以及多年冻土（又称永久冻土，指的是持续二年或二年以上的冻结不融的土层）。

冻土具有流变性，其长期强度远低于瞬时强度特征。正由于这些特征，在冻土区修筑工程构筑物就必须面临两大危险：冻胀和融沉。随着气候变暖，冻土在不断退化。

冻土爆破是指在冻土中进行爆破开挖的一种技术。

4.4.1.2 冻土爆破振动效应的特点

冻土爆破作为一种特殊爆破技术，对其钻爆参数及振害效应研究较少。在此结合牙克石市 4 月初–19～–14℃条件下冻土基坑开挖爆破工程实践，介绍有关冻土爆破的振动特性。季节性冻土层厚薄不均，一般冻层深 2.0m 左右，冻土层以下是干砂层（非冻层），爆破场地北面最近处 13m 有新落成的六层居民楼，东面 20m 有三层商用楼。冻土爆破主要有两大难题：成孔装药困难、地表爆破振动大。

由于冻结土层坚硬，且韧性好，钻孔热融后呈塑冻状态或融化状态，若炮孔内冻土再融冻就不能装药，最好钻孔后立即装药，冻土中钻凿炮孔的直径应比药卷直径大一倍以上或装散粒状铵油炸药，冻土爆破的装药结构可根据冻层深度不同分成以下两种。

当冻土层厚度不足 1m 时，在冻层以下放置药包（图 4-53），钻孔深穿过冻层，这种浅孔下层装药爆破既能顶起破碎冻土层，也没飞石产生，效果较好，但由于炸药放在不冻层内，所需药量较大。爆破参数如下：炮孔直径 $d = \phi60\text{mm}$；孔深 $H = 1.1\text{m}$；冻土厚度 $h = 0.95\text{m}$；炮孔间 $a = 1.2\text{m}$；每孔装药量 $q = 1.0\text{kg}$，爆后表面凸起破裂，易开挖。

当冻土层厚度超过 1m，在冻层下面装药不易使冻土层鼓胀凸起，宜将药包放在冻层中爆破（图 4-54）。当单孔装药量不超过 2kg 时，每孔作一个延时段起爆，当单孔装药量超过 2kg 时，孔内分上下两层装药每孔分两个延时段起爆，以上层先爆、下层后爆为原则，上下药包起爆时差 25ms。

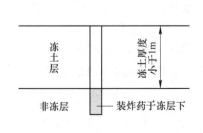

图 4-53　第一种装药结构

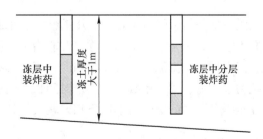

图 4-54　第二种装药结构

冻土中爆破由于其地质条件的特殊性，振动波传播较远，衰减较慢。2000 年 4 月在牙克石市大市场基坑冻土爆破中，单响药量 3kg 时，在距离爆源 30m 远处的居民楼房有较强的振动反应。在此前一次单响药量 24kg 的爆破，使 80m 远处的公安局办公楼感到强烈振动，出现了局部的裂缝振动扩张，200m 远处的兴安宾馆也有强烈振动感。后采用非电导爆管雷管接力式网路，单排逐孔起爆。炸药单耗取 $0.3kg/m^3$，将单响药量控制在 $0.5 \sim 1.5kg$，爆破振动降低至安全范围。分析其爆破振动较强的原因如下。

表面冻土因其完整性、坚硬性是振动波的良好传播体，由图 4-55 可知：当药包在冻土中爆炸，应力波主要由表层冻土传播，下部的非冻层波速低，波阻抗系数小，应力波能量较大部分折射到冻层中传播，因此，爆炸应力波在冻层中类似于二维板块中的传播模型。实际上与岩石爆炸波相比，冻土中爆破振动波传播有两个不同特点：

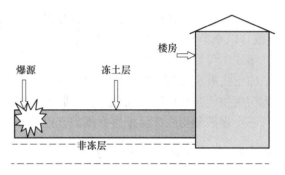

图 4-55 冻土爆破振动波传播条件示意图

（1）岩石爆炸振动波在半无限三维介质中传播，而冻土爆炸振动波主要在二维表层冻土中传播，所以冻土中爆破振动波衰减慢，传播较远；

（2）岩体中或多或少地发育一些软弱结构面，特别是地表层岩体风化严重，对振动波的传播有吸收阻隔作用；而表层冻土是一块非常完整的硬壳，几乎不存在破裂面，且在冻胀力作用下内部存在一定挤压预应力，冻土层相当于中硬岩板壳。因此，冻土层中无结构面阻隔振动波传播，振动峰值衰减慢，而且冻土层直接与建筑物基础连为一体，振动波通过冻土层直达建筑物基础上，造成基础结构强烈振动，危害性较大。所以说冻土爆破时振动反应较强烈是由冻土层的地质条件决定的。

我国东北地区冻土层厚度在 $1.5 \sim 2.8m$ 范围，季节性冻胀又使大多数建筑楼房产生大小不同的冻胀裂缝加重了爆破振动破坏的危险性，因此，冻土地区爆破应特别关心爆破振动安全问题。

4.4.2 软土爆破

4.4.2.1 基本概念

软土一般是指天然含水量大、压缩性高、承载力低和抗剪强度很低的呈软塑或流塑状态的黏性土。软土是一类土的总称，并非指某一种特定的土，工程上常将软土细分为软黏性土、淤泥质土、淤泥、泥炭质土和泥炭等。具有天然含水量高、天然孔隙比大、压缩性高、抗剪强度低、固结系数小、固结时间长、灵敏度高、扰动性大、透水性差、土层层状分布复杂、各层之间物理力学性质相差较大等特点。

4.4.2.2 软土的特征

（1）软土颜色多为灰绿、灰黑色，手摸有滑腻感，能染指，有机质含量高时，有腥臭味。

（2）软土的粒度成分主要为黏粒及粉粒，黏粒含量高达60%~70%。

（3）软土的矿物成分，除粉粒中的石英、长石、云母外，黏粒中的黏土矿物主要是伊利石，高岭石次之。此外，软土中常有一定量的有机质，可高达8%~9%。

（4）软土具有典型的海绵状或蜂窝状结构，这是造成软土孔隙比大、含水率高、透水性小、压缩性大、强度低的主要原因之一。

（5）软土常具有层理构造，软土和薄层的粉砂、泥炭层等相互交替沉积，或孚透镜体相间形成性质复杂的土体。

（6）松软土由于形成于长期饱水作用而有别于典型软土，其特征与软土较为接近，但其含水量、力学性质明显低于软土。

4.4.2.3　软土中爆破振动效应的特点

在爆炸法加固软土地基或爆炸排淤筑堤工程中经常遇到爆破振动问题有时因振动过大无法实施此类爆破施工，实际上爆破振动危害的大小是影响爆炸法处理软弱地基应用的重要因素。下面结合宁启铁路爆破法加固软土地基的实例，分析软土中爆破振动效应的特点。

宁启铁路DKI71+900~DKI72+300段软土路基，位于姜堰区冲湖积平原区，地层较均匀，自上向下其软土主要指标为：

（1）表层为黏砂土，褐灰色，软塑，厚1.5~3.0m；

（2）淤泥质砂黏土，流塑，厚3.0~5.0m，含水量38.6%，孔隙比1.25，容重18kN/m³，黏聚力7.9kPa，不排水内摩擦角3.3°，排水内摩擦角21°，中灵敏度；

（3）砂黏土、粉砂，软塑，厚度大于5.0m。

为采用爆炸法加固软土地基爆破区分为四段连续进行四次爆破。爆破试验设计参数为单孔药量2.4kg，装药长度6.0m，炮孔间距3m，炮孔和砂井深度都为9m。爆破延时以2、4、6、8、11、12段毫秒雷管逐孔起爆，每次试验布置2个测振点，主要监测70m以外民房的振动安全所有测点均布放垂直向拾振器。

实际第一炮爆破单孔药量2.4kg，振动感觉非常轻微；第二炮爆破单孔药量3.0kg，振动感觉较强；第三炮爆破单孔药量2.4kg，振动感觉仍然偏强；第四炮爆破单孔药量1.5kg，振动感觉仍然较第一炮强。除第2炮爆破振动没测到波形外，各次爆破振动波形如图4-56所示。

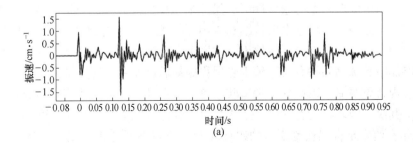

（a）

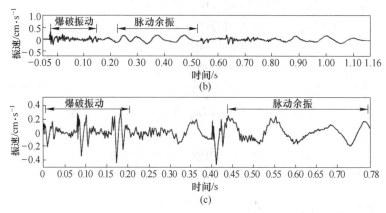

图 4-56   软土中爆破振动典型波形图

(a) 第一炮爆破振动波形；(b) 第三炮爆破振动波形；(c) 第四炮爆破振动波形

根据对测试波形、相应药量和距离进行分析，得到数据见表 4-12。

表 4-12   爆破振动数据表

炮次	测试编号	药量 Q/kg	距爆源距离 R/m	振动速度 $v/\text{cm} \cdot \text{s}^{-1}$	主振频率 f/Hz
1	1-1	2.4	68	1.57	52
	1-2	2.4	75	0.92	66
	1-3	2.4	80	0.64	45
	1-4	2.4	76	0.90	36
3	3-1	2.4	68	1.65	8.3
4	4-1	1.5	42	0.77	13.7
	4-2	1.5	55	0.17	11.2
	4-3	1.5	70	0.36	8.3

从爆破振动测试数据来看，虽然后几次爆破振动感觉较强，但实际上民房所受的爆破振动峰值不大。从实际爆破振动波形和爆破效果来看，第一次爆破民房的振感很轻微，各段振波无明显叠加，主振频率较高，说明软土介质具有较好的结构强度，软土尚未发生扰动触变。随后几次爆破民房振感较强，从测试的振动波形来看，最大振动速度峰值并不比第一次更强，但爆破振动波的余振逐渐加强且余振峰值衰减慢振动频率为 8~15Hz，非常接近建筑物的自振频率，单炮余振持续 0.4~0.7s，建筑物共振现象造成了强烈振感。

分析认为连续在软土中引爆使软土介质发生了触变，爆源附近软土变成流塑状，余振与炮孔的爆炸空腔脉动回缩有关。软土受爆炸振动后触变液化程度越高，爆炸空腔回缩越快，余振表现就更明显，因此软土中爆破应对介质振动后触变液化产生的低频余振引起足够的重视。其次，因软土为饱水介质，基本不吸收振动能，所以爆破振动随距离衰减较慢。2001 年在西安至合肥铁路线 DK299+500 处（西峡县重阳乡）的一段软土路基进行爆破加固试验，试验场地处在丘陵山区的一个冲洪积谷地，谷中积有 5~9m 深的含淤泥质土，根据软土地基上的振动监测，回归分析得到振动衰减方程为 $v = 56.6\left(\dfrac{R}{\sqrt[3]{Q}}\right)^{-1.17}$，说明软土中爆破振动峰值速度低、衰减慢。综合上述分析，软土中的爆破振动有以下几个特点。

（1）在软土中爆炸初始阶段土体结构完整，爆破振动频率较高，振动衰减较快。后续的爆破中因土体振动后触变而液化，爆源附近软土变成流塑或流体状，炮孔中爆炸空腔产生脉动余振，其余振频率较低，主频为 8~15Hz，该频率接近普通民房的自振频率，容易引发建筑物共振，对地表建筑振害影响较大。

（2）因软土为饱水介质，基本不吸收振动能，所以爆破振动随距离衰减较慢，衰减指数约为 1.2。

（3）从爆炸法加固软土地基的原理出发，适当延长爆破振动作用持续时间将有利于提高爆炸法处理软基的效果。为此在爆炸法加固软土的爆破中宜采用秒差延时逐孔引爆，采用大空腔比装药结构延长爆破余振的作用时间，使爆炸引发排水固结更加持续有效。但这对场地附近有保护建筑物的情况却是非常不利，因此在软土中爆炸应加强爆破振动效应监测和研究。

参 考 文 献

[1] 汪旭光．爆破手册 [M]．北京：冶金工业出版社，2010．
[2] 汪旭光，郑炳旭．工程爆破名词术语 [M]．北京：冶金工业出版社，2005．
[3] 汪旭光．工程爆破中炸药的选择 [J]．爆破器材，1987 (2)：14-17．
[4] 汪旭光，于亚伦．关于爆破振动安全判据的几个问题 [J]．工程爆破，2001，7 (2)：88-91．
[5] 汪旭光，熊代余．第六届国际岩石爆破破碎 (Fragblast 6) 学术会议综述 [C] //爆破．2000．
[6] 熊代余，汪旭光．岩石爆破破碎基础研究与技术进展——第五届国际岩石爆破破碎学术会议述评 [J]．工程爆破，1997 (1)：68-72．
[7] 汪旭光．燃烧剂爆破切割混凝土基础 [J]．有色金属 (矿山部分)，1983 (2)：13，41，42．
[8] 汪旭光．中国工程爆破新进展 [J]．河北科技大学学报，2009 (1)：1-7．
[9] 中国科学院水利电力部水利水电科学研究院．科学研究论文集．结构材料、岩土工程、抗震与爆破 [M]．北京：水利电力出版社，1984．
[10] 闫鸿浩，王小红．城市浅埋隧道爆破原理及设计 [M]．北京：中国建筑工业出版社，2013．
[11] 郑炳旭．条形药包硐室爆破 [M]．北京：冶金工业出版社，2009．
[12] 建筑工程部水泥工业管理局，等．露天爆破节约炸药经验 [M]．北京：建筑工程出版社，1959．
[13] 马志伟．露天矿山钻孔与爆破能耗研究 [D]．河北联合大学，2014．
[14] 李雨春．露天矿深孔爆破大块岩石发生率计算方法的探讨 [J]．露天采矿技术，1989 (1)：6，7．
[15] 王文才，孟刚，常建平，等．高村露天铁矿爆破振动传播规律研究 [J]．露天采矿技术，2018，33 (6)：69-72，79．
[16] 汪禹，仪海豹，杨海涛，等．某露天矿爆破振动的传播规律及其对周边设施的影响 [J]．现代矿业，2020，36 (7)：47-51．
[17] 张西良，仪海豹，辛国帅，等．高程对某露天矿边坡爆破振动传播规律的影响 [J]．金属矿山，2017 (7)：55-59．
[18] 陈庆凯，孙运峰，李桂臣，等．何家采区爆破振动波传播规律的研究 [J]．金属矿山，2014，10 (10)：18．

［19］张袁娟. 露天矿爆破振动对边坡的影响及其预测研究［D］. 武汉理工大学，2012.

［20］傅光明，任才清. 露天采场台阶爆破振动传播规律及降震对策研究［J］. 采矿技术，2013，13（5）：131-133.

［21］陈思远，周传波，蒋楠，等. 露天转地下采深影响下爆破振动速度传播规律［J］. 爆破，2016，33（3）：23-30.

［22］张声辉. 露天边坡爆破地震波在不同倾角结构面处的传播规律［D］. 江西理工大学.

［23］张梦雅，龙祖根，唐志鹏，等. 露天矿爆破振动对周边建筑物的影响研究［J］. 矿业研究与开发，2017，37（4）：17-19.

［24］贺高威，窦超杰，轩朴实，等. 露天矿山高台阶爆破振动分析［J］. 化工矿物与加工，2020，49（3）：12-16.

［25］郭浩. 露天台阶爆破振动衰减规律的试验研究［D］. 辽宁科技大学，2015.

［26］刘翼，魏晓林，李战军. 硐室爆破下隧洞振动监测及分析［J］. 交通科学与工程，2012（2）：51-55.

［27］李玉民，林从谋，陈士海，等. 条形装药硐室爆破地震效应的测试研究［J］. 煤矿爆破，1995（1）：11-13，23.

［28］胡修文. 硐室爆破振动的安全监测与分析［J］. 爆破，1998（1）：89-92.

［29］王德胜，龚敏，杜金科，等. 孟家沟硐室大爆破振动测试［J］. 爆破，2004，21（3）：96-98，104.

［30］贾虎，阴阳，徐颖. 硐室掘进爆破振动测试与数值模拟［C］//全国金属矿山地质与测量学术研讨与技术交流会.《金属矿山》杂志社，中国冶金矿山企业协会，2006.

［31］刘翼，傅建秋，魏晓林. 5.5kt 硐室大爆破振动测试及分析［J］. 有色金属：矿山部分，2009（2）：57-61.

［32］黄超，刘军，尤东旭，等. 爆破振动传播规律的实验研究［J］. 科学技术与工程，2014，14（22）：289-294.

［33］刘珊. 建筑物定向爆破倒塌模拟及触地振动传播规律研究［D］. 中国地震局工程力学研究所，2018.

［34］宋涛. 核电浅埋隧洞爆破振动传播规律研究［D］. 中国科学院大学.

［35］蒋耀港，沈兆武，龚志刚. 构筑物爆破拆除振动规律的研究［J］. 振动与冲击，2012，31（5）：36-41.

［36］孟海利. 隧道分区爆破振动传播规律试验研究［J］. 铁道建筑，2015（4）：50-54.

［37］陈涛，李福清，马宏昊. 软土地区基坑支撑爆破振动在不同介质内传播规律［J］. 中华建设，2011（8）：200，201.

［38］张加华，王峰，蔡建新. 工程爆破在软土地基处理中的应用［C］//第七届全国工程爆破学术会议论文集. 2001.

［39］顾宝和. 我国特殊岩土研究［J］. 水文地质工程地质，1997，24（2）：43-45.

［40］魏晓林，陈颖尧，郑炳旭. 浅眼爆破地震波传播规律［J］. 工程爆破，2002（4）：56-61.

［41］Joaquín Penide, Jesús del Val, Antonio Riveiro, et al.. Laser Surface Blasting of Granite Stones Using a Laser Scanning System［J］. Coatings, 2019, 9（2）：131.

［42］Agrawal Hemant, Mishra A. K.. Evaluation of initiating system by measurement of seismic energy dissipation in surface blasting［J］. Arabian Journal of Geosciences, 2018, 11（13）：345.

［43］Wang Hui, Xu Cai, Yang Xuerui. The affect distance analysis of tunnel blasting vibration on adjacent buildings［J］. MATEC Web of Conferences, 2016, 63：02029.

［44］Zhao Jiangqian, Ju Haiyan, Li Jianhua, et al.. The monitoring technology research about the tunnel blasting vibration under the complex construction ［J］. Advanced Materials Research, 2012, 2091: 1078-1081.

［45］ Wang Hailiang, Wang Li, Liu Lisheng, et al.. Influences discipline of tunnel blasting vibration on 20 floors reinforced concrete frame-Shear wall structure building ［J］. Advanced Materials Research, 2011, 1168: 874-877.

5 爆破振动高程效应基础理论

5.1 爆破振动高程效应概述

随着国民经济的发展，爆破技术日新月异，使工程爆破越来越广泛地应用于国民经济建设的各个领域。从各类矿山开采，铁路、公路、水利设施的修建、地下硐室掘进、水下炸礁及软基处理、高层建筑物拆除到大型土石方移山填海工程，工程爆破发挥的作用越来越重要。工程爆破为社会发展带来了巨大的经济效益和社会价值，并将在 21 世纪我国持续快速发展的国民经济建设中，继续发挥着不可替代的作用。

爆破是利用炸药爆炸时所释放的能量来破坏某种介质或使介质变形从而达到一定工程或工艺目的的技术。在实现预期的各项工程目的的同时，也可能损毁各类建（构）筑物和仪器设备，给公司财产造成巨大损失，甚至导致人员伤亡事故，危害公共安全。

近年来，由于爆破振动造成的山体滑坡、露天矿边坡失稳以及附近民房损坏也时有发生。例如 2007 年 6 月 9 日，原巢湖市居巢区散兵镇某石料厂由于爆破施工，发生矿山滑坡事故，一名矿工被埋。2014 年 3 月 29 日 17 时 10 分左右，江西省上高县某矿业有限责任公司在施工中，由于爆破作业产生的振动导致石方坍塌，现场作业的 7 人全部遇难。2019 年 11 月 16 日，某公司在昆楚高速公路的某隧道施工过程中，由于爆破振动过大，引起了附近小区居民的强烈抗议。

作为爆破有害效应之首的爆破振动是一个不可忽视的问题，如何最大限度发挥工程爆破优势的同时，降低爆破振动的有害效应，一直是国内外学者的研究方向，目前关于爆破振动的研究主要集中在对平坦地形爆破振动传播规律的研究，但是在矿山开采、基础设施修建的过程中，爆源与需要被保护的建（构）筑物之间往往有一定的高程差，例如上述事故案例的施工环境，所以对台阶地形爆破振动传播规律和高程效应的研究显得尤为重要。

5.1.1 爆破振动高程效应的定义

振动是相对于固体、液体或空气中一固定参照点的连续周期性位移变化。

爆破振动是由爆破地震引起介质特定质点沿其平衡位置作直线的或曲线的往复运动过程。爆破或打压等引发的弹性波对地面的振动，用质点振动速度表征。地面振动通常由每秒毫米来度量对岩石或建筑物破坏程度。

爆破振动在台阶地形的传播过程中，以往将显现出的放大现象称为高程放大效应，在本著作中将显现出明显的放大现象或者衰减现象统称为爆破振动高程效应。爆破振动高程效应与台阶爆破是并存的关系，凡是应用台阶爆破技术的领域，必然存在着爆破振动高程效应。所以爆破振动高程效应对控制爆破振动有着不可替代的作用。

5.1.2 爆破振动高程效应的分类

台阶爆破广泛地用于矿山、铁路、公路和水利水电等工程，并且几乎涵盖了露天爆破、地下爆破和水下爆破的所有领域，是这些领域的主要爆破方式。根据被保护建（构）筑物或者振动监测点与爆源的相对位置，将爆破振动高程效应分为正高程效应与负高程效应。

正高程效应：相对于爆源，如果被保护建（构）筑物或者振动监测点位于正水平位置，则此时爆破振动在传播的过程中，显现出的爆破振动高程效应称之为爆破振动正高程效应。

负高程效应：相对于爆源，如果被保护建（构）筑物或者振动监测点位于负水平位置，则此时爆破振动在传播的过程中，显现出的爆破振动高程效应称之为爆破振动负高程效应。

5.1.3 爆破振动高程效应研究进展

由于爆破振动问题的复杂性，以往研究者对质点振动速度沿边坡高程效应的产生机理并无共识，国内外一些学者通过工程实例监测结果，认为不同地形的振速高程放大主要由鞭梢效应、界面群叠加效应、坡面效应影响。

5.1.3.1 鞭梢效应

众所周知，当建筑物受地震作用时，若其顶部存在小突出部分，则小突出部分由于质量和刚度比较小，在每一个来回转折的瞬间，形成较大的振动速度，该现象在工程抗震中被称为鞭梢效应。对于岩质高边坡，其本身是一个复杂的岩石结构体，但如果将边坡不同高程台阶坡角一一连接起来，其局部放大的概化模型如图 5-1 所示，则边坡台阶部位的岩体相当于边坡主体结构的突出物，整个边坡结构相当于一个大的岩体结构上存在多个小的形状突出的岩体结构，可用结构动力学原理研究边坡爆破振动的高程效应。

基于图 5-1 所示模型，将主体边坡概化为质点 m_1，某个高程的边坡台阶岩体突出物概化为质点 m_2，则可得到边坡结构振动的计算力学模型，如图 5-2 所示。图 5-2 中，$y_1(t)$ 和 $y_2(t)$ 分别为质点 m_1 和 m_2 在 t 时刻水平向的位移函数；k_1 和 k_2 为结构的刚度系数；$F_1(t)$ 和 $F_2(t)$ 为结构受到的随时间变化的激励荷载函数。

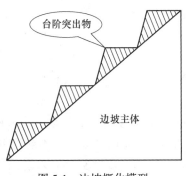

图 5-1　边坡概化模型

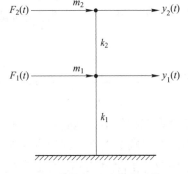

图 5-2　结构振动计算力学模型

按刚度法建立结构振动微分方程为：

$$\begin{cases} m_1\ddot{y}_1(t) + k_{11}y_1(t) + k_{12}y_2(t) = F_1(t) \\ m_2\ddot{y}_2(t) + k_{21}y_1(t) + k_{22}y_2(t) = F_2(t) \end{cases} \tag{5-1}$$

式中，$\ddot{y}_1(t)$ 和 $\ddot{y}_2(t)$ 分别为质点 m_1 和 m_2 在 t 时刻水平向的加速度函数。

式 (5-1) 用矩阵表示为：

$$\begin{bmatrix} m_1 & \\ & m_2 \end{bmatrix}\begin{Bmatrix} \ddot{y}_1(t) \\ \ddot{y}_1(t) \end{Bmatrix} + \begin{bmatrix} k_{11} & k_{12} \\ k_{21} & k_{22} \end{bmatrix}\begin{Bmatrix} y_1 \\ y_2 \end{Bmatrix} = \begin{Bmatrix} F_1(t) \\ F_2(t) \end{Bmatrix} \tag{5-2}$$

式 (5-2) 可写成：

$$M\ddot{y} + ky = F(t) \tag{5-3}$$

式中，k 为结构的刚度系数矩阵；M 为结构的质量矩阵。

简谐荷载条件下，即 $F_j(t) = F_j e^{i\theta t}(j = 1, 2)$，系统的稳态响应为

$$y(t) = \begin{Bmatrix} y_1 \\ y_2 \end{Bmatrix} e^{i\theta t} = Y e^{i\theta t} \tag{5-4}$$

式中，Y 为质点位移向量矩阵；θ 为动荷载频率。

将式 (5-4) 代入式 (5-2)，整理得：

$$(k - \theta^2 M)Y = F \tag{5-5}$$

式中，F 为质点动荷载向量矩阵。

根据式 (5-5)，结合结构振动的边界条件，可以求得结构的振幅 Y，代入式 (5-4)，得到结构任意时刻的振动位移。很显然，当激励荷载的主频率 θ 与突出结构的自振频率 ω_2 或边坡主体结构的自振频率 ω_1 相当时，突出结构将出现振动放大现象，形成"鞭梢效应"。

边坡开挖深孔台阶爆破的主振频率通常为 $15 \sim 60$Hz，若边坡坡面不同高程台阶岩体结构的自振主频率处于爆破振动荷载主频带范围内，则台阶部位岩体结构的振动响应就会产生"鞭梢效应"，导致台阶部位岩体振动速度放大。当边坡的坡度、相邻台阶高差、边坡岩性、地形地貌、爆破振动荷载特性等满足一定条件，使得突出部分岩体结构的自振频率等于或接近爆破振动荷载主频率时，可能出现上一级台阶的振动速度比下一级台阶的振动速度大的现象，从而产生爆破振动高程放大效应。

5.1.3.2 叠加效应

爆破振动波的叠加效应主要有界面群叠加和绕射叠加。

A 界面群叠加

由于地质沉积作用，地壳由表及里存在波阻抗不同的地质界面，振动波引起的质点振动在界面群的影响下发生干涉形成叠加效应。设入射波 P_0 是简谐波，当入射到 R_1 面产生折、反射波 P_2、P_1；P_2 在 R_2 面上产生折、反射波 P_3、P_4，以此类推，入射波的质点位移会产生叠加关系，如图 5-3 所示。

岩层波阻抗由深及表是逐层增加的（台阶自由面的波阻抗为 0），即 $C_1\rho_1 > C_2\rho_2 >$

$C_3\rho_3$，而入射波速与折、反射波速满足如下关系：

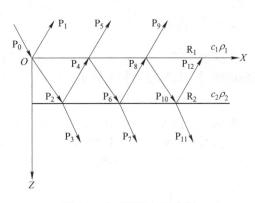

$$\frac{v_z}{v_R} = \frac{2C_1\rho_1}{C_1\rho_1 + C_2\rho_2} \tag{5-6}$$

$$\frac{v_F}{v_R} = \frac{C_1\rho_1 - C_2\rho_2}{C_1\rho_1 + C_2\rho_2} \tag{5-7}$$

由式（5-6）、式（5-7）可知，反射波速 v_F、折射波速 v_z 均大于入射波速 v_R，所以界面群的折射叠加特性会使振动波质点振速随高程差的增大而体现放大效应，这种效应在地层存在明显界面群情况下是客观存在的。

图 5-3 界面群叠加示意图

B 绕射叠加

振动波在通过断点、尖灭点、突变点等不均匀体时，这些不均匀体可视为一个新震源，向四面八方发射球面子波，这种现象称为绕射。

如图 5-4 所示，当从爆区震源 O 传来的振动波通过台阶边坡点 A、C 处会产生绕射，A 点处振速峰值是从爆源 O 处传来体波 W_1 引起的，而引起 B、C 点振速峰值的波源就要复杂得多，B 点的峰值速度是由 A 处传来的面波 W_4 和 C 处传来的面波 W_5 叠加引起的，C 点的峰值速度是由 3 种振动波叠加引起的，即 O 处传来的体波 W_2、A 处传来的体波 W_3 和 A 处经过 B 传到 C 的面波，所以会出现 B 处振速 v_B 大于 A 处振速 v_A，v_C 大于 v_B 的高程放大效应。

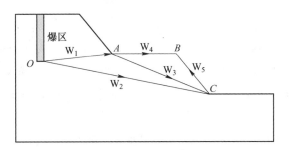

图 5-4 绕射叠加示意图

当 B 处产生绕射叠加即 $v_B > v_A$ 时，有：

$$\frac{L_{OC}}{V_{体波}} + \frac{L_{BC}}{L_{面波}} = \frac{L_{OA}}{V_{体波}} + \frac{L_{BC}}{L_{面波}} \tag{5-8}$$

由于体波的传播速度大于面波，所以 L_{BC} 小于 L_{AB}，即台阶坡面的长度要小于台阶宽度。当 C 处产生绕射叠加时，即引起 C 处峰值速度的三种振动波到达 C 处的时间要完全一致，由于 A 处面波的波速较体波要小，故要求空间两点距离 OC 段和 AC 段要尽量大一些，特别是 AC 段，在 AB、BC 段距离一定的情况下，要求坡角 $\angle ABC$ 尽量大一些。从上述分析可知，对于绕射叠加效应的局部高程放大现象跟边坡形状及与爆区的相对位置有关。

5.1.3.3　坡面效应

根据坡面与振动波传播方向的关系，可将坡面分为背波坡面和迎波坡面。爆破振动坡遇到坡面时，其强度和频率将受到影响，产生坡面效应。

A　迎波坡面及其坡面效应

振动波传播方向和坡面法线方向相反的坡面称为迎波坡面，见图 5-5。振动波传播到迎波坡面时，在坡面上产生动力响应，振动强度呈现高程放大作用。因此，高程放大效应是坡面效应，仅适用于坡面近区。随着至坡面距离的增加，高程放大效应减弱。

B　背波坡面及其坡面效应

振动波传播方向和坡面法线方向一致的坡面称为背波坡面，见图 5-6。振动波垂直入射到背波坡面时，将产生全反射，入射波和反射波叠加的结果，使坡面处的振动加强。不同位置受坡面影响的程度不同：在水平方向上，离坡面越远，叠加作用越小，虽然距爆源较近，振动强度却减弱；在垂直方向上，由于面波强度随深度的增加而减小，体波作用权重增加，加之坡度约束条件的影响，使背波坡面处的振动强度随高程的减小而减小，频率随高程的减小而增加。由于坡面对振动波的反射作用，在坡底面上，振动波强度较小。

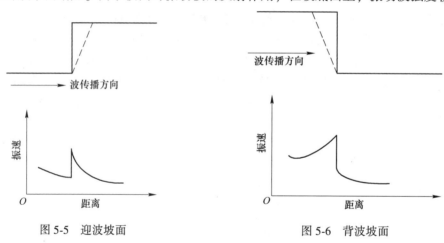

图 5-5　迎波坡面　　　　　　　　　　图 5-6　背波坡面

露天台阶爆破有害效应的核心问题是爆破振动灾害控制，而露天台阶爆破振动灾害机理的基础之一是高程效应机理。所以为了研究高程效应，首先是高程效应机理的研究。为此本章从弹性波动力学角度去研究爆破振动在台阶地形上传播机理，通过建立台阶模型，结合费马原理、惠更斯—菲涅耳原理，分析振动波传播路径，求解出爆破振动波在自由面的反射情况；同时以 P 波为例，得出爆破振动在自由面放大的理论解，解释爆破振动高程效应的机理，并将基于爆源与台阶在空间高程的位置关系，推导出适合预测台阶地形爆破振动的台阶公式。

5.2　台阶爆破机理

5.2.1　柱状装药与柱面波波动方程

柱状装药是指长度与直径之比大于 6 的装药结构。通常台阶爆破，无论是浅孔台阶爆破，还是深孔台阶爆破均属于柱状装药爆破。硐室爆破的条形药包也属于柱状装药。

柱状装药用导爆索瞬间同时起爆，其波阵面为同轴柱面波（不包括药柱两端），亦称柱面波。柱面波是对称的扰动波，波动参数在柱面坐标系同样依赖于矢量 r 和时间 t_0，利用柱面坐标系的拉普拉斯算子：

$$\Delta = \frac{1}{r}\frac{\partial}{\partial r} + \frac{\partial^2}{\partial r^2} \tag{5-9}$$

可将波动方程改写为

$$\frac{\partial^2 \varphi}{\partial t^2} = c^2\left(\frac{\partial^2}{\partial r^2} + \frac{1}{r}\frac{\partial \varphi}{\partial r}\right) \tag{5-10}$$

对 $\mu_r = \dfrac{\partial \varphi}{\partial r}$ 两边求导，得：

$$\frac{\partial^2 \mu_r}{\partial t^2} = c_r^2\left(\frac{\partial^2 \mu_r}{\partial r^2} + \frac{1}{r}\frac{\partial u_r}{\partial r} - \frac{\mu_r}{r^2}\right) \tag{5-11}$$

式（5-11）即为位移函数所满足的柱面波波动方程。

5.2.2　柱状装药应力场特性

柱状装药应力场是认识柱状装药爆破作业原理的基础，研究方法有两类。

5.2.2.1　分解球形药包后再叠加求和原理

将柱状装药沿轴向分成若干个集中药包，各个集中药包先后爆破时都视为一个球面应力波，再用波的向量合成原则，求出岩石中各点各个时刻的应力状态。

在图 5-7 中，有一个垂直自由面的柱状装药药包，根据药包横截面的直径将它分为长度为 x_1、x_2、x_3、x_4、x_5 的五个短药柱，每一个短药柱以恒定的时间间隔（$t_a = d/D$，其中，d 为药包直径；D 为药包爆速）进行爆轰，全部短药柱爆轰时间的总和等于整个药柱爆轰的时间。假定雷管从孔底起爆，且认为每一个短药柱爆轰产生的应力波波长和 t_a 都相等。并设炸药的爆速 D 和在岩体中应力波的传播速度 c_1

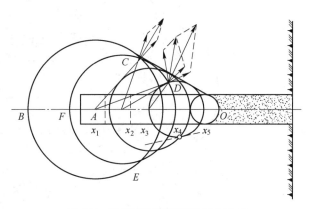

图 5-7　柱状装药爆破时的应力分布

之比为 2：1。当柱状装药完全爆轰后，围绕药包周围岩体中的压力分布如图 5-7 所示，从图中可以看出，在 AB 方向上的各点，由于应力波波速是假定的，且药包的爆轰时向相反方向进行的，所以不存在各短药柱引起的应力波的叠加作用。在 AC 方向上的各点，由 x_1、x_2 引起的应力波在 C 点叠加，因此该处的应力高于 AC 线上其他点的应力。在 AD 线上的 D 点应力是由 x_2、x_3、x_4 产生的应力波引起的应力叠加的，则 D 点的应力又高于 C 点的应力。同理可知，在被 C、O、E 和 CE 弧所圈定的区域内，由于药包各部分产生应力波的叠加，而造成了高应力区；相反地，由 C、B、E 和 CFE 弧所圈定的区域为低应力区。

根据计算，D 点周围的应力可达 AB 方向上的应力的 20 倍；C 点的应力约为 AB 方向上的 15 倍。因此，一端起爆的柱状装药爆轰在岩体中引起的应力是不均匀的。一般来说，应力高的区域易造成岩石的破碎。

该法的缺点是端部及近区应力值计算误差较大。

5.2.2.2　利用 EPIC2 数值模拟计算法

杨年华利用 EPIC2 数值计算原理分析无限介质中条形药包爆破作用场的特性，对弹塑性介质中波的传播考虑了非线性材料强度和可压缩性，计算时把无限介质中条形药包处理成轴对称的旋转体，然后当作二维问题处理。

根据计算结果，结合条形药包爆炸的动光弹和动云纹试验研究和土中压力波测试的对比分析，得到条形药包爆炸应力场的特性如下。

（1）通过线性起爆的条形药包爆炸应力波阵面形状呈轴对称分布。波阵面在药包径向范围内是柱形，而两端基本是半圆形。

（2）波阵面形状虽然规则，单波阵面上应力强度的分布并不均匀。药包中部径向的应力强度最大，向端部延伸径向的应力强度逐渐下降，进入端部后，应力强度明显衰弱，随着与药包轴线的夹角减小，端部应力强度再次降低，药包端部轴线方向应力强度最小，其应力峰值等值线分布如图 5-8 所示。

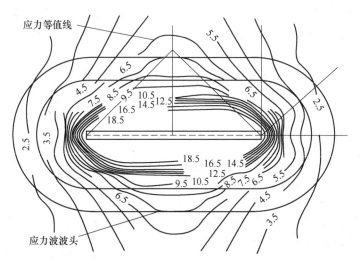

图 5-8　条形药包爆炸应力场分布状态

（3）从峰值应力等值线分布情况得知，在爆源近区等值线为近似的椭圆形分布，椭圆的长轴与药包轴线重合。远区逐渐向圆形发展。随后继续向远区，并非像原来有人设想的等值线就可近似为圆形分布了，而还是近似的椭圆形分布，只是椭圆的长轴变为垂直于条形药包的轴线方向了。

以上从应力峰值等值线的分布特征可以说明，条形药包爆破作用力具有良好的定向性、条形药包爆破作用范围和形式与药包长度和作用距离的比值有关。

5.2.3 柱状装药作用下的爆炸能量分布

岩石中装药爆破产生的爆炸能量可分为爆炸冲击波能量和爆生气体能量。研究爆炸能量分布也是爆破理论的内容之一，它对合理地利用爆炸能量、改进爆破设计有重要的指导作用。但是，至今尚未得到统一的认识，特别是对于柱状装药的爆炸能量分布的论述更是少见。

5.2.3.1 球形装药作用下的爆炸能量分布

Langfors U 认为，冲击波所含能量占爆炸能量中很小一部分，爆炸能量的绝大部分储存在爆后产生的高温高压气体中。

张奇通过球形装药与岩石爆破装药的力学分析，用数值分析方法给出爆炸能量利用率。认为以破碎为主要目的的岩石爆破工程，爆破能量的利用率为50%。

颜事龙将岩石的爆破工程分为两个阶段：一是装药爆炸在围岩中产生冲击波，使介质产生径向和环状裂隙，破碎成块；二是爆生气体压缩装药周围的岩石形成空腔，随后作用于破碎的岩石，以一定的速度向外抛掷。计算结果表明：冲击波能量消耗为10%~20%，爆生气体膨胀消耗的能量为50%~60%。

5.2.3.2 柱状装药作用下的爆炸能量分布

炸药爆炸以后，炸药的能量是通过爆炸冲击波和爆炸气体传递给岩石的。张峰涛通过冲击波和爆生气体对岩石做功分析得出了二者的做功计算式及其所做功占总能量的比率算式。并通过对花岗岩、玄武岩、大理岩和辉长岩四种不同的岩石进行分析，得到了柱状装药的冲击波做功消耗的能量约占总能量的28%；爆生气体用于扩腔和抛掷岩石的能量约占总能量的50%；剩余22%的能量由于驱裂和耗散在空气中。

5.2.4 柱状装药作用下的台阶爆破机理

台阶爆破具有两个自由面，其爆炸应力波形呈圆柱状，如图5-9所示。在炸药爆炸冲击波作用下，药包附近孔壁呈塑性变形或剪切破碎成压缩粉碎区。当爆炸冲击波衰减成为压应力波作用在孔壁岩石时，径向方向产生压应力和压缩变形，形成径向裂隙，并以0.15~0.4倍的应力波传播速度发展。当压应力波传到自由面，形成反射拉应力波，将加速径向裂隙的发展，随之爆炸气体的膨胀楔劈作用，进一步使径向裂隙发展，到达自由面。

当压缩粉碎区爆炸空腔形成瞬间及压应力波通过之后，积蓄在岩体内的一部分弹性变形能得到释放，产生与径向压应力作用相反的向心拉应力，当此径向拉应力超过岩石的抗拉强度，岩石质点产生反向的径向位移，形成切向（环向）裂隙。

自由面的反射作用，使压应力波变为拉应力波，当拉应力超过岩石的抗拉强度时，则形成断裂裂隙。对于具有两个自由面的台阶爆破，两个反射波的共同作用，形成复合裂隙。它的形成有利于减少台阶顶部大块的产生。同时，爆炸气体的膨胀作用，使得台阶表面隆起（鼓包作用），形成表面裂隙。足够的超深有利于提高孔底炸药爆炸能量利用率，可以形成克服底盘抵抗线，即"根底"的爆破漏斗下破裂线的底部径向裂隙，同时可以

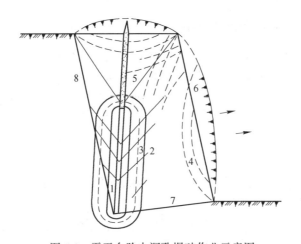

图 5-9　露天台阶中深孔爆破作业示意图

1—压缩粉碎区；2—径向裂隙；3—切向（环向）裂隙；4—断裂裂隙；5—复合裂隙；

6—表面裂隙；7—底部径向裂隙；8—边坡径向裂隙

构成爆破漏斗上破裂线的边坡径向裂隙，减轻爆破"后冲"的危害。可见，台阶爆破的破碎机理与一个自由面爆破的破碎机理是基本相同的，只是由于台阶爆破具有两个自由面，更有利于岩石的破碎。

5.3　弹性动力学问题的建立

5.3.1　弹性动力学的基本方程

在讨论弹性静力学问题时，即假定弹性体的任一微小部分始终处于静力平衡状态，位移、应变和应力只是位置函数，不随时间变化（运动微分方程考虑了时间）。在弹性动力学问题中，弹性体内各点的位移、应变和应力一般还随时间变化，因而，他们不仅是位置的函数，也是时间的函数。只要弹性动力学仍采用理想弹性体，微小位移和自然状态假定，则针对弹性静力学建立的激活方程和物理方程都可运用于弹性动力学的任何瞬间，形式上无须做任何改变，只需将平衡方程用运动方程来代替。

5.3.1.1　直角坐标系下弹性动力学基本方程

弹性动力学问题中，15 个基本方程为：

（1）运动微分方程（应力与位移关系，3 个）：

$$\begin{cases} \dfrac{\partial \sigma_x}{\partial x} + \dfrac{\partial \tau_{yx}}{\partial y} + \dfrac{\partial \tau_{zx}}{\partial z} + \rho X = \rho\,\dfrac{\partial^2 u}{\partial^2 t} \\[2mm] \dfrac{\partial \tau_{xy}}{\partial x} + \dfrac{\partial \sigma_y}{\partial y} + \dfrac{\partial \tau_{zy}}{\partial z} + \rho Y = \rho\,\dfrac{\partial^2 v}{\partial^2 t} \\[2mm] \dfrac{\partial \tau_{xz}}{\partial x} + \dfrac{\partial \tau_{yz}}{\partial y} + \dfrac{\partial \sigma_z}{\partial z} + \rho Z = \rho\,\dfrac{\partial^2 w}{\partial^2 t} \end{cases} \tag{5-12}$$

（2）几何方程（应变与位移关系，6 个）：

$$\begin{cases} \varepsilon_x = \dfrac{\partial u}{\partial x} \\[2mm] \varepsilon_y = \dfrac{\partial v}{\partial y} \\[2mm] \varepsilon_z = \dfrac{\partial w}{\partial z} \\[2mm] \gamma_{yz} = \dfrac{\partial w}{\partial y} + \dfrac{\partial v}{\partial z} \\[2mm] \gamma_{zx} = \dfrac{\partial u}{\partial z} + \dfrac{\partial w}{\partial x} \\[2mm] \gamma_{xy} = \dfrac{\partial v}{\partial x} + \dfrac{\partial u}{\partial y} \end{cases} \tag{5-13}$$

（3）物理方程（应力与应变关系，6）：

1）用应变表示应力

$$\begin{cases} \sigma_x = \lambda \theta_t + 2\mu \varepsilon_x \\ \sigma_y = \lambda \theta_t + 2\mu \varepsilon_y \\ \sigma_z = \lambda \theta_t + 2\mu \varepsilon_z \\ \tau_{yz} = \mu \gamma_{yz} \\ \tau_{zx} = \mu \gamma_{zx} \\ \tau_{xy} = \mu \gamma_{xy} \\ \theta = \varepsilon_x + \varepsilon_y + \varepsilon_z \\ \Theta = (3\lambda + 2\mu)\theta_t \\ \Theta = \sigma_x + \sigma_y + \sigma_z \end{cases} \tag{5-14a}$$

2）用应力表示应变

$$\begin{cases} \varepsilon_x = \dfrac{1}{E}[\sigma_x - v(\sigma_y + \sigma_z)] \\[2mm] \varepsilon_y = \dfrac{1}{E}[\sigma_y - v(\sigma_z + \sigma_x)] \\[2mm] \varepsilon_z = \dfrac{1}{E}[\sigma_z - v(\sigma_x + \sigma_y)] \\[2mm] \gamma_{yz} = \dfrac{2(1+v)}{E}\tau_{yz} \\[2mm] \gamma_{zx} = \dfrac{2(1+v)}{E}\tau_{zx} \\[2mm] \gamma_{xy} = \dfrac{2(1+v)}{E}\tau_{xy} \\[2mm] \theta_t = \dfrac{1-2v}{E}\Theta \end{cases} \tag{5-14b}$$

上述 15 个基本方程可求解 15 个未知数，即 3 个位移分量（ u , v , w ），6 个应变分量（ε_x，ε_y，ε_z，γ_{yz}，γ_{zx}，γ_{xy}）和 6 个应力分量（σ_x，σ_y，σ_z，τ_{yz}，τ_{zx}，τ_{xy}），这 15 个方程称为以直角坐标表示的弹性动力学基本方程。

5.3.1.2　圆柱坐标下弹性动力学基本方程

（1）运动微分方程（应力与位移关系）：

$$
\begin{cases}
\dfrac{\partial \sigma_r}{\partial r} + \dfrac{1}{r}\dfrac{\partial \tau_{r\theta}}{\partial \theta} + \dfrac{\partial \tau_{zr}}{\partial z} + \dfrac{\sigma_r - \sigma_\theta}{r} + \rho f_r = \rho \alpha_r \\[2mm]
\dfrac{\partial \tau_{r\theta}}{\partial r} + \dfrac{1}{r}\dfrac{\partial \sigma_\theta}{\partial \theta} + \dfrac{\partial \tau_{\theta z}}{\partial z} + \dfrac{2\tau_{r\theta}}{r} + \rho f_0 = \rho \alpha_\theta \\[2mm]
\dfrac{\partial \tau_{zr}}{\partial r} + \dfrac{1}{r}\dfrac{\partial \tau_{\theta z}}{\partial \theta} + \dfrac{\partial \sigma_z}{\partial z} + \dfrac{\tau_{zr}}{r} + \rho f_z = \rho \alpha_z
\end{cases}
\tag{5-15}
$$

（2）几何方程（应变与位移关系）：

$$
\begin{cases}
\varepsilon_r = \dfrac{\partial u}{\partial r} \\[2mm]
\varepsilon_\theta = \dfrac{1}{r}\dfrac{\partial v}{\partial \theta} + \dfrac{u}{r} \\[2mm]
\varepsilon_z = \dfrac{\partial w}{\partial z} \\[2mm]
\gamma_{\theta z} = \dfrac{1}{r}\dfrac{\partial w}{\partial \theta} + \dfrac{\partial v}{\partial z} \\[2mm]
\gamma_{zr} = \dfrac{\partial u}{\partial z} + \dfrac{\partial w}{\partial r} \\[2mm]
\gamma_{r\theta} = \dfrac{\partial v}{\partial r} + \dfrac{1}{r}\dfrac{\partial u}{\partial \theta} - \dfrac{v}{r}
\end{cases}
\tag{5-16}
$$

（3）物理方程（应力与应变关系）：将直角坐标系中物理方程（x，y，z）分别换成（r，θ，z）。

5.3.1.3　球坐标系下弹性动力学基本方程

（1）运动微分方程（应力与位移关系）：

$$
\begin{cases}
\dfrac{\partial \sigma_r}{\partial r} + \dfrac{1}{r}\dfrac{\partial \tau_{r\theta}}{\partial \theta} + \dfrac{1}{r\sin\theta}\dfrac{\partial \tau_{\varphi r}}{\partial \varphi} + \dfrac{1}{r}(2\sigma_r - \sigma_\theta - \sigma_\varphi + \tau_{r\theta}\cot\theta) + \rho f_r = \rho \alpha_r \\[2mm]
\dfrac{\partial \tau_{r\theta}}{\partial r} + \dfrac{1}{r}\dfrac{\partial \sigma_\theta}{\partial \theta} + \dfrac{1}{r\sin\theta}\dfrac{\partial \tau_{\varphi\theta}}{\partial \varphi} + \dfrac{1}{r}\left[(\sigma_\theta - \sigma_\varphi)\cot\theta + 3\tau_{r\theta}\right] + \rho f_\theta = \rho \alpha_\theta \\[2mm]
\dfrac{\partial \tau_{r\varphi}}{\partial r} + \dfrac{1}{r}\dfrac{\partial \tau_{\theta\varphi}}{\partial \theta} + \dfrac{1}{r\sin\theta}\dfrac{\partial \sigma_\varphi}{\partial \varphi} + \dfrac{1}{r}(3\tau_{r\varphi} + 2\tau_{\theta\varphi}\cot\theta) + \rho f_\varphi = \rho \alpha_\varphi
\end{cases}
\tag{5-17}
$$

（2）几何方程（应变与位移关系）：

$$\begin{cases} \varepsilon_r = \dfrac{\partial u}{\partial r} \\[2mm] \varepsilon_\theta = \dfrac{1}{r}\dfrac{\partial v}{\partial \theta} + \dfrac{u}{r} \\[2mm] \varepsilon_z = \dfrac{1}{r\sin\theta}\dfrac{\partial w}{\partial \varphi} + \dfrac{v}{r}\cot\theta + \dfrac{u}{r} \\[2mm] \gamma_{r\theta} = \dfrac{\partial v}{\partial r} - \dfrac{v}{r} + \dfrac{1}{r}\dfrac{\partial u}{\partial \theta} \\[2mm] \gamma_{\theta\varphi} = \dfrac{1}{r}\left(\dfrac{\partial w}{\partial \theta} - w\cot\theta\right) + \dfrac{1}{r\sin\theta}\dfrac{\partial v}{\partial \varphi} \\[2mm] \gamma_{\varphi r} = \dfrac{1}{r\sin\theta}\dfrac{\partial u}{\partial \varphi} + \dfrac{\partial w}{\partial r} - \dfrac{w}{r} \end{cases} \tag{5-18}$$

（3）物理方程（应力与应变关系）：将直角坐标系下物理方程中的（x，y，z）分别换成（r，θ，z）即可，物理方程与坐标无关。

5.3.2 弹性动力学问题的提法

求解弹性动力学的问题，只有上述基本方程是不够的，因为基本方程只是反映物体的内部位移、应变和应力之间的相互关系，而对特定具体问题还必须考虑相应的初始和边界条件。

5.3.2.1 初始条件

给出弹性体内各个点在时间 $t=0$ 时位移分量和速度分量，即

$$\begin{cases} u = f_1(x,\ y,\ z) \\ v = f_2(x,\ y,\ z) \\ w = f_3(x,\ y,\ z) \\[2mm] \dfrac{\partial u}{\partial t} = \varphi_1(x,\ y,\ z) \\[2mm] \dfrac{\partial v}{\partial t} = \varphi_2(x,\ y,\ z) \\[2mm] \dfrac{\partial w}{\partial t} = \varphi_3(x,\ y,\ z) \end{cases} \tag{5-19}$$

5.3.2.2 边界条件

弹性力学问题的边界条件有 3 种情况：

（1）给出弹性体全部表面的面力分量，此时边界条件由应力边界条件表示，应力分量由式（5-20）给出：

$$\begin{cases} \overline{X} = \sigma_x l + \tau_{yx} m + \tau_{zx} n \\ \overline{Y} = \tau_{xy} l + \sigma_y m + \tau_{zy} n \\ \overline{Z} = \tau_{xz} l + \tau_{yz} m + \sigma_z n \end{cases} \tag{5-20}$$

（2）给出弹性体全部表面的位移分量，此时边界条件由位移边界条件表示，边界上位移与给定的位移相等，即由式（5-21）给出：

$$u = \bar{u}; \quad v = \bar{v}; \quad w = \bar{w} \tag{5-21}$$

（3）混合边界条件，在弹性体一部分表面上给出了面力分量，而另一部分给出了位移分量。

总之，弹性动力学的基本方程一般是控制弹性体内部的位移、应变和应力之间相互联系的普遍规律，而定解条件（初始和边界条件）具体给出了每一个边值一个初值问题的特定规律。此外，在弹性波传播问题中，介质分界面处应力和位移连续。

5.3.2.3 弹性动力学问题严格且完整的提法

已知：（1）弹性体的形状和尺寸、弹性体的物理性质（弹性和惯性）；（2）作用于弹性上的体力；（3）边界条件；（4）初始条件。应用 15 个基本方程求出初始瞬时 t_0（通常 $t_0 = 0$）时刻以后任一瞬时弹性体中各点的位移、应变和应力。

5.3.2.4 弹性动力学问题的简化及解题方法

在解决弹性动力学问题过程中，15 个基本方程可以综合简化，因为这些方程中，并非每个方程中都包括所有的未知函数，可以将其中一部分未知函数选作"基本未知函数"，先求出它们，然后再由它们求出其他未知数。

以应力为"基本未知数"的解题方法称为应力法，以位移为"基本未知数"的解题方法称为位移法。相应地简化 15 个基本方程，分别导出应力满足的微分方程或位移满足的微分方程，以及它们相应的边界条件。在一定的边界条件和初始条件下，按选取的解题方法，求出其相应的微分方程的解，也就是满足全部基本方程。

A 应力法

取物体内点的应力分量为基本未知量，先解出 3 个应力分量，再求相应的应变及位移，多用于弹性静力学问题。

B 位移法

取物体内点的位移为基本未知量，将各个方程中的应力和应变都用位移表示，先解出 3 个位移分量表达式，有了位移，就可以进一步求出应变和应力。在振动波动力学中，往往只需求出位移就够了。基本做法：

（1）利用几何方程（应变-位移），将物理方程中应变消去，即将应变用位移表示，物理方程变为应力与位移关系，这样从这 12 个方程中去掉 6 个方程，得到应力-位移关系方程，将其代入运动微分方程中的以位移表示的运动微分方程（拉梅方程）。

（2）解位移形式的拉梅方程，求出位移分量（u, v, w），当然求解过程中用到初始条件和由位移表示的边界条件。

（3）求出位移后，按几何方程求出应变，代入物理方程中，再求出应力表达式。

5.3.3　以位移表示的运动微分方程——拉梅（Lame）方程

5.3.3.1　Lame 方程推导

首先将几何方程式（5-13）代入物理方程式（5-14a），得：

$$\begin{cases} \sigma_x = \lambda\theta_t + 2\mu\dfrac{\partial u}{\partial x} \\[2mm] \sigma_y = \lambda\theta_t + 2\mu\dfrac{\partial v}{\partial y} \\[2mm] \sigma_z = \lambda\theta_t + 2\mu\dfrac{\partial w}{\partial z} \\[2mm] \tau_{yz} = \mu\left(\dfrac{\partial w}{\partial y} + \dfrac{\partial v}{\partial z}\right) \\[2mm] \tau_{zx} = \mu\left(\dfrac{\partial u}{\partial z} + \dfrac{\partial w}{\partial x}\right) \\[2mm] \tau_{xy} = \mu\left(\dfrac{\partial v}{\partial x} + \dfrac{\partial u}{\partial y}\right) \\[2mm] \theta_t = \dfrac{\partial u}{\partial x} + \dfrac{\partial v}{\partial y} + \dfrac{\partial w}{\partial z} \end{cases} \tag{5-22}$$

再将式（5-20）代入运动微分方程式（5-12）中，整理得：

$$\begin{cases} \rho\dfrac{\partial^2 u}{\partial^2 t} = (\lambda + \mu)\dfrac{\partial\theta_t}{\partial x} + \mu\nabla^2\mu + \rho X \\[2mm] \rho\dfrac{\partial^2 v}{\partial^2 t} = (\lambda + \mu)\dfrac{\partial\theta_t}{\partial y} + \mu\nabla^2 v + \rho Y \\[2mm] \rho\dfrac{\partial^2 w}{\partial^2 t} = (\lambda + \mu)\dfrac{\partial\theta_t}{\partial z} + \mu\nabla^2 w + \rho Z \end{cases} \tag{5-23}$$

式中，$\nabla^2 = \dfrac{\partial^2}{\partial x^2} + \dfrac{\partial^2}{\partial y^2} + \dfrac{\partial^2}{\partial z^2}$ 为拉普拉斯算子。式（5-23）就是以位移表示的运动微分方程，称为拉梅（Lame）方程。分别乘以 $i,\ j,\ k$，并由 $U = ui + vj + wk$，将式（5-23）写成矢量形式，得：

$$\rho\frac{\partial^2 U}{\partial t^2} = (\lambda + \mu)\nabla\theta_t + \mu\nabla^2 U + \rho F \tag{5-24}$$

式中，$\nabla\theta_t = \mathrm{grad}\theta_t = \dfrac{\partial\theta_t}{\partial x}i + \dfrac{\partial\theta_t}{\partial y}j + \dfrac{\partial\theta_t}{\partial z}k,\ F = Xi + Yj + Zk$。

5.3.3.2　以位移分量表示的力的边界条件

若弹性体表面处的位移给定，则可通过位移边界条件给出力的边界条件。若弹性体表面处面力给定，则取

$$\begin{cases} X = \sigma_x l + \tau_{yx} m + \tau_{zx} n \\ Y = \tau_{xy} l + \sigma_y m + \tau_{zy} n \\ Z = \tau_{xz} l + \tau_{yz} m + \sigma_z n \end{cases} \tag{5-25}$$

等号右端用位移表示，才能用拉梅方程定解。将式（5-22）代入式（5-25）即可得到：

$$
\begin{cases}
X = \lambda \theta_t l + \mu\left(\dfrac{\partial u}{\partial x}l + \dfrac{\partial v}{\partial y}m + \dfrac{\partial w}{\partial z}n\right) + \mu\left(\dfrac{\partial u}{\partial x}l + \dfrac{\partial v}{\partial x}m + \dfrac{\partial w}{\partial x}n\right) \\[2mm]
Y = \lambda \theta_t m + \mu\left(\dfrac{\partial u}{\partial x}l + \dfrac{\partial v}{\partial y}m + \dfrac{\partial w}{\partial z}n\right) + \mu\left(\dfrac{\partial u}{\partial y}l + \dfrac{\partial v}{\partial y}m + \dfrac{\partial w}{\partial y}n\right) \\[2mm]
Z = \lambda \theta_t n + \mu\left(\dfrac{\partial u}{\partial x}l + \dfrac{\partial v}{\partial y}m + \dfrac{\partial w}{\partial z}n\right) + \mu\left(\dfrac{\partial u}{\partial z}l + \dfrac{\partial v}{\partial z}m + \dfrac{\partial w}{\partial z}n\right)
\end{cases}
\tag{5-26}
$$

式中，$\theta_t = \dfrac{\partial u}{\partial x} + \dfrac{\partial v}{\partial y} + \dfrac{\partial w}{\partial z}$。

5.3.3.3　弹性动力学解的唯一性

弹性动力学解的唯一性可表述为：若弹性体受已知体力作用，在物体表面处，或者面力已知，或者位移已知；此外，初始条件已知，则弹性体在运动时，体内各点的应力分量、应变分量与位移分量均是唯一的。

弹性动力学的唯一性定理，也是弹性动力学问题常用的逆解法和半逆解法提供一个理论依据。逆解法和半逆解法也称试凑法。如果试凑得不到真正的解，也会依次逼近，得到比前次更为精确的近似解。此外还有变分法、数值方法求近似解，数值方法中有限差分和有限元法已在地震勘探中广泛应用。

5.3.4　圆柱坐标和球坐标系下以位移表示的运动微分方程

5.3.4.1　圆柱坐标系下运动微分方程——拉梅（Lame）方程

在 15 个基本方程中消去应力和应变分量，得到圆柱坐标中以位移表示的运动微分方程：

$$
\begin{cases}
\rho \dfrac{\partial^2 u}{\partial t^2} = (\lambda + 2\mu)\,\dfrac{\partial \theta_t}{\partial r} - \dfrac{2\mu}{r}\dfrac{\partial w_z}{\partial \theta} + 2\mu\dfrac{\partial w'_\theta}{\partial z} + \rho f_r \\[2mm]
\rho \dfrac{\partial^2 v}{\partial t^2} = (\lambda + 2\mu)\,\dfrac{\partial \theta_t}{r\partial \theta} - 2\mu\dfrac{\partial w'_z}{\partial z} + 2\mu\dfrac{\partial w'_r}{\partial r} + \rho f_\theta \\[2mm]
\rho \dfrac{\partial^2 w}{\partial t^2} = (\lambda + 2\mu)\,\dfrac{\partial \theta_t}{\partial z} - \dfrac{2\mu}{r}\dfrac{\partial (rw'_\theta)}{\partial r} + \dfrac{2\mu}{r}\dfrac{\partial w'_r}{\partial \theta} + \rho f_z
\end{cases}
\tag{5-27a}
$$

式中，u，v，w 分别为沿 r，θ，z 方向位移分量，而体积应变和转动分量为

$$
\begin{cases}
\theta_t = \varepsilon_r + \varepsilon_\theta + \varepsilon_z = \dfrac{1}{r}\dfrac{\partial (ru)}{\partial r} + \dfrac{1}{r}\dfrac{\partial v}{\partial \theta} + \dfrac{\partial w}{\partial z} \\[2mm]
w'_r = \dfrac{1}{2}\left(\dfrac{1}{r}\dfrac{\partial w}{\partial \theta} - \dfrac{\partial v}{\partial z}\right) \\[2mm]
w'_\theta = \dfrac{1}{2}\left(\dfrac{\partial u}{\partial \theta} - \dfrac{\partial w}{\partial r}\right) \\[2mm]
w'_z = \dfrac{1}{2}\left[\dfrac{1}{r}\dfrac{\partial (rv)}{\partial r} - \dfrac{1}{r}\dfrac{\partial u}{\partial \theta}\right]
\end{cases}
\tag{5-27b}
$$

5.3.4.2 球对称问题

（1）运动微分方程：

$$\frac{\partial \sigma_r}{\partial r} + \frac{2}{r}(\sigma_r - \sigma_\theta) + \rho f_r = \rho \alpha_r \qquad (5\text{-}28a)$$

（2）几何方程：

$$\begin{cases} \varepsilon_r = \dfrac{\partial U_r}{\partial r}, \ \varepsilon_0 = \varepsilon_\varphi = \dfrac{U_r}{r} \\ \gamma_{\theta\varphi} = \gamma_{\varphi r} = \gamma_{r\theta} = 0 \\ \theta_t = \dfrac{\partial U_r}{\partial r} + \dfrac{2U_r}{r} \end{cases} \qquad (5\text{-}28b)$$

（3）物理方程：

$$\begin{cases} \sigma_r = \lambda \theta_t + 2\mu \varepsilon_r \\ \sigma_\theta = \lambda \theta_t + 2\mu \varepsilon_\theta \\ \sigma_\varphi = \sigma_0 \\ \tau_{\theta\varphi} = \tau_{\varphi r} = \tau_{r\theta} = 0 \end{cases} \qquad (5\text{-}28c)$$

将式（5-28b）代入式（5-28c）得：

$$\begin{cases} \sigma_r = (\lambda + 2\mu)\dfrac{\partial U_r}{\partial r} + 2\lambda \dfrac{U_r}{r} \\ \sigma_\theta = \lambda \dfrac{\partial U_r}{\partial r} + 2(\lambda + \mu)\dfrac{U_r}{r} \end{cases} \qquad (5\text{-}28d)$$

将式（5-28d）代入式（5-28a），整理得

$$(\lambda + 2\mu)\left(\frac{\partial^2 U_r}{\partial r^2} + \frac{2}{r}\frac{\partial U_r}{\partial r} - \frac{2}{r^2}U_r\right) + \rho f_r = \rho \alpha_r \qquad (5\text{-}28e)$$

这就是球对称问题以位移表示的运动微分方程——拉梅（Lame）方程。
若用弹性常数 E 和泊松比 ν 表示，则为

$$\frac{E(1-\nu)}{(1+\nu)(1-2\nu)}\left(\frac{\partial^2 U_r}{\partial r^2} + \frac{2}{r}\frac{\partial U_r}{\partial r} - \frac{2}{r^2}\partial U_r\right) + \rho f_r = \rho \alpha_r \qquad (5\text{-}28f)$$

5.4 弹性波的传播理论

5.4.1 弹性波在各向同性介质中的传播

理论物理学中非常重要的一个分支是弹性波动力学，它主要是在牛顿力学实验定律和基础上，通过进一步引进空间数学场来研究弹性物体在受力与变形间的静态和动态关系问题。而爆破振动主要是探讨有关地壳介质中的质点受力产生的振动和相邻质点振动所形成的机械波动的问题，爆破振动波可以说是在地下岩石中传播的一种弹性波，而弹性波的一些规律目前是可以解决的，比如通过弹性波方程。因此，研究爆破振动问题，可以转化为研究波动方程，并化简其解。

假设爆源是球对称的，则振动波在岩体内部传播未到达地面之前，可以视为发散的球面波。如果球面波中既有 P 波成分也有 S 波成分，则令 u_p、u_s 分别表示其位移场，φ 与 Ψ 仍然表示位移场的标势与矢势，且有

$$\boldsymbol{u} = \boldsymbol{u}_p + \boldsymbol{u}_s = \nabla \varphi + \nabla \times \boldsymbol{\Psi} \tag{5-29}$$

以 P 波为例，则有：

$$\varphi = \frac{A}{r} \exp[i(kr - \omega t)], \ r > 0 \tag{5-30}$$

位移矢量场为

$$\boldsymbol{u}_p = \nabla \varphi = \frac{\partial \varphi}{\partial r} \boldsymbol{e}_r = A\left(\frac{ik}{r} - \frac{1}{r^2}\right) \exp[i(kr - \omega t)] \boldsymbol{e}_r \tag{5-31}$$

式中，A 为波源处 Ψ 的振幅，等于常数；ω 为波的圆频率，$k = \omega/c = 2\pi/\lambda$ 为圆波数。当 $r \gg \lambda$ 时，有 $1/\lambda \geqslant 1/r$，比较式（5-31）中括号内的两项可知 $1/r^2$ 可以略去，于是式（5-31）变为

$$\boldsymbol{u}_p = \frac{ikA}{r} \exp[i(kr - \omega t)] \boldsymbol{e}_r \tag{5-32}$$

式（5-32）为球面位移简谐波的表达式，它表明在远离波源处位移的振幅与离开波源的距离成反比。

由上式可得波的位移的量值为：

$$u_p = \frac{A}{r} e^{i(kr - \omega t)} \tag{5-33}$$

将上式对时间进行求导，即观测点处质点速度为：

$$C_p = -\omega \frac{A}{r} e^{i(kr - \omega t)} \tag{5-34}$$

5.4.2　各向同性弹性介质中的弹性波波动方程

通过学习弹性力学可以知道，弹性力学的基本方程包括运动平衡方程、几何方程和虎克定律。

5.4.2.1　运动平衡方程

$$\left.\begin{array}{l} \dfrac{\partial \sigma_{xx}}{\partial x} + \dfrac{\partial \tau_{xy}}{\partial y} + \dfrac{\partial \tau_{zx}}{\partial z} + \rho g_x = \rho \dfrac{\partial^2 u}{\partial t^2} \\[3mm] \dfrac{\partial \tau_{xy}}{\partial x} + \dfrac{\partial \sigma_{yy}}{\partial y} + \dfrac{\partial \tau_{yz}}{\partial z} + \rho g_y = \rho \dfrac{\partial^2 v}{\partial t^2} \\[3mm] \dfrac{\partial \tau_{zx}}{\partial x} + \dfrac{\partial \tau_{yz}}{\partial y} + \dfrac{\partial \sigma_{zz}}{\partial z} + \rho g_z = \rho \dfrac{\partial^2 w}{\partial t^2} \end{array}\right\} \tag{5-35}$$

式中，u、v、w 为介质位移在 x、y、z 3 个方向上的分量；σ_{xx}、σ_{yy}、σ_{zz}、τ_{xy}、τ_{yz}、τ_{zx} 为应力分量；g_x、g_y、g_z 为体力密度分量；ρ 为介质密度。

5.4.2.2　几何方程

$$
\left.
\begin{aligned}
\varepsilon_{xx} &= \frac{\partial u}{\partial x}, \quad \varepsilon_{xy} = \frac{\partial v}{\partial x} + \frac{\partial u}{\partial y} \\[2mm]
\varepsilon_{yy} &= \frac{\partial v}{\partial y}, \quad \varepsilon_{yz} = \frac{\partial w}{\partial y} + \frac{\partial v}{\partial z} \\[2mm]
\varepsilon_{zz} &= \frac{\partial w}{\partial z}, \quad \varepsilon_{zx} = \frac{\partial u}{\partial z} + \frac{\partial w}{\partial x}
\end{aligned}
\right\}
\tag{5-36}
$$

式中，ε_{xx}、ε_{yy}、ε_{zz}、ε_{xy}、ε_{yz}、ε_{zx} 为应变分量。

5.4.2.3　虎克（Hooke）定律（适用于各向同性的完全弹性介质）

$$
\left.
\begin{aligned}
\sigma_{xx} &= \lambda\theta + 2\mu\varepsilon_{xx}, \quad &\tau_{xy} = \mu\varepsilon_{xy} \\[2mm]
\sigma_{yy} &= \lambda\theta + 2\mu\varepsilon_{yy}, \quad &\tau_{yz} = \mu\varepsilon_{yz} \\[2mm]
\sigma_{zz} &= \lambda\theta + 2\mu\varepsilon_{zz}, \quad &\tau_{zx} = \mu\varepsilon_{zx}
\end{aligned}
\right\}
\tag{5-37}
$$

式中，λ 和 μ 为介质的拉梅系数；θ 为体积应变：

$$
\theta = \frac{\partial u}{\partial x} + \frac{\partial v}{\partial y} + \frac{\partial w}{\partial z}
\tag{5-38}
$$

将式（5-36）代入式（5-37）消去应变分量，再将结果代入式（5-35），可得均匀各向同性完全弹性介质运动的位移方程为

$$
\left.
\begin{aligned}
\mu\nabla^2 u + (\lambda + \mu)\frac{\partial\theta}{\partial x} + \rho g_x &= \rho\frac{\partial^2 u}{\partial t^2} \\[2mm]
\mu\nabla^2 v + (\lambda + \mu)\frac{\partial\theta}{\partial y} + \rho g_y &= \rho\frac{\partial^2 v}{\partial t^2} \\[2mm]
\mu\nabla^2 w + (\lambda + \mu)\frac{\partial\theta}{\partial z} + \rho g_z &= \rho\frac{\partial^2 w}{\partial t^2}
\end{aligned}
\right\}
\tag{5-39}
$$

式中，∇^2 为拉普拉斯（Laplace）算符，$\nabla^2 = \dfrac{\partial^2}{\partial x^2} + \dfrac{\partial^2}{\partial y^2} + \dfrac{\partial^2}{\partial z^2}$。上面 3 式还可写成矢量形式：

$$
\mu\nabla^2 \boldsymbol{s} + (\lambda + \mu)\operatorname{grad}(\operatorname{div}\boldsymbol{s}) + \rho\boldsymbol{g} = \rho\frac{\partial^2\boldsymbol{s}}{t^2}
\tag{5-40}
$$

式中，$\boldsymbol{s}$ 为位移矢量，$\boldsymbol{s} = u\boldsymbol{i} + v\boldsymbol{j} + w\boldsymbol{k}$；$\boldsymbol{g}$ 为体力密度矢量，$\boldsymbol{g} = g_x\boldsymbol{i} + g_y\boldsymbol{j} + g_z\boldsymbol{k}$；而 $\nabla^2\boldsymbol{s}$ 的意义如下：

$$
\nabla^2\boldsymbol{s} = (\nabla^2 u)\boldsymbol{i} + (\nabla^2 v)\boldsymbol{j} + (\nabla^2 w)\boldsymbol{k}
\tag{5-41}
$$

式（5-40）或式（5-39）反映了弹性介质中各点在不同时刻的位移情况，其中包括了位移的传播情况，即弹性波的传播规律。因此，也称他们为弹性波的波动方程。

需要重申的是，上面得到的波动方程仅适用于均匀各向同性的完全弹性介质。对其他介质，波动方程的形式有所不同，一般来说更为复杂。在本章研究中，近似地将介质看成为均匀、各向同性和完全弹性的，而通过使用此方程所得到的许多结论是非常有用和通用的。

5.4.3　弹性纵波和弹性横波

弹性波的两种基本形式分别是弹性横波、弹性纵波。

如果是纵波，质点的振动方向和波的传播方向是一致的。这时，波所经过的介质只发生体积的胀缩，即介质的位移矢量场是无旋的。记纵波情况下介质的位移矢量为 s_p，则有

$$\mathrm{curl}\, s_p = 0 \tag{5-42}$$

我们有时也将纵波称为涨缩波，无旋波或 P 波。

下面来看弹性纵波的波动方程。假定体力不存在，则波动方程（5-40）变为：

$$\mu \nabla^2 s + (\lambda + \mu)\,\mathrm{grad}(\mathrm{div}\, s) = \rho\,\frac{\partial^2 s}{\partial t^2} \tag{5-43}$$

由于纵波位移 s_p 满足式（5-42），所以有等式

$$\nabla^2 s_p = \mathrm{grad}(\mathrm{div}\, s_p) - \mathrm{curl}(\mathrm{curl}\, s_p) \tag{5-44}$$

可得：

$$\nabla^2 s_p = \mathrm{grad}(\mathrm{div}\, s_p) \tag{5-45}$$

令式（5-43）中的 s 为 s_p，并考虑到上式，可得：

$$(\lambda + 2\mu)\,\nabla^2 s_p = \rho\,\frac{\partial^2 s_p}{\partial t^2} \tag{5-46}$$

或写成

$$\nabla^2 s_p = \frac{1}{v_p^2}\,\frac{\partial^2 s_p}{\partial t^2} \tag{5-47}$$

其中

$$v_p = \sqrt{\frac{\lambda + 2\mu}{\rho}} \tag{5-48}$$

式（5-47）即为弹性纵波的波动方程。方程中的系数 v_p 为纵波的传播速度。

如果是横波，质点的振动方向和波的传播方向是垂直的。这时，波所经过的介质只发生剪切和旋转运动，即介质的位移矢量场是无源的。记横波情况下介质的位移矢量为 s_s，则有

$$\mathrm{div}\, s_s = 0 \tag{5-49}$$

有时也将横波称为切变波、无源波或 S 波。

令式（5-43）中 s 为 s_s，式则根据（5-49），可得：

$$\mu \nabla^2 s_s = \rho\,\frac{\partial^2 s_s}{\partial t^2} \tag{5-50}$$

或写成

$$\nabla^2 s_s = \frac{1}{v_s^2}\,\frac{\partial^2 s_s}{\partial t^2} \tag{5-51}$$

其中

$$v_s = \sqrt{\frac{\mu}{\rho}} \tag{5-52}$$

式（5-51）为弹性横波的波动方程。其中的系数为 v_s 为横波的传播速度。

由式（5-48）和式（5-52）可以看出，弹性波的传播速度只与介质的性质有关，也即由介质的弹性常数和密度决定。纵波和横波的速度比为：

$$\frac{v_p}{v_s} = \sqrt{\frac{\lambda + 2\mu}{\mu}} \tag{5-53}$$

拉梅系数 λ、μ 和泊松比 ν、杨氏模量 E 之间有如下关系：

$$\lambda = \frac{\nu E}{(1 + \nu)(1 - 2\nu)} \tag{5-54}$$

$$\mu = \frac{E}{2(1 + \nu)} \tag{5-55}$$

将上面两式代入式（5-53），可得：

$$\frac{v_p}{v_s} = \sqrt{\frac{2(1 - \nu)}{1 - 2\nu}} \tag{5-56}$$

由于 ν 的变化范围为 $0 \sim \frac{1}{2}$，因此，v_p/v_s 的取值大于 $\sqrt{2}$。也就是说，同一介质中纵波的传播速度总是大于横波的传播速度，最小能达到横波速度的 $\sqrt{2}$ 倍。

5.4.4 P波在弹性体半空间界面的反射

5.4.4.1 弹性波在自由表面的假设条件

我们在前面几节讨论了无限大均匀各向同性介质中的弹性波。实际上所遇到的地下介质远非无限大均匀的。因此，需要研究在有介质分界面存在的情况下波的传播情况。介质中的一些平面、曲面都可以是分界面，在分界面的两侧，其性质不一样，比如有可能拉梅系数 λ 和 μ 不同，或者密度 ρ 不同，或者波速 v_p 和 v_s 不同。由于介质分界面的存在，波在传播的过程中会产生一定的影响，因此会导致新的波动现象发生，如波的反射和透射等。

虽然分界面两侧介质的性质不连续，但是两侧的介质是相互密接的，所以说介质两侧的运动是连续的。为了简化研究问题，我们假定介质的分界面为平面。

5.4.4.2 位移的分解

爆破振动波一般认为是球面波或者是柱面波，但是在测点，此波已经传播了一定的距离，并且测点的长度又较小，于是可将球面形状的波前面上的有关部分看成为平面，即可将球面波当作平面波来处理；而且，通过傅氏变换可把脉冲波分解为一系列的简谐波。

此外，我们假定平面简谐波的传播方向垂直于某个坐标轴，不妨设为 y 轴，如图 5-10 所示。在这种情况下，波面与 y 轴平行，因而波函数与坐标 y 无关。这样三维问题就化为了二维问题，我们只需有代表性地研究 x-z 平面内介质的波动情况即可。

上述的平面简谐波可以是纵波，也可以是横波。在纵波情况下，波的极化方向和波的传播方向一致，因此质点在 x-z 平面内偏振；在横波情况下，波的极化方向和波的传播方向垂直，因此质点可在垂直于波传播方向的平面内的任意方向偏振。根据偏振方向可进一步将横波分解为两个分量，即一个在 $x\text{-}z$ 平面内偏振的分量和一个沿垂直于 $x\text{-}z$ 平面方向偏振的分量。前者称为 SV 波，后者称为 SH 波。

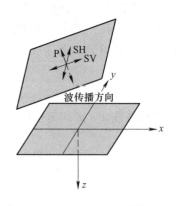

图 5-10　二维平面波示意图

我们知道，位移矢量 s 与位函数 φ 和 ψ 有如下关系：

$$s = \mathrm{grad}\varphi + \mathrm{curl}\psi \qquad (5\text{-}57)$$

写成分量形式为

$$\left.\begin{aligned}
u &= \frac{\partial \varphi}{\partial x} + \frac{\partial \psi_z}{\partial y} - \frac{\partial \psi_y}{\partial z} \\[2mm]
v &= \frac{\partial \varphi}{\partial y} + \frac{\partial \psi_x}{\partial z} - \frac{\partial \psi_z}{\partial x} \\[2mm]
w &= \frac{\partial \varphi}{\partial z} + \frac{\partial \psi_y}{\partial x} - \frac{\partial \psi_x}{\partial y}
\end{aligned}\right\} \qquad (5\text{-}58)$$

其中，ψ_x、ψ_y 和 ψ_z 为 ψ 的分量。由于 $\dfrac{\partial}{\partial y} = 0$，因此有

$$\left.\begin{aligned}
u &= \frac{\partial \varphi}{\partial x} - \frac{\partial \psi_y}{\partial z} \\[2mm]
w &= \frac{\partial \varphi}{\partial z} + \frac{\partial \psi_y}{\partial x}
\end{aligned}\right\} \qquad (5\text{-}59)$$

和

$$v = \frac{\partial \psi_x}{\partial z} - \frac{\partial \psi_z}{\partial x} \qquad (5\text{-}60)$$

可见，位移可分解为独立的两个部分。其中一部分位于 $x\text{-}z$ 平面内的位移分量 u 和 w，它们只与 φ 和 ψ_y 有关，含有 P 波和 SV 波成分；另一部分是垂直于 $x\text{-}z$ 平面的位移分量 v，它只与 ψ_x 和 ψ_z 有关，且只含有 SH 波成分。这一结果表明，可将 P 波和 SV 波作为一组与 SH 波分开来处理。我们在讨论 P 波和 SV 波时使用位函数 φ 和 ψ_z，然后由式（5-59）过渡到位移。将 ψ_y 记为 ψ，则式（5-59）可写为

$$\left.\begin{aligned}
u &= \frac{\partial \varphi}{\partial x} - \frac{\partial \psi}{\partial z} \\[2mm]
w &= \frac{\partial \varphi}{\partial z} + \frac{\partial \psi}{\partial x}
\end{aligned}\right\} \qquad (5\text{-}61)$$

式（5-61）就是由位函数表示的 $x\text{-}z$ 平面内的位移分量 u 和 w。

5.4.4.3　P 波在自由表面上的反射

介质与真空的分界面称之为自由表面，它是一种特殊的分界面。在实际工作中，可以把地球的表面作为自由表面，将空气近似看作为真空。

如图 5-11 所示，取 $x\text{-}y$ 平面为自由表面。设有一 P 波自下部介质入射到自由表面上。

由于表面上不存在介质，所以当波遇到此介质边界时，只可能折回到原来的介质中传播，而不会透过它，即只存在反射波而不存在透射波。当 P 波入射到自由表面上时，不但会沿表面的法向引起位移，而且还会沿切向引起位移。因此，反射波中同时包含 P 波和 SV 波两种成分。但是，根据问题的对称性及 P 波、SV 波与 SH 波的独立性可知，反射波和入射波一样不含 SH 波成分。

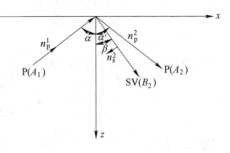

图 5-11　P 波入射情况

平面简谐形式的入射 P 波、反射 P 波和反射 SV 波的位函数可分别写为

$$\varphi_1 = A_1 e^{j(k_x x + k_z z - \omega t)} \tag{5-62}$$

$$\varphi_2 = A_2 e^{j(k_x' x + k_z' z - \omega' t)} \tag{5-63}$$

$$\psi_2 = B_2 e^{j(k_x'' x + k_z'' z - \omega'' t)} \tag{5-64}$$

式中

$$k_x = \frac{\omega}{v_p}\sin\alpha, \quad k_x' = \frac{\omega}{v_p}\sin\alpha', \quad k_x'' = \frac{\omega''}{v_s}\sin\beta \tag{5-65}$$

$$k_z = -\frac{\omega}{v_p}\cos\alpha, \quad k_z' = -\frac{\omega'}{v_p}\cos\alpha', \quad k_z'' = -\frac{\omega''}{v_s}\cos\beta \tag{5-66}$$

式中，α、α' 和 β 分别为入射 P 波的入射角、反射 P 波的反射角和反射 SV 波的反射角；ω、ω' 和 ω'' 为相应各波的圆频率；v_p 和 v_s 分别为 P 波和 S 波的速度。

在整个 $z > 0$ 的半空间中，P 波和 SV 波的总的位函数为

$$\varphi = \varphi_1 + \varphi_2 = A_1 e^{j(k_x x + k_z z - \omega t)} + A_2 e^{j(k_x' x + k_z' z - \omega' t)} \tag{5-67}$$

$$\psi = \psi_2 = B_2 e^{j(k_x'' x + k_z'' z - \omega'' t)} \tag{5-68}$$

由于在 $z < 0$ 的区域中是真空，无介质存在，那么表面处的应力为零；同时，由于表面处只有一种介质，不存在两种介质的密接问题，那么位移连续的条件就不适用了。于是，自由表面处的边界条件为

$$\sigma_{zz}\,|_{z=0} = 0 \tag{5-69}$$

$$\tau_{zx}\,|_{z=0} = 0 \tag{5-70}$$

即

$$\sigma_{zz} = \lambda\theta + 2\mu\varepsilon_{zz} = \lambda\left(\frac{\partial u}{\partial x} + \frac{\partial w}{\partial z}\right) + 2\mu\,\frac{\partial w}{\partial z}\bigg|_{z=0} = 0 \tag{5-71}$$

$$\tau_{zx} = \mu\left(\frac{\partial u}{\partial z} + \frac{\partial w}{\partial x}\right)\bigg|_{z=0} = 0 \tag{5-72}$$

将式（5-61）代入上面的式（5-71），并考虑到波速 v_p、v_s 同密度 ρ 和拉梅系数 λ、μ 有如下关系：

$$\lambda = \rho(v_p^2 - 2v_s^2), \quad \mu = \rho v_s^2 \tag{5-73}$$

可得：

$$\rho \left[(v_p^2 - 2v_s^2) \nabla^2 \varphi + 2v_s^2 \left(\frac{\partial^2 \varphi}{\partial z^2} + \frac{\partial^2 \psi}{\partial x \partial z} \right) \right] \Bigg|_{z=0} = 0 \tag{5-74}$$

由于 $\nabla^2 \varphi = \dfrac{1}{v_p^2} \dfrac{\partial^2 \varphi}{\partial t^2}$，因此有

$$\rho \left[\frac{v_p^2 - 2v_s^2}{v_p^2} \frac{\partial^2 \varphi}{\partial t^2} + 2v_s^2 \left(\frac{\partial^2 \varphi}{\partial z^2} + \frac{\partial^2 \psi}{\partial x \partial z} \right) \right] \Bigg|_{z=0} = 0 \tag{5-75}$$

用同样的方法处理另一个边界条件式（5-72），可得：

$$\rho v_s^2 \left(2 \frac{\partial^2 \varphi}{\partial x \partial z} + \frac{\partial^2 \varphi}{\partial x^2} - \frac{\partial^2 \psi}{\partial z^2} \right) \Bigg|_{z=0} = 0 \tag{5-76}$$

为了研究波在自由表面情况下的特点，假定波函数满足自由表面的边界条件。为此，将式（5-67）和式（5-68）代入式（5-75）和式（5-76），可得：

$$\left(\frac{v_p^2 - 2v_s^2}{v_p^2} \omega^2 + 2v_s^2 k_z^2 \right) A_1 e^{j(k_x x - \omega t)} + \left[\frac{v_p^2 - 2v_s^2}{v_p^2} \omega^2 + 2v_s^2 (k_z')2 \right] A_2 e^{j(k_x' x - \omega' t)} +$$

$$2v_s^2 k_x'' k_z'' B_2 e^{j(k_x'' x - \omega'' t)} = 0 \tag{5-77}$$

$$2k_x k_z A_1 e^{j(k_x x - \omega t)} + 2k_x' k_z' A_2 e^{j(k_x' x - \omega' t)} + \left[(k_x'')^2 - (k_z'')^2 \right] B_2 e^{j(k_x'' x - \omega'' t)} = 0 \tag{5-78}$$

由于上面两式应对所有的 x 和 t 成立，因此必然有

$$\omega = \omega' = \omega'' \tag{5-79}$$

$$k_x = k_x' = k_x'' \tag{5-80}$$

式（5-79）表明，入射 P 波、反射 P 波和反射 SV 波的频率是相同的。式（5-80）则表明，各波沿表面方向（x 方向）的视波数相等。这意味着各波沿自由表面方向的视速度也是相等的。式（5-80）可进一步写为

$$\frac{v_p}{\sin a} = \frac{v_p}{\sin a'} = \frac{v_p}{\sin \beta} = C \ (\text{常数}) \tag{5-81}$$

式中，$\dfrac{v_p}{\sin a}$、$\dfrac{v_p}{\sin a'}$ 和 $\dfrac{v_s}{\sin \beta}$ 分别为入射 P 波、反射 P 波和反射 SV 波沿自由表面方向的视速度。上式表示了各波视速度相等的关系，通过它可将反射波的反射角用入射角表示。对反射 P 波，有

$$a' = a \tag{5-82}$$

即反射纵波的反射角等于入射角（这就是反射定律）；对反射 SV 波，有

$$\frac{\sin \beta}{\sin \alpha} = \frac{v_s}{v_p} \tag{5-83}$$

从式（5-83）中，可以看出反射横波的反射角和入射角遵从斯奈尔定律。

有了上述结果，就可利用式（5-65）、式（5-66）和有关三角公式将式（5-77）和式（5-78）简化为

$$(v_p^2 - 2v_s^2 \sin^2 \alpha)(A_1 + A_2) + v_p^2 \sin 2\beta B_2 = 0 \tag{5-84}$$

$$v_s^2 \sin 2\alpha (A_1 - A_2) + v_p^2 \cos 2\beta B_2 = 0 \tag{5-85}$$

由斯奈尔定律可知：

$$v_p^2 - 2v_s^2 \sin^2\alpha = v_p^2 - 2v_p^2 \sin^2\beta = v_p^2 \cos 2\beta \tag{5-86}$$

将上式代入式（5-84），然后将所得结果和式（5-85）分别除以 A_1，得：

$$\cos 2\beta \frac{A_2}{A_1} + \sin 2\beta \frac{B_2}{A_1} = -\cos 2\beta \tag{5-87}$$

$$v_s^2 \sin 2\alpha \frac{A_2}{A_1} - v_p^2 \cos 2\beta \frac{B_2}{A_1} = v_s^2 \sin 2\alpha \tag{5-88}$$

式中，$\dfrac{A_2}{A_1}$ 和 $\dfrac{B_2}{B_1}$ 分别称为 P 波和 SV 波的反射系数。这些反射系数是对位函数 φ 和 ψ 而言的。将式（5-87）和式（5-88）联立求解，可得：

$$\frac{A_2}{A_1} = \frac{v_s^2 \sin 2\alpha \sin 2\beta - v_p^2 \cos^2 2\beta}{v_s^2 \sin 2\alpha \sin 2\beta + v_p^2 \cos^2 2\beta} \tag{5-89}$$

$$\frac{B_2}{A_1} = \frac{-2v_s^2 \sin 2\alpha \cos 2\beta}{v_s^2 \sin 2\alpha \sin 2\beta + v_p^2 \cos^2 2\beta} \tag{5-90}$$

从式（5-89）和式（5-90）中可以看出，虽然反射系数是从简谐波出发导出的，但它们与频率无关。

5.5 爆破振动正高程效应机理分析

5.5.1 爆破振动波传播模型

爆破振动主要是探讨有关地壳介质中的质点受力产生的振动和相邻质点振动所形成的机械波动的问题，爆破振动波其实是一种弹性波在地下岩石中传播，弹性波的规律可以通过弹性波的波动方程来解释，因此研究爆破振动的问题可以转化为讨论波动方程以及它的解。

图 5-12 为平地模型和台阶模型的对比图，由于爆破振动波实质上是一种弹性波在地下岩石中传播，所以根据费马原理、惠更斯—菲涅耳原理，在台阶模型中，地面 DF 段是爆破振动波从爆源 O 点出发，先到达台阶底端 M，然后再 M 点发生衍射，然后再从 M 点到达 DF 段，而 FG 段则爆破振动波从爆源 O 点出发直接到达地表。如图 5-12 所示。在平地模型中，则是爆破振动波从爆源 O 点出发，直接到达地表。设药包埋深为 h，台阶高度为 H，地表点距药包水平距离为 x。

5.5.2 台阶模型正高程效应分析

如图 5-11 所示，取 $x\text{-}z$ 平面为自由表面。设有一 P 波自下部介质入射到自由表面上。由于表面上是真空，不存在介质，所以当波遇到此介质边界时，只可能折回到原来的介质中，而不会透射，即只有反射波存在而透射波不存在。当 P 波入射到自由表面上时，不但会沿表面的法向引起位移，而且还会沿切向引起位移。因此，反射波中同时含有 P 波和 SV 波。但是，根据问题的对称性及 P 波、SV 波与 SH 波的独立性可知，反射波和入射波一样不含 SH 波成分。

平面简谐形式的入射 P 波、反射 P 波和反射 SV 波的位移矢量可分别写为：

$$s_p^1 = j\frac{\omega}{v_p}A_1 e^{j(k_x x + k_z z - \omega t)} \boldsymbol{n}_p^1$$

$$s_p^2 = j\frac{\omega}{v_p}A_2 e^{j(k_x' x + k_z' z - \omega t)} \boldsymbol{n}_p^2 \Bigg\} \tag{5-91}$$

$$s_s^2 = j\frac{\omega}{v_s}B_2 e^{j(k_x'' x + k_z'' z - \omega t)} \boldsymbol{n}_s^2$$

式中，ω 为波的圆频率，v_p 和 v_s 分别是 P 波和 S 波的速度；A_1、A_2、B_2 为各波函数振幅；$\boldsymbol{n}_p^1$、$\boldsymbol{n}_p^2$、$\boldsymbol{n}_s^2$ 为单位向量。

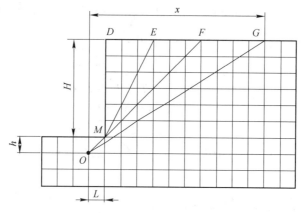

(a)

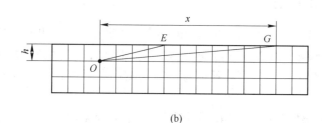

(b)

图 5-12　台阶地形与平坦地形

（a）台阶模型；（b）平地模型

根据谐波在界面处的传播规律，在自由表面 $z=0$，所以各波的位移的量值为

$$s_p^1 = s_{p0}^1 j e^{j(k_x x - \omega t)}$$

$$s_p^2 = s_{p0}^2 j e^{j(k_x x - \omega t)} \Bigg\} \tag{5-92}$$

$$s_s^2 = s_{s0}^2 j e^{j(k_x x - \omega t)}$$

式中

$$S_{p0}^1 = \frac{W}{v_p}A_1$$

$$S_{p0}^2 = \frac{W}{v_p}A_2 \Bigg\} \tag{5-93}$$

$$S_{s0}^2 = \frac{W}{v_s}B_2$$

通过对上述的位移公式求导，即可得到各个波引起质点的速度为

$$
\left.\begin{array}{l}
C_{\mathrm{p}}^{1} = -\omega s_{\mathrm{p}0}^{1} \mathrm{je}^{\mathrm{j}(k_x x - \omega t)} \\
C_{\mathrm{p}}^{2} = -\omega s_{\mathrm{p}0}^{2} \mathrm{je}^{\mathrm{j}(k_x x - \omega t)} \\
C_{\mathrm{s}}^{2} = -\omega s_{\mathrm{s}0}^{2} \mathrm{je}^{\mathrm{j}(k_x x - \omega t)}
\end{array}\right\}
\tag{5-94}
$$

根据几何关系可知，入射 P 波、反射 P 波和反射 SV 波在自由面处质点速度相互叠加后在 x 方向和 z 方向上的速度可表示为

$$
\left.\begin{array}{l}
C_x = C_{\mathrm{p}}^{2}\sin\alpha - C_{\mathrm{s}}^{2}\cos\beta \\
C_z = C_{\mathrm{p}}^{2}\cos\alpha + C_{\mathrm{s}}^{2}\sin\beta
\end{array}\right\}
\tag{5-95}
$$

根据式（5-95）得，在有台阶的情况下，即图 5-12（a）中的各波在自由面处质点速度相互叠加后在 x 方向上和 z 方向上的速度可表示为

$$
\left.\begin{array}{l}
C_{x1} = C_{\mathrm{p}}^{2}{}'\sin\alpha_1 - C_{\mathrm{s}}^{2}{}'\cos\beta_1 \\
C_{z1} = C_{\mathrm{p}}^{2}{}'\cos\alpha_1 + C_{\mathrm{s}}^{2}{}'\sin\beta_1
\end{array}\right\}
\tag{5-96}
$$

在没有台阶的情况下，即图 5-12（b）中的各波在自由面处质点速度相互叠加后在 x 方向上和 z 方向上的速度可表示为

$$
\left.\begin{array}{l}
C_{x2} = C_{\mathrm{p}}^{2}{}''\sin\alpha_2 - C_{\mathrm{s}}^{2}{}''\cos\beta_2 \\
C_{z2} = C_{\mathrm{p}}^{2}{}''\cos\alpha_2 + C_{\mathrm{s}}^{2}{}''\sin\beta_2
\end{array}\right\}
\tag{5-97}
$$

其中，α_1、β_1 为在有台阶的地形中，某点的波的入射角度和反射角度。α_2、β_2 为在没有台阶的地形中，某点的波的入射角度和反射角度。

在台阶地形中，相比平坦地形，在 X 方向，在 Z 方向，速度放大倍数为

$$
R_{\mathrm{cxT}} = \frac{C_{x1}}{C_{x2}}
\tag{5-98}
$$

$$
R_{\mathrm{czT}} = \frac{C_{z1}}{C_{z2}}
\tag{5-99}
$$

将式（5-96）和式（5-97）代入上式，根据式（5-93）和式（5-94）进一步化简得：

$$
R_{\mathrm{cxT}} = \frac{\dfrac{A_2'}{v_{\mathrm{p}}}\sin\alpha_1 - \dfrac{B_2'}{v_{\mathrm{s}}}\cos\beta_1}{\dfrac{A_2''}{v_{\mathrm{p}}}\sin\alpha_2 - \dfrac{B_2''}{v_{\mathrm{s}}}\cos\beta_2} = \frac{A_1'}{A_1''}\frac{\dfrac{A_2'}{A_1'}\sin\alpha_1 - \dfrac{B_2'}{A_1'}\dfrac{v_{\mathrm{p}}}{v_{\mathrm{s}}}\cos\beta_1}{\dfrac{A_2''}{A_1''}\sin\alpha_2 - \dfrac{B_2''}{A_1''}\dfrac{v_{\mathrm{p}}}{v_{\mathrm{s}}}\cos\beta_2}
\tag{5-100}
$$

$$
R_{\mathrm{czT}} = \frac{\dfrac{A_2'}{v_{\mathrm{p}}}\cos\alpha_1 + \dfrac{B_2'}{v_{\mathrm{s}}}\sin\beta_1}{\dfrac{A_2''}{v_{\mathrm{p}}}\cos\alpha_2 + \dfrac{B_2''}{v_{\mathrm{s}}}\sin\beta_2} = \frac{A_1'}{A_1''}\frac{\dfrac{A_2'}{A_1'}\cos\alpha_1 + \dfrac{B_2'}{A_1'}\dfrac{v_{\mathrm{p}}}{v_{\mathrm{s}}}\sin\beta_1}{\dfrac{A_2''}{A_1''}\cos\alpha_2 + \dfrac{B_2''}{A_1''}\dfrac{v_{\mathrm{p}}}{v_{\mathrm{s}}}\sin\beta_2}
\tag{5-101}
$$

式中，A_1'、A_2'、B_2' 为台阶地形下的波函数振幅，A_1''、A_2''、B_2'' 为无台阶地形下的波函数振幅。其中，$\dfrac{A_2'}{A_1'}$、$\dfrac{B_2'}{A_1'}$、$\dfrac{A_2''}{A_1''}$、$\dfrac{B_2''}{A_1''}$ 分别称为 P 波和 SV 波的反射系数，根据式（5-89）和式（5-90），可得：

$$\left.\begin{aligned}
\frac{A_2'}{A_1'} &= \frac{v_s^2\sin2\alpha_1\sin2\beta_1 - v_p^2\cos^2 2\beta_1}{v_s^2\sin2\alpha_1\sin2\beta_1 + v_p^2\cos^2 2\beta_1} \\
\frac{B_2'}{A_1'} &= \frac{-2v_s^2\sin2\alpha_1\cos2\beta_1}{v_s^2\sin2\alpha_1\sin2\beta_1 + v_p^2\cos^2 2\beta_1}
\end{aligned}\right\} \tag{5-102}$$

$$\left.\begin{aligned}
\frac{A_2''}{A_1'} &= \frac{v_s^2\sin2\alpha_2\sin2\beta_2 - v_p^2\cos^2 2\beta_2}{v_s^2\sin2\alpha_2\sin2\beta_2 + v_p^2\cos^2 2\beta_2} \\
\frac{B_2''}{A_1''} &= \frac{-2v_s^2\sin2\alpha_2\cos2\beta_2}{v_s^2\sin2\alpha_2\sin2\beta_2 + v_p^2\cos^2 2\beta_2}
\end{aligned}\right\} \tag{5-103}$$

设药包埋深 h，台阶高度 H，地表点距药包水平距离为 x。

（1）在 DF 段时，根据式（5-103），得

$$\frac{A_1'}{A_1''} = \frac{\dfrac{A}{r'}}{\dfrac{A}{r''}} = \frac{r''}{r'} = \frac{\sqrt{x^2 + h^2}}{\sqrt{h^2 + L^2} \cdot \sqrt{(x - L)^2 + H^2}} \tag{5-104}$$

（2）在 FG 段时，根据式（5-103），得

$$\frac{A_1'}{A_1''} = \frac{\dfrac{A}{r'}}{\dfrac{A}{r''}} = \frac{r''}{r'} = \frac{\sqrt{x^2 + h^2}}{\sqrt{x^2 + (h + H)^2}} \tag{5-105}$$

根据式（5-56）、式（5-83）、式（5-100）、式（5-102）、式（5-103）、式（5-104）、式（5-105），通过 Matlab 进行编程画图，得出 X 方向质点速度放大倍数与距爆源水平距离、台阶高度的关系，如图 5-13 所示。

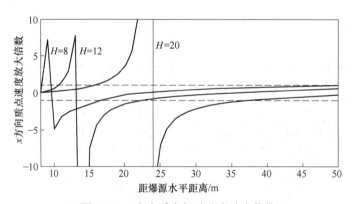

图 5-13 x 方向质点振动速度放大倍数

根据式（5-56）、式（5-83）及式（5-101）~式（5-105），通过 Matlab 进行编程画图，得出 z 方向质点速度放大倍数与距爆源水平距离、台阶高度的关系，如图 5-14 所示。

从图 5-13 和图 5-14 中可以看出，在 x 方向和 z 方向的放大系数都出现大于 1，充分说明在有台阶的地方存在放大效应，并且这种放大效应不仅和水平距离有关，还和高程有关系。

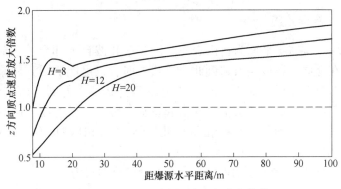

图 5-14 z 方向质点振动速度放大倍数

5.6 爆破振动负高程效应机理分析

5.6.1 爆破振动波传播模型

为了研究台阶爆破振动负高程效应机理，建立几何模型，如图 5-12 所示，假设台阶模型为高陡形状，并且观测点距离爆源有一定的距离，炸药埋深比较浅；在台阶模型中，炮孔距台阶边缘的距离与炸药埋深近似相等。设药包埋深 h，台阶高度 H，药包距台阶边缘 l，观测点距药包水平距离为 x。根据惠更斯－菲涅耳原理，波在传播过程中，波阵面（波面）上的每一点都可以看作是发射子波的波源，在其后的任意时刻这些子波的包络面就成为新的波阵面，由波阵面上各点所产生的子波，在观测点上相互干涉叠加；同时根据费马原理，波在介质中总是沿传播时间最小的路径传播，这些路径是射线，在均匀介质中射线是直线。那么从爆源到距爆源水平距离相等的观测点 E 处，在台阶模型中震波传播的路径是 $O - D - E$，在平地模型中传播的路径是 $O - E$，O 是爆源中心，如图 5-15 所示。

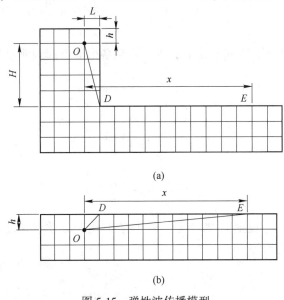

(a)

(b)

图 5-15 弹性波传播模型

（a）台阶模型；（b）平地模型

5.6.2　台阶模型负高程效应分析

如图 5-11 所示，取 x-z 平面为自由表面。设有一 P 波自下部介质入射到自由表面上。由于表面上不存在介质，所以当波遇到此介质边界时，只可能折回到原来的介质中传播，而不会透过它，即只存在反射波而不存在透射波。当 P 波入射到自由表面上时，不但会沿表面的法向引起位移，而且还会沿切向引起位移。因此，反射波中同时包含 P 波和 SV 波两种成分。同时，根据问题的对称性及 P 波、SV 波与 SH 波的独立性可知，反射波和入射波一样不含 SH 波成分。

入射 P 波、反射 P 波和反射 SV 波的位移矢量可分别写为

$$\left.\begin{aligned}
\boldsymbol{s}_{\mathrm{p}}^1 &= \mathrm{j}\,\frac{\omega}{v_{\mathrm{p}}}A_1\mathrm{e}^{\mathrm{j}(k_xx+k_zz-\omega t)}\boldsymbol{n}_{\mathrm{p}}^1 \\[4pt]
\boldsymbol{s}_{\mathrm{p}}^2 &= \mathrm{j}\,\frac{\omega}{v_{\mathrm{p}}}A_2\mathrm{e}^{\mathrm{j}(k_x'x+k_z'z-\omega t)}\boldsymbol{n}_{\mathrm{p}}^2 \\[4pt]
\boldsymbol{s}_{\mathrm{s}}^2 &= \mathrm{j}\,\frac{\omega}{v_{\mathrm{s}}}B_2\mathrm{e}^{\mathrm{j}(k_x''x+k_z''z-\omega t)}\boldsymbol{n}_{\mathrm{s}}^2
\end{aligned}\right\} \tag{5-106}$$

式中，ω 为波的圆频率，v_{p} 和 v_{s} 分别是 P 波和 S 波的速度；A_1、A_2、B_2 为各波函数振幅；$\boldsymbol{n}_{\mathrm{p}}^1$、$\boldsymbol{n}_{\mathrm{p}}^2$、$\boldsymbol{n}_{\mathrm{s}}^2$ 为波的位移方向的单位矢量。

根据弹性波在界面处的传播规律，在自由表面 $z = 0$，所以各波的位移的量值为

$$\left.\begin{aligned}
s_{\mathrm{p}}^1 &= \frac{\omega}{v_{\mathrm{p}}}A_1\mathrm{e}^{\mathrm{j}(k_xx-\omega t)} \\[4pt]
s_{\mathrm{p}}^2 &= \frac{\omega}{v_{\mathrm{p}}}A_2\mathrm{e}^{\mathrm{j}(k_xx-\omega t)} \\[4pt]
s_{\mathrm{s}}^2 &= \frac{\omega}{v_{\mathrm{s}}}B_2\mathrm{e}^{\mathrm{j}(k_xx-\omega t)}
\end{aligned}\right\} \tag{5-107}$$

上述的位移公式对时间 t 进行求导，即可得到各个波引起观测点处质点的速度为

$$\left.\begin{aligned}
C_{\mathrm{p}}^1 &= -\frac{\omega^2}{v_{\mathrm{p}}}A_1\mathrm{e}^{\mathrm{j}(k_xx-\omega t)} \\[4pt]
C_{\mathrm{p}}^2 &= -\frac{\omega^2}{v_{\mathrm{p}}}A_2\mathrm{e}^{\mathrm{j}(k_xx-\omega t)} \\[4pt]
C_{\mathrm{s}}^2 &= -\frac{\omega^2}{v_{\mathrm{s}}}B_2\mathrm{e}^{\mathrm{j}(k_xx-\omega t)}
\end{aligned}\right\} \tag{5-108}$$

根据几何关系可知，反射 P 波和反射 SV 波在自由面处质点速度相互叠加后在 x 方向和 z 方向上的速度可表示为

$$\left.\begin{aligned}
C_x &= C_{\mathrm{p}}^2\sin\alpha - C_{\mathrm{s}}^2\cos\beta \\[4pt]
C_z &= C_{\mathrm{p}}^2\cos\alpha + C_{\mathrm{s}}^2\sin\beta
\end{aligned}\right\} \tag{5-109}$$

根据式（5-109）得，在台阶模型中，即图 5-15（a）的弹性波在自由面 E 处质点速

度相互叠加后在 X 方向上和 Z 方向上的速度可表示为：

$$\left.\begin{aligned} C_{x1} &= C_{\mathrm{p}}^{2'}\sin\alpha_1 - C_{\mathrm{s}}^{2'}\cos\beta_1 \\ C_{z1} &= C_{\mathrm{p}}^{2'}\cos\alpha_1 + C_{\mathrm{s}}^{2'}\sin\beta_1 \end{aligned}\right\} \tag{5-110}$$

在平地模型中，即图 5-15（b）的弹性波在自由面 E 处质点速度相互叠加后在 X 方向上和 Z 方向上的速度可表示为

$$\left.\begin{aligned} C_{x2} &= C_{\mathrm{p}}^{2''}\sin\alpha_2 - C_{\mathrm{s}}^{2''}\cos\beta_2 \\ C_{z2} &= C_{\mathrm{p}}^{2''}\cos\alpha_2 + C_{\mathrm{s}}^{2''}\sin\beta_2 \end{aligned}\right\} \tag{5-111}$$

其中，α_2、β_2 为在台阶模型中，某点的波的入射角度和反射角度。α_2、β_2 为在平地模型中，某点的波的入射角度和反射角度。

在台阶模型中，相比平地模型，距爆源中心相同距离处，在 X 方向，在 Z 方向，振动速度放大倍数为

$$R_{\mathrm{cxT}} = \frac{C_{x1}}{C_{x2}} \tag{5-112}$$

$$R_{\mathrm{cxT}} = \frac{C_{z1}}{C_{z2}} \tag{5-113}$$

将式（5-110）、式（5-111）代入式（5-112）和式（5-113），根据式（5-108）进一步化简得

$$\begin{aligned} R_{\mathrm{cxT}} &= \frac{A_2'\sin\alpha_1 - \dfrac{v_{\mathrm{p}}}{v_{\mathrm{s}}}B_2'\cos\beta_1}{A_2''\sin\alpha_2 - \dfrac{v_{\mathrm{p}}}{v_{\mathrm{s}}}B_2''\cos\beta_2} \\ &= \frac{A_1'}{A_1''}\frac{\dfrac{A_2'}{A_1'}\sin\alpha_1 - \dfrac{v_{\mathrm{p}}}{v_{\mathrm{s}}}\dfrac{B_2'}{A_1'}\cos\beta_1}{\dfrac{A_2''}{A_1''}\sin\alpha_2 - \dfrac{v_{\mathrm{p}}}{v_{\mathrm{s}}}\dfrac{B_2''}{A_1''}\cos\beta_2} \end{aligned} \tag{5-114}$$

$$\begin{aligned} R_{\mathrm{czT}} &= \frac{A_2'\cos\alpha_1 + B_2'\dfrac{v_{\mathrm{p}}}{v_{\mathrm{s}}}\sin\beta_1}{A_2''\cos\alpha_2 + B_2''\dfrac{v_{\mathrm{p}}}{v_{\mathrm{s}}}\sin\beta_2} \\ &= \frac{A_1'}{A_1''}\frac{\dfrac{A_2'}{A_1'}\cos\alpha_1 + \dfrac{B_2'}{A_1'}\dfrac{v_{\mathrm{p}}}{v_{\mathrm{s}}}\sin\beta_1}{\dfrac{A_2''}{A_1''}\cos\alpha_2 + \dfrac{B_2''}{A_1''}\dfrac{v_{\mathrm{p}}}{v_{\mathrm{s}}}\sin\beta_2} \end{aligned} \tag{5-115}$$

式中，$\dfrac{A_2'}{A_1'}$、$\dfrac{B_2'}{A_1'}$、$\dfrac{A_2''}{A_1''}$、$\dfrac{B_2''}{A_1''}$ 分别称为 P 波和 SV 波的反射系数，根据式（5-89）和式（5-90）有

$$\left.\begin{aligned} \frac{A_2'}{A_1'} &= \frac{v_{\mathrm{s}}^2\sin2\alpha_1\sin2\beta_1 - v_{\mathrm{p}}^2\cos^2 2\beta_1}{v_{\mathrm{s}}^2\sin2\alpha_1\sin2\beta_1 + v_{\mathrm{p}}^2\cos^2 2\beta_1} \\ \frac{B_2'}{A_1'} &= \frac{-2v_{\mathrm{s}}^2\sin2\alpha_1\cos2\beta_1}{v_{\mathrm{s}}^2\sin2\alpha_1\sin2\beta_1 + v_{\mathrm{p}}^2\cos^2 2\beta_1} \end{aligned}\right\} \tag{5-116}$$

$$\left.\begin{array}{l} \dfrac{A_2''}{A_1''} = \dfrac{v_s^2\sin2\alpha_2\sin2\beta_2 - v_p^2\cos^2 2\beta_2}{v_s^2\sin2\alpha_2\sin2\beta_2 + v_p^2\cos^2 2\beta_2} \\[4mm] \dfrac{B_2''}{A_1''} = \dfrac{-2v_s^2\sin2\alpha_2\cos2\beta_2}{v_s^2\sin2\alpha_2\sin2\beta_2 + v_p^2\cos^2 2\beta_2} \end{array}\right\} \tag{5-117}$$

在台阶模型中，根据式（5-34），观测点 E_1 处的质点振速为

$$C_{p1}' = -\omega \frac{A}{\sqrt{(H-h)^2 + l^2} \times (x-l)} e^{i(kr-\omega t)} \tag{5-118}$$

则其质点振动速度振幅为

$$A_1' = -\omega \frac{A}{\sqrt{(H-h)^2 + l^2} \times (x-l)} \tag{5-119}$$

在平地模型中，根据式（5-34），观测点 E_2 处的质点振速为

$$C_{p1}'' = -\omega \frac{A}{\sqrt{h^2 + x^2}} e^{i(kr-\omega t)} \tag{5-120}$$

则其质点振动速度振幅为

$$A_1'' = -\omega \frac{A}{\sqrt{h^2 + x^2}} \tag{5-121}$$

那么

$$\frac{A_1'}{A_1''} = \frac{\sqrt{h^2 + x^2}}{\sqrt{(H-h)^2 + l^2} \times (x-l)} \tag{5-122}$$

令

$$\left.\begin{array}{l} v = 0.25 \\ h = 5 \\ l = 5 \end{array}\right\} \tag{5-123}$$

根据式（5-114）~式（5-117）、式（5-122）、式（5-123）以及其他各参数之间的关系，通过 MATLAB 数学软件作图，得出 X 方向、Z 方向振速比值与距爆源水平距离、垂直距离的关系，如图 5-16 和图 5-17 所示。

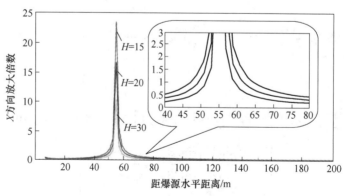

图 5-16　X 方向质点振速比值

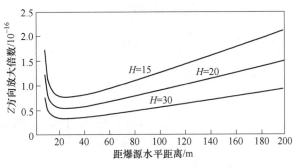

图 5-17 Z 方向质点振速比值

从图 5-16 中可以看出，在距爆源水平距离 50~65m 之间，X 方向质点振动速度比值高于 1，其余的比值都在 1 以内，说明台阶模型负高程的存在，主要体现在对振速的衰减效应。同时质点振动速度比值高于 1 的区域是平地模型在此区域振速变方向的区域，是式 (5-114) 分母接近 0 造成的，所以此区域可忽略不计。从图 5-17 上可以看出，Z 方向质点振动速度比值极其小，几乎接近于零，表明台阶模型负高程的存在，使质点振动速度大幅度的衰减；同时从图 5-17 上还可以看出，台阶负高程越大，振动速度比值越小。综合图 5-16 和图 5-17 可以看出，台阶负高程质点振动速度比值与水平距离和高程差有着必然的关系。

5.7 爆破振动速度峰值预测公式的建立

研究台阶爆破振动高程效应机理的主要目的之一是预测台阶爆破振动，使其能够指导爆破安全生产。通过台阶模型与平地模型距爆源水平距离相等测点的振速比值，结合萨道夫斯基振速预测公式，能够推导出适合预测台阶地形爆破振动速度峰值的公式。

5.7.1 爆破振动高程效应振速比值解析式化简

5.7.1.1 正高程效应振速比值解析式化简

在大型深凹露天矿山中，一般台阶边坡比较高，比较陡，并且观测点距离爆源有一定的距离，同时根据台阶模型和平地模型的假设条件，对正高程效应振速比值解析式进一步近似化简。

通过查表，泊松比 ν 的变化范围为 0~0.5，一般岩石的泊松比 ν 在 0.25 左右，为了化简简析式，在这里岩石的泊松比近似取：

$$\nu = 0.25 \tag{5-124}$$

A 爆源近区（DF 段）

在台阶模型中，DF 段，弹性 P 波入射角 α_1 比较小，在 0~45° 之间，而在实际的工程应用中，更关注的是靠近台阶附近的振速，所以为了简化计算，取特定的点来代表 α_1 的取值，取 $\alpha_1 = 20°$ 那么

$$
\left.\begin{array}{l}
\beta_1 = 11.39° \\[2mm]
\dfrac{A'_2}{A'_1} = -0.8222 \\[2mm]
\dfrac{B'_2}{A'_1} = -0.4235
\end{array}\right\} \tag{5-125}
$$

在平地模型中，DF 段，即爆源近区，弹性 P 波入射角 α_2 相比台阶模型要大，在 $45° \sim 80°$ 之间，所以为了简化计算，取特定的点来代表 α_2 的取值，取 $\alpha_2 = 60°$ 那么

$$
\left.\begin{array}{l}
\beta_2 = 30° \\[2mm]
\dfrac{A''_2}{A''_1} = -2.9342 \times 10^{-5} \approx 0 \\[2mm]
\dfrac{B''_2}{A''_1} = -0.5775
\end{array}\right\} \tag{5-126}
$$

根据初始假设的条件，高陡台阶，观测点距离爆源有一定的距离，所以炸药埋深 h 相对于观测点距爆源的距离 x，比较小，可忽略不计；且炸药埋深与炮孔距台阶边缘的距离近似相等，即

$$
h \approx L \tag{5-127}
$$

那么根据式（5-94）得

$$
\begin{aligned}
\frac{A'_1}{A''_1} &= \frac{\sqrt{x^2 + h^2}}{\sqrt{h^2 + h^2} \times \sqrt{(x-h)^2 + H^2}} \\[2mm]
&= \frac{x}{\sqrt{2}h \times \sqrt{x^2 + H^2}}
\end{aligned} \tag{5-128}
$$

将式（5-125）、式（5-126）、式（5-128）代入式（5-100）、式（5-101）得

$$
\left.\begin{array}{l}
R_{cxT} = 1.3 \dfrac{x}{\sqrt{2}h \times \sqrt{x^2 + H^2}} \\[3mm]
R_{czT} = 1.8 \dfrac{x}{\sqrt{2}h \times \sqrt{x^2 + H^2}}
\end{array}\right\} \tag{5-129}
$$

对于某一特定的工程，h 为一定值。

B　爆源远区（FG 段）

在台阶模型中，弹性 P 波入射角 α_1 的取值范围为：$45° \sim 90°$，随着 x 值的增大，会越接近 $90°$，在平地模型中，弹性 P 波入射角 α_2 的取值范围为 $80° \sim 90°$，随着 x 值的增大，会越接近 $90°$，同时相比台阶模型，在水平距离 x 相等的条件下，$\alpha_1 < \alpha_2$，为了简化计算，令 $\alpha_1 = 70°$，$\alpha_2 = 85°$ 那么

$$
\left.\begin{array}{l}
\beta_1 = 32.86° \\[2mm]
\dfrac{A'_2}{A'_1} = 0.0720 \\[2mm]
\dfrac{B'_2}{A'_1} = -0.4836
\end{array}\right\} \tag{5-130}
$$

$$\left.\begin{array}{c} \beta_2 = 35.11° \\[2mm] \dfrac{A_2''}{A_1''} = -0.3554 \\[2mm] \dfrac{B_2''}{A_1''} = -0.2318 \end{array}\right\} \tag{5-131}$$

根据初始假设的条件，高陡台阶，观测点距离爆源有一定的距离，所以炸药埋深 h 相对于观测点距爆源的距离 x，比较小，可忽略不计，即

$$\frac{A_1'}{A_1''} = \frac{\sqrt{x^2 + h^2}}{\sqrt{x^2 + (h+H)^2}} = \frac{x}{\sqrt{x^2 + (h+H)^2}} \tag{5-132}$$

又因为是高陡台阶，所以炸药埋深 h 相对于高程差 H，比较小，故忽略不计，所以进一步化简：

$$\frac{A_1'}{A_1''} = \frac{x}{\sqrt{x^2 + H^2}} \tag{5-133}$$

将式（5-130）、式（5-131）、式（5-133）代入式（5-100）、式（5-101）可得

$$\left.\begin{array}{c} R_{cxT} = -30.1 \dfrac{x}{\sqrt{x^2 + H^2}} \\[3mm] R_{czT} = 1.6 \dfrac{x}{\sqrt{x^2 + H^2}} \end{array}\right\} \tag{5-134}$$

将式（5-129）、式（5-134）进行统一，引入参数 k_1，其表示台阶形状参数，比如台阶的高度、倾角、爆源距台阶边缘距离等对爆破振动影响的综合参数。即台阶模型正高程振动速度放大倍数 R_{cT} 可表示为

$$R_{cT} = k_1 \left(\frac{x}{\sqrt{x^2 + H^2}} \right) \tag{5-135}$$

同时为了减少在上述化简的过程中 $\dfrac{x}{\sqrt{x^2 + H^2}}$ 因子近似造成的误差，引入参数 β，式（2-132）可表示为

$$R_{cT} = k_1 \left(\frac{x}{\sqrt{x^2 + H^2}} \right)^{\beta} \tag{5-136}$$

5.7.1.2 负高程效应振速比值解析式化简

在大型深凹露天矿山中，一般台阶边坡比较高、陡，并且观测点距离爆源有一定的距离，同时根据台阶模型和平地模型的假设条件，对负高程效应振速比值解析式进一步近似化简。

在这里同样令

$$\nu = 0.25 \tag{5-137}$$

在台阶模型中，$\alpha_1 = 90°$，那么

$$\left.\begin{aligned} \beta_1 &= 35.27° \\ \frac{A_2}{A_1} &= -1 \\ \frac{B_2}{A_1} &= 0 \end{aligned}\right\} \tag{5-138}$$

在平地模型中，炮孔埋深 h，相对于观测点距爆源中心距离 X 来说，比较小，设 $h <$ $6h \leqslant x$；

那么 P 波入射角 α_2 的取值范围为：$81° \leqslant \alpha_2 < 90°$；由于 α_2 取值变化范围不大，为了简化计算，令：$\alpha_2 = 86°$，那么

$$\left.\begin{aligned} \beta_2 &= 35.17° \\ \frac{A_2'}{A_1'} &= -0.4431 \\ \frac{B_2'}{A_1'} &= -0.1990 \end{aligned}\right\} \tag{5-139}$$

根据初始假设的条件，高陡台阶，观测点距离爆源有一定的距离，所以炸药埋深 h 相对于观测点距爆源的距离 x，比较小，可忽略不计；且炸药埋深与炮孔距台阶边缘的距离近似相等，即

$$h \approx l \tag{5-140}$$

那么

$$\begin{aligned} \frac{A_1}{A_1'} &\approx \frac{\sqrt{h^2 + x^2}}{\sqrt{(H-h)^2 + h^2} \times (x-h)} \\ &\approx \frac{x}{\sqrt{(H-h)^2 + h^2} \times x} \end{aligned} \tag{5-141}$$

又因为是高陡台阶，所以炸药埋深 h 相对于高程差 H，比较小，故忽略不计，所以进一步化简：

$$\begin{aligned} \frac{A_1}{A_1'} &\approx \frac{x}{\sqrt{H^2} \times x} \\ &= \frac{1}{H} \end{aligned} \tag{5-142}$$

将式（5-138）、式（5-139）、式（5-142）代入式（5-114）、式（5-115）得：

$$R_{cxT} = 6.2\left(\frac{1}{H}\right) \tag{5-143}$$

$$R_{czT} = 0 \cdot \left(\frac{1}{H}\right) \tag{5-144}$$

将式（5-143）、式（5-144）进行统一，引入参数 k_1，其表示台阶形状参数，比如台阶的高度、倾角、爆源距台阶边缘距离等对爆破振动影响的综合参数。即台阶模型负高程振动速度比值 R_{cT} 可表示为：

$$R_{cT} = k_1 \left(\frac{1}{H} \right) \tag{5-145}$$

为了减少在上述化简的过程中 $\frac{1}{H}$ 因子近似造成的误差，引入参数 β ，式（5-145）可表示为：

$$R_{cT} = k_1 \left(\frac{1}{H} \right)^{\beta} \tag{5-146}$$

5.7.2　爆破振动高程效应振速预测公式的建立

5.7.2.1　正高程效应振速预测公式

设正高程台阶模型爆破观测点处振动速度为 $v_{正}$ ，根据萨道夫斯基公式，平坦地形的观测点振动速度预测公式为

$$v = k \left(\frac{Q^{1/3}}{R} \right)^{\alpha} \tag{5-147}$$

式中　v ——地面质点峰值振动速度，cm/s；

$\quad$ Q ——炸药量（齐爆时为总装药量，延迟爆破时为最大一段装药量），kg；

$\quad$ R ——观测（计算）点到爆源的距离，m；

$\quad$ k ，α ——与爆破点至计算点间的地形、地质条件有关的系数和衰减系数。

那么，正高程台阶模型爆破观测点振动速度 $v_{正}$ 相比较平坦地形的振动速度，其放大倍数表示为：

$$R_{cT} = \frac{v_{正}}{v} \tag{5-148}$$

那么根据式（5-139）可得

$$v_{正} = R_{cT} v = k_1 k \left(\frac{Q^{1/3}}{R} \right)^{\alpha} \left(\frac{x}{\sqrt{x^2 + H^2}} \right)^{\beta} \tag{5-149}$$

令

$$K = k k_1 \tag{5-150}$$

那么式（5-149）可表示为

$$v_{正} = K \left(\frac{Q^{1/3}}{R} \right)^{\alpha} \left(\frac{x}{\sqrt{x^2 + H^2}} \right)^{\beta} \tag{5-151}$$

式（5-151）即为台阶模型正高程爆破振动速度预测公式，由于此式中 R 表示爆心距，x 为距爆源中心水平距离，所以上式还可以表示为

$$v_{正} = K \left(\frac{Q^{1/3}}{\sqrt{D^2 + H^2}} \right)^{\alpha} \left(\frac{D}{\sqrt{D^2 + H^2}} \right)^{\beta} \tag{5-152}$$

式中　$v_{正}$ ——负高程台阶地面质点峰值振动速度，cm/s；

$\quad$ Q ——炸药量（齐爆时为总装药量，延迟爆破时为最大一段装药量），kg；

$\quad$ D ——观测（计算）点到爆源的水平距离，m；

$\quad$ H ——观测（计算）点到爆源的垂直距离，m；

K, α ——与爆破点至计算点间的地形、地质条件有关的系数和衰减系数。

　　　　β ——与爆破点至计算点间的地形、地质条件有关的误差系数。

5.7.2.2　负高程效应振速预测公式

　　设负高程台阶模型爆破观测点处振动速度为 $v_{负}$，根据萨道夫斯基公式，平坦地形的观测点振动速度预测公式为

$$v = K \left(\frac{Q^{1/3}}{R} \right)^{\alpha} \tag{5-153}$$

式中　　v ——地面质点峰值振动速度，cm/s；

　　　　Q ——炸药量（齐爆时为总装药量，延迟爆破时为最大一段装药量），kg；

　　　　R ——观测（计算）点到爆源的距离，m；

　　K, α ——与爆破点至计算点间的地形、地质条件有关的系数和衰减系数。

　　那么，负高程台阶模型爆破观测点振动速度 $v_{负}$ 相比较平坦地形的振动速度，其放大倍数为

$$R_{cT} = \frac{v_{负}}{v} \tag{5-154}$$

　　那么根据式（5-153）、式（5-154）、式（5-146）可得

$$v_{负} = v R_{cT} = k \left(\frac{Q^{1/3}}{R} \right)^{\alpha} k_1 \left(\frac{1}{H} \right)^{\beta} \tag{5-155}$$

　　令

$$K = k k_1 \tag{5-156}$$

那么式（5-155）可表示为

$$v_{负} = K \left(\frac{Q^{1/3}}{R} \right)^{\alpha} \left(\frac{1}{H} \right)^{\beta} \tag{5-157}$$

　　式（5-157）即为台阶模型负高程爆破振动速度预测公式，由于此式中 R 表示爆心距，所以上式还可以表示为：

$$v_{负} = K \left(\frac{Q^{1/3}}{\sqrt{D^2 + H^2}} \right)^{\alpha} \left(\frac{1}{H} \right)^{\beta} \tag{5-158}$$

式中　$v_{负}$——负高程台阶地面质点峰值振动速度，cm/s；

　　　　Q ——炸药量（齐爆时为总装药量，延迟爆破时为最大一段装药量），kg；

　　　　D ——观测（计算）点到爆源的水平距离，m；

　　　　H ——观测（计算）点到爆源的垂直距离，m；

　　K, α ——与爆破点至计算点间的地形、地质条件有关的系数和衰减系数；

　　　　β ——与爆破点至计算点间的地形、地质条件有关的误差系数。

参 考 文 献

[1] 汪旭光. 爆破设计与施工 [M]. 北京：冶金工业出版社，2011.

[2] 汪旭光，郑炳旭. 工程爆破名词术语 [M]. 北京：冶金工业出版社，2005.

[3] 汪旭光. 中国典型爆破工程与技术（精）[M]. 北京：冶金工业出版社，2006.

［4］汪旭光．工程爆破新进展［M］.北京：冶金工业出版社，2011.

［5］葛勇，汪旭光，魏格平．复杂环境下11层框架楼房拆除爆破［J］.工程爆破，2014，20（3）：13-15，49.

［6］梅比，汪旭光，杨仁树．基于Adaboost-SVM组合算法的爆破振动强度预测研究［J］.振动与冲击，2019，38（18）：231-235.

［7］施建俊，汪旭光，魏华，等．逐孔起爆技术及其应用［J］.黄金，2006，27（4）：25-28.

［8］王永青，王建宙，汪旭光．露天矿台阶爆破振动频率对临近建筑物的影响［J］.有色金属：矿山部分，2002（5）：39-41.

［9］杨德强，汪旭光，王尹军，池恩安．市区复杂环境条件下场地平整控制爆破技术［J］.矿业研究与开发，2016，36（8）：24-27.

［10］A.C.艾龙根，戈革．弹性动力学［M］.北京：石油工业出版社，1983.

［11］艾林根，舒胡毕，等．弹性动力学．第二卷，线性理论［M］.北京：石油工业出版社，1984.

［12］艾龙根AC，舒胡毕，等．弹性动力学第一卷有限运动［M］.北京：石油工业出版社，1983.

［13］曾新吾，韩开锋，张光莹．含裂缝介质中的弹性波传播特性［M］.北京：科学出版社，2013.

［14］马宏伟，吴斌．弹性动力学及其数值方法［M］.北京：中国建材工业出版社，2000.

［15］徐芝纶．弹性力学（上册）［M］.北京：人民教育出版社，1979.

［16］徐芝纶．弹性力学简明教程［M］.北京：高等教育出版社，2013.

［17］胡海昌．弹性力学的变分原理及其应用［M］.北京：科学出版社，1981.

［18］杨挺青．粘弹性力学［M］.武汉：华中理工大学出版社，1990.

［19］徐芝纶．弹性力学简明教程［M］.2版.北京：高等教育出版社，1983.

［20］张善元．弹性动力学［M］.北京：中国铁道出版社，1988.

［21］刘喜武．弹性波场论基础［M］.青岛：中国海洋大学出版社．2008.

［22］尹成．弹性波动力学简明教程［M］.北京：石油工业出版社，2014.

［23］张明学．地震勘探原理与解释［M］.北京：石油工业出版社，2010.

［24］胡学龙，璩世杰，蒋文利，等．基于等效路径的爆破地震波衰减规律［J］.爆炸与冲击，2017，37（6）：966-975.

［25］郭朝斌，李振春．惠更斯波前面追踪法计算地震波旅行时［C］//中国地球物理学会第二十五届年会.中国安徽合肥，2009.

［26］赵玲玲．惠更斯原理的适用范围——学习问答［J］.物理教学，1982（2）：18，19.

［27］陈锋，赵惠玲，张海霞．再辐射边界条件在FDTD中的应用［J］.计算机仿真，2010，27（2）：348-351.

［28］奚先．随机介质模型的构造及其波场模拟［D］.北京：中国地质大学，2002.

［29］易巧明，璩世杰，许文耀，等．爆破地震波在台阶坡顶处放大效应研究［J］.现代矿业，2015，31（1）：40，41.

［30］贾铮．尾矿坝爆破振动试验与仿真研究［D］.首都经济贸易大学，2013.

［31］徐植信．弹性波传播理论一些问题的研究现状和展望［J］.力学季刊，1989（3）：6-10.

［32］韩孝辉．双相介质中弹性波传播理论研究［D］.成都理工学院，1996.

［33］刘超．层状不均匀介质中弹性波的传播特性及其在岩土工程检测中的应用［D］.上海交通大学，2013.

［34］李青石．尾矿坝多相介质中弹性波传播特性理论与试验研究［D］.厦门大学，2012.

［35］徐松林，郑文，李广场，等．岩体中弹性波传播的尺度效应的初步分析［C］//岩石力学与工程的创新和实践：第十一次全国岩石力学与工程学术大会.2010.

［36］程玉民，彭妙娟．弹性动力学的边界无单元法［J］.中国科学：物理学力学天文学，2005（4）：

　　　　101-114.

［37］李栋成，金芝英，张启先. 机构运动弹性动力学普遍方程的研究［M］. 1989.

［38］郭少华. 各向异性弹性波动力学的场论研究［C］// 第六届全国土动力学学术会议. 中国振动工程学会，中国土木工程学会，中国力学学会，2002.

［39］工银涛，张昌锁，张胜利. 露天矿爆破振动边坡高程效应［J］. 矿业研究与开发，2015，35（4）：56-59.

［40］Skews B. W., Bugarin S. . Blast pressure amplification due to textile coverings［J］. Textile Research Journal，2006，76（4）：328-335.

［41］Trivino L. F., Mohanty B., Milkereit B. . Seismic waveforms from explosive sources located in boreholes and initiated in different directions［J］. Journal of Applied Geophysics，2012，87（12）：81-93.

［42］Pytel W., Mertuszka P. . Blasting parameters alternate selection as a tool for elastic wave effect amplification at potentially instable locations within main roof strata［C］// International Multidisciplinary Scientific Geoconference. Albena，Bulgaria，2017.

［43］Huang Dan，Cui Shuo，Li Xiaoqing. Wavelet packet analysis of blasting vibration signal of mountain tunnel［J］. Soil Dynamics and Earthquake Engineering，2019，117：72-80.

［44］Chen Shihai，Hu Shuaiwei，Zhang Zihua，et al. . Propagation characteristics of vibration waves induced in surrounding rock by tunneling blasting［J］. Journal of Mountain Science，2017，14（12）：2620-2630.

6 爆破振动高程效应

6.1 爆破振动高程效应相似模型试验

通过理论研究分析高程效应的影响因素是比较复杂的，难以得到合理的结果，采用相似模拟实验方法研究爆破振动高程效应则有独特的优势：（1）能够尽可能直观地重现复杂的物理现象；（2）能够运用各种仪器准确测量爆破过程中的各项参数，便于总结规律，得到更贴近真实的结论，也可弥补理论研究的不足，因此有必要进行混凝土台阶模型爆破振动试验研究。

本章采用相似模拟试验的方法，论述炸药量、台阶高度、台阶倾角对台阶爆破振动高程效应的影响。

6.1.1 相似模拟概述

相似模拟是一种重要的科学研究手段，是在实验室内按相似原理制作与原型相似的模型，借助测试仪表观测模型内力学参数及其分布规律，利用在模型上研究的结果，借以推断原型中可能发生的力学现象，从而解决工程生产中的实际问题。这种研究方法具有直观、简便、经济、快速以及实验周期短等优点。而且能够根据需要，通过固定某些参数，改变另一些参数来研究爆破振动在空间与时间上的分布规律和变化情况，这在现场条件下是难以实现的。

6.1.1.1 相似概念

在几何学中，两个三角形如果对应角相等，其对应边保持相同的比例，则称这两个三角形相似，同样多变形、椭圆形等满足一定条件后也可相似，这类问题属于平面相似。空间也可以实现几何相似，如三角锥、立方体、长方体、球体的相似原则属于空间相似。

推而广之，各种物理现象也都可以实现相似，相似模型与原型之间的各种物理量（如长度、时间、力、速度等）都可以抽象为二维、三维空间的坐标，从而把物理现象的相似简化为一般的集合相似问题，为相似模型实验创造了理论基础。

相似模型是根据原型来仿造的。在进行相似模型实验时，通常都采用缩小的比例或在某些特殊情况下用放大的比例来制作模型。同时为了便于测量应力与应变值，往往采用一些与原型不相同的材料，例如某些弹性模量较低的相似材料或对应力有光学反应的光学透明材料来制作模型。于是出现了一个问题，咋样使得模型与原型相似？咋样使得模型中所发生的情况能如实地反映原型中发生的现象，也就是说咋样才能把模型实验中所得的结果推算到实物上去？这就需要了解什么是相似现象了。在模型与它所代表的原型之间存在何种关系时，承认模型与原型间存在着相似性。研究这些相似性质与规律的理论是相似理论。

6.1.1.2　相似第一定理

考察两个系统所发生的现象，如果在其所对应的点上均满足相似现象的各对应物理量之比应当是常数以及凡属于相似现象，均可用同一个基本方程式描述的两个条件，则可称这两种现象为相似现象，现就这两个条件分述如下。

A　相似现象的各对应物理之比应当是常数

该常数称为相似常数。例如，对任何一力学过程，长度、时间及质量属于基本的物理量。因此，两个相似力学系统之间，各对应的基本物理量必须满足下述的比例关系。

a　几何相似

要求模型与原型的几何相似，必须将原型的尺寸，包括长度、宽度、高度等都按一定比例缩小（或放大）做成模型，就好像将照片缩小（放大）一样。设以 L_H 和 L_M 代表原型和模型的"长度"。这里，L 表示一个广义的长度，可以是长、宽、高等，下角标 H 表示原型，下角标 M 表示模型（下同）。以 α_L 代表 L_H 和 L_M 的比值，称为长度比尺，那么，几何相似要求 α_L 为常数，即

$$\alpha_L = \frac{L_H}{L_M} = 常数 \tag{6-1}$$

由于面积 A 是长度 L 的二次方，所以面积比尺为

$$\alpha_L^2 = \frac{A_H}{A_M} = \frac{L_H L_H}{L_M L_M} = \alpha_L \alpha_L \tag{6-2}$$

又因体积 V 是长度 L 的三次方，所以体积比尺为

$$\alpha_L^3 = \frac{V_H}{V_H} = \frac{A_H L_H}{A_M L_M} = \alpha_L^2 \alpha_L \tag{6-3}$$

一般来说，模型越大，越能反映原型的实际情况（当 $\alpha_L = 1$ 时，说明模型与原型是一样大小），但往往由于各方面的条件限制，模型不能做得太大，通常，模拟采场、露天边坡一般取 $\alpha_L = 50 \sim 100$，即将原型缩小为 $1/100 \sim 1/50$，模拟地下硐室、巷（隧）道 $\alpha_L = 20 \sim 50$，即将原型缩小为 $1/50 \sim 1/20$。

b　运动相似

要求模型中与原型中所有各对应点的运动情况相似，即要求各对应点的速度 v、加速度 a、运动时间 t 等都成一定比例，并且要求速度、加速度等都有相对应的方向。设 t_H 和 t_M 分别表示原型和模型中对应点完成沿几何相似的轨迹运动所需的时间，以 α_t 表示 t_H 和 t_M 的比值，称为时间比尺。那么运动相似要求 α_t 为常数，即

$$\alpha_t = \frac{t_H}{t_M} = 常数 \tag{6-4}$$

同理，可导出速度比尺 α_v 和加速度比尺 α_a，即

$$\alpha_v = \frac{V_H}{V_M} = \frac{L_H}{t_M} \Big/ \frac{L_H}{t_M} = \frac{L_H}{L_M} \frac{t_M}{t_H} = \frac{\alpha_L}{\alpha_t} \tag{6-5}$$

$$\alpha_a = \frac{\alpha_H}{\alpha_M} = \frac{L_H}{t_M^2} \Big/ \frac{L_M}{t_M^2} = \frac{L_H}{L_M} \frac{t_M^2}{t_H^2} = \frac{\alpha_L}{\alpha_t^2} \tag{6-6}$$

c 动力相似

动力相似要求模型与原型的有关作用力相似。对于岩体压力问题，主要考虑重力作用，即要求重力相似。设 P_H、γ_H、V_H 和 P_M、γ_M、V_M 分别表示原型和模型对应部分的重力、容重和体积，因为

$$P_H = \gamma_H V_H \quad P_M = \gamma_M V_M$$

所以在几何相似的前提下，对重力相似而言，还要求 γ_H 和 γ_M 的比值为常数，称为容重比尺，即

$$\alpha_\gamma = \frac{\gamma_H}{\gamma_M} = 常数 \tag{6-7}$$

故重力比尺 α_P 为

$$\alpha_P = \frac{P_H}{P_M} = \frac{\gamma_H}{\gamma_M} \frac{V_H}{V_M} = \alpha_\gamma \alpha_L^3 \tag{6-8}$$

以上种种说明，要使模型与原型相似，必须满足模型与原型中各对应的物理量成一定的比例关系。

B 凡属相似现象均可用同一个基本方程式描述

此处指的是各相似常数 α_L、α_t、α_γ 等不能任意选取，他们将受到某个公共数学方程的相互制约。例如：两个运动力学的相似系统，均应服从牛顿第二定律，即惯性力 F 是质量 m 和加速度 a 的乘积，即 $F = ma$。

对于原型 $\qquad\qquad\qquad F_H = m_H a_H \tag{6-9}$

对于模型 $\qquad\qquad\qquad F_M = m_M a_M \tag{6-10}$

于是惯性力比尺为 $\alpha_F = \dfrac{F_H}{F_M}$，质量比尺 $\alpha_m = \dfrac{m_H}{m_M}$。

那么式（6-9）可写成

$$F_M \alpha_F = m_H \alpha_H \alpha_m \alpha_a$$

因而

$$F_M = m_H \cdot \alpha_H \frac{\alpha_m \cdot \alpha_a}{\alpha_F} \tag{6-11}$$

对比式（6-10）与式（6-11），可见，只有 $\dfrac{\alpha_m \alpha_a}{\alpha_F} = 1$ 时，两个系统的基本方程式才相同，说明在 α_F、α_m、α_a 这三个相似常数中，如果任意选定两个以后，其余的一个常数就已经确定，而不允许再任意选取了，在相似理论中，通常称这个约束各相似常数的指标 $K = \dfrac{\alpha_m \alpha_a}{\alpha_F} = 1$ 为相似指标。

另外，根据相似指标有

$$\frac{F_H m_H \alpha_H}{F_M m_M \alpha_M} = 1$$

于是

$$\frac{F_H}{m_H \alpha_H} = \frac{m_M \alpha_M}{F_M} = \Pi \tag{6-12}$$

式（6-12）说明原型与模型中各对应物理量之间保持的比例关系是相同的，都等于一个常数 Π，在相似理论中称这个常数为相似判据。

于是相似第一定律又可表述为：相似现象是指具有相同的方程式与相同判据的现象群，也可简述为相似的现象，其相似指标等于1，而相似准则的数值相同。

综上所述，相似第一定律说明了相似现象具有什么样的性质，也是现象相似的必然结果。

相似判据与相似指标是两个不同而又容易混淆的名词，必须加以区别，下面就一个质点在不同时刻的运动状态的表达形式，来进一步理解它们之间的区别。

对于一个质点的运动，其运动方程为

$$v = \frac{dl}{dt} \tag{6-13}$$

为此将有关的相似常数项改写为

$$\begin{cases} v'' = \alpha_v v' \\ l'' = \alpha_l l' \\ t'' = \alpha_t t' \end{cases} \tag{6-14}$$

式中，上角标"′"和"″"表示两个现象发生在同一对应点和对应时刻的同类量。

式（6-13）实际上可用于描述彼此相似的两个现象，这时第一个现象的质点运动方程为

$$v' = \frac{dl'}{dt'} \tag{6-15}$$

第二个现象对应的质点的运动方程为

$$v'' = \frac{dl''}{dt''} \tag{6-16}$$

将（6-14）式代入（6-16）式可得

$$\alpha_v = \frac{dl \, dl'}{dt \, dt'} \tag{6-17}$$

为使基本微分方程式（6-15）与式（6-17）保持一致。需使

$$\alpha_v = \frac{\alpha_l}{\alpha_t}$$

故得

$$\frac{\alpha_v \alpha_t}{\alpha_1} = K = 1 \qquad (6\text{-}18)$$

式中，K 称为相似指标，其意义在于说明，对于相似现象，相似指标的数值为 1，同时也说明，各相似常数不是任意选择的，它的相互关系要受 $K=1$ 这一条件的约束。

这种约束关系还可以采取另外的形式，即

$$\alpha_v = \frac{V''}{V'} \alpha_t = \frac{t''}{t'} \alpha_1 = \frac{l''}{l'}$$

将之代入式（6-18）可得

$$\frac{v't'}{l'} = \frac{v''t''}{l''}$$

或

$$\frac{vt}{l} = 不变量 \qquad (6\text{-}19)$$

式（6-19）所示的综合数群 $\frac{vt}{l}$ 都是不变量，它反映出物理相似的数量特征，称为相似判据。

必须指出相似判据从概念上讲是与相似常数不同，二者都是无量纲量，但存在意义上的区别。

相似常数是指在一对相似现象的所有对应点和对应时刻上，有关参数均保持其比值不变，而当此对相似现象为另一对相似现象所代替，尽管参量相同，这一比值都是不同的。

相似判据是指一个现象中的某一量，它在该现象的不同点上具有的不同的数值，但当这一现象转变为与它相似的另一现象时，则在对应点和对应时刻上保持相同的数值。

6.1.1.3 相似第二定理

相似第二定理认为"约束两相似现象的基本物理方程可以用量纲分析的方法转换成相似判据 Π 方程来表达的新方程，即转换成 Π 方程，且两个相似系统的 Π 方程必须相同"。

为了弄清相似第二定理，现就量纲分析的概念以及物理方程转换成 Π 方程的量纲分析方法介绍如下：

A　量纲分析的概念。

在物理学中，通用的单位是从长度、时间和质量的单位导出的，例如，用米、千克、秒制时，速度的单位是 m/s，若用厘米、克、秒制时，那么速度的单位是 cm/s。如果不用这种人为确定的单位，而直接将［长度］、［时间］和［质量］的普遍单位用［L］、［T］和［M］来表达，那么这种度量单位称为量纲（因次）。由于各个物理量都是互相联系的，因此可以将其他物理量从这几个基本量纲中推导出来。也就是说，可以用［L］、［T］、［M］这几个基本单位的组合来表示其他物理量的单位，这种单位叫作导出单位。如速度单位 m/s 是从公式 $v = S/t$（S 为运行的距离，t 为运行时间）中导出来的，说明这个物理量是长度和时间单位的组合，其导出单位的量纲可以写成 $[L][T^{-1}]$。加速度的单位 m/s^2 是从加速度公式 $a = S/t^2$ 中导出来的，说明它是长度和时间单位的又一种组合，其量纲表达式为 $[L][T^{-2}]$。

为了便于进行量纲分析，表 6-1 列出了以 $[L]$、$[T]$、$[M]$ 为基本单位的量纲表达式。

表 6-1　$[L]$、$[T]$、$[M]$ 为基本单位的量纲表达式

物理量	符号	量纲	物理量	符号	量纲
质量	m	$[M]$	剪切模量	G	$[M][L^{-1}][T^{-2}]$
长度	l	$[L]$	泊松比	μ	$[0]$
时间	t	$[T]$	正应力	σ	$[M][L^{-1}][T^{-2}]$
角度	ϕ	$[0]$	剪应力	τ	$[M][L^{-1}][T^{-2}]$
速度	v	$[L][T^{-1}]$	正应变	ε	$[0]$
线加速度	a	$[L][T^{-2}]$	剪应变	ψ	$[0]$
角加速度	ω	$[T^{-2}]$	容重	γ	$[M][L^{-2}][T^{-2}]$
密度	ρ	$[M][L^{-3}]$	重力加速度	g	$[L][T^{-2}]$
力	F	$[M][L][T^{-2}]$	位移	u, v, w	$[L]$
力矩	M'	$[M][L^2][T^{-2}]$	内摩擦角	φ	$[0]$
弹性模量	E	$[M][L^{-1}][T^{-2}]$	内聚力	C	$[M][L^{-1}][T^{-2}]$

当选定的基本单位不同时，导出的单位也可相应的变化，如果选定力 $[F]$、速度 $[V]$ 与时间 $[T]$ 为基本单位，求加速度的导出单位时，可以写出一个普遍式

$$[a] = [F]^b[V]^c[T]^d \tag{6-20}$$

根据长度 $[L]$、时间 $[T]$、质量 $[M]$ 的量纲表达式，上式各项可分别写为

$$[a] = [LT^{-2}]$$
$$[F] = [MLT^{-2}]$$
$$[V] = [LT^{-1}]$$

于是式 (6-20) 可写成

$$[LT^{-2}] = [MLT^{-2}]^b[LT^{-1}]^c[T]^d$$

由上式可列出以下方程：

$$L^1 = L^{b+c}$$
$$T^{-2} = T^{-2b-c+d}$$
$$M^0 = M^b$$

因而由

$$b + c = 1$$
$$-2b - c + d = -2$$
$$b = 0$$

解之得，$b = 0$，$c = 1$，$d = -1$，所以

$$[a] = [V][T^{-1}] \tag{6-21}$$

式（6-21）就是采用［F］、［V］、［T］基本单位导出的加速度单位。

应当指出，一般情况下，在一个力学现象中，最大能选取三个彼此独立的基本单位，如果是静力学问题，那么过程与时间无关，故能选取的独立基本单位只有两个。

B 将物理方程转换成 $\varPi$ 方程的量纲分析方法。

前已述及，约束两相似现象的基本物理方程可用量纲分析的方法转换成用相似判据 $\varPi$ 方程来表达。同时两个相似系统的 $\varPi$ 方程必须相同。

设表达某一物理现象的方程式为

$$A = f(x_1, x_2, x_3, \cdots, x_n) \tag{6-22}$$

式中 $x_1, x_2, x_3, \cdots, x_n$ ——方程式内所包含的各物理量，如力、位移、速度、压力等。

假设各物理量之间存在以下关系：

$$A = (x_1^{a_1}, x_2^{a_2}, x_3^{a_3}, \cdots, x_n^{a_n}) \tag{6-23}$$

式中 $a_1, a_2, a_3, \cdots, a_n$ ——待定系数。

如果用 A 去除上式两边，于是有

$$1 = (x_1^{b_1}, x_2^{b_2}, x_3^{b_3}, \cdots, x_n^{b_n}) \tag{6-24}$$

在这 n 个物理量中挑选的 m 个相互独立的物理量 x_q、x_r、x_s 作为基本单位（取 $x_q = M$，$x_r = L$，$x_s = T$），那么在其余 $(n-m)$ 个物理量中，任一物理量都应当是这 n 个任选基本单位的组合，并可写成

$$[M]^{p_i} [L]^{q_i} [T]^{r_i}$$

式中 p_i, q_i, r_i ——各物理量的量纲之幂。

将各物理量的量纲代入式（6-24）并注意到 $[1] = M^0 L^0 T^0$，则有

$$[M^0 L^0 T^0] = [M^{p_i} L^{q_i} T^{r_s}]^{b_1} \cdots [M^{p_n} L^{q_n} T^{r_n}]^{b_n}$$
$$= [M^{p_1 b_1 + p_2 b_2 + \cdots + p_n b_n} \cdot L^{q_1 b_1 + q_2 b_2 + \cdots + q_n b_n} \cdot T^{r_1 b_1 + r_2 b_2 + \cdots + r_n b_n}] \tag{6-25}$$

根据量纲齐次原则，在一个方程式中，各物理量的量纲之幂应相等，因此，可得出方程：

$$\begin{cases} p_1 b_1 + p_2 b_2 + \cdots + p_n b_n = 0 \\ q_1 b_1 + q_2 b_2 + \cdots + q_n b_n = 0 \\ r_1 b_1 + r_2 b_2 + \cdots + r_n b_n = 0 \end{cases} \tag{6-26}$$

在上式中，方程组的数目为 m 个，而其中未知数却有 b_1、b_2、$\cdots$、b_n 等 n 个，因此只有 m 个未知数受式（6-26）约束并可解出，而其余 $(n-m)$ 个任意取值，他们是互不相干的。将从式（6-26）中解出的根代入式（6-24），则其右边组成 $(n-m)$ 个独立的无量纲的乘积，称为无量纲完全组，并可用以下形式来表达：

$$[1] = \phi(\varPi_1, \varPi_2, \varPi_3, \cdots, \varPi_{n-m})$$

为了说明量纲分析变换物理方程的过程，现以简支梁中的物理方程为例加以介绍。

由材料力学可知简支梁的扰度 y、弯矩 M 和梁最外纤维中的弯曲应力 σ 分别可用以下方程来表示：

$$y = \frac{qx}{24EI}(L^3 - 2LX^2 + X^3)$$

$$M = \frac{qx}{2}(L - X)$$

$$\sigma = \frac{qx}{2W}(L - X)$$

式中　q ——分布荷载的集度；

　　　I ——截面的惯性矩；

　　　E ——材料的弹性模量；

　　　W ——截面模量；

　　　L ——梁的长度。

在以上物理方程中有 σ、q、M、L 四个物理量，因而有

$$\sigma = f(q,\ M,\ L)$$

其量纲关系为

$$[\sigma] = [q^{\alpha} \cdot M^b \cdot L^c] \tag{6-27}$$

各物理量按 $[F]$、$[L]$、$[T]$ 为基本单位导出的量纲为

$$[\sigma] = [F][L^{-2}]$$

$$[q] = [FL^{-1}]$$

$$[M] = [FL]$$

$$[L] = [L]$$

将之代入式（6-27）为

$$[FL^{-2}] = [FL^{-1}]^a[FL]^b[L]^c$$

$$[1] = F^{a+b-1}L^{-a+b+c+2}$$

于是有

$$\alpha + b - 1 = 0$$

$$-\alpha + b + c + 2 = 0$$

解得

$$\alpha = \frac{3+c}{2}$$

$$b = -\frac{1+c}{2}$$

代入式（6-27），得

$$[\sigma] = [q]^{\frac{3+c}{2}}[M]^{-\frac{1+c}{2}}[L]^c$$

所以

$$[1] = \frac{[q]^{3/2}}{\sigma M^{1/2}}\left[\frac{q^{1/2}L}{M^{1/2}}\right]^c \tag{6-28}$$

令

$$\Pi_1 = \frac{q^{3/2}}{\sigma M^{1/2}} = \frac{q}{\sigma}\sqrt{\frac{q}{M}}$$

$$\Pi_2 = \frac{q^{1/2}L}{M^{1/2}} = L\sqrt{\frac{q}{M}}$$

于是
$$[1] = \phi[\Pi_1 \cdot \Pi_2]$$

为了证明 Π_1 和 Π_2 均为无量纲，可用其物理量的量纲进行计算

$$\Pi_1 = \frac{[FL^{-1}]^{3/2}}{[FL^{-2}][FL]^{1/2}} = \frac{F^{3/2}L^{-3/2}}{F^{1+1/2}L^{-2+1/2}} = F^0 L^0 = [1]$$

$$[\Pi_2] = \frac{[FL^{-1}]^{1/2}[L]}{[FL]^{1/2}} = F^0 L^0 = [1]$$

在本例 4 个物理量中，其基本单位为 [M]、[L] 两个，所以 $n=4$，$m=2$，$n-m=2$，即独立的无量纲只有两个，故无量纲完全组为两个无量纲量的乘积。

根据 Π_1 相似判据有

$$\frac{\sigma_H}{q_H}\sqrt{\frac{M_H}{q_H}} = \frac{\sigma_M}{q_M}\sqrt{\frac{M_M}{q_M}} \quad 或 \quad \frac{\sigma_H{}^2 M_H}{q_H{}^3} = \frac{\sigma_M{}^2 M_M}{q_M{}^3} \tag{6-29}$$

根据 Π_2 相似判据有

$$L_H\sqrt{\frac{q_H}{M_H}} = L_M\sqrt{\frac{q_M}{M_M}} \quad 或 \quad \frac{L_H{}^2 q_H}{M_H} = \frac{L_M{}^2 q_M}{M_M} \tag{6-30}$$

将式（6-29）与式（6-30）相乘得

$$\left(\frac{\sigma_H L_H}{q_H}\right)^2 = \left(\frac{\sigma_M L_M}{q_M}\right)^2 \tag{6-31}$$

在式（6-31）中，如果要求模型中的应力与原型中的应力相等，即：$\sigma_H = \sigma_M$，必须使 $\alpha_q = \frac{q_H}{q_M} = \frac{L_H}{L_M} = \alpha_L$，即荷载相似常数 α_q 应等于几何相似常数 α_L。

从以上例题中可进一步说明 Π 定理的基本含义。

（1）设一物理系统（方程式）有几个物理量，并且在这几个物理量中含有 m 个量纲，那么独立的相似判据 Π 值为 $n-m$ 个。

（2）两个相似现象的物理方程可以用这些物理量的 $(n-m)$ 个无量纲的关系式来表示，而 Π_1，Π_2，…，Π_{n-m} 之间的函数关系为

$$f(\Pi_1, \Pi_2, \cdots, \Pi_{n-m}) = 0 \tag{6-32}$$

式（6-32）称之为判据关系式或称 Π 关系式。

对彼此相似的现象，在对应点和对应时刻上相似判据则都保持同值，所以他们的 Π 关系也应当是相同的，那么原型和模型的 Π 关系式分别为

$$\begin{cases} f(\Pi_1, \Pi_2, \cdots, \Pi_{n-m})_H = 0 \\ f(\Pi_1, \Pi_2, \cdots, \Pi_{n-m})_M = 0 \end{cases} \tag{6-33}$$

其中

$$\begin{cases} \Pi_{1M} = \Pi_{1H} \\ \Pi_{2M} = \Pi_{2H} \\ \vdots \qquad \vdots \\ \Pi_{(n-m)M} = \Pi_{(n-m)H} \end{cases} \tag{6-34}$$

式（6-34）的意义在于说明，如果把某现象的结果整理成相应的无量纲的 Π 关系式，那么该关系式便可推广到与它相似的所有其他现象上去。

（3）如果在所研究的现象中，没有找到描述它的方程，但对该现象有决定意义的物理量是清楚的，则可通过量纲分析运用 Π 定理来确定相似判据，从而为建立模型与原型之间的相似关系依据，所以相似第二定理更广泛地概括了两个系统的相似条件。

6.1.1.4　相似第三定理

相似第三定理也称相似存在定理。相似第三定理认为对于同类物理现象，如果单值量所组成的相似判据在数值上相等，现象才互相相似。

所谓当值量是指单值条件下的物理量，而单值条件是将一个个别现象从同类现象中区分开来。亦即将现象的通解变成特解的具体条件。而单值条件包括几何条件（或空间条件）、介质条件（或物理条件）、边界条件和初始条件、现象的各种物理量实质上都是由单值条件引起的。

（1）几何条件。许多具体现象都发生在一定的几何空间内，所以参与过程的物体几何形状和大小就应作为一个单值条件。例如岩体的结构尺寸、地下空间的几何尺寸以及地下工程的埋深等。

（2）介质条件。许多具体现象都具有一定物理性质的介质参与进行，而参与过程的介质，其物理性质也属单值条件，如岩体的容重、力学参数等。

（3）边界条件。许多现象都必然受到与其直接为邻周围情况的影响，因此发生在边界的情况也是一种单值条件，例如是平面应变还是平面应力状态，先加载后开孔还是先开孔后加载等。

（4）初始条件。许多物理现象，其发展过程直接受到初始状态的影响，例如岩体的结构特征，片理、节理、层理、断层、洞穴的分布情况，水文地质情况等。

相似第三定理由于直接同代表具体现象的单值条件相联系，并强调了单值量的相似，所以就显示出它科学上的严密性。因为它照顾到单值量的变化特征，又不会漏掉重要的物理量。

从上述 3 个相似定理可知，根据相似第一定理，便可在模型实验中将模型系统中得到的相似判据推广到所模拟的原型系统中，用相似第二定理则可将模型中所得的实验结果用于与之相似的实物上；相似第三定理指出了做模型实验所必须遵守的法则。

以上 3 个相似定理，是进行相似模拟试验的理论依据。

6.1.2　混凝土模型爆破试验相似分析

6.1.2.1　混凝土模型爆破相似准则的建立

　A　相似参数

由于影响露天爆破振动的因素非常复杂繁多，需要对其进行分类归纳，分别为：几何参数（包括药卷直径、孔深、孔径、最小抵抗线、台阶高度、爆源距等），介质参数（包括密度、单轴抗压强度、弹性模量、纵波速度等），炸药性能参数（包括密度、爆速、炸药量）和时间参数（延期时间）。各参数的物理意义见表 6-2。

表 6-2 爆破振动模型试验相似参数

名　称	符号	名　称	符号
介质弹性模量/GPa	E	炸药单耗/kg·m^{-3}	q
最小抵抗线/m	W	装药长度/m	l
介质强度/MPa	σ	炸药密度 kg·m^{-3}	ρ
介质密度/kg·m^{-3}	ρ_m	炸药爆速/m·s^{-1}	D
时间/s	t	台阶高度/m	H
传播距离/m	R	孔距/m	a
质点振动速度/m·s^{-1}	V	排距/m	b
介质纵波速度/m·s^{-1}	c	孔径/m	r

B 相似准则

由于现场试验条件的限制，模型和现场的延时时间 t 相同，建立相似准则时不考虑这个参数。根据相似第二定理，将爆破振动速度与主要影响参数的关系表示如下：

$$f(V, E, W, \sigma, \rho_m, c, R, q, l, \rho, D, H, a, b, r) = 0 \tag{6-35}$$

根据 Π 定理，选用 ρ_m，R 和 c 为基本参数，采用量纲矩阵分析法可对上述 15 个相似参数建立 12 个独立的相似准则：

$$\pi_1 = \frac{V}{c},\ \pi_2 = \frac{W}{R},\ \pi_3 = \frac{l}{R},\ \pi_4 = \frac{H}{R},\ \pi_5 = \frac{a}{R},\ \pi_6 = \frac{b}{R},$$

$$\pi_7 = \frac{r}{R}\ \pi_8 = \frac{E}{\rho_m c^2},\ \pi_9 = \frac{\sigma}{\rho_m c^2},\ \pi_{10} = \frac{\rho}{\rho_m},\ \pi_{11} = \frac{q}{\rho_m},\ \pi_{12} = \frac{D}{c}\circ$$

当几何参数（W，R，l，H，a，b，r）、炸药性能参数（ρ，D）、介质参数（E，σ，ρ_m，c）和炸药单耗（q）一定时，可以确定 π_1，所以 π_1 为因变准则，π_2，π_3，π_4，π_5，π_6，π_7，π_8，π_9，π_{10}，π_{11}，π_{12} 为自变准则，那么相似准则的函数关系为：

$$\pi_1 = f(\pi_2, \pi_3, \pi_4, \pi_5, \pi_6, \pi_7, \pi_8, \pi_9, \pi_{10}, \pi_{11}, \pi_{12}) \tag{6-36}$$

可见，影响露天边坡爆破振动的量纲一的组合有 11 个，其中 π_2，π_3，π_4，π_5，π_6，π_7 反映炮孔布置和装药应遵循的相似关系；π_8，π_9 反映的是模型材料应遵循的相似关系。π_{10}，π_{11}，π_{12} 反映岩石与炸药的匹配关系。

因此，要使模型试验结果能反映现场爆破情况，则模型与现场爆破的这 11 个量纲一的组合应分别对应相等，这就是混凝土模型爆破试验的相似准则。

6.1.2.2 模型试验的相似性与相似常数

由相似模型爆破试验的相似准则可知，模型的相似性可归类为模型的材料相似、几何相似和爆破动力相似。下面分析模型试验的相似性。

A 几何相似

根据相似准则，几何尺寸应满足下列要求：

$$\begin{cases} \left(\dfrac{W}{R}\right)_1 = \left(\dfrac{W}{R}\right)_0; \quad \left(\dfrac{l}{R}\right)_1 = \left(\dfrac{l}{R}\right)_0 \\[3mm] \left(\dfrac{H}{R}\right)_1 = \left(\dfrac{H}{R}\right)_0; \quad \left(\dfrac{a}{R}\right)_1 = \left(\dfrac{a}{R}\right)_0 \\[3mm] \left(\dfrac{b}{R}\right)_1 = \left(\dfrac{b}{R}\right)_0; \quad \left(\dfrac{r}{R}\right)_1 = \left(\dfrac{r}{R}\right)_0 \end{cases} \tag{6-37}$$

式中，下标 1，0 分别代表原型与模型，炮孔深度、孔径、台阶高度等模型尺寸尽可能地遵循几何相似准则。由于模型体尺寸是有限的，而实际露天爆破开采工作面前方岩体以及采坑四周却是无限体，因此模型的边界条件无法满足几何相似的原则，为此，本试验将模型尺寸增大，尽可能减小由于模型边界效应而产生的爆破相似试验失真。

露天矿爆破现场情况为：每阶台阶高度平均为 12m，台阶宽度平均为 13m，模型试验的主要目的是探索爆破振动在邻近台阶式边坡上的传播规律，以便指导生产。

根据试验场地实际情况，首先制作了一组混凝土台阶试验模型和 1 个混凝土平地模型，混凝土台阶试验模型尺寸（长×宽×高）为 2m×0.6m×1.9m，平地模型尺寸（长×宽×高）为 2m×0.6m×0.3m。如图 3-1 所示。其中，混凝土台阶模型第一阶台阶高 30cm。其余各个台阶之间高程均为 40cm，具体的尺寸如图 6-7 和图 6-8 所示。根据混凝土台阶模型的尺寸，可得本模型的几何相似比为：

$$\frac{H_0}{H_1} = \frac{40}{1200} = 1 : 30 \tag{6-38}$$

式中，H_0 为混凝土台阶模型的台阶高度；H_1 为现场实际台阶平均高度。

B　材料相似

根据相似准则，材料需要满足下列要求：

$$\begin{cases} \left(\dfrac{E}{\rho_m c^2}\right)_1 = \left(\dfrac{E}{\rho_m c^2}\right)_0 \\[3mm] \left(\dfrac{\sigma}{\rho_m c^2}\right)_1 = \left(\dfrac{\sigma}{\rho_m c^2}\right)_0 \end{cases} \tag{6-39}$$

式中，下标 1，0 分别代表原型与模型。取现场的岩样作为原型材料，其物理参数见表 6-3。依据岩样的物理力学参数，选用 P.O42.5 级普通硅酸盐水泥，表观密度为 2700kg/m^3，粒径为 5~15mm 的石子，以及中砂作为模型试验的原材料。按水泥∶砂∶石∶水 = 1.00∶1.52∶2.83∶0.56 配比浇注混凝土作为模型，养护 28d 后测量混凝土的物理力学参数，模型材料的参数见表 6-3。

表 6-3　原型与模型材料的物理力学参数

材料类型	弹性模量/GPa	抗压强度/MPa	密度/kg·m^3	纵波波速/m·s^{-1}
模型	31.2	43.5	2365	4618
原型	26.4	38.4	2467	4256

将表格中的参数代入式（6-39）得：

$$\begin{cases} \left(\dfrac{E}{\rho_m c^2}\right)_1 = \dfrac{31.2}{2356 \times 4618^2} = 6.18 \times 10^{-10} \approx 6 \times 10^{-10} \\[3mm] \left(\dfrac{E}{\rho_m c^2}\right)_0 = \dfrac{26.4}{2467 \times 4256^2} = 5.91 \times 10^{-10} \approx 6 \times 10^{-10} \\[3mm] \left(\dfrac{\sigma}{\rho_m c^2}\right)_1 = \dfrac{43.5}{2365 \times 4618^2} = 8.6 \times 10^{-10} \\[3mm] \left(\dfrac{\sigma}{\rho_m c^2}\right)_0 = \dfrac{38.4}{2467 \times 4256^2} = 8.6 \times 10^{-10} \end{cases} \tag{6-40}$$

所以 $\left(\dfrac{E}{\rho_m c^2}\right)_1 \approx \left(\dfrac{E}{\rho_m c^2}\right)_0$、$\left(\dfrac{\sigma}{\rho_m c^2}\right)_1 = \left(\dfrac{\sigma}{\rho_m c^2}\right)_0$，满足模型试验的材料相似。

C 模型试验的爆破动力相似

根据相似准则，爆破动力需要满足下列要求：

$$\left(\frac{D}{c}\right)_1 = \left(\frac{D}{c}\right)_0 \tag{6-41}$$

其中下标 1，0 分别代表原型与模型。根据几何相似，模型试验炮孔直径为 10，此值远小于现场露天爆破使用的 2 号岩石乳化炸药的临界直径，故本文采用导爆管雷管作为爆源。2 号岩石乳化炸药的爆速为 3600m/s，岩样的纵波波速为 4256m/s；导爆管雷管的爆速为 4000m/s，模型的纵波波速为 4618m/s。将参数代入上式（6-41），得

$$\begin{cases} \left(\dfrac{D}{c}\right)_1 = \dfrac{3600}{4256} = 0.846 \\[3mm] \left(\dfrac{D}{c}\right)_0 = \dfrac{4000}{4618} = 0.866 \end{cases} \tag{6-42}$$

所以 $\left(\dfrac{D}{c}\right)_1 \approx \left(\dfrac{D}{c}\right)_0$，满足模型试验的爆破动力相似。

6.1.3 混凝土模型爆破试验筹备

6.1.3.1 混凝土模型制备

A 模型框架搭建

根据设计进行模型框架的搭建，搭建材料选用竹胶板，其强度高，应用广泛，深受用户青睐。如图 6-1 所示。

B 混凝土浇筑以及养护

框架搭建完成之后进行浇注，选用 P.O42.5 级普通硅酸盐水泥，以及中砂作为模型试验的原材料。按水泥：砂：石：水 = 1.00：1.52：2.83：0.56 配比浇筑混凝土，然后进行养护 28 天，如图 6-2 所示。

C 混凝土试件与原岩试件测试

在浇筑混凝土模型的同时分别浇筑一批 100mm×100mm×100mm 的正方体试样，养护 28d 后进行室内物理力学实验，同时采取现场的岩石进行取样，并测其物理力学参数。试件如图 6-3 所示，测试仪器如图 6-4~图 6-6 所示。

图 6-1　混凝土模型框架

图 6-2　混凝土模型浇筑

图 6-3　混凝土模型试件与原岩试件

　　通过岩石力学实验测试仪器进行单轴抗压试验、三轴抗压试验以及使用智能声波仪进行试件测试，测试结果如表 6-4 所示。

图 6-4 单轴压缩试验机

图 6-5 三轴压缩试验机

图 6-6 声波检测仪

表 6-4 混凝土模型与原岩试件物理参数表

材料类型	编号	弹性模量/GPa	抗压强度/MPa	密度/kg·m⁻³	纵波波速/m·s⁻¹
	M1	28.5	39.5	2311	4598
	M2	30.1	44.2	2192	4626
混凝土模型	M3	32.3	42.4	2389	4638
	M4	33.9	47.9	2568	4610
	平均	31.2	43.5	2365	4618

续表 6-4

材料类型	编号	弹性模量/GPa	抗压强度/MPa	密度/kg·m⁻³	纵波波速/m·s⁻¹
原岩试件	Y1	23.7	37.8	2411	4194
	Y2	25.1	40.2	2498	4288
	Y3	28.2	36.5	2521	4316
	Y4	28.6	39.1	2438	4222
	平均	26.4	38.4	2467	4256

6.1.3.2　爆破器材及测试设备

在混凝土台阶模型爆破振动试验过程中使用的爆破器材有导爆管雷管、导爆索。测试设备有爆破测振仪 TC-4850、三矢量速度传感器，其中传感器的频率范围为 1~500Hz，能彻底解决易丢失部分频率的问题。爆破测振仪 TC-4850 将在后续章详细介绍。

A　导爆管雷管

导爆管雷管是专门与导爆管配套使用的雷管，它是导爆管起爆系统的起爆元件，由基础雷管与导爆管组合而成，是用导爆管内传播的爆轰波引爆基础雷管的起爆器材。根据延期体延期时间不同，目前生产的导爆管雷管主要有以下 4 种：

（1）瞬发导爆管雷管；

（2）毫秒（Ms）延期导爆管雷管，也称为毫秒延期导爆管雷管；

（3）半秒（Hs）延期导爆管雷管，也称半秒延期导爆管雷管；

（4）秒（s）延期导爆管雷管，也称秒延期导爆管雷管。

本模型试验使用的是毫秒（Ms）延期导爆管雷管，也称为毫秒导爆管雷管。

B　导爆索

导爆索是传递爆轰波的索状传爆器材，用以传爆或引爆炸药，或者利用其爆炸力和爆炸产物直接做功。导爆索表面呈红色或黄蓝相间色。药芯装药有太安、黑索今、奥克托今等。包缠物主要有棉线、纸条、沥青、塑料或铅皮等。按包覆材料分为棉线导爆索、塑料导爆索、橡胶管导爆索和金属管导爆索四类。本模型试验使用的是塑料导爆索。

塑料导爆索是以太安或黑索今为药芯，化学纤维或棉线、麻线等为内包缠物，外层涂覆热塑性塑料的导爆索。用塑料包缠可提高抗水性能，以满足水下或油井的特殊要求。品种有普通塑料导爆索、煤矿许用导爆索、油井导爆索和震源导爆索等。

6.1.4　炸药量对爆破振动高程效应的影响

A　混凝土模型几何参数

试验模型采用 3 个台阶形状的混凝土块。台阶形状模型上台阶长度为 70cm，宽度为 60cm，高度为 40cm；中台阶长度为 60cm，宽度为 60cm，高度为 40cm；下台阶长度为 70cm，宽度为 60cm，高度为 30cm。混凝土模型的具体尺寸如图 6-7~图 6-10 所示。

B　爆破试验设计

本试验分两组，第一组设计 3 个不同药量（1g、1.5g、2g）的台阶爆破试验，起爆点设置在下台阶的位置，前后居中，距右边缘 35cm 的位置。1g 药量为 1 发导爆管雷管，1.5g 药量为一发雷管与 5cm 长的导爆索，2g 药量为一发雷管与两段 5cm 长的导爆索。如图 6-11 所示。每次试验布置 1 个炮孔，炮孔深度为 18cm，填塞高度为 12cm。炮孔布置与测点布置如图 6-12 所示。

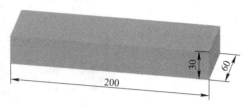

图 6-7　混凝土模型编号 1-0

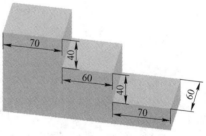

图 6-8　混凝土模型编号 1-1

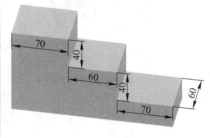

图 6-9　混凝土模型编号 1-2

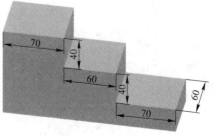

图 6-10　混凝土模型编号 1-3

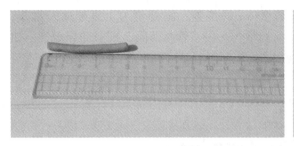
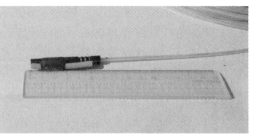
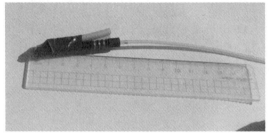

图 6-11　1.5g、2g 药量装置

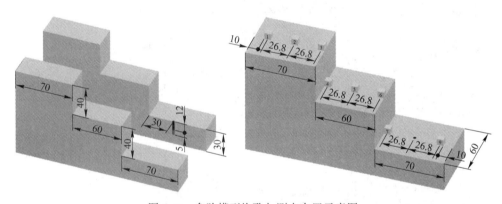

图 6-12　台阶模型炮孔与测点布置示意图

第二组设计 3 个不同药量（1g、1.5g、2g）的台阶模型爆破试验，起爆点设置在上台阶的位置，前后居中，距离最左边 35cm 处。每次试验布置 1 个炮孔，炮孔深度 18cm，每个炮孔分别装 1g、1.5g、2g 的药量。填塞高度 12cm。炮孔布置与测点布置如图 6-13 所示。

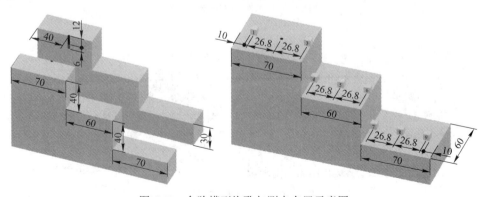

图 6-13　台阶模型炮孔与测点布置示意图

C 试验结果与分析

爆后混凝土模型如图 6-7~图 6-10 所示，可见爆后模型基本完整，没有遭到太大的破坏，未波及爆破振动测点位置。各组试验爆破后，结果见表 6-5~表 6-8。将各表中的数据通过 origin 画图软件进行分析，见图 6-14 和图 6-15。

表 6-5 混凝土模型 1-0 爆破试验测试结果

模型编号	测点编号	爆源距/cm		振速/cm·s⁻¹	模型编号	测点编号	爆源距/cm		振速/cm·s⁻¹
		水平	垂直				水平	垂直	
3-0	1	161.8	15	0.872	3-0	爆源	0	0	
	2	130	15	1.231		3, 4	−35	15	11.024
	3, 4	95	15	1.992		5	−65	15	4.123
	5	65	15	4.231		6, 7	−95	15	2.182
	6, 7	35	15	10.892		8	−130	15	1.196
	爆源	0	0			9	−161.8	15	0.783

表 6-6 混凝土模型 1-1 爆破试验测试结果

模型编号	测点编号	爆源距/cm		振速/cm·s⁻¹	模型编号	测点编号	爆源距/cm		振速/cm·s⁻¹
		水平	垂直				水平	垂直	
3-1	1	161.8	95	0.287	3-1	爆源	0	0	
	2	130	95	1.191		3	−31.8	15	10.489
	3	98.2	95	2.619		4	−38.2	−25	2.342
	4	91.8	55	1.545		5	−65	−25	3.83
	5	65	55	6.32		6	−91.8	−25	0.401
	6	38.2	55	9.997		7	−98.2	−65	0.401
	7	31.8	15	10.789		8	−130	−65	0.508
	爆源	0	0			9	−161.8	−65	0.214

表 6-7 混凝土模型 1-2 爆破试验测试结果

模型编号	测点编号	爆源距/cm		振速/cm·s⁻¹	模型编号	测点编号	爆源距/cm		振速/cm·s⁻¹
		水平	垂直				水平	垂直	
3-2	1	161.8	95	1.636	3-2	爆源	0	0	
	2	130	95	3.138		3	−31.8	15	15.618
	3	98.2	95	3.787		4	−38.2	−25	3.325
	4	91.8	55	1.084		5	−65	−25	6.337
	5	65	55	6.534		6	−91.8	−25	0.644
	6	38.2	55	12.003		7	−98.2	−65	1.89
	7	31.8	15	13.996		8	−130	−65	1.903
	爆源	0	0			9	−161.8	−65	1.211

表 6-8　混凝土模型 1-3 爆破试验测试结果

模型编号	测点编号	爆源距/cm		振速/cm·s⁻¹	模型编号	测点编号	爆源距/cm		振速/cm·s⁻¹
		水平	垂直				水平	垂直	
3-3	1	161.8	95	2.875	3-3	爆源	0	0	
	2	130	95	5.779		3	−31.8	15	19.677
	3	98.2	95	9.208		4	−38.2	−25	5.573
	4	91.8	55	6.164		5	−65	−25	9.664
	5	65	55	11.294		6	−91.8	−25	1.941
	6	38.2	55	14.584		7	−98.2	−65	2.862
	7	31.8	15	18.293		8	−130	−65	2.441
	爆源	0	0			9	−161.8	−65	2.646

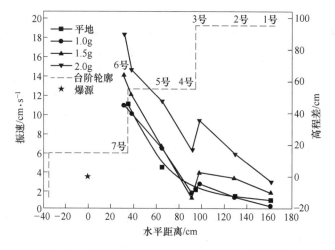

图 6-14　混凝土模型爆破振速变化规律（正高程）

从图 6-14 中可以看出，药量 1g 台阶 5 号测点、3 号测点振速高于药量 1g 平地振速，其余测点均小于药量 1g 平地振速。药量 1.5g 台阶 4 号测点振速低于平地振速，其余测点均大于平地振速。药量 2g 台阶各测点振速均高于平地振速。各测点随着药量增加，振速呈现增加趋势。在 3 号、4 号测点，出现放大效应，当药量为 1g 时，振速不减反增 1.074cm/s，当药量为 1.5g 时，振速不减反增 2.703cm/s，当药量为 2.0g 时，振速不减反增 3.044cm/s，当药量 2g 时，放大效应最明显，即随着药量增加，在高程效应明显区域，如 3 号、4 号测点，振速放大越明显。

从图 6-15 中可以看出，药量 1g 台阶各测点振速均低于药量 1g 平地振速，3 号测点振速与平地振速接近，说明负高程差存在，相对于平地，台阶更容易使振速衰减。药量 1.5g 台阶 4 号测点、6 号测点衰减迅速，5 号测点、7 号测点振速出现回升。药量 2g 台阶 5 号测点、7 号测点振速出现回升。3 种药量的台阶模型爆破试验中，在 5 号测点振速均出现放大，当药量为 1g 时，振速不减反增 1.488cm/s，当药量为 1.5g 时，振速不减反增 3.012cm/s，当药量为 2.0g 时，振速不减反增 4.091cm/s，当药量 2.0g 时，振速放大最明

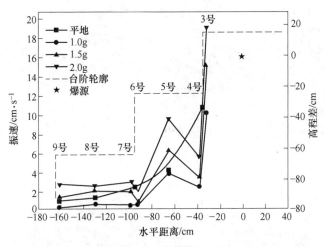

图 6-15 混凝土模型爆破振速变化规律（负高程）

显。3 种药量的台阶模型爆破试验中，4 号测点衰减最厉害，当药量 1g 时，振速衰减 8.147cm/s，当药量 1.5g 时，振速衰减 12.293cm/s，当药量 2.0g 时，振速衰减 14.104cm/s，当药量 2.0g 时，振速衰减最厉害，即药量越大振速衰减越明显。

6.1.5 台阶高度对爆破振动高程效应的影响

A 混凝土模型几何参数

台阶形状模型上台阶长度为 70cm，宽度 60cm，高度分别 30cm、40cm、50cm、60cm；中台阶长度为 60cm，宽度 60cm，高度分别 30cm、40cm、50cm、60cm；下台阶长度为 70cm，宽度 60cm，高度 30cm；长方体形状的模型长度 200cm，宽度 60cm，高度 30cm；混凝土模型具体尺寸如图 6-16~图 6-20 所示。

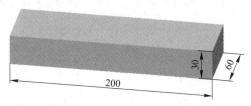

图 6-16 混凝土模型编号 2-0

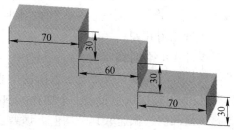

图 6-17 混凝土模型编号 2-1

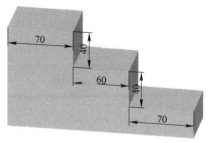

图 6-18　混凝土模型编号 2-2

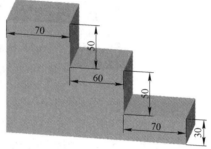

图 6-19　混凝土模型编号 2-3

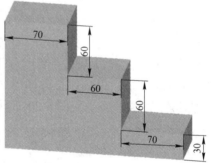

图 6-20　混凝土模型编号 2-4

B　爆破试验设计

本试验分两组，第一组设计 4 个不同高度（30cm、40cm、50cm 和 60cm）的台阶爆破试验和长方体模型爆破试验，起爆点设置在下台阶的中心位置，长方体的起爆点设置在距右边距离 35cm 的中心位置。每次试验布置 1 个炮孔，炮孔深度 18cm，每个炮孔只装一发 8#瞬发导爆管雷管，重复两次，振速取其平均值。填塞高度 12cm。炮孔布置如图 6-21 所示。测点布置见图 6-22。

第二组设计 4 个不同高度（30cm、40cm、50cm 和 60cm）的台阶爆破试验和长方体平地模型爆破试验，起爆点设置在上台阶的中心位置，长方体的起爆点设置在距左边距离 35cm 的中心位置。每次试验布置 1 个炮孔，炮孔深度 18cm，每个炮孔只装一发 8#瞬发导爆管雷管，重复两次，振速取其平均值。填塞高度 12cm。炮孔布置如图 6-23 所示。测点布置见图 6-24。

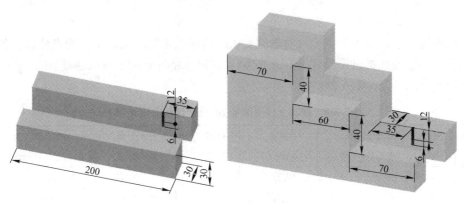

图 6-21 平地模型与台阶模型炮孔示意图

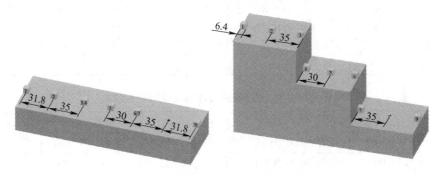

图 6-22 平地模型与台阶测点布置

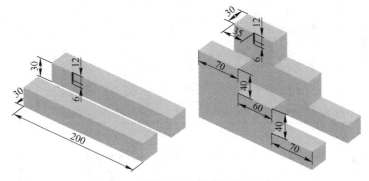

图 6-23 平地与台阶模型炮孔示意图

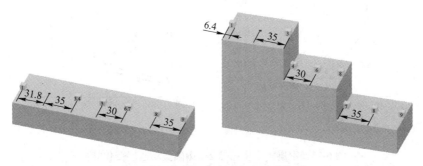

图 6-24 平地与台阶测点布置示意图

C　试验结果及分析

爆后混凝土模型基本完整，没有遭到太大的破坏，未波及爆破振动测点位置。各组试验完成后，将监测数据进行整理，见表6-9~表6-13。将各表中的数据通过origin画图软件进行分析，见图6-25~图6-28。

表6-9　混凝土模型编号2-0爆破试验测试结果

模型编号	测点编号	距离/cm		振速/cm·s⁻¹	模型编号	测点编号	爆源距/cm		振速/cm·s⁻¹
		水平	垂直				水平	垂直	
2-0	1	161.8	15	0.931	2-0	1	31.8	15	11.781
	2	130	15	1.321		爆源	0	0	
	3，4	95	15	2.181		3，4	-35	15	11.179
	5	65	15	4.003		5	-65	15	3.985
	6，7	35	15	10.779		6，7	-95	15	2.083
	爆源	0	0			8	-130	15	1.292
	9	-31.8	15	11.192		9	-161.8	15	0.895

表6-10　混凝土模型编号2-1爆破试验测试结果

模型编号	测点编号	距离/cm		振速/cm·s⁻¹	模型编号	测点编号	爆源距/cm		振速/cm·s⁻¹
		水平	垂直				水平	垂直	
2-1	1	161.8	75	0.791	2-1	1	31.8	15	10.544
	2	130	75	1.057		爆源	0	0	
	3	98.2	75	1.767		3	-31.8	15	10.396
	4	91.8	45	1.897		4	-38.2	-15	3.130
	5	65	45	3.643		5	-65	-15	3.425
	6	38.2	45	13.258		6	-91.8	-15	2.375
	7	31.8	15	9.917		7	-98.2	-45	1.604
	爆源	0	0			8	-130	-45	0.943
	9	-31.8	15	9.569		9	-161.8	-45	0.555

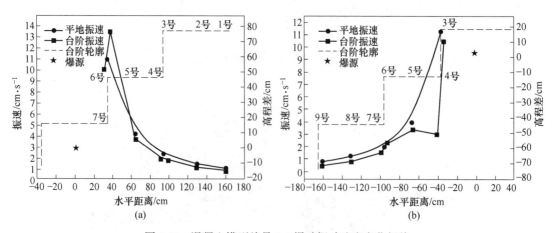

图6-25　混凝土模型编号2-1爆破振动速度变化规律

（a）正高程；（b）负高程

从图 6-25（a）中可以看出，6 号测点台阶振速大于平地振速，出现振速放大，其余各测点台阶振速略小于平地振速，说明正高程存在，除了放大效应外，更多地体现增强振速衰减作用。从图 6-25（b）中可以看出，6 号测点台阶振速略大于平地振速，其余各测点台阶振速小于平地振速。相比较 3 号测点，4 号测点台阶振速下降迅速，下降了7.266cm/s，5 号测点台阶振速大于 4 号测点台阶振速，振速回升。

表 6-11　混凝土模型编号 2-2 爆破试验测试结果

模型编号	测点编号	爆源距/cm		振速/cm·s⁻¹	模型编号	测点编号	爆源距/cm		振速/cm·s⁻¹
		水平	垂直				水平	垂直	
2-2	1	161.8	95	0.633	2-2	1	31.8	15	11.660
	2	130	95	0.951		爆源	0	0	
	3	98.2	95	1.854		3	−31.8	15	11.067
	4	91.8	55	1.592		4	−38.2	−25	2.571
	5	65	55	5.764		5	−65	−25	3.824
	6	38.2	55	10.995		6	−91.8	−25	1.833
	7	31.8	15	8.30		7	−98.2	−65	1.396
	爆源	0	0			8	−130	−65	1.008
	9	−31.8	15	9.273		9	−161.8	−65	0.394

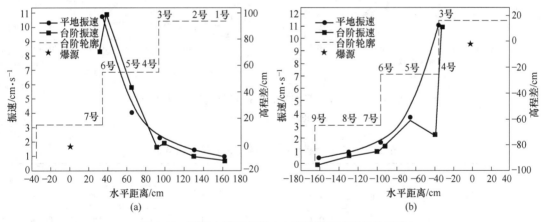

图 6-26　混凝土模型编号 2-2 爆破振动速度变化规律
（a）正高程；（b）负高程

从图 6-26（a）中可以看出，6 号、5 号测点台阶振速大于平地振速，其余各测点均小于平地振速，6 号测点台阶振速大于 7 号测点台阶振速，3 号测点台阶振速大于 4 号测点台阶振速，在 6 号测点和 3 号测点出现振速放大现象。从图 6-26（b）中可以看出，各个测点台阶振速均小于平地振速，5 号测点台阶振速大于 4 号台阶振速。

从图 6-27（a）中可以看出，3 号测点台阶振速大于平地振速，其余各测点台阶振速均小于平地振速。从图 6-27（b）中可以看出 5 号测点台阶振速略大于平地振速，其余各测点台阶振速均小于平地振速，3 号测点到 4 号测点，台阶振速下降迅速，下降了 7.937cm/s。

表 6-12　混凝土模型编号 2-3 爆破试验测试结果

模型编号	测点编号	爆源距/cm		振速/cm·s⁻¹	模型编号	测点编号	爆源距/cm		振速/cm·s⁻¹
		水平	垂直				水平	垂直	
2-3	1	161.8	115	0.596	2-3	1	31.8	15	10.036
	2	130	115	0.845		爆源	0	0	
	3	98.2	115	2.966		3	−31.8	15	9.949
	4	91.8	65	2.486		4	−38.2	−35	2.012
	5	65	65	3.202		5	−65	−35	4.262
	6	38.2	65	7.330		6	−91.8	−35	1.750
	7	31.8	15	9.162		7	−98.2	−85	1.229
	爆源	0	0			8	−130	−85	0.620
	9	−31.8	15	9.776		9	−161.8	−85	0.277

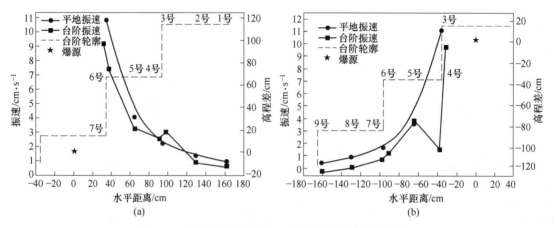

图 6-27　混凝土模型编号 2-3 爆破振动速度变化规律
（a）正高程；（b）负高程

表 6-13　混凝土模型编号 2-4 爆破试验测试结果

模型编号	测点编号	爆源距/cm		振速/cm·s⁻¹	模型编号	测点编号	爆源距/cm		振速/cm·s⁻¹
		水平	垂直				水平	垂直	
2-4	1	161.8	135	0.382	2-4	1	31.8	15	10.964
	2	130	135	1.453		爆源	0	0	
	3	98.2	135	1.549		3	−31.8	15	11.403
	4	91.8	75	1.330		4	−38.2	−45	1.789
	5	65	75	2.442		5	−65	−45	2.947
	6	38.2	75	7.114		6	−91.8	−45	1.104
	7	31.8	15	9.054		7	−98.2	−105	0.854
	爆源	0	0			8	−130	−105	0.504
	9	−31.8	15	9.001		9	−161.8	−105	0.215

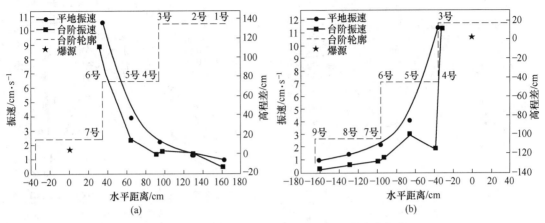

图 6-28　混凝土模型编号 2-4 爆破振动速度变化规律

（a）正高程；（b）负高程

从图 6-28（a）中可以看出 2 号测点台阶振速略大于平地振速，其余各测点台阶振速均小于平地振速，3 号测点台阶振速大于 4 号测点台阶振速。从图 6-28（b）中可以看出，3 号测点台阶振速近似等于平地振速，其余各测点台阶振速均小于平地振速。

将表 6-9～表 6-13 的数据进行整理，求出每个测点台阶振速与平地振速的比值，见表 6-14，并画出比值规律图 6-29。

表 6-14　测点台阶振速与平地振速比值

测点台阶高度		9 号	8 号	7 号	6 号	5 号	4 号	3 号	2 号	1 号
30cm	正高程			0.92	1.23	0.91	0.87	0.81	0.80	0.85
	负高程	0.62	0.73	0.77	1.14	0.86	0.28	0.93		
40cm	正高程			0.77	1.02	1.44	0.73	0.85	0.72	0.68
	负高程	0.44	0.78	0.67	0.88	0.96	0.23	0.99		
50cm	正高程			0.85	0.68	0.80	1.14	1.36	0.64	0.64
	负高程	0.31	0.48	0.59	0.84	1.07	0.18	0.89		
60cm	正高程			0.84	0.66	0.61	0.61	0.71	1.10	0.41
	负高程	0.24	0.39	0.41	0.53	0.74	0.16	1.02		

从图 6-29（a）中可以看出，台阶高度 30cm 时，6 号测点比值最大，为 1.23。台阶高度 40cm 时，5 号测点比值最大，为 1.44。台阶高度 50cm 时，3 号测点比值最大，为 1.36。台阶高度 60cm 时，2 号测点比值最大，为 1.10。在每个台阶中，比值随着水平距离和高程差的增大，呈现先增加后减小的趋势。在不同的台阶中，比值最大值随着台阶高度的增加呈现先增加后减小的趋势，并且最大值的测点逐渐向远离爆源方向移动。从图 6-29（b）中可以看出，台阶高度 30cm 时，6 号测点比值最大，为 1.14，4 号测点比值最小，为 0.28。台阶高度 40cm 时，4 号测点比值最小，为 0.23。台阶高度 50cm 时，5 号测点比值最大，为 1.07，4 号测点比值最小，为 0.18。台阶高度 60cm 时，4 号测点比值最

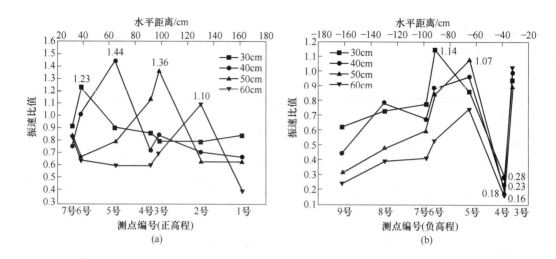

图 6-29　台阶振速与平地振速比值变化规律

（a）正高程；（b）负高程

小，为 0.16。在各个台阶模型中，比值随着水平距离和高程差的增加，呈现先减小后增大，再减小的趋势。在各个台阶模型中，离爆源最近的一个台阶对爆破振动衰减效应最明显，且台阶高度越大，衰减效应越明显。整体来看，负高程的存在对爆破振动主要起衰减作用。

6.1.6　台阶倾角对爆破振动高程效应的影响

6.1.6.1　混凝土模型几何参数

台阶模型下台阶长度为 70cm，宽度 60cm，高度 30cm；中台阶宽度为 60cm，高度为 40cm；上台阶宽度为 60cm，高度为 40cm。台阶的角度分别为 90°、75°、60°、54°。混凝土模型具体尺寸见图 6-30~图 6-33 所示。

图 6-30　混凝土模型编号 3-1

6.1.6.2　爆破试验设计

本试验分两组，第一组设计 4 个不同台阶角度（90°、75°、60°、54°）的台阶爆破试验，起爆点设置在下台阶的中心位置，距右边缘 35cm。每次试验布置 1 个炮孔，炮孔深度为 18cm，每个炮孔只装一发 8 号瞬发导爆管雷管。填塞高度 12cm。炮孔布置与测点布置如图 6-34 所示。

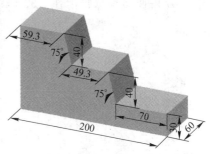

图 6-31　混凝土模型编号 3-2

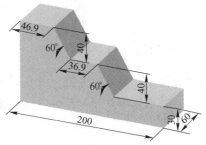

图 6-32　混凝土模型编号 3-3

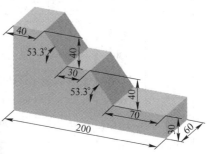

图 6-33　混凝土模型编号 3-4

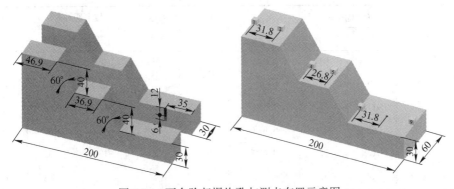

图 6-34　下台阶起爆炮孔与测点布置示意图

　　第二组设计 4 个不同台阶角度（90°、75°、60°、53.3°）的台阶爆破试验，起爆点设置在上台阶的位置，距左边缘 35cm 处。每次试验布置 1 个炮孔，炮孔深度为 18cm，每个炮孔只装一发 8#瞬发导爆管雷管。填塞高度为 12cm。炮孔与测点布置如图 6-35 所示。

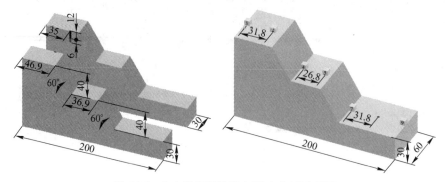

图 6-35　上台阶起爆炮孔与测点布置示意图

6.1.6.3　试验结果与分析

　　爆后混凝土模型基本完整，没有遭到太大的破坏，未波及爆破振动测点位置。各组试验爆破后，结果见表 6-15～表 6-19。将各表中的数据通过 origin 画图软件进行分析，见图 6-36、图 6-37。

表 6-15　混凝土模型编号 3-0 爆破试验测试结果

模型编号	测点编号	爆源距/cm		振速/cm · s⁻¹	模型编号	测点编号	爆源距/cm		振速/cm · s⁻¹
		水平	垂直				水平	垂直	
3-0	1	161.8	95	0.992	3-0	爆源	0	0	
	2	130	95	1.319		4	−38.2	−25	11.212
	4	91.8	55	2.081		5	−61.8	−25	3.985
	5	65	55	4.124		7	−98.2	−65	2.078
	7	31.8	15	11.779		8	−130	−65	1.289
	爆源	0	0			9	−161.8	−65	0.884

表 6-16　混凝土模型编号 3-1 爆破试验测试结果

模型编号	测点编号	爆源距/cm		振速/cm · s⁻¹	模型编号	测点编号	爆源距/cm		振速/cm · s⁻¹
		水平	垂直				水平	垂直	
3-1	1	161.8	95	0.623	3-1	爆源	0	0	
	2	130	95	0.948		4	−38.2	−25	6.296
	4	91.8	55	1.584		5	−61.8	−25	2.426
	5	65	55	5.814		7	−98.2	−65	0.984
	7	31.8	15	9.600		8	−130	−65	0.743
	爆源	0	0			9	−161.8	−65	0.455

表 6-17　混凝土模型编号 3-2 爆破试验测试结果

| 模型编号 | 测点编号 | 爆源距/cm | | 振速/cm·s⁻¹ | 模型编号 | 测点编号 | 爆源距/cm | | 振速/cm·s⁻¹ |
		水平	垂直				水平	垂直	
3-2	1	161.8	95	0.858	3-2	爆源	0	0	
	2	130	95	1.894		4	−38.2	−25	7.827
	4	91.8	55	5.281		5	−61.8	−25	3.618
	5	65	55	2.826		7	−98.2	−65	0.925
	7	31.8	15	10.181		8	−130	−65	0.531
	爆源	0	0			9	−161.8	−65	0.502

表 6-18　混凝土模型编号 3-3 爆破试验测试结果

| 模型编号 | 测点编号 | 爆源距/cm | | 振速/cm·s⁻¹ | 模型编号 | 测点编号 | 爆源距/cm | | 振速/cm·s⁻¹ |
		水平	垂直				水平	垂直	
3-3	1	161.8	95	1.273	3-3	爆源	0	0	
	2	130	95	4.136		4	−38.2	−25	9.798
	4	91.8	55	8.816		5	−61.8	−25	3.496
	5	65	55	3.881		7	−98.2	−65	1.033
	7	31.8	15	11.271		8	−130	−65	0.721
	爆源	0	0			9	−161.8	−65	0.391

表 6-19　混凝土模型编号 3-4 爆破试验测试结果

| 模型编号 | 测点编号 | 爆源距/cm | | 振速/cm·s⁻¹ | 模型编号 | 测点编号 | 爆源距/cm | | 振速/cm·s⁻¹ |
		水平	垂直				水平	垂直	
3-4	1	161.8	95	1.886	3-4	爆源	0	0	
	2	130	95	3.280		4	−38.2	−25	8.917
	4	91.8	55	6.298		5	−61.8	−25	3.012
	5	65	55	3.924		7	−98.2	−65	1.101
	7	31.8	15	9.204		8	−130	−65	0.529
	爆源	0	0			9	−161.8	−65	0.486

　　从图 6-36 中可以看出，各个不同坡度的台阶振速整体上随着水平距离和高程的增加，呈现减小的趋势。坡度 90°台阶中，5 号测点振速大于平地振速，其余各测点均小于平地振速。坡度 75°台阶中，4 号、2 号测点振速大于平地振速，其余各测点小于平地振速。坡度 60°台阶中，4 号、2 号测点振速大于平地振速，1 号测点振速略大于平地振速。坡度 54°台阶中，4 号、2 号、1 号测点振速大于平地振速。说明各种坡度的台阶除了个别测点，其余均小于平地振速，即增强对振速的衰减；在 4 号测点处，坡度 60°、54°75°台阶均出现了不同程度的振速放大现象。坡度 60°台阶振速最大，其次坡度 54°台阶、坡度 75°台阶、坡度 90°台阶，在 4 号测点处，即振速随着坡角减小，先增大后降低。5 号测点处

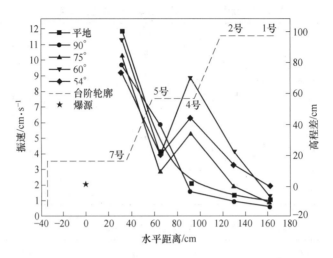

图 6-36　混凝土模型爆破振动速度变化规律（正高程）

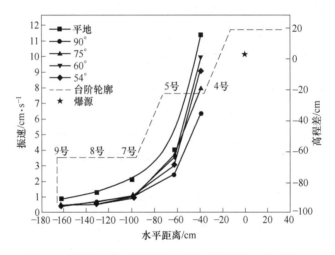

图 6-37　混凝土模型爆破振动速度变化规律（负高程）

振速变化规律与 4 号测点处振速类似。

　　从图 6-37 中可以看出，各个坡度台阶振速随着水平距离和负高程差的增加，迅速降低，且各个坡度台阶振速均小于平地振速，说明各种坡度负高程台阶的存在对振速主要起衰减作用。在 4 号测点处，各个坡度台阶的振速差异比较明显，坡度 90° 台阶振速最小，其次坡度 75° 台阶、坡度 54° 台阶、坡度 60° 台阶，即随着台阶倾角减小，负高程台阶对振速的衰减作用呈减弱趋势。

6.2　爆破振动高程效应数值模拟

　　由于爆破过程的复杂性、不确定性以及试验条件的限制性，在进行试验时往往难以对各种影响因素进行研究。而随着计算机语言的飞速发展，数值模拟成为解决此类问题的一种有效手段。本章拟使用数值模拟方法，利用动力有限元软件 ANSYS/LS-DYNA，实现对数值模拟的正确性验证，并探究有效应力与振速峰值关系、爆破延时时间与振动高程效应关系以及多排孔爆破振动高程效应问题等。

6.2.1 有限元模拟概述

6.2.1.1 工程分析中的数值分析方法

为了有效及经济的设计、构建以及运行一个工程系统，工程师必须首先对这些工程系统的行为（包括结构特性、内部环节及其子系统），具有充分的认识。这个过程就是工程分析。图 6-38 所示为传统工程分析步骤，5 个方块分布代表不同分析阶段的模型，而 4 个圆圈分别代表 4 个分析步骤。注意，这五个模型事实上是同一事情的不同表示方式：工程系统指的是真实世界中的实物，分析模型往往是一个简化的抽象模型。数学方程式常常具有微分方程组的形式，其解答可以是解析解或是数值解。如果数值解则分析模型可以称为数值模型。

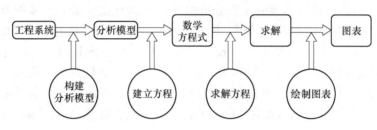

图 6-38　传统工程分析步骤

针对实际的工程问题推导相关微分方程组并不十分困难，然而，要获得问题的解析解却很困难。目前，在工程实践中，人们多采用数值方法给出近似满足工程精度要求的解答。

现代工程师在进行工程分析时，多采用计算机辅助工程（CAE）分析方法来完成图 6-39 所描述的步骤中的许多工作。如果对数学方法或计算机辅助工程分析专业知识不熟悉，可以将"建立方程组"及"解方程式"这两个分析步骤及其前后相关的模型（分析模型、数学方程式数值解答）用一个"黑箱"包装起来。这个黑箱代表一个封闭的计算机处理核心：计算机会全自动地将一个分析模型转换成数学方程式，并且方便地求解。输入数据在黑箱外部注入，而最后的数值结果也在黑箱外部以图形方式表示。

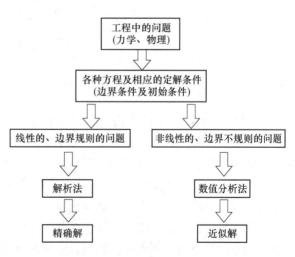

图 6-39　工程问题的求解思路

图 6-40 所示为计算机辅助工程分析的步骤，黑箱内部代表一个求解工程问题的计算机程序：以一个分析模型为输入，而以数值解为输出。半个世纪以来，力学家与数学家以

及计算机专家齐心协力，发展出了一系列求解工程问题中的微分方程的方法，如有限差分法（FDM，Finite Difference Method）、有限元法（FEM，Finite Element Method）、边界元法（BEM，Boundary Element Method）等。这些方法本质上是将求解区域进行网格离散化，然后通过求解方程获得数值结果。目前，发展最成熟、应用最广泛的是有限元法。

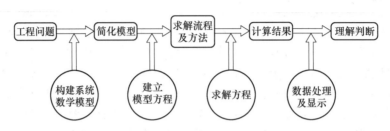

图 6-40 计算机辅助工程分析的步骤

综上所述，可以把计算机辅助工程分析由图 6-39 改成图 6-40。当采用有限元分析方法时，图 6-41 就是图 6-39 的特殊情形。图 6-41 中，分析模型（或有限元模型）和数值求解还是在黑箱里面，"建立模型方程"及"求解方程"两个步骤用"有限元分析"来取代。"构建系统数学模型"步骤通常称为"前处理"，而"数据处理及显示"步骤常称为"后处理"。所以在图 6-41 中，通常把计算机辅助工程分析分成三个主要步骤：前处理（preprocessing）、有限元分析（finite element analysis）及后处理（postprocessing）。

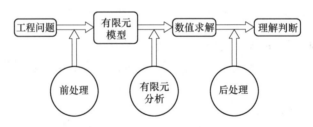

图 6-41 有限元方法进行计算机辅助工程分析的步骤

6.2.1.2 ANSYS/LS-DYNA 简介

ANSYS/LS-DYNA 是功能齐全的非线性显示程序分析软件包，可以求解各种几何非线性、材料非线性和接触非线性问题。该算法非常适合分析各种非线性结构冲击动力学问题，如结构碰撞、爆炸、金属加工等高度非线性问题，还可以求解传热、流体及流固耦合问题。同其他 CAE 辅助设计程序相似，完整的 ANSYS/LS-DYNA 显示动力分析过程，包括了前处理、求解和后处理 3 个基本阶段。

前处理阶段，即模型建立阶段，在此阶段内，通常要指定分析类型，定义单元类型及常数，指定材料模型，创建几何模型，完成网格划分，形成有限单元模型，定义相关接触类型，设定边界条件及荷载等，这些过程主要借助 ANSYS 前处理器 PREP7 完成。

分析选项的设定与求解阶段，指定分析结束时间，设置求解控制参数，形成关键字文件，递交到 LS-DYNA971 求解器进行计算。

结果处理与分析阶段，对计算结果进行可视化处理及相关分析，通过 ANSYS 后处理器 POST1 和时间历程处理器 POST26 完成，也可调用 LS-POST 后处理程序完成后处理。

6.2.1.3 ANSYS/LS-DYNA 的理论简介

A 有限元基本控制方程

取初始时刻的质点坐标为 $X_i(i = 1, 2, 3)$，在任意 t 时刻，该质点坐标为 $x_i(i = 1, 2, 3)$，质点的运动方程为

$$x_i = x_i(X_j, t) \tag{6-43}$$

式中，$i, j = 1, 2, 3$。

在 $t = 0$ 时，初始条件为：

$$x_i(x_j, 0) = X_i \tag{6-44}$$

$$\dot{x}(X_j, 0) = v_i(X_j, 0) \tag{6-45}$$

式中，v_j 为初始速度。

动量方程为：

$$\sigma_{ij,j} + \rho f_i = \rho \ddot{x}_i \tag{6-46}$$

式中，σ_{ij} 表示 Cacchy 应力；ρ 为质量密度；f_i 为单位质量体积力；$\ddot{x}_i$ 为加速度。

质量守恒方程为：

$$\rho = J\rho_0 \tag{6-47}$$

式中，ρ 为当前质量密度；ρ_0 为初始质量密度；J 为相对体积。

$$J = \left| \frac{\partial x_i}{\partial x_j} \right| \tag{6-48}$$

能量守恒方程为：

$$\dot{E} = v S_{ij} \dot{\varepsilon}_{ij} - (p + q)\dot{v} \tag{6-49}$$

偏应力：

$$S_{ij} = \sigma_{ij} + (p + q)\sigma_{ij} \tag{6-50}$$

压力：

$$p = -\frac{1}{3}\sigma_{ij} - q \tag{6-51}$$

式中，v 为现时构形的体积；$\dot{\varepsilon}_{ij}$ 为应变率张量；q 为体积黏性阻力。

B 空间有限元离散化

在 ANSYS/LS-DYNA 程序现在一般采用 8 节点六面体单元，这种低阶单元运算速度快且精度高。

单元内任意点的节点坐标为：

$$x_i(\xi, \eta, \zeta, t) = \sum_{j=1}^{s} \phi_j(\xi, \eta, \zeta) x_i^j(t) \tag{6-52}$$

式中，$i = 1, 2, 3$；ξ, η, ζ 为自然坐标；$x_i^j(t)$ 为 t 时刻第 j 节点的坐标值；形状函数 $\phi_j(\xi, \eta, \zeta)$ 为：

$$\phi_j(\xi, \eta, \zeta) = \frac{1}{8}(1 + \xi\xi_i)(1 + \eta\eta_i)(1 + \zeta\zeta_i) \tag{6-53}$$

式中，$j = 1，2，3，\cdots，8$；$\xi_i \zeta_i$ 为 j 节点的自然坐标。

　　C　单点高斯积分与沙漏黏性控制

　　动力非线性的计算机数值计算，存在的最大问题就是耗费计算时间太多，在显示积分中，单元计算耗费时间最长。在采用 Gauss 积分单点积分的形式下，计算时间也能缩短，并节省存储量，减少预算次数，但这可能会造成零能模式（即沙漏模式）。单点积分时，单元变形的沙漏模态丢失，但它对单元应变能计算没有影响，所以称为零能模式。动力计算时，沙漏模态将不受控制，出现计算数值振荡。在 ANSYS/LS-DYNA 中采用沙漏黏性阻尼控制零能模式。在单元各个节点处沿 x_i 轴方向引入沙漏黏性阻尼力：

$$f_{ik} = - a_k \sum_{j=1}^{4} h_{ij} \Gamma_{jk} \tag{6-54}$$

式中

$$i = 1，2，3$$
$$k = 1，2，3，\cdots，8$$

$$h_{ij} = \sum_{k=1}^{8} x_i^k \Gamma_{jk} \tag{6-55}$$

$$\alpha_k = Q_{kg} \rho V_e^{2/3} / 4 \tag{6-56}$$

式中　　V_e ——单元体积；

　　　　Q_{kg} ——用户定义的常数，通常取 $0.05 \sim 0.15$；

　　　　ρ ——当前质量密度。

　　D　时间积分与时间步长控制

　　LS-DYNA 程序采用显示中心差分法进行时间积分，运动方程为

$$M \dot{x}(t) = P - F + H - C \dot{x} \tag{6-57}$$

式中，M 为总体质量矩阵；P 为总体载荷矢量；F 为节点力的等效矢量；H 为总体结构沙漏黏性阻尼力；$C = cM$，为阻尼系数矩阵，其中 c 为阻尼常数。

　　采用显示中心差分法时间积分的算式为：

$$\left. \begin{array}{l} \ddot{x}(t_n) = M^{-1} \big[P(t_n) - F(t_n) + H(t_n) - c\dot{x}(t_{n-1/2}) \big] \\[2mm] \dot{x}(t_{n+1/2}) = \dot{x}(t_{n-1/2}) + \dfrac{1}{2}(\Delta t_{n-1} + \Delta t_n) \ddot{x}(t_n) \\[2mm] x(t_{n+1}) = x(t_n) + \Delta t_n \dot{x}(t_{n+\frac{1}{2}}) \end{array} \right\} \tag{6-58}$$

式中，$t_{n-\frac{1}{2}} = \dfrac{1}{2}(t_n + t_{n-1})$；$t_{n+\frac{1}{2}} = \dfrac{1}{2}(t_{n+1} + t_n)$；$\Delta t_{n-1} = (t_n - t_{n-1})$；$t_n = \dfrac{1}{2}(t_{n+1} - t_n)$；$\ddot{x}(t_n)$、$\dot{x}(t_{n+1/2})$、$x(t_{n+1})$ 分别是 t_n 时刻的节点加速度矢量、$t_{n+1/2}$ 时刻的节点速度矢量、t_{n+1} 时刻的节点坐标矢量。

6.2.2　爆破振动有限元计算模型

6.2.2.1　几何模型

　　根据混凝土模型的尺寸建立数值模型，分别建立正高程和负高程的数值模型，如图 6-42 所示。

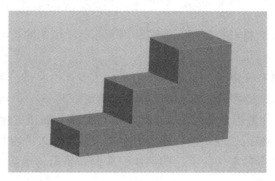

图 6-42 数值模型

6.2.2.2 材料参数及其本构方程

台阶爆破振动数值模拟过程中涉及的材料主要有岩石、炸药、空气，且爆破过程属于冲击动力学研究范畴，应考虑材料的大变形，在 ANSYS/LS-DYNA 自身的材料库中有着丰富的材料模型，通过 CATIA 三维建模专业软件进行几何模型建立，再通过 HYPERMESH 专业网格划分软件进行单元的网格划分，并将划分好网格的 .hm 格式文件导入 ANSYS/LS-DYNA 中进行前处理，通过前处理设置材料、算法、边界条件及求解步长等参数后生成 K 文件，通过对 K 文件的修改，可以较好的实现台阶爆破振动传播过程的数值模拟计算。

A 炸药模型及其参数

炸药采用 * MAT_ HIGH _ EXPLOSIVE_ BURN 材料，炸药的起爆时间及坐标由 * INI-TIAL_ DETONATION 定义，炸药爆炸后爆轰产物的状态方程采用 * EOS_ JWL 描述，其数学模型形式为

$$p_{eos} = A\left(1 - \frac{w}{R_1 v}\right) e^{-R_1 v} + B\left(1 - \frac{w}{R_2 v}\right) e^{-R_2 v} + \frac{wE_0}{v} \tag{6-59}$$

式中，p_{eos} 为由 JWL 方程决定的压力；E_0 为初始比内能；A，B，R_1，R_2，w 为描述 JWL 方程的 5 个独立物理常数。本文计算炸药参数取值见表 6-20。

表 6-20 炸药参数取值

密度/kg·m⁻³	爆速/m·s⁻¹	爆轰压力/GPa	A/GPa	B/GPa	R_1	R_2	w	E_0/GPa
1200	4000	18.5	214.4	0.19	4.5	1.0	0.15	4.2

* MAT_ HIGH _ EXPLOSIVE_ BURN 模型的关键字如下：

* MAT_ HIGH _ EXPLOSIVE_ BURN

MID	RO	D	PCJ	BETA	K	GSIGY
2	1.447	4.30	3.43E-2	0	0	0

炸药爆炸后爆轰产物的状态方程 * EOS_ JWL 的相关关键字如下：

* EOS_ JWL

EOSID	A	B	R1	R2	OMEG	E0	V0
2	2.144	0.18E-2	4.2	0.9	0.15	3.5E-2	

B　岩石本构模型

此次爆破模型试验的材料有砂浆，炸药和用于孔口段填塞的胶结物，因胶结物的力学性质无法测知，此次以砂浆材料代替。

本次模拟的砂浆材料在爆炸冲击作用下会发生大变形，宜选择 LS DYNA3D 中的 II-J-C 材料模型，通过材料关键字 *MAT_ JOHNSON_ HOLMGU IST_ CONCRETE 来定义。

H-J-C 材料模型综合考虑了材料的大应变、高应变率及高压效应，其等效屈服强度是关于介质应变率、压力和损伤的函数，而压力是关于包括永久压垮状态在内的体积应变的函数，损伤累积是关于等效塑性应变、塑性体积应变和压力的函数。H-J-C 材料模型强度采用规范化等效应力来描述：

$$\sigma^* = [A(1-D) + Bp^{*N}](1 + Cln\varepsilon^*) \tag{6-60}$$

式中，$\sigma^* = \sigma/f'_c$ 为实际等效应力与静态屈服强度之比；$p^* = p/f'_c$ 为无量纲压力；$\varepsilon^* = \varepsilon/\varepsilon_0$ 为无量纲应变率。

损伤因子 $D(0 \leqslant D \leqslant 1)$ 由等效塑性应变和塑性体积应变累加得到下式

$$D = \sum \frac{\Delta\varepsilon_p + \Delta u_p}{\varepsilon_p^f + u_p^f} \tag{6-61}$$

$$f(p) = \varepsilon_p^f + u_p^f = D_1 (p^* + T^*)^{D_2} \tag{6-62}$$

式中，$\Delta\varepsilon_p$ 为等效塑性应变增量；Δu_p 为等效体积应变应变增量；$f(p)$ 为常压 p 下材料断裂时的塑性应变；p^* 与 T^* 为规范化压力与材料所能承受的规范化最大拉伸静水压力；D_1 与 D_2 为损伤常数。表 6-21 中列出了砂浆材料 H-J-C 本构模型的主要参数。

表 6-21　混凝土材料 H-J-C 本构模型参数

ρ_0	G	A	B	C	N	F_c	T
1.810	3.5×10^{-2}	0.79	1.60	0.007	0.61	4.38×10^{-5}	3.7×10^{-6}
EPSO	EFMIN	SFMAX	PC	UC	PL	UL	D_1
1.0×10^{-6}	0.01	7.0	1.46	3.5×10^{-4}	8.0×10^{-3}	0.06	0.04
D_2	K_1	K_2	K_3				
1.0	0.85	-1.71	2.08				

注：ρ_0、G、F_c、T 为室内力学测试计算所得，其余材料参数的取值参考文献中的大应变、高应变率及高压下混凝土参数。

表 6-21 中的参数说明：ρ_0 为密度，g/cm^3；G 为剪切模量，$10^{11}P_a$；F_c 为静态屈服强度，$10^{11}P_a$；T 为抗拉强度，$10^{11}P_a$；Pc 为砂浆材料压碎时的体积应力，$10^{11}P_a$；UC 为压碎时的体积应变，PL 为砂浆材料极限体积应力，$10^{11}P_a$；UL 为极限体积应变，D_1、D_2 为损伤常数，A、B、N、C、SFMAX 为强度参数，EFMIN 为材料断裂时的最小塑性应变；EPSO 为参考应变率；K_1、K_2、K_3 为压力参数。

6.2.2.3　算法的选择及边界条件

A　算法的选择

在爆破过程的数值模拟中，由于涉及的材料有岩石、炸药，为了使数值模拟的计算结果更为贴近工程实际，本文所选取的算法为 Arbitrary Lagrange-Euler 算法（即工程中所说的流固耦合算法），采用流固耦合算法的主要优点在于，它可以兼得拉格朗日算法及欧拉算法的优点，在分析大变形、爆破荷载作用下关键结构的响应特征等冲击动力学问题方面具有独特的优势。

B 边界条件设置

考虑上述模型为简化模型，故需对模型的边界条件进行一定的约束、设置，以便更好地反映爆破振动的实际传播规律。在图 6-43 所示的模型中，为了减少动荷载作用下边界反射波的影响，模型前、后、左、右底面均为无反射边界。左右两面及模型底面、背面均采用法向约束。

6.2.3 单孔爆破动力响应特征分析以及数值模型验证

6.2.3.1 单孔爆破模拟方案设计

本次爆破模拟分两组，第一组模拟起爆点在下台阶的位置，药量为 1g。为了便于建模，将药包设置为近似球形的，因为模拟的目的是观察各个台阶上的振动，测点距爆源有一定的距离，所以炸药的形状对测点的振动影响可忽略不计。为了模拟实际混凝土模型试验过程，做两个模型，一个模型前、后、底、右面添加无反射边界条件，另一个模型不添加无反射边界条件，如图 6-43 所示。

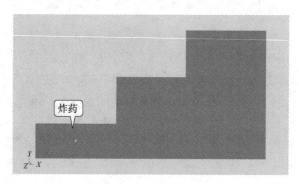

图 6-43 下台阶起爆数值模型

第二组模拟起爆点在上台阶的位置，药量为 1g。同样为了模拟实际混凝土模型试验过程，做两个模型，一个模型前、后、底、右面添加无反射边界条件，另一个模型不添加无反射边界，如图 6-44 所示。

6.2.3.2 下台阶起爆动力响应特征分析以及模型验证

为了分析下台阶起爆动力响应特征以及模型验证，可以从振速云图、典型波形以及选取与第四章混凝土模型相同位置的测点振速峰值来进行研究。

A 振速云图

选取添加无反射边界条件与不添加无反射边界条件的两个数值模型不同时刻的振速云图进行分析，振速云图见图 6-45 所示。

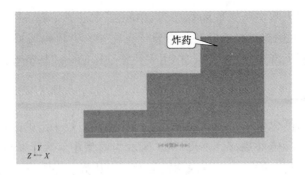

图 6-44　上台阶起爆数值模型

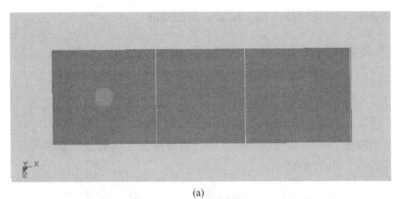

(a)

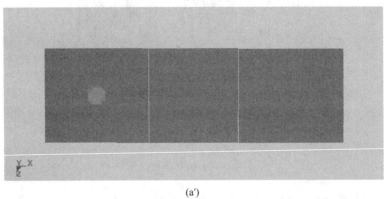

(a′)

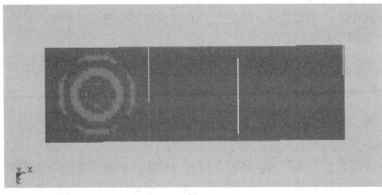

(b)

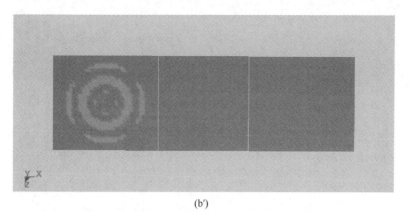

(b′)

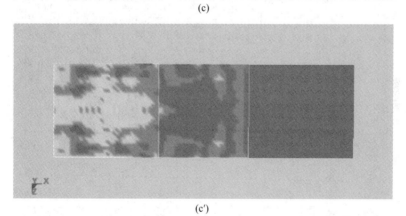

(c)

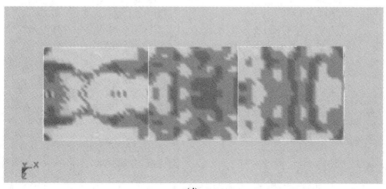

(c′)

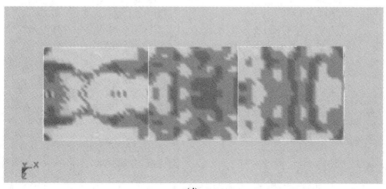

(d)

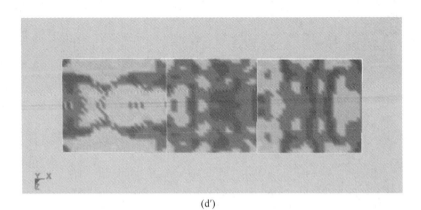

(d′)

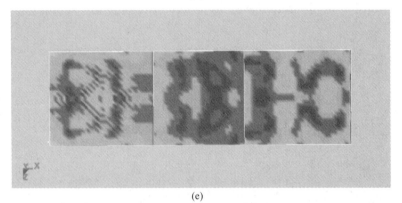

(e)

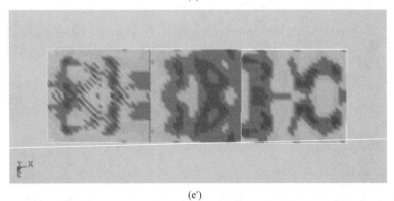

(e′)

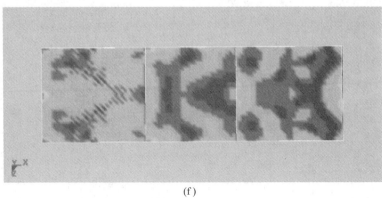

(f)

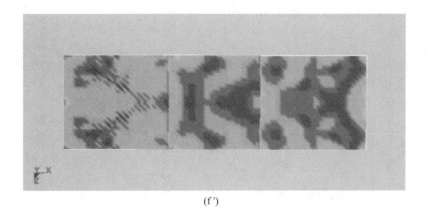

(f ')

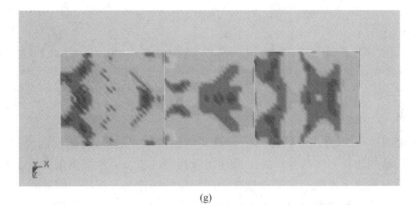

(g)

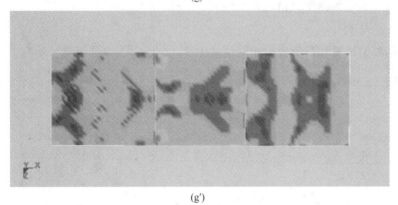

(g')

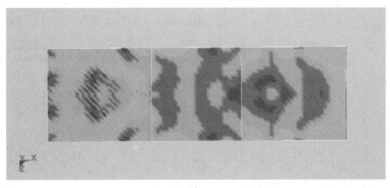

(h)

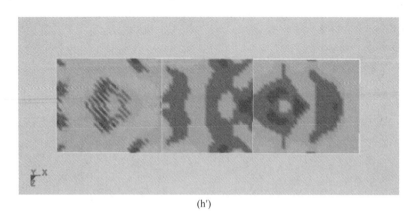

(h′)

图 6-45　下台阶起爆振速云图

（a）添加无反射边界 $t=31\mu s$；（a′）不添加无反射边界 $t=31\mu s$；（b）添加无反射边界 $t=62\mu s$；（b′）不添加无反射
边界 $t=62\mu s$；（c）添加无反射边界 $t=510\mu s$；（c′）不添加无反射边界 $t=510\mu s$；（d）添加无反射边界 $t=1ms$；
（d′）不添加无反射边界 $t=1ms$；（e）添加无反射边界 $t=1.5ms$；（e′）不添加无反射边界 $t=1.5ms$；（f）添加无
反射边界 $t=2ms$；（f′）不添加无反射边界 $t=2ms$；（g）添加无反射边界 $t=3ms$；（g′）不添加无反射边界 $t=3ms$；
（h）添加无反射边界 $t=5ms$；（h′）不添加无反射边界 $t=5ms$

从图 6-45 中，可以看出炸药爆炸后，炸药周围的质点速度迅速升高，然后逐渐向远处辐射。在模型的边界有一部分产生了振速比较高的区域，但是整体来看，添加无反射边界的模型和没有添加无反射边界的模型在中间部位的振速基本在相同的时间保持了高度一致。从而也说明了现场模型试验边界条件的合理性。

B　典型波形图

选取现场模型试验和数值模型相同位置的 7 号、5 号、3 号测点，观察其波形图，如图 6-46 所示。

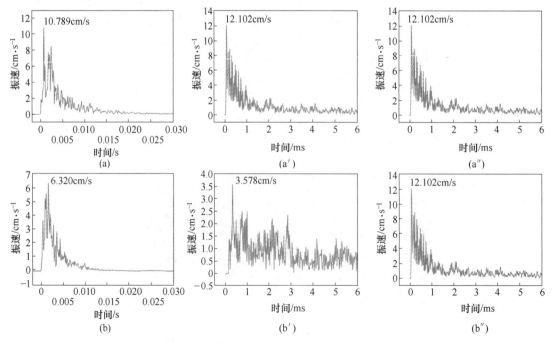

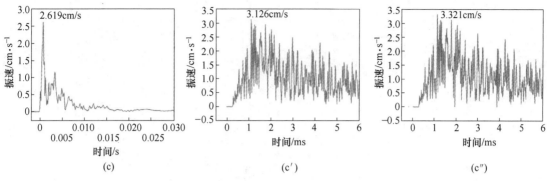

图 6-46　下台阶起爆各测点振速时程曲线图

（a）混凝土模型试验 7 号测点；（a′）数值模型添加无反射边界 7 号测点；（a″）数值模型不添加无反射边界 7 号测点；
（b）混凝土模型试验 5 号测点；（b′）数值模型添加无反射边界 5 号测点；（b″）数值模型不添加无反射边界 5 号测点；
（c）混凝土模型试验 3 号测点；（c′）数值模型添加无反射边界 3 号测点；（c″）数值模型不添加无反射边界 3 号测点

从图 6-46 中可以看出，各测点的振速随着时间的推移，振速呈逐渐降低的趋势，即混凝土模型试验与数值模拟的振速时程曲线整体趋势保持了一致。在 7 号测点，混凝土模型试验的振速峰值为 10.789cm/s，数值模型添加无反射边界条件和不添加无反射边界条件的振速峰值都为 12.102cm/s。在 5 号测点，混凝土模型试验的振速峰值为 6.320cm/s，数值模型添加无反射边界条件和不添加无反射边界条件的振速峰值都为 3.578cm/s。在 3 号测点，混凝土模型试验的振速峰值为 2.619cm/s，数值模型添加无反射边界条件的振速峰值为 3.126cm/s，数值模型不添加无反射边界条件的振速峰值为 3.321cm/s。因此数值模型的振速峰值与混凝土模型试验的振速峰值保持在了一个数量级，同时发现添加无反射边界条件与不添加无反射边界条件对模型对称中间的振速峰值影响不是很大，即证明了混凝土模型的合理性。

C　振速峰值

选取混凝土模型与添加无反射边界和不添加无反射边界的数值模型相同测点的振速峰值，进行比较。振速峰值见于表 6-22。

表 6-22　各测点振速峰值统计表

测点编号	混凝土模型试验振速/cm·s⁻¹	数值模型振速/cm·s⁻¹	
		加无反射边界	不加无反射边界
1	0.287	2.894	3.138
2	1.191	2.738	2.909
3	2.619	3.126	3.321
4	1.545	2.443	2.443
5	6.320	3.578	3.578
6	9.997	5.203	5.203
7	10.789	12.102	12.102

将表 6-22 中各个测点的振速通过专业的绘图软件 origin 进行绘图，得到各个测点振速峰值的曲线图，如图 6-47 所示。

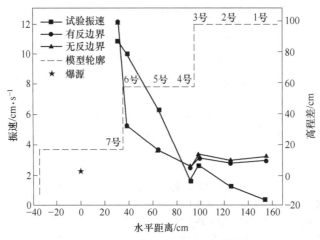

图 6-47　下台阶起爆各测点振速峰值曲线图

　　从图 6-47 中可以看出，数值模拟结果与混凝土模型试验实测数据基本在一个数量级范围内，数值模拟结果和混凝土模型试验实测数据的整体趋势保持一致，都是随水平距离增加，振速逐渐降低，在 3 号测点均出现振速放大现象。除 6 号、5 号测点外，数值模型的各测点振速峰值均高于混凝土模型试验各测点的振速。在 3 号、2 号、1 号测点出现不添加无反射边界条件的数值模型振速峰值高于添加无反射边界条件的数值模型振速峰值，但是偏差比较小，相对于整体振速峰值而言，可忽略不计。所以数值模型的建立、材料的选取、参数的设置、算法的选择等是合理的，科学的。

6.2.3.3　上台阶起爆动力响应特征分析以及模型验证

　　为了分析上台阶起爆动力响应特征以及模型验证，可以从振速云图、典型波形以及选取与第 4 章混凝土模型相同位置的测点振速峰值来进行研究。

A　振速云图

　　从图 6-48 中，可以看出炸药爆炸后，炸药周围的质点速度迅速升高，然后逐渐向远处辐射。在模型的边界有一部分产生了振速比较高的区域，但是整体来看，添加无反射边界的模型和没有添加无反射边界的模型在中间部位的振速基本在相同的时间保持了高度一致，从而说明了现场模型试验边界条件的合理性。

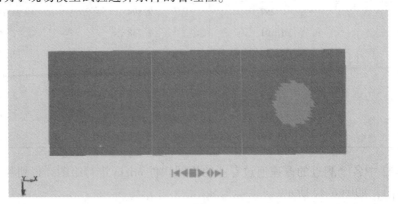

(a)

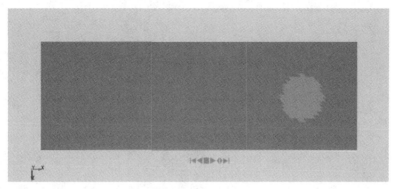

(a′)

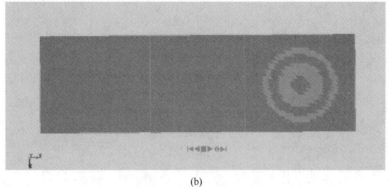

(b)

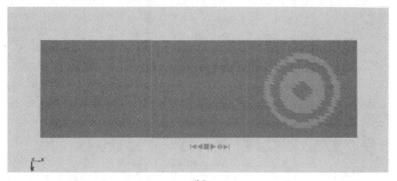

(b′)

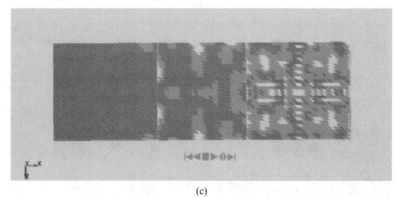

(c)

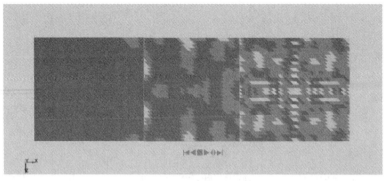

(c')

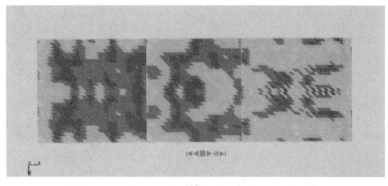

(d)

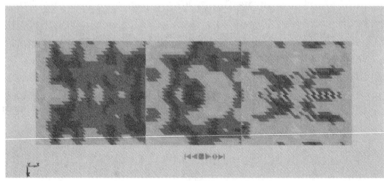

(d')

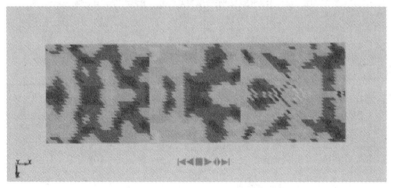

(e)

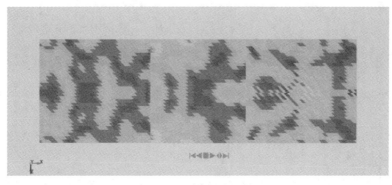

(e′)

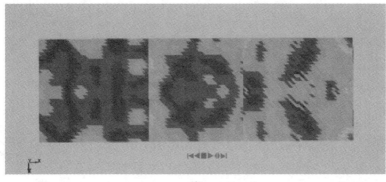

(f)

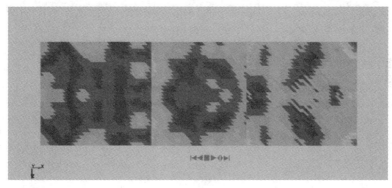

(f′)

(g)

(g')

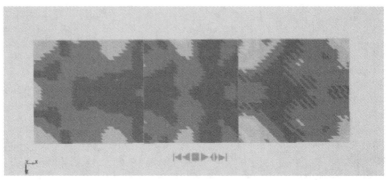

(h)

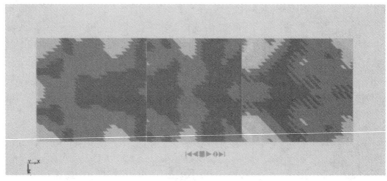

(h')

图 6-48 上台阶起爆振速云图

（a）添加无反射边界 $t=47\mu s$；（a'）不添加无反射边界 $t=47\mu s$；（b）添加无反射边界 $t=62\mu s$；
（b'）不添加无反射边界 $t=62\mu s$；（c）添加无反射边界 $t=510\mu s$；（c'）不添加无反射边界 $t=510\mu s$；
（d）添加无反射边界 $t=1007\mu s$；（d'）不添加无反射边界 $t=1007\mu s$；（e）添加无反射边界 $t=1501\mu s$；
（e'）不添加无反射边界 $t=1501\mu s$；（f）添加无反射边界 $t=1998\mu s$；（f'）不添加无反射边界 $t=1998\mu s$；
（g）添加无反射边界 $t=3006\mu s$；（g'）不添加无反射边界 $t=3006\mu s$；（h）添加无反射边界 $t=5008\mu s$；
（h'）不添加无反射边界 $t=5008\mu s$

B 典型波形图

选取混凝土模型和数值模型相同位置的 3 号、5 号、9 号测点，观察其波形图。如图 6-49 所示。

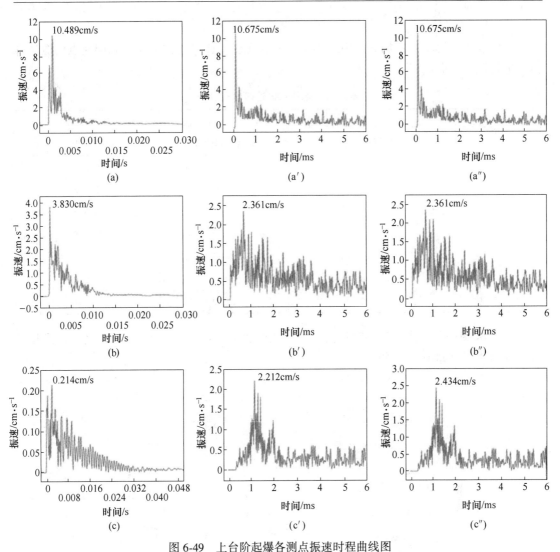

图 6-49　上台阶起爆各测点振速时程曲线图

（a）混凝土模型试验 3 号测点；（a′）数值模型添加无反射边界 3 号测点；（a″）数值模型不添加无反射边界 3 号测点；
（b）混凝土模型试验 5 号测点；（b′）数值模型添加无反射边界 5 号测点；（b″）数值模型不添加无反射边界 5 号测点；
（c）混凝土模型试验 9 号测点；（c′）数值模型添加无反射边界 9 号测点；（c″）数值模型不添加无反射边界 9 号测点

从图 6-49 中可以看出，各测点的振速随着时间的推移，振速呈逐渐降低的趋势，即混凝土模型试验与数值模拟的振速时程曲线整体趋势保持了一致。在 3 号测点，混凝土模型试验的振速峰值为 10.489cm/s，数值模型添加无反射边界条件和不添加无反射边界条件的振速峰值都为 10.675cm/s。在 5 号测点，混凝土模型试验的振速峰值为 3.830cm/s，数值模型添加无反射边界条件和不添加无反射边界条件的振速峰值均为 2.361cm/s。在 9 号测点，混凝土模型试验的振速峰值为 0.214cm/s，数值模型添加无反射边界条件的振速峰值为 2.212cm/s，数值模型不添加无反射边界条件的振速峰值为 2.434cm/s。数值模型的振速峰值与混凝土模型试验的振速峰值保持在了一个数量级，同时发现添加无反射边界条件与不添加无反射边界条件对模型对称中间的振速峰值影响不是很大，即证明了混凝土模型的合理性。

C　振速峰值

选取混凝土模型与添加无反射边界和不添加无反射边界的数值模型相同测点的振速峰值，进行比较。振速峰值见于表 6-23。

表 6-23　各测点振速峰值统计表

测点编号	混凝土模型试验振速/cm·s⁻¹	数值模型振速/cm·s⁻¹	
		加无反射边界	不加无反射边界
3	10.489	10.675	10.675
4	2.342	3.573	3.573
5	3.830	2.361	2.361
6	0.401	2.618	2.618
7	0.401	1.435	1.578
8	0.508	2.024	2.226
9	0.214	2.212	2.434

将表 6-23 中各个测点的振速通过专业的绘图软件 origin 进行绘图，得到各个测点振速峰值的曲线图，如图 6-50 所示。

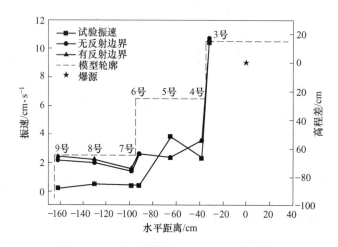

图 6-50　上台阶起爆各测点振速峰值曲线图

从图 6-50 中可以看出，数值模拟结果与混凝土模型试验实测数据基本在一个数量级范围内，数值模拟结果和混凝土模型试验实测数据的整体趋势保持一致，都是随水平距离增加，振速逐渐降低。混凝土模型试验在 5 号测点出现振速放大现象，数值模型在 6 号测点出现振速放大现象。除 5 号测点外，数值模型的各测点振速峰值均高于混凝土模型试验各测点的振速。在 7 号、8 号、9 号测点出现不添加无反射边界条件的数值模型振速峰值高于添加无反射边界条件的数值模型振速峰值，但是偏差比较小，相对于整体振速峰值而言，可忽略不计。

通过下台阶起爆数值模型和上台阶起爆数值模型充分证明了本章所建的数值模型，单元网格划分以及材料模型选取的正确性，同时也证明了第6.1节所做的混凝土模型试验所选取的宽度是合理的，边界对中间的振速影响比较小，可忽略不计。所以数值模型的建立、材料的选取、参数的设置、算法的选择等是合理的，科学的。

6.2.4 爆破振动速度与有效应力关系分析

6.2.4.1 单孔爆破几何模型组合

为了分析正高程与负高程台阶边坡对振速的影响，在6.2.3小节的基础上，对数值模型略加简化，将正高程与负高程组合在一起，一共建立5个台阶，在中间台阶起爆，如图6-51所示。

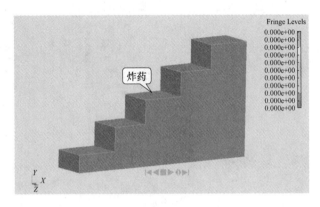

图 6-51　单孔爆破数值模型

6.2.4.2 单孔爆破振动速度分析

为了分析数值模型组合后，单孔爆破振动在台阶边坡上的传播规律，可以从振速云图、各个测点振速峰值等角度去对比分析。

A　振速云图

数值模型组合前后的振速云图对比见图6-52。

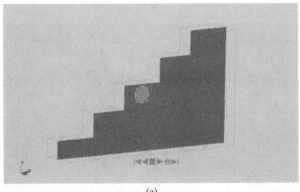

(a)

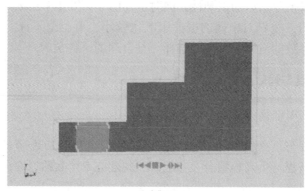

(a')

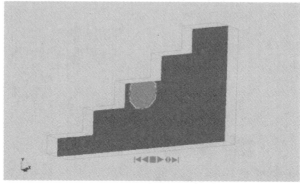

(b)

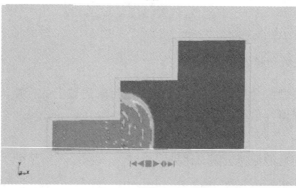

(b')

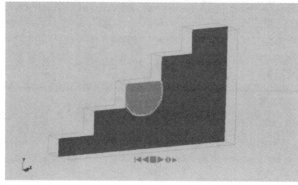

(c)

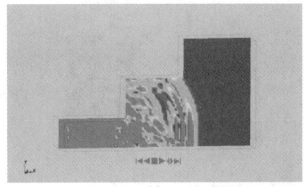

(c′)

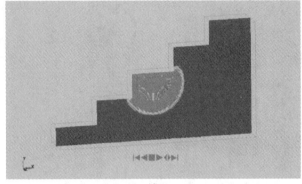

(d)

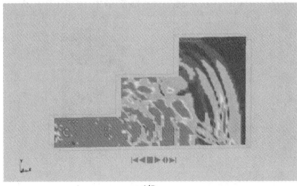

(d′)

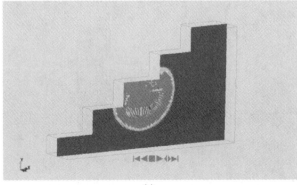

(e)

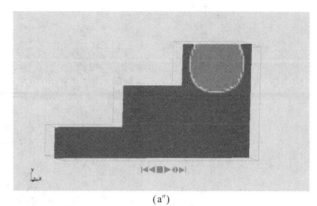

(a″)

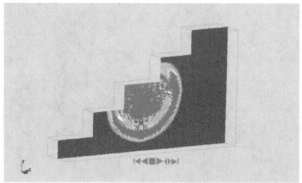

(f)

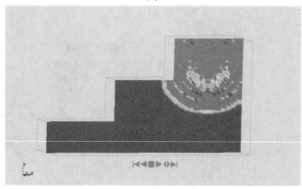

(b″)

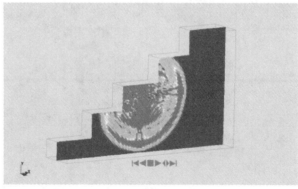

(g)

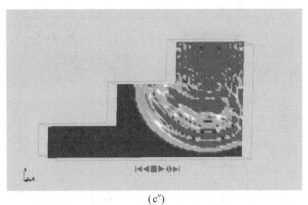

(c″)

(h)

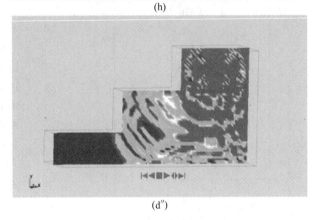

(d″)

图 6-52 数值模型组合前后振速云图

（a）中间台阶起爆 $t=23\mu s$；（a′）下台阶起爆 $t=31\mu s$；（b）中间台阶起爆 $t=49\mu s$；（b′）下台阶起爆 $t=127\mu s$；
（c）中间台阶起爆 $t=72\mu s$；（c′）下台阶起爆 $t=206\mu s$；（d）中间台阶起爆 $t=99\mu s$；（d′）下台阶起爆 $t=302\mu s$；
（e）中间台阶起爆 $t=122\mu s$；（a″）上台阶起爆 $t=47\mu s$；（f）中间台阶起爆 $t=148\mu s$；（b″）上台阶起爆 $t=95\mu s$；
（g）中间台阶起爆 $t=173\mu s$；（c″）上台阶起爆 $t=158\mu s$；（h）中间台阶起爆 $t=323\mu s$；（d″）上台阶起爆 $t=238\mu s$

从图 6-52 中可以看出，中间台阶起爆后，振动逐渐向四周辐射，并且与上台阶起爆或下台阶起爆的振速云图基本类似，故单孔爆破几何模型组合是合理的。

B 振速峰值

为了分析中间起爆与下台阶起爆、上台阶起爆的振速峰值情况，选取中间起爆、下台阶起爆、上台阶起爆的数值模型相同位置的测点，进行对比分析其测点的振速峰值。各个测点的选取如图 6-53 所示。

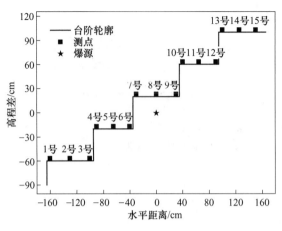

图 6-53　测点布置图

将各个测点的振速峰值列于表中，见表 6-24。

表 6-24　模型组合前后各个测点振速峰值

测点编号	模型组合前测点振速/cm · s^{-1}	模型组合后振速测点/cm · s^{-1}
1	2.212	2.822
2	2.025	2.735
3	1.435	1.065
4	2.618	2.197
5	2.361	1.948
6	3.573	2.767
7	10.675	10.589
8	16.014	15.453
9	12.102	10.125
10	5.203	5.282
11	3.578	2.852
12	2.443	1.684
13	3.126	2.293
14	2.738	2.323
15	2.894	2.875

将表 6-24 中的数据通过专业的绘图软件 origin 绘图，得到各测点的振速峰值曲线图，见图 6-54 所示。

从图 6-54 中可以看出，模型组合前、后各个测点随着爆源距的增加，振速峰值整体呈减小趋势。并且模型组合前、后的各个测点振速峰值相差不大，充分证明了数值模型组合的合理性。

6.2.4.3　振速与有效应力的关系分析

分析振速与有效应力的关系，选取 4 号、5 号、6 号测点，分别画出它们的振速时程曲线图、有效应力时程曲线图，如图 6-55 所示。

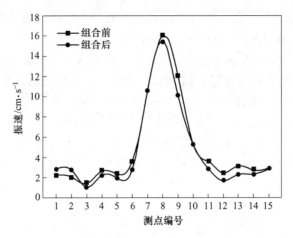

图 6-54 模型组合前后各测点振速曲线图

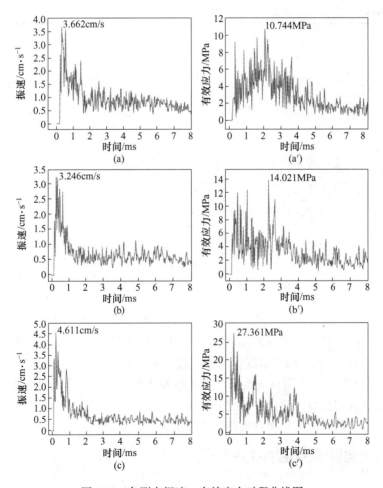

图 6-55 各测点振速、有效应力时程曲线图

(a) 4 号测点振速时程曲线；(a′) 4 号测点有效应力时程曲线；(b) 5 号测点振速时程曲线；
(b′) 5 号测点有效应力时程曲线；(c) 6 号测点振速时程曲线；(c′) 6 号测点有效应力时程曲线

从图 6-55 中可以看出，各个测点的振速与有效应力大致上是随着时间的推移，呈现逐渐降低的趋势。在 4 号测点，振速峰值为 3.662cm/s，最大有效应力为 10.744MPa。在 5 号测点，振速峰值为 3.246cm/s，最大有效应为 14.021 MPa。在 6 号测点，振速峰值为 4.611cm/s，最大有效应为 27.361 MPa。在 4 号、5 号测点，相对于振速峰值而言，最大有效应力有些滞后，振速在 0.2ms 左右达到最大值，而有效应力在 2.2ms 左右达到最大值。在 6 号测点，振速与有效应力基本同步达到最大值。

选取 4 号、4-5 号（4-5 号表示 4 号与 5 号中间的测点）、5 号、5-6 号（5-6 号表示 5 号与 6 号中间的测点）、6 号测点，并将其振速峰值与最大有效应力列于表中并作图，如表 6-25 和图 6-56 所示。

表 6-25　各测点振速与有效应力统计表

测点	4 号	4-5 号	5 号	5-6 号	6 号
振速/cm·s^{-1}	3.662	3.423	3.246	3.881	4.611
有效应力/MPa	10.744	12.443	14.021	21.532	27.361

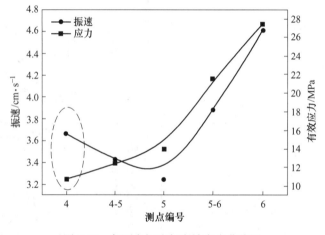

图 6-56　各测点振速与有效应力曲线图

从图 6-56 中可以看出，有效应力随着爆源距的减小（即测点编号越来越大）呈现逐渐增加的趋势，振速峰值随着爆源距的减小（即测点编号越来越大）呈现先减小后增大的趋势，即在 4 号、4-5 号测点出现振速放大现象。比较 4 号、4-5 号、5 号测点，4 号和 4-5 号测点的振速大于 5 号测点的振速，而 4 号和 4-5 号测点的有效应力小于 5 号测点的有效应力，也就说明振速大的地方有效应力不一定大，因此爆破振动在台阶边坡上传播的过程中，有效应力最大值与振速峰值并不是同步的。

6.2.5　三孔延时爆破动力响应特征分析

6.2.5.1　三孔延时爆破几何模型

在本章模型的基础上，在中间台阶位置设置三个孔口，进行模拟三孔延时爆破，几何模型如图 6-57 所示。

6.2.5.2 三孔延时爆破振动速度分析

A 典型测点振速时程曲线

选取延时时间为 8ms 的数值模型的 2 号、6 号、8 号和 12 号测点，并通过专业的绘图软件 origin 作出各测点的振速时程曲线图，如图 6-58 所示。

从图 6-58 中可以看出各个测点均有三个明显的凸峰，分别表示三个延时爆破的振动，各个测点的时程曲线随着时间的

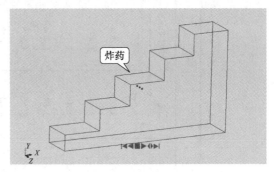

图 6-57　三孔延时爆破数值几何模型

推移，最终均衰减为 0。在 2 号测点，振速在第二个凸峰达到最大值，为 3.804cm/s。在 6 号测点，振速在第三个凸峰达到最大值，为 3.508cm/s。在 8 号测点，振速在第一个凸峰达到最大值，为 29.026cm/s。在 12 号测点，振速在第二个凸峰达到最大值，为 3.592cm/s。因此振速最大值可能在第一个凸峰也可能在第二个凸峰或者在第三个凸峰。

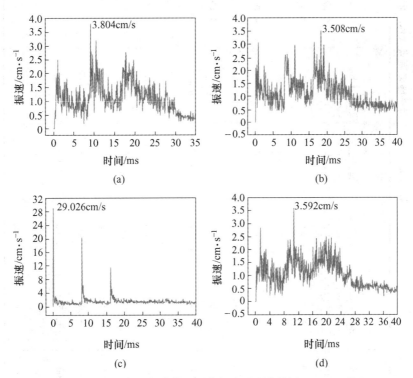

图 6-58　各典型测点振速时程曲线图

(a) 2 号测点振速时程曲线；(b) 6 号测点振速时程曲线；(c) 8 号测点振速时程曲线；(d) 12 号测点振速时程曲线

B 振动速度分析

按照图 6-53 选取各个测点，将各个不同延时时间模型的各个测点的振速峰值列于表中，如表 6-26 所示。

表 6-26　三孔延时爆破各测点振速峰值表

（cm/s）

测点编号	爆源距/cm		振速峰值								
	水平	垂直	延时 0ms	延时 1ms	延时 2ms	延时 3ms	延时 4ms	延时 5ms	延时 6ms	延时 7ms	延时 8ms
1	-165	-60	5.922	5.422	6.4	4.266	6.166	6.774	6.324	4.424	5.6
2	-130	-60	5.208	4.306	4.334	3.59	4.43	4.63	4.858	3.984	3.804
3	-95	-60	4.624	3.912	4.506	3.792	4.17	4.214	4.2	3.908	3.822
4	-95	-20	6.302	5.376	4.956	4.828	4.296	3.642	4.244	3.488	3.986
5	-65	-20	4.626	4.472	4.568	4.144	4.046	3.468	3.618	3.648	4.464
6	-35	-20	5.93	4.32	4.278	3.97	3.434	3.532	3.596	3.564	3.508
7	-35	20	19.97	17.804	17.19	16.854	14.19	16.854	10.588	9.442	7.052
8	0	20	30.804	37.65	33.302	28.784	38.198	28.784	38.198	37.76	29.026
9	35	20	12.498	8.484	12.31	7.018	11.32	7.018	5.038	5.106	6.028
10	35	60	5.61	5.848	5.83	4.272	4.878	4.02	4.13	4.152	3.812
11	65	60	4.934	4.658	3.74	3.598	4.364	3.124	3.22	3.43	3.208
12	95	60	3.808	3.48	3.65	3.836	3.45	3.806	2.896	3.163	3.592
13	95	100	6.352	5.206	5.126	4.862	4.278	5.044	5.1	4.496	4.602
14	125	100	3.978	5.376	3.864	4.802	3.6	3.852	4.954	3.962	3.996
15	155	100	4.018	4.204	2.463	4.957	2.395	4.992	3.535	3.177	3.343

将表 6-26 中的数据通过专业的绘图软件 origin 绘图，得到各测点在不同延时爆破下的振速峰值曲线图，如图 6-59 所示。

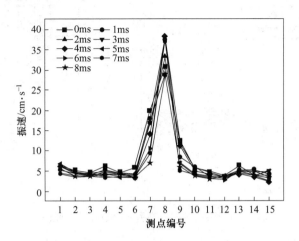

图 6-59 不同延时爆破各测点振速曲线图

从图 6-59 中可以看出，不同延时的各个模型，在 8 号测点的振速峰值均达到最大，然后随着爆源距的增加，振速逐渐降低，各个测点的振速曲线整体呈现"几"字型，在 4 号测点、13 号测点，各个模型的振速有不同程度的放大现象。为了清楚地分析各个测点的振速与延时时间的关系，将图 6-59 进行拆解，如图 6-60 和图 6-61 所示。

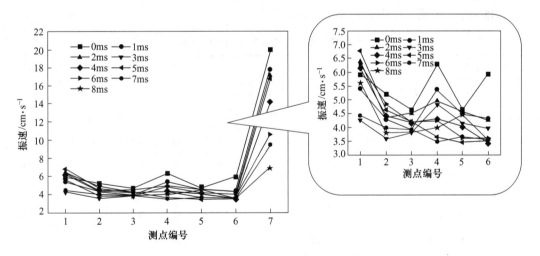

图 6-60 不同延时负高程各测点振速曲线图

从图 6-60 中可以看出，7~1 号测点，各个模型的振速整体呈现减小趋势，当延时时间为 0ms 时，各个测点的振速大于其他延时时间模型测点的振速。相对于 3 号、5 号测点来说，各个模型的振速在 1 号、2 号、4 号测点出现振速放大现象。

从图 6-61 中可以看出，在 9~15 号测点，不同延时的各个模型测点振速呈现逐渐降低的趋势，相比 12 号测点，13~15 号测点振速出现放大现象。

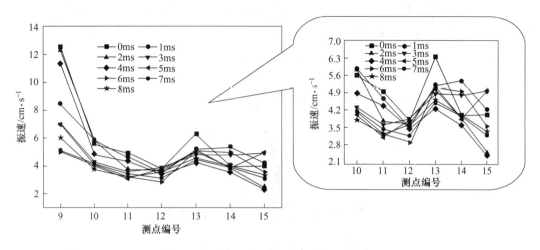

图 6-61　不同延时正高程各测点振速曲线图

6.2.5.3　振速放大倍数与延时时间的关系分析

为了研究振速放大倍数与延时时间的关系，以振速最低点为研究参考对象。那么负高程各测点，以 3 号和 5 号测点的振速平均值为参照点，研究 1 号、2 号和 4 号测点的振速放大倍数。正高程各测点，以 12 号测点的振速为参照点，研究 13~15 号测点的振速放大倍数。将各个测点的振速放大倍数统计如下，见表 6-27 和表 6-28 所示，同时通过专业绘图软件 origin 绘图，如图 6-62 和图 6-63 所示。

表 6-27　负高程测点振速倍数统计表

时间	3 号	5 号	均值	1 号	倍数	2 号	倍数	4 号	倍数	平均
0ms	4.620	4.626	4.623	5.922	1.281	5.208	1.127	6.302	1.363	1.257
1ms	3.912	4.472	4.192	5.422	1.293	4.306	1.027	5.376	1.282	1.201
2ms	4.502	4.568	4.535	6.400	1.411	4.334	0.956	4.956	1.093	1.153
3ms	3.792	4.144	3.968	4.266	1.075	3.590	0.905	4.828	1.217	1.066
4ms	4.170	4.046	4.108	6.166	1.501	4.430	1.078	4.296	1.046	1.208
5ms	4.214	3.468	3.841	6.774	1.764	4.630	1.205	3.642	0.948	1.306
6ms	4.200	3.618	3.909	6.324	1.618	4.858	1.243	4.244	1.086	1.316
7ms	3.908	3.648	3.778	4.424	1.171	3.984	1.055	3.488	0.923	1.050
8ms	3.822	4.464	4.143	5.600	1.352	3.804	0.918	3.986	0.962	1.077

从图 6-62 中可以看出，1 号测点，当延时时间为 5ms 和 6ms 时，振速倍数比较大。在 2 号测点，当延时时间为 5ms 和 6ms 时，振速倍数比较大。在 4 号测点，当延时时间为 0ms 时，振速倍数达到最大。当延时时间为 0ms、5ms 和 6ms 时，各个测点平均振速倍数比较大，在实际施工中应该避免延时时间为 0ms、5ms 和 6ms。

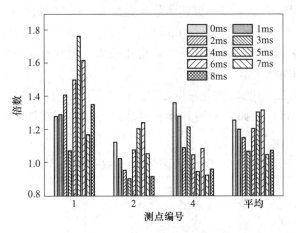

图 6-62 负高程测点振速倍数直方图

表 6-28 正高程测点振速倍数统计表

时间	12 号	13 号	倍数	14 号	倍数	15 号	倍数	平均
0ms	3.808	6.352	1.668	3.978	1.045	4.018	1.057	1.257
1ms	3.480	5.206	1.496	5.376	1.545	4.204	1.208	1.416
2ms	3.650	5.126	1.404	3.864	1.059	2.463	0.675	1.046
3ms	3.836	4.862	1.267	4.802	1.252	4.957	1.292	1.270
4ms	3.450	4.278	1.240	3.600	1.043	2.395	0.694	0.992
5ms	3.806	5.044	1.325	3.852	1.012	4.992	1.312	1.216
6ms	2.896	5.100	1.761	4.954	1.711	3.535	1.221	1.564
7ms	3.168	4.496	1.419	3.962	1.165	3.177	1.003	1.196
8ms	3.592	4.602	1.281	3.996	1.112	3.343	0.931	1.108

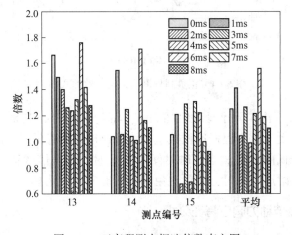

图 6-63 正高程测点振速倍数直方图

从图 6-63 中可以看出，在 13 号测点，当延时时间为 6ms 时，振速倍数达到最大。在

14 号测点，当延时时间为 6ms 时，振速倍数达到最大。在 15 号测点，当延时时间为 3ms、5ms 时，振速倍数较大。当延时时间为 6ms 时，各个测点振速倍数平均值达到最大，当延时时间为 1ms 时，各个测点振速倍数平均值也比较大。因此在正高程台阶边坡附近爆破时，尽可能避开延时时间 1ms、6ms。

将表 6-27 与表 6-28 中的数据进一步处理，得到各个延时时间下，负高程、正高程以及正负高程平均振速倍数，如表 6-29 所示，并通过专业绘图软件 oringin 作图，如图 6-64 所示。

表 6-29　正负高程测点振速倍数平均值统计表

时间	负高程	正高程	平均
0ms	1.257	1.257	1.257
1ms	1.201	1.416	1.309
2ms	1.153	1.046	1.100
3ms	1.066	1.270	1.168
4ms	1.208	0.992	1.100
5ms	1.306	1.216	1.261
6ms	1.316	1.564	1.440
7ms	1.050	1.196	1.123
8ms	1.077	1.108	1.093

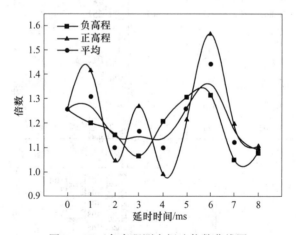

图 6-64　正负高程测点振速倍数曲线图

从图 6-64 中可以看出，除了延时时间 2ms、4ms、5ms 外，其余各延时时间下，正高程测点平均振速倍数大于负高程振速倍数。平均振速倍数随着延时时间的延长，整体呈现先降低后增加，在降低的趋势。当延时时间为 6ms 时，振速倍数达到最大，所以在实际工程中，在台阶边坡附近爆破时，尽量避免 6ms 延时时间的选择。

6.2.6　多排孔台阶爆破动力响应特征分析

6.2.6.1　多排孔爆破几何模型

前几小节模拟了相对较小的几何模型，为了让数值模拟更贴近现场实际情况，本节将以现场实际的几何台阶尺寸进行建立模型，并参照现场（图6-65）的爆破参数进行爆破模拟。现场的台阶高度平均为12m，台阶宽度为13m，厚度节选其中的50m，爆破参数见表6-30，具体的几何模型如图6-66所示。

表6-30 数值模拟爆破参数表

名　称	参　数	名　称	参　数
孔径/mm	90	布孔形式	梅花形
孔距/m	6	前排抵抗线/m	3
排距/m	4	孔间延时/ms	25
排间延时/ms	65	单孔药量/kg	99.6

图6-65 露天矿实景

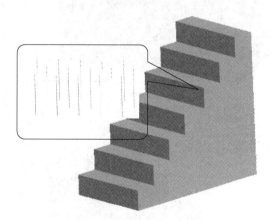

图6-66 几何模型

6.2.6.2 多排孔爆破应力云图与振速云图分析

A 有效应力云图

经过数值模拟运算后，选取不同时刻的有效应力云图进行分析，有效应力云图见图6-67。

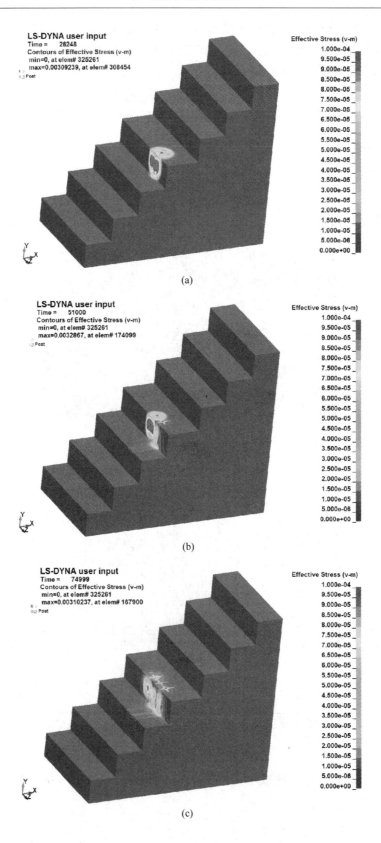

(a)

(b)

(c)

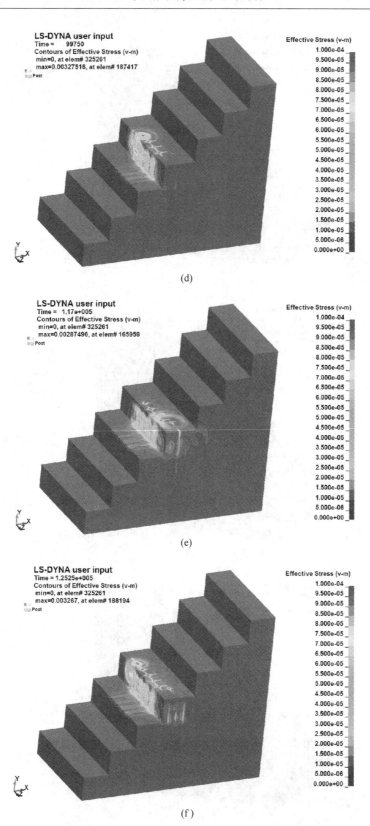

(d)

(e)

(f)

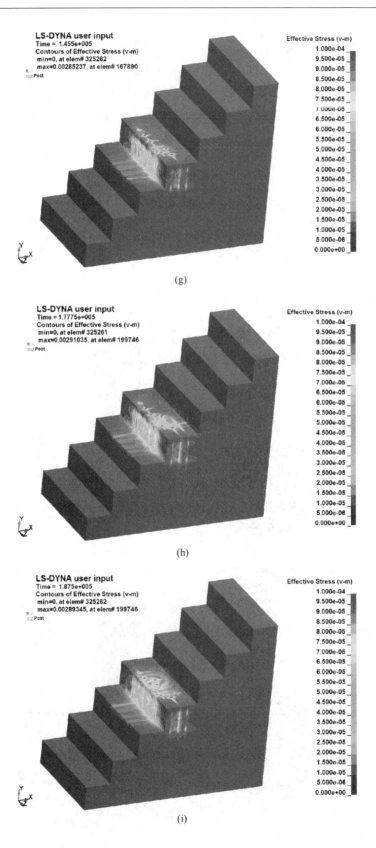

(g)

(h)

(i)

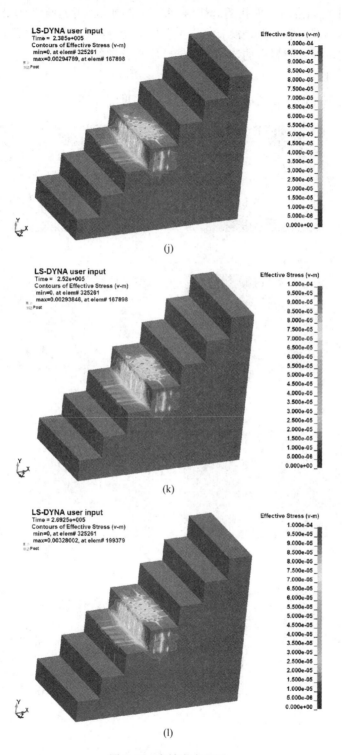

图 6-67　有效应力云图

（a）$t=26$ms；（b）$t=51$ms；（c）$t=75$ms；（d）$t=99$ms；（e）$t=117$ms；（f）$t=125$ms；（g）$t=145$ms；

（h）$t=177$ms；（i）$t=187$ms；（j）$t=238$ms；（k）$t=252$ms；（l）$t=269$ms

从图 6-67 中可以看出，炮孔的起爆顺序与设计吻合，并且炮孔爆破后，炮孔周围应力迅速升高并向四周扩散，但是没有由于炮孔应力相互叠加而形成过大的应力集中，充分证明逐孔延时起爆能够使岩石均匀破碎，能够实现合理的破碎效果。

B　振速云图

选取不同时刻的振速云图进行分析，振速云图见图 6-68。

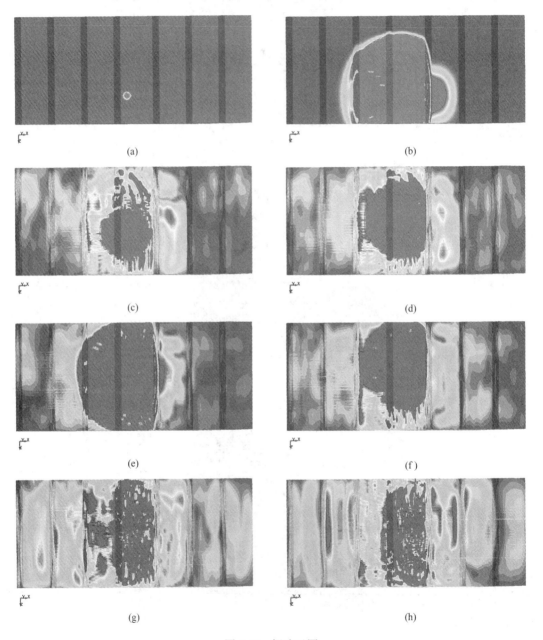

图 6-68　振速云图

（a）$t=25$ms；（b）$t=29$ms；（c）$t=51$ms；（d）$t=76$ms；（e）$t=78$ms；（f）$t=101$ms；（g）$t=149$ms；（h）$t=264$ms

从图 6-68 中可以看出，炮孔爆炸后，振动波以圆圈的形式迅速向远处传播，在离炮孔比较远的地方也出现红色区域，说明在远处爆破振动波进行了叠加，从而导致振速偏高。

6.2.6.3 多排孔爆破振动速度分析

在模型前后对称轴上依次取一系列的测点，然后对测点振速进行分析，测点布置如图 6-69 所示。

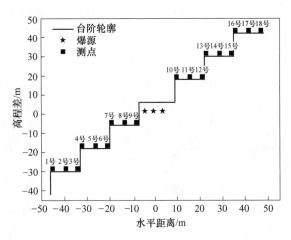

图 6-69 数值模型测点布置图

共选取 18 个测点，每个台阶选取三个测点，分别为台阶左、中、右。在第四个台阶即爆破台阶不设置测点，由于现场爆破中爆破台阶破碎严重而无法设置测点。

A 典型测点振速时程曲线

为了分析振速时程曲线规律，从数值模型的测点中选取测点 2 号、4 号、6 号、7 号、12 号、14 号、15 号、16 号的振速时程曲线进行分析，如图 6-70 所示。

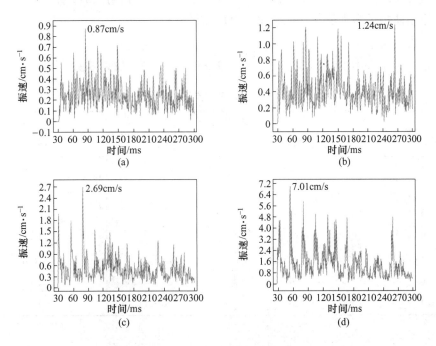

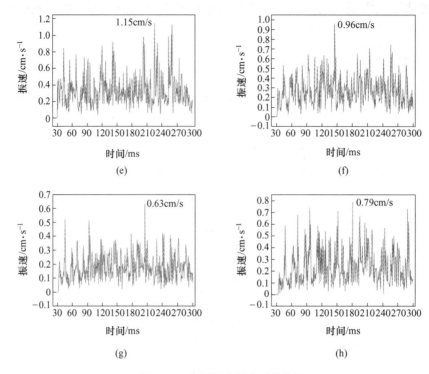

图 6-70　典型测点振速时程曲线

（a）测点 2 号；（b）测点 4 号；（c）测点 6 号；（d）测点 7 号；（e）测点 12 号；
（f）测点 14 号；（g）测点 15 号；（h）测点 16 号

从图 6-70 中可以看出，每个测点的振速时程曲线中都会出现若干峰值，这与逐孔起爆设计是吻合的，避免了不同炮孔爆炸振动波的强相互叠加。测点 2 号、6 号、7 号振速最大值出现在 100ms 之前，测点 12 号、14 号、15 号、16 号振速最大值出现在 100ms 之后，说明下台阶振速最大值相比上台阶，出现更早一些。

B　振动速度分析

将数值模拟结果中 18 个测点的振速峰值进行统计制表，如表 6-31 所示。

表 6-31　多排炮孔测点振速峰值表

测点编号	爆源距/m		振速 /cm·s⁻¹
	水平距离	垂直距离	
1	−46	−30	1.00
2	−39.5	−30	0.87
3	−33	−30	0.77
4	−33	−18	1.24
5	−26.5	−18	1.12
6	−20	−18	2.69
7	−20	−6	7.01

测点编号	爆源距/m		振速
	水平距离	垂直距离	/cm·s^{-1}
8	-13.5	-6	9.00
9	-7	-6	40.11
10	9	18	3.62
11	15.5	18	1.80
12	22	18	1.15
13	22	30	1.448
14	28.5	30	0.96
15	35	30	0.63
16	35	42	0.79
17	41.5	42	0.51
18	48	42	0.41

各个测点的振速与水平距离、高程差的关系如图 6-71 所示。

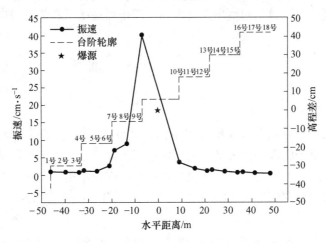

图 6-71 振速峰值曲线图

从图 6-71 中可以看出，上台阶与下台阶的振速整体随着爆源距离的增加而减小，最终趋于 0cm/s。比较测点 7 号、8 号、9 号振速下降幅度较大，下降了 33.10cm/s，即在负高程，离爆源最近的一个台阶对振速的衰减最强。

由于 9 号测点振速峰值相比较而言较大，其他测点振速峰值规律不易归纳总结，故将 9 号测点去除后，重新绘制振速峰值曲线，如图 7-35 所示。

从图 6-72 中可以看出，下台阶 4 号测点振速大于 5 号测点，上台阶 12 号测点振速大于 11 号测点，15 号测点振速大于 14 号测点，即出现振速放大效应，同时上台阶有两处，下台阶有一处，即高程放大效应相比下台阶，上台阶更容易出现放大效应。

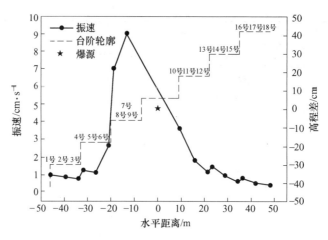

图 6-72   振速峰值曲线图

6.3   爆破振动高程效应现场实测分析

现场实测是最有说服力的研究方法，同时上述结论需要进行现场验证。本节结合内蒙古棋盘井金欧露天矿生产实际情况，使用振动监测仪，进行长时间的振动监测，实现对台阶公式合理性的验证，并总结归纳出爆破振动高程传播规律、高程效应区域特征、主振频率特征等。

6.3.1   工程概况

6.3.1.1   矿区地层

内蒙古自治区鄂托克旗金欧煤矿（以下简称金欧煤矿）位于鄂尔多斯市鄂托克旗棋盘井黑龙贵矿区，桌子山煤田白云乌素勘探区中部，即原勘探区 5-6 勘探线的中东部，行政区划属鄂托克旗阿尔巴斯苏木。矿区及附近一带出露地层由老至新为石炭系、二叠系和第四系。现只详细叙述含煤地层本溪组（C_2b）、太原组（C_2t）、山西组（P_1s）。

A   上石炭统本溪组（C_2b）

本组岩性以灰白色致密坚硬的石英砂岩及薄层灰黑色泥岩组成。平行不整合于奥陶系灰岩之上，底部常含鸡窝状褐铁矿（山西式铁矿）。本组岩性由下而上，砂岩所占的比例及砂岩的颗粒均有变小的趋势。矿区及其周边一带钻孔揭露本组的厚度不全，一般小于 10m。在白云乌素勘探区全组厚 6.61~34.63m，平均厚为 23.04m。

B   上石炭统太原组（C_2t）

下岩段为本矿区主要含煤地层。岩性组合由灰白色砂岩、灰黑色、深灰色砂质泥岩、泥岩及煤层组成。底部以 18 号煤层底板砂泥岩底界与下伏本溪组砂岩分界。顶部为 14 号煤层顶板钙质泥岩（偶为石灰岩）与上岩段分界，钙质泥岩含丰富的动物化石。该岩段含 14~18 号五个煤层，称为"丙煤组"或"下煤组"。

上岩段以灰黑色、深灰色砂质泥岩、浅灰色细砂岩及薄煤组成。含 11 号、12 号煤层。这两层煤均为局部发育，呈薄煤层或煤线或尖灭，无可采点。岩段厚度 36.12~41.40m。

全组地层厚度 64.48~71.36m，平均 68.47m。

C　下二叠统山西组（P_1s）

按岩性组合及煤层发育的位置可分为四个岩段，自下而上为：

第一岩段：下部以灰色、灰白色砂岩、黏土岩、砂质泥岩，与煤层互层。含 8~10 号三个煤层，称为"乙煤组"或"中煤组"。岩段厚度 19.80~31.64m，平均 26.54m。

第二岩段岩性以灰白色中粗粒砂岩为主，夹灰黑色砂泥岩、泥岩，含煤线，层位相当于 5 号煤，很不稳定。岩段厚度为 31.60~36.40m，平均 34.76m。

第三岩段岩性为灰黄和黄绿色砂泥岩、泥岩为主，夹细砂岩、粉砂岩及 1~2 层薄煤，相当于 2 号、3 号煤层位，局部发育，称"甲组煤"或"上煤组"。煤层厚度小，均不可采。本岩段地层厚度为 7.05~13.60m，平均 11.02m。

第四岩段下部岩性以灰白色，局部风化面呈浅褐红色中粗粒砂岩为主，该层砂岩底部含砾石，砾径约 2cm。砂岩层顶面含有铁质结核。中上部岩性为灰黑色粉砂岩、砂泥岩互层夹不稳定的砂质黏土岩。本岩段钻孔揭露厚度 14.50~44.50m，平均 28.42m。全组厚度 100.64m。

D　第四系全新统（Q_4）

以残坡积碎石、砂土为主，在小沙沟中有冲洪积砂砾石。厚度 0~2m。

6.3.1.2　矿区构造

金欧煤矿为向西倾斜的单斜构造，沿煤层倾角 5°~10°，对煤层开发较为有利。矿区内发育有 F22、F20、F62 断层。F22 断层为正断层，走向 N60°E，斜贯全矿区，西南延伸出矿区外，全长约 4km。断层面倾向 NW，倾角 69°~76°，断层落差经巷道掘进证实为 14~40m。该断层附近岩、煤层较破碎、支护困难，给煤矿生产造成不少困难。F20 也为正断层，位于矿区的西北部。走向近南北，倾向西，全长约 1km，在矿区内约有 560m。断层倾角 70°~80°，两盘落差 2~8m。F68 逆断层位于矿区的西南部，走向近东西，延伸约 800m，倾向南，落差 5~8m。此外，在矿区的东南部还发育有 F60、F61 两小断层，断层延伸约 400m，走向 NNE 或近南北。倾向 NWW 或西，倾角 570~700，落差 3~4m。矿中部发育有 F71 正断层，延长约 200m，走向 NW-SE，倾向 NE，倾角 800，落差 2m。

鄂托克旗金欧煤矿断层以 F22 规模较大，给煤炭资源的开发造成较大的影响，其他断层因落差小，则影响不大。

6.3.1.3　采剥工艺

金欧煤矿一个采区进行开采，采场目前形成了 10 个岩石台阶：+1220、+1230、+1240、+1250、+1270、+1280、+1290、+1300、+1310、+1320；2 个煤台阶：+1260（开采 8-1 和 9-2 两层煤及岩石夹层）、+1210 为 16 煤开采台阶。采煤工作线南北"一"字型布置，从东部境界拉沟向西推进，工作线长度约 5000m。台阶高度 8~9m，采掘带宽度为 8m，台阶坡面角约 58°，最小平盘宽度 36~38m。

金欧露天煤矿采用单斗汽车开采工艺。岩石台阶为水平划分台阶，需要爆破作业。煤层采用倾斜分层方式开采。需要的采剥设备有 12 台 HC725B 型浅孔钻机，20 台 EC360BLC 型液压挖掘机，4 台 LG855B 装载机，45 台 20tND3250S 型自卸车。表 6-32 为钻孔效率及爆破参数计算表。

表 6-32　钻孔效率及爆破参数计算表

序号	项目名称	单位	采矿		剥岩
1	工作台阶高度	m	煤层自然厚度		8-9
2	炮孔倾角	(°)	75		90
3	孔径	mm	200		250
4	炮孔超深	m	1.25		1.2
5	炮孔长度	m	13.67		13.20
6	孔距排距	m×m	5.5×5	6.5×5.5	7×6
7	延米爆破量	m³/m	24.14	31.38	38.18

6.3.2　爆破振动测试方案

6.3.2.1　测试系统

　　为了获得较好的测试效果，选择精密准确的测试仪器非常关键。本次测试所用监测仪器为成都中科测控有限公司生产的 TC-4850 型爆破振动记录仪，如图 6-73 所示。TC-4850 爆破测振仪是一款专为工程爆破设计的便携式振动监测仪。仪器体积小、重量轻、耐压抗击、可靠易用，主要性能指标见表 6-33。测试系统如图 6-74 所示。

图 6-73　TC-4850 爆破测振仪

表 6-33　TC-4850 爆破测振仪主要性能指标

名　称	参　数
通道数	并行三通道
显示方式	全中文液晶屏显示
供电方式	可充电锂电池供电
采样率	1~50kHz，多挡可调
A/D 分辨率	16Bit
频响范围	0~10kHz
记录方式	连续触发记录，可记录 128~1000 次
记录时长	1~160s 可调
触发模式	内触发，外触发
量程	自适应量程，无须设置，最大输入值 10V（35cm/s）
触发电平	0~10V（0~35cm/s）任意可调
存储容量	1M SRAM，128M flash

名　称	参　数
记录精度	0.01cm/s
读数精度	1‰
时钟精度	≤5 秒/月
传输方式	USB 2.0
电池续航时间	≥60h
适应环境	−10~75℃，0~95% RH
尺寸大小	168mm×99mm×64mm
重量	1kg

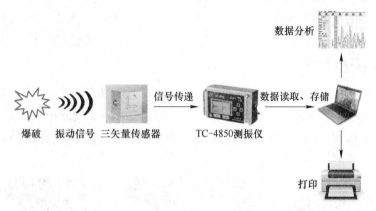

图 6-74　测试系统示意图

6.3.2.2　测点布置原则

在爆破振动测试中，测点位置的选取有非常重要的意义，它将直接影响监测的结果和数据的可靠性。测点数目和位置的选取需要根据研究的目的和试验现场的条件确定，测点个数过少，得出的数据结论不精确、不具有说服力；测点个数过多，测试的工作量过大、仪器所需数量也多；测点位置选取也一样重要，不是数据越多越好，测点位置选取不合理，得出的数据也是没有价值的。选取测点数目和位置一般遵循以下原则：

（1）根据现场的测试条件，选取测点的位置应该在同一边坡，岩性和地质条件相差不大，如果存在大断层，测点应该布置在断层的同一边；

（2）为了更好的研究露天台阶爆破振动高程放大效应的规律，测点应该选取的足够多，不少于五个测点；

（3）测点的选取要有代表性，应该布置在边坡基岩上，不能布置在孤石或者松散地质上。

6.3.2.3　现场布点

结合试验现场露天边坡情况和矿山生产计划，布置的测点在南边邦边坡上，图 6-75为测点布置边坡情况，测点布置示意图见图 6-76。

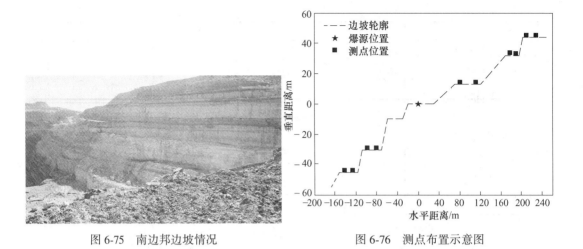

图 6-75　南边邦边坡情况　　　　　　　　图 6-76　测点布置示意图

6.3.2.4　传感器的安装

　　爆破测振仪接收信号的关键部位是传感器，所以为了得到可靠的、科学的、合理的数据，就必须将传感器与测点牢固的结合在一起，否则会影响爆破测振仪的精准性。

　　测试中选取的测点均是在台阶的基岩上，位置确定后在清理干净的基岩表层浇筑石膏，然后将传感器放置在石膏上固定，如图 6-77 和图 6-78 所示。

图 6-77　测振仪安装　　　　　　　　　　图 6-78　测振仪警示牌

6.3.3　爆破振动现场测试结果

6.3.3.1　现场测试数据

　　露天矿台阶爆破每天中午 11：30 进行，在爆破之前，先在每个测点安装好爆破测振仪，并连接好线，然后所有人员撤出警戒区域，等待起爆破后，取回仪器并导出测试数据。结合爆破参数，统计出 11 次现场监测数据，每天测一次，既有平地的测点也有高程差的测点，数据收集率达到 96% 以上，测试结果波形完整达到了预期效果。为了方便统计分析，将每天测的数据进行归类处理。相对于爆源中心，正高程差的测点数据整理在一块，如表 6-34 所示；相对于爆源中心，平地测点的数据整理在一块，如表 6-35 所示；相对于爆源中心，负高程差的测点数据整理在一块，如表 6-36 所示。

表 6-34 现场爆破振动监测结果表（正高程）

日期	单段药量/kg	测点编号	爆源距/m			质点振动速度峰值/cm·s⁻¹					振动主频/Hz			
			水平	垂直		切向	垂向	径向	矢量和		径向	切向	垂向	
10.9	73.92	1	228	44.1		0.612	0.807	0.364	0.893		6.02	9.02	8.34	
		2	209	44.1		0.534	0.734	0.664	0.945		9.22	11.23	12.55	
		3	189.2	32.0		0.801	0.901	0.663	1.140		15.21	6.25	7.76	
		4	179	32.8		0.732	0.809	0.743	1.012		16.26	37.04	25.32	
		5	111	13.2		0.896	0.987	1.202	1.892		11.91	15.63	18.96	
		6	80	13.2		1.481	1.452	2.156	2.884		12.03	20.14	18.24	
10.10	160	1	90.3	30.4		1.872	1.689	1.024	2.180		13.54	15.23	16.89	
		2	66.4	14.2		2.156	1.875	2.334	3.631		26.67	17.24	17.69	
		3	51.7	14.2		4.678	3.890	3.784	5.125		13.94	12.69	16.74	
10.11	67.2	1	406	105.8		0.185	0.144	0.171	0.399		9.77	18.31	9.77	
		2	330	80.3		0.103	0.206	0.224	0.312		13.84	11.73	16.39	
		3	320	80.3		0.201	0.221	0.198	0.296		15.38	16.59	17.09	
		4	182	53.2		0.406	0.504	0.697	0.864		22.02	13.56	18.33	
		5	175	53.2		0.512	0.534	0.703	0.871		23.32	30.76	25.12	
10.12	252.45	1	714	32.2		0.302	0.195	0.087	0.490		11.59	7.32	9.15	
		2	672	32.2		0.185	0.099	0.228	0.522		7.32	6.10	7.32	

续表 6-34

日期	单段药量/kg	测点编号	爆源距/m		质点振动速度峰值/cm·s⁻¹				振动主频/Hz		
			水平	垂直	切向	垂向	径向	矢量和	径向	切向	垂向
10.13	160.05	1	393	165	0.184	0.120	0.105	0.338	7.32	19.53	10.98
		2	354	118	0.128	0.220	0.258	0.334	13.12	10.75	12.31
		3	344	118	0.326	0.257	0.312	0.475	17.05	11.79	11.79
		4	252	33.8	0.727	0.502	0.691	0.895	12.46	12.95	15.81
		5	241	33.8	0.577	0.618	0.631	0.977	12.35	13.47	14.49
		6	227	35	0.943	1.023	0.801	1.152	14.59	12.74	14.08
		7	188	35	1.217	1.911	0.898	2.06	13.94	18.61	18.87
		8	162	25	1.157	1.608	1.254	1.948	14.18	11.49	18.02
		9	142	25	2.411	1.624	0.005	3.410	13.79	13.42	17.39
10.15	255.81	1	598	23.2	0.449	0.415	0.005	0.576	6.55	10.50	12.94
		2	490	23.2	0.578	0.512	0.621	0.736	7.32	7.32	7.32
		3	57.1	15.2	1.896	2.348	3.709	3.798	19.70	26.67	23.53
10.16	255.81	1	734	52.0	0.068	0.067	0.067	0.095	6.098	7.03	7.02
		2	712	52.4	0.073	0.096	0.069	0.107	8.02	7.27	7.59
		3	623	47.1	0.287	0.284	0.273	0.559	7.32	7.32	7.02
		4	98.7	32.1	1.159	1.472	1.053	1.511	13.89	10.58	13.75
		5	90.1	32.1	1.627	1.539	1.722	1.987	10.13	9.59	14.93
10.17	153	1	221	14	0.987	1.102	1.234	1.422	16.24	22.45	14.32
		2	178	14	1.832	1.467	2.145	2.365	18.22	25.89	18.93

续表6-34

日期	单段药量/kg	测点编号	爆源距/m		质点振动速度峰值/cm·s⁻¹				振动主频/Hz		
			水平	垂直	切向	垂向	径向	矢量和	径向	切向	垂向
10.18	151.65	1	600	62.5	0.172	0.112	0.142	0.186	7.79	6.34	8.95
		2	584	62.5	0.194	0.219	0.154	0.29	5.79	10.53	9.24
		3	346	33.7	0.275	0.224	0.363	0.439	6.88	12.58	8.95
		4	338	33.7	0.417	0.387	0.005	0.419	10.67	10.78	22.47
		5	170	23.2	0.457	0.526	0.366	0.661	8.75	7.61	7.97
		6	140	23.2	0.526	1.129	0.743	1.336	8.67	7.63	13.11
		7	100	11.8	3.573	2.373	1.717	3.773	11.66	10.15	10.34
		8	87.5	11.8	3.012	2.356	1.997	3.215	7.46	8.48	22.47
10.19	260.85	1	570	44	0.191	0.152	0.176	0.237	6.15	6.82	8.03
		2	545	44	0.261	0.207	0.226	0.304	5.55	6.04	6.42
		3	445	44	0.387	0.292	0.523	0.789	9.76	7.32	8.54
		4	68	18.5	4.023	3.542	3.967	4.240	16.46	22.09	22.86
		5	58	18.5	4.145	3.432	2.567	4.476	10.15	21.05	16.19

表6-35 现场爆破振动监测结果表 (平地)

日期	单段药量/kg	测点编号	爆源距/m		质点振动速度峰值/cm·s⁻¹				振动主频/Hz		
			水平	垂直	径向	切向	垂向	矢量和	径向	切向	垂向
10.8	235.2	1	68	0.4	5.096	3.935	3.864	5.425	17.85	18.43	49.38
		2	51.5	0.4	2.978	3.958	3.173	4.56	20.62	18.02	32.78
		3	36.5	0.2	3.932	3.5	7.046	10.165	11.76	22.22	21.27

续表 6-35

日期	单段药量/kg	测点编号	爆源距/m		质点振动速度峰值/cm·s⁻¹				振动主频/Hz		
			水平	垂直	径向	切向	垂向	矢量和	径向	切向	垂向
10.10	160	1	133	0	1.336	0.695	1.499	1.574	16.95	6.525	19.32
		2	111	0	1.123	1.054	1.897	2.390	15.56	15.51	17.69
		3	80	0	5.244	2.806	6.071	6.899	9.01	5.92	21.16
10.11	67.2	6	130	0.8	1.234	1.045	1.123	1.779	19.09	18.23	15.34
		7	91	0.8	1.446	2.245	1.789	2.654	17.16	20.31	18.78
10.12	252.45	3	35	0	10.048	9.109	13.133	16.007	9.98	22.09	14.59
10.13	160.05	10	101.3	0	1.897	2.769	2.124	3.326	16.12	17.23	22.13
10.17	153	3	156	0.6	1.156	0.809	0.987	1.303	18.45	18.26	24.12
		4	132	0.7	2.012	1.578	1.246	2.472	15.23	22.14	23.12
		5	97	0.8	3.768	3.125	2.489	5.189	19.01	21.01	25.23
10.18	151.65	9	80	0	3.012	2.459	2.781	3.767	16.2	28.23	20.12
		10	70	0	3.654	3.012	3.127	4.498	14.12	30.19	28.12

表 6-36　现场爆破振动监测结果表（负高程）

日期	单段药量/kg	测点编号	爆源距/m		质点振动速度峰值/cm·s⁻¹				振动主频/Hz		
			水平	垂直	切向	垂向	径向	矢量和	径向	切向	垂向
10.9	73.92	7	-80.2	-30.4	1.312	1.234	1.734	2.199	22.23	15.23	18.45
		8	-98.4	-30.4	0.996	1.065	1.125	1.702	15.13	15.57	16.55
		9	-125.5	-45.3	0.478	0.854	0.675	1.006	14.45	12.34	14.78
		10	-142.6	-45.3	0.425	0.453	0.653	0.857	18.42	8.97	10.11

续表 6-36

日期	单段药量/kg	测点编号	爆源距/m		质点振动速度峰值/cm·s⁻¹				振动主频/Hz		
			水平	垂直	切向	垂向	径向	矢量和	径向	切向	垂向
10.10	160	7	-101.3	-41.9	1.637	1.584	0.775	1.833	11.05	11.29	10.15
		8	-114.4	-41.9	1.675	1.595	0.753	1.720	9.56	9.54	7.65
		9	-129.8	-63.6	1.452	1.308	0.887	1.400	12.34	10.23	6.12
		10	-142.8	-63.6	0.885	0.981	0.543	1.005	18.90	8.45	8.90
10.11	67.2	8	-60	-2.5	4.331	5.102	4.378	6.253	15.38	16.59	17.09
		9	-82	-2.5	1.452	1.897	2.331	2.667	16.22	14.33	14.23
		10	-123	-15.4	1.212	0.893	1.025	1.660	13.12	15.12	15.12
10.12	252.45	4	-65	-1.7	8.759	10.44	18.571	19.624	26.49	47.62	33.33
		5	-104	-1.7	10.453	15.059	14.03	16.696	30.07	28.17	28.98
		6	-120	-30.7	1.876	2.143	1.805	2.594	18.52	18.43	30.30
		7	-143	-30.7	2.019	1.908	1.763	2.293	11.20	10.41	11.43
		8	-170	-49.7	1.008	0.754	0.684	1.204	14.13	11.79	9.13
		9	-180	-49.7	0.564	0.432	0.612	0.720	12.19	12.98	12.19
		10	-190	-49.7	0.589	0.516	0.712	1.00	12.19	12.27	12.65
10.15	255.81	4	-126	-36.4	1.445	1.027	1.459	1.986	11.79	20.83	11.91
		5	-152	-36.4	0.912	0.772	0.903	1.061	10.23	18.34	24.31
		6	-167	-62.3	0.917	0.655	0.391	0.927	11.26	14.59	28.57
		7	-193	-62.3	1.044	0.868	0.479	1.107	9.03	9.97	16.26
		8	-252	-72.4	0.332	0.334	0.216	0.458	7.90	13.60	9.25
		9	-316	-72.4	0.109	0.312	0.201	0.366	7.78	8.97	19.42
		10	-331	-81.3	0.125	0.310	0.258	0.380	10.05	9.02	12.13

续表 6-36

日期	单段药量/kg	测点编号	爆源距/m		质点振动速度峰值/cm·s⁻¹				振动主频/Hz		
			水平	垂直	切向	垂向	径向	矢量和	径向	切向	垂向
10.16	255.81	6	-100	-22.7	2.378	1.388	2.150	3.445	10.37	14.04	20.14
		7	-117.7	-22.7	2.257	1.258	1.891	3.164	12.46	15.44	20.83
		8	-141.4	-45	0.927	0.852	0.927	1.108	15.87	28.98	25.80
		9	-168.6	-45	0.730	1.018	0.850	1.114	8.60	26.32	31.49
		10	195	-62	0.959	0.654	0.005	0.960	33.89	19.90	26.14
10.17	153	6	143	-30	0.998	1.423	1.202	1.886	16.00	17.32	23.39
		7	153	-30	1.042	0.873	1.102	1.345	18.31	19.53	18.31
		8	248	-37.7	0.130	0.162	0.171	0.207	16.80	21.74	20.20
		9	268	-37.7	0.154	0.186	0.132	0.230	5.68	13.12	13.61
		10	312	-51.2	0.085	0.106	0.094	0.114	10.21	12.55	10.15
10.19	260.85	6	145	-41	1.398	0.818	1.172	1.585	8.77	31.49	10.53
		7	160	-41	0.881	0.785	0.912	1.042	8.73	11.76	13.65
		8	185	-53	0.827	0.433	0.482	0.837	12.35	16.00	35.08
		9	215	-53	0.756	0.452	0.405	0.836	14.44	7.01	17.94
		10	248	-68	0.514	0.212	0.339	0.612	10.23	10.35	15.67

6.3.3.2 典型波形图

根据对露天台阶边坡监测结果，本次现场爆破振动测试数据较多，因此列举 10 月 13 日 5 号测点、7 号测点和 10 月 15 日 3 号测点的实测爆破振动速度时程曲线，分别如图 6-79 ~ 图 6-81 所示。

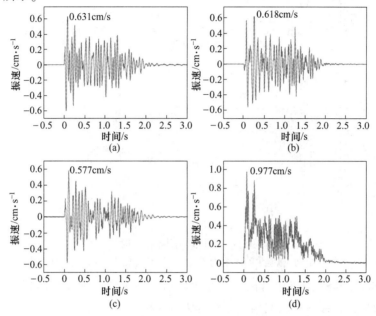

图 6-79 10 月 13 日 5 号测点振速时程曲线图
（a）垂向振速；（b）切向振速；（c）径向振速；（d）合振速

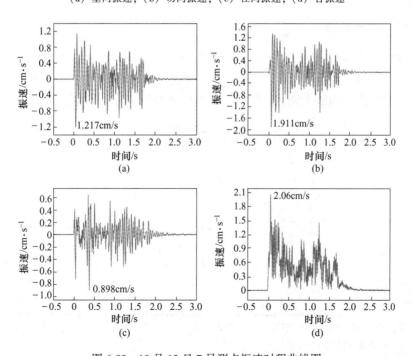

图 6-80 10 月 13 日 7 号测点振速时程曲线图
（a）径向振速；（b）切向振速；（c）垂向振速；（d）合振速

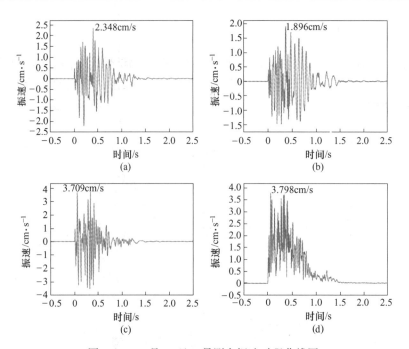

图 6-81　10 月 15 日 3 号测点振速时程曲线图

(a) 切向振速；(b) 径向振速；(c) 垂向振速；(d) 合振速

从图 6-79~图 6-81 中可以看出，现场爆破后，各个测点的振速出现多个峰值，并且有正值也有负值，持续一段时间后，逐渐降为 0cm/s。

6.3.4 爆破振动速度监测数据拟合分析

6.3.4.1 现场实测数据拟合

将表 6-34~表 6-36 的数据依次按第 5 章得出的台阶（正）公式（5-152）、台阶（平）公式（萨氏（水平距离）公式）、台阶（负）公式（5-158）进行拟合，然后将表 6-34~表 6-36 的全部数据按萨氏（空间距离）公式进行拟合，拟合结果见表 6-37。

表 6-37　爆破振速监测数据回归结果

公式类型	公　式	K	a	β	Cod（r^2）[①]	Reduced[②] chi-sqr	Adj. R-S[③] quare
台阶（正）	$v_{正} = K\left(\dfrac{Q^{1/3}}{\sqrt{D^2 + H^2}}\right)^{\alpha}\left(\dfrac{D}{\sqrt{D^2 + H^2}}\right)^{\beta}$	88.10	1.11	11.99	0.8950	0.1934	0.8904
台阶（平）	$v_{平} = K\left(\dfrac{Q^{1/3}}{R}\right)^{\alpha}$	94.86	1.15		0.8517	2.4019	0.8403
台阶（负）	$v_{负} = K\left(\dfrac{Q^{1/3}}{\sqrt{D^2 + H^2}}\right)^{\alpha}\left(\dfrac{1}{H}\right)^{\beta}$	440.32	1.22	0.53	0.8781	1.9189	0.8715
萨氏（空间）	$v = K\left(\dfrac{Q^{1/3}}{R}\right)^{\alpha}$	119.48	1.25		0.5634	4.37183	0.5591

①表征依变数 Y 的变异中有多少百分比，可由控制的自变数 X 来解释或指相关性系数；

②表示观测值与拟合值直接的差异程度；

③校正决定系数，是衡量所建模型好坏的重要指标之一。

从表 6-37 中可以看出，台阶（正）公式拟合的相关性系数为 0.8950，校正决定系数为 0.8904，和相关性系数近似相等，观测值与拟合值直接的差异程度为 0.1934；台阶（平）公式拟合的相关性系数为 0.8517，校正决定系数为 0.8403，观测值与拟合值直接的差异程度为 2.4019。台阶（负）公式拟合的相关系数为 0.8781，校正决定系数为 0.8715，观测值与拟合值的差异程度为 1.9189；但是萨氏（空间）公式拟合的相关系数只有 0.5634，校正决定系数为 0.5591，观测值与拟合值的差异程度为 4.37183，相比台阶公式，拟合的效果比较差。

6.3.4.2 实测数据拟合误差分析

通过观测值与拟合值的误差来分析各个拟合公式的精度。各个公式拟合的误差对比见表 6-38 ~ 表 6-40。

表 6-38 爆破振动监测数据拟合误差（正高程）

日期	测点编号	实测/cm·s⁻¹	台阶（正）		萨氏（空间）	
			预测/cm·s⁻¹	误差/%	预测/cm·s⁻¹	相对误差/%
10.9	1	0.893	0.822	8.0	0.792	11.3
	2	0.945	0.865	8.4	0.879	7.0
	3	1.140	1.069	6.3	1.005	11.8
	4	1.012	1.101	8.8	1.074	6.1
	5	1.892	2.119	12.0	1.975	4.4
	6	2.884	2.803	2.8	2.950	2.3
10.10	1	2.180	1.924	11.7	3.326	52.6
	2	3.631	4.080	12.4	5.080	39.9
	3	5.125	4.484	12.5	6.825	33.2
10.11	1	0.399	0.346	13.3	0.363	9.0
	2	0.312	0.459	47.2	0.473	51.6
	3	0.296	0.464	56.8	0.491	65.7
	4	0.864	0.757	12.4	0.980	13.5
	5	0.871	0.758	12.9	1.025	17.7
10.12	1	0.490	0.458	6.6	0.324	33.9
	2	0.522	0.489	6.4	0.349	33.1
10.13	1	0.338	0.262	22.4	0.511	51.3
	2	0.334	0.428	28.1	0.604	80.8
	3	0.475	0.425	10.5	0.624	31.3
	4	0.895	1.107	23.7	0.975	9.0
	5	0.977	1.151	17.8	1.030	5.4
	6	1.152	1.198	4.0	1.107	3.9
	7	2.060	1.378	33.1	1.392	32.4
	8	1.948	1.742	10.6	1.688	13.3
	9	3.410	1.926	43.5	1.982	41.9

日期	测点编号	实测/cm·s⁻¹	台阶（正）		萨氏（空间）	
			预测/cm·s⁻¹	误差/%	预测/cm·s⁻¹	相对误差/%
10.15	1	0.576	0.562	2.5	0.407	29.4
	2	0.736	0.697	5.3	0.521	29.1
	3	3.798	4.912	29.3	7.349	93.5
10.16	1	0.095	0.437	360.3	0.314	230.7
	2	0.107	0.451	321.6	0.326	204.9
	3	0.559	0.522	6.6	0.385	31.1
	4	1.511	2.169	43.5	3.634	140.5
	5	1.987	2.120	6.7	4.025	102.6
10.17	1	1.422	1.379	3.0	1.138	20.0
	2	2.365	1.729	26.9	1.489	37.0
10.18	1	0.186	0.434	133.3	0.324	74.1
	2	0.290	0.445	53.6	0.335	15.5
	3	0.439	0.807	83.7	0.645	46.9
	4	0.419	0.825	97.0	0.664	58.5
	5	0.661	1.673	153.2	1.559	135.9
	6	1.336	1.962	46.8	1.977	48.0
	7	3.773	3.109	17.6	3.035	19.5
	8	3.215	3.507	9.1	3.577	11.3
10.19	1	0.237	0.580	144.6	0.434	83.2
	2	0.304	0.607	99.7	0.459	51.0
	3	0.789	0.744	5.7	0.590	25.2
	4	4.252	3.998	6.0	5.944	39.8
	5	4.405	4.037	8.4	7.137	62.0
平均误差			43.7		46.9	

注：相对误差为：$\left| \dfrac{v_{预} - v_{实}}{v_{实}} \right| \times 100\%$。

表 6-39　爆破振动监测数据拟合误差（平地）

日期	测点编号	实测/cm·s⁻¹	平　地		萨　氏	
			预测/cm·s⁻¹	误差/%	预测/cm·s⁻¹	相对误差/%
10.8	1	5.425	6.008	10.8	5.953	9.7
	2	5.56	8.271	48.8	8.426	51.6
	3	10.165	12.288	20.9	12.958	27.5

日期	测点编号	实测/cm·s⁻¹	平　地		萨　氏	
			预测/cm·s⁻¹	误差/%	预测/cm·s⁻¹	相对误差/%
10.10	1	1.574	2.396	52.3	2.192	39.3
	2	2.39	2.950	23.4	2.748	15.0
	3	6.899	4.300	37.7	4.138	40.0
10.11	6	1.779	1.764	0.8	1.571	11.7
	7	2.654	2.659	0.2	2.454	7.5
10.12	3	16.007	13.251	17.2	14.064	12.1
10.13	10	3.326	3.278	1.4	3.081	7.4
10.17	3	1.303	1.961	50.5	1.763	35.3
	4	2.472	2.376	3.9	2.172	12.1
	5	5.189	3.387	34.7	3.192	38.5
10.18	9	3.767	3.679	2.3	3.493	7.3
	10	4.498	4.337	3.6	4.177	7.1
平均误差			20.6		21.5	

表 6-40　爆破振动监测数据拟合误差（负高程）

日期	测点编号	实测/cm·s⁻¹	台阶（负）		萨氏（空间）	
			预测/cm·s⁻¹	误差/%	预测/cm·s⁻¹	相对误差/%
10.9	7	2.199	1.816	17.4	2.750	25.0
	8	1.702	1.453	14.6	2.188	28.5
	9	1.006	0.857	14.8	1.583	57.3
	10	0.857	0.746	13.0	1.372	60.0
10.10	7	1.833	1.555	15.2	2.791	52.3
	8	1.72	1.367	20.5	2.446	42.2
	9	1.4	0.889	36.5	1.976	41.1
	10	1.005	0.808	19.6	1.791	78.2
10.11	8	6.253	10.143	62.2	4.126	34.0
	9	2.667	6.933	59.9	2.794	4.8
	10	1.66	1.598	3.7	1.668	0.5
10.12	4	19.624	19.345	1.4	6.484	67.0
	5	16.696	10.906	34.7	3.604	78.4
	6	2.594	1.901	26.7	2.897	11.7
	7	2.292	1.552	32.3	2.354	2.7
	8	1.204	0.952	20.9	1.853	53.9
	9	0.72	0.893	24.0	1.734	140.9
	10	1.00	0.839	16.1	1.629	62.9

续表 6-40

日期	测点编号	实测 /cm·s⁻¹	台阶（负）		萨氏（空间）	
			预测/cm·s⁻¹	误差/%	预测/cm·s⁻¹	相对误差/%
	4	1.986	1.629	18.0	2.713	36.6
	5	1.061	1.315	24.0	2.178	105.3
	6	0.927	0.843	9.1	1.849	99.4
10.15	7	1.107	0.720	35.0	1.573	42.1
	8	0.458	0.486	6.1	1.141	1.49.1
	9	0.366	0.375	2.5	0.875	139.1
	10	0.38	0.332	12.7	0.822	116.3
	6	3.445	2.825	18.0	3.689	7.1
	7	3.164	2.335	26.2	3.035	4.1
10.16	8	1.108	1.252	13.0	2.325	109.8
	9	1.114	1.028	7.8	1.898	70.4
	10	0.96	0.714	25.6	1.556	62.0
	6	1.886	1.284	31.9	1.913	1.4
	7	1.345	1.186	11.8	1.764	31.1
10.17	8	0.207	0.588	184.1	0.973	370.3
	9	0.23	0.536	133.1	0.885	284.9
	10	0.114	0.377	230.7	0.729	539.4
	6	1.585	1.301	17.9	2.299	45.0
	7	1.042	1.164	11.7	2.050	96.7
10.19	8	0.837	0.843	0.7	1.693	102.3
	9	0.836	0.710	15.1	1.421	70.0
	10	0.612	0.519	15.3	1.179	92.6
平均误差			34.6		85.4	

　　将表 6-38~表 6-40 的相对误差汇总，得到所有监测数据的平均误差，见表 6-41，以及误差对比图 6-82。

表 6-41　监测数据平均误差汇总表

平均误差	测点个数	台阶公式	萨氏公式
正高程	48	43.7%	46.9%
平地	15	20.6%	21.5%
负高程	40	34.6%	85.4%
总体平均误差		36.8%	58.2%

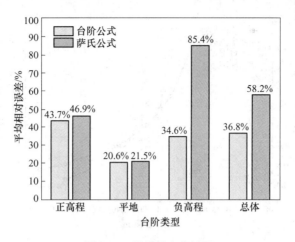

图 6-82 误差对比分析图

从图 6-82 中可以看出，在相对于爆源中心正高程的区域，台阶公式的平均相对误差略小于萨氏公式。在平地区域，台阶公式和萨氏公式的相对误差基本一样。在负高程区域，台阶公式的相对误差明显低于萨氏公式，台阶公式的相对误差只有 34.6%，而萨氏公式的相对误差为 85.4%。从总体来看，台阶公式的相对误差为 36.8%，而萨氏公式的相对误差为 58.2%，台阶公式预测台阶爆破振动速度会更准确一些。

6.3.5 爆破振动传播规律分析

6.3.5.1 爆破振动传播规律分析方法

为了揭示台阶爆破振动的高程效应，对现场爆破振动监测的数据进行如下处理：
（1）从 11 次监测到的数据中选取 6 次有代表性的数据进行作图分析；
（2）依据表 6-37 数据回归的结果，利用台阶（平）公式计算出与正高程（或负高程）测点水平距离相等的观测点的振速，称之为虚拟振速，并作图；
（3）通过对比实测振速与虚拟振速分析台阶爆破振动高程效应。

6.3.5.2 爆破振动传播规律分析

从表 6-34~表 6-36 中选取 10 月 13 日、10 月 18 日、10 月 12 日、10 月 15 日、10 月 9 日、10 月 19 日的监测数据进行作图分析。如图 6-83~图 6-88 所示。图中水平距离与高程差确定测点，然后由每个测点对应振速，其中的逻辑关系为：水平距离、高程差→测点→振速。

从图 6-83 中可以看出，各测点的振速随着水平距离的增加，逐渐减小，但是 7 号、9 号测点有一点反常，比 8 号、10 号测点的振速还大，说明爆破振动在 7 号、9 号测点出现高程放大现象。从图 6-85 中可以看出，7 号测点的振速明显高于 8 号测点的振速，出现高程放大现象。其他测点虚拟振速明显高于实测振速，说明高程差的存在对爆破振动有衰减的效应。

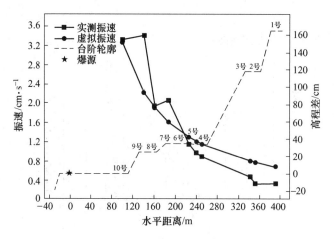

图 6-83　10 月 13 日测点振速分析

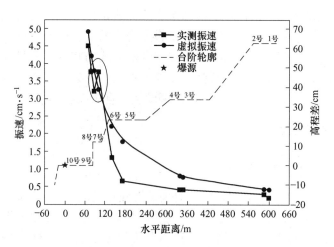

图 6-84　10 月 18 日测点振速分析

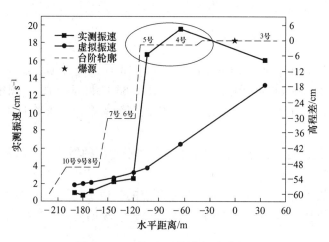

图 6-85　10 月 12 日测点振速分析

从图 6-85 中可以看出，实测振速随着距爆源水平距离的增加，迅速降低。除了 3 号、4 号、5 号测点外，其他测点的实测振速都低于虚拟振速。4 号、5 号测点与爆源的高程差较小，其水平距离也较近，但其与虚拟振速的差值却很大，说明在 4 号、5 号测点处，存在一定的放大效应。从图 6-86 中可以看出，1 号测点与 2 号测点处的虚拟振速和实测振速基本一样，而其他测点都是虚拟振速高于实测振速。7 号测点实测振速高于 6 号测点，出现负高程放大效应。

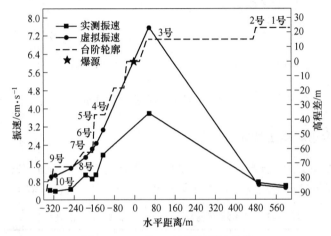

图 6-86　10 月 15 日测点振速分析

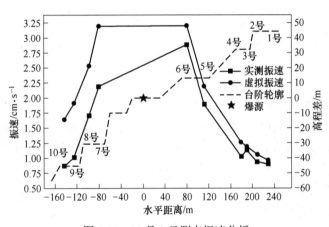

图 6-87　10 月 9 日测点振速分析

从图 6-87 中可以看出，3 号测点实测振速高于 4 号测点，出现正高程放大效应。各测点的虚拟振速都高于实测振速，同时正高程测点的虚拟振速大于实测振速的程度要小于负高程。从图 6-88 中可以看出，6 号、7 号测点的实测振速下降得比较快，而 8 号、9 号测点实测振速下降得比较平缓。

从图 6-85~图 6-88 中可以看出，各测点的实测振速低于虚拟振速，说明高程差的存在对爆破振动具有衰减效应，但是在负高程、正高程的个别测点，振速均出现放大现象；在负高程区域的测点虚拟振速与实测振速的差值大于正高程，说明负高程对爆破振动衰减效应更明显。

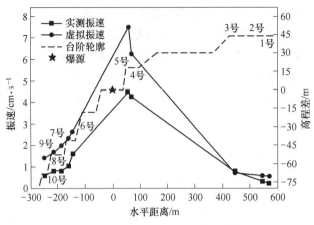

图 6-88   10 月 19 日测点振速分析

6.3.6   爆破振动传播规律区域特征分析

将表 6-38 的数据进行处理，各个测点的实测振速与台阶（正）公式预测值的比值按照水平距离和高程差进行分段统计即按区域分析，统计结果如表 6-42 所示。

表 6-42   台阶爆破高程效应区域分析结果（正高程）

水平/m 垂直/m	0~100	100~200	200~300	300~400	400~500	500~600	600~700	700~800	800 以上
0~50	1.060	1.083	1.044	0.904	0.945	1.006	0.935	0.934	0.934
50~100		0.874	1.112	1.520	1.528	1.536	1.333	1.110	0.931
100~150				1.088	1.067	0.974	0.975	0.873	0.891
150~200				0.776	0.889	0.946	1.011	1.033	0.976

从表 6-42 中可以看出，实测振速与台阶（正）公式预测值的比值基本全部落在 1 附近，最大值为 1.536，其区域为水平距离 500~600m，垂直距离为 50~100m。最小值为 0.776，其区域为水平距离 300~400m，垂直距离为 150~200m。

将表 6-39 的数据进行处理，各个测点的实测振速与台阶（负）公式预测值的比值按照水平距离和高程差进行分段统计即按区域分析，统计结果见表 6-43。

表 6-43   爆破振动传播规律区域特征分析结果（负高程）

水平/m 垂直/m	50~100	100~150	150~200	200~250	250~300	300~350
0~20	0.672	1.285				
20~40	1.192	1.377	0.971	0.352	0.429	
40~60		1.154	1.039	1.177	0.740	0.302
60~80		1.409	1.328	1.180	0.942	0.976
80~100						1.145

从表 6-43 中可以看出，实测振速与台阶（负）公式预测值的比值基本全部落在 1 附

近，最大值为 1.409，其区域为水平距离 100~150m，垂直距离为 60~80m。最小值为 0.302，其区域为水平距离 300~350m，垂直距离为 40~60m。同时发现在负高程区域，在水平距离 100~150m 范围内，比值整体偏高，高程效应显现比较明显。

6.3.7 爆破振动主振频率统计分析

爆破振动信号是有多种频率的、非周期的、瞬时的一种波。其主振频率可以反映出边坡的动力响应，当频率与边坡的固有频率接近时，边坡有可能发生共振，从而加剧边坡的损毁。因此分析台阶爆破振动的主振频率，探讨主振频率与高程效应之间的关系是非常有意义的。

结合现场测试的数据，统计分析切向、垂向、径向的主振频率，以 5Hz 为一区间对表 6-34 中的主振频率进行统计，统计结果见表 6-44、图 6-89。

表 6-44　爆破振动主振频率统计表（正高程）　　　　　　（次数）

方向＼频率/Hz	5~10	10~15	15~20	20~25	25~30	30~35	35~40
径向	19	18	8	2	1	0	0
切向	16	17	7	4	2	1	1
垂向	16	12	14	4	2	0	0

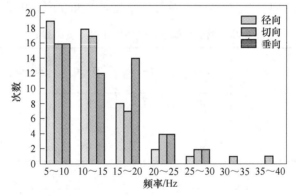

图 6-89　爆破振动主振频率统计图（正高程）

从图 6-89 中可以看出，主振频率在各个方向的分布是不一致的，径向的主振频率主要是集中于 5~15Hz，切向的主振频率主要集中于 5~15Hz，而垂向的主振频率主要是集中于 5~20Hz。

对表 6-35 中的主振频率进行统计，统计结果如表 6-45 及图 6-90 所示。

表 6-45　爆破振动主振频率统计表（平地）　　　　　　（次数）

方向＼频率/Hz	5~10	10~15	15~20	20~25	25~30	30~35	35~40	>40
径向	2	2	10	1	0	0	0	0
切向	2	0	6	5	1	1	0	0
垂向	0	1	4	7	1	1	0	1

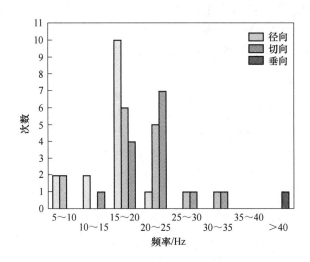

图 6-90　爆破振动主振频率统计图（平地）

从图 6-90 中可以看出，主振频率在各个方向的分布是不一致的，径向的主振频率主要集中于 15~20Hz，切向的主振频率主要集中于 15~25Hz，垂向的主振频率主要集中于 15~25Hz。

对表 6-36 中的主振频率进行统计，统计结果见表 6-46、图 6-91。

表 6-46　爆破振动主振频率统计表（负高程）　　　　　　　　（次数）

方向 ＼ 频率/Hz	5~10	10~15	15~20	20~25	25~30	30~35	35~40	>40
径向	8	18	10	1	1	2	0	0
切向	7	15	11	2	3	1	0	1
垂向	5	13	9	5	4	3	1	0

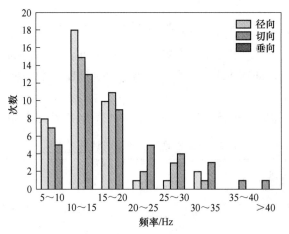

图 6-91　爆破振动主振频率统计图（负高程）

从图 6-91 中可以看出，主振频率在各个方向基本一致，径向、切向、垂向的主振频率主要集中于 10~15Hz。还有一部分集中于 15~20Hz。

从图 6-89 和图 6-91 中可以看出，负高程的爆破振动主振频率略高于正高程。那么说明负高程和正高程相比，正高程更有助于对高频谐波的抑制和削弱。

参 考 文 献

[1] 汪旭光. 爆破设计与施工 [M]. 北京：冶金工业出版社，2011.

[2] 汪旭光，郑炳旭. 工程爆破名词术语 [M]. 北京：冶金工业出版社，2005.

[3] 汪旭光. 乳化炸药 [M]. 北京：冶金工业出版社，2008.

[4] 汪旭光，于亚伦. 台阶爆破 [M]. 北京：冶金工业出版社，2017.

[5] 张小军，汪旭光，崔新男，等. 台阶高度对爆破振动高程效应的影响研究 [J]. 中国矿业，2020，29（3）：124-129.

[6] 孟海利，施建俊，汪旭光，等. 砂岩中的预裂与光面爆破效果分析 [C] // 中国工程爆破学术经验交流会. 中国力学会，2004.

[6] 吕淑然. 露天台阶爆破地震效应 [M]. 北京：首都经济贸易大学出版社，2006.

[7] 郑炳旭，王永庆，李萍丰，建设工程台阶爆破 [M]. 北京：冶金工业出版社，2005.

[8] 张立国. 白登磷矿台阶爆破参数的合理选择及爆破块度分布规律研究 [D]. 昆明理工大学，2010.

[9] 陶铁军，赵明生. 台阶爆破振动危害评判及精确毫秒延时降振技术 [M]. 北京：冶金工业出版社，2016.

[10] 刘殿中，杨仕春. 工程爆破实用手册 [M]. 北京：冶金工业出版社，2003.

[11] 许红涛. 岩石高边坡爆破动力稳定性研究 [D]. 武汉大学，2006.

[12] 李松. 爆破地震波在含不同充填介质结构面处的传播规律 [D]. 江西理工大学，2019.

[13] 杨明山，付玉华，刘志军，等. 露天矿小药量近距离爆破高程效应探究 [J]. 矿业研究与开发，2017，37（7）：19-22.

[14] 邱金铭. 露天台阶爆破振动高程放大效应研究 [D]. 江西理工大学，2015.

[15] 张云鹏，杨曦，李岩，等. 坡面角对爆破高程放大效应影响的数值模拟分析 [J]. 矿业研究与开发，2017，37（7）：23-25.

[16] 谢小军. 桩基爆破高程方向振动规律实验研究 [J]. 科技展望，2015，25（9）：18，19.

[17] 张志呈. 爆破地震参量与振动持续时间 [J]. 四川冶金，2002（3）：1-4.

[18] 郭学彬，肖正学，张志呈. 爆破振动作用的坡面效应 [J]. 岩石力学与工程学报，2001（1）：83-86.

[19] 杨桂桐，马元林. 关于山体爆破振动分布规律的认识 [J]. 有色金属（矿山部分），1981（1）：46-49.

[20] 马元林，杨桂桐. 岩质边坡的爆破地震效应 [J]. 有色金属，1982（1）：8-13.

[21] 唐海，李海波，蒋鹏灿，等. 地形地貌对爆破振动波传播的影响实验研究 [J]. 岩石力学与工程学报，2007（9）：1817-1823.

[22] 唐海. 地形地貌对爆破振动波影响的实验和理论研究 [D]. 中国科学院研究生院（武汉岩土力学研究所），2007.

[23] 唐海，李俊如. 凸形地貌对爆破振动波传播影响的数值模拟 [J]. 岩土力学，2010，31（4）：1289-1294.

[24] 李保珍. 露天深孔爆破地震效应的研究 [J]. 长沙矿山研究院季刊，1989（4）：84-94.

[25] 史太禄，李保珍. 微差间隔时间、药量分布及测距对爆破振动的影响 [J]. 工程爆破，2003（4）：10-13.

[26] 周同岭，杨秀甫，翁家杰. 爆破地震高程效应的实验研究 [J]. 建井技术，1997 (S1)：32-36.

[27] 舒大强，李小联，占学军，等. 龙滩水电工程右岸高边坡开挖爆破振动观测与分析 [J]. 爆破，2002 (4)：65-67.

[28] 陆文，郭学彬. 爆破地震效应中的沟槽减震作用研究 [J]. 矿业安全与环保，2001 (1)：11，12.

[29] 郭学彬，肖正学，张志呈，等. 爆破地震作用的沟槽效应 [J]. 爆破器材，1999 (3)：4-7.

[30] 张涛，郭学彬，蒲传金，等. 边坡爆破振动高程效应的实验分析与研究 [J]. 江西有色金属，2006 (4)：10-13.

[31] 郭学彬，肖正学，张继春，等. 论爆破地震波在传播过程中的衰减特性 [J]. 中国矿业，2006 (3)：51-53.

[32] 张义平，李宝山，王永明，等. 基于Hilbert谱的爆破振动瞬时输入能量模型及计算 [J]. 矿业研究与开发，2009，29 (4)：88-90.

[33] 凌同华. 爆破振动效应及其灾害的主动控制 [D]. 中南大学，2004.

[34] Marrara F, Suhadolc P. Site amplifications in the city of Benevento (Italy)：comparison of observed and estimated ground motion from explosive sources [J]. Journal of Seismology, 1998, 2 (2)：125-143.

[35] Son Ji Ho, Kim Byung Ryeol, Lee Seung Joong, et al. A numerical study on the reduction effect of blasting vibration with cut method [J]. Explosives and Blasting, 2019, 37 (1)：1-13.

[36] Xu Zhenyang, Wang Xuesong, Ning Yuying, et al. Safety assessment of blasting shock wave of linear shaped charge using emulsion explosive [J]. Chemical Engineering Transactions (CET Journal), 2018, 71.

[37] Jiang Nan, Gao Tan, Zhou Chuanbo, et al. Effect of excavation blasting vibration on adjacent buried gas pipeline in a metro tunnel [J]. Tunnelling and Underground Space Technology Incorporating Trenchless Technology Research, 2018, 81：590-601.

[38] SilvaCastro Jhon, Li Lifeng. Deconvolution of blast vibration signals by wiener filtering [J]. Inverse Problems in Science and Engineering, 2018, 26 (10)：1522-1538.

[39] 刘美山，吴从清，张正宇. 小湾水电站高边坡爆破振动安全判据试验研究 [J]. 长江科学院院报，2007 (1)：40-43.

[40] 胡英国，吴新霞，赵根，等. 水工岩石高边坡爆破振动安全控制标准的确定研究 [J]. 岩石力学与工程学报，2016，35 (11)：2208-2216.

[41] 刘美山. 特高陡边坡开挖爆破技术及其对边坡稳定性的影响 [D]. 中国科学技术大学，2007.

[42] 陈明，卢文波，李鹏，等. 岩质边坡爆破振动速度的高程放大效应研究 [J]. 岩石力学与工程学报，2011，30 (11)：2189-2195.

[43] 朱传统，刘宏根，梅锦煜. 地震波参数沿边坡坡面传播规律公式的选择 [J]. 爆破，1988 (2)：30-31.

[44] 吴新霞，朱传统. 三峡工程土石围堰安全爆破控制标准研究 [J]. 爆破器材，1997 (6)：25-29.

[45] 刘宏根，朱传统，蒋道明. 基岩保护层开挖一次爆除技术研究 [J]. 爆破，1993 (S2)：120-122.

7 爆破振动测试原理

7.1 爆破振动测试目的与主要研究内容

7.1.1 振动测试的目的和意义

爆破作业可引起大地振动，波及建筑物基础，影响建筑物安全，并给人们带来不愉快的感觉，成为社会关注的"公害"。在许多情况下，爆破规模的控制、爆破工艺的选择以及爆破设计方案能否实施，均取决于对爆破振动效应的控制能否保证建筑物安全和人的舒适性程度，因此爆破振动监测被业主和爆破工程师高度重视，《爆破安全规程》明文规定"地面建筑物的爆破振动判据采用保护对象所在的质点峰值振动速度和主振频率""在特殊建（构）筑物附近或爆破条件复杂地区进行爆破时，必须进行必要的爆破振动效应的监测或专门试验，以确定被保护物的安全性"。

爆破振动监测工作在施工中广泛开展，测试系统和测试技术已成为爆破控制技术的重要手段。爆破振动测试和分析的主要应用包括如下范围。

（1）通过小型爆破试验进行振动监测，了解爆破振动波的时程曲线特征，并利用数模或经验公式回归计算该场地条件下的爆破振动衰减规律，预报实际爆破振动强度及评价建（构）筑物的安全，进而对爆破方案进行修改、限制和优化。

（2）在扩建、改造工程中，对爆区附近建筑物和正在运行的设备基础进行爆破振动监测，以控制一次爆破规模。在长期较长的爆破工程中，使某些特定位置的振动强度受到监控，以保证建筑物和运行设备的安全。

（3）在实施爆破施工时，对特殊建（构）筑物、可能引起民事纠纷的地段或建筑物进行爆破振动监测，为工程验收和可能发生的司法程序提供依据。

（4）在建（构）筑物上进行爆破振动测试，研究建筑物对爆破振动的反应谱，研究建（构）筑物振动荷载条件下的安全稳定性等。

7.1.2 爆破振动测试主要研究内容

爆破振动测试研究，一般包含以下两种类型：一类是对爆破可能引起损伤的重点保护对象在爆破作业中进行全过程监测，监测数据是评价保护对象安全状况的重要依据。对这样的监测项目，应在每次爆破后及时提交爆破振动监测简报，用以评估保护对象的安全状况和指导后续的爆破施工。另一类是针对重大爆破工程在现场条件下进行小型爆破试验所设计的监测项目，依据所取得的监测数据进行爆破参数的选择并对爆破技术方案进行优化设计。爆破振动监测也是对工程爆破技术方案进行安全评估的重要依据。

7.1.3 爆破振动测试一般方法

爆破振动测试主要是采用专用的爆破振动监测仪器进行仪器测试。对于重要工程项目，还要辅助进行现场调查。一般都是把两种方法结合起来使用。

7.1.3.1   仪器测试

仪器测试内容包括：地表质点振动速度测试、质点振动位移测试、质点振动加速度测试、建筑物的反应谱测试等。现在还出现了岩体介质反应谱测试，如岩体边坡爆破振动反应谱测试。但开展最普遍、工程上应用最多的仍是爆破振动速度测试。

7.1.3.2   现场调查

现场调查一般是根据预先确定的待观测的工程目的，在爆破振动影响范围内和仪器观测点附近选择有代表性的建（构）筑物、矿山巷道、岩体的裂缝和断层、边坡、个别孤石以及专门设置的标志物在爆破前后进行现场观测描述和记录，对比爆破前后被观测对象的变化情况，评估爆破振动对其影响程度。现场调查对于爆破振动的安全评估是十分重要的。

现场调查的内容主要包括：

（1）现场调查的位置和名称；

（2）地质、地形以及岩石构造情况。对于裂缝的观测反映出裂缝方向、倾角、深度、宽度、长度等，对于岩石断层、滑坡移动则应系统地观测地形、地貌的变化；

（3）建（构）筑物在爆破前后的特征和爆破后的破坏情况；

（4）所设置的标志物移动的情况，例如观察在墙根、洞壁先预先设置的铁棍、木杆等标志物在爆破后是否倒落；

（5）必要时在离爆源一定距离处安置一些动物，观察其在爆破前后的物理、生理变化。

上述调查结果可为准确确定安全距离提供必要的参考资料。

爆破振动现象比较复杂，涉及范围很广，而且一次爆破的现场调查不一定能够面面俱到，一般可结合研究任务的特点，选择部分项目有计划地逐步开展。描述、记录的方法可以用文字叙述、素描、照相和录像等。

7.1.4   爆破振动测试技术的特点

爆破振动测试技术具有如下特点。

（1）必须正确选择测试系统。爆破振动测试系统繁多，实际测试中应根据测试的目的和要求来选择。其中最重要的是，所选择测试系统的工作频带应满足爆破振动波频域特性的要求。在大多数情况下，爆破振动频率处于 5 ~ 500Hz 之内。药包的药量越大，爆破产生的振动频率越低。一般可以把测振仪的工作频带上限定位 1000Hz。大量爆破振动监测记录表明，爆破振动频率很少超过此值。在距离爆源近的区域和坚硬岩体情况下测试爆破振动时，一般应选择具备较高频响范围的传感器，若速度传感器的频率范围不能满足要求，可改为加速度传感器。一般加速度传感器频率响应范围很大，可达 10kHz，能满足高频率振动测量的要求。

（2）多点测试时应尽量使传感器、测振仪的技术指标相同或接近。量程的估算应使预计的测试值在测试系统可测范围的 30% ~ 70%。传感器属于敏感器件，野外使用时由于环境条件差、颠簸振动较大，容易受损。因此，在现场监测前应对测试系统进行标定或者校准，发现线性度偏差较大的传感器一定要停止使用。

（3）传感器有竖向和横向之分，在测量三向振动分量时，应注意传感器的方向性。现在已研制出三向速度传感器，一个传感器可同时测出 x、y、z 3 个方向的振动分量，能方便准确地求出合速度，三向合速度更能反映振动强度大小。

（4）必须正确设置采样参数。爆破振动测试中，除了要选择性能优异的测试仪器和正确选择、安装传感器这两个关键环节外，如何根据测试目的布置传感器、调整测振仪量程、设定采样频率、延迟时间及设定触发值等都会对测试结果及能否达到测试目的造成重要影响。传感器的布设，应根据测试方案进行合理布置。为完整地获得爆破振动波形曲线，正确进行量程选择至关重要。若选择的量程过小，因实际振动波形的峰值相对较高，可能使记录的波形被削峰；而选择量程过大时，振动波形呈小锯齿状，难以识别振动幅值的变化规律，也不便于后续的数据分析和处理。所以，设定量程时，应先估算最大振动峰值。对于延迟时间和触发值，误设将可能导致测试失败，同样需要提前估算才能设定。所以，在爆破振动测试中，要根据工程实际，统筹考虑可能对测试结果产生影响的各种因素，尽可能降低或避免其不利影响。

（5）测试结果的好坏与测试方法的正确与否有关，直接决定爆破振动测试的成败；而测试信号的数据处理方法则是把所采集的振动信号的特征和规律尽可能如实地反映出来。因此，这两个环节是标志一次爆破振动测试是否有效的关键所在。

7.1.5 爆破振动测试系统的发展

爆破振动测试系统的基本原理是利用传感器（又叫拾振器）的敏感元件在磁场中的相对运动产生与爆破振动成一定比例关系的电信号，采用各种电学或光学仪器将传感器采集到的振动信号记录下来。测振仪和传感器作为爆破振动测试系统的核心设备，决定了所测信号的精度和可信度。爆破振动测试系统按照不同的分类原则可以划分为以下几类：按传感器所测物理量的不同，可分为位移计、速度计、加速度计；按传感器位移量的大小，可分为强震仪、中强震仪和弱震仪；爆破振动测试仪器按测试信号转换方式的不同，可分为磁电式、压电式和应变式 3 类，最常用的是磁电式。

工程爆破振动监测技术经过几十年发展，已有很大进步。下面对爆破振动测试系统进行简单回顾。

第 1 代爆破振动测试系统是传感器加光线示波器，所有测点的传感器需由导线与监测站内的光线示波器相连，光线示波器又大又重，连接传感器的导线长达几十米，甚至几百米，因此还需要信号放大器，现场测试时记录人员必须守候在光线示波器旁，手动控制记录波形曝光时间，稍有不慎会导致测试失败，而且输出的记录波形显示在感光纸上，不便于长期保存。

第 2 代测试系统是传感器加磁带记录仪，同样需要布置长导线将传感器与记录设备相连，记录设备重量减轻不多，只是测试人员可以不用守候在记录设备旁，在起爆前十几分钟开机，让设备连续记录，记录波形保存在磁带或存储器内，可以多次回放。

第 3 代测试系统是传感器加爆破自记仪，每个测点安放一台爆破自记仪，不需长导线将传感器与记录设备相连，设备可以待机即小时、甚至几天，波形以数据文件格式保存在自记仪内，可以多次读取或拷贝到不同计算机上，由专用软件进行详细分析。

第 4 代爆破测试系统是传感器加远程数据传输的爆破记录仪，在数字测振系统内加装 3G 网络通信装置组成网络远程测振系统，它利用手机信号（3G/4G）实现无线上网（因特网），可以直接将系统采集的爆破振动数据与测点坐标传到互联网上专用的大型服务器内，数据通过专用 VPN 通道传输，作加密处理，保证了数据的安全性。

7.2 爆破振动测试系统组成

爆破振动测试系统通常由数据采集模块、数据处理模块、数据显示模块组成，如图 7-1 所示。

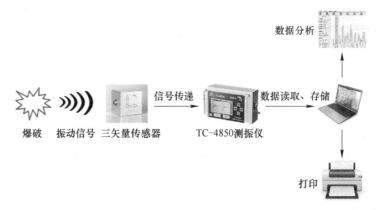

图 7-1 爆破振动系统

数据采集模块主要有传感器、探头等。传感器是一种能感受规定的被测量并按一定的规律转换成可用信号的仪器或装置。

数据处理模块常见的有数据采集仪。数据采集仪是主要用来连接不同类型的转换器进行自动数据采集的设备。对采集到的数据进行处理、存储、分析、转发和交互使用。

显示模块主要有显示器、电视、电脑、手机等。其主要是将测到的振动数据进行屏显或导出，供技术人员参考或进一步数据处理。

7.3 传感器工作原理

7.3.1 机械式传感器工作原理

机械运动是物质运动的最简单的形式，因而人们最先想到的是用机械方法测量振动，从而制造出了机械式测振仪。

7.3.1.1 传感器的作用

机械式测振仪是由机械结构传递、放大和记录的。这类仪器原理简单、直观、好理解，在一般精度要求的现场测量中，使用起来还比较简单、方便。但由于其体积大、灵敏度差和频带窄等缺点，除少场场合外，已被电测法所代替。

电测法的要点在于先将机械振动量转换为电量（电动势、电荷或其他电量），然后再对电量进行测量，从而得到所要测量的机械量。完成此任务的部件被称为振动传感器，因此，振动传感器的基本作用是接收被测的机械量或力学量并将其转换成与之有确定性关系的电量，并将这些电量提供给测试系统的后续设备。

一个振动传感器从功能上说由两部分组成，即机械接收部分和机电变换部分，如图7-2所示。

振动传感器并不是直接将原始要测的机械量转变为电量，而是将原始要测的机械量作为振动传感器的输入量 M_i，然后由机械接收部分加以接收，形成另一个适合于变换的机械量 M_1，最后由机电变换部分再将 M_1 变换为电量 E。因此一个传感器的工作性能，由这两部分的工作性能来决定。

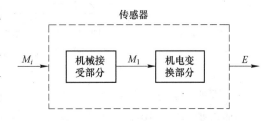

图 7-2 振动传感器的作用原理

电测法的核心设备是传感器，传感器的作用主要是将机械量接收下来，并转换为与之成比例的电量，它是测振系统的关键部件之一。由于它也是一种机电转换装置，所以有时也称它为换能器或者拾振器等。

7.3.1.2 相对式机械接收原理

相对式机械测振仪的工作接收原理如图7-3所示。在测量时，把仪器固定在不动的支架上，使触杆与被测物体的振动方向一致，并借弹簧的弹性力与被测物体表面相接触，当物体振动时，触杆跟随它一起运动，并推动记录杆在移动的纸带上描绘出振动物体的位移随时间的变化曲线，根据这个记录曲线可以计算出位移的大小及频率等参数。

由此可知，相对式机械接收部分所测得的结果是被测物体相对于参考体的相对振动，只有当参考体绝对不动时，才能测得被测物体的绝对振动。这样，就发生一个问题，当需要测的是绝对振动，但又找不到的参考点时，这类仪器就无用武之地。例如：在行驶的内燃机车上测试内燃机车的振动，在地震时测量地面的振动及楼房的振动，都不存在一个不动的参考点。在这种情况下，必须用另一种测量方式的测振仪进行测量，即利用惯性式测振仪。

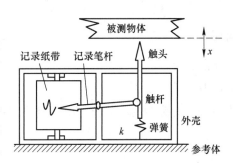

图 7-3 相对式机械接收原理图

7.3.1.3 惯性式机械接收原理

惯性式机械接收原理如图7-4所示。惯性式机械测振仪测振时，是将测振仪直接固定在被测振动物体的测点上，当传感器外壳随被测振动物体运动时，由弹性支撑的惯性质量块 m 将与外壳发生相对运动，则装在质量块 m 上的记录笔就可以录下质量元件与外壳的相对振动位移幅值，然后利用惯性质量块 m 与外壳的相对振动位移的关系式，即可求出被测物体的绝对振动位移波形。

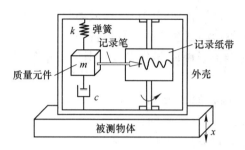

图 7-4　惯性式机械接收原理

A　惯性式测振仪的动力分析

为研究惯性质量块 m 与外壳的相对振动规律，取惯性质量块 m 为研究对象，则惯性质量块 m 的受力如图 7-5 所示。设被测物体振动的位移函数为 x（相对于静坐标系），惯性质量块 m 相对于外壳的相对振动位移函数为 x_r，其动坐标系 $O'x_r$ 固结在外壳上，静坐标系 Ox 与地面相固连。则

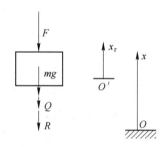

图 7-5　惯性质量块的受力图

弹性力　　　　　　　　　　　$F = k(x_r - \delta_m)$

牵连惯性力　　　　　　　　　$Q = m\ddot{x}$

阻尼力　　　　　　　　　　　$R = c\dot{x}$

式中，δ_m 为弹簧的静伸长。所以惯性质量块的相对运动微分方程为

$$m\ddot{x}_r = -F - Q - R - mg$$
$$= -k(x_r - \delta_{gt}) - m\ddot{x} - c\dot{x} - mg$$

　　因为

$$mg = k\delta_m$$

经整理得

$$m\ddot{x}_r + c\dot{x}_r + kx_r = -m\ddot{x} \tag{7-1}$$

即

$$\ddot{x}_r + \frac{c}{m}\dot{x}_r + \frac{k}{m}x_r = -\ddot{x}$$

设 $2n = \dfrac{c}{m}$，$p_n = \sqrt{\dfrac{k}{m}}$，其中 n 为衰减系数，p_n 为接收部分的固有频率。代入式（7-1）得：

$$\ddot{x}_r + 2n\dot{x}_r + p_n^2 x_r = -\ddot{x} \tag{7-2}$$

若被测振动物体作简谐振动，即运动规律为

$$x = x_m \sin\omega t \tag{7-3}$$

其中，简记 x_{max} 为 x_m，将式（7-3）代入式（7-2）得：

$$\ddot{x}_r + 2n\dot{x}_r + p_n^2 x_r = x_m \omega^2 \sin\omega t$$

解方程得其通解为

$$x_r = e^{-nt}(c_1 \cos p_n t + c_2 \sin p_n t) + x_{rmax} \sin(\omega t - \varphi) \tag{7-4}$$

式中，x_{rmax} 为惯性质量块的最大相对位移，等号右端的第一、二项是自由振动部分，由于存在阻尼，自由振动很快就被衰减掉，因此，当进入稳态后，只有第三项存在，即

$$x_r = x_{rmax} \sin(\omega t - \varphi) \tag{7-5}$$

其中

$$x_{rmax} = \frac{\dfrac{\omega^2}{p_n^2} x_m}{\sqrt{\left(1 - \dfrac{\omega^2}{p_n^2}\right) + 4n^2 \dfrac{\omega^2}{p_n^4}}} \tag{7-6}$$

$$\varphi = \arctan\frac{2n\omega}{p_n^2 - \omega^2} \tag{7-7}$$

如果引入无量纲频率比 λ 及无量纲衰减系数 ζ

则

$$\lambda = \frac{\omega}{p_n} \zeta = \frac{c}{c_c} \tag{7-8}$$

式中，$c_c = 2\sqrt{km}$ 是临界阻尼系数。将式（7-8）代入式（7-6）及式（7-7）可得：

$$x_{rm} = \frac{\lambda^2 x_m}{\sqrt{(1 - \lambda^2)^2 + 4\zeta^2 \lambda^2}} \tag{7-9}$$

$$\varphi = \arctan\frac{2\zeta\lambda}{1 - \lambda^2} \tag{7-10}$$

式（7-9）表达了质量元件与外壳的相对振动位移幅值 x_{rm} 与外壳振动的位移幅值 x_m 之间的关系。式（7-10）则表达了它们之间的相位差的大小。可以看出，如果通过某种方法测量出 x_{rm} 和 φ 的大小，再通过以上各式的关系，就能计算出相应的 x_m 和 ω 值。因此，惯性式机械接收工作原理就在于：把振动物体的测量工作，转换为测量惯性质量元件对于外壳的强迫振动的工作。下面讨论在什么样的条件下，这个"转换"工作将变得容易简单而准确。

B 位移传感器的接收原理

a 构成位移传感器的条件

将式（7-9）改写成以下形式：

$$\frac{x_{rm}}{x_m} = \frac{\lambda^2}{\sqrt{(1 - \lambda^2)^2 + 4\xi^2 \lambda^2}} \tag{7-11}$$

以 λ 为横坐标，$\dfrac{x_{rm}}{x_m}$ 为纵坐标，将式（7-11）绘制成曲线，如图7-6所示，这便是传

感器的相对振幅和被测振幅之比 $\dfrac{x_{rm}}{x_m}$ 的幅频特性曲线。

以 λ 为横坐标，φ 为纵坐标，将式（7-10）绘制成曲线，如图 7-6 所示，这便是传感器的相对振动和被测振动之间的相频特性曲线。

由图 7-6 看出，当无量纲频率比 λ 显著地大于 1 时，振幅比 $\dfrac{x_{rm}}{x_m}$ 就几乎与频率无关而趋近于 1。同时由图 7-6 可看出，无量纲频率比 λ 显著地大于 1 时，无量纲衰减系数 ζ 显著地小于 1 时，相位差 φ 也几乎与频率无关而趋于 180°（π 弧度）。也就是说在满足条件

$$\lambda = \frac{\omega}{p_n} \gg 1 \quad \zeta = \frac{c}{c_c} \ll 1$$

时，$x_{rm} \to x_m$，$\varphi \to \pi$，于是式（7-5）就可简化为

$$x_t = x_m \sin(\omega t - \pi) \tag{7-12}$$

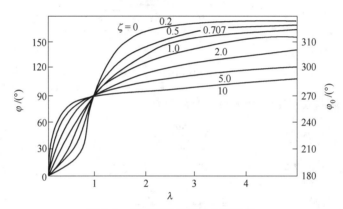

图 7-6　惯性式传感器的相频曲线

将式（7-3）与式（7-12）相比较，可以发现，传感器的质量元件相对于外壳的强迫振动规律与被测物体的简谐振动规律基本相同，只是在相位上落后 180°相位角。

由此可知，如果传感器的记录波形与相对振幅 x_{rm} 成正比，那么，在测量中，记录到的振动位移波形将与被测物体的振动位移波形成正比，因此它构成了一个位移传感器。

b　传感器的固有频率 f_n 对传感器性能的影响

作为一个位移传感器，它应该满足的条件是

$$\lambda = \frac{\omega}{p_n} \gg 1, \quad 即 \omega \gg p_n 或 \lambda = \frac{f}{p_n} \gg 1$$

即被测物体的振动频率 f 应该显著地大于传感器的固有频率 f_n。因此，在位移传感器中，存在着一个测量范围的下限频率 $f_下$ 的问题。至于频率上限 $f_上$，从理论上讲，应趋近于无限大。事实上，频率上限不可能趋于无限大，因为，当被测振动频率增大到一定程度时，传感器的其他部件将发生共振，从而破坏了位移传感器的正常工作。

为了扩展传感器的频率下限 $f_下$，应该让传感器的固有频率 f_n 尽可能低一些。由公式 $p_n = 2\pi f_n = \sqrt{k/m}$ 可知，在位移传感器中，质量元件的质量 m 应尽可能大一些，弹簧的刚度系数 k 应尽可能小一些。

c 无量纲衰减系数 ζ 对传感器性能的影响

无量纲衰减系数 ζ 主要从 3 个方面影响位移传感器的性能。

（1）对传感器自由振动的影响。由公式（7-4）可以看出，增大无量纲衰减系数 ζ 能够迅速消除传感器的自由振动部分。

（2）对幅频特性的影响。由图 7-6 可以看出，适当增大无量纲衰减系数 ζ，传感器在共振区（$\lambda = 1$）附近的幅频特性曲线会平直起来，这样，传感器的频率下限 $f_{\text{下}}$ 可以更低些，从而增大了传感器的测量范围，其中以 $\zeta = 0.6 \sim 0.7$ 比较理想。

（3）对相频特性的影响。由图 7-6 看出，增大无量纲衰减系数 ζ，相位差 φ 将随被测物体的振动频率变化而变化。在测量简谐振动时，这种影响并不大，但是在测量非简谐振动时会产生很大波形畸变（相位畸变）。当相频曲线呈线性关系变化时；将不会发生相位畸变。

C 加速度传感器的接收原理

a 构件加速度传感器的条件

加速度函数是位移函数对时间的二阶导数，由式（7-3）可得被测物体的加速度函数为

$$\ddot{x} = x_{\text{m}}\omega^2\sin(\omega t + \pi) = \ddot{x}_{\text{m}}\sin(\omega t + \pi) \tag{7-13}$$

式中，加速度峰值

$$\ddot{x}_{\text{m}} = x_{\text{m}}\omega^2 \tag{7-14}$$

式（7-3）与式（7-13）相比可知，加速度的相位角超前于位移 180°（π 弧度）。

若将式（7-9）改写为以下形式：

$$\frac{x_{\text{rm}}}{x_{\text{m}}\lambda^2} = \frac{1}{\sqrt{(1 - \lambda^2)^2 + 4\zeta^2\lambda^2}} \tag{7-15}$$

将式（7-8）与式（7-14）代入式（7-15）的右端得：

$$\frac{x_{\text{rm}}}{\ddot{x}_{\text{m}}}p_{\text{n}}^2 = \frac{1}{\sqrt{(1 - \lambda^2)^2 + 4\zeta^2\lambda^2}} \tag{7-16}$$

以 λ 为横坐标，$\dfrac{x_{\text{rm}}}{\ddot{x}_{\text{m}}}p_{\text{n}}^2$ 为纵坐标，将式（7-16）绘成曲线，如图 7-7 所示，这便是传感器的相对振动振幅和被测加速度幅值之比 $\dfrac{x_{\text{rm}}}{\ddot{x}_{\text{m}}}p_{\text{n}}^2$ 的幅频特性曲线。

由图 7-7 可以看出，当 λ 显著地小于 1，ζ 也小于 1 时，即

$$\lambda = \frac{\omega}{p_{\text{n}}} \ll 1\zeta < 1$$

此时，$\dfrac{x_{\text{rm}}}{\ddot{x}_{\text{m}}}p_{\text{n}}^2 \rightarrow 1$，即 $x_{\text{rm}} \rightarrow \dfrac{\ddot{x}_{\text{m}}}{p_{\text{n}}^2}$，于是，式（7-5）可表示为

$$x_{\text{r}} = \frac{\ddot{x}_{\text{m}}}{p_{\text{n}}^2}\sin(\omega t - \varphi) \tag{7-17}$$

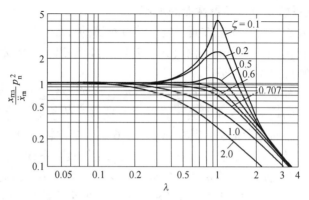

图 7-7　惯性式加速度传感器的幅频曲线

比较式（7-3）与式（7-17）可以发现，传感器相对振动的位移表达式和被测物体的加速度函数表达式是非常相似的，只存在以下两点差异。

一是传感器的相对振幅是被测加速度幅值的 $1/p_n$ 倍，且当传感器确定后，p_n 是一个常数值；

二是在相位上，相对振动位移的时间历程落后于被测加速度的时间历程的相位差

$$\varphi_a = \varphi + \pi \tag{7-18}$$

由此看出，φ_a 和 φ 之间只差 $180°$ 相角，因此，传感器的相对振幅和被测加速度峰值之间相位差 φ_a 的相频特性曲线与图 7-6 所示的曲线一样，只是纵坐标值应该增加 $180°$（π 弧度）而已。于是，只要在图 7-6 的右侧竖立一个相位差 φ_a 的纵坐标轴，就可以得到传感器的相对振幅和被测加速度峰值之间相位差 φ_a 的相频特性曲线。

由图 7-6 看出，当 $\lambda \ll 1$、$\zeta \ll 1$ 时，$\varphi_a \to 180°$。从式（7-18）中可解得 $\varphi \to 0$，因此，式（7-17）可简化为

$$x_r = \frac{\ddot{x}_m}{p_n^2}\sin\omega t \tag{7-19}$$

比较式（7-13）与式（7-19）可以发现，传感器质量元件的相对振动，与被测物体的加速度变化规律基本相同，只是相对振幅是被测加速度峰值的 $1/p_n^2$ 倍，在相位上，则落后 $180°$ 的相位角（π 弧度）。

由此可知，如果传感器的输出信号与相对振幅 x_{rm} 成正比，那么，在测量系统中，记录到的振动波形将与被测物体的加速度波形成正比，于是，就构成了一个加速度传感器。

b　固有频率 f_n 对加速度传感器性能的影响

作为一个加速度传感器，它应该满足的条件是

$$\lambda = \frac{\omega}{p_n} \ll 1，即 \omega \ll p_n 或 f \ll f_n$$

即，被测物体的振动频率 f 应该显著地小于加速度传感器的固有频率 f_n。因此，在加速度传感器中，存在着一个测量范围的频率上限 $f_上$ 的问题。至于频率下限 $f_下$，从理论上说，它应等于零，即 $f_下 = 0$，事实上，频率下限不可能等于零。它往往取决于以下两个因素：

（1）在测量系统中，放大器的特性；

（2）加速度传感器的压电陶瓷片及接线电缆等的漏电程度（或绝缘程度）。

为了扩展加速度传感器的频率上限 $f_{\text{上}}$，应该让加速度传感器的固有频率 f_n 尽可能高些。由公式 $p_n = 2\pi f_n = \sqrt{k/m}$ 可知，在加速度传感器中，其弹簧的刚度系数 k 应尽可能地大，质量元件的质量 m 原则上应尽量的小。但是，为了保证质量元件在运动中能产生足够大的惯性力，质量元件的质量应该显著地大于弹簧系统的质量。因此，加速度传感器中的质量元件仍然需要用重金属材料做成，以保证它有足够大的质量。

D 无量纲衰减系数 ζ 对加速度传感器性能的影响

与位移传感器相似，它也从 3 个方面影响加速度传感器的性能。

（1）增大无量纲衰减系数，能够迅速消除加速度传感器的自由振动部分。

（2）适当增大无量纲衰减系数，加速度传感器在共振区（$\lambda = 1$）附近的幅频特性曲线会平直起来，有利于提高加速度传感器的上限频率，一般当 $\zeta = 0.6 \sim 0.707$ 时比较理想。

（3）增大无量纲衰减系数，相位差 φ_a 将随被测物体的振动频率变化而变化。在测量简谐振动时，这种影响不大；但在测量非简谐振动时会产生波形畸变，只有在相频曲线呈线性关系时，才可避免。

7.3.1.4 非简谐振动测量时的技术问题

上面针对如何正确地反映或记录简谐振动的问题，讨论了惯性传感器的动力特性。在工程实际中，单纯的简谐振动（周期振动的特例）是比较少的，大多数是复杂周期振动、准周期振动和非周期振动。于是就提出这样一个问题，能够正确地反映或记录简谐振动的传感器，是否能准确地反映或记录复杂的周期振动、准周期振动和非周期振动呢？在这一节里，将讨论这个问题。

A 复杂周期振动的测量

如果被测物体的运动是复杂周期振动 $x(t)$，那么，它就可以分解为一系列的简谐振动，换句话说，它可以看成是一系列简谐振动的合成振动，即

$$x(t) = \frac{x_0}{2} + \sum_{n=1}^{\infty} x_n \sin(n\omega_1 t - \theta_n) \qquad (7\text{-}20)$$

将其代入式（7-2），则可得稳态解

$$x_t = \sum_{n=1}^{\infty} x_{\text{rm}_n} \sin(n\omega_1 t - \theta_n - \varphi_n) \qquad (7\text{-}21)$$

对于位移传感器，当 $\lambda \gg 1$ 时，$x_{\text{rm}_n} \to x_n$。若相位差随频率呈线性关系变化，设其比例系数为 t_n，则 $\varphi_n(\omega) = t_n \omega_n = t_n n \omega_1$ 时，有

$$x_r = \sum_{n=1}^{\infty} x_{\text{rm}_n} \sin(n\omega_1 t - \theta_n - t_n n \omega_1)$$
$$= \sum_{n=1}^{\infty} x_{\text{rm}_n} \sin[n\omega_1(t - t_n) - \theta_n] \qquad (7\text{-}22)$$

虽然，式（7-20）与式（7-22）相比还存在相位差，但它是一个常量，不会使输出波形发生畸变，即相当于相对运动轨迹仅仅平移了一个时间常量 t_n（超前或滞后）。由图 7-7

可知，当 $\zeta = 0.6 \sim 0.7$，$\lambda \gg 1$ 时，即在位移传感器的工作范围内，相频曲线可近似为线性关系。因此，在位移传感器的范围内，用位移传感器测量复杂周期振动不会发生波形畸变。

同理，对于加速度传感器，当 $\lambda \ll 1$，$x_{\mathrm{rm}_n} \to \dfrac{\ddot{x}_{\mathrm{m}_n}}{p_\mathrm{n}^2}$ 时，若相频曲线也视为线性关系，即

$$\varphi_n(\omega) = t_n \omega_n = t_n n \omega_1$$

有

$$\begin{aligned}
x_\mathrm{r} &= \sum_{n=1}^{\infty} \frac{\ddot{x}_{\mathrm{rm}_n}}{p_\mathrm{n}^2} \sin(n\omega_1 t - \theta_n - t_n n \omega_1) \\
&= \sum_{n=1}^{\infty} \frac{\ddot{x}_{\mathrm{rm}_n}}{p_\mathrm{n}^2} \sin[n\omega_1(t - t_n) - \theta_n]
\end{aligned} \tag{7-23}$$

将式 (7-20) 求导，得

$$\begin{aligned}
\ddot{x}(t) &= \sum_{n=1}^{\infty} (n\omega_1)^2 x_n \sin(n\omega_1 t - \theta_n + \pi) \\
&= \sum_{n=1}^{\infty} \ddot{x}_{\mathrm{rm}_n} \sin(n\omega_1 t - \theta_n + \pi)
\end{aligned} \tag{7-24}$$

将式 (7-23) 与式 (7-24) 进行比较，存在相位差 t_n，但它也是一个常数，不会引起波形畸变，即相当于仅仅移动了一个时间常量 t_n（超前或滞后）。由图 7-7 可知，当 $\lambda < 1$，$\zeta = 0.6 \sim 0.7$ 时，即在加速度传感器的工作范围内，相频曲线也可近似为线性关系。因此，在加速度传感器范围内，用加速度传感器测量复杂周期振动也不会发生波形畸变。

通过以上分析，可得下述结论：对于位移传感器、加速度传感器，当满足他们的工作条件时，它们的相频曲线都可以近似为线性关系，所测得复杂周期振动信号不会引起波形畸变。

同理，对于准周期振动，也可得到同样的结论。

B　非周期振动测量的简单介绍

在非周期振动中，加速度（位移和速度也是一样）的各阶谐波分量在整个频率域上是连续分布的，即加速度的频率谱是连续谱。也就是说，非周期振动是由频率从 $0 \to \infty$ 的所有的简谐振动的合成振动。它不仅包含着频率很低的谐振分量，而且这种超低频的谐振分量有时还是很大的。在测试中，为了能够准确地反映和记录非周期振动，要求惯性式传感器在低频区（即 $0 \leqslant \lambda < 1$ 的区域）具有良好的幅频特性。由于这个缘故，在测量非周期振动时，特别是在测量冲击振动的时候，一般只选用加速度传感器。

加速度传感器在低频区具有良好的幅频特性。但是，在共振区（$\lambda = 1$ 附近）和高频区（$\lambda > 1$），已超出它的工作范围，它的幅频特性就不好了。为了克服这个缺点，可以选择固有频率很高的加速度传感器，并采用适当的措施，如合理地确定需要测定的"最

"高"谐振频率，并配置相应的低通滤波器及增大加速度传感器的阻尼等。

因此，在测量任意形式的振动的时候，不但要考虑传感器的幅频特性和相频特性，同时还需要考虑阻尼对加速度有利的影响和不利的影响。

7.3.2 机电式传感器工作原理

振动传感器是将被测机械量变换为电量。由于传感器内部机电变换原理的不同。输出的电量也各不相同。有的是将机械量的变化变换为电动势或电荷的变化，有的是将机械振动量的变化变换为电阻或电感等电参量的变化。本节将主要介绍各种传感器的机电变换原理。

7.3.2.1 振动传感器的分类

传感器的种类繁多，应用范围极其广泛。但是在现代振动测量中所用的传感器，已不是传统概念上独立的机械测量装置，而仅是整个测量系统中的一个环节，且与后续的电子线路紧密相关。以电测法为例，其测试系统示意如图 7-8 所示。

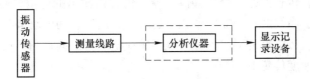

图 7-8 电测法测试系统示意图

一般来说，由传感器直接变换的电量并不能直接被后续的显示、记录或分析仪器所接受。因此针对不同变换原理的传感器，必须附以专配的测量线路。测量线路的作用是将传感器的输出电量最后变为后续显示或分析仪器所能接受的一般电压信号。因此，振动传感器按其功能可有以下几种分类方法，如表 7-1 所示。

表 7-1 振动传感器的分类

按机械接收原理分	相对式：顶杆式，非接触式 惯性式（绝对式）
按机电变换原理分	电动式（磁电式）、电压式、电涡流式、电感式、电容式、电阻式
按所测机械量分	位移传感器、速度传感器、加速度传感器、力传感器、应变传感器、扭振传感器、扭矩传感器

7.3.2.2 电动式传感器

电动式传感器基于电磁感应原理，即当运动的导体在固定的磁场里切割磁力线时，导体两端就感应出电动势，因此利用这一原理而生产的传感器称为电动式传感器。

A 绝对（惯性式）电动传感器

绝对式电动传感器的结构简图如图 7-9 所示。该传感器由固定部分、可动部分以及支撑弹簧部分所组成。为了使传感器工作在位移传感器状态，其可动部分的质量应该足够的大，而支撑弹簧的刚度应该足够的小。也就是让传感器具有足够低的固有频率。

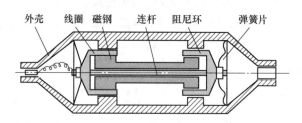

　　外壳　线圈 磁钢　连杆　阻尼环　弹簧片

图 7-9　绝对电动式传感器结构示意图

根据电磁感应定律，感应电动势（V）

$$u = - Bl\dot{x}_r 10^{-4} \tag{7-25}$$

式中　　B——磁通密度，T；

　　　　l——线圈在磁场内的有效长度，cm；

　　　　$\dot{x}_r$——线圈在磁场中的相对速度。

感应电动势的方向由右手定则来确定。

　　从结构上来说，传感器是一个位移传感器。传感器输出的电信号是由电磁感应产生，根据电磁感应定律，当线圈在磁场中做相对运动时，所感生的电动势与线圈切割磁力线的速度成正比，因此就传感器的输出信号来说，感应电动势是同被测振动速度成正比的，所以它实际上是一个速度传感器。

　　为了使传感器有比较宽的可用频率范围，在工作线圈的对面安装了一个用紫铜制成的阻尼环。通过合适的几何尺寸，可用得到理想的无量纲衰减系数 $\zeta = 0.7$。阻尼环实际上就是一个在磁场里运动的短路环。在工作时，此短路环产生感生电流。这个电流又随同阻尼环在磁场中运动，从而产生电磁力，此力同可动部分的运动方向相反，呈阻力形式出现，其大小与可动部分的运动速度成正比。因此，它是该系统中的线性阻尼力。

　　此类传感器的缺点是，在测量时传感器的全部重量都必须附加在被测振动物体上，这对某些振动测量结果的可靠性将产生较大的附加质量影响。

　　B　相对式电动传感器

　　相对式电动传感器的工作简图如图 7-10 所示。该传感器也是由固定部分、可动部分以及三组拱形弹簧片所组成。三组拱形弹簧片的安装方向是一致的。在测量时，必须先将顶杆压在被测物体上，并且应注意满足传感器的跟随条件。

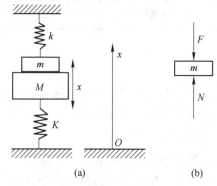

(a)　　　　　　　　　　　(b)

图 7-10　相对式电动传感器的运动及受力分析示意图

(a) 安装示意图；(b) 受力图

当传感器顶杆跟随被测物体运动时，顶杆质量 m 和弹簧刚度 k 附属于被测物上，如图 7-10（a）所示，它们成了被测振动系统的一部分，因此在测量时要注意满足：$M \gg m$，$K \gg k$ 的条件，这样传感器的可动部分的运动才能主要地取决于被测物体系统的运动。

下面着重讨论传感器的跟随条件。

以传感器可动部分的顶杆质量块 m 为研究对象，其受力图如图 7-10（b）所示。由牛顿第二定律可知，质量块 m 的运动微分方程为

$$m\ddot{x} = N - F \tag{7-26}$$

式中，N 为传感器顶杆与被测物体的相互作用力；F 为传感器顶杆所受拱形弹簧的弹性力。因此，传感器顶杆跟随被测物体所必须满足的条件是 $N > 0$。从而，由式（7-26）可得

$$N = m\ddot{x} + F > 0 \tag{7-27}$$

由于 $\ddot{x}$ 的变化范围为 $|\ddot{x}| \leqslant a_m$（最大跟随加速度值），当 $\alpha_m = \ddot{x} > 0$ 时，条件自然满足；当 $\alpha_m = \ddot{x} < 0$ 时，则条件为 $F - ma_m > 0$。由于弹性力 F 由预压力 $F_0 = k\delta$ 和弹性恢复力 $F_1 = kx$ 组成，而 $x \ll \delta$，则 $F_1 \ll F_0$，所以 $F \approx F_0$。因此传感器的跟随条件为

$$F_0 - ma_m > 0 \quad \text{或} \quad \alpha_m < \frac{F_0}{m} \tag{7-28}$$

如果被测加速度值超过上述的最大跟随加速度 α_m 值时，或顶杆的预压力 F_0 不够大时，传感器的顶杆将同被测物发生撞击，此时测量无法进行，甚至会损伤传感器。因此使用时一定要满足传感器的跟随条件。

以上叙述了相对式电动传感器的力学原理，与绝对式电动传感器相同，它也是一种速度传感器。其不同点是相对式电动传感器不加阻尼环。

7.3.2.3 压电式传感器

A 压电式加速度传感器

某些晶体（如人工极化陶瓷、压电石英晶体等）在一定方向的外力作用下或承受变形时，它的晶体表面或极化面上将有电荷产生。这种从机械能（力或变形）到电能（电荷或电场）的变换称为正压电效应。而从电能（电场或电压）到机械能（变形或力）的变换称为逆压电效应。

人工极化陶瓷，在外电场作用下，会使自发极化方向顺着电场方向，如图 7-11 所示。当外加电场取消后，其自发极化方向会有部分改变，但最后在原电场方向将表现出剩余极化强度。

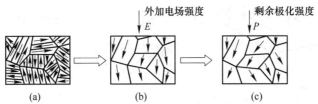

图 7-11 压电陶瓷晶体的极化过程
（a）自发极化；（b）外加电场；（c）剩余极化

经过外加电场的极化处理后，陶瓷材料具有了剩余极化强度，但是，并不能从极化面上测量出任何电荷，这是因为在极化面上的自由电荷被极化电荷所束缚。如图 7-12（a）所示，并不能离开电极面，因此，不能量得其极化强度。

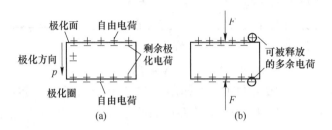

图 7-12　加力前后自由电荷状态

（a）加力前自由电荷被束缚；（b）加力后多余电荷被释放

当有外力作用时，如图 7-12（b）所示，则晶体出现变形，使得原极化方向上的极化强度减弱，这样就将束缚在电极面上的自由电荷就有部分被释放，这就是通常所说的压电效应。设 q 为释放的电荷，F 为作用力，A 为电极化面积，则以下关系式成立

$$\frac{q}{A} = d_x \frac{F}{A} \quad \text{或} \quad q = d_x F \tag{7-29}$$

式中，d_x 是压电系数，单位为 C/N（库仑/牛顿）。

理论与实验研究表明，对于压电晶体，若受力方向不同，产生电荷的大小亦不同。在压电晶体弹性变形范围内，电荷密度与作用力之间的关系是线性的。若受力如图 7-13（a）所示，则平面上产生的电荷为

$$\begin{bmatrix} q_1 \\ q_2 \\ q_3 \end{bmatrix} = \begin{bmatrix} d_{11} & d_{12} & d_{13} & d_{14} & d_{15} & d_{16} \\ d_{21} & d_{22} & d_{23} & d_{24} & d_{25} & d_{26} \\ d_{31} & d_{32} & d_{33} & d_{34} & d_{35} & d_{36} \end{bmatrix} \begin{bmatrix} F_1 \\ F_2 \\ F_3 \\ F_4 \\ F_5 \\ F_6 \end{bmatrix} = \boldsymbol{D} \begin{bmatrix} F_1 \\ F_2 \\ F_3 \\ F_4 \\ F_5 \\ F_6 \end{bmatrix} \tag{7-30}$$

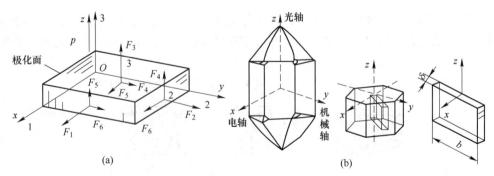

图 7-13　压电晶体的作用力分布图及石英晶体切片示意图

（a）压电陶瓷立方体作用力图；（b）石英晶体切片图

式中 q_1，q_2，q_3——三个平面上的总电荷量；

　　　　F_1，F_2，F_3——沿三个轴的轴向作用力；

　　　　F_4，F_5，F_6——沿三个轴的切向作用力；

　　　　d_{ii}——压电元件的压电系数。

　　若以压电石英晶体为例，在对如图 7-13（b）所示的晶体进行切片后，压电系数矩阵为

$$\boldsymbol{D} = \begin{bmatrix} d_{11} & -d_{11} & 0 & d_{14} & 0 & 0 \\ 0 & 0 & 0 & 0 & -d_{14} & -2d_{11} \\ 0 & 0 & 0 & 0 & 0 & 0 \end{bmatrix} \tag{7-31}$$

　　在振动测量中，切片的厚度是与运动方向相平行的，当在其他反向没有运动时，即其他作用力 F_2、F_3、F_4、F_5、F_6 为零时，压电元件在惯性力 F_1 的作用下，电极面所产生的电荷为

$$q_1 = d_{11}F_1 \tag{7-32}$$

　　式（7-32）与式（7-29）相比较，结果相同。因此利用晶体的压电效应，可以制成测力传感器。在振动测量中，由于 $F = ma$，所以压电式传感器是加速度传感器。

　　压电式加速度传感器虽常见的类型有三种，即中心压缩式、剪切式和三角剪切式。下面以中心压缩式为例，对压电式加速度传感器的结构及工作原理加以介绍。

　　在图 7-14（a）中，压缩型压电加速度传感器的敏感元件由两个压电片组成，其上放有一重金属制成的惯性质量块，用一预紧硬弹簧板将惯性质量块和压电元件片压紧在基座上。整个组件就构成了一个惯性传感器。如果加速度传感器的固有频率是 $f_n = \dfrac{1}{2\pi}\sqrt{k/m}$，式中 k 是弹簧板、压电元件片和基座螺柱的组合刚度系数，m 是惯性质量块的质量。

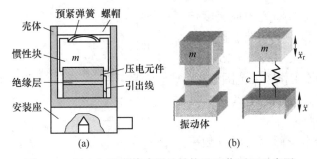

图 7-14 压电加速度传感器的结构及工作原理示意图

（a）结构示意图；（b）工作原理示意图

　　为了使加速度传感器正常工作，被测振动的频率 f 应该远低于加速度传感器的固有频率，即 $f \ll f_n$。很明显，由于惯性质量块和基座之间的相对运动为 x_r，加速度传感器压电元件片受到与之相应的交变压力的作用，如图 7-14（b）所示，所以加速度传感器就能输出与被测振动加速度成比例的电荷，这就是压电式加速度传感器的工作原理。

　　上面虽是以中心压缩型为例进行分析的，但这种分析方法也适用于剪切式和三角截切式。所不同的是，在中心压缩式中，惯性质量块使压电元件片发生压缩变形而产生电荷，在剪切式与三角截切式中，惯性质量块的惯性力使压电元件片发生剪切变形而产生电荷，

一般认为剪切式，特别是三角截切式具有较高的稳定性，温度影响较小，线性度好，有较大的动态范围，因而得到广泛应用。利用压电式传感器时必须注意以下几个问题。

a　压电式加速度传感器的灵敏度

压电式加速度传感器的灵敏度有两种表示方法，一个是电压灵敏度 S_v，另一个是电荷灵敏度 S_q。

如前所述，压电片上承受的压力 $F = ma$，由公式（7-29）可知，在压电片的工作表面上产生的电荷 q_a 与被测振动的加速度 a 成正比，即

$$q_a = S_q a \tag{7-33}$$

式中，比例系数 S_q 就是压电式加速度传感器的电荷灵敏度，m/s^2。由图 7-14 可知，传感器的开路电压 $u_a = q_a / C_a$，式中，C_a 为传感器的内部电容量。对于一个特定的传感器来说，C_a 为一个确定值。所以

$$u_a = \frac{S_q}{C_a} a \quad 即 \quad u_a = S_v a \tag{7-34}$$

也就是说，加速度传感器的开路电压 u_a，也与被测加速度 a 成正比。比例系数 S_v 就是压电式传感器的电压灵敏度，m/s^2。

因此在压电式加速度传感器的使用说明书上所标出的电压灵敏度，一般是指在限定条件下的频率范围内的电压灵敏度 S_v。在通常条件下，当其他条件相同时，几何尺寸较大的加速度传感器有较大的灵敏度。

b　压电加速度传感器的频率特性

典型的压电加速度传感器的频率特性曲线如图 7-15 所示。该曲线的横坐标是对数刻度的频率值，而纵坐标则是相对电压灵敏度，就是被标定的加速度传感器的电压灵敏度和一个标准加速度传感器的电压灵敏度之比。从图 7-15 中可以看出压电式传感器工作频率范围很宽，只有在加速度传感器的固有频率 f_n 附近灵敏度才发生急剧变化。

因此就传感器本身而言，固有频率 f_n 是其主要参数。通常一般几何尺寸较小的传感器有较高的固有频率，但灵敏

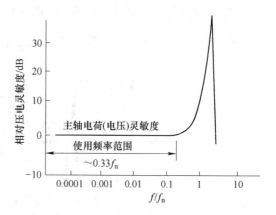

图 7-15　压电式加速度传感器的频率特性曲线

度较低。权衡传感器的灵敏度和可以使用频率范围这一对矛盾，到底如何取舍？这决定于测量要求。但是就一项精确地测量而言，宁肯选取较小灵敏度的加速度传感器也要保证有足够宽的有效频率范围。

c　几何尺寸和重量

几何尺寸和重量主要取决于被测物体对传感器的要求。因为较大的传感器对被测物有较大的附加重量，对刚度小的被测物来说是不适宜的。总的来说，压电式加速度传感器的尺寸和重量都是比较小的。一般情况下，其影响可以忽略不计。

d 传感器的横向灵敏度

横向灵敏度也称为横向效应，它是压电式加速度传感器的一个重要性能指标。由于横向灵敏度的存在，传感器的输出不仅仅是其主轴方向的振动，而且与其主轴相垂直方向的振动也反映在输出之中。这将导致所测方向上的振动量值和相位产生误差。

横向灵敏度主要是由于最大灵敏度轴 Oz' 与传感器的几何轴线 Oz 不重合（图 7-16）而引起的。这是由于传感器加工、安装上的间隙误差及极化条件所造成的。最大灵敏度轴线与几何轴线间的夹角为 θ ，最大的横向灵敏度表示为

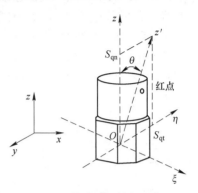

$$S_t = \frac{S_{qt}}{S_{qx}} = \tan\theta \qquad (7-35)$$

图 7-16 传感器灵敏度示意图

对于每个加速度传感器来说，横向灵敏度是通过单独校准确定的，它的数值为 1%~4% 不等。最小横向灵敏度方向用红点标明在加速度传感器外壳上。安装加速度传感器时要恰当地放置红点的方向，以减小测量误差。

e 环境影响

环境温度直接影响加速度传感器灵敏度。所标定的灵敏度是在室温 20℃ 的条件下测定的，根据使用环境温度的不同，可按每个传感器出厂时给出的温度修正曲线修正其灵敏度。使用加速度传感器时，不允许超过许用温度，否则会造成压电元件的损坏。另外温度瞬变也会使测量数据漂移造成误差。电缆噪声和基座应变都会造成虚假数据。其他如核辐射、强磁场、湿度、腐蚀与强声场噪声等也会影响测量结果。

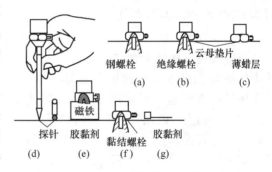

图 7-17 加速度传感器的安装方式

f 加速度传感器的安装方法

图 7-17 及表 7-2 列举了几种安装方法及其相应的测量频率上限。但要注意，用螺栓连接时，螺栓不能紧压加速度传感器底部，否则会造成基座变形而改变其灵敏度。

表 7-2 传感器的安装方式、许用最高温度及频响范围

安装方式	许用最高温度/℃	频响范围/kHz（以 4.367 加速度计频响曲线上误差 0.5dB 处的频率 10kHz 为参考）
钢螺栓连接，结合涂薄层硅脂	>250	10
绝缘螺栓连接，结合面涂薄层硅脂	250	8
蜂蜡黏合	40	7
磁座吸合	150	1.5
触杆手持	不限	0.4

安装加速度传感器时应将加速度传感器作绝缘安装或把电荷放大器与地绝缘，以防止形成接地回路交流声。

B　压电式力传感器

在振动试验中，除了测量振动，还经常需要测量对试件施加的动态激振力。压电式力传感器具有频率范围宽、动态范围大、体积小和重量轻等优点，因而获得广泛应用。

压电式力传感器的工作原理是利用压电晶体的压电效应。其实际受力情况可具体分析如下：作用在力传感器上的力 F_b 同时施加于晶体片与壳体组成的一对并联弹簧上，如图 7-18（a）所示，k_p 和 k_s 分别表示二者的轴向刚度。在静态情况下，晶体片上实际所受的力为：

$$F_p = \frac{k_p}{k_p + k_s} F_b \tag{7-36}$$

只有当 $k_p \gg k_s$ 时

$$F_p \approx F_b \tag{7-37}$$

即压电晶体片所受的力与外力成正比。在动态情况下，还需考虑传感器底部质量 m_b 和顶部质量 m_t 的惯性力，如图 7-18（b）所示。

$$F_b - F_p = m_b a_b$$

$$F_p - F_t = m_t a_t \tag{7-38}$$

实际施加于试件上的力 $F_t = F_p - m_t a_t$，与晶体片测到的力 F_p 有微小的差别。这一点在力传感器使用时应予以充分注意，即必须将质量轻的一端与试件相连。

C　阻抗头

阻抗头是一种综合性传感器。它集压电式力传感器和压电式加速度传感器于一体，其作用是在力传递点测量激振力的同时测量该点的运动响应。因此阻抗头由两部分组成，一部分是力传感器，另一部分是加速度传感器，结构如图 7-19 所示。它的优点是，保证响应的测量点就是激振点。使用时，将小头（测力端）连向结构，大头（测量加速度）与激振器的施力杆相连。从"力输出端"测量激振力的信号，从"加速度输出端"测量加速度响应的信号。

注意，阻抗头一般只能承受轻载荷，因而只可以用于轻型的结构、机械部件以及材料试样的测量。无论是力传感器还是阻抗头，某信号转换元件都是压电晶体，因而其测量线路均应是电荷放大器。

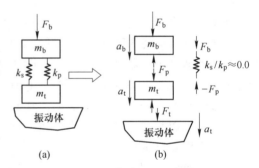

图 7-18　力传感器的力学模型
（a）安装结构示意图；（b）受力图

7.3.2.4　电涡流式传感器

电涡流式传感器是一种相对式非接触式

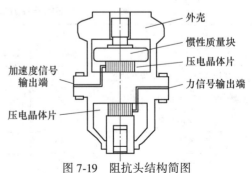

图 7-19　阻抗头结构简图

传感器，它是通过传感器端部与被测物体之间的距离变化来测量物体的振动位移或幅值的。电涡流式传感器具有频率范围宽（0~10kHz）、线性工作范围大、灵敏度高、结构简单以及非接触式测量等优点，主要应用于静位移的测量、振动位移的测量、旋转机械中监测转轴的振动测量。

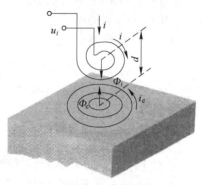

电涡流传感器的工作原理如图 7-20 所示。当通有交变电流 i 的线圈靠近导体表面时，由于交变磁场的作用，在导体表面层就感生电动势，并产生闭合环流 i_e，称为电涡流。电涡流式传感器中有一线圈，当这个传感器线圈通以高频激励电流 i 时，其周围就产生一高频交变磁场，磁通量为 Φ_i。当被测的导体靠近传感器线圈时，由于受到高频交变磁场的作用，在其表面产生电涡流 i_e，这个电涡流产生的磁通 Φ_e 又穿过原来的线圈，根据电磁感应定律，它总是抵抗主磁场的变化。因此，传感器线圈与涡流相当于存在互感的两个线圈。互感的大小与原线圈和导体

图 7-20　电涡流式传感器变换原理

表面的间隙 d 有关，其等效电路图 7-21（a）所示。图中 R、L 为原线圈的电阻和自感，R_e、L_e 为电涡流回路的等效电阻与自感。这一等效电路又可进一步简化为图 7-21（b）所示的电路。并且可以证明；当电流的频率甚高时，即 $R_e \ll \omega L_e$ 时，图中的 R'、L' 近似为

$$R' = R + \frac{L}{L_e}K^2 R_e \qquad L' = L(1 + K^2) \tag{7-39}$$

式中，$K = M\sqrt{LL_e}$，为耦合系数；M 为互感系数。耦合系数 K 决定于原线圈与导体表面的距离 d，即 $K = K(d)$。当 $d \to \infty$ 时，$K(d) = 0$，$L' = L$，这样间隙 d 的变化就转换为 L' 的变化，然后再通过测量线路将 L' 的变化转换为电压 u_i 的变化。因此，只要测定 u_i 的变化，也就间接地求出了间隙 d 的变化。这就是非接触式电涡流传感器的工作原理。

如何将 L' 的变化转换为电压 u_i 的变化，并进一步确定 d 的变化关系，将在电涡流传感器的测量线路中加以介绍。

7.3.2.5　参量型传感器

a　电动式传感器

图 7-22 所示是一个带有工作气隙 δ 的电感元件。现在来讨论这个电感元件的电阻抗 Z 的大小。对于任何一个有铁心的线圈，其阻抗都可以表示为

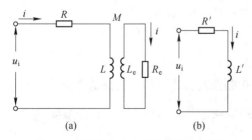

图 7-21　电涡流式变换的等效电路图

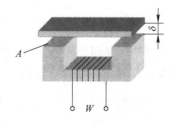

图 7-22　带有气隙的电感元件

$$Z = R + \mathrm{j}2\pi f \frac{W^2}{Z_M} \tag{7-40}$$

式中　R——线圈的直流电阻；

　　　f——工作电压的频率；

　　　W——线圈的匝数；

　　　Z_M——磁回路的磁阻，如果忽略漏磁通的影响，则

$$Z_M = Z_{MCO} + Z_{M\delta} \tag{7-41}$$

其中　Z_{MCO}——铁心部分的磁阻，$Z_{MCO} = \dfrac{l}{\mu A}$；

　　　$Z_{M\delta}$——气隙部分的磁阻，$Z_{M\delta} = \dfrac{\delta}{\mu_0 A}$；

　　　l, δ——分别是铁心和气隙的工作长度；

　　　μ, μ_0——分别是铁心和空气的导磁率；

　　　A——铁心面积。

将式（7-41）代入式（7-40）可得

$$Z = R + \mathrm{j}\omega \frac{W^2}{\dfrac{l}{\mu A} + \dfrac{\delta}{\mu_0 A}}$$

由此可见，如果该式的右边诸项中的任何一个参数如 $A(t)$、$\delta(t)$ 有变化时，都能改变该线圈的阻抗值 Z。也就是说电感式传感器能把被测的机械振动参数 $A(t)$、$\delta(t)$ 的变化转换成为可以用电子仪器测量的参量 Z 的变化。

因此，电感传感器有两种形式：一是可变间隙的，即 $\delta = \delta(t)$，二是可变导磁面积的，即 $A = A(t)$，如图 7-23 所示。

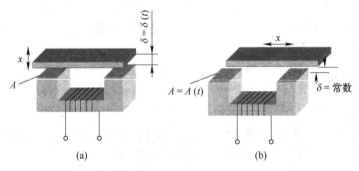

图 7-23　电感元件参量变化形式示意图

（a）可变间隙示意图；（b）可变面积示意图

下面讨论可变间隙传感器的输出电参数特性。

如果当 $R \ll \omega L$ 时，$Z = \mathrm{j}\omega L$，同时，在制造时，为了保证更高的变换效率和较好的特性应当尽量选择高导磁率的材料。所以有 $\dfrac{l}{\mu A} \ll \dfrac{\delta}{\mu_0 A}$，在满足了上述条件之后，式（7-40）可以近似地写成

$$Z = j\mu_0 A\omega W^2 \frac{1}{\delta} \tag{7-42}$$

由式（7-42）可知，线圈的阻抗 Z 和气隙长度 $\delta(t)$ 成双曲线关系，如图 7-24 所示。

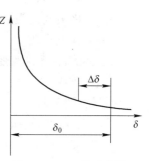

该曲线只有在灵敏度极低或者在间隙极小的时候才会出现接近直线的部分，但是，只要适当地选择 δ_0，就有可能得到在 $\Delta\delta = (0.1 \sim 0.15)\delta_0$ 的范围内，基本上可以认为工作是线性的。

图 7-25 所示为差动式传感器的简图。由它的特性曲线可看出，只要适当选取 δ_0，在 $\Delta\delta = (0.3 \sim 0.4)\delta_0$ 的范围内，基本上可以认为工作是线性的。

图 7-24　Z-δ 关系曲线

如果把差动式电感传感器的两个线圈接入交流电桥中，电桥可以有很大的输出。

当把差动式电感传感器的两个线圈放到高速旋转轴的两侧，就构成了非接触式电感传感器，如图 7-26 所示。它可测量轴心轨迹。

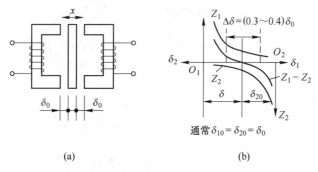

(a)　　　　　　　　　　(b)

图 7-25　差动式传感器简图

（a）差动电感传感器结构简图；（b）差动电感传感器特性简图

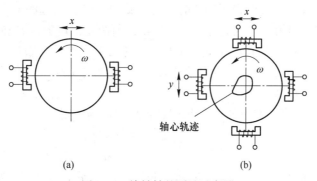

(a)　　　　　　　　　　(b)

图 7-26　旋转轴的测试示意图

（a）旋转轴在水平方向的振动测试简图；（b）轴心轨迹测试简图

b　电容传感器

两个平行导体极板间的电容量可由下式给出：

$$C = \kappa\left(\frac{A}{\delta}\right) \tag{7-43}$$

式中　C——电容量；

　　　A——公共面积；

　　　δ——极板间的距离；

　　　κ——介电常数。

由上式可知，无论改变公共面积 A 或极板间的距离 δ，均可改变电容量 C。

因此电容传感器一般分为两种类型，即可变间隙 δ 式和可变面积 A 式，如图 7-27 所示。很明显，图 7-27（a）可变间隙式可以测量直线振动的位移 $\Delta\delta_0$。而图 7-27（b）可变面积式可以测量扭转振动的角位移 $\Delta\theta$。因此电容传感器是非接触型的位移传感器。

对于图 7-27（a）所示的情形，如果公共面积 A 为常数，则

$$C = 0.0885 \frac{A}{\delta} \tag{7-44}$$

式中，电容 C 的单位为 pF（微法），当被测振动的位移 $\Delta\delta$ 远小于初始间距 δ_0 时，即

$$\delta = \delta_0 \pm \Delta\delta, \ \Delta\delta \ll \delta_0$$

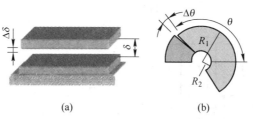

图 7-27　电容传感器结构示意图

(a) 可变间隙示意图；(b) 可变面积示意图

则极板间距 δ 的变化量 $\Delta\delta$ 与所引起的极板间电容量 C 的变化量 ΔC 之间的关系应为

$$\Delta C = C \frac{\Delta\delta}{\delta_0} \tag{7-45}$$

由此可知，当 $\Delta\delta \ll \delta_0$ 时极板间 δ 的变化量 $\Delta\delta$ 与 $\Delta\delta$ 所引起的电容量的变化量 ΔC 之间的关系是线性的。但值得注意的是，式（7-43）所决定的电容量 C 和间距 δ 的关系仍然是双曲线的关系。因此，为了能得到式（7-45）的结果，除了要满足 $\Delta\delta \ll \delta_0$ 这个条件之外，还必须根据 κ 及 A 的值来适当地选择 δ_0，否则式（7-45）的可用范围是很窄的，即传感器的线性范围很窄。

对于图 7-27（b）所示的情形，如果间距 δ 是固定的，则

$$C = 0.139 \frac{R_1^2 - R_2^2}{\delta} \left(\frac{\theta}{\pi} \right) \tag{7-46}$$

式中，R_1、R_2、δ、θ 如图 7-27（b）所示，长度单位为 cm，角度的单位为 rad。当 $\pi/2 < \theta < \pi$，而 $\Delta\theta \ll \theta$ 时，则

$$\Delta C = C \frac{\Delta\theta}{\theta} \tag{7-47}$$

由此可知，当测扭转振动幅角时，如果 $\Delta\theta$ 远小于初始重合角 θ 时，那么，极板间由于 $\Delta\theta$ 引起的电容量的变化 ΔC 与它的关系是线性的，其应注意的线性范围同式（7-45）。用图 7-27（a）所示的传感器可以测量直线振动的位移，而用图 7-27（b）所示的传感器

可以测量扭转振动的角位移。

电容传感器和电感传感器都属于参量式传感器，可以用于非接触测量技术中。如果在被测物体周围有强磁场的情况下（如测量电动机转子的振动），使用电容传感器更为适宜。由于电容传感器电容量的变化 ΔC 是很微小的，因此，它要求测量电路具有很大的增益和足够高的工作频率（几十千赫到几十兆赫）。通常是采用调频技术以增加电路的灵敏度和可靠性。

c　电阻式传感器

电阻式传感器是将被测的机械振动量转换成传感元件电阻的变化量。实现这种机电转换的传感元件有多种形式，其中最常见的是电阻应变式的传感器。电阻应变片的工作原理为：长为 l、电阻值为 R 的应变片粘贴在某试件上时，试件受力变形，应变片就由原长 l 变化到 $l + \Delta l$（图7-28），应变片阻值则由 R 变化到 $R+\Delta R$，实验证明，在试件的弹性变化范围内，应变片电阻的相对变化 $\dfrac{\Delta R}{R}$ 和其长度的相对变化 $\dfrac{\Delta l}{l}$（即应变 ε）成正比，即

$$\frac{\Delta R}{R} = K_0 \frac{\Delta l}{l} = K_0 \varepsilon$$

亦即

$$\Delta R = K_0 R \varepsilon \quad \text{或} \quad \varepsilon = \frac{\Delta R}{K_0 R} \tag{7-48}$$

式中，K_0 为应变片的灵敏度系数。

从式（7-48）可知，如已知应变片灵敏度系数为 K_0 值，则试件的应变 ε 可根据应变片的阻值变化求得。

电阻应变式传感器实际上是惯性式传感器，如图7-29所示，它的质量块由弹性梁悬挂在外壳上，当质量块相对于仪器外壳发生相对运动时，弹性梁就发生变形，贴在弹性梁上的应变片的电阻值由于变形而产生变化。然后再通过电阻动态应变仪测得电阻值的变化量及变化规律，再经过计算，从而可求出有关的振动参量。因此它是一种惯性式电阻应变传感器。也可根据应变片所贴位置的不同或传感器结构的不同，还能做成电阻应变式扭矩传感器或电阻应变式扭振传感器。

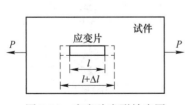

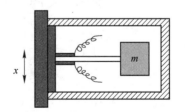

图 7-28　应变片变形效应图　　　　图 7-29　电阻应变传感器示意图

7.4　数据采集仪工作原理

数据采集仪是主要用来连接不同类型的转换器进行自动数据采集的设备，例如，采集模拟量数据（如振动速度、温度、压力、流量、位移等）、开关量数据（如烟雾报警器、红外报警器、开关状态）和数字量数据（如 IC 卡读卡器、身份证读卡器、指纹模块、人

脸识别、摄像头、数字传感器等），还可以将采集到的数据处理后再进行存储、处理分析、显示、转发和交互使用。

数据采集仪通常由核心处理器、传感器处理模块、存储模块、显示模块和核心处理器 I/O 接口组成。

图 7-30 给出了一个比较全面的数据采集仪工作原理示意图。数据采集仪通过模拟量处理模块将振动速度、温湿度、压力、流量等模拟量数据进行信号调理以及 A/D 转换等处理后，将模拟信号转换成数字信号再由核心处理器处理成系统定义的数据格式。数据采集仪通过开关量处理模块将烟雾报警器、红外报警器、开关状态等开关量信号转换成数字信号再由核心处理器处理成系统定义的数据格式。数据采集仪通过数字量处理模块（数字量处理模块是对从各类型数字接口，如 RS-485、RS-232、USB 等数字接口，采集到的数字量进行处理的模块），将身份证读卡器、指纹模块、人脸识别、摄像头、GPS 模块等数字接口设备或模块采集到的数字量，通过核心处理器处理成系统定义的数据格式。数据采集仪将采集的信息处理成系统定义的数据格式后，系统以这些数据为基础，再根据系统设定进行存储；通过核心处理器分析处理后显示出对应数据结果；根据设定输出对应的控制；通过网络模块（可以是 RJ45/3G/4G/WIFI 等接口），从互联网或专网发送到监控中心。

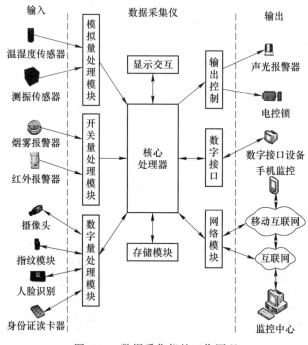

图 7-30　数据采集仪的工作原理

7.4.1　模拟量采集

模拟量是指变量在一定范围连续变化的量，也就是在一定范围（定义域）内可以取任意值（在值域内）。

模拟量采集是将连续的模拟量（如电压、电流等）通过取样转换成离散的数字量。

模拟量采集包括4个步骤。

7.4.1.1 接入模拟量信号

模拟量传感器输出常用的类型有：（DC）0~10V、（DC）0~5V、0~20mA、4~20mA。接入模拟量传感器时要接到数据采集仪对应类型的接口上［一般数据采集仪上提供的是（DC）0~10V 和0~20mA 的接口］。

7.4.1.2 信号调理

对接入的模拟量信号进行滤波，过压、过流保护和调整信号范围在模数转换的范围。

7.4.1.3 A/D 转换

A/D 转换过程包括取样、保持、量化和编码四个步骤。一般情况下，前两个步骤在取样、保持电路中一次性完成，后两个步骤在 A/D 转换电路中一次完成。

（1）取样和取样定理。要确定（表示）一条曲线，理论上应当用无穷多个点，但有时却并非如此。比如一条直线，取两个点即可。对于曲线，是多取几个点而已。将连续变化的模拟信号用多个时间点上的信号值来表示称为取样，取样点上的信号值称为样点值，样点值的全体称为原信号的取样信号。

取样时间可以是等间隔的，也可以自适应非等时间间隔取样。然而，对于频率为f的信号，应当取多少个点，或者更准确地说应当用多高的频率进行取样，取样定理将回答这个问题。

只要取样频率f_s大于等于模拟信号中的最高频率f_{max}的2倍，利用理想滤波器即可无失真地将取样信号恢复为原来的模拟信号。也就是说对于一个正弦信号，每个周期只要取两个样点值即可，条件是必须用理想滤波器复原信号，这就是著名的香农（Shannon）取样定理，可用公式表示为：

$$f_s \geq 2f_{max} \tag{7-49}$$

在工程上，一般取$f_s \geq (4 \sim 5)f_{max}$。

（2）取样—保持。取样后的样点值必须保存下来，并在取样脉冲结束之后到下一个取样脉冲到来之前保持不变，以便 ADC 电路在此期间内将该样点值转换成数字量，这就是所谓取样—保持。

常用的取样—保持电路芯片有 LF198 等，其保持原理主要是依赖于电容器 C 上的电压不能突变而实现保持功能。

（3）量化与编码。取样保持后的样点值仍是连续的模拟信号。为了用数字量表示，必须将其化成某个最小数量单位的整数倍。比如取样保持后的电压值为 10V，如果以"1V"为最小数量单位，转换成的数字就是 10；如果以"1mV"为单位，转换成的数字就是 10000。这个把模拟量转换为数字量的过程称为量化。量化有两种方式：一是只舍不入式量化，二是有舍有入式量化。

转换之后的数字可以用十进制表示（如上述的"10"），也可以用二进制数表示（如"1010"），或用 BCD 码表示（如"0001 0000"）等，这就是所谓编码。一般多用二进制码。

（4）数字量处理。经过 A/D 转换成数字量后，系统对采集到的数字进行处理。根据传感器的参数和采集到的数据计算出采集到的实际数值，再转换成系统定义的数据格式进行处理、存储、显示和传输。模拟量的计算举例：如一个线性温度传感器输出为 $0 \sim 5V$，测量范围：$-20 \sim 80$℃，数据采集仪接口为 $0 \sim 10V$，A/D 转换为 12 位精度，采集到的数字量为 1500。可代入式（7-50）算出采集到的电压值为 $3.66V$。

$$U = M(U_{max} - U_{min})/(2^n - 1) \tag{7-50}$$

式中　U——计算的电压值；

　　　U_{max}——A/D 最高转换电压；

　　　U_{min}——A/D 最低转换电压；

　　　M——A/D 转换数字量；

　　　n——A/D 转换精度。

如果计算的采集电压大于 5V 则为无效数字量（超过温度传感器输出范围）。

在根据计算的采集电压和传感器参数用式（7-51）计算出采集实际值。

$$X = (T_{max} - T_{min})U/(U_{max} - U_{min}) + T_{min} \tag{7-51}$$

式中　X——采集的实际值；

　　　U——采集的电压值；

　　　U_{max}——传感器输出最大电压值；

　　　U_{min}——传感器输出最小电压值；

　　　T_{max}——传感器最大量程；

　　　T_{min}——传感器最小量程。

将 $U = 3.66V$，$U_{max} = 5V$，$U_{min} = 0V$，$T_{max} = 80$℃，$T_{min} = -20$℃代入式（7-51）可以计算出 $X = 53.2$℃。

7.4.2　开关量采集

开关量是指非连续性信号的采集和输出，包括遥控采集和遥控输出。它有"1"和"0"两种状态，这是数字电路中的开关性质，而电力上是指电路的开和关或者触点的接通和断开。

开关量采集是将一事物对立的状态值通过取样转换成数字量。开关量采集包括三个步骤：

7.4.2.1　接入开关量信号

开关量传感器通常有两个节点，只有两种状态：接通或断开。把这两个节点的一端接到数据采集仪开关量一个通道上，另一端接到开关量公共端（一般为电源接地端）。

7.4.2.2　开关量信号转换

开关量信号转换一般是接一个光电耦合器进行光电隔离来保护核心处理器的输入 I/O 口。当开关量传感器两个接点接通时，处理器输入 I/O 口为低电平，当开关量传感器两个接点断开时，处理器输入 I/O 口为高电平（开关量公共端为电源接地端）。系统通过采集这个输入口的 I/O 状态来获取开关量传感器的状态。

7.4.2.3 数字量处理

开关量采集到数字只有一位二进制，一般会把采集到数字量以字节为单位进行传输。经处理后，1 个字节最多可以表示 8 个开关量状态。将开关量状态字节化后，再转换成数据采集仪系统定义的数据格式，并进行处理、存储、显示和传输。

7.4.3 数字量采集

数字量是分立量，而不是连续变化量，只能取几个分立值，如二进制数字变量值能取两个值（0 或 1）。

数字量采集是通过数据采集仪的各种数字接口接入对应类型数字接口的模块或设备，再把这些模块或设备采集的数字量转换成数据采集仪系统定义的数据格式，并进行处理、显示、存储和传输。数据采集仪通过这些数字接口可以很好地快速扩展数据采集仪的功能。如数据采集仪需要 GPS 定位功能，用户不需要研究 GPS 信号是怎么接收的、怎么处理计算出经纬度等复杂的问题，用户只需要一个第三方的 GPS 模块，知道它是什么接口、输出的是什么数字格式就可以实现 GPS 定位功能。

7.4.3.1 接入数字量信号

根据传感器或设备的数字接口类型对应接到数据采集仪的数字接口上。在数据采集中最常用的数字接口有下述 5 种。

A RS-232 接口

RS-232 接口通常指的是 RS-232-C 接口。RS-232-C 是美国电子工业协会（EIA，Electronic Industry Association）制定的一种串行物理接口标准。RS 是 Recommand Standard 的英文缩写，232 是标识号，C 是修改次数。RS-232-C 总线标准设有 25 条信号线，包括一个主通道和一个辅助通道，在多数情况下主要使用主通道，对于一般双工通信，仅需几条信号线就可实现，如一条发送线、一条接收线及一条地线。RS-232-C 标准规定的数据传输速率为 50bit/s、75bit/s、100bit/s、150bit/s、300bit/s、600bit/s、1200bit/s、2400bit/s、4800bit/s、9600bit/s、19200bit/s。RS-232-C 标准规定，驱动器允许有 2500pF 的电容负载，通信距离将受此电容限制。例如，采用 150pF/m 的通信电缆时，最大通信距离为 15m；若每米电缆的电容量减小，通信距离可以增加。传输距离短的另一原因是 RS-232 属单端信号传送，存在共地噪声和不能抑制共模干扰等问题。因此，该接口一般用于 20m 以内的通信。

B RS-485 接口

在要求通信距离为几十米到上千米时，广泛采用 RS-485 串行总线标准。RS-485 采用平衡发送和差分接收，因此具有抑制共模干扰的能力。加之总线收发器的高灵敏度，能检测低至 200mV 的电压，故传输信号在千米以外仍能得到恢复。RS-485 采用半双工工作方式，任何时候只能有一点处于发送状态，因此，发送电路须由使能信号加以控制。RS-485 用于多点互联时非常方便，可以省掉许多信号线。应用 RS-485 可以联网构成分布式系统，其允许最多并联 32 台驱动器和 32 台接收器。

C USB 接口

USB（Universal Serial Bus）接口是通用串行总线，是连接计算机系统与外部设备的一种串口总线标准，也是一种输入输出接口的技术规范，被广泛应用于个人电脑和移动设备等通信产品，并扩展至摄影器材、数字电视（机顶盒）、游戏机等其他相关领域。最新一代是 USB3.1，传输速率为 10Gbit/s，三段式电压 5V/12V/20V，最大供电 100W，新型 Type C 插型不再分正反。USB 接口具有以下主要特点。

（1）可以热插拔。用户在使用外接设备时，不需要关机再开机等动作，而是在电脑工作时，直接将 USB 插上使用。

（2）携带方便。USB 设备大多以 "小、轻、薄" 见长，对用户来说，随身携带大量数据时很方便。当然 USB 硬盘是首要之选。

（3）标准统一。常见的是 IDE 接口的硬盘、串口的鼠标键盘、并口的打印机扫描仪，可是有了 USB 之后，这些应用外设都可以用同样的标准与个人电脑连接，这时就有了 USB 硬盘、USB 鼠标、USB 打印机等。

（4）可以连接多个设备。USB 在个人电脑上往往具有多个接口，可以同时连接几个设备，如果接上一个有四个端口的 USB HUB 时，就可以再连上四个 USB 设备，以此类推（注：最高可连接 127 台设备）。

由于 USB 的诸多特点，在 PC 的外围设备中，取代了大部分传统的接口。但在智能仪器仪表中，还大量使用 RS-232-C 接口。随着智能仪器仪表控制系统的日益复杂以及数据采集量的增大，迫切需要需求一种更高速、安全、方便的通信形式。USB 接口的特点恰好满足了这种应用要求，因此 USB 产品进入智能仪器仪表和工业控制领域将是必然的。

D　CAN 总线接口

CAN（Controller Area Network）是控制器局域网络的简称，是由以研发和生产汽车电子产品著称的德国 BOSCH 公司开发的，并最终成为国际标准（ISO 11898），是国际上应用最广泛的现场总线之一。在北美和西欧，CAN 总线协议已经成为汽车计算机控制系统和嵌入式工业控制局域网的标准总线，并且拥有以 CAN 为底层协议专为大型货车和重工机械车辆设计的 J1939 协议。CAN 总线具有以下主要特点。

（1）使网络内的节点个数在理论上不受限制。CAN 协议的一个最大特点是废除了传统的地址编码，而代之以对通信数据块进行编码。采用这种方法的优点可使网络内的节点个数在理论上不受限制，数据块的标识符可由 11 位或 29 位二进制数组成，因此可以定义 2 或 2 个以上不同的数据块。这种数据块编码的方式，还可使不同的节点同时接收到相同的数据，这一点在分布式控制系统中非常有用。数据段长度最多为 8 个字节，可满足通常工业领域中控制命令、工作状态及测试数据的一般要求。同时，8 个字节不会占用总线时间过长，从而保证了通信的实时性。CAN 协议采用 CRC 检验并可提供相应的错误处理功能，保证了数据通信的可靠性。CAN 卓越的特性、较高的可靠性和独特的设计，特别适合工业过长监控设备的互联。因此，CAN 越来越受到工业界的重视，并已公认为最有前途的现场总线之一。

（2）可在各节点之间实现自由通信。CAN 总线采用了多主竞争式总线结构，具有多主站运行和分散仲裁的串行总线以及广播通信的特点。CAN 总线上任意节点可在任意时刻主动地向网络上其他节点发送信息而不分主次，因此可在各节点之间实现自由通信。CAN 总线协议已被国际标准化组织认证，技术比较成熟，控制的芯片已经商品化，性价比高，特别适用于分布式测控系统之间的数据通信。CAN 总线插卡可以任意插在 PC AT

XT 兼容机上,方便构成分布式监控系统。

(3)结构简单。只有两根线与外部相连,并且内部集成了错误探测和管理模块。

(4)传输距离和速率。

1)数据通信没有主从之分,任意一个节点可以向任何其他(一个或多个)节点发起数据通信,靠各个节点信息优先级先后顺序来决定通信次序,高优先级节点信息在 134μs 通信。

2)多个节点同时发起通信时,优先级低的避让优先级高的,不会对通信线路造成拥塞。

3)通信距离最远可达 10km(速率低于 5kb/s),速率可达到 1Mb/s(通信距离小于 40m)。

4)CAN 总线传输介质可以是双绞线,同轴电缆。CAN 总线适用于大数据量短距离通信或者长距离小数据量通信、实时性要求比较高、多主多从或者各个节点平等的现场。

E GPIO 接口

GPIO(General Purpose Input Output)是一种通用输入/输出的总线扩展器,利用工业标准 I^2C、SMBus 或 SPI 接口简化了 I/O 口的扩展。当微控制器或芯片组没有足够的 I/O 端口,或当系统需要采用远端串行通信或控制时,GPIO 产品能够提供额外的控制和监视功能。GPIO 接口一般用在数据采集仪内部模块间的通信或控制。

7.4.3.2 数字量处理

数据采集仪通过数字接口采集到数字量。由于数据格式多种多样,同样的功能、同样的接口、同样的传输协议,不同的设备或模块输出的数据格式一般都是不一样的。为了能使用这些数据,需要根据不同设备或模块的数据格式把数据解析成有用的数据,在按数据采集仪系统定义的数据格式进行处理、存储、显示和传输。

7.4.4 数据处理输出

通过模拟量采集、开关量采集或数字量采集后处理成系统定义的数据格式(以下简称基础数据),核心处理器有了基础数据就可以对它进行分析处理、存储、显示和传输。数据采集仪采集到基础数据后,经处理后通过输出表现出来。

数据采集仪主要有以下 4 种输出方式:

(1)通过数据采集仪屏幕输出显示处理结果;

(2)通过数据采集仪输出控制来输出开关量控制信号;

(3)通过数据采集仪网络模块输出采集的基础数据或处理后的数据(如报警数据等);

(4)通过数据采集仪数字接口(如 RS-485、RS-232 等)输出控制信号、基础数据或处理后的数据。

在图 7-30 中,数据采集仪的数据采集、处理、输出过程描述如下。

A 对模拟量信号的处理

数据采集仪采集到的模拟量振动速度(三维)、温度、湿度的 5 个通道数值的基础数据,再由核心处理器处理、存储振动速度(三维)、温度、湿度数据,并输出显示振动速度（三维）、温度、湿度实时的数值到数据采集仪的屏幕上，并定时向监控中心发送振动速度（三维）、温度、湿度当时的数值。当振动速度（三维）、温度、湿度中有数值异常时，数据采集仪输出控制声光报警器报警，并向监控中心发出报警信息。数据采集仪可以随时调取系统存储的振动速度（三维）、温度、湿度在指定时间的测量数据，经专业处理分析计算后显示分析结果（如显示波形等）。

　　B　对开关量信号的处理

　　数据采集仪采集到开关量烟雾报警器、红外报警器两个通道设备状态的基础数据，再由核心处理器处理输出显示烟雾报警器、红外报警器状态到数据采集仪的屏幕上，并定时向监控中心发送烟雾报警器、红外报警器当时的状态。当烟雾报警器、红外报警器发出报警信号时（数据采集仪根据设置的是断开报警还是闭合报警来判断报警信号），数据采集仪存储报警信息，并向监控中心发送报警信息。数据采集仪可以随时查询报警信息。

　　C　对其他信号的处理

　　数据采集仪可以通过数字接口采集身份证读卡器读取到的身份证信息、指纹模块读取到的指纹信息、人脸识别模块读取到的人脸信息、摄像头读取的照片并处理成基础数据，再由核心处理器处理输出显示到数据采集仪的屏幕上。根据系统的需求，向监控中心发送需要的信息。

7.5　振动测试系统放大器

7.5.1　微积分放大器

　　一个振动传感器只能测量某一个振动量，如压电式加速度传感器只能测量振动加速度，磁电式传感器只能测量振动速度。但在实际测量中，常常需要对位移、速度和加速度三个参量进行变换。为了达到这一目的，在振动测量系统中都装有微积分运算电路，这些电路一般装在前置放大器或电荷放大器的输出端，以便对位移、速度及加速度三者间进行变换。这样，只要振动传感器测得三个参量中的任意一个，通过微积分电路就可以得到另外两个参量。

　　微积分电路是在电回路中串入电阻、电容或电感元件来实现微积分计算的电路，如图 7-31 所示。设在电路中输入的交流电流为 i，根据克希霍夫定律可得

$$u_i = u_C + u_R + u_L = \frac{1}{C}\int i\mathrm{d}t + Ri + L\frac{\mathrm{d}i}{\mathrm{d}t} \qquad (7\text{-}52)$$

　　根据这一定律适当选择电路中的 R、C 和 L，可使电压将 u_R、u_C 或 u_L 中的一个与加在电路上的电压 u_i 的微积分或积分成正比关系。实际的微积分电路只有两种元件组成，而且一般应用阻容式微积分网络。这种电路比较简单，阻容元件规格较多，体积小，容易实现。

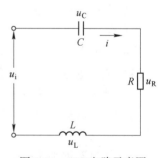

图 7-31　RLC 电路示意图

　　A　RC 微分电路

　　最简单的一阶微分电路由电容和电阻组成，图 7-32 所示是一个无源一次微分电路。根据克希霍夫定律，电路方程为

$$u_i = u_C + u_R = \frac{1}{C}\int i\mathrm{d}t + Ri \qquad (7\text{-}53)$$

若 $Z_C \gg R$ 时，即满足条件 $u_C \gg u_R$ 时，则有

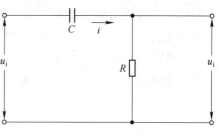

图 7-32 无源 RC 微分电路

$$u_i \approx u_C = \frac{1}{C}\int i\mathrm{d}t$$

即

$$i \approx C\frac{\mathrm{d}u_i}{\mathrm{d}t}$$

在 RC 电路中，输出电压 u_1 为电阻上的压降 u_R，其值为

$$u_1 = u_R = R_i \approx RC\frac{\mathrm{d}u_i}{\mathrm{d}t} \qquad (7\text{-}54)$$

式 (7-54) 输出电压与输入电压的一阶微分成正比。如果输入是位移电压值，则输出应是速度电压值与比例常数 RC 之乘积。比例常数 RC 通常称为时间常数，常用 τ 表示。这种电路具有微分性质，时间常数 τ 越小，微分结果越准确，输出电压信号越小。一般微分电路应满足的条件是 $\tau = RC \leqslant 0.1T$，T 是输入电压的时间周期。如果 $\tau > 0.1T$，电路将不起微分作用，而为一般的 RC 耦合电路。

B RC 积分电路

由于压电式加速度传感器是振动测量中最常用的传感器，所以一次积分电路和二次积分电路在振动测量系统中应用十分广泛。同微分电路一样，无源积分电路也由电阻 R 和电容 C 组成，如图 7-33 所示。在一次积分电路中有

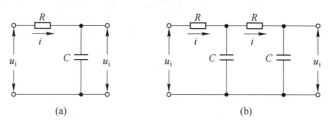

图 7-33 无源 RC 积分电路

(a) 一次积分电路；(b) 二次积分电路

$$u_i + u_R + u_C = Ri + \frac{1}{C}\int i\mathrm{d}t \qquad (7\text{-}55)$$

与微分电路相反，当 $Z_C \ll R$ 时即满足条件 $u_R \gg u_C$ 时，输入信号电压大部分压降在电阻 R 上，即 $u_i \approx u_R$，所以 $i \approx u_i/R$。电路的输出电压为电容两端的电压，有

$$u_1 = u_C = \frac{1}{C}\int i\mathrm{d}t = \frac{1}{RC}\int u_i\mathrm{d}t \qquad (7\text{-}56)$$

从上式可见，输出电压 u_1 与输入电压 u_i 的积分成正比关系，比例常数为 $1/RC$（时间常数 τ 的倒数）。若输入的电压值是加速度电压值，则输出的电压值为速度电压值与比例常数 $1/RC$ 之乘积。对于 2 次积分电路，有

$$u_2 = \frac{1}{(RC)^2}\iint u_i\mathrm{d}t\mathrm{d}t \qquad (7\text{-}57)$$

此时，若输入为加速度电压值，则输出为位移电压值与比例常数 $1/RC$ 的平方之乘积。这种电路具有积分性质，时间常数 $\tau = RC$ 越大，积分结果越准确，但输出信号越小。

C 积分电路的幅频特性

常见的阻容 RC 积分电路，其幅频特性的表达式为

$$A(f) = \frac{u_1}{u_i} = \frac{1}{\sqrt{1 + (f/f_c)^2}}$$

式中 u_i，u_1——积分电路的输入、输出信号电压；

$\quad\quad A(f)$ ——放大系数（输出电压/输入电压）；

$\quad\quad f$——被测振动信号的变化频率；

$\quad\quad f_c$——积分电路的截止频率（或转折频率），$f_c = \dfrac{1}{2\pi RC}$。

截止频率 f_c 是积分电路所固有的。它与电路时间常数 RC，即 τ 成倒数关系。所以时间常数 τ 是一个很重要的参数。

在实际应用中，放大系数 $A(f)$ 常用相对值 $L(f)$ 来表示。定义为

$$L(f) = 20\lg A(f) = 20\lg \frac{1}{\sqrt{1 + (f/f_c)^2}} \tag{7-58}$$

图 7-34 为积分电路的对数幅频特性曲线。式（7-58）存在两个极端状态：

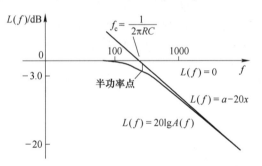

图 7-34 积分电路的对数幅频曲线

一是当 $f \ll f_c$（低频）时，有 $A(f) \to 1$，$L(f) = 0$（一条与 f 轴重合的直线）。

二是当 $f \gg f$（高频）时，有 $A(f) \to f_c/f$

$$L(f) = 20\lg\left(\frac{f_c}{f}\right) = 20\lg f_c - 20\lg f$$

令 $x = \lg f$，$a = 20\lg f_c$

则

$$L(f) = a - 20x \text{（一条斜线）}$$

积分电路的幅频特性曲线在这两条极限线内。在低端，可用直线 $L(f) = 0$ 来逼近；在高端，用斜线 $L(f) = a - 20x$ 来逼近。两直线交点的频率 $f = f_c = 1/2\pi RC$，对应的放大系数

$$A(f) = 1/\sqrt{2} = 0.707$$

因此说明此时的输出电压值为输入电压值的 70.7%。若用输出功率 P 来表示，则有

$$P_{输出} = \frac{u_1^2}{R} = \frac{\left(\dfrac{u_i}{\sqrt{2}}\right)^2}{R} = \frac{1}{2}\frac{u_1^2}{R} = \frac{1}{2}P_{输入}$$

故该点称为半功率点。此时的分贝数为

$$L(f) = 20\lg A(f) = 20\lg\left(\frac{1}{\sqrt{2}}\right) = -3\text{dB} \tag{7-59}$$

即衰减了 3dB。在实际测量中，是用高端的斜线来代替理想的积分曲线的，因此，只有当 $f \gg f_c$ 时，才能有较精确的结果。

二次积分的对数幅频特性与一次类型，同样存在两个极限情况，但斜线的斜率大，$L(f) = 40\lg f_c - 40\lg f$，故覆盖的频率区间变窄。其对数幅频曲线的表达式为

$$L(f) = 20\lg\frac{1}{\sqrt{[1-(f/f_c)^2]^2 + [2\xi(f/f_c)^2]^2}} \tag{7-60}$$

式中，ξ 为电路的阻尼比。

D 微分电路的幅频曲线

微分电路的特性曲线如图 7-35 所示。它与积分电路的幅频特性曲线恰巧相反，其电压放大系数

$$A(f) = \frac{u_1}{u_i} = \frac{1}{\sqrt{1+(f_c/f)^2}} \tag{7-61}$$

式（7-61）的两个极端情况为：

（1）当 $f \ll f_c$（低频）时，$A(f)A(f) \rightarrow f/f_c$

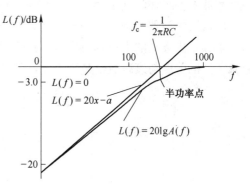

图 7-35 微分电路的对数幅频曲线

$$L(f) = 20\lg\left(\frac{f}{f_c}\right) = 20\lg f - 20\lg f_c$$

即

$$L(f) = 20x - a \ (\text{为一条斜线})$$

（2）当 $f \gg f_c$（高频）时，$A(f) \rightarrow 1$，$L(f) = 20\lg 1 = 0$（为一条与 f 轴重合的直线）。

两线交点处的频率 $f = f_c$，同样也是半功率点，输出电压值为输入电压值的 70.7%，衰减 3dB。在实际应用中，是用低端斜线来代替理想微分曲线的，因此，只有当 $f \ll f_c$ 时，才有比较高的精度。

通过上述分析得知，无论是 RC 积分电路或 RC 微分电路，其覆盖的频率范围是有限的。要想使一个测量放大器具有广阔的频率测量范围，必须设计由多个微、积分电路组成的微、积分网络。

7.5.2 滤波器

滤波器是振动测量分析线路中经常需要用到的部件。它能选择需要的信号，滤掉不需要的信号。滤波器最简单的形式是一种具有选择性的四端网络，其选择性就是能够从输入信号的全部频谱中，分出一定频率范围的有用信号。为了获得良好的选择性，滤波器应以

最小的衰减传输有用频段内的信号（称为通频带），而对其他频段的信号（称为阻频带）则给以最大的衰减。位于通频带与阻频带界限上的频率称为截止频率f_c。

滤波器根据通频带的不同可分为以下 4 种：

（1）低通滤波器，能传输 $0 \sim f_c$ 频带内的信号；

（2）高通滤波器，能传输 $f_c \sim \infty$ 频带内的信号；

（3）带通滤波器，能传输 $f_1 \sim f_2$ 频带内的信号；

（4）带阻滤波器，不能传输 $f_1 \sim f_2$ 频带内的信号。

根据元件性质的不同可分为以下两种：

一是 LC 滤波器，由电感和电容组成；

二是 RC 滤波器，由电阻和电容组成。

另外，按滤波器电路内有无放大器，可分为有源滤波器和无源滤波器。

滤波器已在振动测试和数据分析中获得了越来越广泛的应用。一般来讲，低通、高通滤波器多用于振动数据的模拟分析。

滤波器的工作特性主要表现为衰减、相位移、阻抗特性及频率特性的优劣。

以低通滤波器为例，衰减频率特性决定着通频带与阻频带分隔的程度，如图 7-36 所示。阻频带内衰减的大小则决定着邻近通频带的信号所产生的干扰电压的大小，阻频带内衰减特性的陡度与衰减数值越大，滤波器的选择性就越好。

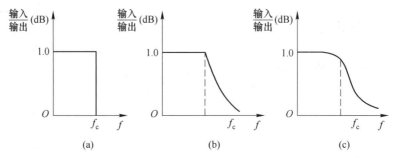

图 7-36　低通滤波器的衰减频率特性

（a）理想的低通滤波曲线；（b）理想的没有损耗的频率特性曲线；（c）滤波器元件有损耗的特性曲线

7.5.2.1　无源 RC 高、低通滤波器

A　RC 低通滤波器

在振动测试中，压电式加速度传感器得到广泛应用。这种加速度传感器的工作区域在它的幅频特性的低频段，而高频段的存在对低频测试将会带来坏的影响。这种情况下一般都采用 RC 低通滤波器，它只让低频交流分量通过，高频交流分量受到最大的衰减。

RC 低通滤波器的典型电路和衰减频率特性曲线如图 7-37 所示。它主要是由一个电阻和一个电容构成。

f_c 称为滤波器截止频率，其对应的输出信号 u_1 和输入信号 u_i 的比值为 3dB。低通滤波器的通频带为 $0 \sim f_c$。

这种 RC 低通滤波器和 RC 积分电路非常相似，只是 RC 低通滤波器的工作段是 RC 积分电路的非积分区，而它的阻频带则是 RC 积分电路的积分工作区。

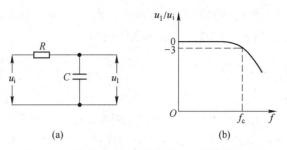

图 7-37　无源低通滤波器电路及幅频特性示意图
（a）无源低通滤波器线路；（b）无源低通滤波器幅频特性曲线

RC 低通滤波器的衰减频率特性，可以用电容元件的容抗值随频率变化的性质来说明。容抗随频率升高而减小，则电路两端的数输出电压亦随之而减小，当 $f=f_c$ 时，容抗值和电阻值相等，即

$$\frac{1}{2\pi f_c C} = R \qquad (7-62)$$

当 $f < f_c$ 时，容抗远远大于电阻值，这样在 R 上的信号压降可以忽略不计，输入信号 u_i 近似地认为全部传送到输出端，即 $u_1 = u_i$，当 $f > f_c$ 时，则输出电压 u_1 很小。

在应用一个 RC 低通滤波器衰减不够时，也可用两个 RC 滤波器网络串接起来，以提高滤波效果。

B　RC 高通滤波器

高通滤波器在振动测量中的作用主要是排除一些低频干扰。造成低频干扰的来源很多，如积分电路本身就会引起低频的输出电压晃动，此外如车辆和船舶的低频摇摆、桥梁的扰度等，对振动测量来说都是低频干扰。再者，低频区也是位移传感器的非工作区，为了满足位移传感器的工作条件，也必须利用高通滤波器排除低频成分。

RC 高通滤波器电路和它的衰减频率特性曲线如图 7-38 所示，简单的 RC 高通滤波器也是由一只电容和一只电阻构成。

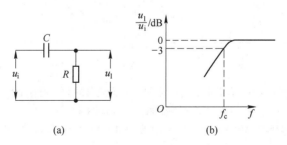

图 7-38　无源高通滤波器电路及幅频特性示意图
（a）无源高通滤波器线路；（b）无源高通滤波器的幅频特性曲线

RC 高通滤波器与低通滤波器相比，只是把 R 和 C 对换一个位置。在同样截止频率 f_c 时，u_1/u_i 比值为 -3dB。这种 RC 高通滤波器与微分电路极为相似，微分电路用的是阻频带区，而高通滤波器用的是非微分区间。

与低通滤波器相似，RC 高通滤波器的衰减频率特性曲线也可用电容元件的容抗随频率而变化的性质来说明。容抗随频率升高而减小，当 $f>f_c$ 时，则滤波器的输出电压与输入电压相接近，$u_1 = u_i$。当 $f < f_c$ 时，则输出电压很小。

7.5.2.2　有源高、低通滤波器

无源的 RC 高、低通滤波器，因具有线路简单、抗干扰性强、有较好的低频范围工作性能等优点，并且体积较小，成本较低，所以在测振仪中被广泛采用。但是，由于它的阻抗频率特性没有随频率而急剧改变的谐振性能，故选择性欠佳。为了克服这个缺点，在 RC 网路上加上运算放大器，组成有源 RC 高、低通滤波器。有源 RC 滤波器在通频带内不仅可以没有衰减，还可以有一定的增益。

有源 RC 滤波器是一种带有负反馈电路的放大器，如图 7-39（a）所示。若在反馈电路中接入高通滤波器，则得到有源低通滤波器。实际电路为了增大衰减频率特性曲线的衰减幅度，在电路的输入或输出端接入 RC 低通滤波器，如图 7-39（b）所示。它的频率特性曲线如图 7-40（a）所示。

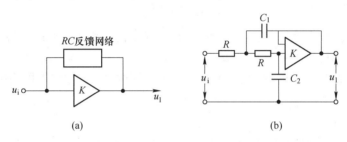

图 7-39　有源滤波器原理图

（a）带负反馈的电路；（b）双 RC 电路

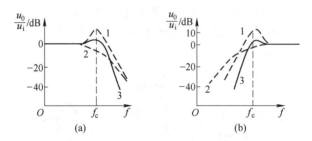

图 7-40　有源低通滤波器和高通滤波器的频率特性曲线

（a）低通频率特性；（b）高通频率特性

1—放大器本身的频响曲线；2—无源滤波器的频响曲线；3—合成滤波器的实际频响曲线

由此可见，有源低通滤波器频率特性比无源低通滤波器频率特性有了明显提高。

同样，若在反馈电路中，接入 RC 低通滤波器时，得到的则是有源高通滤波器。为了增大衰减频率特性曲线的幅度，在输入或输出端接入 RC 高通滤波器，它的频率特性曲线如图 7-40（b）所示。

为了在阻频带有更大的衰减频率特性，实际应用的有源滤波器往往采用的是多级有源滤波器。

7.5.2.3　带通滤波器和带阻滤波器

选择适当的电阻、电容值并用适当的缓冲，可把高通 RC 滤波器和低通 RC 滤波器组合起来，构成带通滤波器或带阻滤波器。当低通滤波器截止频率 f_{c2} 大于高通滤波器截止频率 f_{c1} 时，它们串联起来就组成带通滤波器。把高通滤波器和低通滤波器并联起来，当高通滤波器截止频率 f_{c1} 大于低通滤波器截止频率 f_{c2} 时，就可组成带阻滤波器。由于带通滤波器是最常见的关键器件，下面主要介绍带通滤波器的主要工作性能。

A　带通滤波器的基本参数

带通滤波器的基本参数有：高端截止频率、低端截止频率、中心频率、带宽和波形因子等。

带通滤波器有两个截止频率，即高端截止频率 f_{c2} 和低端截止频率 f_{c1}，或称之为上截止频率和下截止频率。

带通滤波器的中心频率 f_0 根据滤波器的性质，分别定义为上、下截止频率 f_{c2} 和 f_{c1} 的算术平均值或几何平均值。对于恒带宽滤波器取算术平均值，即

$$f_0 = \frac{1}{2}(f_{c2} + f_{c1}) \tag{7-63}$$

对恒百分比带宽滤波器，取几何平均值，即

$$f_0 = \sqrt{f_{c2}f_{c1}} \tag{7-64}$$

滤波器的带宽有两种定义。

（1）3dB 带宽，也称为半功率带宽，记作 B_3。它等于上、下截止频率之差，即

$$B_3 = f_{c2} - f_{c1} \tag{7-65}$$

（2）相对带宽，3dB 带宽与中心频率的比值称为相对带宽，或百分比带宽，记作 b，即

$$b = \frac{B_3}{f_0} = \frac{f_{c2} - f_{c1}}{f_0} \times 100\% \tag{7-66}$$

滤波器的频响特性在 3dB 带宽以外跌落的快慢，常用跌落 60dB 的带宽与 B_3 的比值来衡量（图 7-41），称之为形状因子，记作 S_F，即

$$S_F = \frac{B_{60}}{B_3} \tag{7-67}$$

S_F 值小，表明滤波器的带外选择性好。对于理想带通滤波器，有 $S_F = 1$；实际带通滤波器，一般能实现 $S_F < 5 \sim 7$。

B　恒带宽滤波器及恒百分比带宽滤波器

实现某一频带的频率分析，需用一组中心频率逐级变化的带通滤波器，其带宽应相互衔接，以完成整个频带的频率分析。当中心频率改变时，各个带通滤波器的带宽如何取值，通常有以下两种方式：

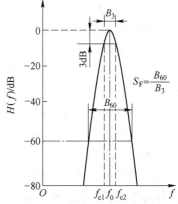

图 7-41　带通滤波器的形状因子

（1）恒带宽滤波器，取绝对带宽等于常数，即

$$B_3 = f_{c2} - f_{c1} = 常数$$

（2）恒百分比带宽滤波器，取相对带宽等于常数，即

$$b = \frac{B_3}{f_0} = \frac{f_{c2} - f_{c1}}{f_0} \times 100\% = 常数$$

中心频率变化时，这两种带通滤波器的带宽变化情况为：恒带宽滤波器不论其中心频率 f_0 取何值，均有相同的带宽；而恒百分比带宽滤波器的带宽则随 f_0 的升高而增加。

需加说明的是，恒带宽滤波器具有均匀的频率分辨率，对那些包含多个离散型简谐分量的信号，采用恒带宽滤波器是适宜的。恒带宽方式的缺点在于分析频带不可能很宽，一般也就是 10 倍，最多不过 100 倍。而恒百分比带宽方式则可实现很宽的分析频带，比如说 100 倍，甚至 1000 倍；在分析频带内它给出相同的百分比频率分辨率。

C　$1/N$ 倍频程（Octave）滤波器

$1/N$ 倍频程滤波器也是一种恒百分比带宽滤波器，但它的定义是

$$\frac{f_{c2}}{f_{c1}} = 2^{\frac{1}{N}} \tag{7-68}$$

注意到恒百分比带宽中 $f_0 = \sqrt{f_{c2}f_{c1}}$ 的关系，有

$$\frac{f_{c2}}{f_0} = 2^{\frac{1}{2N}}, \quad \frac{f_0}{f_{c1}} = 2^{\frac{1}{2N}} \tag{7-69}$$

相应的百分比带宽为

$$b = \frac{B}{f_0} = \frac{f_{c2} - f_{c1}}{f_0} = \frac{2^{\frac{1}{2N}} - 1}{2^{\frac{1}{2N}}} \tag{7-70}$$

因此取不同的 N 将是不同的百分比带宽滤波器，由此可得到以下的对应关系：

$$1/N = 1 \qquad 1/3 \qquad 1/6 \qquad 1/12$$
$$b = 70.7\% \quad 23.16\% \quad 11.56\% \quad 5.76\%$$

7.5.3　压电加速度传感器放大器

压电加速度传感器具有高输出阻抗特性，因此，同它相连的放大器输入阻抗的大小将对测量系统的性能产生重大影响。测量系统的高输入阻抗前置放大器就是为此目的而设置的，它的作用有以下几点：

（1）将压电加速度传感器的高输出阻抗转换为前置放大器的低输出阻抗，以便同后续仪器相匹配；

（2）放大从加速度传感器输出的微弱信号，使电荷信号转换成电压信号；

（3）实现前置放大器输出电压归一化，与不同灵敏度的加速度传感器相配合，在相同的加速度输入值时，实现相同的输出电压。

目前前置放大器有两种基本设计形式。一种是前置放大器的输出电压正比于输入电压，称为电压放大器，此时需要知道的是传感器的电压灵敏度 S_V。另一种是前置放大器的输出电压正比于加速度传感器的输出电荷，称为电荷放大器，此时需要知道的是传感器

的电荷灵敏度 S_a。它们之间的主要差别是，电压放大器的输出电压大小同它的输入连接电缆分布电容有密切关系，而电荷放大器的输出电压基本上不随输入连接电缆的分布电容而变化。因此，电荷放大器测量系统适用于那些改变输入连接电缆长度的场所，特别适用于远距离测量。

为了解这一本质差别，下面对他们的工作原理分别加以分析。

7.5.3.1 电压放大器

电压放大器的作用是放大加速度传感器的微弱输出信号，把传感器的高输出阻抗转换为电压放大器的低输出阻抗。压电加速度传感器与所用的电压放大器、传输电缆组成的等效电路如图 7-42 所示。它也可进一步简化为如图 7-43 所示的简化等效电路。图 7-43 中 q_a 为压电传感器产生的总电荷；C_a、R_a 为传感器的电容量和绝缘电阻值；C_c 为传输电缆电容量；C_i、R_i 为放大器的输入电容和输入电阻。

图 7-43 中等效电容 $C = C_a + C_c + C_i$，等效电阻 $R = \dfrac{R_a R_i}{R_a + R_i}$，压电传感器产生的总电荷 $q_a = d_x F$。设

$$q_a = q_{a1} + q_{a2} = d_x F \tag{7-71}$$

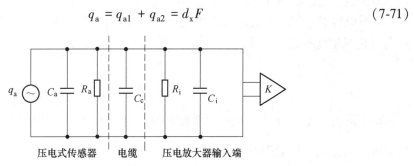

图 7-42 压电式传感器、电缆和电压放大器组成的等效电路

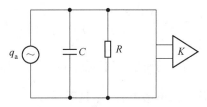

图 7-43 压电式传感器、电缆和电压放大器组成的简化等效电路

式中，q_{a1} 为使电容 C 充电到电压 u 所需的电荷量，即 $u = \dfrac{q_{a1}}{C}$；q_{a2} 是电荷经电阻 R 泄漏的电荷量，并在 R 上产生电压降，其值也相当于 u，即 $u = \dfrac{\mathrm{d}q_{a2}}{\mathrm{d}t}R$。将 q_{a1}、q_{a2} 分别代入式（7-71），整理后可得

$$RC\frac{\mathrm{d}u}{\mathrm{d}t} + u = d_x R \frac{\mathrm{d}F}{\mathrm{d}t} \tag{7-72}$$

设作用力表达式为 $F = F_m \sin\omega t$，代入式（7-72）可得

$$RC\frac{\mathrm{d}u}{\mathrm{d}t} + u = d_x R\frac{\mathrm{d}}{\mathrm{d}t}(F_m \sin\omega t)$$

解微分方程可得特解

$$u = u_m \sin(\omega t + \theta)$$

则微分方程特解的幅值 u_m

$$u_m = \frac{d_x F_m \omega R}{\sqrt{1 + (\omega RC)^2}} \quad \text{或} \quad u_m = \frac{d_x F_m \omega}{\sqrt{(1/R)^2 + (\omega C)^2}} \tag{7-73}$$

从式（7-73）中可以看出：

（1）当测量静态参数（$\omega = 0$）时，则 $u_m = 0$，即压电式加速度传感器没有输出，所以它不能测量静态参数；

（2）当测量频率足够大（$1/R \ll \omega C$）时，则 $u_m \approx d_x F_m / C$，即电压放大器的输入电压与频率无关，不随频率变化；

（3）当测量低频振动（$1/R \gg \omega C$）时，则 $u_m = d_x FR\omega$，即电压放大器的输入电压是频率的函数，随着频率的下降而下降。

电缆电容对电压放大线路的影响也是一个主要因素，由于压电传感器的电压灵敏度 S_v 与电荷灵敏度有以下关系。

$$S_v = \frac{S_q}{C_a} \tag{7-74}$$

而电荷灵敏度 $S_q = \dfrac{q_a}{a}$，电压灵敏度 $S_v = \dfrac{u_a}{a}$，则电压放大器的输入电压 u（因为 R_a 和 R_i 足够大可忽略它们的影响）可作以下计算

$$u = \frac{q_a}{C_a + C_c + C_i} = \frac{S_q a}{C_a + C_c + C_i}$$

$$= \frac{S_v C_a a}{C_a + C_c + C_i} = \frac{C_a}{C_a + C_c + C_i} u_a \tag{7-75}$$

这样，放大器的输入电压 u 等于加速度传感器的开路电压 u_a 和系数 $\dfrac{C_a}{C_a + C_c + C_i}$ 的乘积。一般 C_a 和 C_i 都是定值，而电缆电容 C_c 是随导线长度和种类而变化的，所以随着电缆种类和长度的改变，将引起输入电压的改变，从而使电压灵敏度、频率下限也发生变化，这对实际使用是很不方便的。因此，为了克服导线电容的严重影响，通常采用电荷放大器作为压电式加速度传感器的测量线路。

7.5.3.2　电荷放大器

电荷放大器是一种输出电压与输入电荷量成正比的前置放大器。下面简述它的工作原理。

由传感器、电缆和电荷放大器组成的等效电路如图 7-44 所示。图中 C_F 为反馈电容，K 为运算放大器的放大倍数，其他符号同图 7-42 所示。

为讨论方便，暂不考虑 R_a 和 R_i 的影响，试看电荷放大器的输出电压与传感器发出的电荷之间的关系。

电荷放大器输入端处的电荷为加速度传感器发出的电荷 q_a 与"反馈电荷" q_F 之差，而 q_F 等于反馈电容 C_F 与电容两端电位差（$u_a - u_i$）的乘积，即

$$q_F = C_F(u_a - u_i) \tag{7-76}$$

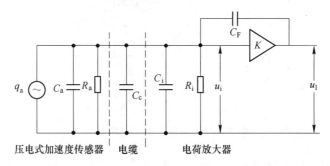

图 7-44 压电式加速度传感器、电缆和电荷放大器组成的等效电路

电荷放大器的输入电压就是电荷差（$q_a - q_F$）在电容 $C = C_a + C_c + C_i$ 两端形成的电位差，即

$$u_i = \frac{q_a - q_F}{C} \tag{7-77}$$

由于放大器采用深度电压负反馈电路，即

$$u_1 = -Ku_i \tag{7-78}$$

由式（7-76）~式（7-78）可得

$$u_i = \frac{q_a}{C + (1 + K)C_F} \tag{7-79}$$

所以

$$u_1 = \frac{-Kq_a}{C + (1 + K)C_F}$$

因为电荷放大器是高增益放大器，即 $K \gg 1$，因此，一般情况下 $(1 + K)C_F \gg C$，则有

$$u_1 \approx \left| \frac{q_a}{C_F} \right| \tag{7-80}$$

由此可见，电荷放大器的输出电压与加速度传感器发出的电荷成正比，与反馈电容 C_F 成反比，而且受电缆电容的影响很小，这是电荷放大器的一个主要优点。因此在长导线测量和经常要改变输入电缆长度时，采用电荷放大器是很有利的。

实际电荷放大器线路中。为使运算放大器工作稳定，一般需要在反馈电容上跨接一个电阻，如图 7-45 所示。同时，它将对低频起抑制作用，因此实际上它起到了高

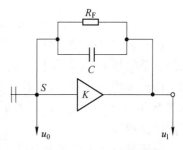

图 7-45 并联 R_F 情况

通滤波器的作用。有意选择不同的 R_F 值，可得到一组具有不同低截止频率的高通。电荷放大器的电路框图，如图 7-46 所示。电荷放大器的几个主要功能如下。

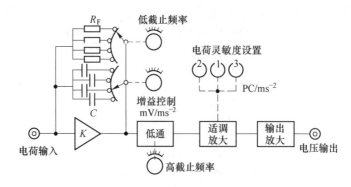

图 7-46　电荷放大器的电路框图

（1）电路的输入级上设置了一组负反馈电容 C_F，改变 C_F 值，可以获得不同的增益，即可得到对应于单位加速度不同的输出电压值。

（2）电路上设置有低通及高通滤波环节，这些环节在测量时可以抑制所需频带以外的高频噪声信号及低频晃动信号。高通是由并联反馈电阻 R_F 来实现；低通则由另一个低通电路来实现，比如最简单的 R_C 低通滤波器电路。

（3）电路上最有特点的是适调放大环节，它的作用是实现"归一化"功能。适调放大环节就是一个能按传感器的电荷灵敏度调节其放大倍数的环节。它可以不论压电式加速度传感器的电荷灵敏度为多少，各通道都能输出具有统一灵敏度的电压信号，这也就是"归一化"的含义。

7.5.4　电涡流传感器放大器

电涡流传感器的工作原理主要是将测量间隙 d 的变化转化为测量 $L'(d)$ 的变化，进而根据 $L'(d)$ 的关系曲线求出 d 与输出电压 u_1 的变化规律。

为了测定 $L'(d)$ 的变化，并建立输出电压 u_1 的间隙 d 的变化关系，一般采用谐振分压电路，为此在图 7-46（b）的等效电路总并联一电容 C（如图 7-47 中虚线所示）。这样就构成一个 R'、L'、C' 谐振电路，其谐振频率（即阻抗 Z 达最大值的频率）

$$f_{谐} = \frac{1}{2\pi} \frac{1}{\sqrt{L'(d)C}} \qquad (7-81)$$

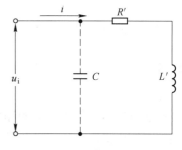

图 7-47　谐振电路图

这样 $f_{谐}$ 将随 d 的变化而变化。即当间隙距离 d 增加时，谐振频率 $f_{谐}$ 将降低；反之，当间隙距离 d 减小时，谐振频率 $f_{谐}$ 将增大。若在振荡电压 u_1 与谐振回路之间引进一个分压电阻 R_c，如图 7-48（a）所示，当 R_c 远大于谐振回路的阻抗值 $|Z|$ 时，则输出电压 u_1 决定于谐振回路的阻抗值 $|Z|$。

对于某一给定的间隙距离 d，就有一相应的 $L'(d)$ 或 $f_{谐}$ 与之相对应，这时输出电压

u_1 随振荡频率的变化而变化，如图 7-48（b）所示。

如果将振荡输入电压 u_1 的频率值严格稳定在 f_0（比如1MHz）处，将得到对应于 $d=\infty$，$d=d_1$，$d=d_2$…时与输出电压 u_{11}，u_{12}，…之间的数值相互之间的对应关系。再将其以间隙 d 为横坐标，u_1 为纵坐标，画出相应变化曲线，就可得到图 7-48（c）所示的输出电压 u_1 与间隙 d 的变化关系曲线。图中直线段部分是有用的测量部分。为了得到更长的直线段，在图 7-48（a）上还并联一可微调的电容 C'，以调整谐振回路的参数，找到安装传感器的最合适的谐振位置 d_c。

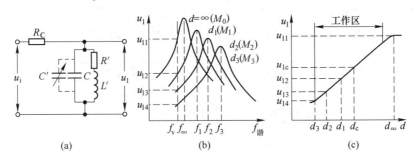

图 7-48　电涡流传感器的输出特性曲线

（a）谐振分压电路；（b）u_1 与 $f_谐$ 的变化关系曲线；（c）u_1 与 d 的关系曲线

整个传感器和测量线路示意图如图 7-49 所示，它通常是由晶体振荡器、高频放大器和检波器组成，称为前置放大器。晶体振荡器提供的是高频振荡输入信号，传感器在 a 点输入的是随振动间隙 d 变化调高频载波调制信号。经高频放大器放大，最后从检波器输出的是带有直流偏置成分的振动电压信号。其直流偏置部分相当于平均间隙 d_c，交变部分相当于振动幅值的变化。由此可知，非接触式电涡流传感器具有零频率响应，可以测量静态间隙，并可以用静态方法校准。

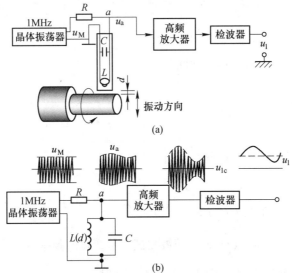

图 7-49　电涡流传感器测量线路与工作原理示意图

（a）测量线路框图；（b）工作原理示意图

7.5.5　参量型传感器测量系统

在参量型传感器测量系统中，使用的测量电路有多种形式，有简单的测量电路，也有利用电子载波技术的测量电路。下面简单介绍其中一种测量电路（调频式放大器）的工作原理。

调频式放大器是将电容传感器（或电感传感器）接收到的振动信号通过载波频率变化将振动信号传递和放大的装置。在振动测量中，通常采用谐振式调频放大器把被测量的振动信号转换成随频率变化的电信号，经限幅放大后，在通过鉴频转换为电压信号，经过带通滤波器和功率放大器即可用仪表指示或记录仪记录。它的工作原理如图 7-50 所示。

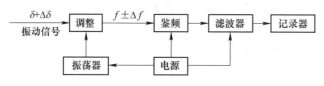

图 7-50　调频系统方框图

电容传感器并联在自激振荡器上作为振荡器谐振回路的一部分，当测试量（如位移 $\delta_0 \pm \Delta\delta$）使电容发生微小变化（$C_0 \pm \Delta C$）时，就会使谐振频率按照电容量变化规律发生变化（$f \pm \Delta f$）。图 7-51 为谐振式调频器的工作原理图，电感 L 与电容 C 组成谐振回路，并联电容 C_1 即为电容传感器。

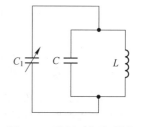

图 7-51　谐振式调频器的
工作原理图

设电容传感器 C_1 的初始电容量为 C_0，被测试信号为任意函数 $x(t)$，则电容传感器的电容

$$C_1 = C_0 + \Delta C = C_0 + kC_0 x(t) \tag{7-82}$$

式中，k 为比例系数。当无信号输入时，谐振回路频率为

$$\omega_0 = \frac{1}{\sqrt{L(C + C_0)}} \tag{7-83}$$

当输入振动信号 $x(t)$ 时，振荡回路频率变为

$$\omega = \frac{1}{\sqrt{L(C + C_0)}} = \frac{1}{\sqrt{L(C + C_0 + \Delta C)}} = \frac{1}{\sqrt{L(C + C_0)\left(1 + \dfrac{\Delta C}{C + C_0}\right)}} \tag{7-84}$$

由于 $-1 < \dfrac{\Delta C}{C + C_0} < 1$，以级数展开，故有

$$\omega = \frac{1}{\sqrt{L(C + C_0)}}\left[1 - \frac{\Delta C}{2(C + C_0)}\right] = \omega_0 \left[1 - k_1 x(t)\right] \tag{7-85}$$

式中，$k_1 = \dfrac{kC_0}{2(C + C_0)}$；$k_1 \omega_0 x(t)$ 表示随被测试信号变化的频率变化量。

该式表明，利用谐振式调频器即可实现调频过程。

调频波的解调电路通常称为鉴频器。鉴频器的功能就是把调频波频率的变化转换为电压的变化。一般鉴频器由两部分组成：一部分为线性变换电路，用来将等幅的调频波变换为幅值变化的调幅波，该部分通常由振荡回路组成；另一部分为幅值检波器，用以对调幅波检波，该部分通常由二极管检波器组成。

图 7-52（b）为一种振幅鉴频器，其线性交换部分的工作原理是基于谐振回路的频率特性。调频波 u_F 经过 L_1、L_2 耦合，加于由 L_2、C_2 组成的谐振回路上，在它的两端获得如图 7-52（b）所示电压—频率特性曲线。当输入信号的圆频率 ω 与谐振回路的固有圆频率 p_n 不相同时，比如 $\omega > p_n$ 时，其输出电压 u_A 将随输入调频波 u_F 的频率而增加，直至 $\omega = p_n$ 时获得最大值。可以认为，在某一适当的频率范围中，$u_A - \omega$ 近似成直线关系。调频波频率 $\omega_0 \pm \Delta\omega$ 正好位于由 L_1、C_2 所组成谐振回路所规定的线性频率范围内，才能使输出电压 u_A 的幅值随调频波的频率变化成正比地变化，从而达到将调频波变换为调幅波的目的。

将调频波变换为调幅波以后，在输入到幅值检波器检波，经过低频放大和滤波，就可以还原成与初始的振动信号成正比的电信号并进行记录或仪表显示。

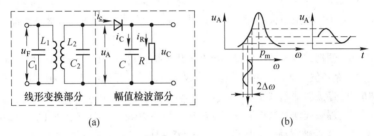

图 7-52　振幅鉴频器示意图及电压—频率特性曲线

（a）振幅鉴频器；（b）电压—频率特性曲线

调频放大器对传感器和调频振荡器以及这两者间连接导线的分布电容、电感的影响较敏感，它们的变化会引起振荡频率明显的变化，从而产生显著的误差。所以使用时要特别予以注意。在使用过程中，需要较好的屏蔽，有时还需要将连接导线固定起来以免受振动的影响。调频放大器在远距离输送和遥测中，有其特殊的优点，它的抗干扰能力很强，可用作多路传输，因此它的应用越来越广泛。

参 考 文 献

［1］汪旭光，郑炳旭. 工程爆破名词术语［M］. 北京：冶金工业出版社，2005.

［2］汪旭光，于亚伦，刘殿中. 爆破安全规程实施手册［M］. 北京：人民交通出版社，2004.

［3］杨年华. 爆破振动理论与测控技术［M］. 北京：中国铁道出版社，2014.

［4］周召江. 新型爆破振动监测设备与技术［J］. 爆破，2008.

［5］黄继昌，徐巧鱼，张海贵. 传感器工作原理及应用实例［M］. 北京：人民邮电出版社，1998.

［6］刘安. 电阻应变式传感器工作原理及应用［J］. 高考，2013（4）：83-84.

［7］孙良，宋曙芹. 便携式数据采集仪表的设计与实现［J］. 计算机测量与控制，2003（4）：315-317.

［8］何锦军. 手持振动测试仪的研究［D］. 赣州：江西理工大学，2009.

［9］颜事龙. 现代工程爆破理论与技术［M］. 徐州：中国矿业大学出版社，2007.

［10］刘建亮. 工程爆破测试技术［M］. 北京：北京理工大学出版社，1994.

［11］孟吉复，惠鸿斌. 爆破测试技术［M］. 北京：冶金工业出版社，1992.

［12］蔡路军. 爆破安全与测试技术［M］. 北京：科学出版社，2014.

[13] 信号处理、分析与设计 [J]. 电子科技文摘, 2006 (12): 43-44.

[14] 王海渊. 关于便携式振动台系统的构建及信号处理的研究 [D]. 太原: 太原理工大学, 2007.

[15] 曹申, 易肖. 基于虚拟仪器的低频振动测试系统设计 [J]. 无线互联科技, 2021, 18(16): 55-56.

[16] 李姝佳, 马勋勋. 振动测试系统在动力学参数测试中的应用 [J]. 实验室研究与探索, 2019, 38 (10): 58-61.

[17] 戴炽侗. 关于激振用功率放大器的几个指标 [J]. 振动, 测试与诊断, 1983 (1): 3-6.

[18] 胡章芳, 席兵, 潘武. 微振动测试系统中信号调理电路的设计 [C] // 第十六届全国测控、计量、仪器仪表学术年会, 2006.

[19] 徐有刚, 胡绍全, 杜强. 微振测试系统在实际工程中的应用 [J]. 计算机测量与控制, 2004 (1): 27-28, 47.

[20] 陶玉贵. 压电加速度传感器测量电路的研究与开发 [D]. 合肥: 安徽大学.

[21] 张震. 多功能数据采集仪的研制 [D]. 杭州: 杭州电子科技大学.

[22] 刘晓松, 高立新, 崔玲丽, 等. 嵌入式便携数据采集分析仪的设计与实现 [J]. 机械设计与制造, 2008 (9): 182-184.

[23] 陈雷, 姜周曙. 基于数据采集仪的测控系统设计 [J]. 杭州电子科技大学学报: 自然科学版, 2005, 25 (3): 74-77.

[24] 李华君, 彭烈新. 便携式电子示功仪及其数据采集系统 [J]. 国外电子测量技术, 1999 (1): 31-32.

[25] 侯永海, 刘滨, 綦声波, 等. 多功能数据采集仪 [J]. 微计算机信息, 2001, 17 (11): 39, 65.

[26] 杨年华, 林世雄. 爆破振动测试技术探讨 [J]. 爆破, 2000, 17 (3): 90-92.

[27] 张金泉, 魏海霞. 爆破震动测试技术及控制措施 [J]. 中国矿业, 2006, 15 (6): 65-67.

[28] 宋杰. 傍山隧道施工爆破震动效应与测试技术研究 [D]. 长沙: 中南大学, 2014.

[29] 梁庆国, 李德武, 朱宇. 临近隧道爆破施工振动控制技术 [M]. 北京: 科学出版社, 2015.

[30] 张志毅, 杨年华, 卢文波, 等. 中国爆破振动控制技术的新进展 [J]. 爆破, 2013, 30 (2): 25-32.

[31] 吴克刚, 邱进芬, 谢鹏. 爆破地震危害及爆破振动测试 [J]. 采矿技术, 2009, 9 (5): 115-116, 122.

[32] 杨年华, 林世雄. 爆破振动测试技术及安全评价问题探讨 [J]. 爆破, 2000 (3): 94-96.

[33] 吴燊, 吴小波, 陈颖. 山坡场地爆破振动测试与分析 [C] // 中国工程建设标准化协会; 全国建筑物鉴定与加固技术委员会. 中国工程建设标准化协会; 全国建筑物鉴定与加固技术委员会, 2012.

[34] 谷宗冉. 爆破振动无线测量系统设计 [D]. 太原: 中北大学, 2011.

[35] 董英健, 于研宁, 郭连军, 等. 露天矿山爆破振动控制技术的综合评价 [J]. 金属矿山, 2020 (4): 20-26.

[36] 周召江. 新型爆破振动监测设备与技术 [J]. 爆破, 2008, 25 (4): 103-105.

[37] Xiong Wei Wu, Guo Fang Wu, Cheng Fa Deng. The Influence Analysis for Yushiling Tunnel Blasting Impact on Dam [J]. Applied Mechanics and Materials, 2015, 3843 (744-746).

[38] Quan Min Xie, Huai Zhi Zhang, Ying Gao, et al. Research on Blasting Vibration Signal Denoising Based on Lifting Scheme [J]. Applied Mechanics and Materials, 2015, 3744 (713-715).

[39] Ming Sheng Zhao, Xu Guang Wang, En An Chi, Qiang Kang. Influence of Distance from Blast Center on Time-Frequency Characteristics of Blast Vibration Signals [J]. Advanced Materials Research, 2014, 3514 (1033-1034).

[40] Zhen Lei, Qiang Kang, Ming Sheng Zhao, et al. Numerical Simulation and Experimental Study on Vibration-Decreasing Function of the Barrier Holes [J]. Applied Mechanics and Materials, 2014, 3365 (602-605).

8 爆破振动现场测试技术

8.1 爆破振动测试方法

8.1.1 爆破振动测试方案

为确保爆破振动监测作业获得有效合理的数据，在爆破振动监测实施前应制订爆破振动测试方案，在爆破振动测试中严格按设计方案的要求进行操作。爆破振动测试方案的主要内容包括：工程概况、测试内容和目的、测试仪器性能和人员配备、测点布置和仪器安装、爆破振动预测分析和测振仪参数设置、测试方法及操作程序、爆破振动安全控制指标、编制依据。爆破振动测试方案由爆破振动监测师编写，并由总工程师审核和公司经理批准后，报爆破施工单位和公安部门备案，最终根据爆破警戒安排的时间付诸实施。具体每节编写的内容如下。

工程概况主要包括：项目整体介绍，建设单位、施工单位、监理单位、工程地点、周围环境条件、地形地质条件、爆破施工的方法和主要设计参数等。

测试内容和目的：写明哪些爆破需要进行爆破振动监测，重点要获得什么数据。其监测数据的主要作用是服务于何方，主要目的是什么，是否需要给出爆破振动衰减规律等。

测试仪器性能和人员配备：主要有仪器硬件和软件系统的简单介绍，特别应说明仪器的通道数、频响范围、量程范围、采用频率范围、记录时间长度、触发方式、触发量级、灵敏度系数、测试结果的不确定等。每次测振人员配备不少于 2 人，且持有培训考核的资格证书，一人调试仪器，另一人记录，然后互相校对检查。

测点布置和仪器安装：重点指出测点布置原则，说明各测点布置的意义，并在平面图上标出具体测点位置。根据各测点的地形地质条件确定振动测试仪器的安装方法。

爆破振动预测分析和测振仪参数设置：首先应根据测试区的地形地质条件以及爆破参数和方式，预估爆破振动衰减系数 k、a 值，估算各测点的最大爆破振动峰值，作为调试仪器量程的依据。测振仪其他参数也应根据爆破设计参数分析预制范围，提出合理的设置值，特别是采样时间、采样频率、触发电平等参数，如设置不合理将影响测试结果，甚至测不到振动波形。

测试方法及操作程序：根据起爆程序的安排，调整振动测试的安装、调试和开关机等程序，它是确保安全和质量的重要方面。

爆破振动安全控制指标：针对爆破振动源周围环境条件和保护目标的状态，参考《爆破安全规程》(GB 6722—2014) 和其他行业标准，预先分析确定保护目标的振动安全允许值。

编制依据：主要有《爆破安全规程》(GB 6722—2014) 和相关行业标准、爆破设计方案、爆破振动监测作业指导书、仪器说明书等。

8.1.2　仪器测试

目前确定爆破振动强弱的指标主要有质点振动速度和主振频率参数。在《爆破安全规程》中指出了各类保护物的允许质点振动速度，不同爆破环境下，应根据具体要求确定爆破振动的安全距离。通过仪器观测质点振动速度能直接反映真实的爆破振动效果。为了有效地记录爆破振动波，预先应预估被测信号的幅值范围和频率范围，以便确定爆破振动记录仪的量程、触发电平和采样频率，实际测试过程中将根据现场装药量和测点距离调试仪器参数。测试仪器的量程范围上限应高出被测信号最大预估值的 50% 以上，采样频率应设为被测信号预估主振频率的 100 倍以上。爆破振动监测中，测振点传感器应提前埋放，保证爆破振动记录时传感器已牢固粘接，每个测点测试三个方向的振动信号，即水平横向、水平纵向和竖直向，测试时传感器与记录仪连接线不宜长于 2m。

为保证测试人员和仪器的安全，在监测过程中应按以下步骤完成爆破振动测试。首先，与爆破施工方确认爆破实施的时间，起爆前 1h 到现场安装好测振仪，在实施警戒前，将所有仪器全部调试好，根据电池容量和贮存器容量确定提前打开爆破测振仪的时间，确保电池足够维持现场记录。爆破时测试人员撤到安全区域，并与爆破指挥部取得联系。起爆后 5~15min，解除警戒后进入现场读取记录的基本数据，然后关闭电源，收取仪器。回到室内通过计算机连接读取爆破振动记录仪中的波形，进行数据处理与分析。若是远程网络振动测试仪，可在爆后立即上网读取爆破振动波形并进行数据处理与分析，填写完整的爆破振动记录表。整个操作流程如图 8-1 所示。

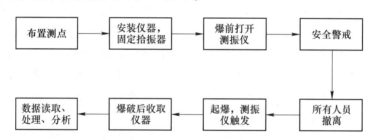

图 8-1　爆破振动测试操作流程框图

当前爆破振动测试仪器一般都可以储存很多次不同时段的爆破振动波，系统内置数码芯片自动对测试过程进行控制，可适应全天候的野外测试作业，待机记录时间达 1~7d。测试系统框图如图 8-2 所示。

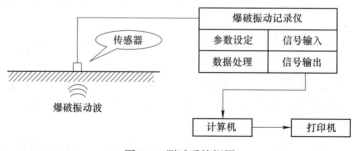

图 8-2　测试系统框图

8.2　爆破振动测试仪器选择

爆破振动测试仪器也称爆破振动测试仪或爆破测振仪，是广泛应用于工程爆破振动速度测试的仪器。中外各国对爆破振动效应的测试基本形成了各自的测试系统和手段，因而各国的测试仪器也各不相同。美国、加拿大的爆破测振仪较为先进，并具有一定的代表性。如美国的 MINI-SEIS 型爆破地震仪、加拿大的 MINI-MATE 型振动监测仪等。我国自20 世纪 60 年代初开始研制爆破测振仪以来，从无到有、从单项测量到大规模综合测量、从静态测量到动态测量、从采用机械式设备测量到用电子设备测量、从人工操作到自动及遥控测试、从有线信号传输到无线信号传输、从专用设备处理信号到微机通用软件处理信号再到通过网络远程处理信号，已有多种产品，形成多家竞争的局面。

爆破振动的测试系统主要有两大核心：拾振器和记录仪。拾振器类型相对统一，用于质点振动速度测量的基本为磁电式，分为垂直型、水平型和三向组合型；用于质点振动加速度测量的基本为压电式，分为垂直型、水平型，需要稳压电源供电，加速度测量在爆破领域应用较少。拾振器与记录仪之间的联接线很短，基本排除了线路对信号干扰的影响，同时大大减轻了测试人员的劳动强度。

8.2.1　爆破振动测试仪器基本特性

根据工程爆破监测要求，一款合适的测振仪应具备以下基本特性。

（1）体积小、重量轻、布线简单、使用方便、自动化程度高，方便测试人员携带。

（2）仪器自带电池供电。适应大多数爆破施工现场缺少供电电源状况。

（3）脱机独立工作。使测试人员不必携带计算机在现场进行操作，提高了测试的方便性和可靠性。

（4）自带显示屏。使测试人员能够现场调整测试参数、读取振动波形及测试结果；特别是彩色的显示屏除了能够在测试结束后立即读取波形及测试结果，还能使现场的测试数据看上去更精细、更清楚。

（5）内存容量大、数据分段存储。使测试人员不必每次测试结束后都要联机读取数据，减轻测振工作量。

（6）硬件浮点放大功能。使测振仪能够自适应振动波信号大小，对弱信号、大信号都能够准确记录，扩大测振仪动态范围，保证测试精度，减小误触发。

（7）配置三向传感器。使传感器的布置更加方便快捷，定位更加准确。

（8）防尘、防潮、防水。使测振仪适应多种测试环境，保证安全性和可靠性。

（9）多种通信方式、扩展性强、数据传输接口多样。使测振仪具备无线通信、3G 遥测、现场打印测试报告、网络传输等更方便的功能。其中，"3G 遥测"功能使用户足不出户，在办公室就可随时查看爆破现场的测试数据、"点对点"遥控测振仪；"现场打印测试报告"功能使测试数据在现场及时被打印出来。

（10）专用分析软件。使测试人员能方便地设置仪器参数、查看数据波形，还可完成爆破振动参数分析、装药量控制和安全振速预测等工作。

8.2.2　测振仪的选择方法

测振仪的选择方法可以通过如下情况来确定。

（1）通过监测点与爆源距离选择测振仪：监测点或目标保护物在距爆源 50m 以内的振动监测，选择标配测振仪；监测点或目标保护物距爆源 50m 以外的振动监测选择低频测振仪。

（2）通过工程爆破类型选择测振仪：对于硐室爆破、深孔爆破，选择低频测振仪；对于浅孔爆破、露天爆破，选择标配测振仪。

（3）测试空气冲击波：选择冲击测振仪。

（4）通过振动监测周期选择测振仪：有固定监测点或固定目标保护物且爆破施工周期长的振动监测项目，选择无线网络测振仪。

（5）通过振动监测地点选择测振仪：地铁、隧道振动监测或监测点较难到达的爆破振动监测项目，选择无线网络测振仪；振动监测地点处于防爆环境，如井下、矿山等地点，选择低频测振仪。

（6）通过传播介质和起爆方式选择测振仪：采用齐发爆破且传播介质较软的爆破振动监测项目，选择低频测振仪；采用毫秒延时爆破且传播介质坚硬的爆破振动监测项目，选择标配测振仪。

8.2.3　传感器的频响匹配

爆破测振传感器的动态特性取决于传感器本身。例如，传感器的幅频特性曲线，一般情况下，当被测信号的频率为 10~300Hz，该传感器能准确地反映被测信号；当被测信号的频率小于 10Hz 或大于 300Hz 时，输出远小于真实信号，无法完成准确测量。因此若不考虑传感器的动态性能，其动态测量的输出误差就可能很大。因此使用传感器时，必须注意其动态性能是否符合测量要求。

正确的爆破振动测试要求传感器的频率范围与爆破振动波的频域特性相吻合，通常爆破振动波频域较广，频率成分比较复杂，大多数工程爆破振动波频率范围在 2~100Hz。

距离爆破振动源越远振动频率越低，爆破振动波的主频大致与距离的对数成反比关系，大多数情况下，距爆心百米以外的爆破振动主频在 50Hz 以下。为了选择测振系统的工作频率，可根据下式估算爆破振动主振频率

$$f = \frac{1}{\tau} \lg R \tag{8-1}$$

式中　R——测点到爆源的距离，m；

　　　τ——与传播介质特性有关的系数，坚硬岩 $\tau = 0.01 \sim 0.04$；冲击层 $\tau = 0.06 \sim 0.08$；土层 $\tau = 0.11 \sim 0.13$。

爆破振动波传播的介质致密、坚硬、完整，振动频率越高，式（8-1）中系数 τ 已反映了该特性，较厚的土层中爆破振动主振频率（以下简称主频）基本在 10Hz 以下。

药包结构对主频变化的影响主要表现在炮孔直径和不耦合系数上。$\phi 40mm$ 炮孔的浅孔爆破主频 f 多为 30~100Hz，$\phi 80 \sim 150mm$ 炮孔的深孔爆破主频 f 多为 10~40Hz，孔径 $\phi 150 \sim 330mm$ 的大规模深孔爆破主频 f 多为 3~20Hz。硐室爆破的主频 f 多为 2~15Hz。

　　根据以上分析，爆破振动测试选用的常规振动速度传感器频率响应范围一般宜在 2～300Hz 之间。大多说振动速度传感器频率响应范围较窄，低频域小于 100Hz 的传感器，其高频域通常只能达到 80Hz；传感器高频域达到 300Hz 的，其低频域通常要高于 10Hz，这类传感器基本不能满足各种类型的爆破振动测试。所以对已经购买的传感器在用于爆破振动测试之前，一定要进行频响匹配筛选。一般情况下，速度传感器的频响范围既要满足 10Hz 以下的低频段，又要满足 100Hz 以上的高频段，尚有一定难度，市面上价格较低的普通动圈式速度传感器基本不能满足要求。如果传感器的频率响应范围与爆破振动主频不相符，测得的波形数据误差就会较大，甚至会严重失真。鉴于爆破振动的主频段范围在 3～200Hz 最为常见，当前国内外已研制出频响范围在 2～300Hz 的三向振动速度传感器，现场测试效果也比较理想，所以在传感器选择方面一定要注意这个问题。使用之前应在爆破行业标准振动台上标定速度传感器的频响范围，只有传感器的频响范围与将要测试的爆破振动主频相吻合，才可用于爆破振动测试中。

　　目前，选择振动速度传感器主要考虑以下要素：

　　（1）灵敏度要与被测信号的强弱以及测振仪的量程相匹配；

　　（2）频率响应要与测点的地质结构及测振仪的采样速率相匹配，一般需要 2～300Hz；

　　（3）从传感器的幅频特性曲线图上选择线性关系好的线段，保证使用范围处于它的平直段；

　　（4）要求传感器整体轻小、坚固、稳定、可靠、易于安装。

8.2.4　传感器和测振仪匹配

　　（1）磁电式速度传感器输出信号强、阻抗中等，匹配使用的测振仪应采用电压放大器对信号放大。在测振仪中设置积分电路可进行振动位移测量，设置微分电路可进行加速度测量。

　　（2）压电式加速度传感器输出信号较弱，阻抗很高，匹配使用的测振仪应采用电荷放大器对信号放大，但由于压电式传感器输出阻抗高，还需要在测试系统找那个设置输入阻抗高的前置放大器。前置放大器的主要作用是：

　　1）把压电加速度计的高输出阻抗变为前置放大器的低输出阻抗，以便与测量放大器相匹配；

　　2）放大从加速度传感器输出的微弱信号，或者把它的电荷变成电压信号；

　　3）在测振仪中设置积分电路可进行振动测量。

　　（3）除上述电子技术方面的匹配问题外，传感器和测振仪的匹配还应考虑：

　　1）灵敏度要与被测信号的强弱以及测振仪的量程相匹配，一般为 28V/（m/s）；

　　2）频率响应要与测点的地质构造及测振仪的采样速率相匹配，一般要求达到 2～300Hz；

　　3）从传感器的幅频特性曲线图上分析，要保证作用范围在它的平直段，并且与测振仪幅频特性曲线平直段相匹配。

8.2.5　国内外典型测振仪

8.2.5.1　CBSD-VM-M01 型测振仪

　　CBSD-VM-M01 型测振仪是融合了物联网、身份识别、移动网络、智能感知等先进科学技术成果，配合远程测振系统而研发的，该仪器将传统的传感器和测振仪进行优化、整合，实现了测振数据采集、储存、传输全过程的无缝对接，测振现场不用布线，其数据接口就能满足测振数据实时上传进入中国爆破网信息系统的要求，可对爆破振动衰减规律进行实时计算与分析。

CBSD-VM-M01 型网络测振仪（见图 8-3）是一款网络测振仪，包括控制分析仪和智能传感器两部分，常规配置是一台控制分析仪配备六个智能传感器，具有以下特点。

图 8-3　CBSD-VM-M01 型网络测振仪

（1）测振仪的控制分析仪功能强大、使用方便。在高端移动设备（平板电脑）上嵌入应用软件系统，使得测振仪性能大幅提高、功能强大并方便使用。

（2）智能传感器采用传感器与记录、缓存、传输等模块一体化设计，利用物联网技术、身份识别技术、智能感知技术，实现了测振数据采集、缓存、传输过程无缝对接和管理。

（3）控制分析仪可同时管理多个（最多 256 个）智能传感器，目前标准配置是六个智能传感器。使测振仪的整体成本大幅降低；同时，通过远程测振系统，可以利用采集的多点数据对爆破振动衰减规律进行实时分析（计算 K、α），为现场工程师及时提供分析处理结果，使现场工程师科研实时分析爆破振动波的传播规律，用实测的 K、α 值对爆破振动安全数据进行修正。

（4）测振现场不用布线（其他测振仪与传感器之间需要用一条数据线相连），进一步排除了电缆接线松动、裸露、过长等产生的干扰对测振的影响。

（5）测振仪与远程测振系统配套，可以有效地解决测振仪器远程校准问题，方便爆破企业对传感器、测振仪进行远程校准，及时掌握测振仪的灵敏度，提高测振数据的准确性。

（6）测振仪自带身份识别芯片，测振数据产生后可及时进行加密，确保数据产生、传输过程中不受人为干扰，提高了测振数据及分析结果的可信度。可利用身份信息进行溯源，根据数据文件即可通过远程测振系统查到设备出厂信息，标定信息、校准信息、使用单位信息以及历史测振数据信息等。

（7）智能传感器外表全密封，具有防尘、防爆、防压、持久耐用不易损坏的优点，控制分析仪的移动载体为市场上通用的各种移动设备，如平板电脑、手机等，可随时更换，数据可由数据中心重新下载，确保工作文件信息、测振数据安全。

（8）测振仪工作功率仅为 100mA、待机时间 200h、连续工作时间可长达 72h，因此，非常适用于需要进行长期振动监测的场合。同时，采集的数据可实时上传中国爆破网信息系统进行存储，并可在异地进行管理、分析、溯源等工作，方便对监测数据的科学管理。

（9）测振仪提供多种组网方式，如 Wi-Fi、3G 等，可由一台或多台控制分析仪管理几十、上百甚至上千个智能传感器，可以实现低成本、高效率的大规模振动测试。

（10）测振仪可通过移动互联网和测振数据中心进行版本升级，可实现对仪器设备在线检测。

（11）测振仪具有音视频系统，可与远程测振中心联网进行视频交谈，专家可利用在线视频技术和视频对现场测振人员进行技术指导。

8.2.5.2　TC-4850 测振仪

TC-4850 型测振仪是适用于爆破环境振动监测的一款测振仪（见图 8-4），适用于公路、铁路、桥梁振动及类似领域的各种振动监测及隧道、矿山、大坝、边坡、库岸稳定安全监测等。

TC-4850 集成了嵌入式计算机模块的智能化爆破测振仪，具有 128MB 大容量存储空间，现场可连续存储上千次爆破振动数据。分析软件兼容 Windows 平台，支持多种分析方法，具有波形缩放、自适应量程计算、安全判据等功能。仪器自带液晶显示屏，现场设置各种采集参数，并能即时显示振动波形、峰值、频率。仪器自

图 8-4　TC-4850 测振仪

带可充电锂电池，可长期在野外使用，三通道并行采集采样率为 1~50kS/s，多挡可调，直流精度误差小于 0.5%。该仪器具有集成度高、精度高、携带方便、坚固耐用等特点。TC-4850 采用量程自适应技术及特征值重采样处理算法，现场无需设置量程，做到对各种幅值的信号都能准确捕捉、真正避免了波形削顶或丢失信号的情况。

TC-4850N 测振系统由无线网络振动记录仪、高精度三向速度传感器、专用数据服务器组成，搭载手机网络和因特网，如图 8-5 所示。由于系统设置 4G 网络设备，可在任何有手机网络的地方通过无线上网，快速将现场采集的爆破振动数据与波形（甚至现场视频画面）传到互联网上专用的大型服务内，用户在任何地方经互联网登录到服务器可立即看到数据、波形及现场图像。仪器还内置 Wi-Fi 模块可在现场无手机信号情况下（如井下、隧道深处）先经 Wi-Fi 网络将数据传至有手机信号的地方，再经网络终端上传互联网到专用服

图 8-5　TC-4850N 无线测振仪

务器，亦可通过 Wi-Fi 网络将数据传至能连接因特网的地方，再上传到专用服务器。数据通过专用 VPN 通道传输，并且在传输过程中有加密处理，保证了数据的安全性。

TC-4850N 无线测振仪适用于工程爆破环境振动监测，可用于公路铁路、桥梁及隧道、矿山、大坝边坡、库岸稳定安全监测等类似领域的各种无人值守长期实时远程振动监测。

8.2.5.3 NUBOX-6016 型测振仪

四川拓普测控科技有限公司研制出的集爆破测试系统于一身的智能爆破振动信号自记仪——NUBOX 系统爆破振动自记仪，如图 8-6 所示。该系列仪器具有体积小，重量轻、灵敏度高、功能多、使用方便、自动化程度度高、内存容量大、数据传输接口多样等优点，为多点工程爆破振动的测试提供了极佳的解决方案。特别是仪器的 Host 主机功能，不但能够轻松介入互联网，实现智能化、网络化、信息化的监测要求，也为实现未来物联网的接入需求打下了硬件基础。

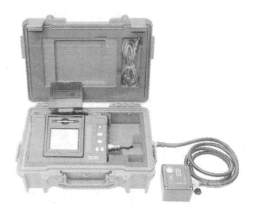

图 8-6 NUBOX-6016 型测振仪

NUBOX 系统由测量现场和数据中心及工作站点组成，测量现场的设备为工业级 3G 接入设备和 NUBOX 智能振动监测仪组成。UNBOX 智能监测仪不仅测量、存储爆破过程的振动信号，而且通过 3G 网络将数据发送到预设的数据中心，远程用户通过连接互联网并输入经过授权的用户名及密码随时读取相应测点的数据。

NUBOX 爆破振动监测仪内置嵌入式控制软件，带有彩色触摸式液晶显示屏，3 个并行同步采集通道，网络接口（LAN 口）及 USB 接口，内置可充电锂电电池，具有硬件浮点放大（自适应量程）、4GB 大容量存储器，外壳采用高强度高分子材料整体注塑，配套 ABS 三防仪器箱，防水防尘等级达到 IP64 标准，每通道最高采样率为 50kS/s，向下可分多档设置。仪器配套提供三向集成式振动速度传感器，还可在测试现场进行采集参数设置、完整波形显示、主频和最大振速读取以及数据分析处理，实现了仪器独立工作，且符合仪器简单化、小型化的思路，方便野外工作。

8.2.5.4 MINI-SEIS II 型小型数字式爆破地震仪

这是美国生产的国际上先进的便携式爆破地震仪，性能极好、无须使用交流电，具有 1 个声通道和 3 个爆破振动信号通道。爆破结束后数秒就可以读出爆破冲击波噪声以及 3 个向量的振动速度分量及矢量和，以及它们的主频率。存储空间 1024kB，最多可存储 341 个记录，且每个记录均包含了垂向、径向、切向 3 个方向的振动速度和声波记录。最大采样频率 2048Hz；并可根据振动波的大小选择 3 个量程档：64mm/s、127mm/s、254mm/s。触发值范围为 0.254~57.9mm/s。该仪器能探测到的最低速度值为 0.03cm/s。

8.2.5.5 MINI-MATE 型振动监测仪

MINI-MATE 型振动监测仪由加拿大生产制造，MINI-MATE PRO4 型振动监测仪提供 64MB 的存储容量，提高了外壳强度，包括一个金属手提箱和连机器，还具有防水性。可以连接一个 ISEE 标准或 DIN 标准三向检波器和一个 ISEE 标准线性麦克风。专注功能键和直观的菜单驱动操作，更容易和快速设置采集参数。每个通道 512~4096 样本/秒的采样率，有独立的记录时间，零时滞连续监控。Instantel Histogram Combo 模式允许同时获取数千次的全波形记录，超过两个小时的全波形事件记录。具有良好的通用性，设备完全智能化，并且易于使用。

8.2.6 国内外典型测振仪主要性能参数对比

国内外典型测振仪器主要性能参数对比一览表如表 8-1 所示。

表 8-1 国内外典型测振仪器主要性能参数对比一览表

型号	CBSD-VM-M01	TC-4850N	NUBOX-6016	Blastmate Ⅲ	SSU3000LC
厂家	中爆数字	中科测控	拓普测控	加拿大 Instantel	美国 Geosonics
测量范围/mm·s^{-1}	355	250	250	254	130
频响范围/Hz	2~500	2~500	2~500	2~300	2~1000
最高采样率/kHz	100	100	50	16	2
内存	16GB	高速 SD 卡 32G	32G	300 个波形	20 个波形
最长待机时间/h	240	60	60	210	160
传感器类型	三向速度	三向速度	三向速度	三向速度	三向速度
远程测振	3G 远程测量	3G 远程测量	3G 远程测量	—	—
其他	数据可入中爆网				

爆破振动测试仪整体上国产和进口相比功能相当，但进口仪器故障率较低，国产爆破振动测试仪均满足测试精度的要求，且轻便、准确、内存较大，避免了长距离放线的麻烦。实践证明，某些仪器在冬季低温环境下（低于-5℃）可能出现故障。当前 CBSD-VM-M01、TC-4850 超低频测振仪、Minimate 型等频响范围宽，低频段可低至 2Hz，是现阶段最先进的爆破振动测试仪器，无论是功能、容量、轻便性、准确性、耐久度等都是老式的爆破测振仪器所无法比拟的，而且其更新发展速度很快，两年前的测振仪就已经落后了，操作的方便性、可靠性都已无法与新仪器相比。不管是中国、美国还是加拿大各国的仪器都是大同小异，在功能、准确性、耐久度等方面已经趋于完善，未来爆破振动测试仪器的发展方向是趋于远程网络智能化。

8.3 爆破测振仪标定

8.3.1 标定基本规定

测振系统的标定，就是通过试验建立测振系统输入量与输出量之间的定量关系，同时也确定不同使用环境或不同标定条件下的误差关系。

测振仪器除了在出厂前对各个指标进行逐项校准外，在使用过程中还应定期校准，因为测振仪中某些元器件的电气性能和机械性能会因使用程度和存放时间发生变化。特别对重要工程或特殊测试环境应进行有针对性标定。测振仪器的标定可以分部标定和系统标定。

分部标定是分别对传感器和记录仪等进行各种性能参数的标定，系统标定是将上述仪器作为一个整体组成的系统进行联机标定，以得到输入振动量与记录之间的定量关系。标定内容通常包括频率响应特性、灵敏度和线性度标定三个方面。在爆破振动测试中，测试仪器的标定是在标准振动台上进行的，交由法定部门按规程进行试验标定，并出具证明。

任何一种传感器在装配完后都必须按设计指标进行全面严格的性能鉴定。使用一段时间（中国计量法规定一般为一年）或经过修理后，也必须对主要技术指标进行校准试验，以便确保传感器的各项性能指标达到要求。

传感器标定的基本方法，就是利用精度高一量级的标准器具产生已知的非电量（如标准振动速度、加速度、位移等）作为输入量，输入到待标定的传感器中，测得传感器的输出量。然后将传感器的输出量与标准输入量做笔记，得到一系列标定曲线，从而确立传感器输出量和输入量之间的对应关系，同时也确定不同使用条件下的误差关系。

工程测量中传感器的标定，应在与其使用条件相似的环境下进行，否则标定结果不理想，将会给实际测量带来误差。为获得较高的标定精度，应将传感器及其配用的电缆、放大器、记录仪等测试系统一起标定。

凡用于爆破振动的监测仪器应有合格证书和 CMC 认证标志。现场监测前都应经计量部门检定（校准），获得检定（校准）证书。传感器属于敏感器件，野外使用环境条件差，颠簸振动较大，容易受损，因此传感器每年至少标定一次，发现线性度偏差较大的传感器一定要停止使用。计量检定规程也规定检定周期不超过 1 年。特别重要工程的测试宜在用前检定，用后复检。测振仪器在有效校准期内应作期间核查，期间核查可用不同仪器的对比法认可，若发现传感器或记录仪有明显的变形或伤痕，应进行比对校准后才可使用。

爆破振动速度测试仪器标定有时宜将传感器和记录仪组成的测试系统一同送计量部门检定，给定系统误差；若单独标定传感器和记录仪，需计算系统误差。常规标定内容包括：灵敏度标定、频响标定和线性标定。

8.3.2　灵敏度标定

仪器的灵敏度为输出信号值与输入信号值比值，对于磁电式振动速度传感器，其灵敏度可用下式表达：

$$S_v = U/v \tag{8-2}$$

式中　S_v——爆破振动速度测试仪灵敏度，mV/（cm/s）；

　　　U——振动测试仪输出电压信号值，mV；

　　　v——振动台输入到被测传感器的振动速度（或标准速度传感器输出的振动速度），cm/s。

考虑到振动台的标准传感器多为加速度传感器，而振动速度传感器频响曲线在 15Hz 以上已完全平直了，爆破振动主振频率大多数在 10～80Hz，因此设 20Hz 为参考频率。以参考频率标定不同振动幅值的输出灵敏度；灵敏度计算公式如下：

$$S_v = 2\pi \cdot f \cdot K_v \cdot S_s \tag{8-3}$$

式中　S_v——爆破振动速度测试仪灵敏度，mV/（cm/s）；

　　　S_s——振动台标准加速度传感器灵敏度，mV/（cm/s²）；

　　f——参考振动频率，20Hz；

　　K_v——被检爆破振动速度测试仪输出与标准加速度传感器输出之比值。

　　在标定值读取处理过程中，一般使用峰值。

8.3.3　频响标定

　　爆破振动仪频响标定主要标定传感器灵敏度随振动频率的变化情况，即输入振动幅度固定，改变振动频率时，传感器输出幅度变化情况。爆破振动速度传感器的工作频率范围为 2~300Hz，推荐在 2Hz、5Hz、10Hz、20Hz、50Hz、100Hz、200Hz、300Hz 各频点标定 1cm/s 振动幅值时输出的示值。频率响应按下列公式计算其相对误差：

$$\delta_f = \frac{x_i - x_r}{x_r} \times 100\% \tag{8-4}$$

式中　x_i——测振仪示值；

　　　x_r——测振仪在参考频率点 20Hz 的示值。

　　频率响应的最大相对误差小于±5%。频率响应曲线一般以标定的灵敏度作纵坐标，标定频率对数作横坐标，将对应的标定值点连成幅频响应曲线，如图 8-7、图 8-8 所示。常见振动速度传感器的幅频曲线有如下特点：低频段（<10Hz）和高频段（>400Hz）灵敏度变小，中间段曲线较平直，平直段对应的频率域属于合格频响范围，最多可向外延伸幅值±5%的误差范围。

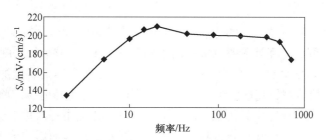

图 8-7　常见普通振动速度传感器的幅频响曲线

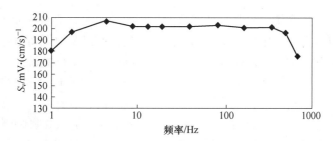

图 8-8　高精度振动速度传感器的幅频响应曲线

8.3.4　非线性度

　　非线性度是传感器的灵敏度随输入振动量大小而变化，通过非线性度标定可以确定仪器的动态幅值工作范围和不同输入幅值的误差状况。

振动速度传感器的非线性度标定：给出参考频率点 20Hz 的不同振动幅值对应的示值，0.5cm/s、1.0cm/s、1.5cm/s、2.0cm/s、3.0cm/s、4.0cm/s 或工程中可能需要监测的最大振动幅值的非线性度，非线性度可按下列公式计算其相对误差

$$\delta_L = \frac{x_i - x_s}{x_s} \times 100\% \qquad (8\text{-}5)$$

式中　　x_i——测振仪示值；

　　　　x_s——振动标准装置给出的示值。

非线性情况常出现在大幅度值或很小幅值条件下。大幅值时的非线性是由于传感器惯性元件的自由行程不够，支撑弹簧和其他弹性元件的弹性变形限度低，以及仪器电气部分和机械转换部分输出能力的限制而产生的；在小幅值时的非线性是由于机械部分中的干摩擦或电气部分中存在漏电而引起。

8.3.5　不确定指标

不确定度：测试结果误差的上界 $|\Delta_x| \leqslant U$ 称为测试结果的不确定度，它是测试结果精确度的表征。它和误差极限表达的是同一个意义。U 的准确值是很难测出的，只能给出一个估计，即给出 $|\Delta_x| \leqslant U$ 的概率 P_U 是多少。测振仪校准的不确定度应小于 3%（$k = 2$）。

8.3.6　振动台要求

关于爆破振动速度测试仪器的标定，必须要有合格的振动台，对振动台的基本要求如下：标准速度计或伺服速度计参考灵敏度的不确定度为 1%，波形失真度≤5%，横向振动比≤10%，幅值均匀度≤5%，台面漏磁≤3×10^{-3}T。振动台标准装置的扩展不确定度为 2%（$k = 3$）。所有仪器在标定前应预热 15min。标定单只传感器时，应将传感器尽量对准振动台台面中心；同时标定多只传感器时，应以振动台台面中心对称布放传感器；传感器的输出电缆应固定合适，防止标定过程中产生剧烈抖动、摩擦而影响传感器的振动波形。

8.4　测点的选择与布置

爆破振动测量工作是围绕着某一特定目的进行的。例如为了爆破时确保建筑物的安全作爆振危险区区划，就需测定爆破地振动强烈振动的区域以及地振动强度随爆心距变化的规律；为了做某些建筑物的抗爆振验算或拟建工程结构物的抗爆振设计，就需测定爆破地面运动特征和工程结构的动力反应；为了在爆区内选择建设场地，就需在特定的地形地质条件下，测定爆破地振动的衰减规律。总之，不同的目的，就有不同的测试方案。

爆破振动效应监测时，测点的布置有极其重要的意义，它直接影响爆破振动测量的效果和观测数据的应用价值。设置振动测点要有针对性地选取具有代表性的位置进行振动测试。从振动波的传播规律可知，爆破振动峰值基本随距离增大而衰减，因地形和地质条件不同有较大差异。所以布置爆破振动测点时，应遵循如下原则。

（1）先进行现场踏勘，根据振动监测的目的，确定离爆源最近的振动测点位置，其他测点按近密远疏（等对数距离间隔）的原则排列。此外，中间若有可能发生纠纷的居民房、较为重要的建（构）筑物、年久失修抗震能力较弱的建（构）筑物应补充安排振

动测点。测试前对每个测点的测试数据要事先有个估计，按估算峰值选用合适的传感器和设定合理的量程及参数。

（2）针对建（构）筑物的振动测点应设置在靠近爆源一侧的室外地基土石地表；针对隧道的振动测点应设置在靠近爆源一侧的洞壁或拱腰处，针对普通桥梁的振动测点一般设置在靠近爆源的桥墩顶部；其他有特别要求的应根据其规定布置振动测点。

（3）若需要实测场地爆破振动衰减规律，考虑野外爆破振动测试重复性较差，要求同次爆破测试点不少于5个，按等对数距离排列。以爆区几何中心作为爆源中心，径向向外排列，在爆破振动影响范围内布置测点。不盲目追求多测点、大规模，但最远点与最近点的距离一般在10~20倍以上。

（4）在振动测点布置中应避开沟槽、地形突变和人工改造的位置，尽量选择原状土层或基岩位置。测点应尽量在同一地层或基岩上，每一测点最好能同时测三个互相垂直方向的振速。为了观测某些特殊的地质构造（断层、裂缝、滑坡等）和地形地物（沟、坎、高程差）对振动强度的影响，测点应围绕这些特殊的地质构造和地形地物周围布置。

（5）针对某些研究性爆破振动监测可根据具体要求布置测点。如研究爆破对高层建筑的振动反应，在不同楼层高度布置振动传感器，分析不同层高对振动的放大或衰减作用。又如研究隧道爆破在前方或后侧的振动衰减规律，在某段测线上安装爆破振动传感器，从某断面开始监测，直到爆破掌子面远离监测点后，所有爆破振动监测数据综合分析可得到有价值的研究成果。

（6）测点布置时应考虑测点位置的安全性，传感器可否回收，如果测点被爆堆覆盖或仪器被飞石砸坏就得不到数据，必要时可采取一些保护措施，使传感器和记录仪避开飞石的损伤。对于必须取得数据的重要测点，可布设多个对比测试点。

（7）爆破振动效应监测中，若甲方只要求选取代表性的位置进行测试，应遵循以下原则：

1）选取离爆区最近的建（构）筑物处布置振动测点；

2）选取居民争议最大处布置振动测点；

3）在较为重要的建（构）筑物处布置振动测点；

4）在爆破振动较强的代表性位置布置测点。

8.5　传感器安装与防护

传感器是反映被测信号的关键设备。要使传感器能准确地感受到爆破振动信息并输出正确的信号，除了传感器本身的性能指标要满足一定的要求外，其安装及防护是极为重要的。工作传感器安装应尽量符合校准标定时的安装条件，并且在安装即防护方面应特别注意以下问题。

8.5.1　测点爆心距的测量

测点的爆心距是指测点中心到爆源中心的距离。

由于爆破工程中的装药形式都是分散装药，通常认为爆区范围的几何中心大致为爆源中心。当装药量大小与几何中心不对称时偏差较大，则应对爆源中心进行相应的修正：

（1）对于分段装药的爆破，当分段药量均匀时，通常认为爆区范围的几何中心为爆源中心，当分段不均匀时，药量最大一段的几何中心为爆源中心，爆破振动速度峰值取决于药量最大一段产生的爆破振动；

（2）对于不分段装药的爆破，爆区范围的几何中心为爆源中心。装药量大小与几何中心不对称时，应以爆区范围的装药量重心为爆源中心。

此外还应准确测量测点中心至爆源中心的距离，至少应使用标准皮尺丈量距离而不应当靠目测或者步量的简易方法。使用标准钢卷尺、测距仪、经纬仪、全站仪等进行距离测量更为精确。如果测点与爆区所在位置有明显高差时，还可使用水准仪、全站仪、精密高程仪等测量高差，以便后期数据处理时进行修正。重要测试项目最好测出每个测点以及爆源中心点的经纬度或利用 GPS 系统进行定位，这样，能在后期还原各点的相对位置，这对数据处理十分重要。

8.5.2　确定传感器矢量方向

三矢量传感器应将 X 轴方向指向爆源中心，只测垂直振动速度的一维传感器没有方向性要求。三矢量传感器的三个矢量方向的灵敏度是有区别的，传感器 X 方向对准爆破振动波的传播方向，有利于排除横向（Y 轴）灵敏度的干扰。

由于三矢量传感器上的方向标识长度比较短，很容易造成较大的定向误差。现场安装传感器时，通常用一根长绳子（废导爆管等）作为指向线，从测点向爆源方向展开并对准爆源中心。然后，使传感器的方向标识与这根指向线平行。如果环境条件允许，指向线可以从测点直接展开到爆源中心，这样方向更加准确。对于比较重要的测试项目，建议使用经纬仪、全站仪等精度较高的仪器定出指向线，然后按指向线调整传感器 X 轴的指向。

传感器纵向轴应垂直于大地。传感器纵向轴是惯性体受振运动的方向，只有纵轴保持垂直才能保证惯性体自由运动不受阻尼影响。当测点上传感器安装的工作面不平整时，需要采取找平措施进行处理。应特别注意的是在建筑物的顶板上和墙面上安装传感器时，均应将传感器的 Z 轴保持垂直，并且保证底面朝下。

大部分三矢量传感器上都带有水准气泡，可以方便水平安装。当安装位置不便目视水准气泡时，或者传感器没有水准气泡时，应使用水准仪辅助安装传感器。对于比较重要的测试项目，建议事前在测点上按要求预制传感器安装底座，方便与传感器固接。

8.5.3　传感器的固定

传感器与测点的刚性连接是为了避免振动过程中两者发生相对运动或产生某种寄生振动而使信号失真。传感器的固定主要有下列方式。

（1）预计所测爆破振动强度较小（大约在 3cm/s 以下），传感器质量大于 0.5kg 时，可利用其自重置于平整坚实的工作面上。

（2）测点为钢结构物时，可使用磁性基座连接传感器。

（3）测点为特殊结构可以捆绑时，可采取捆绑措施。在建筑物的顶板或墙面上安装传感器时，可辅助使用水泥钉及膨胀螺钉、膨胀螺柱作为传感器安装的固接着力点。

（4）测点质地坚硬时，可使用双面胶带纸、橡皮泥、熟石膏、502 胶水、环氧水泥、环氧胶水等黏合剂固定传感器。黏合剂的厚度在保证黏结牢靠的情况下，越薄越好。

（5）测点质地较软时（如土质、沙质及强风化岩层等），应将测点进行硬化处理后再按照质地坚硬时的方法连接传感器。测点硬化处理时先将软体处理平整并适度夯实，然后可采用以下方法硬化：

1）浇筑混凝土并将安放传感器的表面找平；

2）浇筑环氧胶水、502 胶水或熟石膏等胶合剂并将表面找平；

3）现浇一个边长为 40cm 的混凝土块，并将其埋入土（沙）中。

（6）在介质内部安装传感器时，应使充填材料与被测介质的声阻抗相一致。在地下巷道内墙壁上测试强烈爆破振动时，需要用短钢钎嵌入岩体中，将传感器固定在钢钎上。在混凝土大坝或桥墩等大体积构件上测试爆破振动时，先预埋固定螺栓，然后再将传感器与预埋螺栓紧固相连。

一般情况下爆破振动速度传感器具有轻小、坚固、密封、易安装等特点，因此广泛推荐简便的石膏粘结安装法。

8.5.4 传感器和测振仪的防护

由于爆破振动测试现场通常都在露天的野外，一方面，爆破作业场地上人多无杂，测点距离爆源较近；另一方面，测点容易受到不良天气、人为触碰、爆破飞石击中等因素的影响。因此，应采取必要的保护措施，一般保护措施如下。

（1）对于距离爆源很近，容易受到较大飞石击中的测点或重要测点，建议使用预制钢筋砼的小框架结构或挡墙保护，必要时在顶部增设钢板等加强覆盖保护。

（2）对于预计只可能受到小石块影响的测点，可使用金属盒子或最常用的安全帽实施覆盖保护。

（3）可采用其他防护材料进行保护，常用的防护材料有：草袋、草帘、竹笆、沙包、防雨布、蛇皮袋、马口铁皮、密目安全网等。

（4）为防止人员误触碰，可在测点处插旗子等明显标记以引起人员注意，也可采取搭建围挡、使用石头、砖块圈围、用竹笆和草袋覆盖等措施。对于重要测点，在有必要时，可派专人看守。

（5）许多振动速度传感器设有惯性体锁定装置，开机测试前应将锁定装置打在开锁位置。使用后应闭锁，防止在非工作状态下质量—弹簧系统产生疲劳甚至损坏。

8.6 爆破测振系统设置

爆破测振系统在测试前都需要对系统参数进行设置，对系统参数的设置是在测振仪上完成的。所设置的参数主要有：采样频率、采样时间、灵敏度、量程、内触发阈值等。设置参数的大小通常是依据标定值、预测值和调试值来选择并确定的。

8.6.1 采样频率

根据动态信号测试技术采样定理，采样频率应大于被测物理量变化频率两倍以上。在爆破振动测试实际应用中采样频率常常选择 50~100 倍物理量变化频率，以保证有足够的采样信号点。但也不能过高，过高容易受到外界高频信号的干扰，增加过多的信号量不便于后期信号处理。

采样频率参数值的选取，主要根据各种爆破类型的主振频率来确定。主振频率值一般参考《爆破安全规程》（GB 6722—2014）的有关规定和要求。

8.6.2　采样时间

采样时间是指仪器从触发开始记录到记录完毕的时间，目前海量储存技术的发展，使得大多数仪器都不存在储存空间不足的情况。但在有效的爆破振动信号的前后都有一段时间的无效信号，该无效信号会掺杂大量干扰信息，加大了信号处理的难度和工作量其不利于判读。通常应根据爆破的总延时时间来确定，一般认为采样时间的长度为总延时时间的2~3倍即可。

8.6.3　灵敏度

灵敏度系数每支传感器出厂时都会有其对应的标定参数值。该系数的准确与否直接影响测试精度。灵敏度参数值应参考标定证书上的灵敏度值，并取最近一次标定（或现场校准）值进行设置。如果标定灵敏度与最近一次校准灵敏度的误差较大，建议在测试工作完成后在实验室再进行一次校准，以获得准确的参数。如果是重大测试项目，还应到具有相应计量资质的单位（标定中心）重新标定。

8.6.4　量程

量程参数值应依据对测试项目中该测点爆破振动速度峰值的预估值确定，通常情况下量程值为预估值的1.4~1.6倍。尽量使所测试最大峰值在量程的2/3位置，避免数据溢出或不饱满造成数据丢失或数据精度不够。有些爆破测振仪具备自动设置量程参数值的功能，能够按所测振动速度大小自动调整量程大小，不需要人工进行量程参数设置。

一般情况下，测点振动速度峰值可根据萨道夫斯基公式预估。预估振动速度峰值时，应以爆破方案中最大一段药量进行计算，如不分段则以总装药量进行计算。K值及α值最好是选择在本地曾使用过的数据，越靠近爆破现场的数据越好。在没有更好的参考数据时，可按照《爆破安全规程》有关规定选取。

8.6.5　内触发阈值

内触发阈值是系统开启采集信号的最小电平值或最小振动速度值。如果内触发阈值参数选择太小，过于敏感就会造成误触发；如果内触发阈值参数选择太大，过于钝感又会导致采集不到信号。通常内触发阈值应取测试项目爆破振动速度峰值预估值的5%~10%。由于每台仪器或每种仪器组合的灵敏度不同，内触发阈值应各自预设并在室内或现场进行反复调试后确定。

8.6.6　触发次数

爆破测振仪多次触发记录功能，是专门为在很短时间内进行多次起爆的爆破测试设计的，可根据测试需要选定参数进行设置。

8.6.7　负延时时间设置

负延时时间（或长度）就是在系统触发采集数据前的一段时间。在系统触发采集数据后的信息视为有效信息，但其波形是从触发电平值开始记录的无头波形。为了采集到完整波形数据，系统开机时在设定的负延时时间段内，系统一直反复进行"采样—存储—溢出"的循环。等到系统触发时，则内存被分成两部分，一部分记录触发前的信息，一部分记录触发后的信息，这样就可以记录到完整的信号。当前的测振仪负延时的长度无需手工设置，但有些旧型号测振仪仍需要手工设置。

8.6.8 其他设置

由于各种型号测振仪有各自的辅助功能，还应根据所使用型号仪器的操作说明书进行相应的设置。

参 考 文 献

[1] 汪旭光. 爆破设计与施工 [M]. 北京：冶金工业出版社，2011.
[2] 汪旭光. 英汉爆破技术词典 [M]. 北京：冶金工业出版社，2016.
[3] 汪旭光，郑炳旭. 工程爆破名词术语 [M]. 北京：冶金工业出版社，2005.
[4] 汪旭光，于亚伦. 台阶爆破 [M]. 北京：冶金工业出版社，2017.
[5] 汪旭光. 中国工程爆破与爆破器材的现状及展望 [J]. 工程爆破，2007，13 (4)：1-8.
[6] 王文辉，刘美山. 国内爆破振动测试系统简述 [G]. 中国力学学会工程爆破专业委员会. 中国工程爆破协会四届二次常务理事会、中国力学学会工程爆破专业委员会学术会议论文集. 中国力学学会工程爆破专业委员会：中国力学学会，2007：8.
[7] 吴延伟，张良勇. 远程爆破振动测试系统设计 [J]. 武汉职业技术学院学报，2018，17 (1)：100-104.
[8] 李彬峰. 爆破振动的分析方法及测试仪器系统探讨 [J]. 爆破，2003 (1)：81-84.
[9] 钟明寿，谢全民，刘影，等. 爆破振动危害智能监测系统研究进展 [J]. 爆破器材，2017，46 (3)：57-64.
[10] 刘冠尧. 基于网格的远程测振系统的设计及其关键技术的研究 [D]. 华南理工大学，2012.
[11] 李昌存，郭彦辉，王长军，等. 爆破测振及位移监测对边坡的综合控制研究 [J]. 金属矿山，2013 (4)：54-56.
[12] 汪旭光院士在中国工程爆破协会爆破振动测试技术研讨会上的讲话摘要 [J]. 工程爆破，2011，17 (2)：92.
[13] 杨年华，林世雄. 爆破振动测试技术探讨 [J]. 爆破，2000 (3)：90-92.
[14] 高英，杨光，汪旭光，等. 远程测振系统安全机制的研究与设计 [G]. 中国工程爆破协会、中国力学学会. 中国爆破新技术Ⅲ. 中国工程爆破协会、中国力学学会：中国力学学会，2012：6.
[15] 超低频三维遥感爆破测振仪 [J]. 工程爆破，2010，16 (2)：109.
[16] 林世雄. 爆破测振仪的选型原则 [J]. 爆破，2009，26 (1)：110.
[17] 周召江. 新型爆破振动监测设备与技术 [J]. 爆破，2008，25 (4)：103-105.
[18] 中、美、加三国爆破测振仪现场对比测试 [J]. 工程爆破，2009，15 (3)：97.
[19] 刘坚. DSVM-1 系列袖珍测振仪 [J]. 北京矿冶研究总院学报，1992 (2)：95-96.
[20] 杨年华. 爆破振动理论与测控技术 [M]. 北京：中国铁道出版社，2014.
[21] 汤征，范亚菊. 便携式爆破测振仪 [J]. 武汉水利电力大学学报，1999 (1)：53-56.
[22] 赵刚，张银平，王焕义. DSVM 系列测振仪在爆破振动测试中的应用 [J]. 工程爆破，1995 (1)：61-65.
[23] 曲广建，谢全民，朱振海，等. 工程爆破远程测振系统 [J]. 工程爆破，2015，21 (5)：58-62.

［24］TC-4850 爆破测振仪通过四川省科技厅成果鉴定［J］. 爆破，2008（3）：109.

［25］林世雄. 爆破安全评估的新设备——TC-4850 爆破测振仪［J］. 爆破，2008（2）：33，52.

［26］王亮亮. 露天控制爆破技术及 L20 型爆破测振仪的应用［J］. 中国科技博览，2013（21）：2.

［27］黄跃文，罗熠，吴新霞，等. 采用 GPS 全球精确定时定位技术的爆破测振记录仪：CN202511874U
　　　［P］. 2012.

［28］朱明，尉培光，张建国，等. 基于 TC-6850 的爆破振动自动化监测系统及应用研究［C］// 爆破工
　　　程技术交流论文集. 中国铁道学会；北京工程爆破协会；南京民用爆炸物品安全管理协会，2018.

［29］钟明寿，谢全民，刘影，等. 爆破振动危害智能监测系统研究进展［J］. 爆破器材，2017（3）：
　　　57-64.

［30］关晓磊. 爆破振动信号分析与监测［D］. 太原：中北大学，2012.

［31］李传林，高原，王永增，等. 齐大山铁矿中深孔爆破振动测试与分析［J］. 采矿技术，2016，16
　　　（2）：80-82.

［32］贺慧生，文孝廉. 露天边坡爆破振动观测［J］. 昆明理工大学学报（理工版），1986（3）：45-54.

［33］韩鑫，王军，王延雨，等. 基于振动监测的隧道爆破爆源减震措施研究［J］. 公路交通科技（应用技
　　　术版），2019，15（4）：243-245.

［34］杨巧玉，娄良琼，杨立志. 941B 型超低频测振仪的研究［J］. 地震工程与工程振动，2005，25（4）：
　　　174-179.

［35］Hai Liang Wang，Tong Wei Gao. Influences of Tunnel Excavation Blasting Vibration on Surface High-Rise
　　　Building［J］. Advanced Materials Research，2011，1067.

［36］Yuan Juan Zhang，Jin Xiang Huang. Field Test of Blasting Vibration and Regression Analysis［J］. Ad-
　　　vanced Materials Research，2011，1269.

［37］Wen Xue Gao，Wen Long Sun，Hong Liang Deng，et al. Study on Blasting Vibration Effects of Shallow
　　　Tunnel Excavation［J］. Advanced Materials Research，2011，1270.

［38］Hua Feng Deng，Min Zhu，Le Hua Wang，Ji Fang Zhou. Monitoring and Analysis of Blasting Vibration of
　　　Diversion Tunnel Excavation in Layered Rock Mass［J］. Applied Mechanics and Materials，2013，2142.

［39］Wang Lintai，Gao Wenxue，Sun Baoping. Study of dynamic response of High-Rise buildings under blasting
　　　earthquake considering model simplifying［J］. Mechanics of Advanced Materials and Structures，2020，27
　　　（24）.

9 爆破振动数据分析

9.1 爆破振动速度分析技术

9.1.1 爆破振动分析软件

爆破振动分析软件，简称BVA（Blasting Vibration Analysis）适用于成都中科测控有限公司 TC-4850 型爆破测振仪。软件支持 Windows XP/2000/Vista/7 平台，可运用于 .txt 格式和 .dat 格式类型数据文件。该软件是在听取行业内众多用户的宝贵意见后，并针对 TC-4850 爆破测振仪本身特点而设计的一款简单实用的应用软件。

BVA 应用软件，包括对仪器的参数设置、采集数据、特定的事后分析等功能，该系统采集的数据可转换为其他格式（如 .txt）文件，能被其他分析软件所调用，进行各种分析处理。

VBA 软件界面友好，操作简单，分析方法多样。用户可以根据不同需求选择合适的分析方法。

9.1.1.1 数据管理

VBA 软件打开后主界面如图 9-1 所示。

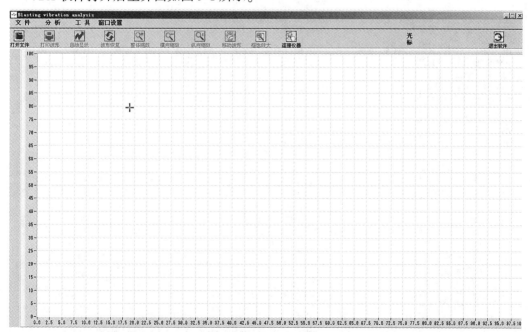

图 9-1 软件主界面

A   打开文件

选择菜单项"文件 | 打开",或工具栏上的"打开文件"按钮,弹出"选择要打开的数据文件"对话框,如图 9-2 所示。可打开的数据文件有 . txt 格式和 . dat 格式。选择文件后单击"OK"按钮打开文件。

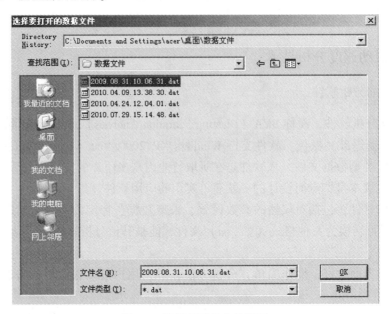

图 9-2   选择打开的文件界面

打开文件后界面如图 9-3。

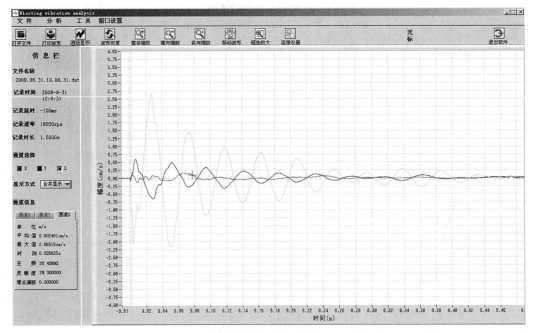

图 9-3   文件打开后界面

B 保存文件

保存文件是指将仪器内的数据文件保存至计算机，如图 9-4 所示。操作步骤：
（1）连接好仪器与计算机；（2）单击软件工具栏"文件列表"按钮，软件显示仪器
内文件列表；（3）在文件列表中选择要保存的文件，点击"保存"按钮，弹出保存
对话框；（4）选择保存位置、输入要保存的文件名并选择保存类型，点"保存"按
钮执行操作。

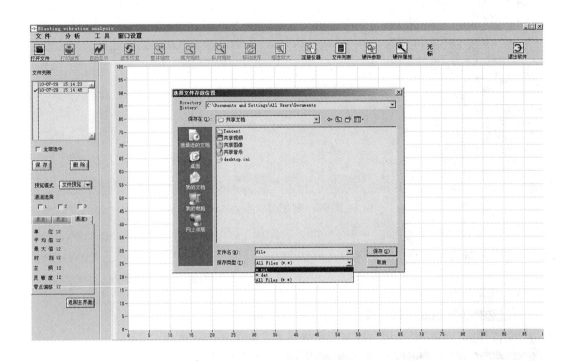

图 9-4 文件保存界面

在"选择文件存储位置"界面的"保存类型"：

*.txt 保存类型，即将数据以 *.txt 类型进行存储，即保存文本；

*.dat 保存类型，即将数据以 *.dat 类型进行储存，即保存文件；

All Files（*.*）保存类型，即将数据以 *.txt、*.dat 两种类型同时进行储存。

C 读取数据

通过软件读取仪器内数据，如图 9-5 所示。操作步骤：（1）连接好仪器与计算机；
（2）单击软件工具栏"文件列表"按钮，软件显示仪器内文件列表；（3）双击文件列表
内的数据，在右方的波形显示窗会显示出相应数据波形，左下方显示波形的特征值，包括
工程单位、主频、幅值等信息。

D 删除数据

通过软件删除仪器内数据。操作步骤：（1）连接好仪器与计算机；（2）单击软件工
具栏"文件列表"按钮，软件显示仪器内文件列表；（3）在文件列表中选择要删除的文
件，点击"删除"按钮。

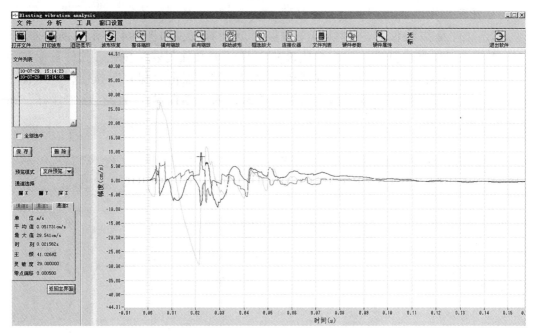

图 9-5 数据读取界面

9.1.1.2 分析数据文件

A 波形预览

通过选择预览模式可选择文件预览或通道预览。

"文件预览"将三个通道时域波形重叠显示,如图 9-6 所示。

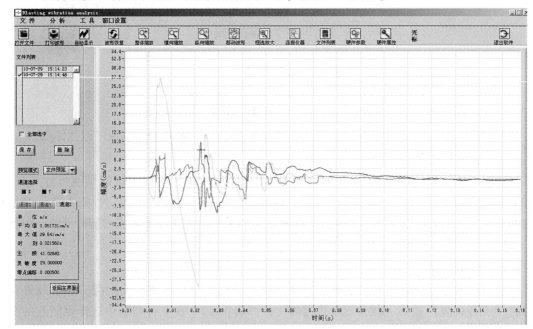

图 9-6 波形预览图

"通道预览"：将三个通道时域波形平铺显示，如图9-7所示。

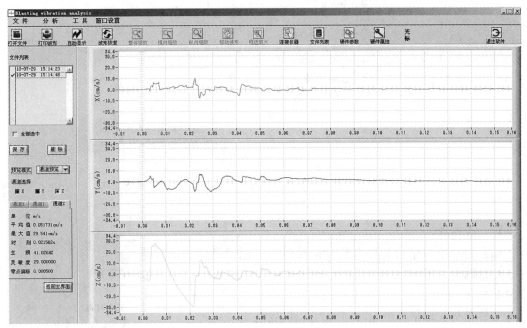

图9-7　三个通道波形平铺图

B　波形缩放

通过图形的缩放（图9-8）可以改变窗口内的数据量（一屏的数据量），也可以改变图形的形状，同时 X、Y 轴的刻度尺寸也作相应的改变。

图9-8　菜单栏

自动显示：将波形自动显示到合适比例；

波形恢复：将波形还原到原始状态，即撤销对波形的一切操作；

整体缩放：激活图标后，单击鼠标左键整体放大，单击鼠标右键整体缩小；

横向缩放：激活后，单击鼠标左右键可将波形以鼠标所在的位置为中心沿 X 轴方向放大或缩小；

纵向缩放：同横向缩放；

移动波形：将波形向任意方向拖动；

框选放大：在欲放大的一段数据的起点位置按住鼠标左键，然后拖动鼠标，一直拖动到要选取的一段曲线的末尾，松开鼠标左键，即可放大所框选的矩形范围内的一段曲线。

C　光标读数

通过单光标读数，用户可以观测曲线上任意一点对应的时间和幅值，如图9-9所示。

操作方法：（1）鼠标单击波形曲线激活光标；（2）按键盘↑、↓、←、→键光标可跟踪曲线。同时，软件右上方也显示光标的读数，如图9-10所示。

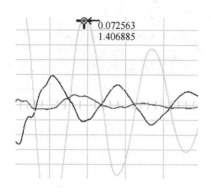

光标　横坐标: 0.007750
　　　纵坐标: 21.206056

图 9-9　任一点光标读取　　　　　　图 9-10　数据读取

D　信息栏

信息栏显示数据的文件名称、记录时间、记录延时、记录速率、记录时长、通道选择、显示方式和通道信息八个模块，如图 9-11 所示。

文件名称：以信号触发时间作为文件名称；

记录时间：仪器开始记录的时刻；

记录延时：从触发点向前或向后预保留数据，可以是正延时或负延时，单位 ms；

记录速率：仪器采样速率，sps 为样点每秒；

记录时长：数据记录的时间长度；

通道选择：选择需要显示的通道；

显示方式：有分离显示和合并显示两种；

通道信息：点击"通道 X""通道 Y""通道 Z"三个按钮切换显示。

9.1.1.3　分析功能介绍

A　矢量合成

位置：分析——矢量合成。

矢量合成遵循平行四边形法则。由于三分量速度传感器 CH1（X）、CH2（Y）、CH3（Z）三个方向相互垂直，因此，由平行四边形法则可得：

二矢量合成：$\sqrt{(\text{矢量 }1)^2 + (\text{矢量 }2)^2}$；

三矢量合成：$\sqrt{(\text{矢量 }1)^2 + (\text{矢量 }2)^2 + (\text{矢量 }3)^2}$。

软件操作步骤：

（1）打开一个数据文件，选择菜单项分析——矢量合成，弹出设置窗口，如图 9-12 所示；

信 息 栏

文件名称
2010.07.29.15.14.48.tx

记录时间　2010-07-29
　　　　　15:14:48

记录延时　-100ms

记录速率　16000sps

记录时长　2.0000s

通道选择

□通道X □通道Y □通道Z

显示方式　合并显示▼

通道信息

通道X　通道Y　通道Z

单　位　m/s

平均值　0.051731cm/s

最大值　29.54052cm/s

时　刻　0.021562s

主　频　41.026HZ

灵敏度　29.000000

零点偏移　0.000500

图 9-11　信息栏

（2）选择合成类型及合成通道；

（3）点击"确定"，在时域主窗口下弹出矢量合成辅助窗；

（4）调整合成曲线，通过界面上方工具栏调整曲线大小及位置；

（5）关闭合成窗口，鼠标左键双击"辅助窗"按钮退出界面。

软件界面如图9-13所示。

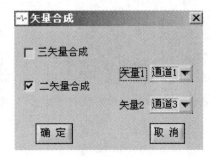

图9-12 矢量合成菜单

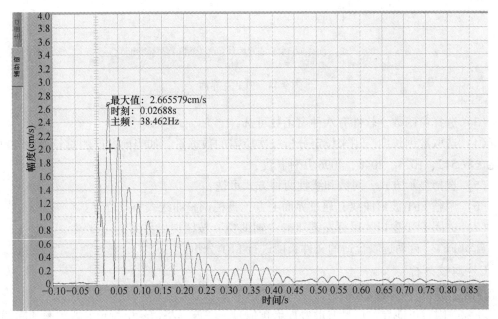

图9-13 矢量合成界面

B FFT（快速傅里叶变换）

位置：分析——FFT。

时域数据经过FFT变换后得到其傅里叶谱的幅值谱，其中幅值谱反映了频域中各谐波分量的单峰幅值。傅里叶变换本身是连续的，无法使用计算机计算，而离散傅里叶变换的运算量又太大，为提高运算速度通常使用快速傅里叶变换方法（FFT），但此时所得到的频谱不是连续的曲线了，具有一定的频率分辨率。由于频率分辨率的存在以及时域信号为有限长度等原因，使FFT分析结果具有泄漏的可能，为此常常使用一些措施来消除，如加窗。本套软件提供以下几种窗函数：矩形窗、汉宁窗、海明窗、布拉克曼窗、指数窗、高斯窗、三角窗。窗函数具有不同的效果，但都可以提高主频处的幅值精度，其中矩形窗相当于没有加窗。分析主界面如图9-14所示。

软件操作步骤：

（1）打开一个数据文件。选择菜单项分析——FFT，在时域主窗口下弹出FFT分析辅助窗；

（2）数据选择。选择做FFT分析的通道；

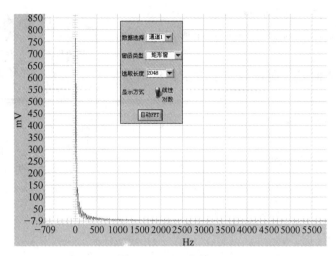

图 9-14　FFT 主界面

（3）选择窗函数。软件有八种窗函数可选；

（4）选取数据长度。用来设定分析一次所需的数据量，如当前文件的总长度为 4096，只能选取 512、1024、2048、4096 几种长度；

（5）选择显示方式，对数和线性两种方式可选；

（6）调整 FFT 波形曲线，通过界面上方工具栏调整曲线大小及位置；

（7）关闭 FFT 窗口。鼠标左键双击"辅助窗"按钮退出界面。

自动 FFT：自动选取合适的文件长度进行 FFT 分析。

C　滤波分析

位置：分析——滤波分析。

环境等因素可能导致信号波形叠加干扰信号，滤波是将信号中特定波段频率滤除的操作，从而得到更准确的结果，是抑制和防止干扰的一项重要措施。本软件滤波分为：低通滤波、高通滤波、带通滤波、带阻滤波四种。滤波界面如图 9-15 所示。

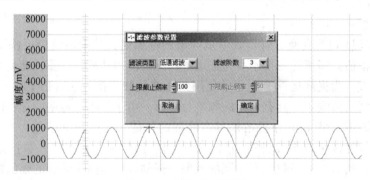

图 9-15　滤波分析界面

低通滤波：滤掉高频信号，保留低频信号。

高通滤波：与低通相反。

带通滤波：滤去高、低频信号，保留中频信号。

带阻滤波：与带通相反。

软件操作步骤：（1）打开一个数据文件，选择菜单项分析—滤波分析，弹出设置窗口；（2）选择滤波类型、滤波阶数，输入上下限截止频率，点击"确定"；（3）调整波形曲线，通过界面上方工具栏调整曲线大小及位置；（4）隐藏滤波信息或返回原始波形。

D　一阶微分与积分

位置：分析——一阶微分/一阶积分。

加速度信号一阶积分，得到速度信号；位移信号一阶微分，得到速度信号；积分和微分互为逆运算。

软件操作步骤：（1）打开一个数据文件，选择菜单项分析——一阶微分/一阶积分，在时域主窗口下弹出辅助窗；（2）调整波形曲线，通过界面上方工具栏调整曲线大小及位置；（3）关闭微分/积分窗口。鼠标左键双击"辅助窗"按钮退出界面。

E　萨道夫斯基回归

位置：分析——萨道夫斯基公式回归。

萨道夫斯基公式是由苏联科学院地球物理研究所的 M. A. 萨道夫斯基等通过研究集中药包的爆破振动效应，按照大量实测数据和相似律原理得到的经验公式：

$$v = K\left(\frac{\sqrt[3]{Q}}{R}\right)^{\alpha}$$

式中，v 为质点振动速度，cm/s；K 为与爆破场地条件有关的参数；Q 为装药量，kg；R 为测点到药包中心的距离，m；α 为与地质条件有关的系数。

因此，根据爆破装药量、测点到药包中心的距离及测得的振动速度值就可以得到 K 和 α 两个系数。萨道夫斯基回归分析界面如图 9-16 所示。

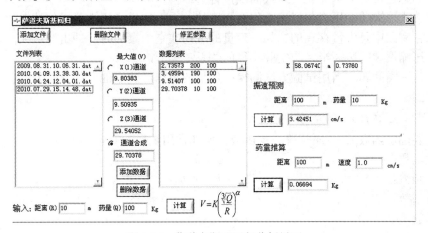

图 9-16　萨道夫斯基回归分析界面

软件操作步骤：（1）选择"添加文件"功能，把数据导入文件列表；或选中某个数据用"删除文件"功能将其删除；（2）选择文件列表中的数据文件，被选中文件名底色变黑；（3）输入该数据对应的爆破装药量和测点离爆心的距离；（4）选择通道最大值并添加至数据列表；（5）按以上操作方法添加其他文件数据；（6）添加完成后点击"计算"按钮，得到 K 值和 α 值。

振速预测：根据 K、α、药量和距离，反算振速。

药量推算：根据 K、α、距离、振速，反算药量。

请注意：用作回归分析的测点最好不要少于 4 个，选取的测点越多，分析结果越准确。

F　波速计算

位置：工具——波速计算。

波速计算的原理：由两个测点的时间差值

和两个测点的距离根据 $v = \dfrac{s}{t}$ 得到。软件界面如

图 9-17 所示。

操作方法：（1）从"文件 1"和"文件 2"
按钮导入测试数据（可以是 txt 文本文件或者
dat 数据文件）；（2）输入两点间的测试距离；
（3）点击计算按钮分别计算两测点之间 X、Y、
Z 方向的波速。

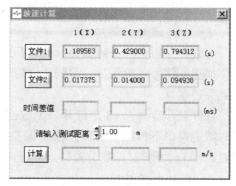

图 9-17　波速界面软件计算

9.1.2　经验公式建立

9.1.2.1　建立经验公式的步骤

在科学试验中经常需要根据两个变量 x 和 y 的 n 对试验结果 (x_1, y_1)，(x_2, y_2)，…，(x_n, y_n) 寻找它们之间未知的函数关系：

$$y = f(x)$$

这个问题通常称为求经验公式或曲线拟合。

例如，火箭火药的压力与燃速之间有一定的关系，知道了压力可以估计燃速。像这样一种关系在实践中是大量存在的，如一定量的装药在空中爆炸时，冲击波最大压力与距离的关系；压缩爆破时装药半径与空腔半径的关系；等等。

对于这一类问题，当用试验方法测得一定量的数据后建立他们的经验公式，一般应采取两个步骤。

A　选择函数 $f(x)$ 的类型

首先要确定函数 $f(x)$ 属于哪一类函数，例如常用函数的基本类型有：

线性函数：　　　　　　　　　$y = a + bx$

二次函数：　　　　　　　$y = b_0 + b_1 x + b_2 x^2$

指数函数：　　　　　　　　　$y = a^{bx}$

幂函数：　　　　　　　　　　$y = ax^b$

对数函数：　　　　　　　$y = \ln(a + bx)$

B　确定函数 $f(x)$ 中的参数

当函数的类型确定以后，可根据试验结果确定函数关系中的未知参数。这实际上是一个参数估计问题。

9.1.2.2　选择经验公式类型

判定经验公式的类型一般有两种方法：一是几何判定法，二是代数判定法。

A 几何判定法

几何判定法根据解析几何的基本原理。若一组数据 (x_1, y_1), (x_2, y_2), …, (x_n, y_n), 在方格纸上作图成一直线时, 则关系方程可确定为:

$$y = a + bx \tag{9-1}$$

式中 a——截距, 待定常数;

　　　b——斜率, 待定常数。

例如, 某型号火箭火药的压力 x 与燃速 y 之间存在一定的函数关系, 并用试验方法测得五对试验数据, 如表 9-1 所示。

表 9-1　某型号火箭火药的压力 x 与燃速 y 的测试数据一览表

序号 i	1	2	3	4	5
压力 x_i/kg·cm^{-2}	70	80	90	100	110
燃速 y_i/mm·s^{-1}	11.25	11.28	11.65	11.70	12.14

将以上数据在方格纸上作图。横坐标是压力 x, 纵坐标是燃速 y, 得出结果如图 9-18 所示。由图 9-18 可以看出, 这五个点连成的图形不是一条光滑曲线, 近似一条直线, 但是所有点 (或部分点) 与某直线都有一定的偏离。这是因为每对试验结果 (x_i, y_i) 中都不可避免地存在随机误差, 使得试验结果不能正确反映函数 $y = f(x)$ 的真实状态。因此不能直接用经过这五个点的曲线作为未知函数, 否则就会把试验中的误差包含在其中。而应该采取一种科学的方法, 对这五对试验结果进行平滑修正, 也就是要用科学方法, 绘出一条最适合这五个试验点的曲线, 使其能够比较准确地显示出函数关系 $y = f(x)$。因此, 求经验公式或曲线拟合又称为观测数据的平滑问题。

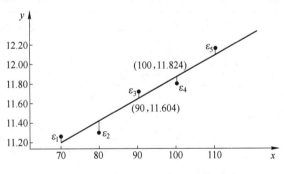

图 9-18　火药的压力与燃速的关系图

根据图 9-18 中五个点的分布情况可知, 这五个点的连续十分近似一条直线, 因此可选择压力 x 和燃速 y 之间具有直线关系, 即 $y = a + bx$。其中 a、b 是两个待定常数。

当一组数据在方格纸上作图不是一条直线而是一条简单曲线时, 则可根据解析几何中曲线直线化原理, 对数据进行一定的处理, 或采用其他坐标纸, 如全对数格纸、半对数格纸等把曲线直线化以后, 函数关系的类型即可随之确定。

例如, 当函数关系为幂函数 $y = ax^b$ 时, 对此关系式两边取对数可得到:

$$\lg y = \lg a + b \lg x \tag{9-2}$$

因此 x、y 在全对数格纸上必成一直线关系。或者将 x、y 的数据取对数（$\lg x$，$\lg y$）后，在方格纸上作图，亦成一直线关系。

又如，当函数关系为指数函数 $y = ae^{bx}$ 时，两边取对数便得到：

$$\lg y = \lg a + bx\lg e \tag{9-3}$$

因此 x 和 y 在半对数格纸上将成一直线关系，或者将 y 的数据取对数后与 x 在方格纸上作图亦成一直线关系。

其他简单的函数关系都可用这种曲线直线化的方法判定和选择函数的类型。

B　代数判定法

代数判定法是根据代数学中的级数原理判定的。这种方法首先将自变量化为等差或等比级数的形式，然后看因变量的变化规律来判定函数的类型。

例如，当自变量 x 为等差级数，对应的函数值 y 的 $(m-1)$ 级差 $\Delta^{m-1}y$ 也成等差级数，或 m 级差 $\Delta^m y$ 成常数时，则 y 与 x 的函数关系为 m 次多项式，如下式：

$$y = b_0 + b_1 x + b_2 x^2 + \cdots + b_m x^m \tag{9-4}$$

当 $m=1$ 时，x 等差，y 亦等差，Δy 为常数，其函数关系为一元线性函数 $y = b_0 + b_1 x$。当 $m=2$ 时，x 等差，$\Delta^2 y$ 为常数，其函数关系是二次多项式 $y = b_0 + b_1 x + b_2 x^2$。

又如，当 x、y 之间的函数关系为幂函数时，即 $y = ax^b$ 时，两边取对数，有 $\lg y = \lg a + b\lg x$。$\lg y$ 和 $\lg x$ 成线性关系，说明 x 为等比级数时，y 也一定是等比级数，因此由 x 和 y 均为等比级数可确定二者的函数关系为幂函数 $y = ax^b$。或者根据 $\Delta(\lg x)$ 为常数、$\Delta(\lg y)$ 也是常数的情况，可判定其函数关系为幂函数的关系。

同样，函数关系的其他类型也可按上述代数方法判定。表 9-2 列出了常见方程式类型及用代数判定法确定这些方程式的步骤和标准。

表 9-2　常见方程式类型及用代数判定法确定这些方程式的步骤和标准一览表

序号	方程式类别	根据 Δx、$\Delta\left(\dfrac{1}{x}\right)$ 或 $\Delta\lg x$ 为常数的步骤		确定方程式的标准
		画图，作表	求顺序差	
1	$y = b_0 + b_1 x + b_2 x^2 + \cdots + b_m x^m$	$y = f(x)$	Δy, $\Delta^2 y$, $\Delta^3 y$, $\cdots$, $\Delta^m y$	$\Delta^m y$ 为常数
2	$y = b_0 + \dfrac{b_1}{x} + \dfrac{b_2}{x^2} + \cdots + \dfrac{b_m}{x^m}$	$y = f\left(\dfrac{1}{x}\right)$	Δy, $\Delta^2 y$, $\Delta^3 y$, $\cdots$, $\Delta^m y$	$\Delta^m y$ 为常数
3	$y^2 = b_0 + b_1 x + b_2 x^2 + \cdots + b_m x^m$	$y^2 = f(x)$	Δy^2, $\Delta^2 y^2$, $\Delta^3 y^2$, $\cdots$, $\Delta^m y^2$	$\Delta^m y^2$ 为常数
4	$\lg y = b_0 + b_1 x + b_2 x^2 + \cdots + b_m x^m$	$\lg y = f(x)$	$\Delta(\lg y)$, $\Delta^2(\lg y)$, $\Delta^3(\lg y)$, $\cdots$, $\Delta^m(\lg y)$	$\Delta^m(\lg y)$ 为常数
5	$y = b_0 + b_1(\lg x) + b_2(\lg x)^2$	$y = f(\lg x)$	Δy, $\Delta^2 y$	$\Delta^2 y$ 为常数
6	$y = ab^x$	$\lg y = f(x)$	$\Delta(\lg y)$	$\Delta(\lg y)$ 为常数
7	$y = a + bc^x$	$y = f(x)$	Δy, $\lg\Delta y$, $\Delta(\lg\Delta y)$	$\Delta(\lg\Delta y)$ 为常数
8	$y = a + bx + cd^x$	$y = f(x)$	Δy, $\Delta^2 y$, $\lg(\Delta^2 y)$, $\Delta[\lg(\Delta^2 y)]$	$\Delta[\lg(\Delta^2 y)]$ 为常数
9	$y = ax^b$	$\lg y = f(\lg x)$	$\Delta(\lg y)$	$\Delta(\lg y)$ 为常数
10	$y = a + bx^c$	$y = f(\lg x)$	Δy, $\lg\Delta y$, $\Delta(\lg\Delta y)$	$\Delta(\lg\Delta y)$ 为常数
11	$y = axe^{bx}$	$\ln y = f(x)$	$\Delta\ln y$, $\Delta\ln x$	$\Delta\ln x$ 为常数

9.1.2.3 曲线拟合的最小二乘法

A 函数逼近

在数值计算中经常要计算函数值，如计算机中计算基本初等函数及其他特殊函数；当函数只在有限点集上给定函数值，要在包含该点集的区间上用公式给出函数的简单表达式，这些都涉及在区间 $[a, b]$ 上用简单函数逼近已知复杂函数的问题，这就是函数逼近问题。本节讨论的函数逼近，是指"对函数类 A 中给定的函数 $f(x)$，记作 $f(x) \in A$，要求在另一类简单的便于计算的函数类 B 中求函数 $p(x) \in B$，使 $p(x)$ 与 $f(x)$ 的误差在某种程度量意义下最小"。函数类 A 通常是区间 $[a, b]$ 上的连续函数，记作 $C[a, b]$，称为连续函数空间，而函数类 B 通常为 n 次多项式，有理函数或分段低次多项式等。

数学上常把在各种集合中引入某些不同的确定关系称为赋予集合以某种空间结构，并将这样的集合称为空间，例如将所有实 n 维向量组成的集合，按向量加法及向量与数的乘法构成实数域上的线性空间，记作 R^n，称为 n 维向量空间。类似地，对次数不超过 n（n 为正整数）的实系数多项式全体，按通常多项式与多项式加法及数与多项式乘法也构成数域 R 上的一个线性空间，用 H_n 表示，称为多项式空间。所有定义在 $[a, b]$ 上的连续函数集合，按函数加法和数与函数乘法构成数域 R 上的线性空间，记作 $C[a, b]$。类似地，记 $C^p[a, b]$ 为具有 p 阶连续导数的函数空间。

设集合 S 是数域 P 上的线性空间，元素 $x_1, x_2, \cdots, x_n \in S$，如果存在不全为零的数 $a_1, a_2, \cdots, a_n \in p$，使得

$$a_1 x_1 + a_2 x_2 + \cdots + a_n x_n = 0 \tag{9-5}$$

则称 $x_1, x_2, \cdots, x_n$ 线性相关，否则，若等式（9-5）只对 $a_1 = a_2 = \cdots = a_n = 0$ 成立，则称 $x_1, x_2, \cdots, x_n$ 线性无关。

若线性空间 S 是由 n 个线性无关元素 $x_1, x_2, \cdots, x_n$ 生成的，即对 $\forall x \in S$ 都有

$$x = a_1 x_1 + a_2 x_2 + \cdots + a_n x_n$$

则 $x_1, x_2, \cdots, x_n$ 称为空间 S 的一组基，记为 $S = \mathrm{span}\{x_1, x_2, \cdots, x_n\}$，并称空间 S 为 n 维空间，系数 $a_1, a_2, \cdots, a_n$ 称为 x 在基 $x_1, x_2, \cdots, x_n$ 下的坐标，记作（$a_1, a_2, \cdots, a_n$），如果 S 中有无限个线性无关元素 $x_1, x_2, \cdots, x_n, \cdots$，则称 S 为无限维线性空间。

下面考察次数不超过 n 次的多项式集合 H_n，其元素 $p(x) \in H_n$ 表示为

$$p(x) = a_0 + a_1 x + \cdots + a_n x^n \tag{9-6}$$

它由 $n+1$ 个系数（$a_0, a_1, \cdots, a_n$）唯一确定。$1, x, \cdots, x^n$ 线性无关，它是 H_n 的一组基，故 $H_n = \mathrm{span}\{1, x, \cdots, x^n\}$，且（$a_0, a_1, \cdots, a_n$）是 $p(x)$ 的坐标向量，H_n 是 $n+1$ 维的。

对连续函数 $f(x) \in C[a, b]$，它不能用有限个线性无关的函数表示，故 $C[a, b]$ 是无限维的，但它的任一元素 $f(x) \in C[a, b]$ 均可用有限维的 $p(x) \in H_n$ 逼近，使误差 $\max\limits_{a \leqslant x \leqslant b} |f(x) - p(x)| < \varepsilon$（$\varepsilon$ 为任意的小正数），这就是著名的魏尔斯特拉斯（Weierstrass）定理。

设 $f(x) \in C[a, b]$，则对任何 $\varepsilon > 0$，总存在一个代数多项式 $p(x)$，使

$$\max_{a \leqslant x \leqslant b} |f(x) - p(x)| < \varepsilon$$

在 $[a, b]$ 上一致成立。

为了对线性空间中元素大小进行衡量，需要引进范数定义，它是 R^n 空间中向量长度概念的直接推广。

设 S 为线性空间，$x \in S$，若存在唯一实数 $\|\cdot\|$，满足条件：

(1) $\|x\| \geqslant 0$，当且仅当 $x = 0$ 时，$\|x\| = 0$（正定性）；

(2) $\|ax\| = |a| \|x\|$，$a \in R$（齐次性）；

(3) $\|x + y\| \leqslant \|x\| + \|y\|$，$x, y \in S$（三角不等式）

则称 $\|\cdot\|$ 为线性空间 S 上的范数，S 与 $\|\cdot\|$ 一起称为赋范线性空间，记为 X。

函数逼近问题就是对任何 $f \in C[a, b]$，在子空间 H_n 中找一个元素 $p^*(x) \in H_n$，使 $f(x) - p^*(x)$ 在某种意义下最小。

若 $p^*(x) \in H_n$ 使误差

$$\|f(x) - p^*(x)\| = \min_{p \in H_n} \|f(x) - p(x)\|$$

则称 $p^*(x)$ 是 $f(x)$ 在 $[a, b]$ 上的最佳逼近多项式。如果 $p(x) \in \varPhi = \mathrm{span}\{\varphi_0, \varphi_1, \cdots, \varphi_n\}$，则称相应的 $p^*(x)$ 为最佳逼近函数。通常范数 $\|\cdot\|$ 取为 $\|\cdot\|_\infty$ 或 $\|\cdot\|_2$，若取 $\|\cdot\|_\infty$，即

$$\|f(x) - p^*(x)\|_\infty = \min_{p \in H_n} \|f(x) - p(x)\|_\infty = \min_{p \in H_n} \max_{a \leqslant x \leqslant b} |f(x) - p(x)| \qquad (9\text{-}7)$$

则称 $p^*(x)$ 为 $f(x)$ 在 $[a, b]$ 上的最优一致逼近多项式。这时求 $p^*(x)$ 就是求 $[a, b]$ 上使最大误差 $\max_{a \leqslant x \leqslant b} |f(x) - p(x)|$ 最小的多项式。

如果范数 $\|\cdot\|$ 取为 $\|\cdot\|_2$，即

$$\|f(x) - p^*(x)\|_2^2 = \min_{p \in H_n} \|f(x) - p(x)\|_2^2 = \min_{p \in H_n} \int_a^b [f(x) - p(x)]^2 \mathrm{d}x \qquad (9\text{-}8)$$

则称 $p^*(x)$ 为 $f(x)$ 在 $[a, b]$ 上的最佳平方逼近多项式。

若 $f(x)$ 是 $[a, b]$ 上的一个列表函数，在 $a \leqslant x_0 < x_1 < \cdots < x_m \leqslant b$ 上给出 $f(x_i)$ $(i = 0, 1, \cdots, m)$，要求 $p^* \in \varPhi$ 使

$$\|f - p^*\|_2 = \min_{p \in \varPhi} \|f - p\|_2 = \min_{p \in \varPhi} \sum_{i=0}^m [f(x_i) - p(x_i)]^2 \qquad (9\text{-}9)$$

则称 $p^*(x)$ 为 $f(x)$ 的最小二乘拟合。

B　最小二乘法及其计算

在函数的最佳平方逼近中 $f(x) \in C[a, b]$，如果 $f(x)$ 只在一组离散点集 $\{x_i, i = 0, 1, \cdots, m\}$ 上给出，这就是科学实验中经常见到的实验数据 $\{(x_i, y_i), i = 0, 1, \cdots, m\}$ 的曲线拟合，这里 $y_i = f(x_i)(i = 0, 1, \cdots, m)$，要求一个函数 $y = S^*(x)$ 与所给数据 $\{(x_i, y_i), i = 0, 1, \cdots, m\}$ 拟合，若记误差 $\delta_i = S^*(x_i) - y_i(i = 0, 1, \cdots, m)$，$\delta = (\delta_0, \delta_1, \cdots, \delta_m)^{\mathrm{T}}$，设 $\varphi_0(x)$，$\varphi_1(x)$，$\cdots$，$\varphi_n(x)$ 是 $C[a, b]$ 上线性无关函数族，在 $\varphi = \mathrm{span}\{\varphi_0(x), \varphi_1(x), \cdots, \varphi_n(x)\}$ 中找一函数 $S^*(x)$，使误差平方和

$$\|\delta\|_2^2 = \sum_{i=0}^m \delta_i^2 = \sum_{i=0}^m [S^*(x_i) - y_i]^2 = \min_{S(x) \in \varphi} \sum_{i=0}^m [S(x_i) - y_i]^2 \qquad (9\text{-}10)$$

这里

$$S(x) = a_0\varphi_0(x) + a_1\varphi_1(x) + \cdots + a_n\varphi_n(x) \quad (n < m) \tag{9-11}$$

这就是一般的最小二乘逼近，用几何语言说，就称为曲线拟合的最小二乘法。

用最小二乘法求拟合曲线时，首先要确定 $S(x)$ 的形式，这不单纯是数学问题，还与所研究问题的运动规律及所得观测数据 (x_i, y_i) 有关；通常用从问题的运动规律或给定数据描图，确定 $S(x_i)$ 的形式，并通过实际计算选出较好的结果——这点将从下面的例题得到说明。$S(x)$ 的一般表达式为式 (9-11) 表示的线性形式。若 $\varphi_k(x)$ 是 k 次多项式，$S(x)$ 就是 n 次多项式。为了使问题的提法更有一般性，通常在最小二乘法中 $\|\delta\|_2^2$ 都考虑为加权平方和

$$\|\delta\|_2^2 = \sum_{i=0}^{m} w(x_i)\left[S(x_i) - f(x_i)\right]^2 \tag{9-12}$$

式 (9-12) 中，$w(x) \geqslant 0$ 是 $[a, b]$ 上的权函数，它表示不同点 $(x_i, f(x_i))$ 处的数据比重不同，例如，$w(x_i)$ 可表示在点 $[x_i, f(x_i)]$ 处重复观测的次数，用最小二乘法求拟合曲线的问题，就是在形如式 (9-12) 的 $S(x)$ 中求一函数 $y = S^*(x)$，使式 (9-12) 取得最小，它转化为求多元函数

$$I(a_0, a_1, \cdots, a_n) = \sum_{i=0}^{m} w(x_i)\left[\sum_{j=0}^{n} a_j\varphi_j(x_i) - f(x_i)\right]^2 \tag{9-13}$$

的极小点 $(a_0^*, a_1^*, \cdots, a_n^*)$ 的问题，由求多元函数极值的必要条件，有

$$\frac{\partial I}{\partial a_k} = 2\sum_{i=0}^{m} w(x_i)\left[\sum_{j=0}^{n} a_j\varphi_j(x_i) - f(x_i)\right]\varphi_k(x_i) = 0, \quad k = 0, 1, \cdots, n$$

若记

$$(\varphi_j, \varphi_k) = \sum_{i=0}^{m} w(x_i)\varphi_j(x_i)\varphi_k(x_i) \tag{9-14}$$

$$(f, \varphi_k) = \sum_{i=0}^{m} w(x_i)f(x_i)\varphi_k(x_i) \equiv d_k, \quad k = 0, 1, \cdots, n$$

上式可改写为

$$\sum_{j=0}^{n} (\varphi_k, \varphi_j)a_j = d_k, \quad k = 0, 1, \cdots, n \tag{9-15}$$

线性方程组 (9-15) 称为法方程，可将其写成矩阵形式

$$\boldsymbol{Ga} = \boldsymbol{d}$$

式中，$\boldsymbol{a} = (a_0, a_1, \cdots, a_n)^{\mathrm{T}}$，$\boldsymbol{d} = (d_0, d_1, \cdots, d_n)^{\mathrm{T}}$

$$\boldsymbol{G} = \begin{Bmatrix} \varphi_0, \varphi_0 & \varphi_0, \varphi_1 & \cdots & \varphi_0, \varphi_n \\ \varphi_1, \varphi_0 & \varphi_1, \varphi_1 & \cdots & \varphi_1, \varphi_n \\ \vdots & \vdots & & \vdots \\ \varphi_n, \varphi_0 & \varphi_n, \varphi_1 & \cdots & \varphi_n, \varphi_n \end{Bmatrix} \tag{9-16}$$

要使方程 (9-15) 有唯一解 $a_0, a_1, \cdots, a_n$ 就要求矩阵 $\boldsymbol{G}$ 非奇异，必须指出 $\varphi_0(x), \varphi_1(x), \cdots, \varphi_n(x)$ 在 $[a, b]$ 上线性无关不能推出矩阵 $\boldsymbol{G}$ 非奇异，例如，令 $\varphi_0(x) = \sin x$，$\varphi_1(x) = \sin 2x$，$x \in [0, 2\pi]$，显然 $\{\varphi_0(x), \varphi_1(x)\}$ 在 $[0, 2\pi]$ 上线性无

关，但若取点 $x_k = k\pi$，$k = 0$，1，$2(n = 1$，$m = 2)$，那么有 $\varphi_0(x_k) = \varphi_1(x_k) = 0$，$k = 0$，1，2，由此得出

$$G = \left\{ \begin{matrix} (\varphi_0, \varphi_0) & (\varphi_0, \varphi_1) \\ (\varphi_1, \varphi_0) & (\varphi_1, \varphi_1) \end{matrix} \right\} = 0$$

为保证方程组（9-15）的系数矩阵 G 非奇异，必须加上另外的条件。

设 $\varphi_0(x)$，$\varphi_1(x)$，$\cdots$，$\varphi_n(x) \in C[a, b]$ 的任意线性组合在点集 $\{x_i, i = 0, 1, \cdots, m\}(m \geq n)$ 上至多只有 n 个不同的零点，则称 $\varphi_0(x)$，$\varphi_1(x)$，$\cdots$，$\varphi_n(x)$ 在点集 $\{x_i, i = 0, 1, \cdots, m\}$ 上满足哈尔（Haar）条件。

显然 1，x，$\cdots$，x^n 在任意 $m(m \geq n)$ 个点上满足哈尔条件。

可以证明，如果 $\varphi_0(x)$，$\varphi_1(x)$，$\cdots$，$\varphi_n(x) \in C[a, b]$ 在 $\{x_i\}_0^m$ 上满足 Haar 条件，则法方程（9-15）的系数矩阵（9-16）非奇异，于是方程组（9-15）存在唯一的解 $a_k = a_k^*$，$k = 0$，1，$\cdots$，n。从而得到函数 $f(x)$ 的最小二乘解为

$$S^*(x) = a_0^* \varphi_0(x) + a_1^* \varphi_1(x) + \cdots + a_n^* \varphi_n(x)$$

可以证明这样得到的 $S^*(x)$，对任何形如式（9-11）的 $S(x)$，都有

$$\sum_{i=0}^{m} w(x_i)[S^*(x_i) - f(x_i)]^2 \leq \sum_{i=0}^{m} w(x_i)[S(x_i) - f(x_i)]^2$$

故 $S^*(x_i)$ 确是所求最小二乘解。

给定 $f(x)$ 的离散数据 $\{(x_i, y_i), i = 0, 1, \cdots, m\}$，要确定 φ 困难，一般可取 $\varphi = \text{span}\{1, x, \cdots, x^n\}$，但这样做当 $n \geq 3$ 时，与连续情形一样求解方程（9-15）时将出现系数矩阵 G 为病态的问题，通常对 $n = 1$ 的简单情形都可通过求法方程（9-15）得到 $S^*(x)$。有时根据给定数据图形，其拟合函数 $y = S(x)$ 表面上不是式（9-11）的形式，但通过变换仍可化为线性模型。例如，$S(x) = ae^{bx}$，若两边取对数得

$$\ln S(x) = \ln a + bx$$

它就是形如式（9-11）的线性模型，具体做法见案例。

案例 1　已知一组实验数据如表 9-3 所示，求它的拟合曲线。

表 9-3　实验数据

x_i	1	2	3	4	5
f_i	4	4.5	6	8	8.5
w_i	2	1	3	1	1

解：根据所给数据，在坐标纸上标出。从图中看到各点在一条直线附近，故可选择线性函数作拟合曲线，即令 $S_1(x) = a_0 + a_1 x$，这里 $m = 4$，$n = 1$，$\varphi_0(x) = 1$，$\varphi_1(x) = x$，故

$$(\varphi_0, \varphi_0) = \sum_{i=0}^{4} w_i = 8$$

$$(\varphi_0, \varphi_1) = \sum_{i=0}^{4} w_i x_i = 22$$

$$(\varphi_1, \varphi_1) = \sum_{i=0}^{4} w_i x_i^2 = 74$$

$$(\varphi_0, f) = \sum_{i=0}^{4} w_i f_i = 47$$

$$(\varphi_1, f) = \sum_{i=0}^{4} w_i x_i f_i = 145.5$$

由法方程（9-15）得线性方程组

$$\begin{cases} 8a_0 + 22a_1 = 47 \\ 22a_0 + 74a_1 = 145.5 \end{cases}$$

解得 $a_0 = 2.5648$，$a_1 = 1.2037$。于是所求拟合曲线为

$$S_1^*(x) = 2.5648 + 1.2037x$$

案例 2 设数据 (x_i, y_i) $(i = 0, 1, 2, 3, 4)$ 由表 9-3 给出，表 9-4 中第 4 行为 $\ln y_i = \bar{y}_i$，可以看出数学模型为 $y = ae^{bx}$，用最小二乘法确定 a 及 b。

表 9-4　数据表

i	0	1	2	3	4
x_i	1.00	1.25	1.50	1.75	2.00
y_i	5.10	5.79	6.53	7.45	8.46
$\bar{y}_i$	1.629	1.758	1.876	2.008	2.135

解： 根据给定数据 (x_i, y_i) $(i = 0, 1, 2, 3, 4)$ 描图可确定拟合曲线方程为 $y = ae^{bx}$，它不是线性形式，两边取对数得 $\ln y = \ln a + bx$，若令 $\bar{y} = \ln y$，$A = \ln a$，则得 $\bar{y} = A + bx$，$\varphi = \{1, x\}$，为确定 A，b，先将 (x_i, y_i) 转化为 $(x_i, \bar{y}_i)$，数据见表 9-4。

根据最小二乘法，取 $\varphi_0(x) = 1$，$\varphi_1(x) = x$，$w(x) \equiv 1$，得

$$(\varphi_0, \varphi_0) = 5, \quad (\varphi_0, \varphi_1) = \sum_{i=0}^{4} x_i = 7.5, \quad (\varphi_1, \varphi_1) = \sum_{i=0}^{4} x_i^2 = 11.875$$

$$(\varphi_0, y) = \sum_{i=0}^{4} y_i = 9.404, \quad (\varphi_1, \bar{y}) = \sum_{i=0}^{4} x_i \bar{y}_i = 14.422$$

故有法方程

$$\begin{cases} 5A + 7.50b = 9.404 \\ 7.50A + 11.875b = 14.422 \end{cases}$$

解得 $A = 1.122$，$b = 0.505$，$a = e^A = 3.071$，于是得最小二乘拟合曲线为

$$y = 3.071e^{0.505x}$$

案例 3 表 9-5 给出了某次爆破振动测试获得的一组数据。本次爆破用炸药量 Q 为 30kg，各测点距爆源的距离 R 已经确定，根据实测获得的爆破振动速度 v，用最小二乘法进行回归计算，求萨道夫斯基公式 $v = K(Q^{1/3}/R)^\alpha$ 中的 K、α 值。

表 9-5　某次爆破实测距离爆心不同距离上质点振动速度值

测点序号	1	2	3	4	5	6	7	8
距爆源距离 R/m	40	50	60	70	80	100	125	150
振动速度 v/cm·s^{-1}	2.46	1.69	1.24	0.96	0.77	0.53	0.36	0.27

解：从萨道夫斯基公式看出，它不是线性形式，两边取对数得：

$$\ln v = \ln K + a\ln\left(\frac{Q^{1/3}}{R}\right)$$

令：

$$\ln v = y \ , \ \ln K = a_0 \ , \ \ln\left(\frac{Q^{1/3}}{R}\right) = x \ , \ a = a_1$$

则上式变为：

$$y = a_0 + a_1 x$$

表 9-5 进一步处理可得

测点序号		1	2	3	4	5	6	7	8
爆源距 R/m		40	50	60	70	80	100	125	150
振动速度 v/cm·s^{-1}		2.46	1.69	1.24	0.96	0.77	0.53	0.36	0.27
x	$\ln\left(\frac{Q^{1/3}}{R}\right)$	−2.5549	−2.6078	−2.9604	−3.1145	−3.2493	−3.4705	−3.6929	−3.8776
y	$\ln v$	0.9002	0.5247	0.2151	−0.0408	−0.2614	−0.6349	−1.0217	−1.3093

根据最小二乘法，$w_i \equiv 1$，得：

$$\begin{cases} a_0 \sum\limits_{i=1}^{m} w_i + a_1 \sum\limits_{i=1}^{m} w_i x_i = \sum\limits_{i=1}^{m} w_i y_i \\ a_0 \sum\limits_{i=1}^{m} w_i x_i + a_1 \sum\limits_{i=1}^{m} w_i x_i^2 = \sum\limits_{i=1}^{m} w_i x_i y_i \end{cases}$$

计算得：

$$\sum_{i=1}^{m} w_i = 8 \ , \ \sum_{i=1}^{m} w_i x_i = -25.5279 \ , \ \sum_{i=1}^{m} w_i y_i = -1.6281 \ , \ \sum_{i=1}^{m} w_i x_i^2 = 83.0678$$

$$\sum_{i=1}^{m} w_i x_i y_i = 7.7248$$

故有方程组：

$$\begin{cases} 8a_0 - 25.5279a_1 = -1.6281 \\ -25.5279a_0 + 83.0678a_1 = 7.7248 \end{cases}$$

所以

$$a_1 = 1.572 \ , \ a_0 = 4.8127$$

因此

$$\alpha = 1.572 \ , \ K = 123.06$$
$$v = 123.06\,(Q^{1/3}/R)^{1.572}$$

9.1.3　误差分析技术

人类为了认识自然与遵循其发展规律用于自然，需要不断地对自然界的各种现象进行测量和研究。由于实验方法和实验设备的不完善，周围环境的影响，以及受人们认识能力所限等，测量和实验所得数据和被测量的真值之间，不可避免地存在着差异，这在数值上即表现为误差。随着科学技术的日益发展和人们认识水平的不断提高，虽可将误差控制得越来越小，但终究不能完全消除它。误差存在的必然性和普遍性，已为大量实践所证明。为了充分认识并进而减小或消除误差，必须对测量过程和科学实验中始终存在着的误差进行研究。

研究误差的意义为：

(1) 正确认识误差的性质，分析误差产生的原因，以消除或减小误差；

(2) 正确处理测量和实验数据，合理计算所得结果，以便在一定条件下得到更接近于真值的数据；

(3) 正确组织实验过程，合理设计仪器或选用仪器和测量方法，以便在最经济条件下，得到理想的结果。

9.1.3.1　误差的定义及表示法

A　误差定义及分类

所谓误差就是测得值与被测量的真值之间的差，可用下式表示：

$$误差 = 测得值 - 真值 \tag{9-17}$$

例如在长度计量测试中，测量某一尺寸的误差公式具体形式为

$$误差 = 测得尺寸 - 真实尺寸 \tag{9-18}$$

测量误差可用绝对误差表示，也可用相对误差表示。

a　绝对误差

某量值的测得值和真值之差为绝对误差，通常简称为误差，即

$$绝对误差 = 测得值 - 真值 \tag{9-19}$$

由式 (9-19) 可知，绝对误差可能是正值或负值。

所谓真值是指在观测一个量时，该量本身所具有的真实大小。量的真值是一个理想的概念，一般是不知道的。但在某些特定情况下，真值又是可知的。例如：三角形 3 个内角之和为 180°；一个整圆周角为 360°；按定义规定的国际千克基准的值可认为真值是 1kg 等。为了使用上的需要，在实际测量中，常用被测的量的实际值来代替真值，而实际值的定义是满足规定精确度的用来代替值使用的量值。例如在鉴定工作中，把高一等级精度的标准所测得的量程称为实际值。如用二等标准活塞压力计测量某压力，测得值为 9000.2N/cm²，若该压力用高一等级的精确方法测得值为 9000.5N/cm²，则后者可视为实际值，此时二等标准活塞压力计的测量误差为-0.3N/cm²。

在实际工作中，经常使用修正值。为消除系统误差而用代数加到测量结果上的值称为修正值。将测得值加上修正值后可得近似的真值，即

$$真值 \approx 测得值 + 修正值 \tag{9-20}$$

由此得

$$修正值 = 真值 - 测得值 \tag{9-21}$$

修正值与误差值的大小相等而符合相反，测得值加修正值后可以消除误差的影响。但必须注意，一般情况下难以得到真值，因为修正值本身也有误差，修正后只能得到较测得值更为准确的结果。

b　相对误差

绝对误差与被测量的真值之比值称为相对误差。因测得值与真值接近，故也可近似用绝对误差与测得值之比值作为相对误差，即

$$相对误差 = \frac{绝对误差}{真值} \approx \frac{绝对误差}{测得值} \tag{9-22}$$

由于绝对误差可能为正值或负值，因此相对误差也可能为正值或负值。

相对误差是无名数，通常以百分数（%）来表示。例如用水银温度计测得某一温度为 20.3℃，该温度用高一等级的温度计测得值为 20.2℃，因后者精度高，故可认为 20.2℃接近真实温度，而水银温度计测量的绝对误差为 0.1℃，其相对误差为

$$\frac{0.1}{20.2} \approx \frac{0.1}{20.3} \approx 0.5\%$$

对于相同的被测量，绝对误差可以评定其测量精度的高低，但对于不同的被测量以及不同的物理量，绝对误差就难以评定其测量精度的高低，而采用相对误差来评定较为确切。

例如用两种方法来测量 $L_1 = 100\text{mm}$ 的尺寸，其测量误差分别为 $\delta_1 = \pm 10\mu\text{m}$，$\delta_2 = \pm 8\mu\text{m}$，根据绝对误差大小，可知后者的测量精度高。但若用第三种方法测量与 $L_2 = 80\text{mm}$ 的尺寸，其测量误差为 $\delta_3 = \pm 7\mu\text{m}$，此时用绝对误差就难以评定它与前两种方法精度的高低，必须采用相对误差来评定。

第一种方法的相对误差为

$$\frac{\delta_1}{L_1} = \pm \frac{10\mu\text{m}}{100\text{mm}} = \frac{10}{100000} = \pm 0.01\%$$

第二种方法的相对误差为

$$\frac{\delta_2}{L_1} = \pm \frac{8\mu\text{m}}{100\text{mm}} = \frac{8}{100000} = \pm 0.008\%$$

第三种方法的相对误差为

$$\frac{\delta_3}{L_2} = \pm \frac{7\mu\text{m}}{80\text{mm}} = \frac{7}{80000} = \pm 0.009\%$$

由此可知，第一种方法精度最低，第二种方法精度最高。

c　引用误差

引用误差指的是一种简化和实用方便的仪器仪表示值的相对误差，它是以仪器仪表某一刻度点的示值误差为分子，以测量范围上限值或全量程为分母，所得的比值称为引用误差，即

$$引用误差 = \frac{示值误差}{测量范围上限} \tag{9-23}$$

例如测量范围上限为 19600N 的工作测力计（拉力表），在标定示值为 14700N 处的实

际作用力为 14778.4N，则此测力计在该刻度点的引用误差为

$$\frac{14700N - 14778.4N}{19600N} = \frac{-78.4}{19600} = -0.4\%$$

在仪器全量程范围内有多个刻度点，每个刻度都有相应的引用误差，其中绝对值最大的引用误差称为仪器的最大引用误差。

例如某台标称示值范围为 0~150V 的电压表（即满量程为 150V），在示值为 100V 处，用标准电压表检定得到的电压表实际示值为 99.4V，求使用该电压表在测得示值为 100V 时的绝对误差、相对误差和引用误差？

由式（9-19）、式（9-22）和式（9-23），可得该电压表在 100V 处：

$$绝对误差 = 100V - 99.4V = 0.6V$$

$$相对误差 = \frac{0.6V}{99.4V} \times 100\% \approx \frac{0.6V}{100V} \times 100\% = 0.6\%$$

$$引用误差 = \frac{100V - 99.4V}{150V} \times 100\% = 0.4\%$$

B 误差来源

在测量过程中，误差产生的原因可归纳为以下几个方面。

a 测量装置误差

（1）标准量具误差。以固定形式复现标准量值的器具，如氪 86 灯管、标准量块、标准线纹尺、标准电池、标准电阻、标准砝码等，它们本身体现的量值，不可避免地都含有误差。

（2）仪器误差。凡用来直接或间接将被测量和已知量进行比较的器具设备，称为仪器或仪表，如阿贝比较仪、天平等比较仪器，压力表、温度计等指示仪表，它们本身都具有误差。

（3）附件误差。仪器的附件及附属工具，如测长仪的标准环规，千分尺的调整量棒等的误差，也会引起测量误差。

b 环境误差

由于各种环境因素与规定的标准状态不一致而引起的测量装置和被测量本身的变化所造成的误差，如温度、湿度、气压（引起空气各部分的扰动）、振动（外界条件及测量人员引起的振动）、照明（引起视差）、重力加速度、电磁场等所引起的误差。通常仪器仪表在规定的正常工作条件所具有的误差称为基本误差，而超出此条件时所增加的误差称为附加误差。

c 方法误差

由于测量方法不完善所引起的误差，如采用近似的测量方法而造成的误差。例如用钢卷尺测量大轴的圆周长 s，再通过计算求出大轴的直径 $d = s/\pi$，因 π 取值的精度不同，将会引起误差。

d 人员误差

由于测量者受分辨能力的限制，因工作疲劳引起的视觉器官的生理变化，固有习惯引起的读数误差，以及精神上的因素产生的一时疏忽等所引起的误差。

总之，在计算测量结果的精度时，对上述 4 个方面的误差来源，必须进行全面的分

析，力求不遗漏、不重复，特别要注意对误差影响较大的那些因素。

C　误差分类

按照误差的特点与性质，误差可分为系统误差、随机误差和粗大误差三类。

a　系统误差

在同一条件下，多次测量同一量值时，绝对值和符号保持不变，或在条件改变时，按一定规律变化的误差称为系统误差。例如标准量值的不准确、仪器刻度的不准确而引起的误差。

系统误差又可按下列方法分类：

(1) 按对误差掌握的程度分类。已定系统误差，是指误差绝对值和符号已经确定的系统误差；未定系统误差，是指误差绝对值和符号未能确定的系统误差，但通常可估计出误差范围。

(2) 按误差出现规律分类。不变系统误差，是指误差绝对值和符号固定的系统误差；变化系统误差，是指误差绝对值和符号变化的系统误差。按其变化规律，又可分为线性系统误差、周期性系统误差和复杂规律系统误差等。

b　随机误差

在同一测量条件下，多次测量同一量值时，绝对值和符号以不可预定方式变化的误差称为随机误差。例如仪器仪表中传动部件的间隙和摩擦、连接件的弹性变形等引起的示值不稳定。

c　粗大误差

超出在规定条件下预期的误差称为粗大误差，或称"寄生误差"。此误差值较大，明显歪曲测量结果，如测量时对错了标志、读错或记错了数、使用有缺陷的仪器以及在测量时因操作不细心而引起的过失性误差等。

上面虽将误差分为 3 类，但必须注意各类误差之间在一定条件下可以相互转化。对某项具体误差，在此条件下为系统误差，而在另一条件下可为随机误差，反之亦然。如按一定基本尺寸制造的量块，存在着制造误差，对某一块量块的制造误差是确定数值，可认为是系统误差，但对一批量块而言，制造误差是变化的，又成为随机误差。在使用某一量块时，没有检定出该量块的尺寸偏差，而按基本尺寸使用，则制造误差属随机误差，若检定出量块的尺寸偏差，按实际尺寸使用，则制造误差属系统误差。掌握误差转化的特点，可将系统误差转化为随机误差，用数据统计处理方法减小误差的影响或将随机误差转化为系统误差，用修正方法减小其影响。

总之，系统误差和随机误差之间并不存在绝对的界限。随着对误差性质认识的深化和测试技术的发展，有可能把过去作为随机误差的某些误差分离出来作为系统误差处理，或把某些系统误差当作随机误差来处理。

D　误差表示法

误差通常有 4 种表示方法。

a　范围误差

范围误差是指一组观测值中最大值与最小值之差，以此作为误差变化的范围。如果一组观测值用 X_1, X_2, $\cdots$, X_n 表示，则范围误差 l 可写成：

$$l = \max\{X_1, X_2, \cdots, X_n\} - \min\{X_1, X_2, \cdots, X_n\} \tag{9-24}$$

范围误差又称绝对误差。表示误差时，仅写出范围误差的大小是不够的，它必须与所测物理量本身的大小联系，因此又引入误差系数的指标。如果令 $\overline{X}$ 为所测值的算术平均值，l 为误差范围，则误差系数 k 可表示为

$$k = \frac{l}{\overline{X}} \tag{9-25}$$

误差系数又称相对误差。这种表示误差的方法不能充分利用所有测量结果，也不能把偶然误差与测量次数有关这一事实表示出来，因此一般很少使用。

b 算术平均误差

算术平均误差的定义为

$$\delta = \frac{\sum\limits_{i=1}^{n} |X_i - \overline{X}|}{n} \tag{9-26}$$

式中，$X_i - \overline{X}$ 必须取绝对值，这是因为如果不取绝对值，根据误差分布规律，偶然误差出现正负的概率相等，偶然误差的 δ 将趋向于零。

算术平均误差的缺点是无法表示各次测量之间彼此符合的情况，因此在一组测量中偏差彼此接近的情况下与另一组偏差有大、中、小 3 种情况下所得平均值可能相同。

c 标准离差

标准离差简称标准差，其定义为

$$S = \sqrt{\frac{\sum\limits_{i=1}^{n} (X_i - \overline{X})^2}{n-1}} \tag{9-27}$$

标准离差是一组测量中各个观测值的函数，而且对测量中较大误差和较小误差比较灵敏。它能代表一组测量数据的分散程度，因此它是表示精确度的主要依据。

d 或然误差

或然误差又叫中间误差、密集度等，用符号 E 来表示。它的含义为：在一组观测值中若不计正负，误差大于 E 的观测值与误差小于 E 的观测值将各占观测总数的 50%。更具体讲就是在一组测量中，具有正误差的观测值，其误差在 0 与 $-E$ 之间的数目将占所有负误差的观测数的一半。从正态分布的概率积分，可导出或然误差 E 与标准离差 S 的关系式为

$$E = 0.6745S \tag{9-28}$$

9.1.3.2 精度

反映测量结果与真值接近程度的量，通常称为精度，它与误差的大小相对应，因此可用误差大小来表示精度的高低，误差小则精度高，误差大则精度低。

精度可分为：

准确度：它反映测量结果中系统误差的影响程度；

精密度：它反映测量结果中随机误差的影响程度；

精确度：它反映测量结果中系统误差和随机误差综合的影响程度，其定量特征可用测量的不确定度（或极限误差）来表示。

对于具体的测量，精密度高的准确度不一定高，准确度高的精密度也不一定高，但精确度高，则精密度与准确度都高。

如图 9-19 所示的打靶结果，子弹落在靶心周围有三种情况，图 9-19（a）的系统误差小而随机误差大，即准确度高而精密度低，图 9-19（b）的系统误差大而随机误差小，即准确度低而精密度，高图 9-19（c）的系统误差与随机误差都小，即精确度高，我们希望得到精确度高的结果。

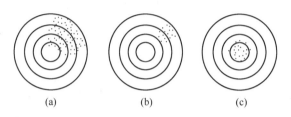

（a）　　　　　　　（b）　　　　　　　（c）

图 9-19　打靶结果

误差来源、分类和精度评定的系统图如图 9-20 所示。

9.1.3.3　有效数字与数据运算

在测量结果和数据运算中，确定用几位数字来表示测量或数据运算的结果，是一个十分重要的问题。测量结果既然包含有误差，说明它是一个近似数，其精度有一定限度，在记录测量结果的数据位数或进行数据运算时的取值多少时，皆应以测量所能达到的精度为依据。如果认为，不论测量结果的精度如何，在一个数值中小数点后面的位数越多，这个数值就越精确或者在数据运算中，保留的位数越多，精度就越高，这种认识都是片面的。若将不必要的数字写出来，既费时间，又无意义。一方面是因为小数点的位置决定不了精度，它仅与所采用的单位有关，如 35.6mm 和 0.0356m 的精度完全相同，而小数点位置则不同。另一方面，测量结果的精度与所用测量方法及仪器有关，在记录或数据运算时，所取的数据位数，其精度不能超过测量所能达到的精度。反之，若低于测量精度，也是不正确的，因为它将损失精度。此外，在求解方程组时，若系数为近似值，其取值多少对方程组的解有很大影响。例如，下面的方程组式（9-29）和式（9-30）及其对应解为

$$\begin{cases} x - y = 1 \\ x - 1.0001y = 0 \end{cases}, \text{对应解为} \begin{cases} x = 10001 \\ y = 10000 \end{cases} \tag{9-29}$$

$$\begin{cases} x - y = 1 \\ x - 0.9999y = 0 \end{cases}, \text{对应解为} \begin{cases} x = -9999 \\ y = -10000 \end{cases} \tag{9-30}$$

两个方程组仅有一个系数相差万分之二，但所得结果差异极大，由此也可看出研究有效数字和数据运算规则的重要性。

A　有效数字

含有误差的任何近似数，如果其绝对误差是最末位数的半个单位，那么从这个近似数左方起的第一个非零的数字，称为第一位有效数字。从第一位有效数字起到最末一位数字

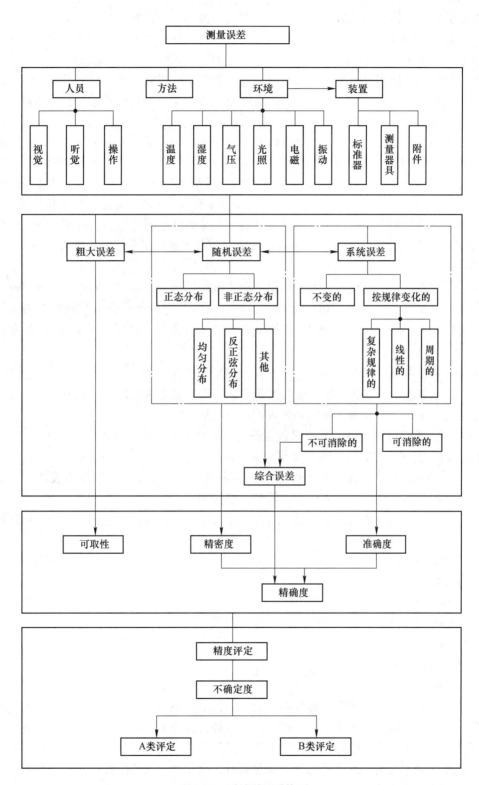

图 9-20 测量误差系统图

止的所有数字，不论是零或非零的数字，都叫有效数字。若具有 n 个有效数字，就说是 n 位有效位数。例如取 $\pi = 3.14$，第一位有效数字为 3，共有 3 位有效位数，又如 0.0027，第一位有效数字为 2，共有两位有效位数，而 0.00270，则为 3 位有效位数。

若近似数的右边带有若干个零的数字，通常把这个近似数写成 $a \times 10^n$ 形式，而 $1 \leqslant n < 10$。利用这种写法，可从 a 含有几个有效数字来确定近似数的有效位数。如 2.400×10^3 表示 4 位有效位数，2.40×10^3 和 2.4×10^3，分别表示 3 位和两位有效位数。

在测量结果中，最末一位有效数字取到哪位，是由测量精度来决定的，即最末一位有效数字应与测量精度是同一量级的。例如用千分尺测量时，其测量精度只能达到 0.01mm，若测出长度 $L = 20.531$mm，显然小数点后第二位数字已不可靠，而第三位数字更不可靠，此时只应保留小数点后第二位数字，即写成 $L = 20.53$mm，为 4 位有效位数。由此可知，测量结果应保留的位数原则是其最末一位数字是不可靠的，而倒数第二位数字应是可靠的。测量误差一般取 1~2 位有效数字，因此上述用千分尺测量结果可表示为 $L = (20.53 \pm 0.01)$mm。

在进行比较重要的测量时，测量结果和测量误差可比上述原则再多取一位数字作为参考，如测量结果可表示为 15.214 ± 0.042。因此，凡遇有这种形式表示的测量结果，其可靠数字为倒数第三位数字，不可靠数字为倒数第二位数字，而最后一位数字则为参考数字。

B　数字舍入规则

对于位数很多的近似数，当有效位数确定后，其后面多余的数字应予舍去，而保留的有效数字最末一位数字应按下面的舍入规则进行凑整：

（1）若舍去部分的数值，大于保留部分的末位的半个单位，则末位加 1。

（2）若舍去部分的数值，小于保留部分的末位的半个单位，则末位不变。

（3）若舍去部分的数值，等于保留部分的末位的半个单位，到末位凑成偶数，即当末位为偶数时则末位不变，当末位为奇数时则末位加 1。

按上述舍入规则，将下面各个数据保留 4 位有效数字进行凑整为例，将原有数据舍入后：

3.14159：3.142

2.71729：2.717

4.51050：4.510

3.21550：3.216

6.378501：6.379

7.691499：7.691

5.43460：5.435

由于数字舍入而引起的误差称为舍入误差，按上述规则进行数字舍入，其舍入误差不超过保留数字最末位的半个单位。必须指出，这种舍入规则的第三条明确规定，被舍去的数字不是见 5 就入，从而使舍入误差成为随机误差，在大量运算时，其舍入误差的均值趋于零。这就避免了过去所采用的四舍五入规则时，由于舍入误差的累积而产生系统误差。

C　数据运算规则

在近似数运算中，为了保证最后结果有尽可能高的精度，所有参与运算的数据，在有效数字后可多保留一位数字作为参考数字，或称为安全数字。

在近似数加减运算时，各运算数据以小数位数最少的数据位数为准，其余各数据可多取一位小数，但最后结果应与小数位数最少的数据小数位相同。

例如，求 $2643.0 + 987.7 + 4.187 + 0.2354 = ?$

$2643.0 + 987.7 + 4.187 + 0.2354 \approx 2643.0 + 987.7 + 4.19 + 0.24 = 3635.13 \approx 3635.1$

在近似数乘除运算时，各运算数据以有效位数最少的数据位数为准，其余各数据要比有效位数最少的数据位数多取一位数字，而最后结果应与有效位数最少的数据位数相同。

例如，求 $15.13 \times 4.1 = ?$

$15.13 \times 4.12 = 62.3356 \approx 62.3$

在近似数平方或开方运算时，平方相当于乘法运算，开方是平方的逆运算，故可按乘除运算处理。

角函数运算中，所取函数位的位数应随角度误差的减小而增多，其对应关系如表 9-6 所示。

表 9-6 函数值位数与角度误差关系表

角度误差/(°)	10	1	0.1	0.01
函数值位数	5	6	7	8

以上所述的运算规则，都是一些常见的最简单情况，但实际问题的数据运算皆较复杂，往往一个问题要包括几种不同的简单运算，对中间的运算结果所保留的数据位数可比简单运算结果多取一位数字。

9.2 爆破振动信号分析技术

振动是自然界中普遍存在的一种现象，弹簧振子的单自由振动、钟摆的摆动、汽车行驶及地震都是振动现象，而振动对于我们生产、生活的影响也有好有坏。实际工程中我们需要扬长避短，利用有利振动进行生产生活，同时也需要遏制有害振动，所以对振动信号的采集、测试和处理就显得尤为重要。本节主要是对振动信号处理的技术进行基本综述。所包含的内容有信号及振动信号的定义，振动信号的分类，各种振动信号的概念，振动信号处理的意义及在振动信号处理中预处理、时域处理和频域处理的常用方法。

9.2.1 振动信号的特性分析与分类

9.2.1.1 振动信号的定义

信号是信息的载体。在本书中，振动信号是指利用传感器从振动源获取的信号。在数学形式上，振动信号表示为以时间为自变量的函数。例如，压电式加速度传感器采集到的是加速度信号，压电式力传感器采集到的是力信号等。

9.2.1.2 振动信号的特性与分类

振动信号可分为确定性信号和随机信号。确定性信号又可分为周期信号和非周期信号，而周期信号可以分为简谐信号和复杂周期信号。随机信号可分为平稳随机信号和非平稳随机信号，平稳随机信号分为各态历经信号和非各态历经信号两类。图 9-21 所示为振动信号的分类框图。

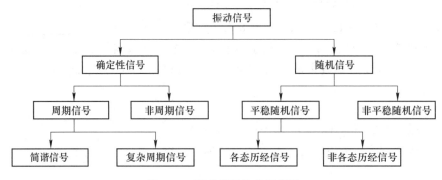

图 9-21　振动信号的分类框图

确定性振动信号能用确定的时间函数来描述。随机振动信号不能用确定的时间函数来表达，只能通过其随时间或其幅度取值的统计特征来表达。产生随机振动信号的振动有两个特点：一是振动无规律性；二是物体的任何振动物理量都不能用确定的时间函数来描述，只能用概率论和统计学的方法来描述。确定性振动信号和随机振动信号又可以进行不同的分类。

其中，确定性振动信号又分为周期振动信号和非周期振动信号。周期振动信号是指瞬时幅值随时间重复变化的信号，周期振动信号又可细分为简谐振动信号和复杂周期振动信号，复杂周期振动信号能由几个简谐振动信号合成。非周期振动信号是指没有周期性的确定性信号。

平稳随机振动信号和非平稳随机振动信号是随机振动信号的两大分类。平稳随机振动信号是指统计特性不随时间变化的随机振动信号。非平稳随机振动信号是指统计特性会随时间而变化的随机振动信号。其中，平稳随机振动信号又可分为各态历经振动信号和非各态历经振动信号。所谓各态历经振动信号，是指任一次实现都经历了所有可能状态的振动信号，而非各态历经振动信号则是任一次实现没有都经历所有可能状态的振动信号。

必须注意的是，切不可把复杂的波形误认为一定是随机振动。反过来受概率分布支配而产生的波形，即使再简单，它也是随机振动。

9.2.2　振动信号处理的一般方法

9.2.2.1　信号预处理常用方法

通过信号采集系统获取的原始信号通常受到干扰和噪声的影响，因此需要对信号进行预处理，达到去除噪声、增强信号特性的目的。而且，通过不同传感器获取的信号的量纲不同，形式不同，在进一步处理前，常常需要进行转换处理。常用的信号预处理方法有：（1）信号类型转换；（2）信号放大；（3）信号滤波；（4）去除均值；（5）去除趋势项。

信号类型转换是根据需要将采集信号转变为便于处理的信号形式。常见振动传感器输出信号的形式有电阻信号、电容信号、电流信号、微弱电压信号等几种，这些信号需要转换成标准的电压信号。

信号放大是增强微弱信号幅度或强度的过程，以便于传输和分析。常用的信号放大器包括测量放大器、隔离放大器、可编程增益放大器等。

信号滤波是保留有用频段信号，抑制噪声信号，从而提高信噪比。常用的信号滤波包括高通滤波、低通滤波或带通滤波等。实现滤波功能的系统称为滤波器。

去除均值是根据对信号均值的估计值，消除信号中所含均值成分的过程。例如，在计算信号的标准差等统计量时，需要去除信号均值。

由于环境变化、仪器零点漂移等因素导致测试得到的振动信号偏离基线，信号偏离基线随时间变化的过程被称为信号的趋势项。去除趋势项是从测试的振动信号中消除这些影响。常用的趋势项消除方法有滤波法、多项式拟合法等。

9.2.2.2 振动信号的时域处理方法

本书主要讨论了以下振动信号时域处理的方法：

（1）时域统计分析：1）概率分布函数；2）概率密度函数；3）均值；4）均方值；5）方差。

（2）相关分析：1）自相关函数；2）互相关函数。

信号的时域统计分析是指对信号的各种时域参数、指标的估计或计算。

相关分析，就是指变量之间的线性联系或相互依赖关系分析。变量之间的联系可通过反映变量的信号之间的内积或投影大小来刻画。

9.2.2.3 振动信号的频域处理方法

频域处理也称为频谱分析，是建立在傅里叶变换的基础上的，处理得到的结果是以频率为变量的函数，称为谱函数。本书重点论述了以下振动信号的频域处理方法：（1）傅里叶变换；（2）自功率谱分析；（3）互功率谱分析；（4）三分之一倍频程分析；（5）实倒谱分析；（6）复倒谱分析。

9.2.3 振动信号处理的高级方法

对于复杂的振动信号，如非平稳随机振动信号，就需要利用高级振动信号处理方法进行分析。常见的高级处理方法有 Wigner-Ville 分布、小波分析、盲源分离、Hilbert-Huang 变换和高阶统计量分析等。Wigner-Ville 分布具有高分辨率、时频聚集性等优点，但交叉干扰项的影响仍然需要解决。小波分析具有时频局部化能力，具有频率显微镜之称，但由于分解层数、先验知识等的局限性，使得对振动信号的分析能力有待提高。Hilbert-Huang 变换能够自适应地进行时频分解，得到时频图。盲源分离可从原始测试信号中将振动信号和噪声信号进行分离，是振动信号处理的重要手段，但对于信号源数目的估计及动态变化等情况引起的分析误差还需要进一步完善。高阶统计量包含二阶统计量（功率谱和相关函数）所没有的大量丰富信息，但当阶次高于 4 时，高阶统计量分析与计算就存在很多困难。利用高级信号处理方法分析复杂振动信号，是目前振动信号处理领域研究的难点和热点。

9.3 傅里叶变换

信号包含着信息，这种信息通常反映一个物理系统的状态和特征。一般实测的信号是一个时间历程波形，或者说是以时间为独立变量的时间函数。在每个科学技术领域里，为了提取信息，都必须对时域信号进行变换，使之从一种形式变换成更易于分析和识别的形式。在某种意义上这种新的信号形式比原始信号更符合提取信息的要求。信号变换的理论根据是数学上的变换原理，本节介绍几种常用的数学变换，作为信号处理的数学基础。

9.3.1 傅里叶级数

9.3.1.1 周期函数与三角函数

弹簧质量系统的简谐振动、内燃机活塞的往复运动等都是周而复始的运动，这种运动称为周期运动，它反映在数学上就是周期函数的概念。对于函数 $x(t)$，若存在着不为零的常数 T，对于时间 t 的任何值，都有

$$x(t + T) = x(t) \tag{9-31}$$

则称 $x(t)$ 为周期函数，而满足式（9-31）的最小正数 T 称为 $x(t)$ 的周期。

正弦函数是一种常见的描述简谐振动的周期函数，表达式为

$$x(t) = A\sin(\omega t + \varphi) \tag{9-32}$$

它是一个以 $2\pi/\omega$ 为周期的函数。式中，x 为动点的位置；t 为时间；A 为最大振幅；φ 为相角；ω 为角频率，$\omega = 2\pi$。

除了正弦函数之外，还有更复杂的周期函数，它可以分解成若干个三角函数之和。也就是说，一个比较复杂的周期运动可以看作多个不同频率的简谐运动的叠加。

9.3.1.2 周期函数的傅里叶级数展开

任何一个周期为 T 的周期函数 $x(t)$，如果在 $[-T, T/2]$ 上满足狄利克雷（Dirichlet）条件，即函数在 $[-T, T/2]$ 上满足：（1）连续或只有有限个第一类间断点；（2）只有有限个极值点。则该周期函数可以展开为如下的傅里叶级数，即

$$x(t) = \frac{a_0}{2} + \sum_{n=1}^{+\infty} \left[a_n\cos(n\omega t) + b_n\sin(n\omega t) \right] \tag{9-33}$$

式中

$$\omega = \frac{2\pi}{T} \tag{9-34}$$

$$\begin{cases} a_0 = \dfrac{2}{T} \displaystyle\int_{-T/2}^{T/2} x(t)\,\mathrm{d}t \\[3mm] a_0 = \dfrac{2}{T} \displaystyle\int_{-T/2}^{T/2} x(t)\cos(n\omega t)\,\mathrm{d}t \end{cases} \tag{9-35}$$

$$b_n = \frac{2}{T} \int_{-T/2}^{T/2} x(t)\sin(m\omega t)\,\mathrm{d}t, \quad n = 1,\ 2,\ 3,\ \cdots \tag{9-36}$$

9.3.2　傅里叶积分

　　傅里叶级数是对周期信号进行频谱分析的数学工具，当它以角频率 $n\omega(n=1,$ $2,\cdots)$ 为横坐标，分别以振幅 A_n 和相角 φ_n 只为纵坐标作图，形成幅频图和相频图，就可以对各次谐波分量加以研究。由于振幅和相角值仅在 $n\omega$ 点上存在，所以由傅里叶级数展开式所形成的是离散频谱。位于 $n\omega$ 点的纵坐标值表示第 n 次谐波的振幅或相角，该谐波的频率是基波频率 $\dfrac{1}{T}\left(\dfrac{1}{T}=\dfrac{\omega}{2\pi}\right)$ 的 n 整数倍，相邻谐波的间隔为 ω。如图 9-22 所示的周期性矩形波，其宽度 r 保持不变，而周期 T 增加时，必然缩小 ω，离散诺线加密。

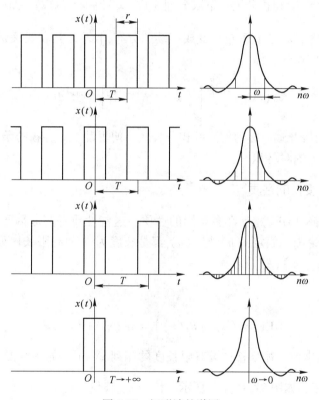

图 9-22　矩形波的谱图

　　如果 $T\rightarrow+\infty$，$\omega\rightarrow0$，离散的频谱就变成了连续的频谱。那么如何对单个脉冲信号进行 T 频谱分析，如何将它作类似傅里叶级数的展开呢？根据上述分析可知，任何一个非周期函数 $x(t)$ 都可看成是由周期为 T 的函数，当 $T\rightarrow+\infty$ 时转化而来的。由傅里叶级数的复数形式可知：

$$x_T(t)=\sum_{n=-\infty}^{+\infty}c_n\mathrm{e}^{jn\omega\tau} \tag{9-37}$$

$$c_n=\frac{1}{T}\int_{-T/2}^{T/2}x(\tau)\mathrm{e}^{-jn\omega\tau}\mathrm{d}\tau \tag{9-38}$$

得

$$x_T(t) = \frac{1}{T} \sum_{n=-\infty}^{+\infty} \left[\int_{-T/2}^{T/2} x(\tau) e^{-jn\omega\tau} d\tau \right] e^{-jn\omega\tau} \tag{9-39}$$

令 $T \rightarrow +\infty$，上式就可以看作 $x(t)$ 的展开式，即

$$x(t) = \lim_{T \rightarrow -\infty} \frac{1}{T} \sum_{n=-\infty}^{+\infty} \left[\int_{-T/2}^{T/2} x(\tau) e^{-jn\omega\tau} d\tau \right] e^{-jn\omega\tau} \tag{9-40}$$

令 $\omega = n\omega$，$\Delta\omega = \omega_n - \omega_{n-1} = \dfrac{2\pi}{T}$，在 $T \rightarrow +\infty$，$\omega \rightarrow 0$ 的条件下，从形式上考察上式：积分式 $\int_{-T/2}^{T/2} x(\tau) e^{-jn\omega\tau} d\tau$ 和积分上、下限分别变成 $-\infty$ 和 $+\infty$，$x_T(t)$ 变成 $x(t)$。离散的频率分布在 $\{\omega\}$ 且整个 ω 轴上密布，变成连续的分布 $\{\omega\}$，其和式又是无限累加，因此可以把这一和式看作积分，即

$$x(t) = \frac{1}{2\pi} \int_{-\infty}^{+\infty} \left[\int_{-\infty}^{+\infty} x(\tau) e^{-jn\omega\tau} d\tau \right] e^{-jn\omega\tau} dt \tag{9-41}$$

这就是 $x(t)$ 的展开式，称为傅里叶积分公式。傅里叶积分存在的条件是函数 $x(t)$ 分段连续，且在区间上绝对可积。

9.3.3　离散傅里叶变换的性质

离散傅里叶变换（DFT）有许多有用的性质。这些性质许多起因于 DFT 表达式中隐含的周期性。在讨论中，假定 $x(n)$ 与 $y(n)$ 都是长度为 N 的有限长序列，它们各自的 N 点 DFT 分别为 $X(k)$ 与 $Y(k)$。

9.3.3.1　线性

$$\mathrm{DEF}[ax(n) + by(n)] = aX(k) + bY(k) \tag{9-42}$$

式中，a、b 为任意常数。循环移位设有限长度的序列 $x(n)$，如图 9-23（a）所示，$\tilde{x}(n)$ 是 $x(n)$ 的周期延拓，如图 9-23（b）所示，持 $\tilde{x}(n)$ 移位，得 $\tilde{x}(n+m)$ 图中 $m=2$，如图 9-23（c）所示，再对移位后的序列 $\tilde{x}(n+m)$ 取主值序列，得

$$f(n) = x[(n+m)]_N R_N(n) \tag{9-43}$$

$f(n)$ 仍然是一长度为 N 的有限长序列，如图 9-23（d）所示。从图 9-23 中可以看出，$x(n)$ 与循环移位序列已不相同，也就是说，$f(n)$ 并不对应于 $x(n)$ 的线性移位。可以看到，对 $x(n)$ 的循环移位，当一个样本从 0 到 $N-1$ 这个区间的某一个端点移出去时，它又从另一个端点处移了进来。

利用周期序列的移位特性和 $X(k)$ 和 $\tilde{X}(k)$ 的关系

$$\mathrm{DFT}[\tilde{x}(n+m)] = W\tilde{N}^{nk}\tilde{X}(k) \tag{9-44}$$

$$X(k) = \tilde{X}(k)R_N(k) \tag{9-45}$$

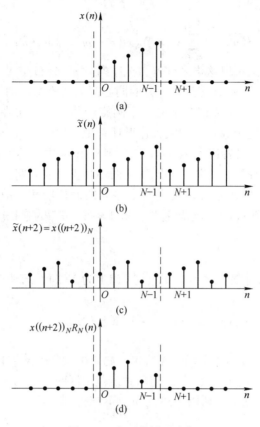

图 9-23 序列的循环移位
（a）有限长序列；（b）周期延拓；（c）周期序列移位；（d）取主值周期

不难得到

$$F(k) = \mathrm{DFT}[f(n)] = W_N^{\widetilde{nk}} X(k) \tag{9-46}$$

同样，对于频域有限长序列 $X(k)$ 也可进行循环移位，利用 $x(n)$ 与 $X(k)$ 的对偶特性不难证明

$$\mathrm{IDFT}[X((k+l))_{NR_N(k)}] = W_N^{nl} x(n) \tag{9-47}$$

循环卷积有限长序列 $x(n)$、$y(n)$ 的 DFT 分别为 $X(k)$、$Y(k)$。

若 $F(k) = X(k)Y(k)$，则 $F(k)$ 的 IDFT 为

$$f(k) = \mathrm{IDFT}[F(k)] = \sum_{m=0}^{N-1} y(m) x((n-m))_N R_N(n) \tag{9-48}$$

这个卷积可以看作周期序列 $\widetilde{x}(n)$ 与 $\widetilde{y}(n)$ 周期卷积后再取其主值序列，即

$$f(k) = \Big[\sum_{m=0}^{N-1} \widetilde{x}(m) \widetilde{y}((n-m))_N\Big] R_N(n) = \Big[\sum_{m=0}^{N-1} x((m))_N y((n-m))_N\Big] R_N(n) \tag{9-49}$$

因 $0 \leqslant m \leqslant N-1$，$x((m))_N = x(m)$，因此

$$f(n) = \Big[\sum_{m=0}^{N-1} x((m))_N y((n-m))_N\Big] R_N(n) \tag{9-50}$$

同样，也可以证明

$$f(n) = \left[\sum_{m=0}^{N-1} y((m))_N x((n-m))_N \right] R_N(n) \tag{9-51}$$

以上两式卷积的物理意义可以这样来理解，把序列 $x(n)$ 分布在 N 等分的圆周上，而序列 $y(n)$ 经翻转后也分布在另一个具有 N 等分的同心圆的圆周上。两圆上对应的值两两相乘后求和得 $f(0)$，然后将一个圆相对于另一个圆旋转移位。依次在不同位置上相乘求和，就得到全部卷积序列。这个卷积过程便称作循环卷积，记作 $x(n) * y(n)$，以便与线性卷积 $x(n) * y(n)$ 相区别，或者记为 $x(n)y(n)$，其中 N 为循环卷积的点数。由此可见，循环卷积和周期卷积的过程是一样的，不同的是循环卷积仅取周期卷积的主值序列。式（9-34）所表示的结果表明用 DFT 可以实现两个序列的循环卷积，故也称作离散卷积定理，即两个时域序列 $x(n)$ 和 $y(n)$ 的循环卷积，等于各个 DFT 的乘积。

9.3.3.2　共轭对称性

对于一长度为 N 的有限长序列 $x(n)$，其 DFT 为 $X(k)$。于是其复数共轭序列 $x^*(n)$ 的 DFT 为

$$\text{DFT}[x^*(n)] = X^*((-k))_N R_N(k) \tag{9-52}$$

式（9-52）习惯写成

$$\text{DFT}[x^*(n)] = X^*(N-k), \quad 0 \leq k \leq N-1 \tag{9-53}$$

当 $k=0$ 时，$X^*(N-k) = X^*(N)$ 已超出主值范围区间，但用式（9-52）去理解式（9-53），此时 $X^*(N) = X^*(0)$。利用上述性质，不难得到复序列 $x(n)$ 实部的 DFT 和虚部的 DFT：

$$\text{DFT}[\text{Re}\{x(n)\}] = \text{DFT}\left[\frac{1}{2}\{x(n) + x^*(n)\}\right] = \frac{1}{2}[X(k) + X^*(N-k)] \tag{9-54}$$

称 $\frac{1}{2}[X(k) + X^*(N-k)]$ 为 $X(k)$ 的共轭对称分量，记作 $X_{ep}(k)$，即

$$X_{ep}(k) + X_{op}(k) = X(k) \tag{9-55}$$

现在再来讨论 $X_{ep}(k)$ 和 $X_{op}(k)$ 本身的一些对称性质。

$$X_{ep}(k) = \frac{1}{2}[X(k) + X^*(N-k)] \tag{9-56}$$

则

$$X_{ep}^*(N-k) = \frac{1}{2}[X(N-k) + X^*(N-N+k)]^*$$

$$= \frac{1}{2}[X^*(N-k) + X^*(k)]^* \tag{9-57}$$

从而

$$X_{ep}(k) = X_{ep}^*(N-k), \quad 0 \leq k \leq N-1 \tag{9-58}$$

这表明 $X_{ep}(k)$ 存在共轭对称特性，这就是将 $X_{ep}(k)$ 称作 $X(k)$ 的共轭对称分量的原因。由上式又得到：

$$\begin{cases} |X_{ep}(k)| = |X_{ep}(N-k)| \\ \arg[X_{ep}(k)] = -\arg[X_{ep}N-(k)] \end{cases}, \quad 0 \leq k \leq N-1 \tag{9-59}$$

这表明 $X_{op}(k)$ 存在共轭对称特征，还可得到

$$X_{op}(k) = -X_{op}^*(N-k), \quad 0 \leqslant k \leqslant N-1 \tag{9-60}$$

应用相同方法，可以得到

$$\begin{cases} \mathrm{Re}[X_{op}(k)] = -\mathrm{Re}[X_{op}(N-k)] \\ \mathrm{Im}[X_{op}(k)] = \mathrm{Im}[X_{op}(N-k)] \end{cases}, \quad 0 \leqslant k \leqslant N-1 \tag{9-61}$$

如果 $x(n)$ 是纯实数序列，那么 $X(k)$ 只有共轭对称分量，即 $X(k) = X_{ep}(k)$。这也说明实序列的 DFT 满足式（9-58）的共轭对称性，利用这一特性，只要知道一半数目的 $X(k)$，就可以得到另一半 $X(k)$，实序列的 DFT 为一复序列，数据量虽然增加了一倍，但只要知道 $X(k)$ 的一半即含有所有 $x(n)$ 的信息量，变换并没有增加总的数据量。实序列的这一对称性可以用来提高运算效率。

9.3.3.3 选频性

设复序列 $x(n)$ 是对一个复指数函数 $x(t) = \mathrm{e}^{\mathrm{j}\Omega_0 t}$ 采样得来的，即

$$x(n) = \mathrm{e}^{\mathrm{j}q\Omega_0 n} \quad 0 \leqslant n \leqslant N-1$$

式中，q 是一整数。当 $\omega_0 = 2\pi/N$，上式可以写成

$$x(n) = \mathrm{e}^{2\mathrm{j}\pi nq/N} \tag{9-62}$$

则 $x(n)$ 的离散傅里叶变换是：

$$X(k) = \sum_{n=0}^{N-1} \mathrm{e}^{2\mathrm{j}\pi n(q-k)/N} \quad 0 \leqslant k \leqslant N-1 \tag{9-63}$$

则

$$X(k) = \frac{1 - \mathrm{e}^{2\mathrm{j}\pi(q-k)}}{1 - \mathrm{e}^{2\mathrm{j}\pi(q-k)/N}} = \begin{cases} N, & \text{当 } q = k \\ 0, & \text{当 } q \neq k \end{cases} \tag{9-64}$$

当输入频率为 $q\omega_0$ 时，变换后的 N 个值只有 $X(q) = N$，其余皆为零。如果输入信号是若干个不同频率的信号的组合，经过离散傅里叶变换后，不同 $X(k)$ 上将有一一对应的输出，因此，离散傅里叶变换算法实质上对频率具有选择性。

9.3.4 卷积与相关函数

上面介绍了傅里叶变换的一些重要性质，下面介绍傅里叶变换另一类重要性质，它们是分析线性系统极为有用的工具。

9.3.4.1 卷积的概念

若已知函数 $x_1(t)$，$x_2(t)$，则称积分

$$\int_{-\infty}^{+\infty} x_1(\tau) x_2(t-\tau) \mathrm{d}\tau \tag{9-65}$$

为函数 $x_1(t)$ 和 $x_2(t)$ 的卷积，记为 $x_1(t) * x_2(t)$

$$x_1(t) * x_2(t) = \int_{-\infty}^{+\infty} x_1(\tau) x_2(t-\tau) \mathrm{d}\tau \tag{9-66}$$

显然

$$x_1(t) * x_2(t) = x_2(t) * x_1(t)$$

即卷积满足交换律。卷积在傅里叶分析的应用中有着重要的作用，这是由下面的卷积定理所决定的。

9.3.4.2　卷积定理

假定函数 $x_1(t)$、$x_2(t)$ 都满足傅里叶变换条件，且

$$X_1(\omega) = F[x_1(t)],\ X_2(\omega) = F[x_2(t)] \tag{9-67}$$

则

$$F[x_1(t) * x_2(t)] = X_1(\omega)X_2(\omega) \tag{9-68}$$

或

$$F^{-1}[X_1(\omega) * X_2(\omega)] = x_1(t) * x_2(t) \tag{9-69}$$

这个性质表明，两个函数卷积的傅里叶变换等于这两个函数傅里叶变换的乘积。同理可得

$$\int_{-\infty}^{\infty} x_1(t)x_2(t + \tau)\mathrm{d}t \tag{9-70}$$

为两个函数 $x_1(t)$ 和 $x_2(t)$ 的互相关函数，用记号 $R_{12}(\tau)$ 表示，即

$$R_{12}(\tau) = \int_{-\infty}^{+\infty} x_1(t)x_2(t + \tau)\mathrm{d}t \tag{9-71}$$

当 $x_1(t) = x_2(t) = x(t)$ 时，则称积分

$$\int_{-\infty}^{+\infty} x(t)x(t + \tau)\mathrm{d}t \tag{9-72}$$

为函数 $x(t)$ 的自相关函数，用记号 $R(\tau)$ 表示，即

$$R(\tau) = \int_{-\infty}^{+\infty} x(t)x(t + \tau)\mathrm{d}t \tag{9-73}$$

9.3.4.3　相关函数与量谱密度的关系能

若 $G(\omega) = F[x(t)]$，则有

$$\int_{-\infty}^{+\infty} |x(t)|^2\mathrm{d}t = \frac{1}{2\pi}\int_{-\infty}^{+\infty} |X(\omega)|^2\mathrm{d}\omega \tag{9-74}$$

即帕塞瓦尔等式，令

$$S(\omega) = |G(\omega)|^2 \tag{9-75}$$

称 $S(\omega)$ 为能量谱密度函数（或称能量谱密度），它决定函数 $x(t)$ 的能量分布规律，将它对所有的频率积分就得到 $x(t)$ 的总能量。

自相关函数 $R(\tau)$ 和能量谱密度构成一个傅里叶变换时，即

$$R(\tau) = \frac{1}{2\pi}\int_{-\infty}^{+\infty} S(\omega)\mathrm{e}^{\mathrm{j}\alpha\pi}\mathrm{d}\omega \tag{9-76}$$

$$S(\omega) = \int_{-\infty}^{+\infty} R(\tau)\mathrm{e}^{-\mathrm{j}\alpha\pi}\mathrm{d}\tau \tag{9-77}$$

若 $G_1(\omega) = F_1[x_1(t)]$，$G_2(\omega) = F[x_2(t)]$，根据乘积定理，可得

$$R_{12}(\tau) = \int_{-\infty}^{+\infty} x_1(t)x_2(t + \tau)\mathrm{d}t = \frac{1}{2\pi}\int_{-\infty}^{+\infty} \overline{G_1(\omega)}G_2(\omega)\mathrm{d}\omega \tag{9-78}$$

称 $S_{12} = \overline{G_1(\omega)} G_2(\omega)$ 为互能量谱密度。它和互相关函数构成一个傅里叶变换对,即

$$R_{12}(\tau) = \frac{1}{2\pi} \int_{-\infty}^{+\infty} S_{12}(\omega) e^{j\alpha\pi} d\omega \tag{9-79}$$

$$S_{12}(\omega) = \int_{-\infty}^{+\infty} R_{12}(\tau) e^{-j\alpha\pi} d\tau \tag{9-80}$$

9.3.5 爆破振动信号的傅里叶变换实例

大连玉华 220kV 输电线路新建工程隧道爆破中,用振动速度测试仪进行爆破振动信号的采集仪器布置于爆破断面垂直的商铺附近,距离爆破断面约 6m,测点示意图如图 9-24 所示。

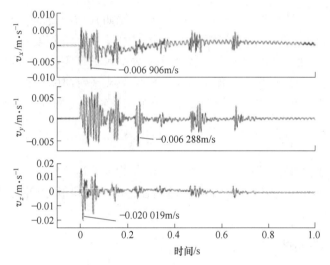

图 9-24 掏槽眼爆破振速

三轴向振速进行快速傅里叶变换,如图 9-25 所示,以研究掏槽眼爆破时的振动主

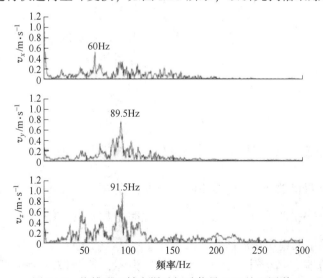

图 9-25 掏槽眼三轴向爆破振动信号 FFT 处理图谱

频。从图 9-25 可看出，x、y、z 轴三向的振动主频分别为 60Hz、89.5Hz、91.5Hz，表明该设计方案实施后的振动主频集中于中高频率。

9.4　爆破振动信号的小波变换

小波变换是一种新的变换分析方法，它的主要特点是通过变换能够充分突出问题某些方面的特征，因此，小波变换在许多领域都得到了成功的应用，特别是小波变换的离散数学算法已被广泛用于许多问题的变换研究中。为了便于理解和使用，本节从小波变换与傅里叶变换的定义形式的角度大致说明积分连续小波变换、二进小波变换、正交小波变换的基本概念以及与傅里叶变换的简单比较。

9.4.1　小波和小波变换

为了行文方便，我们约定，一般用小写字母，比如 $f(x)$ 表示时间信号或函数，其中括号里的小写英文字母 x 表示时间域自变量，对应的大写字母，这里的就是 $f(\omega)$ 表示相应函数或信号的傅里叶变换，其中的小写希腊字母 ω 表示频域自变量；尺度函数总是写成 $\phi(x)$（时间域）和 $\Phi(\omega)$（频率域）；小波函数总是写成 $\psi(x)$（时间域）和 $\Psi(x)$（频率域）。

下面考虑函数空间 $L^2(R)$，它是定义在整个实数轴 R 上的满足要求

$$\int_{-\infty}^{+\infty} |f(x)|^2 \mathrm{d}x < +\infty \tag{9-81}$$

的可测函数 $f(x)$ 的全体组成的集合，并带有相应的函数运算和内积。工程上常常说成是能量有限的全体信号的空间。直观地说，就是在远离原点的地方衰减得比较快的那些函数或者信号构成的空间。

9.4.1.1　小波（Wavelet）

小波是函数空间下 $L^2(R)$ 中满足下述条件的一个函数或者信号 $\psi(x)$

$$C_\psi = \int_{R^*} \frac{|\psi(\omega)|^2}{|\omega|} \mathrm{d}\omega < \infty \tag{9-82}$$

这里，$R^* = R - \{0\}$ 表示非零实数全体。有时，$\psi(x)$ 也称为小波母函数，前述条件称为"容许性条件"。对于任意的实数对 (a, b)，其中参数 a 必须为非零实数，称如下形式的函数

$$\psi_{(a, b)}(x) = \frac{1}{\sqrt{|a|}} \psi\left(\frac{x - b}{a}\right) \tag{9-83}$$

为由小波母函数 $\psi(x)$ 生成的依赖于参数 (a, b) 的连续小波函数，简称为小波。但注意以下两点。

（1）如果小波母函数 $\psi(x)$ 的傅里叶变换 $\Psi(\omega)$ 在原点 $\omega = 0$ 是连续的，那么，容许性条件保证 $\psi(0) = 0$，即 $\int_R \psi(x)\mathrm{d}x = 0$。这说明函数 $\psi(x)$ 有"波动"的特点，另外，函数空间本身的要求又说明小波函数 $\psi(x)$ 只有在原点的附近它的波动才会明显偏离水平轴，在远离原点的地方函数值将迅速"衰减"为零，整个波动趋于平静。这是称函数 $\psi(x)$ 为"小波"函数的基本原因。

（2）对于任意的参数对 (a, b)，显然，$\int_R \psi_{(a, b)}(x)\mathrm{d}x = 0$，但是，这时 $\psi_{(a, b)}(x)$ 却是在 $x = b$ 的附近存在明显的波动，而且，明显波动的范围的大小完全依赖于参数 a 的变化。当 $a = 1$ 时，这个范围和原来的小波函数 $\psi(x)$ 的范围是一致的；当 $a > 1$ 时，这个范围比原来的小波函数 $\psi(x)$ 的范围要大一些，小波的波形变矮变胖，而且，当 a 变得越来越大时，小波的波形变得越来越胖、越来越矮，整个函数的形状表现出来的变化越来越缓慢；当 $0 < a < 1$ 时，$\psi_{(a, b)}(x)$ 在 $x = b$ 的附近存在明显波动的范围比原来的小波母函数 $\psi(x)$ 的要小，小波的波形变得尖锐而消瘦，当 $a > 0$ 且越来越小时，小波的波形渐渐地接近于脉冲函数，整个函数的形状表现出来的变化越来越快，颇有瞬息万变之态。小波函数 $\psi_{(a, b)}(x)$ 随参数对 (a, b) 中的参数 a 的这种变化规律，决定了小波变换能够对函数和信号进行任意指定点处的任意精细结构的分析，同时，这也决定了小波变换在对非平稳信号进行时-频分析时，具有时-频同时局部化的能力以及二进小波变换和正交小波变换对频域巧妙的二进频带分割能力。在后面的相应部分，我们将详细介绍这些内容。

9.4.1.2 小波变换

对于任意的函数或者信号 $f(x)$，其小波变换定义为

$$W_\mathrm{f}(a, b) = \int_R f(x)\overline{\psi}_{(a, b)}(x)\mathrm{d}x = \frac{1}{\sqrt{|a|}}\int_R f(x)\overline{\psi}\left(\frac{x - b}{a}\right)\mathrm{d}x \qquad (9\text{-}84)$$

因此，对任意的函数 $f(x)$，它的小波变换是一个二元函数。这是小波变换和傅里叶变换很不相同的地方。另外，因为小波母函数 $\psi(x)$ 只有在原点的附近才会有明显偏离水平轴的波动，在远离原点的地方函数值将迅速衰减为零，所以，对于任意的参数对 (a, b)，小波函数 $\psi_{(a, b)}(x)$ 在 $x = b$ 的附近存在明显的波动，远离 $x = b$ 的地方将迅速地衰减到 0，因而，从形式上可以看出，函数的小波变换 $W_\mathrm{f}(a, b)$ 数值表明的本质上是原来的函数或者信号 $f(x)$ 在 $x = b$ 点附近按 $\psi_{(a, b)}(x)$ 进行加权的平均，体现的是 $\psi_{(a, b)}(x)$ 为标准快慢的 $f(x)$ 的变化情况，这样，参数 b 表示分析的时间中心或时间点，而参数 a 体现的是以 $x = b$ 为中心的附近范围的大小，所以，一般称参数 a 为尺度参数，而参数 b 为时间中心参数。因此，当时间中心参数 b 固定不变时，小波变换 $W_\mathrm{f}(a, b)$ 体现的是原来的函数或信号 $f(x)$ 在 $x = b$ 点附近随着分析和观察的范围逐渐变化时表现出来的变化情况。

9.4.1.3 小波变换的性质

按照上述方式定义小波变换之后，很自然就会关心这样的问题，即它具有什么性质，同时，作为一种变换工具，小波变换能否像傅里叶变换那样可以在变换域对信号进行有效的分析，说得具体一些，利用函数或信号的小波变换 $W_\mathrm{f}(a, b)$ 进行分析所得到的结果，对于原来的信号 $f(x)$ 来说是否是有效的，本小节将说明这些问题。

A 小波变换的 Parseval 恒等式

$$C_\psi\int_R f(x)\overline{g}(x)\mathrm{d}x = \iint_{R^2} W_\mathrm{f}(a, b)\overline{W}_\mathrm{g}(a, b)\frac{\mathrm{d}a\mathrm{d}b}{a^2} \qquad (9\text{-}85)$$

对空间 $L^2(R)$ 中的任意的函数 $f(x)$ 和 $g(x)$ 都成立。这说明，小波变换和傅里叶变换

一样，在变换域保持信号的内积不变，或者说，保持相关特性不变（至多相差一个常数倍），只不过，小波变换在变换域的测度应该取为 $\mathrm{d}a\mathrm{d}b/a^2$，而不像傅里叶变换那样取的是众所周知的 Lebesgue 测度，小波变换的这个特点将要影响它的离散化方式，同时，决定离散小波变换的特殊形式。

B　小波变换的反演公式

利用小波变换的 Parseval 恒等式，容易证明，在空间 $L^2(R)$ 中小波变换有反演公式：

$$f(x) = \frac{1}{C_\psi} \iint_{R \times R^*} W_\mathrm{f}(a, b) \psi_{(a, b)}(x) \frac{\mathrm{d}a\mathrm{d}b}{a^2} \tag{9-86}$$

特别是，如果函数 $f(x)$ 在点 $x = x_0$ 处连续，那么，小波变换有如下的定点反演公式

$$f(x_0) = \frac{1}{C_\psi} \iint_{R \times R^*} W_\mathrm{f}(a, b) \psi_{(a, b)}(x_0) \frac{\mathrm{d}a\mathrm{d}b}{a^2} \tag{9-87}$$

这些说明，小波变换作为信号变换和信号分析的工具在变换过程中是没有信息损失的，这一点保证了小波变换在变换域对信号进行分析的有效性。特别注意反演公式的测度不是 Lebesgue 测度，对于尺度参数 a，它是带有平方伸缩的 Lebesgue 测度 $\mathrm{d}a/a^2$。

C　吸收公式

当吸收条件

$$\int_0^{+\infty} \frac{|\psi(\omega)|^2}{\omega} \mathrm{d}\omega = \int_0^{+\infty} \frac{|\psi(-\omega)|^2}{\omega} \mathrm{d}\omega \tag{9-88}$$

成立时，可得到如下的吸收 Parseval 恒等式

$$\frac{1}{2} C_\psi \int_{-\infty}^{+\infty} f(x) \overline{g}(x) \mathrm{d}x = \int_0^{+\infty} \left[\int_{-\infty}^{+\infty} W_\mathrm{f}(a, b) \overline{W}_\mathrm{g}(a, b) \mathrm{d}b \right] \frac{\mathrm{d}a}{a^2} \tag{9-89}$$

D　吸收反演公式

当前述吸收条件成立时，可得相应的吸收逆变换公式

$$f(x) = \frac{2}{C_\psi} \int_0^{+\infty} \left[\int_{-\infty}^{+\infty} W_\mathrm{f}(a, b) \overline{\psi}_{a, b}(x) \mathrm{d}b \right] \frac{\mathrm{d}a}{a^2} \tag{9-90}$$

这时，对于空间 $L^2(R)$ 中的任何函数 $f(x)$，它所包含的信息完全被由 $a>0$ 所决定的变换域上的小波变换 $\{W_\mathrm{f}(a, b); a > 0, b \in R\}$ 所记忆。这一特点是傅里叶变换所不具备的。

9.4.2　离散小波和离散小波变换

无论是出于数值计算的实际可行性考虑，还是为了理论分析的简便，对小波变换进行离散化处理都是必要的。对于小波变换而言，将它的参数对 (a, b) 离散化，分成两步实现，并采用特殊的形式，即先将尺度参数 a 按二进的方式离散化，得到著名的二进小波和一进小波变换，之后，再将时间中心参数 b 按二进整倍数的方式离散化，最后得到出人意料的正交小波和函数的小波级数表达式，真正实现小波变换的连续形式和离散形式在普通函数的形式上的完全统一，对于傅里叶变换的两部分即傅里叶级数和傅里叶变换来说，这是无法想象的。本小节介绍二进小波和正交小波。

9.4.2.1 二进小波和二进小波变换

如果小波函数 $\psi(x)$ 满足稳定性条件

$$A \leqslant \sum_{j=-\infty}^{+\infty} |\psi(\omega)|^2 \leqslant B, \ a.e. \ \omega \in R \tag{9-91}$$

则称 $\psi(x)$ 为二进小波，对于任意的整数 k，记

$$\psi_{(2^{-k}, \ b)}(x) = 2^{\frac{k}{2}} \psi[2^k(x-b)] \tag{9-92}$$

它是连续小波 $\psi_{(a, \ b)}(x)$ 的尺度参数 a 取二进离散数值 $a_k = 2^{-k}$。函数 $f(x)$ 的二进离散小波变换记为 $W_f^k(b)$，定义如下：

$$W_f^k(b) = W_f(2^{-k}, \ b) = \int_R f(x) \overline{\psi}_{(2^{-k}, \ b)}(x) \mathrm{d}x \tag{9-93}$$

这相当于尺度参数 a 取二进离散数值 $a_k = 2^{-k}$ 时连续小波变换 $W_f(a, \ b)$ 的取值。这时，二进小波变换的反演公式是：

$$f(x) = \sum_{-\infty}^{+\infty} 2^k \int_R W_f^k(b) \times t_{(2^{-k}, \ b)}(x) \mathrm{d}b \tag{9-94}$$

式中，函数 $t(x)$ 满足

$$\sum_{-\infty}^{+\infty} \psi(2^k\omega) T(2^k\omega) = 1, \ a.e. \ \omega \in R \tag{9-95}$$

称为二进小波 $\psi(x)$ 的重构小波。这里，如前述约定，记号 $\Psi(\omega)$、$T(\omega)$ 分别表示函数 $\psi(x)$ 和 $t(x)$ 的傅里叶变换。重构小波总是存在的，比如可取

$$T(\omega) = \overline{\psi}(\omega) \Big/ \sum_{-\infty}^{+\infty} |\psi(2^k\omega)|^2 \tag{9-96}$$

当然，重构小波一般是不唯一的，但容易证明，重构小波一定是二进小波。

由上述这些分析可知，二进小波是连续小波之尺度参数 a 按二进方式 $a_k = 2^{-k}$ 的离散化，函数或信号的二进小波变换就是连续小波变换在尺度参数 a 只取二进离散数值 $a_k = 2^{-k}$ 时的取值。无论是数值计算的需要，还是为了理论分析的方便，同时将尺度参数和时间中心参数离散化是很必要的，正交小波变换恰好满足了这些要求。

9.4.2.2 正交小波和小波级数

设小波为 $\psi(x)$，如果函数族

$$\{\psi_{k,j}(x) = 2^{\frac{k}{2}} \psi(2^k x - j); \ (k, \ j) \in Z \times Z\} \tag{9-97}$$

构成空间 $L^2(R)$ 的标准正交基，即满足下述条件的基

$$\langle \psi_{k,j}, \ \psi_{l,n} \rangle = \int_R \psi_{k,j}(x) \overline{\psi}_{l,n}(x) \mathrm{d}x = \delta(k-l)\delta(j-n) \tag{9-98}$$

则称 $\psi(x)$ 是正交小波，其中符号 $\delta(m)$ 的定义是

$$\delta(m) = \begin{cases} 1 & \text{当 } m = 0 \\ 0 & \text{当 } m \neq 0 \end{cases} \tag{9-99}$$

称为 Kronecker 函数。这时，对任何函数或信号 $f(x)$，有如下的小波级数展开

$$f(x) = \sum_{-\infty}^{+\infty} \sum_{-\infty}^{+\infty} A_{k,j} \psi_{k,j}(x) \tag{9-100}$$

式中的系数 $A_{k,j}$ 由公式

$$A_{k,j} = \int_R f(x) \overline{\psi}_{k,j}(x) \, \mathrm{d}x \tag{9-101}$$

给出，称为小波系数。容易看出，小波系数 $A_{k,j}$ 正好是信号 $f(x)$ 的连续小波变换 $W_f(a, b)$ 在尺度参数 a 的二进离散点 $a_k = 2^{-k}$ 和时间中心参数 b 的二进整倍数的离散点 $b_j = 2^{-k}j$ 所构成的点 $(2^{-k}, 2^{-k}j)$ 上的取值，因此，小波系数 $A_{k,j}$ 实际上是信号 $f(x)$ 的离散小波变换。也就是说，在对小波添加一定的限制之下，连续小波变换和离散小波变换在形式上简单明了地统一起来了，而且，连续小波变换和离散小波变换都适合空间 $L^2(R)$ 上的全体信号。确实，这也正是小波变换迷人的风采之一。

正交小波的简单例子就是有名的 Haar 小波。Haar 小波是法国数学家 A. Haar 在 20 世纪 30 年代给出的。具体定义是

$$h(x) = \begin{cases} 1 & \text{当 } 0 \leqslant x \leqslant 0.5 \\ -1 & \text{当 } 0.5 \leqslant x \leqslant 1 \\ 0 & \text{当 } x \notin (0, 1) \end{cases}$$

这时，函数族

$$\left\{ h_{j,k}(x) = 2^{\frac{j}{2}} h(2^j x - k); \ (j, k) \in Z \times Z \right\} \tag{9-102}$$

构成函数空间 $L^2(R)$ 的标准正交基，所以，Haar 函数 $h(x)$ 是正交小波，称为 Haar 小波。验证是比较容易的，只要注意到：

$$h_{j,k}(x) = \begin{cases} \sqrt{2^j} & \text{当 } 2^{-j}k \leqslant x \leqslant 2^{-j}k + 2^{-(j+1)} \\ -\sqrt{2^j} & \text{当 } 2^{-j}k + 2^{-(j+1)} \leqslant x \leqslant 2^{-j}(k+1) \\ 0 & \text{当 } x \notin (2^{-j}k, 2^{-j}(k+1)) \end{cases}$$

的图形随 (j, k) 变化的特点即可。详细的过程留给读者自己完成。

当然，不是每一个小波都像 Haar 小波这么简单。除此之外其他的正交小波都比较复杂。

9.4.3　爆破振动小波分析实例

福建漳州核电厂项目规划建设 6 台 AP1000 核电机组，现场进行土石方爆破，选取与起爆点距离最近的 A 测点的振动信号进行分析对所监测信号的南北向（X 轴）分量，即垂直振动信号 $s(T)$ 进行小波分解，综合考量对称性、紧支性、正交性和消失矩几项性，采用爆炸振动信号分析领域运用较成熟的 "db8" 小波基，分析选择分解尺度 $i = 7$。

$s(T) = a7 + d7 + d6 + d5 + d4 + d3 + d2 + d1$。分解结果如图 9-26 所示。本次爆破监测采样频率为 8000Hz，依据奈奎斯特采样定理，其奈奎斯特频率为 4000Hz。根据小波分析原理及爆破振动信号特征分解频带宽度为 31.25Hz。对分解得到的各个分量进行频谱分析如图 9-27 所示。

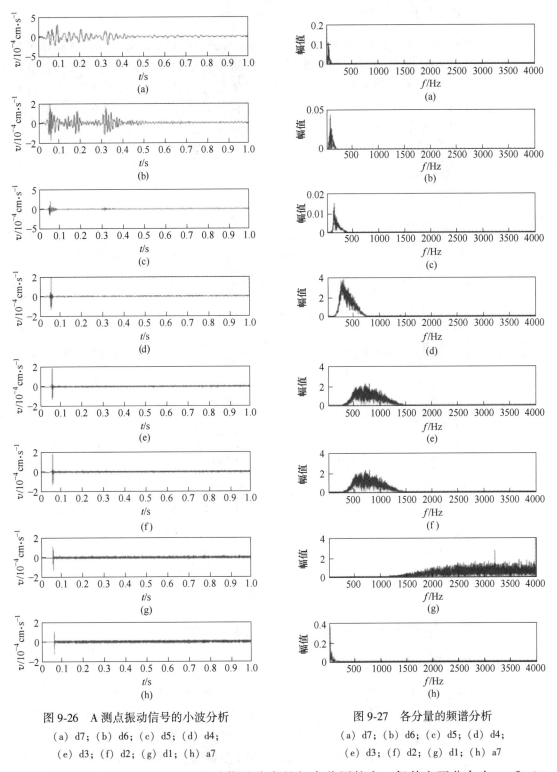

图 9-26　A 测点振动信号的小波分析
(a) d7；(b) d6；(c) d5；(d) d4；
(e) d3；(f) d2；(g) d1；(h) a7

图 9-27　各分量的频谱分析
(a) d7；(b) d6；(c) d5；(d) d4；
(e) d3；(f) d2；(g) d1；(h) a7

由图 9-27 分析可以看出，振动信号分布的频率范围较宽，但其主要分布在 a7 和 d7 所在的 0~31.25Hz 频带以及 31.25~62.50Hz 频带。

9.5　爆破振动的小波包分析

　　小波分析作为一种多分辨率分析方法，在对信号分解时把信号分解为低频和高频两部分，在进行下一层分解时，只对低频部分进行分解，由此层层进行直至完成。小波包分析是在小波分析的基础上提出的，在信号的每层分解过程中，对低频部分和高频部分均进行分解，以三层小波分析和小波包分析的分解过程为例，如图 9-28 所示。通过对比分析可知，小波包分析克服了小波分解在高频段的频率分辨率低以及在低频段的时间分辨率不足的缺点，分解更为精细，提高了信号的时频分辨率，可以更好地进行时频局部化分析。

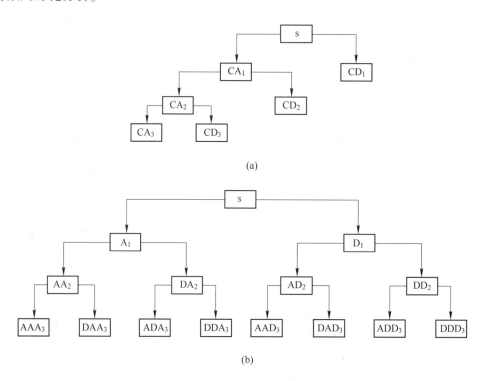

图 9-28　小波分析和小波包分析分解示意图
（a）三层小波分解示意图；（b）三层小波包分解示意图

　　基于能量角度对爆破振动信号进行分析是研究爆炸振动效应的常用方法之一。

9.5.1　小波基的选取

　　Daubechies（dbN）小波基具有良好的紧支撑性、光滑性、连续性和对称性，广泛应用于工程信号的分析研究。值得一提的是，在爆破振动信号进行时，更多地采用 db5 或 db8 小波基，相比较而言，db8 小波基更为精确，鉴于此，选用 db8 小波基进行小波包能量分析。采用小波包分析方法时，分解的层数与采集仪器的工作频带及具体信号特性密切相关。

　　根据 Shannon 采样定理，爆破振动信号的采样频率为 4000Hz，那么奈奎斯特频率为

2000Hz。通过 MATLAB 编制程序命令对上阪泉隧道某一炮次爆破 Z 方向振动信号进行 FFT 变换。

9.5.2 爆破振动信号的分解与重构

本节以分解后的前 5 个频带,即频率在 0~78.125Hz 内的振动信号为例,进行重构,其中节点(7,0)频率范围 0~15.625Hz,节点(7,1)频率范围 15.625~31.25Hz,节点(7,2)频率范围 31.25~46.875Hz,节点(7,3)频率范围 46.875~62.5Hz,节点(7,4)频率范围 62.5~78.125Hz,节点(7,5)频率范围 78.125~93.75Hz。重构后 0~4 节点的振动信号以及相应的频谱图如图 9-29 所示。

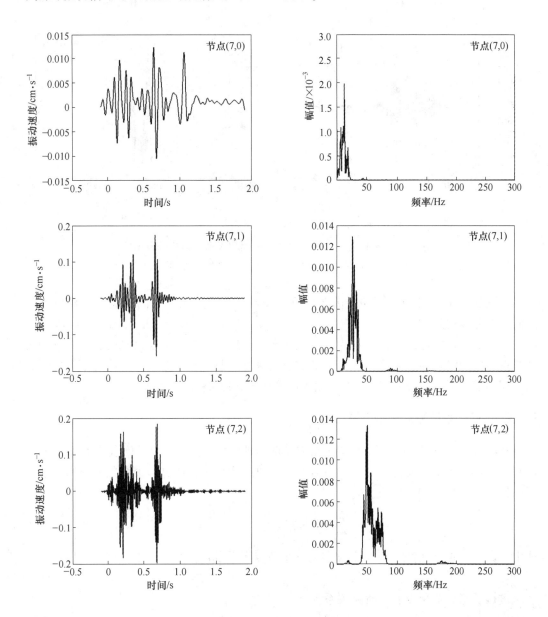

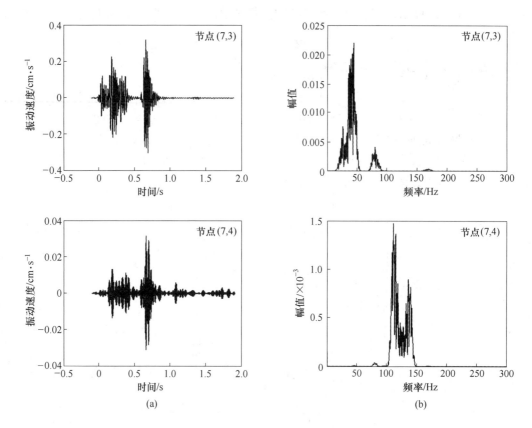

图 9-29　重构后 0~9 节点的振动信号以及节点对应的频谱图

（a）0~4 节点振动波形图；（b）0~4 节点频谱图

　　对图 9-29 各节点波形图和频谱图分析可发现，随着分解程度的加深，重构后各个节点波形的分段现象愈发明显，其中，从节点（7，4）波形图中可以看出，不同段位雷管爆炸引起的振速峰值分离得愈发清晰，体现出小波包分析对非平稳信号的优势。重构后各个节点的振动时程曲线大体一致，但是峰值振速差异明显，各个节点的绝对幅值也不尽相同，表明爆破振动信号是经若干不同主频率的信号相互叠加而成的。

9.5.3　爆破振动信号的频带能量分析

　　对爆破振动信号 $x(t)$ 进行 i 层小波包分解，即将信号分解为 2^i 个分量，投影到 db8 小波基上，得到 2^i 个小波包系数，然后对各个系数进行重构，通过各个系数反映原始信号的不同特性。信号 $x(t)$ 的表达式为

$$x(t) = \sum_{k=0}^{j-1} x_{i,k} = x_{i,0} + x_{i,1} + \cdots + x_{i,j-1} \tag{9-103}$$

式中　$x_{i,k}$——振动信号分解至第 i 层第 k 个节点上的重构信号，$j = 2^i$，$k = 0, 1, 2, \cdots,$
　　　　　　$j - 1$。

　　重构后第 k 个频带上的时频关系为

$$W(t, f_k) = |x_{i,k}(t)|^2 \tag{9-104}$$

式中　f_k——重构后节点 (i, k) 的中心频率，Hz。

根据巴什瓦定理和式 (3-4)，小波包重构后第 k 个频带上的能量为

$$E_k = \int W(t, f_k) \, \mathrm{d}f = \int |x_{i,k}(t)|^2 \mathrm{d}t = \sum_1^n |v_{k,m}|^2 \tag{9-105}$$

式中　$v_{k,m}$——重构后信号离散点对应的幅值，$m = 1, 2, \cdots, n$，其中 n 为样本数据点。

爆破振动信号的总能量为 $E = \sum_{k=0}^{j-1} E_{i,k}$，小波包重构后第 k 个频带上的能量占总能量的百分比为

$$\eta = \frac{E_k}{E} \times 100\% \tag{9-106}$$

由上式即可得出小波包分解后爆破振动信号在各个频带上的时域特征以及频域能量的分布情况。

对所有测点的爆破振动信号进行小波包能量分析，因为信号主频率主要集中于 200Hz 以下，所以这里只针对于各个信号的前 15 个频带（0~234.375Hz）进行分析。根据式 (9-103)~式 (9-106) 编制小波包分析程序进行频谱能量计算，得到上阪泉隧道某炮次爆破 1~5 号测点各频带能量分布情况见表 9-7，1~5 号测点爆破振动振速时程曲线的各频带峰值振速变化情况见表 9-8。

表 9-7　1~5 号测点各频带能量分布　　　　　　　　　　　　　　（%）

节点编号	子频带频域 /Hz	1 号			2 号			3 号			4 号			5 号		
		X	Y	Z	X	Y	Z	X	Y	Z	X	Y	Z	X	Y	Z
(7,0)	0~15.625	0.32	1.66	0.21	0.22	1.29	0.24	0.17	0.28	0.26	0.24	0.53	0.84	1.26	1.27	2.77
(7,1)	15.625~31.25	8.59	16.30	13.79	8.33	9.66	10.09	6.74	8.77	14.67	2.90	7.77	12.77	5.96	1.57	9.11
(7,2)	31.25~46.875	28.93	15.16	18.75	35.73	23.81	16.14	40.48	36.22	17.02	33.76	28.43	30.61	15.06	13.27	11.63
(7,3)	46.875~62.5	35.39	34.72	57.10	36.75	30.94	61.81	39.46	17.50	55.13	53.22	25.66	35.77	57.39	5.26	36.24
(7,4)	62.5~78.125	0.38	0.45	0.30	0.59	1.25	0.09	0.20	0.17	0.15	0.20	0.17	0.33	0.23	0.53	2.33
(7,5)	78.125~93.75	1.14	1.08	1.72	1.59	1.21	0.43	0.51	0.44	0.93	0.54	0.63	0.91	0.62	0.79	4.72
(7,6)	93.75~109.375	15.03	11.05	4.17	12.80	14.17	9.09	8.98	21.39	7.40	4.93	13.48	10.62	11.61	13.73	13.45
(7,7)	109.375~125	2.26	3.26	2.17	3.01	1.25	1.29	2.60	6.62	3.24	2.62	5.00	6.13	2.45	1.40	4.79
(7,8)	125~140.625	0.01	0.01	0.00	0.00	0.04	0.00	0.01	0.01	0.00	0.02	0.01	0.00	0.02	4.93	0.07
(7,9)	140.625~156.25	0.01	0.01	0.00	0.01	0.01	0.00	0.01	0.01	0.00	0.02	0.01	0.00	0.04	5.20	0.06
(7,10)	156.25~171.875	0.02	0.02	0.01	0.04	0.02	0.00	0.01	0.02	0.01	0.01	0.04	0.01	0.04	1.91	0.09
(7,11)	171.875~187.5	0.01	0.01	0.00	0.01	0.01	0.00	0.01	0.03	0.01	0.01	0.03	0.01	0.03	4.25	0.07
(7,12)	187.5~203.125	0.25	0.16	0.00	0.04	0.01	0.00	0.13	0.09	0.13	0.12	0.34	0.00	0.20	0.38	1.98
(7,13)	203.125~218.75	0.08	0.24	0.46	0.20	0.14	0.09	0.13	0.08	0.12	0.06	0.17	0.27	0.16	0.55	0.85
(7,14)	218.75~234.375	0.04	0.02	0.04	0.02	0.04	0.01	0.01	0.06	0.03	0.02	0.08	0.04	0.08	1.03	0.14

表 9-8 1~5 号测点各频带峰值振速分布   （cm/s）

方向	频带/Hz	1 号	2 号	3 号	4 号	5 号
X	0~15.625	6.18×10^{-4}	6.18×10^{-4}	2.95×10^{-4}	4.99×10^{-4}	5.96×10^{-4}
	15.625~31.25	3.45×10^{-4}	3.45×10^{-4}	9.78×10^{-5}	4.66×10^{-4}	5.67×10^{-4}
	31.25~46.875	1.16×10^{-4}	1.16×10^{-4}	4.17×10^{-5}	1.09×10^{-4}	9.67×10^{-5}
	46.875~62.5	1.05×10^{-6}	1.05×10^{-6}	1.68×10^{-4}	8.03×10^{-5}	1.02×10^{-5}
	62.5~78.125	1.26×10^{-4}	1.26×10^{-4}	9.77×10^{-5}	1.25×10^{-4}	7.39×10^{-5}
	78.125~93.75	8.53×10^{-5}	8.53×10^{-5}	1.07×10^{-4}	1.12×10^{-4}	1.13×10^{-5}
	93.75~109.375	1.02×10^{-3}	1.02×10^{-3}	3.33×10^{-4}	9.08×10^{-4}	7.83×10^{-5}
	109.375~125	7.38×10^{-4}	7.38×10^{-4}	1.14×10^{-4}	9.02×10^{-4}	7.01×10^{-5}
	125~140.625	4.61×10^{-5}	4.61×10^{-5}	8.92×10^{-5}	7.17×10^{-5}	1.50×10^{-5}
	140.625~156.25	1.35×10^{-4}	1.35×10^{-4}	2.50×10^{-5}	1.41×10^{-4}	2.02×10^{-5}
	156.25~171.875	1.01×10^{-4}	1.01×10^{-4}	8.20×10^{-5}	1.27×10^{-5}	1.97×10^{-5}
	171.875~187.5	4.37×10^{-5}	4.37×10^{-5}	8.83×10^{-7}	5.59×10^{-5}	1.82×10^{-5}
	187.5~203.125	7.17×10^{-6}	7.17×10^{-6}	4.26×10^{-6}	2.07×10^{-5}	2.76×10^{-6}
	203.125~218.75	5.68×10^{-5}	5.68×10^{-5}	6.17×10^{-5}	8.98×10^{-6}	8.90×10^{-6}
	218.75~234.375	6.05×10^{-5}	6.05×10^{-5}	6.94×10^{-6}	2.63×10^{-5}	6.37×10^{-6}
Y	0~15.625	1.30×10^{-3}	1.30×10^{-3}	4.42×10^{-4}	8.04×10^{-5}	6.19×10^{-5}
	15.625~31.25	8.29×10^{-5}	8.29×10^{-5}	2.19×10^{-4}	1.39×10^{-4}	3.48×10^{-5}
	31.25~46.875	4.97×10^{-5}	4.97×10^{-5}	1.55×10^{-4}	1.39×10^{-4}	7.02×10^{-5}
	46.875~62.5	2.43×10^{-4}	2.43×10^{-4}	1.68×10^{-5}	9.55×10^{-5}	8.61×10^{-5}
	62.5~78.125	1.44×10^{-7}	1.44×10^{-7}	6.49×10^{-5}	8.79×10^{-5}	1.69×10^{-5}
	78.125~93.75	1.82×10^{-4}	1.82×10^{-4}	9.08×10^{-5}	3.04×10^{-4}	8.34×10^{-6}
	93.75~109.375	3.22×10^{-4}	3.22×10^{-4}	6.18×10^{-4}	3.40×10^{-4}	4.02×10^{-5}
	109.375~125	5.62×10^{-4}	5.62×10^{-4}	6.26×10^{-4}	3.82×10^{-4}	2.26×10^{-5}
	125~140.625	1.41×10^{-5}	1.41×10^{-5}	2.59×10^{-5}	2.64×10^{-5}	5.36×10^{-5}
	140.625~156.25	4.11×10^{-5}	4.11×10^{-5}	6.44×10^{-5}	5.15×10^{-5}	6.24×10^{-5}
	156.25~171.875	3.02×10^{-5}	3.02×10^{-5}	2.76×10^{-4}	7.71×10^{-6}	4.46×10^{-5}
	171.875~187.5	1.55×10^{-5}	1.55×10^{-5}	3.41×10^{-5}	2.72×10^{-5}	4.42×10^{-5}
	187.5~203.125	1.95×10^{-5}	1.95×10^{-5}	9.74×10^{-6}	2.07×10^{-5}	1.00×10^{-5}
	203.125~218.75	1.03×10^{-4}	1.03×10^{-4}	2.16×10^{-4}	8.92×10^{-6}	3.13×10^{-6}
	218.75~234.375	7.86×10^{-5}	7.86×10^{-5}	1.62×10^{-4}	1.63×10^{-5}	3.98×10^{-7}

方向	频带/Hz	1号	2号	3号	4号	5号
	$0 \sim 15.625$	2.37×10^{-4}	1.10×10^{-3}	4.09×10^{-4}	5.64×10^{-4}	5.94×10^{-5}
	$15.625 \sim 31.25$	4.06×10^{-4}	3.82×10^{-4}	4.30×10^{-4}	5.78×10^{-4}	5.91×10^{-5}
	$31.25 \sim 46.875$	3.81×10^{-5}	1.64×10^{-4}	2.24×10^{-4}	2.27×10^{-4}	1.35×10^{-4}
	$46.875 \sim 62.5$	2.11×10^{-5}	2.89×10^{-4}	1.83×10^{-4}	2.22×10^{-4}	1.35×10^{-4}
	$62.5 \sim 78.125$	1.76×10^{-4}	3.60×10^{-5}	2.85×10^{-4}	4.52×10^{-6}	4.52×10^{-6}
	$78.125 \sim 93.75$	2.22×10^{-4}	7.71×10^{-5}	2.30×10^{-4}	7.06×10^{-5}	2.79×10^{-7}
	$93.75 \sim 109.375$	4.23×10^{-5}	3.26×10^{-4}	4.17×10^{-4}	2.90×10^{-4}	1.46×10^{-4}
Z	$109.375 \sim 125$	1.06×10^{-4}	2.76×10^{-4}	3.33×10^{-4}	3.51×10^{-4}	1.50×10^{-4}
	$125 \sim 140.625$	5.54×10^{-6}	5.38×10^{-5}	3.33×10^{-5}	8.94×10^{-6}	1.10×10^{-5}
	$140.625 \sim 156.25$	2.43×10^{-5}	1.73×10^{-4}	4.13×10^{-5}	3.74×10^{-5}	1.12×10^{-5}
	$156.25 \sim 171.875$	3.99×10^{-5}	4.20×10^{-5}	5.52×10^{-5}	1.16×10^{-5}	2.53×10^{-5}
	$171.875 \sim 187.5$	5.57×10^{-5}	4.01×10^{-5}	3.54×10^{-5}	5.17×10^{-5}	2.55×10^{-5}
	$187.5 \sim 203.125$	2.66×10^{-6}	9.98×10^{-6}	1.27×10^{-5}	5.35×10^{-6}	7.86×10^{-6}
	$203.125 \sim 218.75$	3.62×10^{-5}	7.91×10^{-5}	2.21×10^{-5}	1.15×10^{-5}	7.99×10^{-6}
	$218.75 \sim 234.375$	6.00×10^{-5}	1.34×10^{-4}	6.17×10^{-7}	2.79×10^{-5}	2.14×10^{-5}

由表9-7和表9-8得到1~5号测点在各频带的能量分布柱状图和1~5号测点在各频带振速峰值图，如图9-30和图9-31所示。

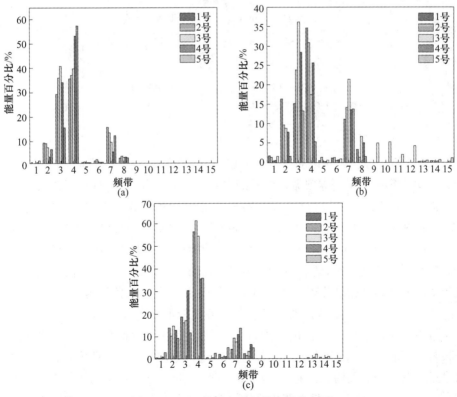

图9-30 1~5号测点各频带能量分布图

(a) 1~5号测点 X 方向频带能量分布柱状图；(b) 1~5号测点 Y 方向频带能量分布柱状图；

(c) 1~5号测点 Z 方向频带能量分布柱状图

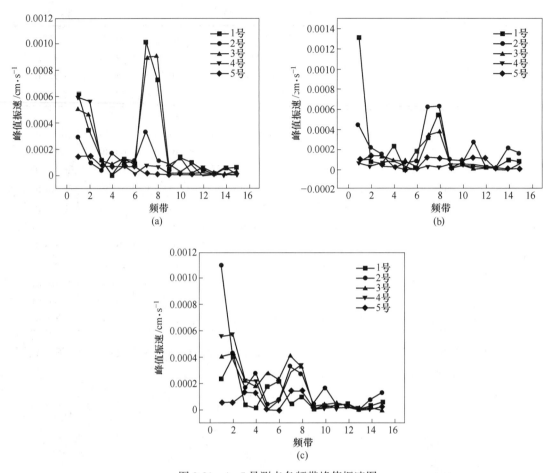

图 9-31　1~5 号测点各频带峰值振速图

(a) 1~5 号测点 X 方向频带振速峰值图；(b) 1~5 号测点 Y 方向频带振速峰值图；

(c) 1~5 号测点 Z 方向频带振速峰值图

对表 9-7 分析可知，爆破振动信号能量在频带上分布广泛，在第 4 个频带（46.875~62.5Hz）上最为集中，说明爆破振动信号的主频率与能量分布相对应。其中，分布在 0~125Hz 范围内的能量占比按表 9-7 由左至右分别是 92.03%、83.67%、98.23%、99.00%、83.58%、99.19%、99.13%、91.41%、98.80%、98.42%、81.66%、97.98%、94.59%、37.81%、85.03%。爆破振动信号在径向和垂向的能量占比略高于切向能量占比，除 5 号测点 Y 方向数据占比 37.81% 外，其余均高于 81.66%，由此可认为，在本次实验中，延时爆破产生的振动信号能量分布广泛，但主要集中于 0~125Hz 范围内。

对图 9-30 分析可知，爆破振动信号能量在各频带上分布很不均匀，除集中在主频率附近的频带内，还分布在若干个不同频域的子频带上，主要以低频带为主。各个主频率不同的子频带，其能量大小也不尽相同。因此，在进行爆破振动安全评价时，可以考虑爆破振动信号经小波包分解重构后，能量占比较大的子频带对建筑结构的损伤效应。

结合表 9-6 中各个测点主频率变化趋势，对比分析表 9-7 和图 9-30 中各方向各测点能量占比情况，随着传播距离由 121.6m 增加到 161.6m，在 X 方向 31.25~62.5Hz 频域内的能量占比由 35.39% 上升至 57.39%；93.75~109.375Hz 频域内的能量占比由 15.03% 下降至 11.61%，表明随着传播距离的增加，低频带能量占比上升，高频带能量占比下降，表明爆破振动波在岩土体介质中传播时，振动信号的高频部分迅速衰减，低频部分继续传播，岩石阻尼对爆破振动信号高频部分的传播衰减效应尤其明显。

分析图 9-31，对比各个测点在三个方向上的峰值振速可发现 1~3 号测点峰值振速在频带上的变化较大，4 号、5 号测点峰值振速在频带上的变化比较平稳；峰值振速在前 8 个频带上（0~125Hz）数值较大，表现在 1、2 频带和 7、8 频带上尤为明显。说明随着传播距离的增加，子频带峰值振速在频域上的变化趋于平缓，因传播距离造成的爆破振动波的衰减主要体现在前 8 个频带（0~125Hz）上。爆破振动信号能量分布范围与峰值振速分布范围大体一致，小波包频带能量在体现频率特性的同时也可一定程度上反映爆破振动波的强度。

9.6 希尔伯特-黄（Hilbert-Huang）变换

HHT 法是一种全新的分析技术，它由 EMD 和 Hilbert 变换两部分组成，其核心是 EMD。HHT 法是一种比傅里叶变换及小波变换等更具适应性的时频局部化分析方法。本节主要对 HHT 的原理、算法、完备性和相应存在的问题进行阐述与讨论，并将 HHT 理论引入爆破振动信号分析领域，为后续的开创性研究工作奠定可靠的理论基础。

9.6.1 HHT 分析法

为了研究瞬态与非平稳现象，频率必须是时间的函数。瞬时频率（Instantaneous Frequency，简称 IF）是一个在 HHT 法中直观的、基本的物理概念，然而对瞬时频率的定义一直很有争议。现在，在研究者们摆脱了傅里叶分析的根深蒂固的影响之后，大部分观点都认为瞬时频率只在特定的条件下存在，比如单一分量信号。然而全局性的定义对于频率时刻变化的非平稳信号没有任何意义，为了得到有意义的瞬时频率，必须将基于全局性的限制条件修改为局部的限制条件。

N E Huang 等人提出了在物理上定义一个有意义的瞬时频率 IF 的必要条件：函数对称于局部零均值，且有相同的极值与过零点。进而定义了满足下面两个条件的函数为固有模态函数（IMF，Intrinsic Mode Function），如图 9-32 所示。

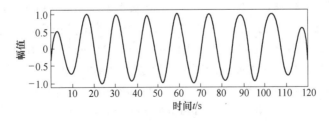

图 9-32 一个典型的 IMF

（1）整个数据序列中，极值点的数量与过零点的数量相等或至多相差 1；
（2）信号上任意一点，由局部极大值点确定的包络线和由局部极小值点确定的包络线的均值均为 0，即信号关于时间轴局部对称。

IMF 存在瞬时频率, 它可由 Hilbert 变换求得。一般信号常常是复杂信号, 并不满足 IMF 条件, 也无法求出瞬时频率。于是 N E Huang 等人创造性提出以下假设: 任何复杂信号都由一些相互不同的、简单的、并非正弦函数的 IMF 分量组成; 每个 IMF 分量可以是线性的, 也可以是非线性的; 任何时候, 一个信号都可以包含许多 IMF; 如果模态之间相互重叠, 便形成复合信号。N E Huang 等人又基于此提出了经验模态分解法 (EMD), 即 Huang 变换。EMD 法是 HHT 变换的关键, 该分解算法也称为筛选过程 (the sifting processing), 筛选过程有两个主要作用: 一是去除叠加波; 二是使波形更加对称。

EMD 算法具体步骤如下:

对一原始信号 $X(t)$, 首先找出 $x(t)$ 上所有的极值点。然后用三次样条函数曲线对所有的极大值点进行插值, 从而拟合出原始信号 $X(t)$ 的上包络线 $X_{\max}(t)$。同理, 得到下包络线 $X_{\min}(t)$。上、下两条包络线包含了所有的信号数据。按顺序连接上、下两条包络线的均值即得一条均值线 $m_1(t)$:

$$m_1(t) = [X_{\max}(t) + X_{\min}(t)]/2 \tag{9-107}$$

再用 $X(t)$ 减掉 $m_1(t)$ 得到 $h_1(t)$:

$$h_1(t) = X(t) - m_1(t) \tag{9-108}$$

对于不同的信号, $h_1(t)$ 可能是一个 IMF 分量, 也可能不是。一般来说, 它并不满足 IMF 所需的条件, 此时将 $h_1(t)$ 当作原信号, 重复上述步骤, 即得:

$$h_{11}(t) = h_1(t) - m_{11}(t) \tag{9-109}$$

式中, $m_{11}(t)$ 是 $h_1(t)$ 的上、下包络线均值; 若 $h_{11}(t)$ 不是 IMF 分量, 则继续筛选, 重复上述方法 k 次, 得到第 k 次筛选的数据 $h_{1k}(t)$:

$$h_{1k}(t) = h_{1(k-1)}(t) - m_{1(k-1)}(t) \tag{9-110}$$

$h_{1k}(t)$ 是不是一个 IMF 分量, 必须要有一个筛选过程终止的准则, 它可利用两个连续的处理结果之间的标准差 SD 的值作为判据:

$$\text{SD} = \sum_{t=0}^{T} \left| \frac{|h_{1(k-1)}(t) - h_{1k}(t)|^2}{h_{1(k-1)}^2(t)} \right| \tag{9-111}$$

决定筛选过程是否停止时, SD 取值一定要谨慎。要避免过于严格的准则, 以免导致 IMF 分量变成纯粹的频率调制信号, 造成幅值恒定; 同时, 也应注意过于宽松的准则, 从而产生与 IMF 分量要求相差太远的分量。实际过程中, 可以通过对信号反复用筛选过程而取不同的 SD 值来最终确定, 经验表明, SD 值取 0.2~0.3 时为宜, 既可保证 IMF 的线性和稳定性, 又可使 IMF 具有相应的物理意义。作为对比, 一个 1024 点的 FFT 谱与从 1024 点移出 5 数据点计算出的 FFT 谱, 按点对点计算得出的 SD 也在 0.2 与 0.3 之间。所以, SD 值取 0.2~0.3 对于两次连续的筛选过程是很严格的要求。

当 $h_{1k}(t)$ 满足 SD 值的要求, 则 $h_{1k}(t)$ 为第一阶 IMF, 记为 $c_1(t)$, 即

$$c_1(t) = h_{1k}(t) \tag{9-112}$$

从 $X(t)$ 中减去的剩余信号, 即残差 $r_1(t)$:

$$r_1(t) = X(t) - c_1(t) \tag{9-113}$$

将 $r_1(t)$ 看作一组新信号重复上述模态分解过程, 经多次运算可得到全部的残差 $r_i(t)$:

$$r_{i-1}(t) - c_1(t) = r_i(t), \quad (i = 2, 3, \cdots, n) \tag{9-114}$$

当 $r_1(t)$ 满足条件：$c_n(t)$ 或 $r_n(t)$ 小于预定的误差；或残差 $r_n(t)$ 成为一单调函数，即不可能再从中得出提取 IMF 分量时，就终止模态分解过程。该条件的选取也应适中。若条件太严格，则得到的最后几个 IMF 分量没有太大意义，并且还消耗时间；若条件太松，则会丢失有用信号分量。具体终止条件的选取可通过对信号的反复分解并依据对原始信号的先验知识来最终确定。至此，原始信号 $X(t)$ 可由 n 阶 IMF 分量及残差 $r_n(t)$ 构成：

$$X(t) = \sum_{i=1}^{n} c_i(t) + r_n(t) \tag{9-115}$$

图 9-33 为 EMD 分解信号得到 IMF 分量的程序流程图，图 9-34 为 EMD 算法的一些具体步骤。文献指出，由于 EMD 分解的基底是后设（posteriori）的，其完整性与正交性应该后检验。事实证明，所分解得到的各分量是具备完整性与几乎正交性的，并且分解是自适应的。

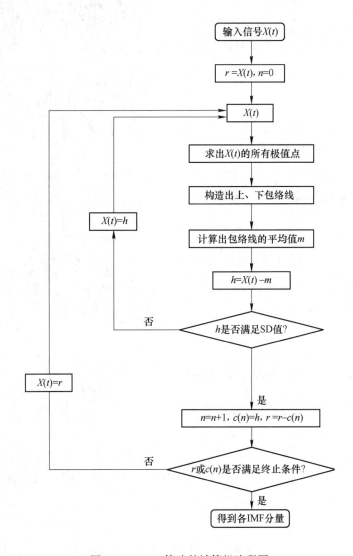

图 9-33 EMD 算法的计算机流程图

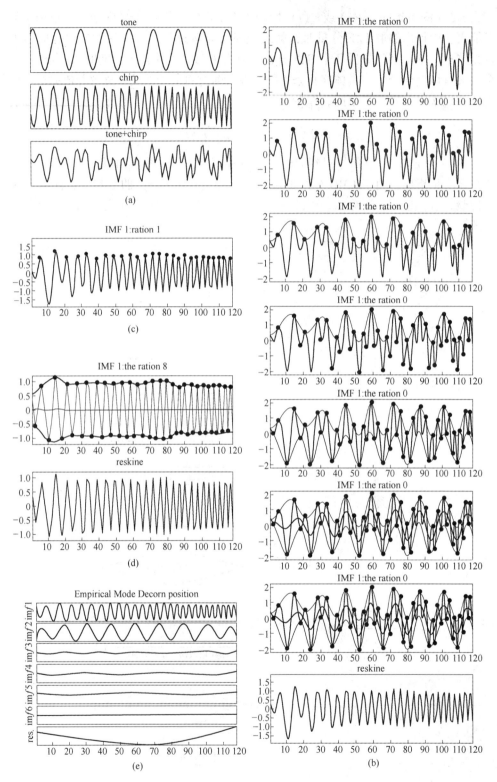

图 9-34　EMD 分解步骤示意图

（a）原始信号的构成；（b）第一次筛选；（c）开始第二次筛选；

（d）筛选得到的第一个 IMF 分量及余量；（e）分解的结果

9.6.2 Hilbert 变换与 Hilbert 谱

9.6.2.1 Hilbert 变换

应用 EMD 方法可得到信号的多个 IMF 的组合，对这些 IMF 进行 Hilbert 变换，即可得到每个 IMF 分量的瞬时频谱，综合所有 IMF 分量的瞬时频谱就可得到一种新的时频描述方式，即 Hilbert 谱。Hilbert 变换是一种线性变换，它强调局部性质，由它得到的瞬时频率是最好的定义，避免了傅里叶变换产生的许多事实上不存在的高、低频成分，具有直观的物理意义。

对 IMF $c(t)$ 作 Hilbert 变换：

$$H[c(t)] = \frac{1}{\pi}\text{PV}\int_{-\infty}^{\infty}\frac{c(t')}{t-t'}dt' \tag{9-116}$$

式中，PV 代表柯西主值（cauchy principal value），因此构造解析信号 $z(t)$：

$$z(t) = c(t) + jH[c(t)] = a(t)e^{j\Phi(T)} \tag{9-117}$$

式中 $a(t)$ ——幅值函数，且

$$a(t) = \sqrt{c^2(t) + H^2[c(t)]} \tag{9-118}$$

$\Phi(t)$ ——相位函数，且

$$\Phi(t) = \arctan\frac{H[c(t)]}{c(t)} \tag{9-119}$$

式（9-117）~式（9-119）以极坐标系的形式，明确表达了瞬时振幅和瞬时相位，很好地反映了数据的瞬时特性。由此，Hilbert 变换提供了一个定义幅值和相位的独特函数。式（9-116）定义强调了函数的局部特性，并在式（9-117）中用极坐标表达式进一步表明了它的局部特性：它是一个幅值和相位变化的三角函数 $c(t')$ 的最好局部近似。

9.6.2.2 瞬时频率

在式（9-119）基础上定义瞬时频率为

$$f(t) = \frac{d\Phi(t)}{dt} \tag{9-120}$$

式（9-120）表明，瞬时频率是时间的函数，它揭示了某一时刻信号能量在频率集中程度的一个度量，即信号的瞬时频率，这与经典的波形理论关于频率的定义一致。瞬时频率和 Fourier 频率两者在概念上既相关又不同，有些学者如 Mandle 坚信瞬时频率和 Fourier 频率是完全不同的概念。Fourier 频率由下式定义：

$$F(\omega) = \int_{-\infty}^{\infty}f(t)e^{-j\omega t}dt \tag{9-121}$$

式（9-120）和式（9-121）表明了 Fourier 频率与瞬时频率在概念上主要有 3 大差别：

（1）Fourier 频率是一个独立量，而瞬时频率是时间函数；

（2）Fourier 频率与 Fourier 变换相关，而瞬时频率与 Hilbert 变换相关；

（3）Fourier 频率是定义在整个信号长度的全局量，而瞬时频率是在某时刻的局部频率描述方式。

但计算它们的加权平均值和方差时，两个概念在统计上是相关的。如果 Fourier 频率的方差和均值与对应的瞬时频率一致，那么两个频率在统计上是相似的。每一个 IMF 分量进行 Hilbert 变换之后，可把原始信号表示成下式：

$$X(t) = \mathrm{Re} \sum_{i=1}^{n} a_i(t) \mathrm{e}^{\mathrm{j}\varPhi_i(t)} = \mathrm{Re} \sum_{i=1}^{n} a_i(t) \mathrm{e}^{\sqrt{\omega_i}(t)\,\mathrm{d}t} \qquad (9\text{-}122)$$

这里省略了残余函数 r，Re 表示取实部。式（9-122）把信号 $X(t)$ 表示成幅值与频率皆为时间函数的 n 个分量之和。而对同样的信号用 Fourier 级数可表示为

$$X(t) = \mathrm{Re} \sum_{i=1}^{\infty} a_i(t) \mathrm{e}^{\mathrm{j}\omega_i(t)} \qquad (9\text{-}123)$$

式中，a_i、ω_i 为常数。

比较式（9-122）和式（9-123），式（9-123）代表一般化的 Fourier 表示，式中每一个 IMF 分量可以是幅度或频率调制的。可变的幅度与瞬时频率既大大改进了信号分解或展开的效率，同时使这种分解方法也可以处理非平稳数据。这样，通过 IMF 分量的信号展开，其幅度与频率调制也能清楚地加以分开，并得到一个可变幅度与可变频率的信号描述方法，从而突破了固定幅度与固定频率的 Fourier 变换的限制，使得 HHT 变换能够成功地应用于非线性、非平稳信号的处理。

基于相位驻值原理定义的瞬时频率在物理上表现为最佳逼近某一标准正弦信号的频率值，可通过点与点的变化来定义任意时刻的频率值，而无需通过信号的整个周期来定义频率。IMF 可理解为一个单一频率的正弦信号通过调频和调制得到的一种新的信号类型。频率调制存在波间调制（interwave modulation）和波内调制（intrawave modulation）。波间调制可通过一个正弦波形逐渐改变频率获得调制信号。而波内调制相对陌生，其实它是普遍存在的物理现象。实际上在一个波的周期内，它的频率也是可以变化的，如在正弦波的一个周期中频率随着时间而改变，这时波形就产生畸变不再是纯正弦波形，这种波的变形即是波内频率调制，以前被当作谐波失真对待，只是由于过去对这种变化形式缺乏精确的描述而被人们所忽视。其实这种畸变被当作波内调制更具实际意义。每一个 IMF 分量都可以是幅度或频率调制的。

9.6.2.3 Hilbert 谱

式（9-123）可把信号幅度在三维空间中表达成时间与瞬时频率的函数，信号幅度也可表示为时间-频率平面上的等高线。这种经过处理的时间频率平面上的幅度分布称为 Hilbert 时频谱，即 Hilbert 谱。它的表达形式有多种：如经过平滑处理或未经此处理的灰度（或颜色编码）图形式，等高线形式或者三维空间图形。Hilbert 谱的表达式为

$$H(\omega, t) = \mathrm{Re} \sum_{i=1}^{n} a_i(t) \mathrm{e}^{\int \omega_i(t)\,\mathrm{d}t} \qquad (9\text{-}124)$$

如果 $H(\omega, t)$ 对时间积分，就得到 Hilbert 边际谱：

$$h(\omega) = \int_0^T H(\omega, t) \mathrm{d}t \tag{9-125}$$

边际谱表达了每个频率在全局上的幅度（或能量），它代表了在统计意义上的全部累加幅度。傅里叶表达中某一频率能量的存在代表一个正弦或余弦波在整个时间长度上都存在，而边际谱中某一频率仅代表有这样频率的信号存在的可能性。另外，作为 Hilbert 边际谱的附加结果，可以定义 Hilbert 瞬时能量如下：

$$IE = \int_\omega H^2(\omega, t) \mathrm{d}\omega \tag{9-126}$$

瞬时能量提供了信号能量随时间的变换情况。事实上，如果振幅的平方对时间积分，可以得到 Hilbert 能量谱：

$$ES(\omega) = \int_0^T H^2(\omega, t) \mathrm{d}t \tag{9-127}$$

Hilbert 能量谱提供了每个频率的能量计算式，表达了每个频率在整个时间长度内所累积的能量。N E Huang 指出，无论是 Hilbert 边际谱还是 Hilbert 能量谱，所得到的频率与傅里叶分析中所得到的频率的物理意义是完全不同的。再在能量谱的基础上定义 $E(\omega)$，即

$$E(\omega) = \int_0^T H^2(\omega, t) \mathrm{d}t \tag{9-128}$$

在此，$E(\omega)$ 称为 Hilbert 边际能量谱，它描述了信号的能量随频率的分布情况。也可以根据需要取式（9-115）中的某几个固有模态函数进行分析得到局部 Hilbert 谱：

$$H'(\omega, t) = \mathrm{Re} \sum_{i=j}^k a_i(t) \mathrm{e}^{\mathrm{j}\Phi_i(t)} = \mathrm{Re} \sum_{i=j}^k a_i(t) \mathrm{e}^{\sqrt{\omega_i}(t) \mathrm{d}t} \tag{9-129}$$

$H'(\omega, t)$ 描述了信号的幅值在需要的频率段上随时间和频率的变化规律，把 $H'^2(\omega, t)$ 称为局部 Hilbert 能量谱，定义

$$E'(t) = \int_{-\infty}^\infty H'^2(\omega, t) \mathrm{d}\omega \tag{9-130}$$

为局部瞬时能量，它反映了信号某一段频率成分的能量随时间的变化情况。

9.6.3 HHT 法的优越性

从以上分析可以看出，HHT 变换具有诸多优越性：HHT 法较依赖于先验函数基的傅里叶及小波等分析方法更适合于处理非平稳信号，是一种更具适应性的时频局部化分析方法，它没有固定的先验基底，是自适应的；首次给出了 IMF 的定义，指出其幅值允许改变，突破了传统的将幅值不变的简谐信号定义为基底的局限，使信号分析更加灵活多变；每一个 IMF 可以看作是信号中一个固有的振动模态，通过 Hilbert 变换得到的瞬时频率具有清晰的物理意义，能够表达信号的局部特征；它能精确地做出时间-频率图，这是小波等其他信号分析难以做到的；瞬时频率定义为相位函数的导数，不需要整个波来定义局部频率，因而可以实现从低频信号中分辨出奇异信号，这比小波变换有了明显的进步。

9.6.4　DEMD 算法优越性及案例分析

微分经验模态，又称 DEMD 算法，是一种新型的算法用于爆破振动信号分析。DEMD 算法在进行 EMD 处理前先对原始爆破振动信号进行微分处理，然后再对每一阶 IMF 分量进行积分。通过对原始信号进行微分，改变了信号中不同频率成分所占比重，增强 EMD 的频率分解能力，进一步改善 EMD 的模态混叠现象。DEMD 算法的步骤如下。

（1）对原始爆破振动信号 $x(t)$ 进行一次微分得到 $x_1(t)$，对 $x_1(t)$ 进行 EMD 算法处理，求取分解后 IMF 分量的功率谱，判断分解后的 k 个 IMF 分量是否有模态混叠现象。若存在，再次对信号 $x(t)$ 进行微分处理，然后用 EMD 方法来分解微分后的信号，一直到经过 n 次微分处理，再进行 EMD 分解，求出的 $C_{ni}(t)$ 分量不存在模态混叠现象为止，$r_{no}(t)$ 为分解过程中残余分量。

（2）将各 IMF 分量 $C_{ni}(t)$ 做一次积分处理得 $\int C_{ni(t)}\,\mathrm{d}t = b_{(n-1)i}(t) + b_{(n-1)io}$，然后对各 $b_{(n-1)i}(t)$ 进行 EMD 分解得到：$b_{(n-1)i}(t) = c_{(n-1)i}(t) + r_{(n-1)i}(t)$。

（3）$c_{(n-1)i}(t)$ 是原信号 $x(t)$ 微分 $(n-1)$ 次得出的 IMF 分量，那么它剩下的信号为：

$$r_{(n-1)o}(t) = \sum_{i-1}^{m} r_{(n-1)i}(t) + \sum_{i=1}^{m} b_{(n-1)io}。$$

（4）不断进行步骤（2）～（3），直到 n 次积分后得到原信号的每一阶 IMF 分量及其残余信号分量，此时原始的信号能够表示成：$X(t) = \sum_{i=1}^{m} c_i(t) + \sum_{i=1}^{m} r_m(t)$，式中，$\sum_{i=1}^{m} r_m(t)$ 代表残余分量。

对比两种算法的基本理论，两者都是从高频到低频依次将信号分解出来，获得具有单频函数的本征模态分量，但对于爆破振动信号来说，由于外界复杂因素较多，EMD 法在分解过程高频部分分量不能完全被分解，并从下一阶段提取一部分频率，导致本阶段频率掺杂其他成分，出现混叠失真现象，若要抑制此情况发生，应提高振幅比来改善 EMD 效果，而对爆破振动原始信号进行微分处理，正好达到提高振幅比的目的，提高信号频率筛分效果。

9.6.4.1　工程实例与分析

本工程位于一期选矿厂中细碎皮带廊以东、采矿汽车修理厂以西地段，施工范围南北长约 40m、东西宽约 20m。本次爆破位于施工区域东侧，距东边的采矿汽修车间最近处约 30m，距南边一期中细碎车间最近处约 26m，距西边的中细碎皮带廊最近处约 41m，距西北边的筛分皮带廊 30m 以上。如图 9-35 所示。

根据周边已开挖断面推测，其岩性应为硬质碎屑岩。无地表水，推测无地下水或有少量地下水。为了有效控制爆破振动和爆破飞石，考虑距离本爆区最近的中细碎车间受到振动的影响，防止爆破可能产生的飞石超出 20m 范围，本工程采用延时爆破技术，每个炮孔装药量为 12kg，孔内分两段进行装药，其中下段药量为 7.2kg，下堵塞长为 0.7m，上段药量为 4.8kg，上堵塞长为 3.4m。布孔方式采取矩形布孔，孔内分段装药，采用斜线

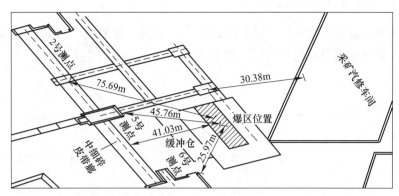

图 9-35 爆区周边环境及测点布置图

起爆网路,以 400ms 导爆管雷管下孔,17ms、25ms、42ms 和 65ms 导爆管雷管地表链接逐孔起爆。爆破参数如表 9-9 所示。

表 9-9 车间基础开挖爆破参数

台阶高度	6.0m	炮孔个数	59	总装药量	720kg
钻孔直径	120mm	孔距	3.0m	爆破方量	2100m³
钻孔倾角	90°	排距	2.0m	设计单耗	0.35kg/m³
孔深	6.0m	装药长度	2.2m	飞石距离	<20m
超深	无	堵塞长度	3.0m	振动波	<2.33cm/s
底盘抵抗线	2.0m	最大起爆量	7.2kg	冲击波	—

9.6.4.2 爆破振动监测

本次爆破开挖测试仪器采用某公司生产的 TC-4850 测振仪,对周围的建筑物的质点速度进行监测。本次工程选择了 3 个测点,出于对周围车间安全稳定性的考虑,将 5 号测点布置在爆区西北边的筛分皮带廊上、6 号测点布置在爆区南边的中细碎车间、2 号测点布置在爆区北边的公路附近。具体布置方法如下:首先将待测点的位置处理干净,然后将石膏涂在测点上,最后把传感器紧紧地贴在测点。并且使传感器 X 指向爆源方向,Y 指向水平切向,Z 指向竖直方向。监测数据如表 9-10 所示。

表 9-10 爆破监测数据

测点编号	峰值测点振动速度/cm·s⁻¹			爆心距/m	起爆药量/kg
	水平速度	径向速度	垂直速度		
2 号	0.010	0.009	0.008	75.6	12
5 号	0.020	0.015	0.024	45.7	12
6 号	0.012	0.009	0.019	25.9	12

9.6.4.3　DEMD 与 EMD 对比分析

通过对现场的爆破振动监测以及数据整理可以得到 2 号测点、5 号测点、6 号测点的三个方向的爆破振动信号原始波形图，如图 9-36 所示。

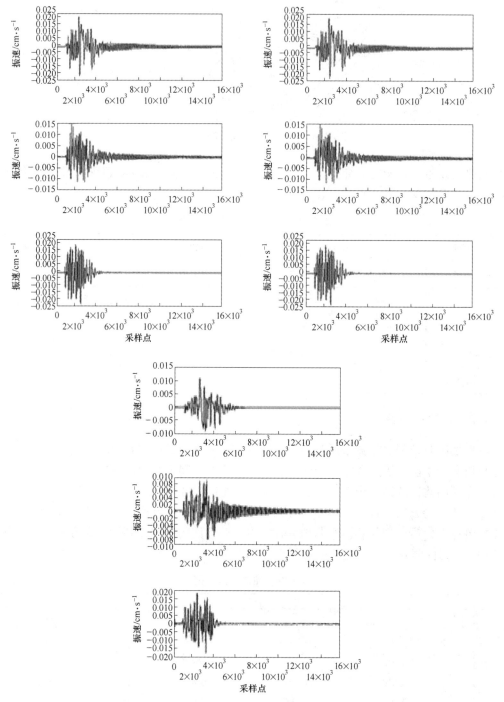

图 9-36　2 号、5 号、6 号测点的爆破振动信号原始波形图

A 原始信号的去噪过程

5 号测点在进行爆破振动监测过程中，由于受到周围环境因素的影响，信号中掺杂着较多非真实成分，对爆破振动信号进行处理之前，需要对原始信号做进一步处理，消除信号掺杂的噪声，尽可能地还原信号的真实形态。

信号的去噪方法多采用小波消噪，小波分析具有时频局部化特点，对于非平稳信号而言，小波能够有效的区分信号的真实特征和噪声。小波消噪过程如下：小波消噪时前提条件必须选择一个小波基，然后对 5 号爆破振动原始信号进行小波变换，采用相关方法对小波系数进行处理，最后通过小波逆变换得到了已消除噪声的爆破振动信号波形。5 号测点的振动波形图经过去噪后如图 9-37 所示。

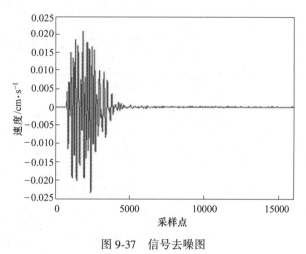

图 9-37 信号去噪图

B 爆破振动信号的分解过程

5 号测点振动信号经过小波去噪后，应用信号处理软件编制程序对中细碎皮带廊监测的振动信号分别进行 EMD 与 DEMD 分解，如图 9-38、图 9-39 所示。

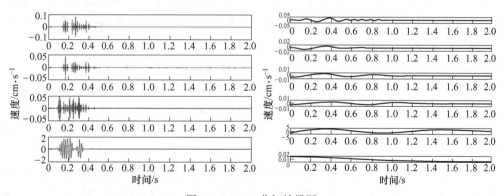

图 9-38 EMD 分解效果图

对比图 9-38 和图 9-39 的分解结果：EMD 处理爆破振动信号时依靠自身时间尺度来分解，通过原始爆破振动信号与包络线的平均值之差并不断筛选已达到终止条件来确定单频的本征模态函数分量，对于此次监测的爆破振动信号来说，通过 EMD 方法将监测的爆破

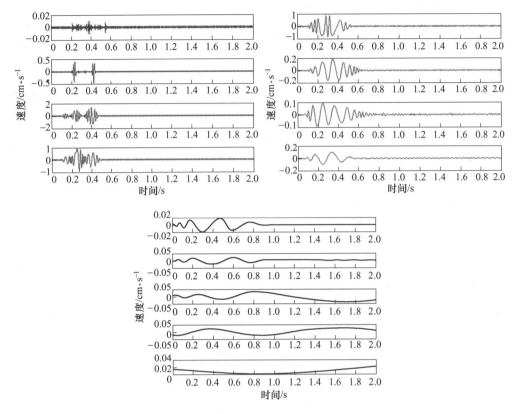

图 9-39 DEMD 分解效果

振动原始信号分解成 10 个本征模态函数分量，IMF1 ~ IMF4 在分解初期出现模式混叠现象，且本征模态函数分量中极值点与零点的数目不一致（或至多相差 1），这是因为在分解过程中高频部分不能完全被分解以至于提取下一阶段频率来补充，导致高低频率混在同一阶段，同时还掩盖部分高频分量，且降低了信号处理精度，另外通过 IMF2、IMF3 和 IMF4 分量的情况来看，信号的能量逐渐增加，振幅呈增强趋势，这对中碎车间周围的构筑物可能造成影响。IMF10 分量显示了信号的变化趋势趋于稳定状态，表明了这是由于监测仪器的漂零所引起的。与 EMD 相比，DEMD 首先对爆破振动原始信号进行微分处理，然后对每一个本征模态函数分量进行积分，从分解的结果图得出，将信号共分解成 13 个本征模态函数分量，将 EMD 不能分解的高频部分再次分解高频、低频分量，并且使得每一个本征模态函数分量符合单频函数的条件，消除每一个本征模态函数分量的混叠现象，克服 EMD 对高频分量分解不彻底的局限性。

图 9-40 为 EMD 与 DEMD 分解后的功率谱图，可以得出爆破振动原始信号在 EMD 分解过程中，每个能量所对应的频率量无法识别出来，而且部分优势频率分量被遗漏，频率筛分的效果不明显，降低了信号的处理精度，这是因为 EMD 在处理信号过程中，起初对信号进行了 3 次样条插值并没考虑分解出来的本征模态函数是否符合单频函数的条件与混叠失真现象，然而从 DEMD 处理的功率谱可以得到，通过对爆破振动原始信号进行微分处理，判断出不同频率分量所占比重，DEMD 方法在筛分频率方面优越于 EMD，对爆破

振动信号分析具有积极的意义。其次振动信号通过 DEMD 方法的处理，分解出的爆破振动信号功率谱特征变化较大，但大部分频率都在 200Hz 以下，与 EMD 方法相比，DEMD 方法使能量所对应的优势频率分量得以体现，提高了信号频率分辨能力。

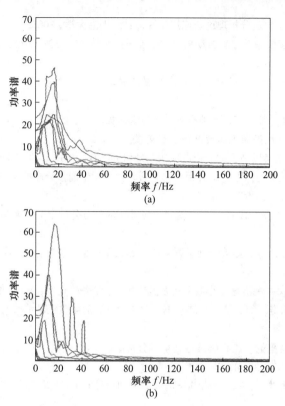

图 9-40　EMD 与 DEMD 分解后

（a）EMD 分解的功率谱；（b）DEMD 分解的功率谱

参 考 文 献

［1］ 汪旭光. 爆破设计与施工 ［M］. 北京：冶金工业出版社，2011.

［2］ 汪旭光. 英汉爆破技术词典 ［M］. 北京：冶金工业出版社，2016.

［3］ 汪旭光，郑炳旭. 工程爆破名词术语 ［M］. 北京：冶金工业出版社，2005.

［4］ 汪旭光，于亚伦. 台阶爆破 ［M］. 北京：冶金工业出版社，2017.

［5］ 沈立晋，汪旭光，宋锦泉. 小波分析及其在爆破中的应用 ［C］// 第 8 届中国工程爆破学术经验交流会. 2004.

［6］ 李战军，汪旭光，郑炳旭. 爆破拆除湿法降尘机理研究 ［C］// 第 8 届中国工程爆破学术经验交流会. 2004.

［7］ 申振宇，汪旭光，于亚伦，等. 硐室加深孔预裂爆破的振动特征 ［J］. 爆破，2005（4）：46-50.

［8］ 李庆扬，王能超，易大义. 数值分析 ［M］. 4 版. 北京：清华大学出版社，2001.

［9］ 费业泰. 误差理论与数据处理 ［M］. 北京：机械工业出版社，2004.

［10］ 张义平，李夕兵，左宇军. 爆破振动信号的 HHT 分析与应用 ［M］. 北京：冶金工业出版社，2008.

［11］ 吴石林，张玘. 误差分析与数据处理 ［M］. 北京：清华大学出版社，2010.

[12] 冉启文, 谭立英. 小波分析与分数傅里叶变换及应用 [M]. 北京: 国防工业出版社, 2002.

[13] 宋光明. 爆破振动小波包分析理论与应用研究 [M]. 长沙: 国防科技大学出版社, 2008.

[14] 宋光明, 曾新吾, 陈寿如, 等. 爆破振动小波包时频特征提取与发展规律 [J]. 有色金属, 2003 (1): 115-120.

[15] 宋光明. 爆破振动小波包分析理论与应用研究 [D]. 中南大学, 2008.

[16] 凌同华, 李夕兵. 多段微差爆破振动信号频带能量分布特征的小波包分析 [J]. 岩石力学与工程学报, 2005 (7): 1117-1122.

[17] 晏俊伟, 龙源, 方向, 等. 基于小波变换的爆破振动信号能量分布特征分析 [J]. 爆炸与冲击, 2007 (5): 405-410.

[18] 吴超, 周传波, 蒋楠, 等. 露天转地下开采边坡爆破振动小波能量分析 [C] // 中国力学学会工程爆破专业委员会第八次换届工作会议暨学术交流会. 2015.

[19] 中国生. 基于小波变换爆破振动分析的应用基础研究 [D]. 中南大学, 2006.

[20] 凌同华, 李夕兵, 王桂尧, 等. 爆心距对爆破振动信号频带能量分布的影响 [J]. 土木建筑与环境工程, 2007, 29 (2): 53-55.

[21] 徐振洋. 小波分析方法和HHT法在友谊隧道爆破振动信号分析中的研究与应用 [D]. 昆明理工大学, 2012.

[22] 吴超, 周传波, 蒋楠, 等. 露天转地下开采边坡爆破振动小波能量分析 [J]. 爆破, 2015, 32 (3): 100-104.

[23] 王群峰, 董凯程. 深井爆破振动小波分析及其应用 [J]. 采矿技术, 2010, 10 (2): 32, 33.

[24] 谢全民, 龙源, 钟明寿, 等. 基于小波、小波包两种方法的爆破振动信号对比分析 [J]. 工程爆破, 2009 (1): 9-13.

[25] 赵明阶, 叶晓明, 吴德伦. 工程爆破振动信号分析中的小波方法 [J]. 重庆交通大学学报 (自然科学版), 1999, 18 (3): 35-41.

[26] 关晓磊, 颜景龙, 张洪才. 基于LabView的爆破振动信号HHT分析 [J]. 工程爆破, 2012, 18 (4): 27-32.

[27] 李夕兵, 张义平, 刘志祥, 等. 爆破振动信号的小波分析与HHT变换 [J]. 爆炸与冲击, 2005, 25 (6): 528-535.

[28] 张义平. 爆破振动信号的HHT分析与应用研究 [D]. 中南大学, 2006.

[29] 钱守一. HHT在爆破振动信号处理中的应用研究 [D]. 中南大学, 2012.

[30] 李强, 李文明, 韩晓亮, 等. 基于HHT法的出矿巷道爆破振动衰减规律研究 [J]. 矿业研究与开发, 2017 (2): 44-47.

[31] 李宝山, 张义平. HHT能量判别法在英坪矿爆破振动中的应用 [J]. 工程爆破, 2013 (6): 13-16.

[32] 王柳, 饶运章, 朱为民, 等. 基于HHT方法的微差爆破延时识别 [J]. 有色金属科学与工程, 2014 (4): 11-15.

[33] 关晓磊, 颜景龙. 爆破振动信号的HHT时频能量谱分析 [J]. 爆炸与冲击, 2012 (5): 90-96.

[34] 冀楷欣, 张世平. 基于HHT方法的露天矿山爆破振动信号分析 [J]. 煤矿安全, 47 (3): 140-143.

[35] 郭云龙, 孟海利, 孙崔源, 等. 基于HHT方法对隧道施工爆破振动信号的分析 [J]. 铁道建筑, 2017, 57 (11): 69-72.

[36] 李永刚. 基于小波与小波包变换爆破振动分析的应用研究 [D]. 中南大学, 2007.

[37] 宁瑞峰, 张世平. 小波包分析在爆破振动信号能量衰减规律中的应用 [J]. 爆破, 2014 (1): 1-4.

[38] 李兴华, 龙源, 纪冲, 等. 基于小波包变换的高程差对爆破振动信号影响分析 [J]. 振动与冲击, 2013, 32 (4): 44-47.

［39］ Parida A, Mishra M K. Blast vibration analysis by different predictor approaches-A comparison ［J］. Procedia Earth and Planetary Science, 2015, 11: 337-345.

［40］ Singh P K, Sirveiya A K, Roy M P, et al. A new approach in blast vibration analysis and prediction at iron ore mines ［J］. Mining Technology, 2005, 114 (4): 209-218.

［41］ Fei Yao, Cao Yimin, Chen Guangyu. Wavelet packet analysis of shotcrete-rock structures using the impact-echo method ［J］. Russian Journal of Nondestructive Testing, 2021, 57 (1): 43-54.

［42］ Guan Xiaoming, Zhang Liang, Wang Yuwen, et al. Velocity and stress response and damage mechanism of three types pipelines subjected to highway tunnel blasting vibration ［J］. Engineering Failure Analysis, 2020, 118: 104840.

［43］ Jiang Nan, Gao Tan, Zhou Chuanbo, et al.. Safety assessment of upper buried gas pipeline under blasting vibration of subway tunnel: a case study in Beijing subway line ［J］. Journal of Vibroengineering, 2019, 21 (4) 888-900.

10 爆破振动预测方法及应用

10.1 爆破振动预测

爆破振动是指爆破引起传播介质沿其平衡位置作直线或曲线往复运动的过程，是衡量爆破振动强度大小的物理量。

炸药在岩土中爆炸，2%~20%的能量转化成弹性波在岩土中传播并引起地表振动，这就是爆破振动。爆破振动并不能完全避免，但其危害在采取一定的措施后可以得到有效控制，比如提前预测爆破振动的大小，然后对应采取一定的振动控制措施或者防护措施。

10.1.1 国内关于爆破振动的预测

苏联科学家萨道夫斯基由实验归纳出爆破地面振动速度经验计算公式中与介质性质和爆源条件有关的系数 K 和衰减指数 α，使其成为工程爆破普遍应用的爆破地面振动速度经验计算公式，这也是《爆破安全规程》推荐采用的计算公式：

$$v = K\left(\frac{\sqrt[3]{Q}}{R}\right)^{\alpha} \tag{10-1}$$

式中　v——地面质点峰值振动速度，cm/s；

$\quad\quad Q$——炸药量（齐爆时为总装药量，延迟爆破时为最大一段装药量），kg；

$\quad\quad R$——观测（计算）点到爆源的距离，m；

K，α——与爆破点至计算点间的地形、地质条件有关的系数和衰减系数。

《爆破安全规程》列出了 K、α 的计算选取范围（见表 10-1）。K、α 也可通过类似工程选取或现场试验确定。当爆区附近有重要保护目标且一次使用炸药量较大时，宜事先进行小型试验炮并对爆破振动进行测量，以求得比较符合实际的 K、α 值。

表 10-1　K、α 值与岩性的关系

岩　性	K	α
坚硬岩石	50~150	1.3~1.5
中硬岩石	150~250	1.5~1.8
软岩石	250~350	1.8~2.0

式（10-1）用于计算拆除爆破的振动速度时与实际相差较大，因为城市拆除爆破中，药包一般分布在建（构）筑物及其基础或梁柱上，而且往往药包较多、药量较少且分散。我国学者根据工程实测数据和经验，提出了较为符合拆除爆破实际的经验修正公式：

$$v = K \cdot K'\left(\frac{\sqrt[3]{Q}}{R}\right)^{\alpha} \tag{10-2}$$

式中　K'——与爆破方法、爆破参数、地形及观测方法等因素有关的爆破场地修正系数，

K' 一般取 $0.25 \sim 1.0$，距爆源近、其爆破体临空面较少时取大值，反之取小值。其他参数含义同前。

10.1.2 国外关于爆破振动的预测

（1）美国矿业局对 20 个采石场和建设工地的爆破振动观测数据进行了统计分析，Debine（戴维）提出了振速的计算公式：

$$v = K\left(\frac{R}{\sqrt{Q}}\right)^{-\alpha} \tag{10-3}$$

式中，K 和 α 分别为现场的特征系数和衰减指数，其他符号意义同前。

（2）P. B. Attwell（奥特维尔）等人对欧洲采石场的爆破振动观测数据进行了统计分析，提出的振速公式如下：

$$v = K\left(\frac{Q}{R^2}\right)^{\alpha} \tag{10-4}$$

式中符号意义同前。

（3）日本矿业会爆破振动研究委员会和物理探矿技术协会土木探矿研究会发布的《爆破振动测试指南》中并未涉及振动速度的计算公式，代之而行的是各公式的规定。

旭化成工业株式会社提出：

$$v = K\sqrt[3]{Q^2} R^{-\alpha} \tag{10-5}$$

式中 K——与爆破条件、地质条件有关的系数，掏槽爆破时，$K = 500 \sim 1000$，台阶爆破时，$K = 200 \sim 500$。

α——指数，爆区为黏土层时，$\alpha = 2.5 \sim 3.0$，爆区岩石时，$\alpha = 2.0$；

Q——药量，kg，$10\text{kg} < Q < 3000\text{kg}$；

R——距爆源距离，m，$30\text{m} < R < 1500\text{m}$。

日本化藥株式会社提出的公式如下：

$$v = K\sqrt[4]{Q^3} R^{-\alpha} \tag{10-6}$$

式中符号意义同前，K 值变化范围很大，对大孔径台阶爆破取值为 $K = 100 \sim 300$，对坑道掘进爆破取值为 $K = 200 \sim 900$。

10.1.3 考虑高程差的爆破振动预测

大量观测表明，地形条件对爆破振动波传播和衰减的影响不容忽视。

当爆源处于低位时，如在高边坡底部爆破，爆破振动波的振动强度随着离地面垂直高差的增加而呈放大趋势。

（1）考虑边坡高差的影响，长江科学院提出了爆破振动强度随高程变化的两个公式，即

$$v = K\left(\frac{\sqrt[3]{Q}}{R}\right)^{\alpha}\left(\frac{\sqrt[3]{Q}}{H}\right)^{\beta} \tag{10-7}$$

$$v = K\left(\frac{\sqrt[3]{Q}}{R}\right)^{\alpha} e^{\beta H} \tag{10-8}$$

式中 v——质点振动速度，cm/s；

　　　Q——最大单响药量，kg；

　　　R——爆源至测点的水平距离，m；

　　　H——爆源至测点的垂直距离，m；

　K，α——与地形和地质条件有关的参数；

　　　β——高程影响系数。

式（10-7）和式（10-8）已列入《水工建筑物岩石基础开挖工程施工技术规范》，在水电工程中得到应用。

（2）在本书前半部分，通过台阶爆破振动弹性波在自由面的反射理论推导出的考虑高程差的振动预测公式如下：

$$v_{正} = K\left(\frac{Q^{1/3}}{\sqrt{D^2 + H^2}}\right)^\alpha \left(\frac{D}{\sqrt{D^2 + H^2}}\right)^\beta \tag{10-9}$$

$$v_{负} = K\left(\frac{Q^{1/3}}{\sqrt{D^2 + H^2}}\right)^\alpha \left(\frac{1}{H}\right)^\beta \tag{10-10}$$

式中 $v_{正}$——正高程质点振动速度，cm/s；

　　　$v_{负}$——负高程质点振动速度，cm/s；

　　　D——爆源至测点的水平距离，m；

　　　H——爆源至测点的垂直距离，m；

　　　其他符号意义同前。

10.2 基于概率论的爆破振动预测

10.2.1 基于概率论的爆破振动预测概述

20 世纪以来，工程爆破已深入到国民经济建设的各个领域，工程爆破是完成人力和机械力所不能胜任的一种非同寻常的施工方法。但是爆破引起的振动是最突出的爆破公害之一，所以进行爆破振动的安全评价是实现对它的准确预报、有效控制和安全实施爆破的迫切需要。爆破引起的质点振动速度峰值，常用萨道夫斯基公式进行计算，但是爆破引起的岩土质点振速实际峰值 v 往往随机性比较大，它与 $Q^{1/3}/R$ 的关系并不是一般意义上的"函数关系"，v 与 $Q^{1/3}/R$ 的关系是"随机变量"的"相关关系"。其原因是，岩土是经过漫长地质年代形成的地质体，其内部包含大量的裂隙，这些裂隙相当复杂，造成岩石内部的不连续和不均质性，从爆破测振用回归分析计算 K、α，也说明了这一点。所有可以将爆破振动看作近似服从概率中的正态分布。

10.2.2 振动评价的正态分布函数构建

由于萨道夫斯基公式所表达的是 v 与 $Q^{1/3}/R$ 的函数关系，即对于给定的 $Q^{1/3}/R$，通过该公式计算的 v_0 只是质点振速实际峰值 v 的期望值或估计值，实际值 v_a 落在 v_0 的附近，具体在 v_0 的多远处与概率有关，可以看作近似服从正态分布。通过分析可以看出，只计算出 K、α，求出的 v，可靠度是不高的，要获得更高的可靠度，必须得出随机变量 v 的分布函数，当然求解过程仍然离不开萨道夫斯基公式。

10.2.2.1 线性回归法确定 K、α

为了确定萨道夫斯基公式中的 K、α，需要根据最小二乘法原理，对实测数据使用线性回归法进行拟合。萨道夫斯基公式为：

$$v = K\left(\frac{Q^{1/3}}{R}\right)^{\alpha} = k\rho^{\alpha} \tag{10-11}$$

式中，v 为质点的最大振速，cm/s；Q 为单段最大炸药量，kg；R 为测点至爆源的距离，m；K、α 为与爆破点地形、地质等条件相关的系数和衰减指数；ρ 为比例药量。

从式（10-11）可以看出，v 与 $Q^{1/3}/R$ 不是线性关系，为了便于回归分析，需处理成线性关系。对式（10-11）的两边取对数，得到：

$$\ln v = \ln K + \alpha \ln\left(\frac{Q^{1/3}}{R}\right) \tag{10-12}$$

设：

$$\ln v = y, \quad \ln K = a_0, \quad \ln\left(\frac{Q^{1/3}}{R}\right) = x, \quad \alpha = a_1 \tag{10-13}$$

则式（10-12）变成：

$$y = a_0 + a_1 x \tag{10-14}$$

式（10-14）是线性关系，根据最小二乘法原理以及实测数据，求常数 a_0 和 a_1。那么其方程组为：

$$\begin{cases} a_0 \sum\limits_{i=1}^{m} \omega_i + a_1 \sum\limits_{i=1}^{m} \omega_i x_i = \sum\limits_{i=1}^{m} \omega_i y_i \\ a_0 \sum\limits_{i=1}^{m} \omega_i + a_1 \sum\limits_{i=1}^{m} \omega_i x_i = \sum\limits_{i=1}^{m} \omega_i y_i \end{cases} \tag{10-15}$$

式中，m 为现场爆破实验次数，$w_i = 1$。通过方程组得到 a_0、a_1，再根据式（10-13）的变量代换关系，可得：

$$K = e^{a_0}, \quad \alpha = a_1 \tag{10-16}$$

10.2.2.2 正态分布函数

随机变量 ξ 与任一实数 x 的关系式"$\xi \leq x$"表示一个事件，即为 $\{w \mid \xi(w) \leq x\}$。其概率 $P(\xi \leq x)$ 与实数 x 有关，应为实数变量 x 的函数，称为随机变量的分布函数，记作 $F_{\xi}(x)$：

$$F_{\xi}(x) = P(\xi \leq x) \tag{10-17}$$

根据 v 与 $Q^{1/3}/R$ 关系分析可以看出，对于任意给定的 $Q^{1/3}/R$，实际值 v_a 会落在萨道夫斯基公式计算的 v_0 附近，偏离 v_0 越远，可能性越小，越靠近 v_0，可能性越大。根据这个性质，可以近似视随机变量 v 服从正态分布 $N(\mu, \delta^2)$，μ 指按最小二乘法曲线拟合公式的计算值，δ^2 指实际爆破振速峰值偏离拟合公式计算值的程度：

$$\mu = v = K\left(\frac{Q^{1/3}}{R}\right)^{\alpha} \tag{10-18}$$

$$\sigma^2 = \frac{\sum\limits_{i=1}^{m} (v_{\text{mea},i} - v_{\text{cal},i})^2}{m} \tag{10-19}$$

式中，v_{mea}为实际爆破振速峰值测量值；v_{cal}为通过最小二乘法拟合的萨道夫斯基公式计算的爆破振速峰值；m为现场爆破实验次数。所以随机变量v服从一个数学期望为μ、方差为σ^2的正态分布，记作$v \sim (\mu, \sigma^2)$；相应的分布函数是：

$$F(v) = \frac{1}{\sqrt{2\pi}} \int_{-\infty}^{v} e^{-\frac{(t-u)^2}{2\sigma^2}} dt \qquad (10\text{-}20)$$

10.2.3　爆破振动评价和安全炸药量计算

根据随机变量v的分布函数，可以计算振速小于目标设施安全振速的概率，也就是对目标设施在爆破过程中得到保护的情况进行评价，同时根据分布函数，可以推导目标设施满足一定可靠性条件的安全炸药量计算的概率公式。

10.2.3.1　振动评价

在概率论与数理统计中，称$N(0, 1)$为标准正态分布，其分布函数常记为

$$\Phi(x) = \frac{1}{\sqrt{2\pi}} \int_{-\infty}^{x} e^{-\frac{t^2}{2}} dt \qquad (10\text{-}21)$$

由于正态分布在概率理论与应用中特殊的重要地位，一般的概率统计著作往往都附有$\Phi(x)$的函数表。而有关任何正态分布$N(\mu, \sigma^2)$的概率计算问题，常常需要借助这些数表来解决。事实上，根据式（10-21），设$\zeta \sim N(\mu, \sigma^2)$，在计算$P(\xi < b)$时，可作如下变换：

$$P(\xi < b) = F(b) = \frac{1}{\sqrt{2\pi}} \int_{-\infty}^{b} e^{-\frac{(x-\mu)^2}{2\sigma^2}} dx = \frac{1}{\sqrt{2\pi}} \int_{-\infty}^{b} e^{-\frac{(x-\mu)^2}{2\sigma^2}} d\left(\frac{x-\mu}{\sigma}\right)$$
$$= \frac{1}{\sqrt{2\pi}} \int_{-\infty}^{\frac{b-\mu}{\sigma}} e^{-\frac{t^2}{2\sigma^2}} dt = \Phi\left(\frac{b-\mu}{\sigma}\right) \qquad (10\text{-}22)$$

式中，$t = \dfrac{b-\mu}{\sigma}$。

所以为了便于描述，常将正态变量作数据转换。将一般正态分布转化成标准正态分布。若

$$x \sim N(\mu, \sigma^2), \quad y = \frac{X-\mu}{\sigma} \sim N(0, 1)$$

服从标准正态分布，通过查标准正态分布表就可以直接计算出原正态分布的概率。设保护目标设施的安全振速为v_{saf}，单段最大炸药量为Q_0，爆心距R_0，根据式（10-22）得：

$$P(v < v_{saf}) = F(v_{saf}) = \Phi\left(\frac{v_{saf} - \mu}{\sigma}\right) \qquad (10\text{-}23)$$

$$\mu = v = K\left(\frac{Q_0^{1/3}}{R_0}\right)^{\alpha} \qquad (10\text{-}24)$$

式中，$\sigma = \sqrt{\sigma^2}$。令：

$$\frac{v_{saf} - \mu}{\sigma} = m_0 \qquad (10\text{-}25)$$

通过查表得：

$$\Phi(m_0) = P_0 \tag{10-26}$$

所以在对爆破设计的振动安全评价过程中，认为单段最大炸药量为 Q_0、爆心距 R_0 处的目标设施得到保护的概率为 P_0。

10.2.3.2 安全炸药量计算

爆破测振确定振动公式常数的目的是用它来控制振速，使它小于目标设施的安全振速 v_{saf}。在已知爆心距 R 时，只有通过控制炸药量 Q 来控制振速。使质点振速峰值 v 小于或等于安全振速 v_{saf} 的炸药量称为安全炸药量。设使目标设施得到保护的概率达到 P_1，通过查表得到 $\Phi(m_1) = P_1$；根据式（10-23），得到：

$$\Phi(m_1) = \Phi\left(\frac{v_{saf} - \mu}{\sigma}\right) \tag{10-27}$$

即

$$m_1 = \frac{v_{saf} - \mu}{\sigma}, \ \mu = v_{saf} - m_1\sigma \tag{10-28}$$

根据式（10-24），得到：

$$\mu = K\left(\frac{Q^{1/3}}{R_0}\right)^{\sigma} \tag{10-29}$$

所以：

$$Q = \left(\sqrt[\alpha]{\frac{\mu}{K}}R_0\right)^3 \tag{10-30}$$

将式（10-25）代入，得到：

$$Q = \left(\sqrt[\alpha]{\frac{v_{saf} - m_1\sigma}{K}}R_0\right)^3 \tag{10-31}$$

通过式（10-31），可以求出指定设施安全概率条件下的单段最大炸药量，即使目标设施得到保护的概率达到 P_1 的安全炸药量为 Q。该式称为计算爆破安全炸药量的概率公式。

10.2.4 爆破振动概率预测评价方法案例分析

10.2.4.1 工程概况

西部矿业股份公司锡铁山铅锌矿位于青海省柴达木盆地北缘。在铅锌矿井下 2702m 水平 1025 采场爆破过程中，距爆破点 50m 处是运输大巷，里边有一些重要的设备设施。为了防止由于爆破振动而使巷道损坏，从而造成巷道内设备设施的破坏，需要对此次爆破设计进行振动评价和单段最大炸药量计算。

10.2.4.2 振速峰值的分布函数

根据锡铁山铅锌矿之前相同水平其他采场的爆破振动监测数据来进行对 1025 采场爆破设计，其数据见表 10-2。表中，Q 为最大一段药量，R 为爆心距，v 为水平径向爆破振动速度峰值。

根据表10-2，采用线性回归法拟合萨道夫斯基公式，得到数据拟合曲线图（参见图10-1）：

$$v = 210.2(Q^{1/3}/R)^{1.59} \qquad\qquad (10\text{-}32)$$

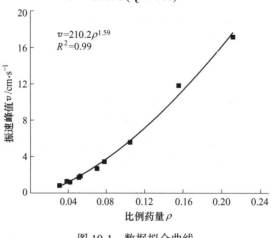

图 10-1　数据拟合曲线

根据式（10-24）~式（10-25），对表10-2数据进行处理，得到数据处理结果，见表10-3。其中，方差为 0.122cm²/s²。

表 10-2　锡铁山铅锌矿爆破振动监测数据

测点	Q/kg	R/m	$(Q^{1/3}R^{-1})/\mathrm{kg}^{1/3}\cdot\mathrm{m}^{-1}$	$v/\mathrm{cm}\cdot\mathrm{s}^{-1}$
1	30.2	20	0.156	11.82
2	30.2	40	0.078	3.47
3	30.2	60	0.052	1.77
4	30.2	80	0.039	1.28
5	74.8	100	0.031	0.84
6	74.8	20	0.211	17.24
7	74.8	40	0.105	5.62
8	74.8	60	0.070	2.72
9	74.8	80	0.053	1.84
10	74.8	100	0.042	1.22

表 10-3　数据处理结果

测点	$v_{\mathrm{exp}}/\mathrm{cm}\cdot\mathrm{s}^{-1}$	$v_{\mathrm{cal}}/\mathrm{cm}\cdot\mathrm{s}^{-1}$	$v_{\mathrm{exp}}-v_{\mathrm{cal}}/\mathrm{cm}\cdot\mathrm{s}^{-1}$
1	11.82	10.92	0.90
2	3.47	3.63	-0.16
3	1.77	1.90	-0.13
4	1.28	1.21	0.07
5	0.84	0.85	-0.01
6	17.24	17.67	-0.43
7	5.62	5.87	-0.25
8	2.72	3.08	-0.36
9	1.84	1.95	-0.11
10	1.24	1.37	-0.13

所以随机变量 v 服从正态分布，记作 $v \sim (v_{cal}, 0.122)$；相应的分布函数是：

$$F(v) = \frac{1}{\sqrt{2\pi}\,0.349} \int_{-\infty}^{v} e^{-\frac{(t-v_{cal})^2}{2\times0.122}} dt \tag{10-33}$$

10.2.4.3 振动评价和安全药量

根据《爆破安全规程》（GB 6722—2014），矿山巷道的安全允许振速 $15\sim30\text{cm/s}$。为了安全起见，在这里选取其下限作为安全判据，即 $v_{saf} = 15\text{cm/s}$。根据保护目标的重要性，设此次爆破中巷道得到保护的概率应大于 95%。通过查表得到：

$$\Phi(1.65) = 0.9505 \tag{10-34}$$

根据式（10-31），取 $m_1 = 1.65$，$\sigma = 0.349$，$R_0 = 50\text{m}$，$v_{saf} = 15\text{cm/s}$，求解得出：

$$Q = 797.89\text{kg} \tag{10-35}$$

那么在爆破设计的过程中，单段最大药量控制在 797.89kg 以内，巷道得到保护的概率在 95% 以上。如果按照萨道夫斯基公式即式（10-32）计算，求解得出：

$$Q = 858.73\text{kg} \tag{10-36}$$

即单段最大炸药量控制在 858.73kg 以内。此时巷道在爆破过程中得到保护的概率根据式（10-23）以及式（10-25）和式（10-26）计算：

$$P(v < v_{saf}) = F(15) = \Phi(0) \tag{10-37}$$

通过查表得：

$$\Phi(0) = 0.50 \tag{10-38}$$

即在爆破过程中，巷道得到保护的概率只有 50%。图 10-2 和图 10-3 是在萨道夫斯基公式和概率公式计算下的单段最大药量和爆破后设施得到保护概率的柱状图。

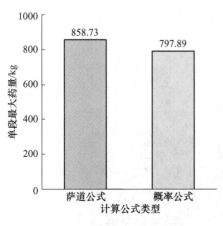

图 10-2 单段最大药量

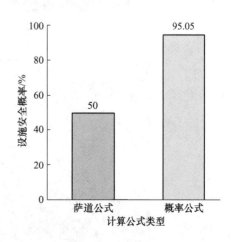

图 10-3 设施安全概率

　　相比较两种计算方法，从图 10-2 和图 10-3 可以看出用萨道夫斯基公式计算出的单段最大炸药量要比概率公式多 60kg 左右，但是根据概率公式计算出的单段最大炸药量，其可靠性在 95% 以上，比应用萨道夫斯基公式计算值的可靠性（仅为 50%）要高得多。因此，根据之前爆破振动监测数据及分析结果，建议采用式（10-31）的概率公式来计算安全药量，以保证施爆期间 1025 米场运输大巷的安全。

10.3　基于概率论振动预测法在露天爆破的应用

10.3.1　工程概况

　　由于土岩爆破开挖的推进，内蒙古某矿需要改变采场原有道路，故进行此次爆破。爆破区域位于采场西北部，爆区长度 130m，宽度 12m，台阶高度 10m，距施工队宿舍水平距离 281m，距甲方金欧煤业办公楼水平距离 318m，高程差为 85m，周边环境示意图如图 10-4 及图 10-5 所示。施工队宿舍为彩钢建筑，办公楼为砖混结构，爆破过程中需要充分考虑爆破振动对办公楼的影响。

图 10-4　周边环境示意图

图 10-5　宿舍与办公楼

10.3.2　爆破方案

为提高铲装效率,设计确定岩石台阶采用深孔加强松动爆破。为提高爆破效率,降低大块率,采用大孔距小抵抗线的三角形布孔,连续柱状装药。

10.3.3　最大单响药量确定

在工程爆破中,利用炸药可达到各种工程目的,但在爆破区一定范围内,当爆破引起的振动达到足够的强度时,就会造成各种破坏现象,如滑坡、建筑物或构筑物的破坏等。在此次爆破工程中为了保护金欧煤业办公楼,使其不受爆破振动而造成破坏,需要确定最大单响药量。

由前文可以知道台阶(正)公式在金欧露天煤矿的回归结果为:

$$\left. \begin{array}{l} K = 88.10 \\ a = 1.11 \\ \beta = 11.99 \end{array} \right\} \tag{10-39}$$

将式(10-39)代入台阶(正)公式得:

$$v_{正} = 88.10 \left(\frac{Q^{1/3}}{\sqrt{D^2 + H^2}} \right)^{1.11} \left(\frac{D}{\sqrt{D^2 + H^2}} \right)^{11.99} \tag{10-40}$$

金欧煤矿北边邦平均台阶高度10m,台阶倾角75°,根据前几章研究所得结论,边坡台阶高度10m时,其平均高程效应因子为1.23,台阶倾角为75°时,其平均高程效应因子为1.27,将上述参数代入式(10-40)得:

$$v_{正} = 88.10 \times 1.23 \times 1.27 \times 1.52 \times \left(\frac{Q^{1/3}}{\sqrt{318^2 + 85^2}} \right)^{1.11} \left(\frac{318}{\sqrt{318^2 + 85^2}} \right)^{11.99} \tag{10-41}$$

式(10-40)化简后得:

$$v_{正} = 0.222 \times Q^{0.37} \tag{10-42}$$

将前文数据进行处理,得出台阶(正)公式计算值与实测值的标准差以及方差,见表10-4。

表 10-4　振动监测数据处理结果表

数据个数	平均相对误差	标准差 δ	方差 δ^2
48	43.7%	0.424	0.18

所以随机变量 v 服从正态分布,记作 $v \sim (\mu, \sigma^2) = (v_{正}, 0.18)$;相应的分布函数是:

$$F(x) = \frac{1}{\sqrt{2\pi} 0.424} \int_{-\infty}^{x} e^{-\frac{(t-\mu)^2}{2 \times 0.18}} dt \tag{10-43}$$

根据《爆破安全规程》(GB 6722—2014),工业和商业建筑物的安全允许振速2.5~5.0cm/s。为了安全起见,在这里选取其下限值作为安全判据,即 $v_{安} = 2.5$cm/s。根据保护目标的重要性,此次爆破中办公楼得到保护的概率应大于95%。通过查表得到:

$$\Phi(1.65) = 0.9505 \tag{10-44}$$

由式（10-33）得：

$$m_1 = 1.65 \tag{10-45}$$

根据式（10-34）得：

$$\mu = v_安 - m_1\sigma = 2.5 - 1.65 \times 0.424 = 1.800 \tag{10-46}$$

根据式（10-30），又因为

$$\mu = v_正 = 0.222 \times Q^{0.37} \tag{10-47}$$

所以

$$Q = 289.17\text{kg} \tag{10-48}$$

那么在爆破设计的过程中，单段最大药量控制在 289.17kg 以内，办公楼得到保护的概率在 95% 以上。

如果按照台阶（正）修正公式即式（10-42）计算，求解得出：

$$Q = 695.23\text{kg} \tag{10-49}$$

即单段最大炸药量控制在 695.23kg 以内。此时办公楼在爆破过程得到保护的概率根据式（10-23）、式（10-25）及式（10-26）计算：

$$P(v < v_安) = F(2.5) = \Phi(0) \tag{10-50}$$

通过查表得：

$$\Phi(0) = 0.50 \tag{10-51}$$

即在爆破过程中，办公楼得到保护的概率只有 50%。图 10-6 和图 10-7 是在台阶（正）公式和概率算法计算下的单段最大药量和爆破后办公楼得到保护概率的柱状图。

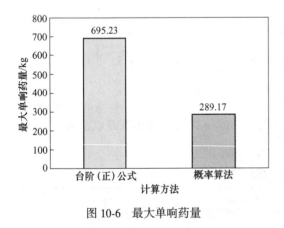

图 10-6　最大单响药量

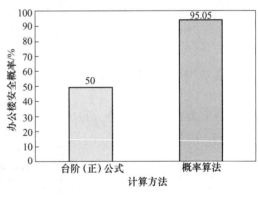

图 10-7　办公楼安全概率

相比较上述两种算法，从图 10-6 和图 10-7 中可以看出用台阶（正）公式计算出的单响最大炸药量要比概率算法多出 406.06kg，但是根据概率算法计算出的单段最大炸药量，其可靠性在 95% 以上，比应用台阶（正）公式计算值的可靠性（仅为 50%）要高得多。因此，以概率算法计算出的单段最大炸药量为此次爆破设计的单响最大炸药量，以保证办公楼的安全。

10.3.4　爆破参数设计

爆破参数设计内容包括孔径、孔深、超深、底盘抵抗线、孔距、排距、填塞长度、单位炸药消耗量、单孔装药量等, 爆破参数如图 10-8 所示。

A 孔径 d

金欧露天矿用于松动爆破台阶穿孔的钻机为潜孔钻机, 型号为志高 ZGYX-450B 型。钻孔直径为 110mm。如图 10-9 所示。

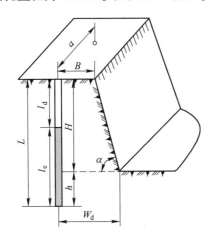

图 10-8 爆破参数示意图

图 10-9 志高 ZGYX-450B 整体式液压潜孔钻机

B 孔深 L 和超深 h

$$L = H + h \tag{10-52}$$

式中 H——台阶高度, m, 取 $H = 12$m;

h——超深, m, 取 $h = 2$m。

所以:

$$L = 10 + 2 = 14\text{m} \tag{10-53}$$

C 底盘抵抗线 W_d

根据钻孔作业的安全条件:

$$W_d \leqslant H\cot\alpha + B \tag{10-54}$$

式中 α——台阶坡面角, 取 $\alpha = 75°$;

H——台阶高度, 取 $H = 12$m;

B——从前排钻孔中心至坡顶线的安全距离, 取 $B = 2$m。

所以

$$W_d = 12\cot75° + 2 = 5.2\text{m} \tag{10-55}$$

根据上述计算结果和参考爆区岩石性质和结构特征, 底盘抵抗线 W_d 取 5m。

D 孔距 a 与排距 b

$$a = mW_d \tag{10-56}$$

式中 m——炮孔密集系数, $m = 1.3$。

所以

$$a = 1.1 \times 5 = 5.5\text{m} \tag{10-57}$$

采用等边三角形布孔, 因此

$$b = a\sin 60° = 5.5 \times 0.866 = 4.76\text{m} \tag{10-58}$$

根据上述计算结果和参考爆区岩石性质和结构特征，取 $a=6$m，$b=4$m。

E　填塞长度 L_t

$$L_t = (20 \sim 30)d = (20 \sim 30) \times 0.11 = 2.2 \sim 3.3\text{m} \tag{10-59}$$

取 $L_t=4$m。

F　单位炸药消耗量 q

根据爆区砂岩的岩石坚固性系数 $f=4\sim6$ 和砂页岩的 $f=3\sim5$，并结合以往的爆破经验，取单位炸药消耗量 $q=0.35$kg/m³。

G　单孔装药量 Q

$$\begin{aligned} Q &= q \times a \times b \times H \\ &= 0.35 \times 6 \times 4 \times 10 \\ &= 84\text{kg} \end{aligned} \tag{10-60}$$

10.3.5　爆破网路设计

本次爆破采用对角线顺序起爆，也称斜线起爆，从爆区侧翼开始，同时起爆的各排炮孔均与台阶坡顶线相交，毫秒延期爆破为后爆的炮孔创造了新的自由面。这种起爆方法主要的优点是在同一排炮孔间实现了孔间延期，最后一排炮孔也是逐孔起爆，减少了后冲现象的发生，有利于下一爆区的爆破工作，地表使用 2 段导爆管雷管，孔内使用 9 段导爆管雷管。起爆网路如图 10-10 所示。

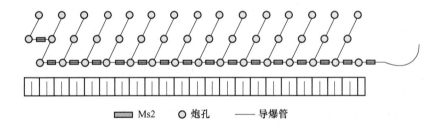

■ Ms2　　○ 炮孔　　—— 导爆管

图 10-10　起爆网路

本起爆网路最多 3 孔一起响，所以最大单段药量为：

$$Q = 84 \times 3 = 252\text{kg} < 289.17\text{kg} \tag{10-61}$$

因此本起爆网路是合理的，同时金欧露天煤矿办公楼受爆破振动的影响极小，其安全的概率在95%以上。

10.3.6　爆破振动与裂缝监测分析

10.3.6.1　爆破振动与裂缝监测

为了监测爆破振动对金欧露天煤矿办公楼的影响，爆破前，在办公楼的大门口、门口分别安装了爆破测振仪，型号为 TC-4850，如图 10-11、图 10-12 所示。同时将办公楼内的 5 处原有裂缝作了标记，如图 10-13 所示，其中图 10-13（a）～（d）所示的裂缝在墙面上，图 10-13（e）所示的裂缝在办公楼的地板上。

图 10-11　办公楼大门口测振仪监测

图 10-12　办公楼门口测振仪监测

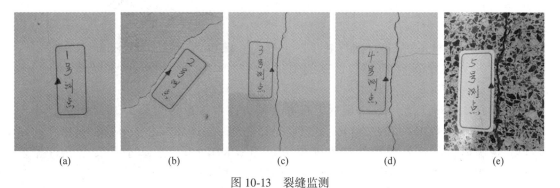

| (a) | (b) | (c) | (d) | (e) |

图 10-13　裂缝监测

（a）1 号裂缝；（b）2 号裂缝；（c）3 号裂缝；（d）4 号裂缝；（e）5 号裂缝

10.3.6.2　爆破振动与裂隙监测结果及分析

爆破结束后，等待 15min 后，待炮烟散去，由爆破技术员查看爆区，爆堆形态如图 10-14 所示。

图 10-14　爆堆形态

从图 10-14 可以看出，爆堆规整，向前凸出约 5m。从铲装情况看，无大块、无根底，爆破效果良好，基本达到了预期的目的。

金欧露天煤矿办公楼大门口、楼门口测点振速时程曲线如图 10-15 和图 10-16 所示。

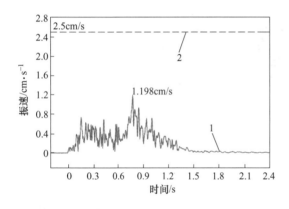

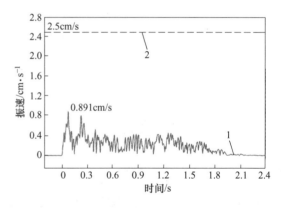

图 10-15　大门口测点振速时程曲线图
1—实测振速；2—安全振速

图 10-16　楼门口测点振速时程曲线图
1—实测振速；2—安全振速

从图 10-15 中可以看出，爆破时，在办公楼大门口振速最大值为 1.198cm/s，小于《爆破安全规程》（GB 6722—2014）中规定的安全允许振速 2.5cm/s。从图 10-16 中可以看出，爆破时，在办公楼楼门口振速最大值为 0.891cm/s，远远小于安全允许振速 2.5cm/s。因此，本次爆破引起的振动对办公楼的影响极小。

在办公楼内原有裂缝处对裂缝宽度进行监测，分别在爆破前 2h、爆破后、爆破后 2h、爆破后 4h、爆破后 6h 对裂缝的宽度进行测量。测量的仪器为裂缝宽度测量仪，型号为10085-240X，其量程为 2mm，如图 10-17 所示。

裂缝宽度测量仪使用的方法是：（1）寻找一处表面相对光滑的裂缝；（2）将裂缝宽度测量仪置于裂缝之上，打开光源；（3）从目镜观察及调校焦环至最清晰影像；（4）读取刻度。刻度尺上的 1 小格等于 0.05mm。如图 10-18 所示。

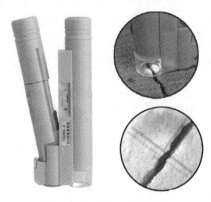

图 10-17 裂缝宽度测量仪

图 10-18 裂缝宽度测量

裂缝宽度监测的结果统计如表 10-5 所示。

表 10-5 裂缝宽度监测统计表

裂缝宽度/mm	测点 1	测点 2	测点 3	测点 5	测点 4
爆破前 2h	0.10	0.29	0.55	0.75	1.35
爆破后	0.10	0.29	0.55	0.75	1.35
爆破后 2h	0.10	0.29	0.55	0.75	1.35
爆破后 4h	0.10	0.29	0.55	0.75	1.35
爆破后 6h	0.10	0.29	0.55	0.75	1.35

裂缝宽度监测的数据进行整理，并通过 Origin 绘图软件进行分析，裂缝宽度随时间变化结果见图 10-19。

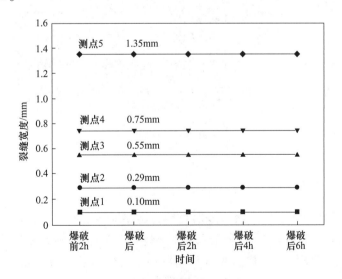

图 10-19 裂缝宽度变化

从图 10-19 中可以看出，爆破前 2h，1 号测点裂缝宽度为 0.10mm，2 号测点裂缝宽度为 0.29mm，3 号测点裂缝宽度为 0.55mm，4 号测点裂缝宽度为 0.75mm，5 号测点裂缝宽度为 1.35mm。爆破后各个测点的裂缝宽度没有变化，一直到爆破后 6h 各个测点的裂缝宽度依然没有变化。各个测点的裂缝宽度随时间推移近乎为一条直线，没有任何变化。所以本次爆破对金欧露天煤矿办公楼内的原有裂缝没有造成影响，同时也充分证明本次爆破是科学的、合理的。

10.4   基于概率论的振动预测法在路堑爆破的应用

10.4.1   工程概况

10.4.1.1   概述

336 国道（天津—神木）起点在天津市大港区，途经天津、河北、山西、陕西 4 省市，终点在陕西省神木县，呈东西走向，G336 是国道编号（图 10-20）。其中神木店塔至张板崖公路工程的路线起点位于神木市店塔镇东的高石崖塔，设塔互通式立交与 338 国道府店一级公路相接，向南沿东沟设线，终点位于神盘公路张板崖收费站北侧，与 337 国道相接，全长 32.21km。

全线采用双向 4 车道一级公路技术标准，设计速度 80km/h，路基宽度 24.5m，桥涵汽车荷载等级：公路—I 级，设计洪水频率：路基、小桥及涵洞、大中桥 1/100，特大桥 1/300。

图 10-20   卫星地图

10.4.1.2   自然地质条件

本项目全线为山岭重丘区，沿线地形复杂，沟壑纵横。地貌上属陕北黄土高原地貌。在流水作用下黄土一般被切割、侵蚀或剥蚀，呈黄土梁峁-沟壑或基岩梁峁-沟壑地貌形态。第四纪以来，勘察区区域构造表现为间歇性上升伴随着河流下切，外营力作用较强烈，致使勘察区地貌以剥蚀、侵蚀为主，堆积为辅。

项目区属于中温带半干旱大陆性季风气候，四季分明，其主要特点为：冬寒夏热，温差大，冬春干旱，降雨集中。一年四季多风，秋末、冬春盛行西北风，夏季多为东南风，最大风速待收集。极端最高气温达 38.9℃，最低气温-27.9℃，年平均气温 9.1℃。最大年降水量 700~800mm，枯水年仅 100mm 左右，平均年降水量 453.4mm。最大冻土深度 147cm，冻土期长达 100~130 天。

10.4.1.3 爆破区域工程概况

爆破区位于某村附近，岩石性质自上而下微粗粒砂岩、砂质泥岩。拟建公路西南侧 105m 处有 4 栋砖结构民房与拟建公路平行布置，相对于爆破点，其高程为-28m。爆区长度 50m，宽度 35m。如图 10-21 所示。

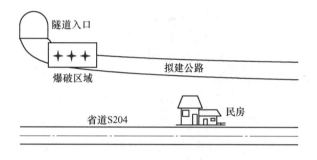

图 10-21　爆区周边示意图

10.4.2　爆破方案

为保护爆破区域附近民房，设计确定岩石台阶采用中深孔松动爆破；采用三角形（梅花形）布孔方式，连续柱状装药，填塞材料采用黏性土、钻孔石屑堵塞。

10.4.3　最大单响药量确定

在此次爆破工程中为了保护省道 S204 旁边的民房，使其不受爆破振动而造成破坏，需要确定最大单响药量。

根据此区域其他爆破振动监测数据来进行回归分析，确定其爆破振动传播规律。监测数据列于表 10-6。

表 10-6　其他爆破振动监测数据表

日期	测点编号	单段药量/kg	爆源距/m		振速/cm·s^{-1}
			水平	垂直	
11.12	1	42	62	-20	2.502
	2	42	75	-20	2.135
	3	42	100	-22	1.382
11.13	1	63	60	-15	3.686
	2	63	66	-15	3.303
	3	63	102	-30	1.317
	4	63	107	-30	1.241

日期	测点编号	单段药量/kg	爆源距/m		振速/cm·s⁻¹
			水平	垂直	
11. 14	1	30	86	−25	1. 312
	2	30	90	−25	1. 258
	3	30	95	−25	1. 183

根据表 10-6 中的 10 组数据，采用线性回归法拟合台阶（负）公式，得到如下的结果：

$$\left.\begin{array}{l} K = 434.83 \\ a = 1.18 \\ \beta = 0.56 \end{array}\right\} \qquad (10\text{-}62)$$

将上式代入台阶（负）公式得：

$$v_{负} = 434.83 \left(\frac{Q^{1/3}}{\sqrt{D^2 + H^2}} \right)^{1.18} \left(\frac{1}{H} \right)^{0.56} \qquad (10\text{-}63)$$

根据爆破区域现场的情况，爆破还没有形成规则的台阶，故此次最大单响药量的计算暂且不考虑台阶形态的影响。式（10-63）化简后得：

$$v_{负} = 0.297 \times Q^{0.39} \qquad (10\text{-}64)$$

根据式（10-22）和式（10-62），得出台阶（负）公式计算值与实测值的标准差以及方差，见表 10-7。

表 10-7　负高程振速数据处理结果表

日期	编号	实测 /cm·s⁻¹	计算 /cm·s⁻¹	误差 /cm·s⁻¹	方差 δ^2	标准差 δ
11. 11	1	2. 502	2. 558	−0. 056		
	2	2. 135	2. 080	0. 055		
	3	1. 382	1. 422	−0. 040		
11. 12	1	3. 686	3. 747	−0. 061	0. 0422	0. 2054
	2	3. 303	3. 369	0. 066		
	3	1. 317	1. 341	−0. 024		
	4	1. 241	1. 273	−0. 032		
11. 13	1	1. 312	1. 358	−0. 046		
	2	1. 258	1. 292	−0. 034		
	3	1. 183	1. 218	−0. 035		

注：误差＝振速实测值－振速计算值。

所以随机变量 v 服从正态分布，记作 $v \sim (\mu, \sigma^2) = (v_{负}, 0.0422)$；相应的分布函数是：

$$F(x) = \frac{1}{\sqrt{2\pi} 0.2054} \int_{-\infty}^{x} e^{-\frac{(t-\mu)^2}{2 \times 0.0422}} dt \qquad (10\text{-}65)$$

根据《爆破安全规程》（GB 6722—2014），一般民用建筑物的安全允许振速 1.5 ～ 3cm/s。为了安全起见，在这里选取其下限值作为安全判据，即 $v_安 = 1.5$cm/s。根据保护目标的重要性，此次爆破中民房得到保护的概率应大于 95%。通过查表得到：

$$\Phi(1.65) = 0.9505 \tag{10-66}$$

由式（10-25）得：

$$m_1 = 1.65 \tag{10-67}$$

根据式（10-24）得：

$$\mu = v_安 - m_1\sigma = 1.5 - 1.65 \times 0.2054 = 1.1611 \tag{10-68}$$

根据式（10-31），又因为

$$\mu = v_负 = 0.297 \times Q^{0.39} \tag{10-69}$$

所以

$$Q = 32.98\text{kg} \tag{10-70}$$

那么在爆破设计的过程中，单段最大药量控制在 32.98kg 以内，附近民房得到保护的概率在 95% 以上。

如果按照台阶（负）公式即可计算，求解得出：

$$Q = 63.59\text{kg} \tag{10-71}$$

即单段最大炸药量控制在 63.59kg 以内。此时附近民房在爆破过程中得到保护的概率根据式（10-23）、式（10-25）以及式（10-26）计算：

$$P(v < v_安) = F(1.5) = \Phi(0) \tag{10-72}$$

通过查表得：

$$\Phi(0) = 0.50 \tag{10-73}$$

即在爆破过程中，附近民房得到保护的概率只有 50%。图 10-22、图 10-23 是在台阶（负）公式和概率算法计算下的单段最大炸药量和爆破后附近民房得到保护概率的柱状图。

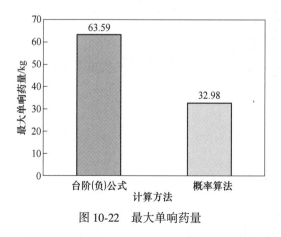

图 10-22　最大单响药量

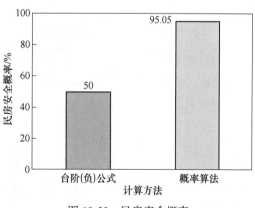

图 10-23　民房安全概率

相比较上述两种算法，从图 10-22 和图 10-23 中可以看出用台阶（负）公式计算出的单响最大炸药量要比概率算法多出 30.61kg，但是根据概率算法计算出的单段最大药量其安全性在 95% 以上，比应用台阶（负）公式计算值的可靠性（仅为 50%）要高得多。因此，以概率算法计算出的单段最大炸药量为此次爆破设计的单响最大炸药量，以保证附近民房的安全。

10.4.4　爆破参数设计

爆破参数设计内容包括孔径、孔深、超深、底盘抵抗线、孔距、排距、填塞长度、单位炸药消耗量、单孔装药量等。

（1）孔径 d。此区域松动爆破穿孔的钻机为阿特拉斯·科普柯生产的潜孔钻机，型号为 ATLASPowerROCT40。钻孔直径为 90mm。如图 10-24 所示。

图 10-24　ATLASPowerROCT40 潜孔钻机

（2）孔深 L 和超深 h：

$$L = H + h \tag{10-74}$$

式中　H——台阶高度，m，取 $H=5$m；

　　　h——超深，m，取 $h=1$m。

所以：

$$L = 5 + 1 = 6\text{m} \tag{10-75}$$

（3）底盘抵抗线 W_d。最小抵抗线取 $3\sim4$m。台阶高度按本工程技术要求及现场地势情况确定，最小抵抗线方向偏离民房方向。

（4）孔距 a 与排距 b：

$$a = mW_d \tag{10-76}$$

式中　m——炮孔密集系数，$m=1.3$。

所以

$$a = 1.3 \times 3.5 = 4.55\text{m} \tag{10-77}$$

采用等边三角形布孔，因此

$$b = a\sin 60° = 4.55 \times 0.866 = 3.84\text{m} \tag{10-78}$$

根据上述计算结果和参考爆区岩石性质和结构特征，取 $a=4.5$m，$b=3.5$m。

（5）填塞长度 L_t：

$$L_t = (20 \sim 30)d = (20 \sim 30) \times 0.09 = 1.8 \sim 2.7\text{m} \tag{10-79}$$

取 $L_t = 2m$。

（6）单位炸药消耗量 q。根据爆区砂岩的岩石坚固性系数 $f = 4 \sim 6$ 和砂页岩的 $f = 3 \sim 5$，并结合以往的爆破经验，取单位炸药消耗量 $q = 0.34 kg/m^3$。

（7）单孔装药量 Q：

$$
\begin{aligned}
Q &= q \times a \times b \times H \\
&= 0.34 \times 4.5 \times 3.5 \times 6 \\
&= 32.13 kg
\end{aligned}
\tag{10-80}
$$

10.4.5　爆破网路设计

根据式（10-66）计算得单孔装药量为 32.13kg，式（10-56）计算的最大单响药量为 32.98kg，所以为了使附近民房不受爆破振动的影响，故本次爆破设计为逐孔起爆，采用澳瑞凯（威海）生产的高精度导爆管雷管。同时根据第 6 章数值模拟的结果，孔内采用延期 400ms 雷管，孔间采用 25ms 雷管，排间采用 65ms 雷管，实现逐孔起爆。爆破网路如图 10-25 所示。

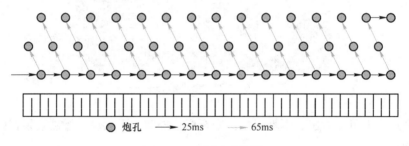

图 10-25　逐孔起爆网路

10.4.6　爆破振动监测与分析

为了监测爆破振动对附近民房的影响，爆破前，在民房门前分别安装了爆破测振仪，型号为 TC 4850，如图 10-26 和图 10-27 所示。

图 10-26　民房 A 振速监测

爆破结束后，等待 15min 后，待炮烟散去，由爆破技术员查看爆区，爆堆形态如图 10-28 所示。

图 10-27　民房 B 振速监测

图 10-28　爆堆形态

从爆堆形态上可以看出，爆堆规整，岩石充分松动，无大块，爆破效果良好，基本达到了预期的目的。

附近民房 A 和民房 B 门前测点振速时程曲线如图 10-29 和图 10-30 所示。

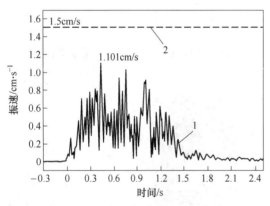

图 10-29　民房 A 门前振速时程曲线图
1—实测振速；2—安全振速

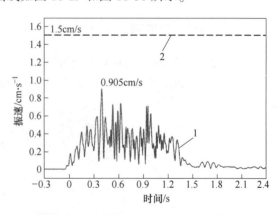

图 10-30　民房 B 门前振速时程曲线图
1—实测振速；2—安全振速

从图 10-29 中可以看出，爆破时，民房 A 门前的振速最大值为 1.101cm/s，小于《爆破安全规程》（GB 6722—2014）中规定的安全允许振速 1.5cm/s。从图 10-30 中可以看出，爆破时，民房 B 门前的振速最大值为 0.905cm/s，小于安全允许振速 1.5cm/s。因此，本次爆破引起的振动对附近民房几乎没有影响。

参 考 文 献

[1] 汪旭光. 爆破设计与施工 [M]. 北京：冶金工业出版社，2011.

[2] 汪旭光. 英汉爆破技术词典 [M]. 北京：冶金工业出版社，2016.

[3] 汪旭光，郑炳旭. 工程爆破名词术语 [M]. 北京：冶金工业出版社，2005.

[4] 汪旭光，于亚伦. 台阶爆破 [M]. 北京：冶金工业出版社，2017.

[5] 张小军，汪旭光，王尹军，等. 基于正态分布的爆破振动评价与安全药量计算 [J]. 爆炸与冲击，2018（5）：1115-1120.

[6] 汪旭光. 爆炸合成新材料与高效、安全爆破　关键科学和工程技术：中国工程科技论坛第125场论文集 [M]. 北京：冶金工业出版社，2011.

[7] 葛勇，汪旭光. 逐孔起爆在高速公路路堑开挖中的应用 [J]. 工程爆破，2015，14（1）：35-37.

[8] 陶铁军，汪旭光，池恩安，等. 基于能量的爆破地震波衰减公式 [J]. 工程爆破，2015，21（6）：78-83.

[9] 申振宇，汪旭光，于亚伦. 拆除爆破的安全研究 [J]. 工程爆破，2005，11（2）：70-74.

[10] 杜云贵. 爆破工程设计与施工技术 [M]. 重庆：重庆大学出版社，2011.

[11] 黄绍钧. 工程爆破设计 [M]. 北京：兵器工业出版社，1996.

[12] 冯叔瑜. 大量爆破设计及施工 [M]. 北京：人民铁道出版社，1963.

[13] 杨旭升，孙晖，孙俊鹏，等. 爆破施工实用技术 [M]. 沈阳：东北大学出版社，2007.

[14] 李夕兵，凌同华，张义平. 爆破振动信号分析理论与技术 [M]. 北京：科学出版社，2009.

[15] 魏海霞. 爆破地震波作用下建筑结构的动力响应及安全判据研究 [D]. 青岛：山东科技大学，2010.

[16] 吴青山，张继春，曹孝君，等. 顺层路堑边坡岩体爆破的层裂效应试验研究 [J]. 中国铁道科学，2004（3）：51-55.

[17] 刘美山，吴从清，张正宇. 小湾水电站高边坡爆破振动安全判据试验研究 [J]. 长江科学院院报，2007（1）：40-43.

[18] 陈明，卢文波，吴亮，等. 小湾水电站岩石高边坡爆破振动速度安全阈值研究 [J]. 岩石力学与工程学报，2007（1）：55-60.

[19] 刘亚玲，徐湖林，谢雄耀，等. 黄衢高速公路节理发育边坡控制爆破试验 [J]. 工程爆破，2009，15（3）：35-39.

[20] 林大能，唐业茂，范金国，等. 爆破振动作用下高陡边坡稳定性分析 [J]. 矿业工程研究，2009，24（1）：25-28.

[21] 蒋楠. 露天转地下开采边坡爆破动力特性研究 [D]. 武汉：中国地质大学（武汉），2013.

[22] 易长平，冯林，王刚，等. 爆破振动预测研究综述 [J]. 现代矿业，2011，27（5）：1-5.

[23] 施建俊，李庆亚，张琪，等. 基于Matlab和BP神经网络的爆破振动预测系统 [J]. 爆炸与冲击，2017，37（6）：1087-1092.

[24] 韩亮. 深孔台阶爆破近区振动效应的试验研究 [D]. 北京：中国矿业大学，2016.

[25] 田浩，张义平，杨淞月. 基于回归分析在爆破振动速度预测中的应用与研究 [J]. 爆破，2018，35（3）：159-165.

[26] 袁梅，王作强，张义平. 基于模糊数学-层次分析的露天矿深孔爆破效果评价研究 [J]. 矿业研究与开发，2010，30（5）：81-84.

[27] 周磊. 台阶爆破效果评价及爆破参数优化研究 [D]. 武汉：武汉理工大学，2012.

[28] 陈庆凯，孙俊鹏，李松鹏，等. 基于高速摄影的露天矿山爆破效果评价 [J]. 爆破，2012（3）：31-34.

[29] 王训洪, 郑明贵. 基于 AG-AHP 和物元模型的爆破效果评价研究 [J]. 爆破, 2015, 32 (4): 162-167.

[30] 蒲传金, 王俊青, 姜锐, 等. 基于 FAHP 的巷道爆破效果评价模型与应用 [J]. 化工矿物与加工, 2015, 44 (2): 36-41.

[31] 程秋亭. 基于物元爆破效果评价模型的爆破参数优化研究 [D]. 赣州: 江西理工大学, 2015.

[32] 高静静. 岩石巷道爆破参数优化与爆破效果评价 [D]. 绵阳: 西南科技大学, 2014.

[33] 赵红泽, 王宇新, 李淋, 等. 基于集成评价体系的抛掷爆破效果评价 [J]. 中国矿业, 2020 (1): 114-119.

[34] 曾新枝, 房泽法. 矿山爆破效果综合评价的现状 [C]// 中国采选技术十年回顾与展望. 2012.

[35] 李东强. 地下矿山采场爆破效果的综合评价 [C]// 全国金属矿山采矿学术研讨与技术交流会. 2005.

[36] 刘玉山, 陈建平. 大轩岭小净距隧道爆破振动监测与分析 [J]. 爆破, 2008 (2): 92-94.

[37] 朱传云, 金国宏, 舒大强, 等. 三峡永久船闸六闸首下游相邻段爆破振动监测与分析 [J]. 爆破, 2001 (2): 45-48.

[38] 邓华锋, 张国栋, 王乐华, 等. 导流隧洞开挖施工的爆破振动监测与分析 [J]. 岩土力学, 2011 (3): 219-224.

[39] 蔡冻, 吴立, 梁禹. 野山河隧道爆破振动监测与分析 [J]. 爆破, 2009 (4): 89-92.

[40] 王成, 刘礼标. 小净距隧道爆破振动监测与分析 [J]. 南华大学学报 (自然科学版), 2009, 23 (1): 24-26.

[41] Yang Guoliang, Yang Renshu, Huo Chuan, et al. Simulation Research of Blasting Vibration Prediction with Cylindrical Dynamite [J]. Applied Mechanics and Materials, 2013, 2142.

[42] Bhagade N V, Murthy V, Ali M S. Enhancing rock fragmentation in dragline bench blasts using near-field vibration dynamics and advanced blast design [J]. Powder Technology, 2020 (prepublish).

[43] BK Raghu Prasad. Structural Dynamics in Earthquake and Blast Resistant Design [M]. CRC Press, 2020.

[44] Abhishek Sharma, Arvind Kumar Mishra, Bhanwar Singh Choudhary. Impact of blast design parameters on blasted muckpile profile in building stone quarries [J]. IIETA, 2019, 43 (1).

[45] Christopher Drover, Ernesto Villaescusa, Italo Onederra. Face destressing blast design for hard rock tunnelling at great depth [J]. Tunnelling and Underground Space Technology Incorporating Trenchless Technology Research, 2018, 80.

11 爆破振动控制与防护技术

无论是工程领域还是科学研究领域，爆破振动研究的最终目的均是分析其传播衰减规律，并采取相应的技术措施来控制爆破振动的危害，进而减小爆破振动产生的负面效应。

11.1 爆破振动危害与安全判据

11.1.1 爆破振动的危害

在工程爆破中，利用炸药可达到各种工程目的，如矿山开采、土石方爆破开挖、定向爆破筑坝、修筑铁路路基以及进行建筑物爆破拆除等。但在爆破区一定范围内，当爆破引起的振动达到足够的强度时，就会造成各种破坏现象，如滑坡、建筑物或构筑物的破坏等，这种爆破振动波引起的现象及后果称为爆破振动效应。

11.1.1.1 爆破振动影响主要表现

工程爆破引起建（构）筑物的振动影响，主要表现在以下方面：

（1）硐室爆破或深孔爆破对地面和地下建（构）筑物、保留岩体、设备等的影响；

（2）城市、人口等稠密区进行的明挖、地下工程爆破以及拆除爆破对工业及民用建筑物、重要精密设施等的危害；

（3）坝肩、深基坑、船闸、渠道等高边坡开挖爆破对边坡稳定及喷层、锚杆、锚索等的影响；

（4）地下硐室群爆破对相邻隧道、廊道、厂房等稳定的影响。

11.1.1.2 爆破振动的破坏途径

建（构）筑物受爆破振动作用后的破坏途径，可归纳为如下两种。

（1）振动破坏。振动破坏取决于爆破振动的特性和建（构）筑物的抗震性能。建（构）筑物受到振动的影响有大有小，其表现形式自轻至重依次为墙皮剥落、墙壁龟裂、地板裂缝、基础变形或下沉、倒塌。其相应的破坏程度可分别为轻微损坏、中等损坏、严重损坏、倒塌或倒毁。

（2）非振动破坏。非振动破坏主要指与地基状况相关的建（构）筑物的破坏。由于爆破振动的影响，一定的场地条件可能会导致地基土液化、基础不均匀沉陷和开裂，而丧失其承载能力，从而再引起上部建（构）筑物的破坏。另外，断层破裂造成的地面破坏、滑坡和岩崩也都会引起工程建（构）筑物的破坏。

11.1.1.3 爆破振动的破坏方式

（1）直接引起的建（构）筑物体破损。指单纯的强烈振动作用引起受震前完好且无异常应力变化的建（构）筑物体破损。爆破振动危害实例调查及其试验研究表明，建（构）筑物的直接破坏主要归纳为：首次超越破坏和累积损伤破坏。

（2）加速建（构）筑物体破损。对大多数处于软弱地基上的建（构）筑物，由于在使用期内因某种原因（如差异沉降、温度变化等振前受力情况）会在一定程度上受到损伤，从而使得爆破振动引起的附加力加速了这种损伤的发展。

（3）间接引起建（构）筑物体破损。对完好且无异常应力变化的建（构）筑物，其破损是由于振动导致较大的地基位移或失稳（如饱和土软化或液化、边坡坍塌）所造成的。

上述 3 种爆破振动对建（构）筑物体的破碎方式中，又以第（2）种最为常见。

11.1.2　爆破振动危害机制理论分析

根据大量的现场试验和观测资料，爆破振动的强度与质点速度大小的相关性较好，且振速与岩土性质有较稳定的关系；而质点振动位移及加速度都不具有质点振动速度这一特性。而且，采用质点振动速度可以和振动波所携带的能量及所产生的地应力相联系，并和结构中产生的动能和内应力建立关系。因此，采用质点振动速度峰值作为衡量爆破振动强度大小指标的做法在国内外爆破领域盛行，下面就质点振动速度峰值在爆破振动危害中的作用进行分析。

把介质质点振动看作是简谐运动，其谐振速度

$$v = 2\pi A f \tag{11-1}$$

式中　　v——质点振动速度，m/s；

　　　　A——质点振动幅值 m；

　　　　f——质点振动频率，Hz。

当结构体受到扰动开始振动时，由弹性力学理论有：

$$\sigma = E\varepsilon \tag{11-2}$$

式中　　σ——爆破振动在结构体中产生的应力，MPa；

　　　　E——结构体的弹性模量；

　　　　ε——结构体产生的应变。

根据波的理论有：

$$\varepsilon = v/c \tag{11-3}$$

式中　　c——爆破振动波传播速度。

根据式（11-2）和式（11-3），可以得到应力与质点振动速度的关系为

$$\sigma = Ev/c \tag{11-4}$$

则极限条件下应力与质点振动速度的关系为

$$\sigma_m = Ev_m/c \tag{11-5}$$

式中　　σ_m——爆破振动在结构体中产生的最大应力，MPa；

　　　　v_m——质点峰值振动速度，m/s。

由式（11-5）可知，爆破振动波在结构体上产生的应力与质点峰值振动速度成正比，爆破振动波对结构的作用是一个动态过程，而结构体中产生的动态应力是由质点振动速度、介质属性和爆破振动波在结构体中的传播速度等因素共同决定的。爆破振动作用下在

结构体内产生的动态应力，直接造成结构的破坏，破坏程度取决于最大应力 σ_m。而最大应力 σ_m 与爆破的峰值振动速度 v_m 具有直接联系，在特定结构中（E、c 为常量）爆破振动破坏程度则完全取决于 v_m。

11.1.3 爆破振动安全判据

11.1.3.1 爆破振动破坏判据的工程参数

选择作为爆破振动破坏判据的最佳物理量，有以下 3 条标准：（1）它是决定爆破振动破坏力的主要因素，和宏观烈度有着良好的相关性；（2）它与药量和爆心距应有较好的相关性；（3）它能用简单的仪器来测定。

可以作为爆破振动的参数，有地面振动峰值（加速度峰值、速度峰值、位移峰值）、地震反应谱的某种特征值（如谱烈度）、与爆破能量有关的函数等。目前，国内外在考虑爆破振动的破坏判据时，有的采用地面垂直最大振动速度、加速度、位移，有的采用能量比，这些物理量都能反映爆破振动对工程结构的破坏作用。

目前，许多国家，如中国、美国、德国、瑞典等，采用质点振动速度作为衡量爆破振动效应的标准。因为大量的现场试验和观测表面，爆破振动破坏程度与质点振动速度的相关性最好，而且，与其他物理量相比，振速与岩土性质有较稳定的关系。因而我国在确定爆破振动破坏判据时就是以地面质点振动速度作为标准。但由于无法具体地考虑建筑结构的动力特性和材料性能，因而使得这种方法给出的指标对于不同场区和不同类型建筑结构的适用性较差。实际应用时，只能凭借设计施工人员的经验予以修正。

11.1.3.2 爆破振动对岩土及结构物的破坏判据

A 地面质点振动速度 v 与岩土破坏状况的关系

我国科研单位曾对爆破邻近爆区地物破坏程度与地面质点振动速度的关系做过现场调查与观测。

（1）长沙矿冶研究院通过爆破实测资料提出：

当 $v=0.294\sim0.56$cm/s 时，已松动的小土块掉落；

当 $v=8.1\sim11.1$cm/s 时，产生松石及小块震落；

当 $v=13.5\sim24.7$cm/s 时，产生细裂缝或原裂缝扩张；

当 $v=46.8\sim81.5$cm/s 时，产生 4~5cm 宽的大裂缝，且原裂缝严重扩张。

（2）铁道部科学研究院爆破研究室通过观测提出的地面破坏程度与地面垂直最大速度之间的关系如表 11-1 所示。

表 11-1 地面破坏程度与地面垂直最大速度之间的关系

地面垂直最大速度 v/cm·s^{-1}	地面破坏程度
1.5~5.0	高陡边坡上的碎石、砾石土可能少量掉落
5.0~10.0	靠近陡坎的覆盖层中出现细小裂隙，干砌片石可能有少量错动
10.0~20.0	临空面处原有裂隙轻微张开，沙土、弃石渣开始溜坍，干砌片石垛可能局部坍塌

续表 11-1

地面垂直最大速度 $v/\text{cm} \cdot \text{s}^{-1}$	地面破坏程度
20.0~35.0	高陡边坡可能有较多的落石或少量塌方，碎石土堆成的堤坝产生塌落
35.0~55.0	缓坡上的块石发生移动，硬土地面可见开裂，顺层理面或节理可能轻微张开、错动
55.0~80.0	硬土地面产生大裂隙，原有大裂隙宽度可能加大
80.0~110.0	基岩面出现新裂隙，原有大裂隙宽度可能挤压变小
>110.0	基岩大面积破坏，边坡发生大的滑坡和塌陷

B　质点振动速度与地面建筑物破坏的关系

爆破振动的破坏判据，对于估计爆破振动作用下建筑物、构筑物的破坏程度，具有实际意义。图 11-1 以及表 11-2 和表 11-3 介绍了一些研究者提出的爆破振动对建筑物破坏的工程标准。

图 11-1 汇总了 V. 兰格福尔斯（Langefors）、A. T. 爱德华兹（Edwards）及布麦因（Bumines）3 人提出的爆破地基振动对结构物特别是房屋的允许界限值。该图清楚地表明，3 人都认为振动速度是破坏建筑物的主要因素，而且 3 人提出的振动安全极限值也大致一致，其值为 5cm/s。振动时建筑物和结构物的破坏情况，随建筑物地基的不同而异。

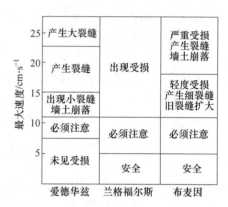

图 11-1　爆破振动速度和建筑物
受损之间的关系

表 11-2　国外一些研究者提出的爆破振动破坏的工程标准

序号	研究者	工程标准	建筑物破坏程度
1	V. 兰格福尔斯 B. 基尔斯特朗 H. 韦斯特伯格	$v=7.1\text{cm/s}$ $v=10.9\text{cm/s}$ $v=16\text{cm/s}$ $v=23.1\text{cm/s}$	无破坏 细的裂缝，抹灰脱离 开裂 严重开裂
2	A. T. 爱德华兹 A. D. 诺思伍德	$v \leqslant 5.08\text{cm/s}$ $v=5.08 \sim 10.2\text{cm/s}$ $v>10.2\text{cm/s}$	安全 可能发生破坏 破坏
3	A. 德沃夏克	$v=1.0 \sim 3.0\text{cm/s}$ $v=3.0 \sim 6.0\text{cm/s}$ $v>6.1\text{cm/s}$	开始出现细小裂缝 抹灰脱落，出现细小裂缝 抹灰脱落，出现大裂缝
4	美国矿务局	$a<0.1g$ $0.1g<a<1g$ $a>1g$	无破坏 轻微破坏 破坏
5	M. A. 萨道夫斯基	$v<10\text{cm/s}$	安全

表 11-3 砖式建筑物和构筑物的破坏与地面最大振速的关系

砖式建筑物和构筑物的破坏情况	地面最大振速/cm·s⁻¹	
	①	②
抹灰中有细裂缝，掉白粉；原有裂缝有发展，掉小块抹灰	0.75~1.5	1.5~3
抹灰中有裂缝，抹灰成块掉落，墙和墙中间有裂缝	1.5~6	3~6
抹灰中有裂缝并破坏，墙上有裂缝，墙间联系破坏	6~25	6~12
墙壁中形成大裂缝，抹灰大量破坏，砌体分离	25~37	12~24
建筑物严重破坏，构件联系破坏，柱和支撑墙间有裂缝，屋檐、墙可能倒塌，不太好的新老建筑物破坏	37~60	24~28

①A. B. CaФOHOB 等人的资料；②C. B. МедВедеВ 的资料。

11.1.3.3 爆破振动安全允许标准

（1）《爆破安全规程》（GB 6722—2014）的规定。《爆破安全规程》（GB 6722—2014）规定的爆破振动安全允许标准中，不同类型建（构）筑物，主要包括：土窑洞、土坯房、毛石房屋；一般民用建筑物；工业和商业建筑物；一般古建筑与古迹。设施设备主要有运行中的水电站及发电厂中心控制室设备。其他保护对象系指水工隧道、交通隧道、矿山巷道、永久性岩石高边坡、新浇大体积混凝土（C20）。对于上述不同保护对象的爆破振动安全判据均采用振动速度和主振频率双指标，其安全允许标准是各不相同的。表 11-4 列出新《爆破安全规程》（GB 6722—2014）规定的爆破振动安全允许标准。

表 11-4 爆破振动安全允许标准

序号	保护对象类别		安全允许质点振动速度 v/cm·s⁻¹		
			≤10Hz	10Hz<f≤50Hz	f>50Hz
1	土窑洞、土坯房、毛石房屋		0.15~0.45	0.45~0.9	0.9~1.5
2	一般民用建筑物		1.5~2.0	2.0~2.5	2.5~3.0
3	工业和商业建筑物		2.5~3.5	3.5~4.5	4.2~5.0
4	一般古建筑与古迹		0.1~0.2	0.2~0.3	0.3~0.5
5	运行中的水电站及发电厂中心控制室设备		0.5~0.6	0.6~0.7	0.7~0.9
6	水工隧道		7~8	8~10	10~15
7	交通隧道		10~12	12~15	15~20
8	矿山巷道		15~18	18~25	20~30
9	永久性岩石高边坡		5~9	8~12	10~15
10	新浇大体积混凝土（C20）	龄期：初凝~3d	1.5~2.0	2.0~2.5	2.5~3.0
		龄期：3~7d	3.0~4.0	4.0~5.0	5.0~7.0
		龄期：7~28d	7.0~8.0	8.0~10.0	10.0~12

注：1. 爆破振动监测应同时测定质点振动相互垂直的 3 个分量。

2. 表中质点振动速度为 3 个分量中的最大值，振动频率为主振频率。

3. 频率范围根据现场实测波形确定或按如下数据选取：硐室爆破 f<20Hz；露天深孔爆破 f 在 10~60Hz 之间；露天浅孔爆破 f 在 40~100Hz 之间；地下深孔爆破 f 在 30~100Hz 之间；地下浅孔爆破 f 在 60~300Hz 之间。

在上述标准中，衡量爆破振动强度时，采用保护对象所在地基础质点峰值振动速度和主振频率双指标。

（2）《水利水电工程爆破施工技术规范》（DL/T 5135—2013）的规定。该规范对基础灌浆和砂浆黏结型预应力锚索（锚杆）采用的允许爆破振动速度列于表 11-5。

表 11-5 新浇混凝土爆破振动安全允许标准

项　目	安全允许爆破振动速度/cm·s⁻¹			备　注
	龄期 3d	龄期 3~7d	龄期 7~28d	
混凝土	2~3	3~7	7~12	
灌浆区	0	0.5~2	2~5	含坝体、接缝灌浆等
预应力锚索（杆）	1~2	2~5	5~10	锚墩，锚杆孔口附近
喷射混凝土	1~2	2~5	5~10	距爆区最近的喷射混凝土

（3）在表 11-4 和表 11-5 中未列出的保护对象，爆破振动安全允许标准可参考类似工程或保护对象所在地的设计抗震烈度值来确定爆破振动速度极限值，如表 11-6 所示。

表 11-6 建筑物抗震烈度与相应地面质点振动速度的关系

建筑物设计抗震烈度/(°)	5	6	7
允许地面质点振动速度/cm·s⁻¹	2~3	3~5	5~8

（4）部分水利水电工程边坡允许爆破振动速度列于表 11-7。

表 11-7 部分水利水电工程边坡允许爆破振动速度

工程名称	部　位	岩　性	允许峰值质点振动速度/cm·s⁻¹
隔河岩水电站工程	厂房进出口边坡	石灰岩	22
	坝肩及升船机边坡		28
	引航道边坡		35
长江三峡工程	永久船闸边坡	微风化花岗岩	15~20
		弱风化花岗岩	10~20
		强风化花岗岩	10
新疆石门子水库工程	拱坝坝肩边坡	微风化砾石	10

（5）矿山边坡允许爆破振动速度。长沙矿冶研究院建议的矿山边坡允许爆破振动速度如表 11-8 所示。

表 11-8 长沙矿冶研究院建议的矿山边坡允许爆破振动速度

分类号	边坡稳定状况	允许峰值质点振动速度/cm·s⁻¹
1	稳定	35~45
2	较稳定	28~35
3	不稳定	22~28

（6）美国矿山边坡允许质点振动速度。美国的 Savely 调查了多个矿山边坡稳定情况，

根据不同损伤程度，提出了相应的允许质点峰值振动速度如表 11-9 所示。

表 11-9　Savely 提出的矿山边坡允许质点峰值振动速度

岩体损伤表现	损伤程度	质点峰值振动速度/cm·s⁻¹		
		斑岩	页岩	石英质中长岩
台阶面松动岩块偶尔掉落	没有损伤	12.7	5.1	63.5
台阶面松动岩块部分掉落（若未爆破该松动岩块可保持原有状态）	可能有损伤，但可接受	38.1	25.4	127.0
部分台阶面松动、崩落、台阶面上产生一些裂缝	轻微的爆破损伤	63.5	38.1	190.5
台阶底部后冲向破坏、顶部岩体破裂、台阶面严重破碎、存在大范围延伸的可见裂缝、台阶坡角爆破漏斗的产生等	爆破损伤	>63.5	>38.1	>190.5

11.2　爆破振动控制技术

爆破振动主动防护技术主要是通过控制爆源能量的释放，从根本上减小爆破振动效应。爆破工程实践中，技术人员通常采用延时爆破、干扰降振、预裂爆破、逐孔起爆等技术对爆破振动进行控制。

11.2.1　延时爆破技术

振动波传播过程中存在一定的相位，因此两个成多个爆源产生的振动波在合适的时刻总是可以实现干扰和反向叠加，使振动波振幅减小，并且干扰和反向叠加后的振动波高频成分增加，从而加速了振动波在地层中的衰减，延时爆破即是建立在此基础上的一种很好的降振方法。

11.2.1.1　毫秒延时爆破定义

毫秒延时爆破是指相邻炮孔或排间孔以及深孔内以毫秒级的时间间隔顺序起爆的一种爆破技术。大区和多排孔是表示毫秒爆破的规模。在矿山多用爆破区域范围（爆破量）、在铁路、公路土石方工程中利用爆破排数来衡量爆破规模的大小。

11.2.1.2　毫秒延时爆破的特点

（1）爆破规模大、爆破技术复杂、难度大；

（2）参加爆破施工的人数较多，工期较长，对施工组织和管理要求更高；

（3）由于爆破规模大，爆破有害效应（爆破振动、空气冲击波、噪声、飞石等）相对更严重些，要求采取更加严密的防护措施。

11.2.1.3　毫秒延时爆破作用原理

（1）应力波叠加作用。如图 11-2 所示，先爆的炮孔产生的压缩应力波，使自由面方向及孔与孔之间的岩石强烈变形和移动，随着裂隙的产生和爆炸气体的扩散，孔内空腔压力下降，作用力减弱。这时相邻药包起爆，后爆药包是在相邻先爆药包的应力尚未完全消失时起爆的，两组深孔的爆炸应力波相互叠加，加强了爆炸应力场的做功能力。

（2）增加自由面的作用。如图 11-3 所示，先爆的深孔刚好形成了爆破漏斗，新形成的爆破漏斗侧边以及漏斗体外的细微裂隙对后爆的炮孔来说，相当于新增加的自由面。

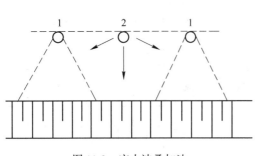
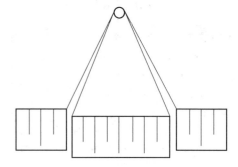

图 11-2　应力波叠加法　　　　　　　　　　　图 11-3　形成自由面法

（3）岩块相互碰撞作用。根据南芬露天铁矿高速摄影观测结果，爆后 150ms 左右岩石解体，岩块开始进入弹道抛掷和塌落阶段。而岩块移动的初速度为 14.6~25m/s，平均速度为 11.3~12m/s。这样，当第一响炮孔起爆后，破碎岩块尚未回落到地表时，相邻第二响、第三响炮孔已经起爆，岩块在空中相遇，产生了补充破碎作用。

（4）减少爆破振动作用。由于毫秒爆破显著地减少了单响药量，因此无论在时间上，还是空间分布上都减少了爆破振动的有害作用。如果毫秒延期间隔时间选择得当，错开主振相的相位，即使初振相和余振相叠加，也不会超过原来主振相的最大振幅。

实测资料表明：毫秒爆破与一般爆破相比，其振动强度可降低 1/3~2/3。图 11-4 形象地表示了炮孔延期时间对爆破效果的影响。

11.2.1.4　毫秒爆破间隔时间的确定

确定合理的毫秒延期间隔时间是实现毫秒爆破的关键。但是，如何确定？采用什么样的公式计算？目前尚缺乏统一的认识。以下计算公式仅供参考：

（1）应力波干涉原理。炸药起爆后，应力波将在两个药包中间的位置上产生相互干涉，产生无应力区或应力降低区。如果相邻两药包起爆时间间隔恰到好处，即后续药包在先爆药包引爆的压缩波从自由面反射为拉伸波后再起爆，就可以消除无应力区，同时还可以增大该区的拉应力。

$$\Delta t = \frac{\sqrt{a^2 + 4W^2}}{v_p} \tag{11-6}$$

式中　a——药包之间的距离；

　　　W——最小抵抗线；

　　　v_p——纵波传播速度。

（2）残余应力原理。后爆炮孔利用先爆药包在介质中产生的爆生气体使介质处于准静压应力状态，而建立残余应力场作用来改善破碎质量。

$$\Delta t = \frac{L}{v_c} + KW_d \tag{11-7}$$

式中　　L——补充自由面形成所需的裂隙宽度；

　　　　v_c——平均裂隙张开速度；

　　　　K——与药包抵抗线、介质性质、药包直径等有关的常数；

　　　　W_d——药包底盘抵抗线。

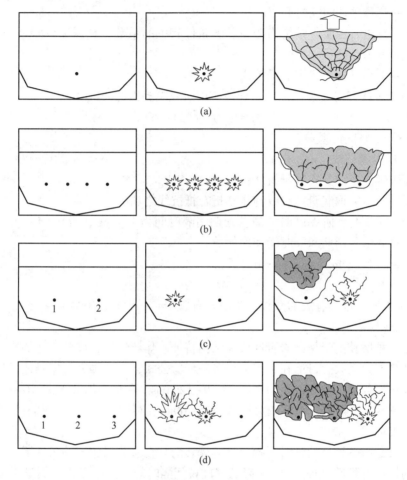

图 11-4　炮孔延期时间对爆破效果的影响

（a）单个炮孔起爆时的状态；（b）多个炮孔同时起爆时的状态；

（c）炮孔间延时过长时的状态；（d）炮孔间延时合理时的状态

（3）降振效应原理。合理的延期时间可以降低爆破振动效应，如果使得先后两药包所产生的能量在时间和空间上错开，尤其是两个波的主振相错开，就可以实现波的相互干扰而降低爆破振动强度。

$$\Delta t = \frac{50 d_c}{q} \sqrt{\rho_c r} \leqslant 1.1 \left(\frac{a}{d_c} \right)_{\max} \tag{11-8}$$

式中　　q——单位炸药消耗量；

　　　　d_c——药包直径；

　　　　r——装药作用直径；

　　　　ρ_c——装药密度。

（4）形成新自由面原理。根据大量统计资料，从起爆到岩石被破坏和发生位移的时间，大约是应力波传到自由面所需时间的5~10倍，即岩石的破坏和移动时间与最小抵抗线（或底盘抵抗线）成正比。

$$\Delta t = kW \tag{11-9}$$

式中　Δt——毫秒延期间隔时间，ms；

　　　　k——与岩石性质，结构构造和爆破条件有关的系数，在露天台阶爆破条件下，k值为2~5；

　　　　W——最小抵抗线或底盘抵抗线，m。

（5）按抵抗线和岩石性质确定。长沙矿山研究院提出的公式：

$$\Delta t = (20 ~ 40)W/f \tag{11-10}$$

式中　f——岩石坚固性系数；

　　　　W——底盘抵抗线，m。

清碴爆破时，W取其实际抵抗线；

压碴爆破时，W取底盘抵抗线与压碴折合抵抗线之和。

通常，露天深孔台阶爆破时，毫秒延期间隔时间为1575ms，常用25~50ms，随着排数的增加，排间毫秒延期间隔时间依次加长。

兰格弗斯（Langefors）等人提出公式：

$$\Delta t = kW \tag{11-11}$$

式中　k——与岩石台阶有关的系数，坚硬岩石取$k=3$；中硬以下岩石$k=5$；

　　　　W——底盘抵抗线，m。

多排孔毫秒爆破由于受到岩石性质和结构特征、炸药性能、爆破工艺的影响，延期间隔时间的计算差异很大。目前在工程上仍多用经验公式，每个国家根据具体条件不同，延期间隔时间选取各异。例如：美国多取$\Delta t = 9 ~ 12.5$ms、瑞典多取$\Delta t = 3 ~ 10$ms；加拿大多取$\Delta t = 50 ~ 75$ms；法国变化范围较大取$\Delta t = 15 ~ 60$ms；英国取$\Delta t = 25 ~ 30$ms；独联体和我国多取$\Delta t = 25$ms。

延时爆破是以毫秒级的延时间隔分批起爆装药。在总药量相同的条件下，延时爆破比齐发爆破的振速可降低40%~60%。降低程度视间隔时间、延时段数、爆破类型和爆破条件的不同而有差异。延时起爆间隔应满足各段爆破所形成的振动波主振相不会叠加的要求，最佳间隔时间在满足爆破效果的前提下，对于减振一般是越大越好。一般单孔单段爆破振动主振相持续约100ms，对于多段延时爆破随着距离的增大，不仅持续时间在变长而且段间隔也在减小。在距离爆源近时，两段的波峰相距较远间隔明显，随着距离的增大，这种差距在减小，所以两段的间隔时间最好大于100ms。

11.2.2　干扰降振技术

11.2.2.1　振动波干扰叠加减振研究现状

20世纪80年代国外开始提出孔间干扰减振，但一般是采用等间隔时差多孔干扰减振。

澳大利亚IC公司开始研制和使用高精度雷管和电子雷管，在澳大利亚和新西兰的几个露天矿进行爆破减振工业性试验。澳大利亚珀斯铝土矿爆破试验方案是分别采用15ms、

25ms、45ms、60ms 的等间隔孔间延时，其试验结果是多孔爆破引起的振动比单孔爆破振动速度幅值要大。在新西兰的科罗芒多派尼苏拉的金矿爆破试验方案中采用等间隔 25ms 孔间顺序起爆方式，在距离起爆点 80m 以外测定振动水平在 5cm/s 左右。

澳大利亚的墨尔本大学地质力学部分析了成排爆破在延迟误差及炮孔间的随机偏差振动频谱输出，结论是：假如单排由 10 个以上的炮孔组成，降低城区住宅结构振动的最佳延时应是排内各炮孔间的延迟时间为 30ms（标准），且排间延时最大可增至 100ms。进一步实验表明，增加孔间延时为 30ms 的炮孔的数量也能降低结构振动指数；提高延时时间 30m 的延时精度，也能降低结构振动。为了减小城区住宅的结构振动，应尽量减小处于 4~28Hz 范围内的振动能量（该能量是延时时间的函数）。该理论将用于减小有可能引起邻近爆区的边坡底部共振的振动能量。边坡的共振频率范围通过振动监测和动态有限元模拟两种途径来确定。

20 世纪 80 年代德国地质和自然资源联邦研究院对 150 个采石场进行振动波曲线模拟、新电子起爆系统预测和降低爆破振动研究。研究表明如果在开采爆破中得到精确最佳引爆时间，振动强度的降低才能实现。代那买特诺贝尔公司采用了非常现代化的电子线路技术研制出一代新起爆系统。新的电子雷管具有特别精确的延期精度，这种雷管与常规的毫秒级延期雷管大小相同。其电子元件部分由一个电容器和大规模集成电路组成。点火头、起爆药和猛炸药的装配与常规雷管一样，电子雷管的延期时间是在引爆前由计算机的发爆机编入程序的。该发爆机是在精密的时基条件下工作的，通过一个八位二进制微机加以控制。这种电子引爆系统不仅能用来控制地面振动，而且可以用于控制爆破以及控制拆除物的破碎程度和形状。

20 世纪 90 年代末，日本大阪旭化成工业株式会社提出一种"精确等间隔延时减振爆破"方法，并申请了专利，使用高精度雷管和水胶炸药，在水中进行等间隔时差逐个延迟爆破对其专利设想进行了验证性试验但其实验条件有很大的局限性，因而存在一些不足。

本世纪初广东宏大爆破股份有限公司为了减小大区爆破的振动以及工业性试验核电站工程的减振措施，在海南某大型采石场实施了"电算精确延时干扰减振爆破"进行了孔间干扰减振爆破试验，取得了一项群孔爆破减振至单孔爆破振动水平以下的新型实用技术，与前述日本专利相比较，有明显的进步，它表现在以下几个方面。

（1）"电算精确延时减振"爆破新技术，首次将群孔爆破振动减振至单孔爆破振动水平以下，该成果是一项世界首创的实用新技术。

（2）"双孔为组，组内时移主频半周起爆，孔间干扰减振组间适当延长"的起爆方案，既减振又可靠，并且在理论上和工业性生产中得到了验证。

（3）在工业性生产中从实测波中以"迭后减前"数值分解出任意延时的单孔子波并从众多子波数值解中提取子波真解，在国际上尚属首次，按地质条件和波传播路径分区平均子波是消除随机振动的创新思维和方法，综合构成的程序循环是达到精确延时减振的必需措施。

（4）提出了从理论、数值方法、计算机程序到实施程序起爆网路及器材的整套减振技术性能可靠操作性强、便于推广。

（5）该技术开辟了毫秒延时爆破的新方向，必然随着电子雷管技术的推广在国民经济中发挥更大的经济效益和社会效益。

上述的双孔为组，组内孔间干扰减振，组间适当延时的减振爆破方案在海南某大型采石场的生产应用中获得了成功。

近年来广东宏大爆破股份有限公司分析了炮孔波形减振特征，提出了在炮孔地质同区，对预定地域的最优化的有控干扰减振方法，以及双孔为组，组内爆破振动波时移主频半周起爆的可靠起爆方案。提出了从实测多孔波中提取同区炮孔平均子波的"迭后减前"算法和子波最优收敛判据，由此可以从实测多孔波中计算出真实的起爆间隔时间，炮孔等子波异频率子波和异振幅子波为有控干扰减振和炮孔波形分区，准备了必要前提。工业性生产试验和台阶爆破开采结果表明：在炮孔具有前振相的近频衰减子波的易减振区，有前振相和次峰的衰减子波的可减振区，可以采用该干扰减振方法将群孔的地振动降低到单孔爆破振动以下水平。在易减振区和可减振区，子波振幅比在 $1 \sim 0.6$ 内变化不会改变等子波的干扰减振效果；干扰两子波的主振相频率比在 $1 \sim 0.9$ 内随机变化能维持比单孔减振更好的减振效果。

11.2.2.2　振动波干扰叠加减振原理

采用电子雷管起爆，不但能起到降低单响药量的作用，还能起到波峰和波谷叠加干扰降振的效果。根据波的叠加理论知道，合理选择两次爆破的微差间隔时差，使后爆炸孔产生的振动波的波峰能够和先爆炸孔产生的振动波的波谷于同一时间到达目标点，叠加之后振动波的振幅应明显减小，爆炸产生的破坏效应会得到最大限度地降低。事实证明，通过优化延期时间，能将爆破振动调整为均匀分布的高频低峰值波形，振动频率远大于建筑物自振频率，避开了"类共振"，避免对建筑物造成损害。

延时爆破是在相邻炮孔或同一炮孔内以毫米级的时间间隔顺序起爆各药包的一种爆破方法。单孔爆破振动波波形如图 11-5 所示。通过合理选择两个药包爆破的微差间隔时间，使后爆炸孔产生的振动波和先爆炸孔产生的振动波达到目标点时产生干扰降振。如图 11-6 所示。

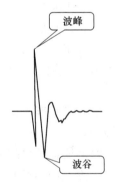

图 11-5　单孔爆破振动波波形图

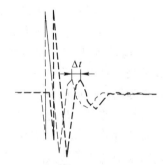

图 11-6　延时爆破振动波波形叠加示意图

干扰降振的关键技术是确定合理的间隔时间，使先后起爆的炮孔产生的振动波出现波峰与波谷叠加的相互干扰，以便最大限度地降低振动效应。要使前、后段别的爆破振动波按设计的间隔时间到达，获得理想的干扰是很难实现的，即使在某点可以实现某一谐振波频率的反相干扰，在其他地点也可能没能获得所期望的反相叠加的干扰效果。因此完全理想的波峰与波谷叠加干扰降振是难以实现的，但通过干扰降振使整体爆破振动峰值低于单孔爆破振动峰值可以实现。

普通雷管在毫秒延时爆破中的延时精度差，其精度很难满足延时间隔时间的要求。由于普通雷管的延时精度随雷管段数的升高而误差不断增大，与一次爆破振动波形的主振周期相比，就很难实现段间振动波形的峰谷相消；对于高精度电子雷管，其延时时间可以调整，且延时精度可以达到毫秒级，电子雷管的出现，使得通过波形的叠加来降低爆破振动效应成为一种可能。在特定的地质条件下进行数码电子雷管爆破试验，并对振动波形参数进行分析，可得到最佳延时间隔时差。

11.2.2.3　确定最佳延时时差的原则

虽然爆破振动波的波形并不完全符合正弦波，但当两个振动波错峰叠加时，还是可以借鉴和参照正弦波在介质中传播的情况进行分析。两列正弦波在同一介质中传播，周期相同，同为 $2\pi/\omega$，相位分别为 φ_1、φ_2，为简化分析，取 $0 \leqslant \varphi_1 < \varphi_2 \leqslant 2\pi/\omega$。于是两列波可分别表示为：

$$A_1 = \sin(\omega t - \varphi_1)\,;\ A_1 = \sin(\omega t - \varphi_2) \tag{11-12}$$

叠加后有：

$$A = A_1 + A_2 = \sin(\omega t - \varphi_1) + \sin(\omega t - \varphi_2) \tag{11-13}$$

利用三角函数的和差化积公式，可改写为：

$$A = 2\sin\left(\omega t - \frac{\varphi_1 + \varphi_2}{2}\right)\cos\left(\frac{\varphi_2 - \varphi_1}{2}\right) \tag{11-14}$$

对上式进行分析，$-1 \leqslant A_1 \leqslant 1$，$-1 \leqslant A_2 \leqslant 1$，$t$ 为任意值，即 $t \in (0,\ \infty)$，所以有 $-1 < \sin\left(\omega t + \dfrac{\varphi_1 + \varphi_2}{2}\right) < 1$，要使上式满足叠加相消的条件，两列波叠加后振幅不增大，即小于等于两者中幅值较大的一个。也就是若要 $-1 \leqslant A \leqslant 1$，则需 $-\dfrac{1}{2} <$ $\cos\left(\dfrac{\varphi_2 - \varphi_1}{2}\right) < \dfrac{1}{2}$。根据以上条件，如果 $\varphi_2 - \varphi_1$ 满足：$2\pi/3 < \varphi_2 - \varphi_1 < 4\pi/3$，则两列波振动波峰值叠加后小于单列波的振动峰值，特别当 $\varphi_2 - \varphi_1 = \pi$ 波峰与波谷相消，理想振动峰值为零。以此相位差作为两列波传播到目标点的间隔时差，对于主振周期为 T 的两列爆破振动波，当间隔时间 Δt_1 满足：$T/3 < \Delta t_1 < 2T/3$，在目标点产生叠加的情况下，两列振动波就能达到不同程度的叠加相消。理想状态是各列相同振动波相继 $T/2$ 时差到达某目标点，产生波峰与波谷完全相消的叠加，使得振动峰值趋于零。

11.2.2.4　干扰降振合理时差确定

根据现场的地质条件和爆破孔装药结构，找到相关条件下的单孔爆破振动波形特征，基于单孔爆破振动波形分析，计算其振动波的半周期，若前后两炮孔的爆炸振动波相差半周期时差到达，必然产生波峰与波谷的干扰叠加，因此要想达到理想的干扰降振，确定合理时差的方法是：

（1）预先获得降振点距离的单孔爆破振动波形、降振点和各炮孔的坐标（或距离）、振动波传播速度等参数。

（2）设计各炮孔的起爆顺序，初步按半周期时差设置相邻炮孔起爆时间。

（3）考虑相邻炮孔至降振点的距离差及振动波的传播速度，计算各相邻炮孔振动波的传播路程时差，如图 11-7 所示，根据传播路程时差再修正各炮孔的实际起爆时间，相邻炮孔的合理时差计算公式如下：

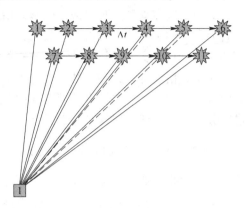

$$\Delta t = T/2 \ \pm \Delta S/v_p \qquad (11\text{-}15)$$

式中　Δt——合理时差，ms；

　　　T——爆破针对波主峰周期，ms；

　　　ΔS——相邻炮孔至降振点的距离差，m；

　　　v_p——振动波的传播速度，km/s。

（4）利用电子雷管任意设置起爆时间和高精度延时的优点，可实现各炮孔爆炸振动波的波峰与波谷相叠加。

图 11-7　设计降振点至各炮孔的时程差

相关资料证明：ϕ100mm 的深孔爆破，孔间延时 10~20ms，排间延时 100~150ms 时，可以达到很好的爆破减振效果。为确定最佳间隔时差，首先根据某单孔爆破试验来确定单列振动波的主振频率和周期，然后以逐孔半周期延时间隔设计群孔台阶爆破试验。图 11-8 为典型的单孔爆破波形图。从图 11-8 中可以看到，单孔的主振波持续时间约为 60ms，最大波峰的主振半周期为 17ms，之后是波谷区。因此，根据前面的叠加理论，后续炮孔爆破振动延时 17ms 到达会出现波峰波谷叠加的现象。

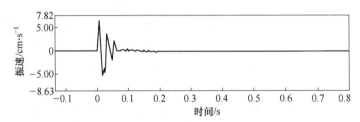

图 11-8　直径 90mm 的单孔爆破典型波形图

11.2.3　预裂爆破技术

11.2.3.1　预裂爆破定义

沿开挖边界布置密集炮孔，采取不耦合装药或装填低威力炸药，在主爆区之前起爆，从而在爆区与保留区之间形成预裂缝，以减弱主爆区爆破时对保留岩体的破坏并形成平整轮廓面的爆破作业，称为预裂爆破。

11.2.3.2　预裂爆破成缝机理

保证预裂爆破成功的必要条件是炸药在炮孔中爆炸产生的压力不压坏孔壁和沿预定的方向成缝。

当炸药与孔壁留有空隙时，炮孔所受的压力会大大降低。试验发现：不耦合系数为2.5时的孔壁最大切向应力只相当于相同爆破条件下，不耦合系数为1.1时的1/16。因此，完全可能将现有的常用炸药，用不耦合装药将孔壁压力降低到只有几十兆帕乃至几百兆帕。那时，孔壁压力接近岩石的极限抗压强度或低于极限抗压强度。使炮孔压力不致压碎孔壁并使炮孔之间岩石产生裂缝。

至于炮孔间的岩石为什么能形成裂缝，有不同的解释。

（1）应力波干涉破坏理论。应力波叠加原理认为，当相邻两炮孔起爆时，各个炮孔爆破产生的压缩应力波，以平面波的形式向四周扩散，并在两孔连心线中点相遇，产生叠加。在交汇处，应力波切向分量合力的方向垂直于连心线促使岩体外移，产生拉伸应力，如图11-9所示，达到临界值时，便会形成裂缝，并发展贯通。

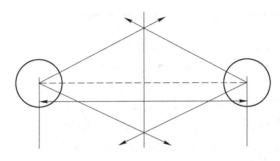

图11-9 应力波干涉作用示意图

（2）以高压气体为主要作用的理论。爆炸高压气体作用原理认为炮孔之间贯通裂纹的形成主要是爆炸生成的高压气体的准静态应力所致。该理论强调不耦合装药条件下的缓冲作用，由于空气间隙的存在，使得作用于孔壁的冲击波的波峰压力大大减小。

（3）爆炸应力波与高压气体联合作用理论。应力波与气体压力共同作用原理目前得到较多认可。该原理认为，炸药起爆时，应力波的主要作用是在炮孔周围产生一些初始的径向裂缝，随后，爆炸高压气体准静态应力的作用使得初始径向裂隙进一步扩展。

11.2.4 逐孔起爆技术

逐孔起爆方法是众多毫秒延时爆破技术其中的一种，当起爆方式采用逐孔起爆方法时，所有爆破炸药都为相互独立，炸药在起爆点位置处开始起爆，并按照一定的延时向后传爆，这样先爆的炸药就为后爆的炸药提供了新的自由面，使爆破产生的应力波在新的自由面处发生反射，增加了炸药能量的利用率，减小了爆破带来的振动，使得被炸药破碎的岩石发生彼此挤压、碰撞，改善了爆碎效果。

逐孔起爆作为一种延时爆破，使相邻药包以极短的毫秒级时间间隔顺序起爆，使各药包产生的能量场相互影响并充分利用先爆药包创造的有利条件而产生良好的爆破效果。与其他毫秒延时起爆技术相比，逐孔起爆技术是减振效果最为突出的一种手段，常见于地下矿山深孔爆破和露天台阶深孔爆破之中。在城市基础拆除中，由于周围建筑物（构筑物）的防护及城市环保要求，逐孔起爆技术的应用也越来越普及。逐孔起爆技术的作用机理与毫秒延时爆破原理相似，以露天台阶深孔爆破为例对目前公认的观点加以论述。

图 11-10 给出了典型的台阶逐孔起爆示意图，沿台阶工作面布置一排或者多排炮孔，炮孔起爆顺序可根据现场自由面情况、地质条件和周围环境情况，灵活设计。炮孔之间以毫秒延期按先后顺序起爆，其爆破破碎过程大致如下：

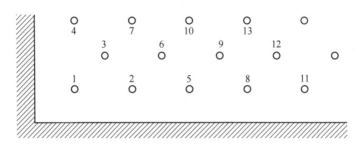

图 11-10　逐孔起爆网路示意图

(图中数字代表起爆顺序)

（1）先爆破药包可看做单孔漏斗爆破，在应力波、爆轰气体的双重影响下，在岩层中生产了爆破漏斗。爆破漏斗沿着它们的主裂隙与原来的岩石分离。但是，这时的岩石还没有显著的移动，炮孔内存在高压力、高温度的气体，只是在爆破漏斗内部生成大量交错裂隙，爆破漏斗外部出现微细裂隙。

（2）在炮孔位置处，产生第一个爆破漏斗后，通过延时雷管，第二个炮孔位置处的药包起爆。在第一个炮孔处产生的微裂隙为后起爆的炮孔提供了自由面。这样，后起爆炮孔的最小抵抗线为两个炮孔之间的距离，同时，炮孔爆破作用的方向也产生了变化，增大了应力波在自由面方向上的破碎作用。由于新产生的自由面减少了夹制性的产生。由此，炸药爆破产生的能量就充分作用在岩层上，岩石的块度大大降低，改善了爆破的效果。

（3）因为逐孔起爆过程中，延期时间为毫秒级，非常短，导致先爆的药包在炮孔周围产生的应力场还尚未消失，下一个炮孔中的药包已经开始起爆。两个炮孔内药包爆炸产生的应力场发生相互叠加，增大了爆破应力波对岩石的作用，并且，增加了应力波对岩石的作用时间，改善了破碎效果。

（4）当前面的药包爆破的岩石飞散时，后面的药包爆破的岩石向新生成的自由面方向飞去，与前面回落的岩石彼此碰撞，因为各自的动能又产生了破碎，而且使得爆堆不分散，较为集中。

（5）由图 11-10 可看到，炮孔间的起爆顺序为相间布置，延期时间为毫秒级，这样，逐孔起爆生产的应力波能量在时间、空间上是相互分开的，振动效应随之减小，是因为避开了主振相的相位，见图 11-11。即便初相或者余振相发生了叠加，也不会超过主振相振幅的最大值。

研究表明，逐孔起爆技术比传统起爆技术的爆破振动效应可减少 1/3~2/3。由于逐孔起爆技术大大减小了爆破振动带来的危害，提高了经济效益，使得逐孔起爆技术在爆破工程中应用十分广泛。

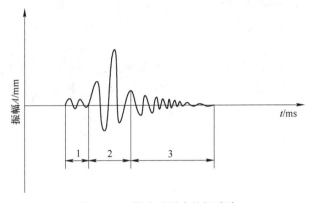

图 11-11　爆破后形成的振动波
1—初振相；2—主振相；3—余振相

11.3　爆破振动控制措施

11.3.1　起爆器材的选择

11.3.1.1　采用低威力、低爆速炸药

在深孔爆破时，采用低爆速炸药的减振作用体现在以下 3 个方面：

（1）降低了爆炸冲击波对孔壁的峰值作用力，减小了振动峰值强度；

（2）延长了爆炸压应力作用时间，相应地降低了爆破振动的频率；

（3）改善了岩石破碎块度、增加了破碎岩石的能量比率，同时降低了爆破振动的能量比率。

11.3.1.2　采用数码电子雷管

数码电子雷管是一种可以随意设定并准确实现延时的新型电雷管，它是起爆器材领域里最为引人瞩目的进展。其本质在于一个微型电子芯片控制，取代了普通电雷管中的延期药与电点火元件，不仅大大地提高了延时精度，而且控制了通往引火头的电源，从而最大限度地减少了因引火头能量需求所引起的误差。

近年来，数码电子雷管凭借其精确的延时性能及有效提高爆破振动主频的特征，在全国各地得到了广泛的应用及推广，大大减小了爆破振动的危害效应。电子雷管实现高精度起爆时序控制，为精确爆破设计、爆破效果控制、爆破机理与过程模拟研究，提供了新的技术支持。

11.3.2　合理设置孔网参数

孔网参数是深孔爆破的重要参数，是决定爆破作业成败的关键要素之一。孔网参数包括炮孔直径 D、孔距 a、排距 b、炮孔倾角 α、孔深 L、孔超深 Δh、底盘抵抗线 W_1。孔网参数的选择与台阶高度、布孔方式、起爆方式、爆区岩石物理力学性质和节理发育情况等有着直接关系。通常一个矿区的台阶高度、炮孔直径和起爆方式是相对固定的，而孔网参数可能不尽相同，它必须根据拟爆区域和钻孔位置岩石的物理力学性质确定。

（1）炮孔直径 D。由于采用浅孔凿岩设备，孔径多为 $36 \sim 42mm$，药卷直径一般为 $32 \sim 35mm$。

（2）炮孔间距 a 和排距 b。$a = (1.0 \sim 2.0)W_1$ 或 $a = (0.5 \sim 1.0)L$。

（3）炮孔倾角 α。炮孔倾角 α 取决于炮孔布置方式，即炮孔是平行于台阶坡面布置（倾斜炮孔）还是垂直水平面布置（垂直炮孔）。

（4）孔深和超深。

$$L = H + \Delta h \tag{11-16}$$

式中　L——炮孔深度，m；

　　　H——台阶高度，m；

　　　Δh——超深，m。

浅孔台阶爆破的台阶高度 H 视一次起爆排数而定，一般不超过 5m。故超深 Δh 一般取台阶高度的 $10\% \sim 15\%$，即

$$\Delta h = (0.01 \sim 0.15)H \tag{11-17}$$

如果台阶底部辅以倾斜炮孔，台阶高度尚可适当增加，如图 11-12 所示。

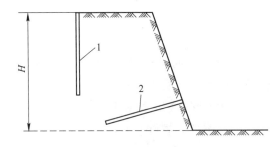

图 11-12　小台阶炮孔图
1—垂直炮孔；2—倾斜炮孔

底盘抵抗线。

$$W_1 = (0.4 \sim 1.0)H \tag{11-18}$$

在坚硬难爆的岩石中，或台阶高度较高时，计算时应取较小的系数。

11.3.3　爆破规模与单响最大药量控制

我国通常用下列公式计算爆破振动安全允许速度

$$v = K\left(\frac{Q^{1/3}}{R}\right)^{\alpha} \tag{11-19}$$

式中　v——保护对象所在地面质点振动速度，cm/s；

　　　Q——一次爆破装药量（齐爆时总装药量，延迟爆破时为最大一段装药量），kg；

　　　R——爆心至观测点的距离，m；

　　K，α——与爆破点至计算保护对象间的地形、地质地区条件有关的系数和衰减指数，K、α 值可按《爆破安全规程》（GB 6722—2014）选取，或通过现场试验确定。

通过爆破振动速度计算公式可以知悉，振动速度 v 与最大单段药量 Q 之间呈显著正相

关关系，也就是说，Q 增大的同时，v 值也会随之增加。而振动速度和振源中心与测点距离 R 呈负相关关系，也就是说，在 R 值增加的情况下，v 值会相应地减少。同时，在一定程度上，振动速度 v 还受爆区地质地形的影响。通常情况下，R 值是不可更改的，爆区的地质地形也是无法改变的，因此为从爆破振源入手，控制爆破振动，就要适当的减小最大单段药量 Q 值，具体的实施方法如下。

（1）基于爆区与被保护区域之间的实际距离，科学应用毫秒延时起爆技术，控制最大单段药量，将振动速度严格控制在一定范围内，以最大限度地减少振动效应对被保护区域的影响。

（2）在设计起爆网路阶段，爆破单位要在合理组合炮孔的基础上，有意识地控制单孔的药量，使其处于设计要求范围内即可，以实现减少振动效应的目的。

（3）若被保护区域所处的位置要高于爆源中心，爆破单位即可根据爆破振动强度随高程变化公式，准确地计算出最大单段允许药量。

确定保护对象的振动安全允许速度 v 后，即可根据式（11-19）计算一次爆破最大用药量。当设计药量大于该值而又没有其他降振措施时，则必须分次爆破，控制一次爆破的炸药量。将一次爆破药量分成多段毫秒延期起爆，使得爆破振动速度峰值减小为受单响最大药量控制，这样，一次爆破规模可扩大很多倍而不会产生较强振动。

11.3.4 优化装药结构

目前应用最广的优化装药结构方法是间隔装药，间隔装药属于不耦合装药结构的一种。爆炸理论研究证明，不耦合装药结构能有效降低爆破振动。

炸药在介质中爆炸形成冲击波和爆生气体爆炸对介质的破坏是两者的共同作用，而引起质点的振动主要是冲击波的作用。冲击波向外传播的强度随距离的增加而减小，波的性质也发生了相应变化，由冲击波逐渐衰减为应力波，弹性波或振动波。由此可见振动波的强弱与爆炸冲击波的强度有关。所以只要采取有效措施降低爆炸冲击波的能量，则转变为振动波的能量也会随之降低；此外，降低爆生气体对孔壁的静压力也有助于降低爆破振动。

对于不耦合装药可以通过理论计算验证其爆炸对孔壁的冲击压力和爆生气体对孔壁的静压力较之耦合装药小即可。

爆破减振试验研究发现采用不耦合装药结构时，炮孔壁所受到的冲击波压力可以大大降低而冲击波作用时间明显增长，而后在高压气体准静态应力的持续作用下，可促使径向和环向裂隙的进一步扩展。同时，炸药爆炸生成的大量气体对炮孔壁产生准静态压力，其压力值随炸药性质、装药密度以及爆轰气体温度而变化。经长期研究认为爆生气体在促使岩石裂纹进一步扩展、岩石破碎和产生位移甚至抛掷过程中起主要作用。当然如果采用不耦合装药时爆生气体对孔壁的准静态压力有所降低，则也有助于减小质点振动速度。

根据炸药爆破机理，炸药在爆炸时，能在极短的时间内产生较高的爆轰压力，在岩石中产生的应力波对岩石进行破坏，然而，由于炸药爆炸的爆轰反应极为短暂，爆轰压力只能使岩石发生破裂，破碎主要是爆炸压力的作用，爆炸压力作用时间比爆轰压力作用时间长。爆破后，爆炸压力将沿裂隙遗失，使得岩石受力时间短，如裂隙较多，则爆破压力遗失较快，造成距离装药中心近的区域岩石过度破碎，距离远的区域岩石得不到充分破碎，自装药中心向外，分别形成压碎区、破裂区和振动区。如果适当减少爆破初始压力，则可减少消耗在压碎区的能量损失，而相应提高作用在破裂区的能量。另根据冲量原理，当爆破脉冲压力一定时，作用时间越长，爆破冲量愈大，对岩石破碎愈有利。炮孔孔底间隔装药爆破技术，就是根据岩石的破碎机理和炸药能量突变时对周围介质产生干扰和破坏的原理，在炮孔底部采用空气或水等介质作间隔的一种爆破新技术。这种爆破技术能更好地调节爆破过程，降低爆破初始压力，延长爆破作用时间，提高爆破能量利用率。它的主要优点一是可降低装药单耗，减轻爆破振动强度，扩大破坏范围；二是可改善爆破质量，减少大块、根底率，使破碎块度更加均匀。

下面详细介绍炮孔底部空气间隔装药结构作用机理。

A 卸载作用、减低初始爆压

底部空气柱装药犹如在装药底部设置了一段卸压管，在装药爆轰后的初始阶段，部分压力迅速向底部空气柱卸载降低了初始爆压，减轻了爆轰冲击作用，减小了粉碎或压缩圈的半径，从而应力波能量得到加强，破坏作用范围增大，爆裂缝数量增多、长度增大。

B 储能作用，增大爆破冲量、减弱爆破振动

爆破中岩石介质的破碎不但与作用力的大小 F 有关。而且与爆炸压力作用的时间的长短有关，即与其冲量 $I = \int P \mathrm{d}t$ 有关。而底部空气柱恰似一个能量储存器（空气柱长度必须控制在适当范围内），装药爆炸时，部分能量撞击孔壁，对周围介质产生依次加压，形成主压缩波。而部分能量被储存在底部空气柱中，随着主压缩波的能量降低，空气柱开始释放能量，并扩展和贯通裂缝，空气柱多次脉动，对介质多次加载，增加了对介质破坏作用时间，提高爆破效果，减弱了爆破振动。

C 气压作用滞后、断裂破坏加强

底部空气柱装药爆破时，在初始阶段相当长时间内，高温高压的爆轰气体进入底部空气柱储存，待冲击压缩能量使介质产生许多裂缝而降低到一定程度后，底部空气柱才开始释放能量。因此，充分利用了爆轰冲击和气体压力这动静两相的独立破岩作用，延长了爆破作用时间，结果使爆轰冲击波和应力波充分创造裂缝，气体高压的断裂作用也得到了加强，爆破振动随着减弱。

耦合装药系数为 0.4~0.5 的底部空气柱装药爆破作用最强、爆破体积最大，产生的爆破振动最小；当底部空气柱长度接近药深时，则由于爆生气体膨胀的距离和体积的扩大，卸压作用增大，气压作用的滞后时间太长、压力太小，以致破岩作用减弱，爆破体积也因此而减少，爆破振动虽然减小，但容易出现岩坎。

11.3.5 开挖减振沟（槽、孔）

预裂爆破的降振作用主要通过爆源和保护目标间的预裂孔隙面来实现。振动波在传播过程中遇到波障，就会出现一个振动强度降低的屏蔽区，这个屏蔽区的大小及其降振效果与预裂面的深度、长度和裂隙的宽度以及从爆源至预裂面的距离有关。在爆源和保护目标之间挖掘沟槽，可以降低保护目标处的振动。沟槽在一定的宽度和深度的范围内形成了临空面，改变了爆破振动的传播规律，其原因为：（1）在沟槽靠近爆源一侧，从爆源传来的应力波（纵波、横波和表面波）垂直到达沟槽壁，然后沿原路反射。入射波和反射波在沟槽壁上叠加，致使沟槽壁及其附近振幅和振动速度都明显地增大；（2）在沟槽远离爆源一侧的沟壁上，应力波的振动速度也较无沟槽时有一定程度的增加；（3）在沟槽远离爆源一侧的其他位置，质点的振幅和振动速度都较无沟槽时明显降低。在无法挖掘沟槽的地方，可以通过密集钻孔形成孔排来降振。钻孔孔排虽然没有完全切断振动的传播途径，但也会发生与有沟槽时相似的现象。

当介质为土层时，可以开挖预裂沟，预裂沟宽以施工方便为前提，并应尽可能深一些，以超过主药包位置50cm为好。作为预裂用的孔、缝和沟，应注意防止充水，否则将影响降振效果。

为减少振动波对爆破区域周边建筑物的影响，爆破单位可采取相应的阻断措施，隔断振动波的传播，降低振动效应。爆破工程中比较常见的阻断方法有如下两种。

（1）充分利用自然破碎层和人造预裂缝。可在爆破区域附近进行减振沟作业。需要注意的是，减振沟的深度要比炮孔底部深度多1m以上，同时要保证减振沟清洁，无水无杂物。

（2）打造双排密集减振孔。爆破单位可打造孔径在90~115mm之间、孔间距和排间距分别在25~30cm、30~40cm之间的双排密集减振孔，同时，要确保孔内无积水现象、无杂物，在第一时间内做好密封工作。

11.3.6 被保护设施抗振加固

搭设防护排架，此类技术主要是对被保护对象进行加固处理，以预防爆破振动对其产生较大的影响。但是，此技术实施成本较高，一般仅用于重点保护对象的爆破振动控制中（图11-13）。

11.4 爆破振动监测

在爆破施工过程中做好爆破振动实时监测，比对不同时刻的爆破药量和振动幅值，有针对性调整爆破参数、优化爆破网路设计。下一次爆破振动监测过程中在将振动监测数据作为信息反馈，进一步消减最大峰值时刻的起爆孔数，调整爆破参数和爆破网路，直至获得最佳起爆时差和最好的振动控制方法。爆破施工过程中应特别注意爆破振动幅值与振动允许指标的差值，一旦振动幅值接近允许值的80%，就要发出提醒警示，达到90%应该采取更严格的控制措施，超过允许值就要停工整改，它是保证爆破安全的基础，没有监测数据等于盲目施工，一旦发现危险苗头不能及时进行处理，必将酿成事故。建立信息化爆破施工，是爆破施工安全的基本保证，也可为解决爆破振动引起的诉讼或索赔提供科学依据。

11.4.1 爆破振动监测内容

爆破振动监测在整个爆破技术领域中具有重要的作用。爆破振动监测的目的可以分为以下3个方面：（1）了解爆破振动波的特征并且掌握其传播规律；（2）使爆破振动对建（构）筑物的影响降至最小；（3）通过爆破振动监测所测得的数据分析出爆破振动破坏机理、传递参数以及岩体动荷载分布特征等。爆破振动监测结果是被保护建（构）筑物对于爆破振动的反应。爆破产生出的能量在岩石介质中传播时会引起振动效应，也就是说，振动是由质点振动速度与方向变化所产生的力所引起的。哪一个物理量可以作为最佳的测试对象，应该按照下列几条标准选择。

图 11-13　抗振加固

（a）立柱抗震加固；（b）安装钢梁加固；（c）梁底粘钢加固；（d）碳纤维粘贴加固

（1）决定爆破振动破坏力的主要因素；

（2）与药量和爆心距应有较好的相关性；

（3）能用简单的仪器来确定。

目前在工程上使用最多的仍然是振动速度测试，在《爆破安全规程》（GB 6722—2014），部分建（构）筑物安全允许振速如表 11-4 所示。

11.4.2　爆破振动监测数据处理

通过试验和监测确认获得爆破方案后，在继续进行爆破振动监测的前提下，将爆破振动控制在安全范围内，爆破振动监测作为必要手段，当发现振动偏大时，应及时的调整和优化爆破参数，以确保爆破安全及施工效果。大量文献研究表明，降低爆破振动应从多方面考虑，并采取适合的措施以取得最佳的效果。监测数据处理有以下用途。

（1）施工过程全程测试和爆破强度预测。通过对爆破振动信号进行理论分析，拟合出在不同的工程水文地质影响下，爆破振动强度随着施工进行而不断变化的趋势，并参照变化点的差异，不断动态调整爆破参数，采用合理科学的爆破方法，经过反复试验论证和监测调整，最终找到跟工程紧密结合的普遍适用的施工方案，并可预测随着工程施工进度的进行，爆破强度变化的规律，以及为同类工程条件下施工提供技术支持和理论参考。

（2）不断调整爆破参数，减小岩石夹制作用对爆破信号进行分析，利用得到的结论，采用高精度的微差电雷管，调整影响爆破振动强度的掏槽眼的掏槽方案，选取合理适用的方案，来减小岩石的夹制作用，以此来减轻爆破振动的危害。

（3）充分利用合理延时时间，避免危害作用的叠加充分利用高段位的雷管具有的延时分散性大的特点，适应在周边眼中大量采用，这时，由于掏槽眼和崩落眼的先期起爆，周边眼的爆破自由面相对来说较大。此时增加同段高段位微差雷管的爆破眼数，爆破振动值并不会相应很明显地增大，同时可以达到改善爆破效果，提高爆破施工效率。

（4）掌握实际的雷管微差间隔，达到雷管最优起爆效果，由于雷管在制造生产及运输过程中的各种影响，实际应用中的雷管的起爆微差间隔理论规定间隔存在一定程度上的差异，因此，在保证使用同批号雷管的基础上，得到该批号雷管的实际起爆微差间隔，在隧道施工工程中，对于爆破技术人员具有非常重要的意义。

参 考 文 献

[1] 汪旭光. 爆破设计与施工 [M]. 北京：冶金工业出版社，2011.

[2] 汪旭光，郑炳旭. 工程爆破名词术语 [M]. 北京：冶金工业出版社，2005.

[3] 汪旭光. 中国典型爆破工程与技术（精）[M]. 北京：冶金工业出版社，2006.

[4] 汪旭光. 工程爆破新进展 [M]. 北京：冶金工业出版社，2011.

[5] 汪旭光，刘殿书，周家汉，等. 中国工程爆破新进展 [C]// 第九届全国工程爆破学术会议.

[6] 田运生，汪旭光，于亚伦. 场地条件对建筑物爆破振动响应的影响 [J]. 工程爆破，2004（4）：68-70，67.

[7] 周建敏，汪旭光，龚敏，等. 缓冲孔对爆破振动信号幅频特性影响研究 [J]. 振动与冲击，2020，39（1）：240-244.

[8] 沈立晋，汪旭光. 工程爆破安全起爆系统 [J]. 工程爆破，2003（4）：60-64.

[9] 崔新男，汪旭光，王尹军，等. 基于立体视觉的数字图像相关方法在爆破抛掷作用研究中的应用 [J]. 四川大学学报（工程科学版），2020，52（1）：102-109.

[10] Mo Caiyou, Zeng Xiangwei, Xiang Kefeng. The passive blast protection valve flow field numerical simulation and movement analysis [C] //Proceedings of the 4th International Conference on Mechatronics, Materials, Chemistry and Computer Engineering 2015, 2015.

[11] 吕淑然. 露天台阶爆破地震效应 [M]. 北京：首都经济贸易大学出版社，2006.

[12] 王玉杰. 爆破安全技术 [M]. 北京：冶金工业出版社，2005.

[13] 顾毅成，史雅语，金骥良. 工程爆破安全 [M]. 合肥：中国科学技术大学出版社，2009.

[14] 陈庆凯，孙俊鹏，林建章. 爆破安全 [M]. 北京：东北大学出版社，2012.

[15] 朱传统，梅锦煜. 爆破安全与防护 [M]. 北京：水利电力出版社，1990.

[16] 陶铁军，池恩安，赵明生，等. 露天铁矿分区爆破振动监测与安全分析 [J]. 中国安全生产科学技

术, 2012 (12)：179-183.

[17] 赵朝阳. 复杂环境下桥梁基坑浅孔控制爆破技术 [J]. 铁道建筑技术, 2014 (5)：82-85.

[18] 左治兴. 露天转地下开采过程中高陡边坡的稳定性评价与控制技术研究 [D]. 长沙：中南大学, 2009.

[19] 明悦, 魏兴, 邬艳礼, 等. 东联 2 号路路堑开挖控制爆破技术 [J]. 爆破, 2012 (2)：60-62.

[20] 项斌, 吴义, 陈艳春, 等. 复杂城市环境下石方爆破安全防护技术 [J]. 西部探矿工程, 2016, 28 (7)：1-4.

[21] 王春玲, 张英才, 李壮文. 黑石渡浏阳河大桥控制爆破技术 [J]. 爆破, 2013, 30 (3)：96-99.

[22] 郭尧, 薛里. 爆破飞石、滚石多元立体防护控制技术 [J]. 现代矿业, 2015, 31 (7)：154-156.

[23] 彭怀德. 爆破施工对邻近隧道影响及安全综合防护研究 [D]. 长沙：中南大学, 2014.

[24] 施建俊, 孟海利, 吴春平. 钢筋混凝土烟囱控制爆破拆除振动测试与分析 [C] // 2010 中国可再生能源科技发展大会.

[25] 刘航. 紧邻既有线石方安全控制爆破技术 [J]. 铁道建筑技术, 2012 (1)：118-123.

[26] 曹国林, 陈佩富, 胡军尚. 控制爆破技术在复杂环境下山体开挖中的应用 [J]. 现代矿业, 2012, 28 (6)：138-140.

[27] 杨德强, 汪旭光, 王尹军, 等. 市区复杂环境条件下场地平整控制爆破技术 [J]. 矿业研究与开发, 2016, 36 (8)：24-27.

[28] 叶朝良, 张天宇. 徐淮场路堑近邻建（构）筑物爆破安全防护技术 [J]. 工程爆破, 2018, 24 (2)：27-33.

[29] 蒋俊峰. 居民区附近控制爆破技术 [J]. 今日科苑, 2008 (12)：59-60.

[30] 冯志远, 曾俊修, 程宏磊, 等. 特高压区板式基础爆破开挖技术 [J]. 现代制造技术与装备, 2017 (1)：121, 122.

[31] 邢光武, 郑炳旭, 魏晓林. 延时起爆干扰减震爆破技术的发展与创新 [J]. 矿业研究与开发, 2009 (4)：95-97.

[32] 魏晓林, 郑炳旭. 干扰减振控制分析与应用实例 [J]. 工程爆破, 2009, 15 (2)：1-6, 69.

[33] 邢光武, 魏晓林, 郑炳旭. 孔底空气间隔减震试验研究 [C] // 第九届全国工程爆破学术会议.

[34] 祝云辉. 经山寺露天铁矿减小爆破振动的实践 [J]. 露天采矿技术, 2015 (2)：27-30.

[35] Lei Shengxiang, Gao Bo. Study on construction blasting vibration control and effect of space coupling of the large cavern under high crustal stress [J]. Advanced Materials Research, 2012, 368-373：2908-2914.

[36] Li Leibin, Zhang Jianhua, Zhong Dongwang. Study on Blasting Vibration Control Technology in Coastal Oil Depot Area [J]. Journal of Coastal Research, 2019, 94 (sp1)：285-290.

12　爆破振动控制的发展方向

爆破振动是工程爆破作业无法消除的效应之一。国际上自二战以后就开始关注爆破振动安全问题，我国是在 20 世纪 70 年代之后才逐渐引起关注，国内不少单位对爆破振动传播规律、与天然地震的异同、主要影响因素、工程施工中的控制技术、观测方法和手段、建（构）筑物受振的动力反应计算、安全评定标准等进行了大量的科学研究和经验总结，取得了一大批有益于爆破振动安全控制的成果。但是，新世纪到来之后，我国城市化的发展更加迅速，社会经济蓬勃向上，致使工程爆破的环境条件更加复杂，加之公民安全和维权意识的大幅提高，对爆破振动安全控制提出了更高的要求。新型爆破器材的研发使用和电子技术的全面普及使中国爆破振动控制技术跃上了一个新台阶，取得了较多的新进展。目前爆破振动控制的发展方向主要有爆破振动信息化管理、远程测振系统的研发与应用和非接触式测振等。

12.1　爆破振动信息化管理

12.1.1　信息化管理

信息化是指培养、发展以计算机为主的智能化工具为代表的新生产力，并使之造福于社会的历史过程。（智能化工具又称信息化的生产工具。它一般必须具备信息获取、信息传递、信息处理、信息再生、信息利用的功能。）与智能化工具相适应的生产力，称为信息化生产力。

信息化管理是指以信息化带动工业化，实现管理现代化的过程，它是将现代信息技术与先进的管理理念相融合，转变企业生产方式、经营方式、业务流程、传统管理方式和组织方式，重新整合企业内外部资源，提高企业效率和效益、增强企业竞争力的过程。

对一般企业而言，其全部活动分为两大类：其一是生产活动，其二是管理活动。伴随生产活动的是物流，伴随管理活动的是信息流。信息流伴随物流而产生，控制和调节物流的数量、方向、速度、目标，使之按照一定的目的、方向活动。在管理活动中信息流起主导作用。如果忽视了信息流的主导作用就会导致物流的全盘混乱，这样的管理是失败的，从这个意义上讲管理过程实质就是信息处理过程。

12.1.2　爆破振动信息的特点

爆破振动信息的特点包括：

（1）爆破振动信息耦合性强。在涉爆行业中流通、使用全过程的各种爆破振动信息；

（2）大量的历史数据。涉爆行业某些振动信息需要长期保存，便于以后信息查询、检索、监控与跟踪，所以历年累计的历史数据信息量非常大；

（3）实时性和信息的重组。爆破行业涉及到的信息众多，并且要从爆破振动信息中或缺直观的、有用的信息，就必须进行信息重组，同时对实时性也有一定的要求。

12.1.3　爆破振动信息管理的内容

爆破振动信息管理涉及面较广，不但包括信息的采集、传输等过程，而且包括对信息的分析处理、查询统计、备份恢复、数据挖掘等内容。本书仅从以下几方面进行介绍。

12.1.3.1　信息采集

信息的采集方式分为人工采集和自动采集。人工采集是指手工对信息进行收集整理自动采集是利用办公自动化系统、移动终端等软件或电子设备对信息进行自动收集、整理。信息采集的基本要求是采集信息及时准确，校验功能严密，录入手段方便，保证采集信息的可靠性、系统性和连续性。

（1）信息采集的可靠性。保证采集信息的可靠和准确是信息管理的最基本要求，信息的真实性关键是要做到信息来源的准确可靠。

（2）信息采集的系统性和连续性。对信息的一系列动态状况和特征必须进行连续、系统的采集、存储汇总。

（3）信息采集的方法很多，在采集过程中要注意遵循以下基本程序，制订信息采集计划，包括明确信息来源和采集范围、明确规定信息采集方式和要求、设计信息采集具体形式。因为不同的信息有不同的表现形式要求采取不同的形式加以采集，对某些信息应预先设计好信息结构进行信息采集，包括采集原始信息以及对其进行筛选、分析和整理。

12.1.3.2　信息存储

采集取得的信息经过分析处理后变成有用的信息，需要对其进行存储管理。信息存储包括介质（如磁盘、光盘等）的选择、信息安全性、使用方便性、和信息一致性保证等内容。其存储形式是多样的。磁带、磁盘等属于可删除或修改的介质，便于信息的汇总、检索等管理工作。

12.1.3.3　信息传输

信息管理的过程是信息采集→信息加工→信息利用，要完成这个管理过程就要经过信息传输，传输的速度和质量直接影响信息管理的效益，因此保证信息传输的速度和质量是信息管理的重要内容。

信息传输方式是多种多样的，按信息流的流向不同，可区分为单向传输、反馈传输和相向传输3种方式；按信息传输数量的集中程度不同，可区分为集中式和连续式两种；按信息的传输范围不同，可区分为系统内部传输和系统外部传输两种方式。可以根据传输对象、时间、距离信息内容、经济效益和实际效果等不同情况和要求选择适当的传输方式。

信息传输由3部分组成：信源，即信息的本源，包括信息的生成源和再生源。前者发出的是原始信息，后者则是经过加工的信息；信道：即信息传输的通道，通道合适可减少干扰和保证传输速度；信宿：即信息接受者或接受单位，可以是人、组织或机器。

要保证信息传输的有效性，即保证传输的真实可靠快速，尤其要防止在信息传递过程中信息畸变失真。

12.1.3.4　信息分析处理

信息分析处理是信息管理的重要环节，所谓信息分析处理是指将采集的信息资料通过分类、统计对比、计算、研究、判断、编纂等工作使之成为反映全面情况的信息成为有使用价值的信息。

信息的分析处理包括以下基本内容：（1）信息分类。将原始信息资料按类型、时间、部门、管理要求等进行分门别类组合；（2）信息统计。对具有相同类别、属性的信息进行集合；（3）信息对比。对各种信息资料进行分析比对，判断使其反映管理的有关要求，无用的删除，不符合要求的就要进行补充采集；（4）信息计算。对信息进行加工计算从而得到所需要的新信息；（5）信息研究。通过对大量信息的深入研究分析从而得到新概念、新含义、新结论等知识形态的信息；（6）信息判断。对信息的可靠性、准确性、精确性、价值性进行鉴别判断，剔除不可靠的、不确切的和价值不高的，并对信息的含量、质量、时效、价值进行判新；（7）信息编纂。对通过分析处理的信息进行编纂使之成为新的信息资料，以便于贮存、分析和比较对照信息的内容格式文字、结构等要达到规范化、系统化和标准化的要求。

信息分析处理方法分为定性和定量两类。进行信息分析处理的具体方法有包括概率论、统计学、运筹学等。

12.1.3.5 信息查询统计

信息查询统计是涉爆行业管理信息系统重要的组成部分，爆破振动信息量相当庞大，为了提高查询统计效率需要建立一套科学的信息查询统计方法，对信息进行科学的分类和编码。

12.1.3.6 信息备份与恢复

对信息进行备份和恢复是为了保护信息资源在遭到破坏的情况下，及时、准确地保存和恢复数据信息。信息的备份和恢复可以利用软件方法来自动实现软件要满足以下要求：（1）自动化。信息备份要具备定时自动的功能，要具有日志记录功能，出现异常情况时自动报警。（2）高性能要求。信息备份实时准确快速，能适应信息量大、更新频率快的特点。（3）安全性。采用防病毒、信息加解密和 RAID 技术，可以更好地保证信息的安全，如果在备份的时候把计算机病毒也备份下来，将会造成恶性循环产生巨大的破坏作用。因此要求在备份的过程中具备查毒、防毒、杀毒的功能确保无毒备份。（4）操作简单。信息备份要求操作简单直观、图形化用户的界面使信息备份操作方便易用。（5）可靠性。当系统运行时有些文件可能仍然处于打开的状态，在进行备份的时候要采取措施实时查看文件状态，进行任务跟踪，以保证正确地备份数据信息。

备份的方式可以分为 3 种全备份、增量备份、差量备份。全备份是每次备份所有信息，优点是恢复快，缺点是备份信息量大信息多时可能做一次全备份需很长时间。增量备份是自上一次备份以来更新的所有信息，其优点是每次备份的信息量少，缺点是恢复时需要全备份及多份增量备份。差量备份是备份自上一次全备份以来更新的所有信息。

12.1.4 爆破振动信息化管理架构

爆破振动信息化管理的目的就是利用 Internet 技术，通过有关部门的沟通和协作，把分散的、杂乱的测振信息进行有效的梳理和整合，使产业链中上下游的客户以及行业的监管部门实现资源共享。对于监管部门，可以清楚地看到所管辖范围内爆破振动采集情况，并能够根据现有情况对施工单位进行安全管控；对于各地区数据处理中心，能够及时进行数据分析，并存入本地区数据库中，对后续的爆破施工提供指导。

爆破振动信息化管理架构如图 12-1 所示。生产单位采集的爆破振动经过信息中心统计后传输到安全监督管理部门、应急管理部、中国爆破行业协会，安全监督管理部门负责校核爆破振动是否超过《爆破安全规程》（GB 6722—2014）所规定的安全振速。另外爆破振动信息传输到数据处理中心，进行萨道夫斯基回归、FFT 变换、小波变换及小波包变换、HHT 变换，最后将分析结果录入到数据仓库中，为本地区的爆破施工提供参考。

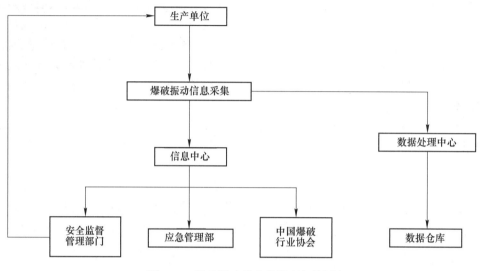

图 12-1　爆破振动信息化管理架构图

12.2　爆破振动远程监测系统

近年来，随着计算机、互联网、通信及传感器技术的快速发展，现代测试系统逐渐以计算机和信息处理技术为核心，向智能化方向发展。因此，在当前数字爆破的热点研究领域中，将爆破安全与信息技术研究进行有效融合，构建远程测振系统成为可能。许多科研工作者及爆破技术人员在爆破振动智能监测及数据分析方面已做了大量有意义的探索和尝试。

12.2.1　系统简介

爆破振动远程监测系统（以下简称测振系统）是为了方便爆破从业单位监测爆破振动、实现测振信息联通、资源共享而开发的系统。远程测振系统融合了工程爆破测振技术、计算机网络技术、云计算技术、大数据技术、物联网技术等，是在规范和研究现有爆破测振仪器设备及其现场操作方法、标定和校准方法、数据采集-传输-处理方法的基础上建设的。实时记录爆破振动信号并远程输入中国爆破网信息管理系统，使得记录到的爆破振动数据不受人为因素的干扰，提高了测试数据的客观性和实时性。将工程爆破行业的仪器信息、标定信息、校准信息、测振信息进行统一备案、存储、关联、溯源，全面提升了数据信息的可利用性、可研究性，丰富了工程爆破理论研究的数据基础。利用远程校准技术实现了测振仪灵敏度的远程校准，将校准数据与标定数据进行对比分析，确保重大爆破工程项目振动测试数据的准确性和可靠性。利用移动互联网网络推送技术科向公安监管部门、工程监理单位、工程建设单位等相关单位、个人发送爆破振动主要数据和振动峰值超出安全指标的提示信息和波形，便于多方齐抓共管，及时发现安全隐患，降低爆破安全事故发生的概率。

利用测振系统，爆破从业单位只需要配备 2~3 名掌握安放传感器、使用爆破测振仪的技术人员，自备传感器、测振仪等基本仪器设备，在爆破作业现场记录爆破振动数据，通过互联网将记录的振动数据上传到远程测振中心，测振仪器的标定和校准工作、测试数据处理、频谱分析等工作均由测振中心协助完成。在用户需要数据时，可由测振中心给用户提供爆破振动分析结果（测振报告）。爆破从业单位通过测振系统，可以实时跟踪了解自己提交的数据处理进展情况，可以与测振中心的专家进行远程交流，测振报告编制好后，从业单位可以在异地通过测振系统下载和打印爆破测振报告。把爆破从业单位从处理复杂技术的工作中解放出来，专心做好爆破施工和安全管理工作。对于具有爆破振动测试和分析能力的从业单位，可以利用该系统配置的数据库储存和调用自己的测试和分析成果或者别人的测试和分析成果，为爆破理论和爆破新技术的研究提供更多的实测数据，共同推动爆破理论研究和爆破新技术研究的发展。

测振系统是依托中国爆破网建设的，中国爆破网是中国爆破行业的门户网站，中国爆破网的网址是 http：//www.cbsw.cn/，通用网址是"中国爆破网"测振系统适合于测振工作有关的单位和人员使用，主要包括爆破振动测试单位、爆破工程施工单位、爆破工程监理单位、爆破工程建设单位以及爆破振动研究单位的有关人员。

测振系统网络拓扑图如图 12-2 所示。

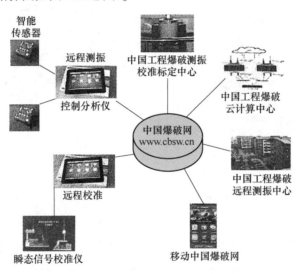

图 12-2 测振系统网络拓扑图

12.2.2 系统组成

测振系统依托"中国爆破网"，由"工程爆破云计算中心""工程爆破振动测试数据中心""工程爆破振动测试校准标定中心"及网络测振仪、测振系统软件、移动中国爆破网等提供技术支撑。

测振系统主要包括以下几部分。

12.2.2.1 工程爆破振动测试校准标定中心

工程爆破振动测试校准标定中心是测振系统测振数据可靠、准确和具有严谨利用价值的基本保障。所测的振动数据必须在同一标准下进行测试才具有比较、分析和研究的价值。校准标定中心利用先进的振动标定系统为测振系统提供数据标准。标定中心的主要功能就是对传感器、测振仪等设备进行校准、标定，具有以下硬件设备和软件系统：

（1）标准振动台及配套仪器设备，包括振动台、功率放大器、程控标定仪、实验室仪器仪表、基座等。

（2）振动标定管埋系统，标定参数设置、标定任务管理、标定报告生成等。

（3）标定信息登记备案系统，将标定数据信息上传至云计算中心的远程测振系统，利用测振系统进行查阅、溯源。

为了建立测振记录的信号振幅与所测质点振动物理量之间的定量关系，必须对传感器、测振仪及测振系统进行校准标定。测振标定中心能够按照国家规定的标准和要求对爆破测振传感器、测振仪及系统进行校准标定，给出爆破行业标准的标定数据。因此该标定中心应获得爆破行业的认可和计量管理部门的证书，标定用振动台应通过国家级标定或校准并取得相关证书。图 12-3 所示为测振校准标定拓扑图。

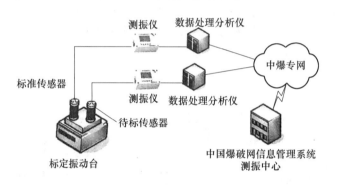

图 12-3　测振校准标定拓扑图

12.2.2.2　工程爆破振动测试数据中心

工程爆破振动测试数据中心根据国内不同地域的地质、地貌、气候、地磁分布情况分地区建设测振基础数据库。工程爆破振动测试数据中心也是爆破行业测振信息管理中心和数据交换处理中心，具有测振数据信息汇集、交换及处理的功能，建有测振数据档案馆（数据库），为行业测振提供数据信息服务。测振中心、标定中心通过中爆网专网实现互联互通，测振中心获取的测振数据实时自动分析处理。图 12-4 所示为工程爆破针对测试数据中心网络拓扑图。

工程爆破振动测试数据中心主要功能：

（1）对企业上传的测振仪器信息进行登记备案；

（2）对测振单位上传的测振数据进行处理分析（包括参数读取、数据分析、频谱分析等），测振单位科研通过系统打印测振报告；

（3）管理测振档案馆，给测振单位提供数据存储空间，方便测振单位查询数据；

（4）对校准标定数据、测振数据进行检查，发现超过安全范围的数据及时提醒管理部门和企业；

（5）利用电子邮箱系统、短信群发系统为用户提供各种在线帮助；

（6）负责远程测振系统的维护与运行。

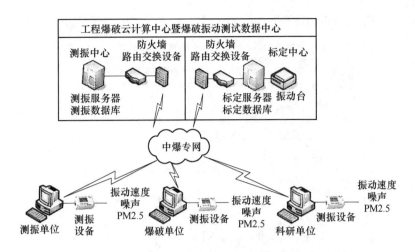

图 12-4 工程爆破振动测试数据中心网络拓扑图

12.2.2.3 网络测振仪

网络测振仪是测振系统的重要数据采集设备，利用物联网、身份识别、网络安全等技术为测振系统提供真实可靠的数据。

12.2.2.4 瞬态信号校准仪

瞬态信号校准仪，主要是为在爆破现场对测振仪器进行远程校准提供稳定而可靠的瞬态冲击信号源，瞬态信号校准仪可产生在固定频率范围内稳定的瞬态冲击信号，利用该瞬态信号校准仪对测振传感器、测振仪进行远程校准。校准仪采用高精度钢经过精密加工和反复试验研制而成，耐磨损、成本低、易于操作。

12.2.2.5 移动中国爆破网

移动中国爆破网是利用移动互联网技术开发的中国爆破网的手机客户端，除了为中国爆破网用户提供及时的咨询信息以外，还为测振系统提供振动波形信息查看、超范围预警提示服务。图 12-5 所示为移动中国爆破网的截屏图。

12.2.3 系统功能介绍

测振系统主要包括企业信息备案管理、测振仪器设备备案管理、测振任务信息管理、测振数据分析、测振报告管理、测振报告编写、企业信息查询、专家信息查询、测振信息查询、仪器设备信息查询、校准标定信息查询等。

使用系统的人员一共分为 4 种角色：校准标定人员、现场测振人员、测振中心专家、系统维护（管理）人员。各个角色工作内容介绍如下：

（1）校准标定人员：主要负责对相关仪器设备（如传感器、测振仪）的相关参数进行标定；

（2）现场测振人员：主要负责填写与测振有关的信息、现场操作、上传数据等；

（3）测振中心专家：主要负责对某次测振任务进行评估和判断并给出相应评语，结

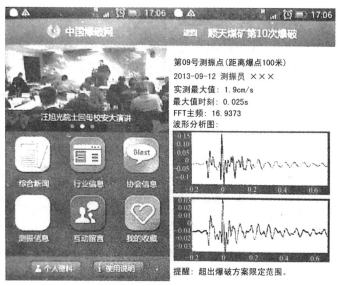

图 12-5　移动中国爆破网的截屏图

合测振的相关信息撰写一份测振报告；

（4）系统维护（管理）人员：主要负责测振系统正常运行，对测振任务实施监测和监控。测振系统的功能模块示意图如图 12-6 所示。

图 12-6　测振系统的功能模块示意图

12.3　爆破振动非接触式监测

随着工业的迅速发展，对振动测量提出了更高的要求。目前，对振动的测量可以分成两种方式：接触式和非接触式。接触式测量方法是指将传感器安装（粘贴、螺纹连接等方式）在被测物体表面从而完成测量（例如 TC-4850 爆破测振仪），但是由于各种因素使得这种测量方法在许多场合无法使用，例如，在对音响扬声器膜片的振动、高温物体的振动以及高速旋转光盘的跳动等的测量中。此外，接触式测量方法的附加质量也会改变实际结构的振动行为，使得测量结果失真。非接触测量方法就没有上述问题。现代测试技术越来越注重测量结果的精度、效率等，非接触测量方法高精度、高效率等特点决定了它在未来测试技术里面不可取代的地位。

12.3.1 非接触式测振的基本原理

目前，几种常用的非接触测量方法都是基于激光技术的。随着现代科技的发展，激光测振技术发展非常迅猛，它已经成为一种非常重要的振动测量手段而广泛地应用于科学实验和工程测量。

激光测振仪的基本测量原理如下：激光测振仪发出的激光光束打到振动物体表面并发生反射，该反射光会因为多普勒效应而产生频移，因此反射光会与入射光相互干涉而产生频率随激光测振仪与被测物的相对运动速度成线性关系的调频电信号。该调频信号经过激光测振仪后续信号处理电路解调，获得的调制信号波形，即是速度随时间变化的波形。目前的激光测振仪可以直接测量结构的速度振动信号和位移振动信号，通过微分环节也可以得到相应的加速度振动信号。

12.3.2 非接触式测振的优势

非接触式测振仪测量技术有着传统的测量技术所不具备的优势：

(1) 非接触测量，无附加质量，不影响被测结构的属性；

(2) 测量频带宽并可以高精度的测量高振幅的振动；

(3) 可以同时实现对多个测量点的数据采集；

(4) 可以实现对接近困难的位置和微小的结构的测量；

(5) 可以测量非常高的振动频率；

(6) 不受被测结构材料特性和状态影响；

(7) 可以进行远距离测量。

12.3.3 爆破振动非接触式测振

目前爆破振动监测都是采用接触式传感器，通过非接触式振动传感器获取可靠结果是未来测振的发展方向。无需经历耗时的传感器安装布线过程，甚至在真空环境中、远距离及各种温度条件下，均能快速获取爆破振动信号。

在爆破近区，使用传统的测振仪可能造成仪器的损坏，所以在未来非接触式测振仪对于恶劣的爆破施工环境有很大的应用前景。人在舒适、安全的办公室，仪器在数千公里外的井下、矿山、隧道等无人值守的恶劣现场，它会自动将测试数据经 Wi-Fi（局网）或直接搭载手机信号登录互联网，真正实现对仪器远程遥感、遥测、遥控和高速网络数据的可靠传输。

参 考 文 献

[1] 汪旭光. 工程爆破新进展 [M].北京：冶金工业出版社，2011.

[2] 汪旭光. 我国工程爆破技术的现状与发展 [J].北京矿冶研究总院学报，1992 (2)：1-8.

[3] 杨年华，薛里，林世雄. 爆破振动远程监测系统及应用 [J].工程爆破，2012 (1)：71-74.

［4］钟明寿，谢全民，刘影，等. 爆破振动危害智能监测系统研究进展［J］. 爆破器材，2017（3）：57-64.

［5］朱明，尉培光，张建国，等. 基于 TC-6850 的爆破振动自动化监测系统及应用研究［C］// 爆破工程技术交流论文集. 中国铁道学会，北京工程爆破协会，南京民用爆炸物品安全管理协会，2018.

［6］曲广建，谢全民，朱振海，等. 工程爆破远程测振系统［J］. 工程爆破，2015，21（5）：58-62.

［7］陈群山，肖文，林育强，等. 爆破振动远程监测技术在白鹤滩水电站的应用［J］. 中国科技纵横，2018（20）：148-149.

［8］柴慧珍，侯立波，任高峰，等. 复杂环境沉井施工爆破振动远程综合监测系统［J］. 工程爆破，2016，22（4）：67-71.

［9］胡伟，王德友，杜少辉，等. 非接触式旋转叶片测振系统研究及应用［C］// 发动机试验与测试技术学术交流会. 中国航空学会，2008.

［10］雷玉锦. 基于非接触式声学共振检测技术的结构件识别研究［D］. 绵阳：中国工程物理研究院，2015.

［11］刘莉. 非接触测振及振动监视［J］. 黑龙江电力，1979（4）：83.

［12］茹宁，张力. 非接触式测振技术最新进展及应用——2016 非接触式激光测振国际会议评述［J］. 计测技术，2016，36（6）：1-3.

［13］杜娟. 非接触式激光测振技术在飞机襟翼蒙皮局部模态分析中的应用［J］. 工程与试验，2019，59（4）：16-18.

［14］李汾娟，王时英，吕明. 基于 Labview 光纤测振系统的研究［J］. 机械管理开发，2008，23（4）：38-39.

［15］胡家顺，冯新，李昕，等. 土木建筑结构裂纹梁振动分析和裂纹识别方法研究进展［J］. 中国学术期刊文摘，2008，14（10）：12.

［16］郑光亮，陈怀海，贺旭东. 激光测振方法在振动试验中的应用［J］. 振动. 测试与诊断，2013，33（1）：45-47.

［17］方志成. 无接触式测振、测速仪［J］. 上海交通大学学报，1964（4）：27-39.

［18］陶刘群，汪旭光. 基于物联网技术的智能爆破初步研究［J］. 有色金属（矿山部分），2012，64（6）：59-62.

［19］李兰彬. 爆破管理的爆破数据信息化［J］. 现代矿业，2020，36（1）：129-132.

［20］赵福兴. 控制爆破工程学［M］. 西安：西安交通大学出版社，1988.

［21］王鸿渠. 多边界石方爆破工程［M］. 北京：人民交通出版社，1994.

［22］冯叔瑜，马乃耀. 爆破工程（上册）［M］. 北京：中国铁道出版社，1980.

［23］高金石，张奇. 爆破理论与爆破优化［M］. 西安：西安地图出版社，1993.

［24］吕淑然. 露天台阶爆破地震效应［M］. 北京：首都经济贸易大学出版社，2006.

［25］刘贵清. 爆破工程技术应用实例［M］. 沈阳：辽宁科学技术出版社，2012.

［26］Chen Shihai, Hu Shuaiwei, Zhang Zihua, et al. Propagation characteristics of vibration waves induced in surrounding rock by tunneling blasting［J］. Journal of Mountain Science, 2017, 14（12）：2620-2630.

［27］Wang T C, Lee C Y, Wang I T. Analysis of blasting vibration wave propagation based on finite element numerical calculation and experimental investigations［J］. Journal of Vibroengineering, 2017, 19（4）：2703-2712.

［28］Huang Dan, Cui Shuo, Li Xiaoqing. Wavelet packet analysis of blasting vibration signal of mountain tunnel［J］. Soil Dynamics and Earthquake Engineering, 2019, 117：72-80.

［29］曲艳东，孔祥清，赵辛，等. 工程爆破行业信息化建设的探讨［J］. 工程爆破，2013，19（1）：116-119.

[30] 王璇, 颜景龙. 论信息化管理在民爆产业链中的应用 [J]. 工程爆破, 2010, 16 (1): 81-84.

[31] 黄跃文, 吴新霞, 张慧, 等. 基于物联网的爆破振动无线监测系统 [C]// 中国力学学会工程爆破专业委员会 2011 全国爆破理论研讨会论文选编. 2011.

[32] 曲广建, 李健, 黄新法. 爆破器材信息化管理 [J]. 工程爆破, 2003 (4): 78-84.

[33] 李兰彬. 以爆破数据信息化为基础的爆破管理 [C]// 智慧矿山绿色发展——第二十六届十省金属学会冶金矿业学术交流会.

致　　谢

　　本书终于能够付诸出版，感触良多的不仅是因为一项工作的终结或者是结果，更多的是自己的写作反映了工作经验和知识积累的全过程。我们要感谢国家给予学术工作者创造了良好的学术环境，我们要感谢所有给予我们智慧的伟大的学者们和老师们，感谢各位真诚的帮助和启发。特别地：

　　感谢中国工程院汪旭光院士在本书出版过程中给予的指导与关怀。汪院士不顾年事已高，亲自参加书稿修改的有关会议，并且欣然为本书作序，在此表示衷心感谢；

　　感谢魏晓林教授对本书出版给予极大的帮助与鼓励；

　　感谢高荫桐博士、宋锦泉博士、李战军博士、王尹军博士、吴春平博士等对本书的写作提供了宝贵的指导建议和参考意见；

　　感谢广东宏大爆破股份有限公司和内蒙古康宁爆破有限公司对本书的写作提供了大量工程案例和实践经验；

　　感谢冶金工业出版社对于本书的出版提供大量帮助；

　　感谢老一辈科学家、青年学者以及社会企事业单位对我们爆破工作者的殷殷关怀，这将更加激励后人不断探索工程爆破的未知世界并为此奋斗终身。